普通高等教育"十五"国家级规划教材

图学基础教程

第二版

谭建荣　张树有　陆国栋　施岳定　编

高等教育出版社

内容提要

本书是普通高等教育“十五”国家级规划教材。

本书是在1999年出版的谭建荣等编《图学基础教程》的基础上，总结近几年教学改革的经验，根据教育部高等学校工程图学教学指导委员会2005年制订的“高等学校工程图学课程教学基本要求”及近年来发布的《机械制图》、《技术制图》等相关国家标准修订而成的。本次修订加强了三维图形及多学科图形技术方面的内容。

根据拓宽基础的指导思想，本教材构建了宽口径、厚基础的统一的图形表达、图形思维平台。在强调画法几何及工程制图的基础知识、基本概念、基本方法的同时，融进了计算机绘图、几何造型、科学研究与工程实际中常用图形处理技术、CAD发展趋势等内容。具有将传统的工程制图与计算机绘图相结合，基础知识与学科发展相结合，三种绘图能力综合培养等特点，教材体系与内容具有较好的新颖性。本书第一版是面向21世纪课程教材，曾荣获2000年度中国高校科技进步奖一等奖及2002年度全国普通高等学校优秀教材一等奖。

本书采用了现行最新的相关国家标准，CAD系统按最新版本介绍。书后还提供了与之配套的光盘，包括电子教案、习题解答等内容，可满足多媒体教学的需要，方便学生学习。与本书配套的习题集也同时做了修订，由高等教育出版社同时出版。

本书可供高等学校工科本科各专业学生使用，也可供函授大学、电视大学、网络学院、成人高校等相关专业选用。

图书在版编目(CIP)数据

图学基础教程/谭建荣等编. —2版. —北京:高等教育出版社,2006.5(2016.2重印)
ISBN 978-7-04-019212-4

Ⅰ.图…　Ⅱ.谭…　Ⅲ.工程制图-高等学校-教材　Ⅳ.TB23

中国版本图书馆CIP数据核字(2006)第057786号

出版发行	高等教育出版社	网　　址	http://www.hep.edu.cn
社　　址	北京市西城区德外大街4号		http://www.hep.com.cn
邮政编码	100120	网上订购	http://www.landraco.com
印　　刷	北京机工印刷厂		http://www.landraco.com.cn
开　　本	787mm × 1092mm　1/16		
印　　张	25.25	版　　次	1999年10月第1版
字　　数	610千字		2006年5月第2版
购书热线	010-58581118	印　　次	2016年2月第16次印刷
咨询电话	400-810-0598	定　　价	44.20元

物 料 号　19212-00

第二版序

本书是在1999年出版的谭建荣等主编《图学基础教程》的基础上，总结近几年教学改革的经验，根据教育部高等学校工程图学教学指导委员会2005年制订的“高等学校工程图学课程教学基本要求”及近年来发布的《机械制图》、《技术制图》等相关国家标准修订而成的。本书是普通高等教育“十五”国家级规划教材。

在保持第一版主要特色的基础上，本次修订主要考虑以下几方面：

1. 内容体系更加科学合理。章节编排符合科学技术的发展规律、认知规律，体现了从投影基础到工程图表达，从点、线、面基本几何元素到立体和机件、机器，从手工绘图到计算机辅助设计，从二维图到三维图等的发展轨迹。从加强基础和学术理论集中的角度调整了各章节的内容，如将立体、表面交线、组合体、实体造型设为一章，将透视图、轴测图、标高图、机件表达方法归为工程图表达基础等。

2. 更加适应基础性、平台性课程教学。拓宽了图形知识类型，增加了工程数据常用图形处理技术、外观设计中的图形处理技术等。

3. 进一步拓展了图学的范围。在工程图样的介绍中，以机械图为主，还增加了化工图、电子产品图、房屋建筑图等专业工程图；除了从功能设计出发讲授工程图外，还从产品外观设计角度介绍了正投影图、透视图、轴测图中的阴影及三维图的润饰技法等。

4. 以形象思维与创造性思维相融合，在更加突出培养想象构形和设计能力的同时，继续保持了第一版中手工草图、仪器绘图、计算机绘图三种能力的培养特色。

本书采用了现行最新的相关国家标准，CAD系统按最新版本介绍。书后还提供了与之配套的光盘，包括电子教案、习题解答等内容，可满足多媒体教学的需要，方便学生学习。与本书配套的习题集也同时做了修订，由高等教育出版社同时出版。

本书由谭建荣、张树有、陆国栋、施岳定编写，谭建荣、张树有任主编，谭建荣提出了修订版的重点、结构、目录和需要删增的具体内容，施岳定做了大量具体工作，并编写了新增内容，绘制了全部新增图例。全书吸收了全国相关兄弟院校教师同行多年来许多成功经验和近年来教改成果，北京理工大学董国耀教授仔细审阅了全书，在2005年1月教育部高等学校工程图学教学指导委员会长沙工作会议上，许多委员提出了很好的修改建议，在此一并表示衷心的感谢！

由于水平所限，体系与内容不当之处在所难免，敬请各位读者批评指正。

编　者

2006年春于浙大求是园

第一版前言

自从1996年国家教委批准建设浙江大学国家工科基础课程工程制图教学基地以来，我们一直在考虑和酝酿新的工程制图课程体系。在充分认识工程制图课程体系改革必要性的基础上，从工程制图必须与人才培养模式相呼应、必须与计算机技术相联系的高度，规划了课程体系改革的总体方向，明确了思路。首先打通理工科各专业第一学期课程，将原有按专业类别的纵向分割，转变为不分专业的横向平台，把图形技术作为大学生公共知识平台的组成部分；然后第二学期在机械类、部分近机械类开设一门新课程，融设计、计算机、制图内容于一体，着重综合、提高和能力培养。在教育部工科制图课程教学指导委员会指导下，在浙江大学教务处的大力支持下，我们编写的《大学图学》讲义经浙江大学97级本科部分班级、98级全校的试点，取得了较好的效果。

在建立新的工程制图课程体系时，我们着重处理了以下十个方面关系：

（1）图学公共平台与机类（部分近机类）制图综合提高的关系；

（2）画法几何与机械制图的关系；

（3）徒手绘图、仪器绘图与计算机绘图的关系；

（4）测绘、计算机绘图与标准、资料检索能力的关系；

（5）计算机绘图中交互绘图与编程绘图的关系；

（6）二维图形与三维图形的关系；

（7）工程图形与其他图形相关技术的关系；

（8）习题深度与广度的关系；

（9）本门课程与后继课程的关系；

（10）课堂教学与CAI的关系。

本教材是在原有讲义的基础上编写成的，供高等院校本科各专业学生使用。本教材具有以下特色：

（1）基础知识与学科发展相结合

根据拓宽基础的指导思想，本教材构建了宽口径、厚基础的统一的图形表达、图形思维平台。在强调画法几何和工程制图的基础知识、基本概念、基本方法的同时，融进了计算机绘图、构形造型、科学研究与工程实际中常用图形计算机处理技术、CAD发展趋势等内容，将传统的工程制图与计算机绘图及CAD结合起来，教材内容具有一定的新颖性。

（2）形象思维与创造性思维相融合

本教材在注重形象思维的基础上，突出了图学知识的工程应用特点，加强学生想象构型和设计能力的训练，使其创造性思维的能力得到更具实效的培养。

（3）三种绘图能力综合培养

本教材着重手工草图、仪器绘图和计算机绘图三种绘图能力的综合培养，并将三种绘图方法贯穿于整个教材，有利于培养学生综合的图形处理能力与动手能力。

(4) 与系列教材相配套

本教材作为工程制图教学基地系列教材之一，起到了入门的作用，与系列教材相配套，有利于实现从单门课程优化到多门课程的整体优化。

(5) 教材体系与人才培养模式相呼应

从新时代对人才需求来看，图形作为交流、表达的直观工具，不仅工科类学生需要掌握，而且理科类、管理类和其他类的学生也需要掌握。因此，在大学本、专科各专业中，开设具有公共性质的图学课程，与新时期知识、素质、能力综合培养的人才培养模式相呼应。本教材基于这一出发点，将内容定位于一般的工程图形处理技术和最基本的设计方法，教材体系具有开创性。

本书由谭建荣、张树有、陆国栋、施岳定编写，谭建荣、张树有任主编。承蒙刘荣光教授、魏小鹏教授仔细审阅，提出了许多具体的修改意见，教育部工科制图课程教学指导委员会各位委员也提出了许多有益的建议，我们在此表示衷心的感谢！

全书吸收了浙江大学工程及计算机图形学研究所和全国同行老师多年来成功的经验；浙江大学工程及计算机图形学研究所周广仁教授、卓守鹏教授等对教材体系和实施方案的形成做出了贡献；晏群、莫灿林、徐雷、赵越、郑上海和马艳聪等帮助做了部分描图和文字录入修改工作。在此我们一并表示感谢！

由于水平所限，加之时间紧迫，体系与内容不当之处在所难免，敬请各位读者批评指正。

编　者

1999 年春于求是园

目　录

第1章 绪 论

1.1 工程图的发展历史与作用

1. 工程图的发展历史

自从劳动开创人类文明史以来，图形一直是人们认识自然，表达、交流思想的主要形式之一。从象形文字的产生到埃及人丈量尼罗河两岸的土地，从航天飞机的问世到火星探测器对火星形貌的探测，始终与图形有着密切联系。图形的重要性可以说是别的任何表达方式所不能替代的。

欧几里德几何学的成功，揭开了人类认识自然的序幕，柏拉图的行星图是人类通过图形进行思维、表达的典范。在人类文明史上占有重要地位的牛顿力学，其本质是几何力学，正是借助几何表达和分解的方法，牛顿创立了完美的经典力学宏伟大厦，为近代科学的发展奠定了坚实的基础。蒸汽机的发明及其应用，开始了近代工业革命，而蒸汽机制造的关键技术是汽缸的加工。无论是汽缸的加工还是机床的制造，都需要工程图纸作为产品信息的载体。到20世纪初，美国由于采用互换性技术，使得汽车制造中心由欧洲转移到美国，汽车工业的生产效率大大提高，由于成批生产，汽车的价格大大下降，汽车进入了每一个家庭，使整个美国社会成为“轮子社会”，而“轮子”是依靠图纸生产出来的。

在图形学的历史长河中，具有五千年文明史的中国也有辉煌的一页。“没有规矩，不成方圆”，反映了古代中国人民已对尺规作图的规律具有深刻的理解和认识。春秋时代的技术著作《周礼考工记》中已记载了规矩、绳墨、悬垂等绘图测量工具的运用情况。古代数学名著《周髀算经》中，对直角三角形三条边的内在性质已有较深刻的认识。到了宋代，建筑制图已经相当规范，如著名的《营造法式》。

在近代工业革命的进程中，随着生产的社会化，1795年法国科学家蒙日系统地提出了以投影几何为主线的画法几何学，把工程图的表达与绘制高度规范化、唯一化，从而使得画法几何学成为工程图的“语法”，工程图成为工程界的“语言”。

在画法几何学的普及过程中，苏联学者切特维鲁新和弗罗洛夫等人的工作产生了很大的影响，对于加强学生的逻辑思维训练、培养学生的空间想象能力起了很好的作用。我国工程图学学者、华中理工大学赵学田教授简洁通俗地总结了三视图的投影规律为“长对正、高平齐、宽相等”，从而使得画法几何和工程制图知识易学、易懂。

计算机的广泛应用大大促进了图形学的发展，计算机图形学的兴起开创了图形学应用和发展的新纪元。以计算机图形学为基础的计算机辅助设计（CAD）技术，推动了几乎所有领域的设计革命，CAD技术的发展和应用水平已成为衡量一个国家科技现代化和工业现代化水平的重要标志之一。CAD技术从根本上改变了过去的手工绘图、发图、凭图纸组织整个生产过程的技术管理方式，将它变为图形工作站上交互设计、用数据文件发送产品定义、在统一的数字化产品模型下进行产品的设计打样、分析计算、工艺计划、工艺装备设计、数控加工、质量控制、编印产品维护手册、组织备件订货供应等等。其标志性的进展就是波音777飞机的设计和制造，在设计和制造领域里产生了一场革命。这场革命有三个特征产生了深远的影响。第一个特征是数字化（digital definition），全部数字化定义，实现了计算机辅助设计（CAD）/计算机辅助工艺规程（CAPP）/计算机辅助制造（CAM）等一系列过程的集成，实现了无纸生产，实现了数字化预装配（digital pre - assembly）；第二个特征是标准化，波音公司与其合作生产发动机等公司的信息交换是在产品交换标准（STEP）下实现的；第三个特征是网络化，通过网络交换信息。

值得一提的有两点：一是计算机的广泛应用，并不意味着可以取代人的作用；二是CAD/CAPP/CAM一体化，实现无纸生产，或无图纸生产，并不等于无图生产。计算机的广泛应用，CAD/CAPP/CAM一体化，技术人员可以用更多的时间进行创造性的设计，而创造性的设计离不开运用图形工具进行表达、构思。所以，随着CAD和无纸生产的发展，图形的作用不仅不会削弱，反而显得更加重要。

2. 图形的作用

概括起来说，图形在人类社会中的作用有：

1）在产品信息表达和工程中，工程图作为构思、设计与制造中产品信息的定义、表达和传递的主要媒介，对于推动人类文明的进步，促进生产、技术的发展，起了重要的作用。不仅对于机械产品，而且对于建筑、土木工程、化工、电子工程等，图形的作用也是至关重要的。

2）在科学研究中，图形可用来直观地表示实验数据所蕴含的规律，对于人们把握事物的内在联系，掌握问题的总体变化趋势，具有独特的作用。

3）在表达、交流信息和培养、形成形象思维中，图形的形象性、直观性、准确性和简洁性使得人们可以通过图形来认识未知，探索真理。

1.2 本课程的主要内容与要求

本课程的主要内容包括：绘图基础、投影基础、组合体的表达、机件的表达、其他图形的表达、轴测图的生成、工程图的绘制与阅读、计算机辅助设计制图基础等内容。其中绘图基础、投影基础、组合体的表达、机件的表达、工程图的绘制与阅读等内容是学习的重点。

1. 绘图基础

（1）仪器作图；

（2）徒手作图；

（3）计算机绘图。

该部分内容见教材第2章、第3章、附录A，主要介绍三种绘图的基本方法与技能，着重培养学生三种绘图能力。

2. 投影基础

（1）投影体系的建立；

（2）点、线、面的投影与相互位置关系；

（3）基本立体的投影；

（4）回转体表面的截交线和相贯线。

该部分内容见教材第4章、第5章。按点、线、面、体的投影顺序由浅入深、由易到难编排。该部分内容联系紧密，也是后续内容学习的基础，必须熟练掌握。

3. 组合体的表达

（1）组合体视图的画法；

（2）组合体视图的看法；

（3）组合体的尺寸标注。

该部分内容在第5章中介绍。要求给定组合体能画出该组合体的三视图（三维到二维）；根据三视图能想象组合体形状（二维到三维）；根据组合体的三视图进行尺寸标注。

4. 机件的表达

（1）机件的外部结构表达；

（2）机件的内部结构表达；

（3）机件的其他表达方法。

该部分内容在第6章中介绍。要求掌握机件外部结构的各种表达方法；内部结构的各种表达方法，如剖视图、断面图等；其他表达方法如局部放大图、简化画法等。要求能根据机件的形状选用合适的表达手段。

5. 立体图的生成和外观图的处理

（1）轴测图的基本知识；

（2）正等轴测图、斜二等轴测图的画法；

（3）立体的计算机生成；

（4）外观图的阴影和润饰；

（5）基本体真实感图形的生成；

（6）工业产品的外形设计。

该部分内容在第6章、第9章中介绍。要求建立轴测投影的基本概念，掌握正等轴测图、斜二等轴测图的画法。熟悉工程图和产品外观图阴影的求作和润饰的方法。了解立体的计算机生成、真实感绘制方法及工业产品的外形设计的基本要求。

6. 工程图的绘制与阅读

（1）标准件、齿轮和弹簧的规定画法；

（2）零件图的绘制与阅读；

（3）有关技术要求；

（4）装配图的绘制；

（5）装配图的阅读与拆画零件图；

（6）化工设备图的表达；

（7）电子产品图和电子专业图的表达；

（8）房屋建筑图。

该部分内容在第6章、第7章、附录B中介绍。掌握螺纹、螺纹紧固件及其连接的规定画法，掌握圆柱齿轮的啮合画法；了解零件图、装配图的作用与内容，注意零件图、装配图之间的关系，能正确绘制和阅读中等复杂程度的零件图、装配图；了解化工设备图的图示特点和表达方法、电子产品图和电子专业图的表达及房屋建筑图的表达。

7. 工程数据常用图形表达方法

（1）各种图表的表达方法；

（2）各种曲线的拟合和表达。

该部分内容在第8章中介绍。要求掌握用曲线或图形来表示各种数字资料的方法，了解各种曲线拟合的基本概念与方法。

8. 计算机辅助设计绘图基础

（1）工程设计方法与计算机辅助设计；

（2）计算机绘图与图形基本处理技术；

（3）计算机绘图及CAD的发展趋势。

该部分内容在第10章中介绍。了解计算机辅助设计基本知识、计算机绘图的三种模式、图形基本处理方法、计算机绘图及CAD的发展趋势。

1.3 本课程的任务

本课程的主要目的是培养学生能够自觉地运用各种绘图手段来构思、分析和表达工程问题的能力。这种能力是每个工程技术人员所必须具备的。

本课程的主要任务是：

（1）培养仪器绘图、徒手绘图、计算机绘图的三种绘图能力；

（2）掌握在二维平面上表达三维空间形体的方法与技能；

（3）培养空间逻辑思维能力、形象思维能力和多向思维能力；

（4）培养绘制和阅读工程图样的基本能力；

（5）培养自学能力、分析问题和解决问题的能力；

（6）培养认真负责的工作态度和严谨细致的工作作风。

第2章　仪器作图与徒手作图基础

2.1　制图基础知识与工具

2.1.1　制图的标准

为了正确地绘制和阅读机械图样，必须熟悉和掌握有关标准和规定。《技术制图》国家标准是工程界重要的技术基础标准，是绘制和阅读机械图样的准则和依据。我国于1959年制订了国家标准《机械制图》，1988年开始制定并发布了《技术制图》国家标准，它在技术内容上更具有统一性、通用性和通则性。随着科学技术的发展，国家标准也在不断地修订和完善。本教材主要使用最新的《技术制图》国家标准，机械图中同时使用机械制图国家标准，房屋建筑图中同时使用房屋建筑制图国家标准等。

我国国家标准（简称国标）的代号为“GB”（“GB/T”为推荐性国标），字母后面的两组数字，分别表示标准顺序号和标准批准的年份，例如“GB/T 17451—1998　技术制图　图样画法　视图”即表示制图标准：图样画法的视图部分，顺序号为17451，批准发布年份为1998年。

本节就图纸幅面和格式、比例、字体、图线、剖面符号、尺寸注法等制图国标的有关规定作简要介绍，其他标准将在有关章节中叙述。

1. 图纸幅面和格式（GB/T 14689—1993）

1）图纸幅面尺寸

绘制图样时，应优先采用表2－1中规定的图纸基本幅面。表中幅面代号意义如图2－1、图2－2所示。

表2－1　图纸基本幅面尺寸

幅面代号	A0	A1	A2	A3	A4
$B \times L$	841×1189	594×841	420×594	297×420	210×297
a	25				
c	10			5	
e	20		10		

必要时，也允许选用所规定的加长幅面。这些幅面的尺寸由基本幅面的短边成整数倍增加后得出。

2）图框格式

在图纸上，图框线必须用粗实线画出。图框的格式分不留装订边和留有装订边两种，分别如图2－1和图2－2所示，但同一产品的图样只能采用一种格式。

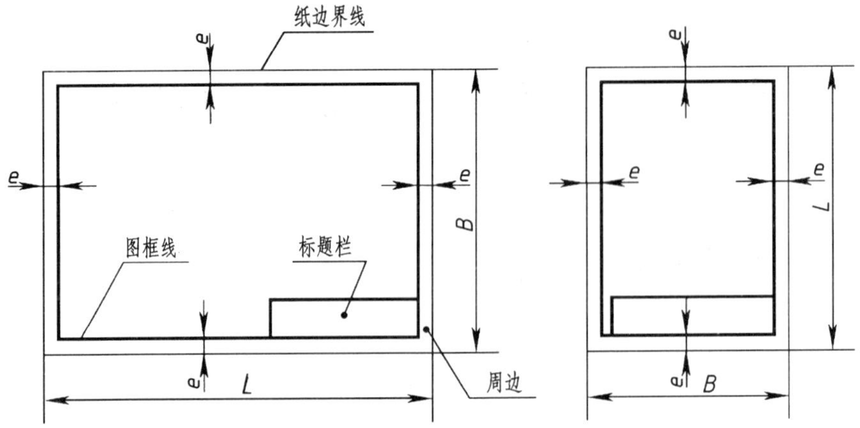

图2-1 不留装订边的图框格式

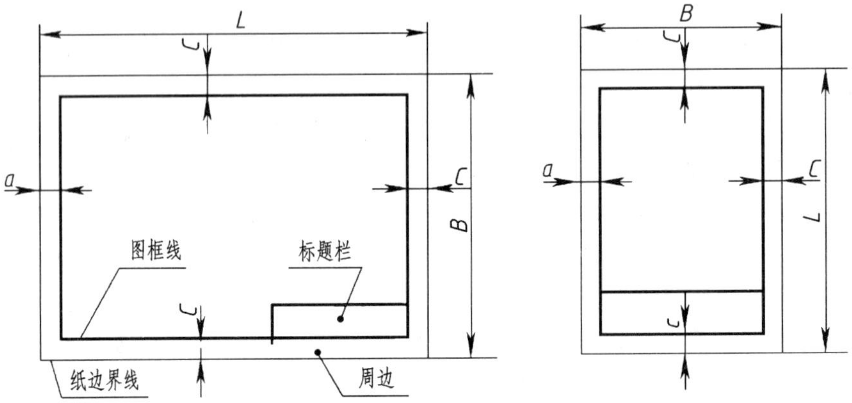

图2-2 留有装订边的图框格式

3）标题栏

GB/T 10609.1—1989 对标题栏的内容、格式与尺寸作了规定，如图2-3所示的格式。

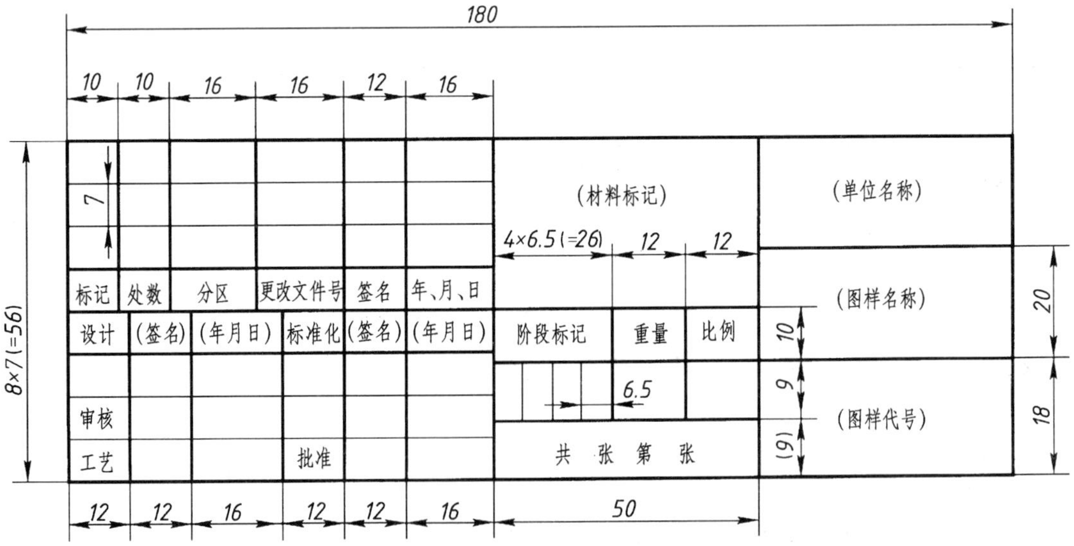

图2-3 标题栏的尺寸与格式

2. 比例(GB/T 14690—1993)

比例是图中图形与实物相应要素的线性尺寸之比。需要按比例绘制图样时，应由表 2-2 规定的系列中选取适当的比例。必要时，也允许选取表 2-2 中带括号的比例。

表 2-2 绘图比例

种类	比例				
原值比例	1:1				
放大比例	2:1	5:1	$1\times10^n:1$	$2\times10^n:1$	$5\times10^n:1$
	(4:1)	$(2.5\times10^n:1)$	$(4\times10^n:1)$	(2.5:1)	
缩小比例	1:2	1:5	$1:1\times10^n$	$1:2\times10^n$	$1:5\times10^n$
	(1:1.5)	(1:2.5)	(1:3)	(1:4)	(1:6)
	$(1:1.5\times10^n)$	$(1:2.5\times10^n)$	$(1:3\times10^n)$	$(1:4\times10^n)$	$(1:6\times10^n)$

注：n 为正整数

比例符号应以“:”表示。比例的表示方法如 1:1，2:1 等。

比例一般应标注在标题栏中的比例栏内。必要时，可在视图名称的下方或右侧标注比例，如：

$$\frac{I}{2:1} \qquad \frac{A}{1:100} \qquad \frac{B—B}{2.5:1} \qquad \text{平面图 } 1:10$$

3. 字体 (GB/T 14691—1993)

在图样中书写的字体必须做到：字体工整、笔画清楚、间隔均匀、排列整齐。

字体高度（用 h 表示）的公称尺寸系列为：1.8 mm，2.5 mm，3.5 mm，5 mm，7 mm，10 mm，14 mm，20 mm 等八种。字体高度代表字体的号数。如需要书写更大的字，其字体高度应按$\sqrt{2}$的比率递增。

汉字应写成长仿宋体，并应采用我国正式推行的简化字。汉字的高度不应小于 3.5 mm，其字宽一般为 $h/\sqrt{2}$，数字和字母分为 A 型和 B 型。字体的笔画宽度用 d 表示。A 型字体的笔画宽度 $d=h/14$，B 型字体的笔画宽度 $d=h/10$。在同一图样上，只允许选用一种型式的字体。数字和字母可写成斜体和直体。斜体字字头向右倾斜，与水平基准线成 75°。

长仿宋体汉字示例：

10 号字

字体工整笔画清楚间隔均匀排列整齐

7 号字

横平竖直注意起落结构均匀填满方格

5 号字

技术制图机械电子汽车航空船舶土木建筑矿山井坑港口纺织服装

3.5 号字

螺纹齿轮端子接线飞行指导驾驶舱位挖填施工引水通风闸阀坝棉麻化纤

A 型斜体拉丁字母示例：

A 型斜体数字示例：

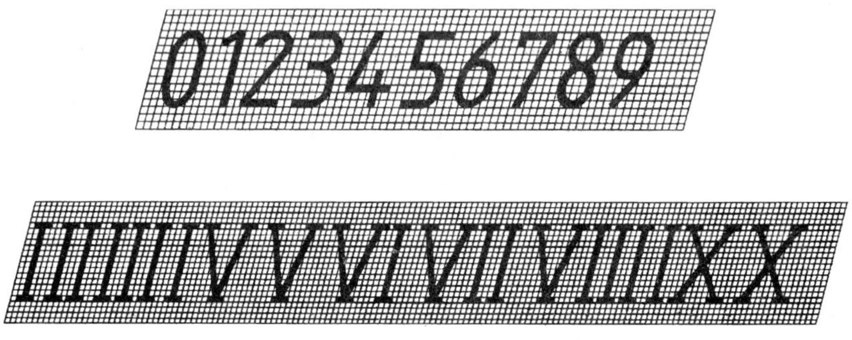

4. 图线（GB/T 17450—1998、GB/T 4457.4—2002）

绘制机械图样可使用九种基本图线（见表 2－3），线型分为粗、细两类。

表 2-3 线型及应用

代码 No.	名称	型式	一般应用
01.1	细实线		过渡线、尺寸线、尺寸界线、指引线和基准线、剖面线、重合断面的轮廓线、短中心线、螺纹牙底线、表示平面的对角线、范围线及分界线、重复要素表示线、锥形结构的基面位置线、辅助线、不连续同一表面连线、成规律分布的相同要素连线
	波浪线		断裂处边界线、视图与剖视图的分界线
	双折线		断裂处边界线、视图与剖视图的分界线
01.2	粗实线		可见棱边线、可见轮廓线、相贯线、螺纹牙顶线、螺纹长度终止线、齿顶圆（线）、剖切符号用线
02.1	细虚线		不可见棱边线、不可见轮廓线
02.2	粗虚线		允许表面处理的表示线
04.1	细点画线		轴线、对称中心线、分度圆（线）、孔系分布的中心线、剖切线
04.2	粗点画线		限定范围表示线
05.1	细双点画线		相邻辅助零件的轮廓线、可动零件的极限位置的轮廓线、重心线、成型前轮廓线、剖切面前的结构轮廓线、轨迹线

标准规定了九种图线宽度，所有线型的图线宽度（d）应按图样的类型和尺寸大小在下列数系中选择：0.13 mm、0.18 mm、0.25 mm、0.35 mm、0.5 mm、0.7 mm、1 mm、1.4 mm、2 mm。图线的宽度分粗线、中粗线、细线三种，粗线、中粗线、细线的宽度比率为4:2:1，在同一图样中，同类图线的宽度应一致。一般粗线和中粗线宜在0.5～2 mm之间选取，应尽量保证在图样中不出现宽度小于0.18 mm的图线。

建筑图样上，可以采用三种线宽，其比例关系是4:2:1；机械图样上采用两种线宽，其比例关系是2:1。

各线素的长度宜符合表2-4的规定。

表 2-4 图线的构成

线素	线型	长度
点	04～07，10～15	$\leq 0.5d$
短间隔	02，04～15	$3d$
短画	08，09	$6d$
画	02，03，10～15	$12d$
长画	04～06，08，09	$24d$
间隔	03	$18d$

虚线、点画线、双点画线的线段长度和间隔应各自大致相等，一般在图样中要显得匀称协调，建议采用图2-4所示的图线规格。

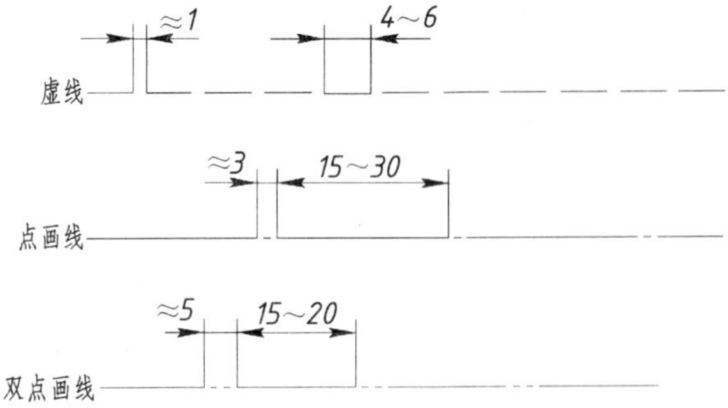

图 2-4 图线规格

绘制点画线和虚线时，还应遵守图 2-5 的画法要求，在较小的图形上绘制点画线或双点画线有困难时，可用细实线代替。绘制点画线的要求是：以画为始尾，以画相交，超出图形轮廓 2~5 mm。这一要求在计算机绘图中是否容易实现，请读者思考。

图线一般应用示例如图 2-6 所示。

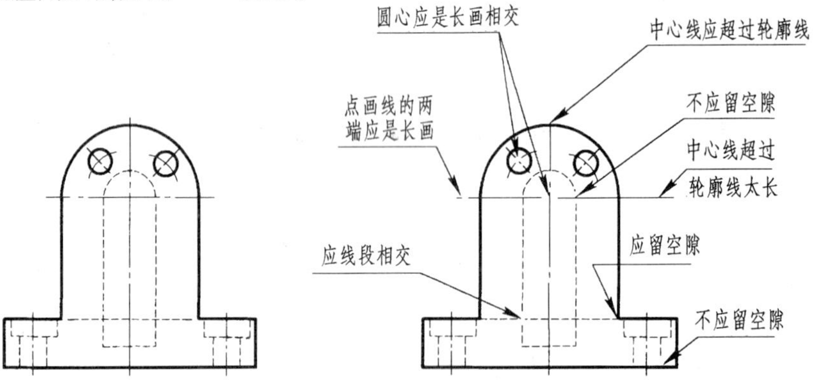

(a) 正确　　(b) 错误

图 2-5 画点画线和虚线应遵守的画法

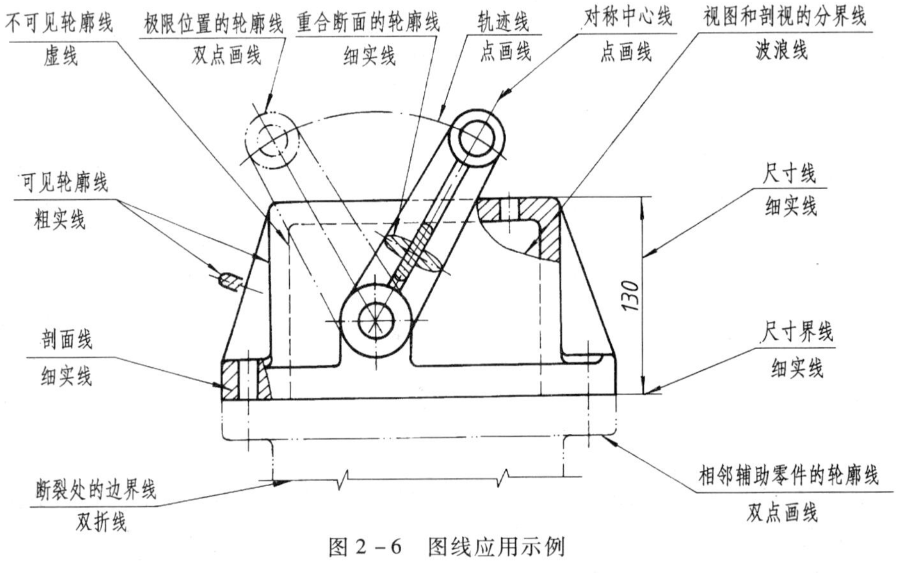

图 2-6 图线应用示例

5. 剖面符号（GB/T 4457.5—1984、GB/T 17453—1998）

在剖视图和断面图中，应采用表2-5中所规定的剖面符号。

表2-5 常用剖面符号

金属材料（已有规定剖面符号者除外）、普通砖、通用剖面线		木质胶合板	
线圈绕组元件		基础周围的泥土	
转子、电枢、变压器和电抗器等的迭钢片		混凝土	
非金属材料（已有规定剖面符号者除外）		钢筋混凝土	
型砂、填砂、粉末冶金、砂轮、陶瓷刀片、硬质合金刀片等		固体材料	
玻璃及供观察用的其他透明材料		格网（筛网、过滤网等）	
木材 纵断面		液体材料	
木材 横断面			

剖面符号仅表示材料类别，对于材料的名称和代号必须另行注明。金属材料的剖面符号规定用细实线画成间距相等、方向相同、且与主要轮廓线或剖面区域的对称线成45°角的平行线，平行线之间的距离大小国家标准未作规定，可根据图形大小和剖面复杂程度，一般在1～6 mm范围内选择。在同一个零件的零件图中，剖面线的方向和间距必须相同。

2.1.2 制图工具

正确使用绘图工具和仪器，是保证绘图质量和效率的一个重要方面，为此，必须养成正确使用制图工具及仪器的良好习惯。

常用的制图工具及仪器有图板、丁字尺、圆规、三角板等，如图2-7所示。

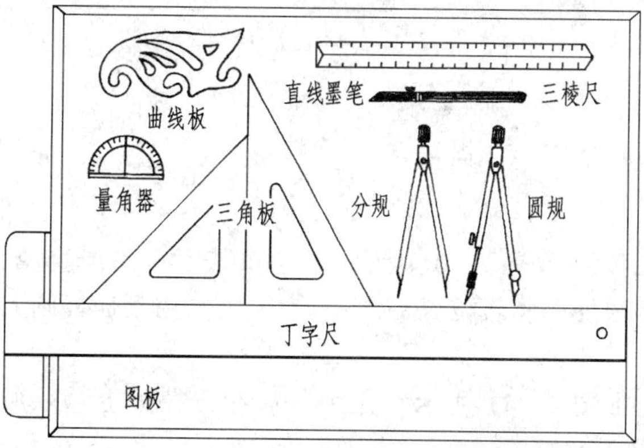

图2-7 制图主要工具及仪器

制图用品包括铅笔、图纸、橡皮、胶带纸、小刀等等。在制图前应把这些工具、仪器、用品准备齐全。

下面分别介绍各种工具及仪器的使用方法。

1. 图板与丁字尺

图板用作画图时的垫板，要求表面平坦光洁，用作导边的左边必须平直，图纸用胶带纸固定在图板上。丁字尺与图板配合使用，主要用来画水平线，如图 2－8 所示。

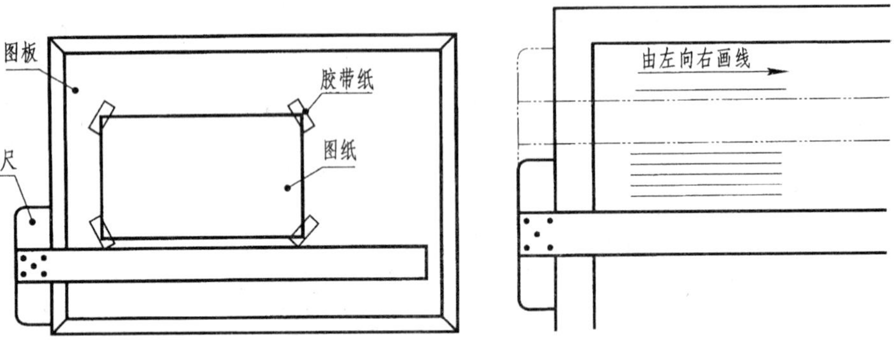

图 2－8 图板与丁字尺的用法

2. 三角板

一副三角板有两块，一块是 45°三角板，另一块是 30°和 60°三角板。三角板和丁字尺配合使用，可画垂直线和 30°、45°、60°以及 $n\times15°$的各种斜线，如图 2－9 所示。此外，利用一副三角板，还可以画出已知直线的平行线或垂直线。

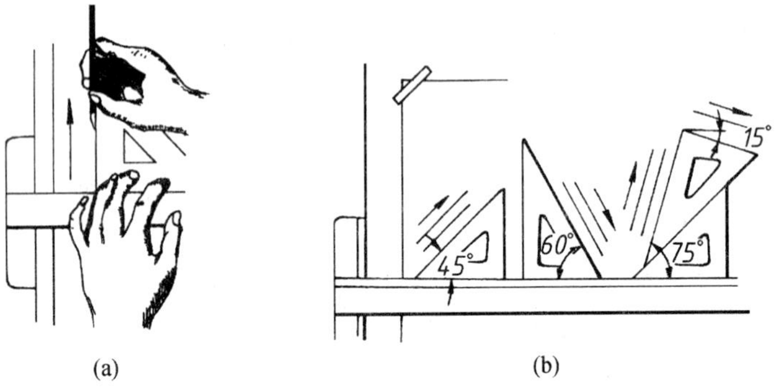

图 2－9 三角板的用法

3. 圆规

圆规是用来画圆和圆弧的（图 2－10）。图 2－10d 表示画不同直径的圆弧时，针尖、插脚与纸面的相对位置，即必须处于垂直位置；图 2－10e 表示用延伸杆画大圆弧的情况。

4. 分规

分规用以截取尺寸，如图 2－11 所示，先用分规在三棱尺上量取所需尺寸（图 2－11a），然后再量到图纸上去（图 2－11b）。

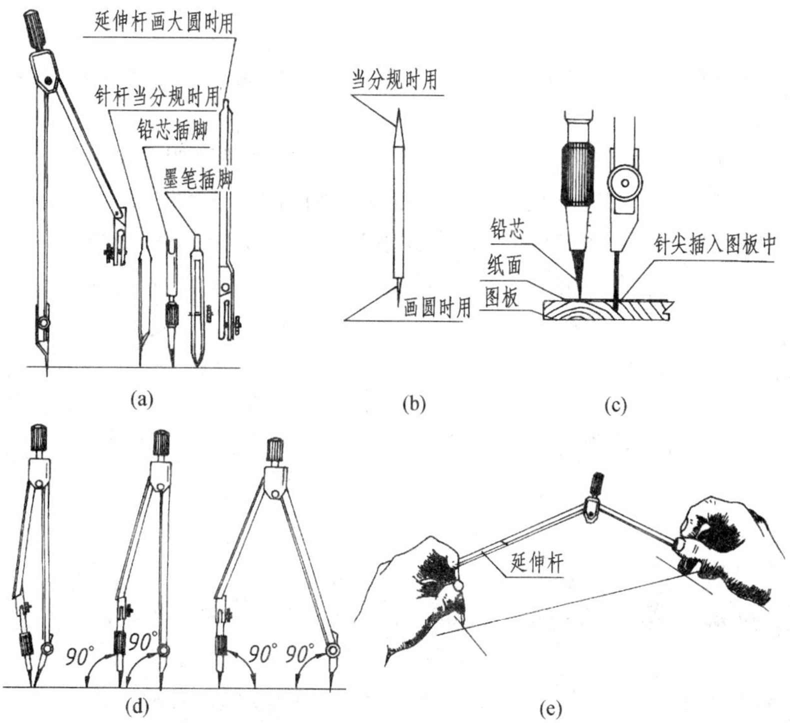

图 2－10　圆规的用法

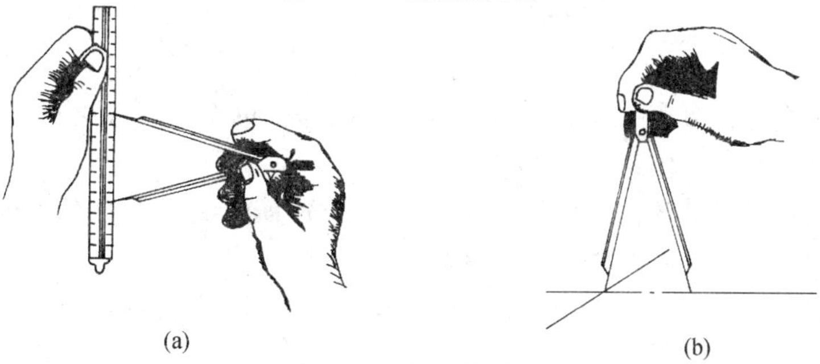

图 2－11　分规的用法

5. 铅笔

绘图用铅笔的铅芯分别用 B 和 H 表示其软、硬程度。绘图时根据不同使用要求，应备有以下几种硬度不同的铅笔：B 或 2B——画粗实线用；H 或 HB——写字用；H 或 2H——画细线用。

画粗实线的铅笔芯磨成凿形，如图 2－12a 所示，其余可磨成锥形，如图 2－12b 所示。

铅笔

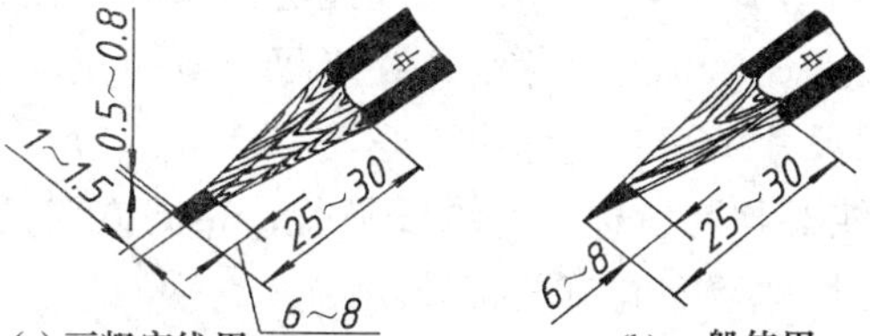

(a) 画粗实线用　(b) 一般使用

图 2－12　铅笔

6. 曲线板

曲线板用来画非圆曲线，已知曲线上的一系列点，用曲线板连成曲线的画法如图 2－13 所示。

如图 2－13b 所示，先徒手将这些点轻轻地连成曲线；接着如图 2－13c 所示，从一端开始，找出曲线板上与所画曲线吻合的一段，沿曲线板画出这段曲线；用同样的方法逐段描绘曲线，直到最后一段，如图 2－13d 所示。值得注意的是前后描绘的两段曲线应有一小段（不少于三点）是重合的，这样描绘的曲线才能保证圆滑。

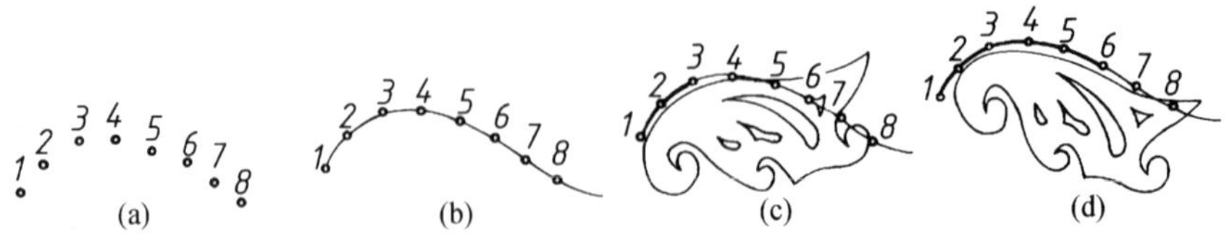

图 2－13 曲线板用法

2.2 尺寸标注基本规则

图样中，零件结构形状用视图表示，零件大小则通过标注尺寸来表达。国标（GB/T 4458.4—2003、GB/T 16675.2—1996）中对尺寸标注的基本方法作了一系列规定，必须严格遵守。

1. 基本规定

（1）图样中的尺寸，以 mm 为单位时，不需注明计量单位代号或名称。若采用其他单位则必须标注相应计量单位或名称（如 35°30′）。

（2）图样上所注的尺寸数值是零件的真实大小，与图形大小及绘图的准确度无关

（3）零件的每一尺寸，在图样中一般只标注一次。

（4）图样中所注尺寸是该零件最后完工时的尺寸，否则应另加说明。

2. 尺寸要素

一个完整的尺寸，包含下列四个尺寸要素：

1）尺寸界线

尺寸界线用细实线绘制，如图 2－14a 所示。尺寸界线一般是图形轮廓线、轴线或对称中心线的延长线，超出尺寸线终端约 2～3 mm。也可直接用轮廓线、轴线或对称中心线作尺寸界线。尺寸界线一般与尺寸线垂直，必要时允许倾斜。

2）尺寸线

尺寸线用细实线绘制，如图 2－14a 所示。尺寸线必须单独画出，不能与图线重合或在其延长线上，如图 2－14b 中尺寸 3 和 8 的尺寸线，并应尽量避免尺寸线之间及尺寸线与尺寸界线之间相交，如图 2－14b 中尺寸 14 和 18 标注不好。

标注线性尺寸的，尺寸线必须与所标注的线段平行，相同方向的各尺寸线的间距要均匀，间隔应大于 5 mm，以便注写尺寸数字和有关符号。

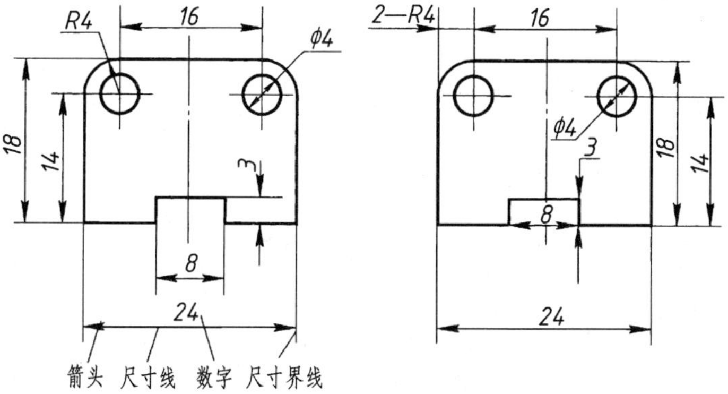

(a) 正确　　(b) 错误

图 2－14 尺寸的组成及尺寸标注正误对比

3）尺寸线终端

尺寸线终端有两种形式，箭头或细斜线，如图 2－15 所示；箭头适用于各种类型的图形，箭头尖端与尺寸界线接触，不得超出也不得离开，如图 2－16 所示。

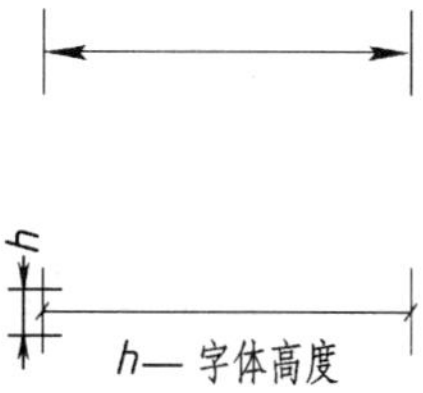

图 2－15 尺寸线终端两种形式

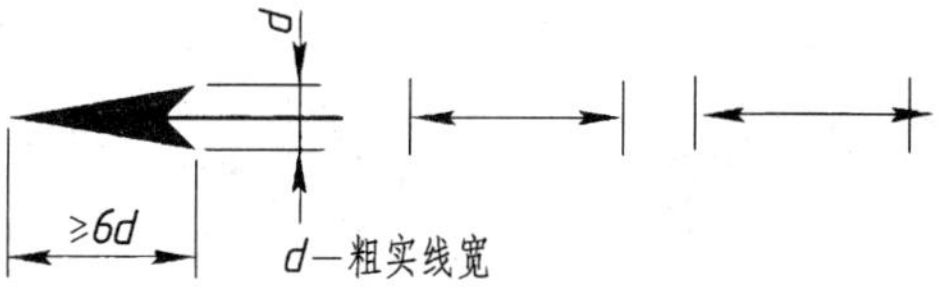

(a) 箭头画法　(b) 正确注法　(c) 错误注法

图 2－16 箭头画法对比

细斜线的方向和画法如图 2－15 所示。房屋建筑图中常用斜线作为尺寸线终端。当尺寸线终端采用斜线形式时，尺寸线与尺寸界线必须相互垂直。同一图样中只能采用一种尺寸线终端形式。

4）尺寸数字

线性尺寸的数字一般注写在尺寸线上方或尺寸线中断处。同一图样内字号大小一致，位置不够可引出标注。尺寸数字前的符号区分不同类型的尺寸：

ϕ——表示直径、R——表示半径、S——表示球面、t——表示板状零件厚度、□——表示正方形、◁（或 ▷）——表示锥度、±——表示正负偏差、×——参数分隔符（如 M10×1，槽宽×槽深等）、∠（或 ⦣）——表示斜度、-——连字符（如 M10×1－6H）、∨——表示埋头孔、EQS——表示均布等。

3. 各类尺寸注法示例

1）线性尺寸的注法

标注线性尺寸时，尺寸线必须与所标注的线段平行。尺寸界线一般应与尺寸线垂直（必要时才允许倾斜），并超出尺寸线 2～3 mm。线性尺寸的数字应按图 2－17a 中所示的方向注写，并尽可能避免在图示 30°的范围内标注尺寸，当无法避免时，可按图 2－17b 所示的方法进行标注。总的来看，当尺寸线呈垂直方向时，尺寸数字字头朝左，其余方向时，字头有朝上趋势。

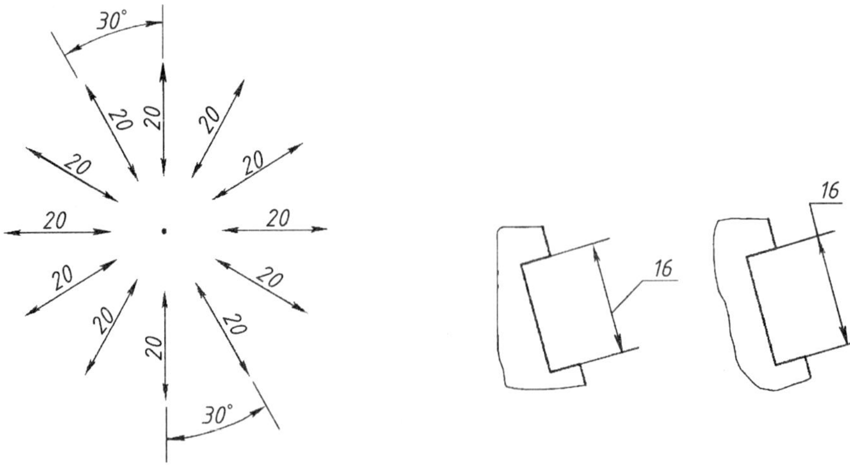

(a) (b)

图 2 - 17 线性尺寸的数字注法

2）角度尺寸注法

标注角度时，尺寸界线应沿径向引出，尺寸线画成圆弧，圆心是角度的顶点。尺寸数字一律水平书写，即字头永远朝上，一般注在尺寸线的中断处，如图 2 - 18b 所示，必要时也可按图 2 - 18c 所示的形式标注。角度尺寸必须注明单位。

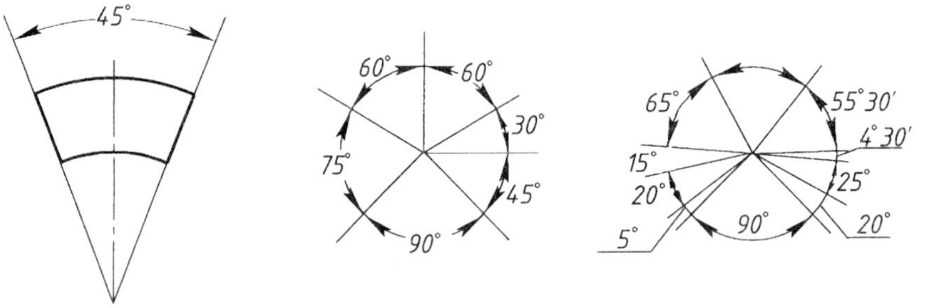

(a) (b) (c)

图 2 - 18 角度尺寸注法

3）圆、圆弧及球面尺寸的注法

① 标注圆的直径时，应在尺寸数字前加注符号“ϕ”；标注圆弧半径时，应在尺寸数字前加注符号“*R*”。圆的直径和圆弧半径的尺寸线的终端应画成箭头，并按图 2 - 19 所示的方法标注。

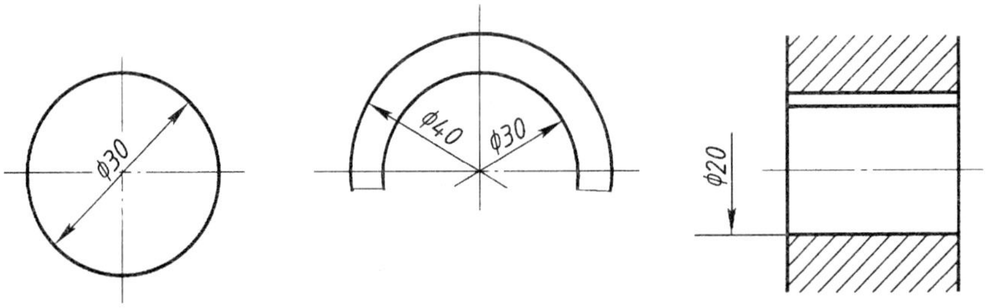

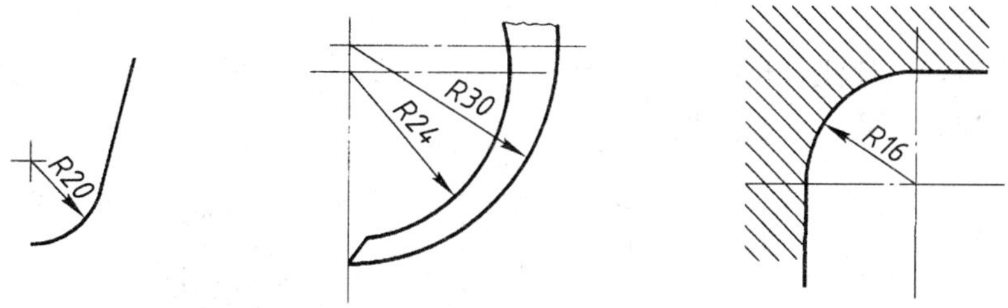

图 2－19　圆及圆弧尺寸的注法

② 当圆弧的半径过大或在图纸范围内无法按常规标出其圆心位置时，可按图 2－20a 所示的形式标注；若不需要标出其圆心位置时，可按图 2－20b 所示的形式标注。

③ 标注球面的直径或半径时，应在尺寸数字前分别加注符号“$S\phi$”或“SR”，如图 2－21 所示。

④ 圆、圆弧以及球面的尺寸数字均按图 2－17、图 2－21 所示的方法标注。

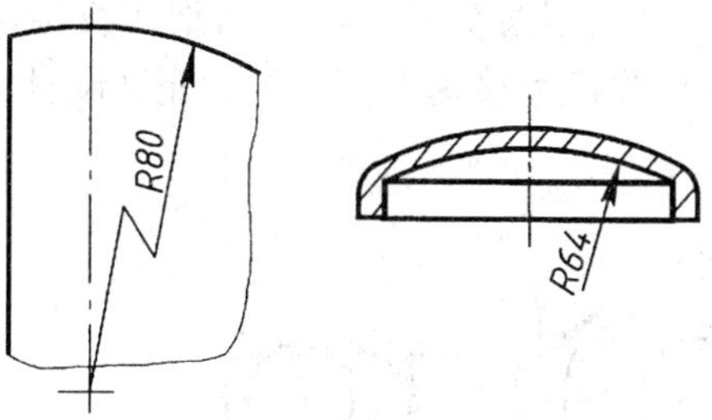

(a)　(b)

图 2－20　大圆弧尺寸的注法

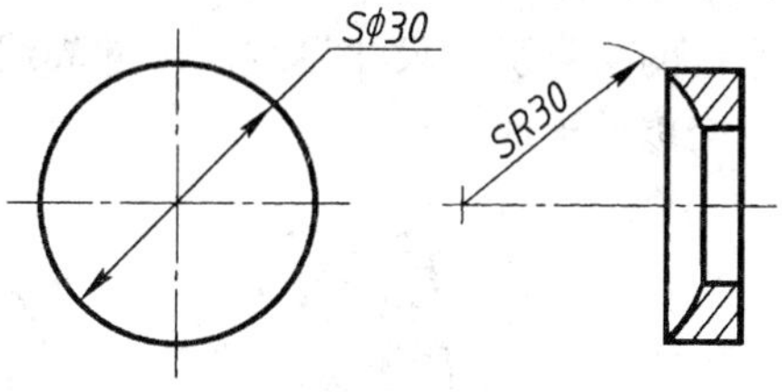

(a)　(b)

图 2－21　球面的尺寸注法

4）小尺寸的注法

对于小尺寸在没有足够的位置画箭头或注写数字时，箭头可画在外面，或用小圆点代替两个箭头，尺寸数字也可采用旁注或引出标注，如图 2－22 所示。

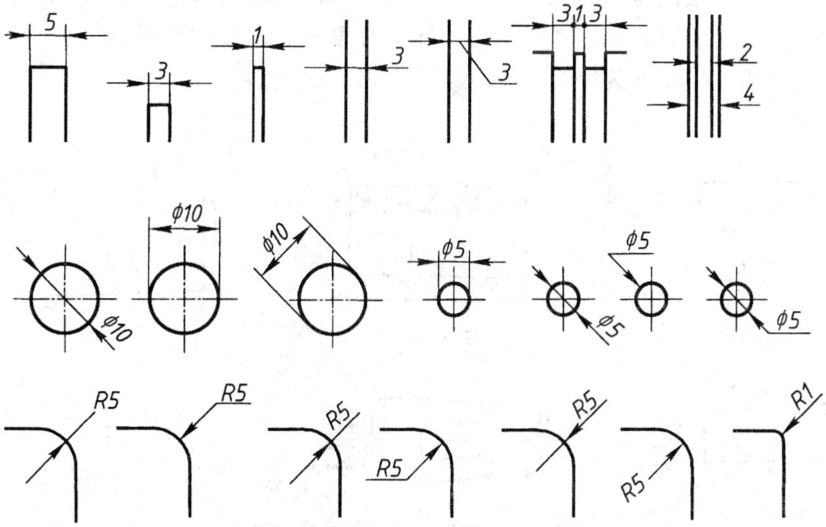

图 2－22　小尺寸的注法

5）弦长和弧长的标注

如图2－23所示，标注弦长时，尺寸界线应平行于弦的垂直平分线。标注弧长尺寸时，尺寸线用圆弧，并应在尺寸数字左方加注符号“⌒”。

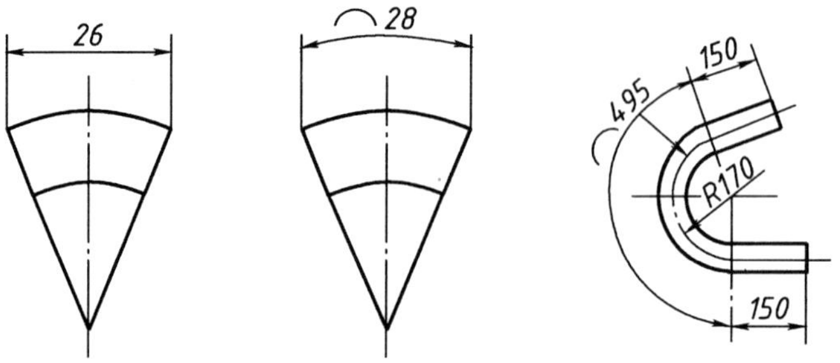

图2－23　弦长、弧长的标注

6）其他结构尺寸的注法

① 光滑过渡处的尺寸注法　如图2－24所示，在光滑过渡处，必须用细实线将轮廓线延长，并从它们的交点引出尺寸界线。尺寸界线一般应与尺寸线垂直，必要时允许倾斜。尺寸线应平行与两交点的连线。

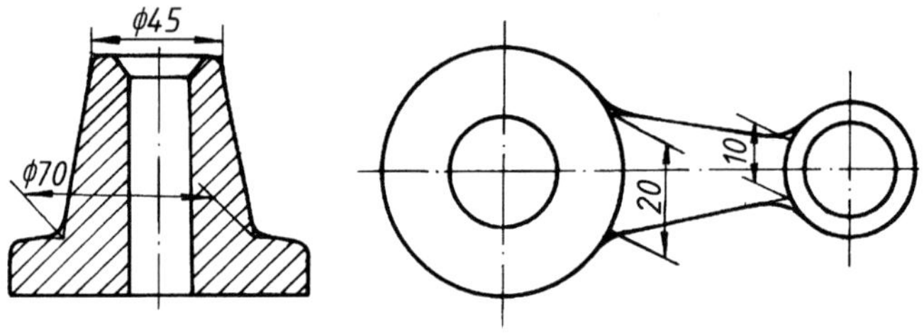

图2－24　光滑过渡处的尺寸标注

② 锥度和斜度的标注　斜度、锥度的标注方法如图2－25所示，标注符号的方向应与斜度、锥度的方向一致。锥度也可注在轴线上。一般不需在标注锥度的同时，再注出其角度值（α为圆锥角）；如有必要，在锥度符号下方注出其角度值。斜度和锥度的标注方法如图2－25所示，符号的线宽为$h/10$，h为字高。

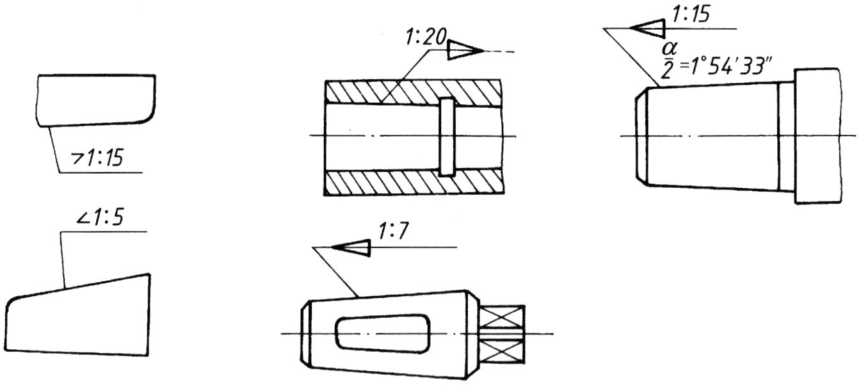

图2－25　锥度和斜度的标注方法

③ 板状零件和正方形结构的注法　如图 2－26 所示，标注板状零件的尺寸时，在厚度的尺寸数字前加注符号“t”。如图 2－27 所示，标注机件的断面为正方形结构的尺寸时，可在边长尺寸数字前加注符号“□”，或用 14×14 代替□14。图中相交的两条细实线是平面符号（当图形不能充分表达平面时，可用这个符号表达平面）。

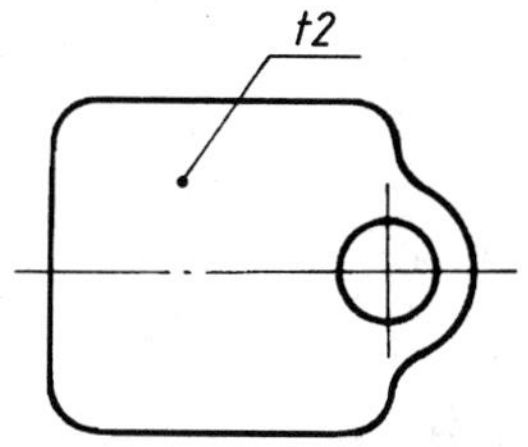

图 2－26　板状零件厚度的标注

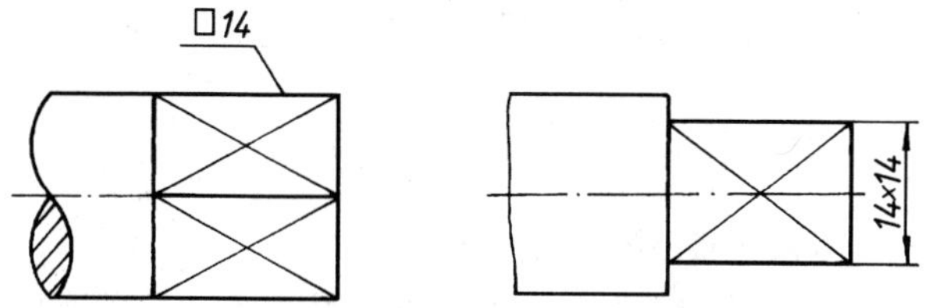

图 2－27　正方形结构的尺寸标注

2.3　几何作图

虽然机件的轮廓形状是多种多样的，但它们的图样基本上都是由直线、圆弧和其他一些曲线所组成的几何图形，因而在绘制图样时，经常要运用一些最基本的几何作图方法。

1. 圆内接正多边形的画法

圆内接正五边形和正六边形的作法分别如图 2－28 和图 2－29 所示。

在图 2－28 中，作水平线 ON 的中点 M，以点 M 为圆心、MA 为半径作弧，交水平中心线于 H。以 AH 为边长，即可作出圆内接正五边形。

在图 2－29 中，用 60°三角板配合丁字尺通过水平直径的端点作四条边，再以丁字尺作上、下水平边；或以半径长为边长，即可作出圆内接正六边形。

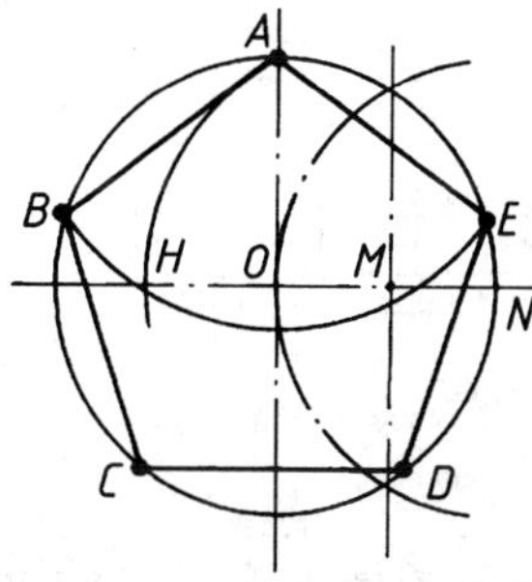

图 2－28　正五边形作法

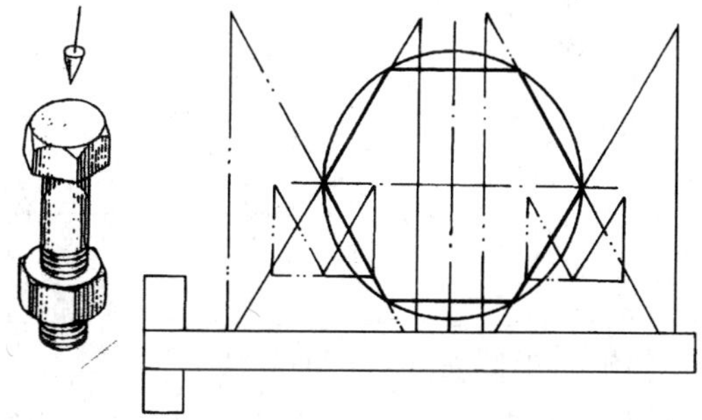

图 2－29　正六边形作法

2. 斜度和锥度

一直线对另一直线或一平面对另一平面的倾斜程度，称为斜度，在图样中以 $1:n$ 的形式标注。图 2－30 为斜度 1:6 的作法：由点 A 在水平线 AB 上取六个单位长度得点 D，过点 D 作 AB 的垂线 DE，取 DE 为一个单位长，连 A 和 E，即得斜度为 1:6 的直线。

正圆锥底圆直径与圆锥高度之比，称为锥度，在图样中常以 $1:n$ 的形式标注。图 2－31 为锥度 1:6 的作法：由点 S 在水平线上取六个单位长得 O；由 O 作 SO 的垂线，分别向上和向下最取半个单位长度，得 A、B 两点；分别过点 A、B 与点 S 相连，即得 1:6 的锥度。

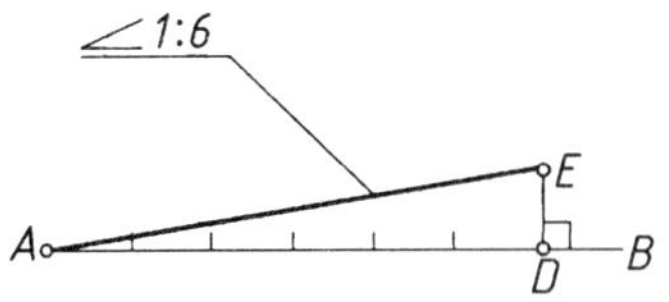

图 2 - 30 斜度作法

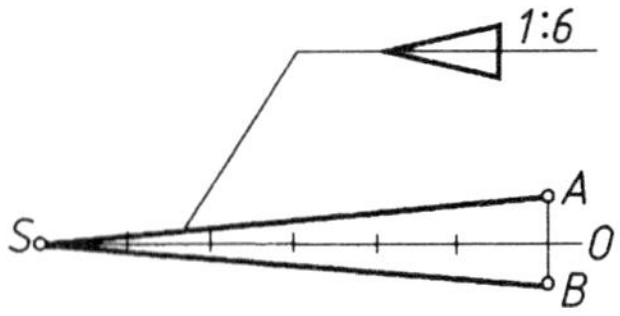

图 2 - 31 锥度作法

3. 圆弧连接

在绘制工程图样时，经常遇到用圆弧来光滑连接已知直线或圆弧情况，光滑连接也就是在连接点处相切。为了保证相切，在作图时就必须准确地作出连接圆弧的圆心和切点。

圆弧连接有三种情况：用已知半径为 R 的圆弧连接两条已知直线；用已知半径为 R 的圆弧连接两已知圆弧，其中有外连接和内连接之分；用已知半径为 R 的圆弧连接一已知直线和一已知圆弧。下面就各种情况作简要地介绍。

1）圆弧与两已知直线连接的画法

已知两直线以及连接圆弧的半径 R，求作两直线的连接弧。作图过程如图 2 - 32 所示。

要画一个圆弧，必须知道半径和圆心的位置，如果只知道圆弧半径，圆心要用作图法求得，这样画出的圆弧为连接弧。

① 求连接弧的圆心：作与已知两直线分别相距为 R 的平行线，交点 O 即为连接弧圆心；

② 求连接弧的切点：从圆心 O，分别向两直线作垂线，垂足 M、N 即为切点；

③ 以 O 为圆心，R 为半径在两切点 M、N 之间作圆弧，即为所求连接弧。

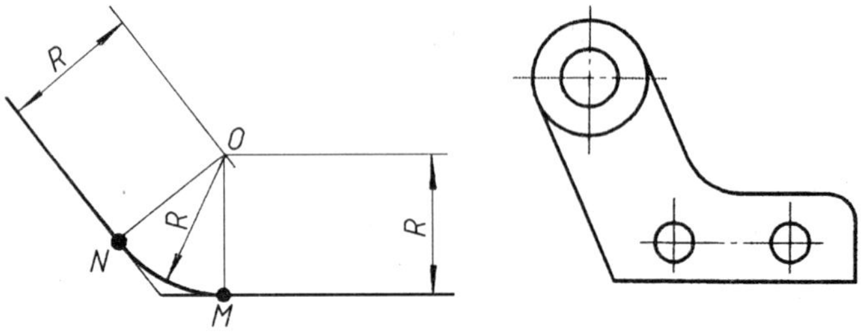

图 2 - 32 圆弧连接两直线的画法

2）圆弧与两圆弧外连接的画法

已知两圆圆心 O_1、O_2 及其半径 $R5$、$R10$，用半径为 15 的圆弧外连接两圆。作图过程如图 2 - 33 所示。

① 求连接弧的圆心：以 O_1 为圆心，$R_1 = 5 + 15 = 20$ 为半径画弧，以 O_2 为圆心，$R_2 = 10 + 15 = 25$ 为半径画弧，两圆弧的交点 O 即为连接弧的圆心；

② 求连接弧的切点：连接 O、O_1 得点 N，连接 O、O_2 得点 M。点 M、N 为切点；

③ 以 O 为圆心，$R15$ 为半径画圆弧 $\overset{\frown}{MN}$。$\overset{\frown}{MN}$ 即为所求连接弧。

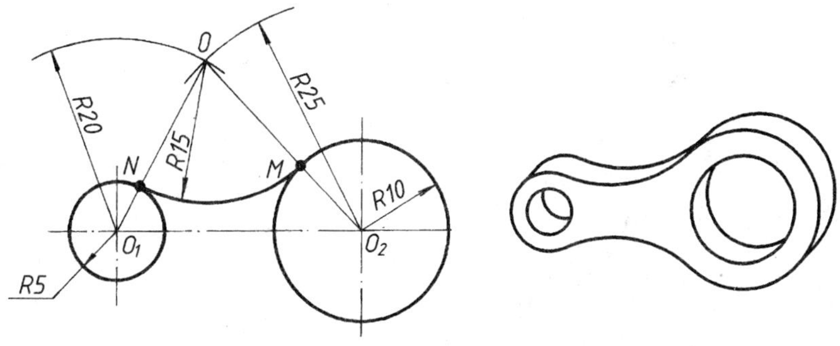

图 2-33　圆弧与两圆弧外连接画法

3）圆弧与两圆弧内连接的画法

已知两圆圆心 O_1、O_2 及其半径 $R5$、$R10$，用半径为 30 的圆弧内连接两圆。作图过程如图 2-34 所示。

① 求连接弧的圆心：以 O_1 为圆心，$R_1=30-5=25$ 为半径画弧，以 O_2 为圆心，$R_2=30-10=20$ 为半径画弧，两圆弧的交点 O 即为连接弧的圆心；

② 求连接弧的切点：连接 O、O_1 得点 N，连接 O、O_2 得点 M，点 M、N 即为切点；

③ 以 O 为圆心，$R30$ 为半径画圆弧 $\overset{\frown}{MN}$。$\overset{\frown}{MN}$ 即为所求的连接弧。

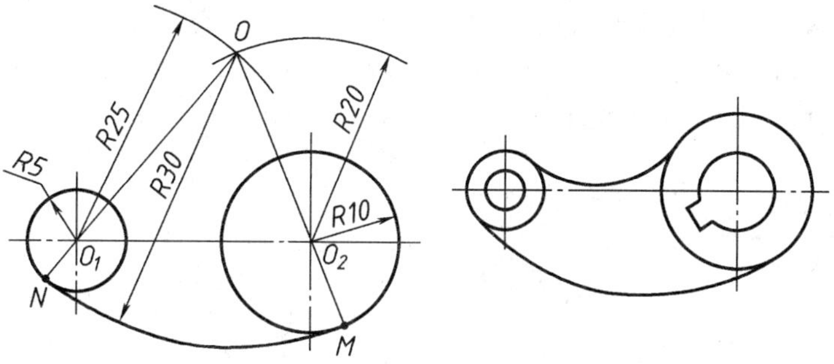

图 2-34　圆弧与两圆弧内连接的画法

思考：圆弧与两圆弧内外连接的画法如何进行？

4）圆弧与圆弧、直线连接的画法

已知圆心为 O_1、半径为 R_1 的圆弧和直线 l_1，用半径为 R 的圆弧把圆心为 O_1，半径为 R_1 的圆弧和直线 l_1 连接起来。图解过程如图 2-35 所示。

① 求连接弧的圆心：作直线 l_1 的平行线 l_2，两平行线间的距离为 R，以 O_1 为圆心，$R+R_1$ 为半径画圆弧，直线 l_2 与圆弧的交点 O 即为所求连接弧的圆心；

② 求连接圆弧的切点：从点 O 向直线 l_1 作垂线得垂足 N，连接 OO_1 与已知弧相交得交点 M，点 M 和点 N 即为切点；

③ 以 O 为圆心，R 为半径作圆弧 $\overset{\frown}{MN}$，$\overset{\frown}{MN}$ 即为所求的连接弧。

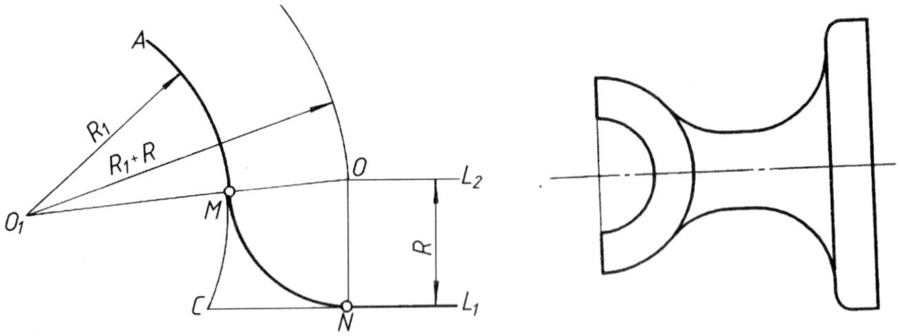

图 2-35 圆弧与圆弧、直线连接的画法

4. 椭圆的画法

绘图时，除了直线和圆弧外，也会遇到一些非圆曲线。在此介绍椭圆的常用画法。

1）同心圆作椭圆的画法

如图 2-36 所示给出了由长、短轴画椭圆的方法：以 O 为圆心、长半轴 OA 和短半轴 OC 为半径分别作圆；过圆心 O 作若干射线与两圆相交，由各交点分别作与长、短轴平行的直线，即可相应地得到椭圆上的各点。最后，把椭圆上的各个点用曲线板连接成椭圆。

2）椭圆的近似画法

图 2-37 中是利用长、短轴作椭圆的一种近似画法：连长、短轴的端点 A、C，取 $CE_1 = CE = OA - OC$；作 AE_1 的中垂线与两轴分别交于点 O_1、O_2；分别取 O_1、O_2 对轴线的对称点 O_3、O_4；最后分别以点 O_1、O_2、O_3、O_4 为圆心，O_1A、O_2C、O_3B、O_4D 为半径作圆弧，这四段圆弧就近似地代替了椭圆，圆弧间的连接点为 K、N、N_1、K_1。

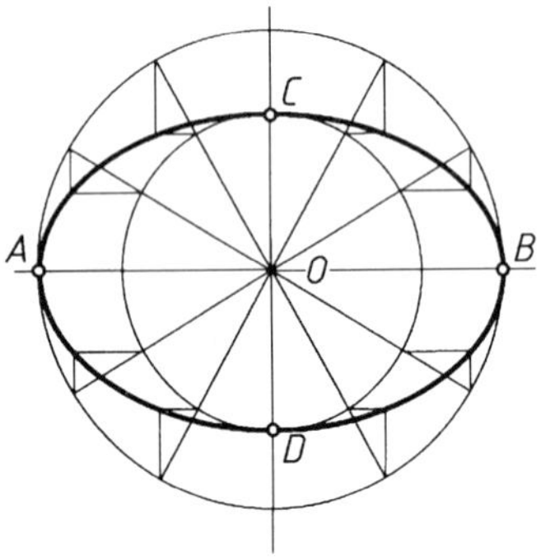

图 2-36 用同心圆法作椭圆

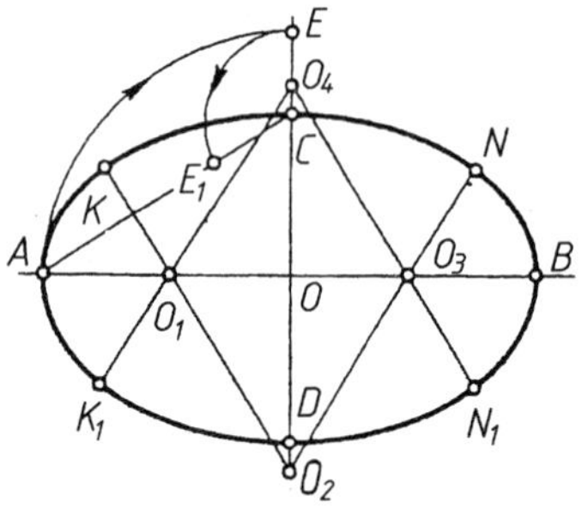

图 2-37 用四心圆弧法近似画椭圆

2.4 平面图形构型设计

2.4.1 平面图形构型设计的一些原则

1. 构型应表达功能特征

平面几何图形构型主要是进行轮廓特征设计，其表达的对象往往是工业产品、设备、工具

等。几何图形形状组合的依据，来源于对丰富的现有产品的观察、分析与综合，构成的整个图形应能充分地表达功能特征。构型设计不仅是仿形，更重要的是通过创造性思维，构造新的几何形状，表达其美观、新颖、适用等优点，尤其是应将其特殊的功能和特点明显且充分地呈现出来。应积极思维、广泛联想、大胆创造、敢于突破、超越现实，设计出更加抽象、更富有联想和寓意的平面图形来。如设计一个小轿车的图形，首先应表现其轻便、高速的特点（图 2-38a），为使其优点更加突出，可使外观更加扁平、轻巧，可设计成流线型（图 2-38b）。也可联想构造一种水陆两用车（图 2-38c）。也可以是更加抽象的非车非船的图形（图 2-38d），也可以赋予鸟形，以实现腾空飞行（图 2-38e）等等。

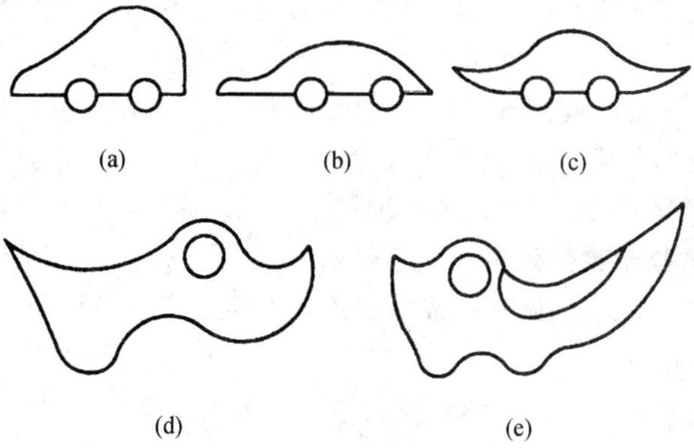

图 2-38　小轿车外形构形思路

2. 造型应注意工程化

工程化是指图形的取材、描述和表达的对象主要是工程产品、设备与工具等，如运输设备（车、船或飞行器类）、生产设备、仪器仪表、电器、机器人等。在日常生活中，经常使用的自行车、汽车、家具、家用电器、绘图工具等，都可作为平面图形设计的素材。图 2-39 所示的一些实例均可供构型设计参考。

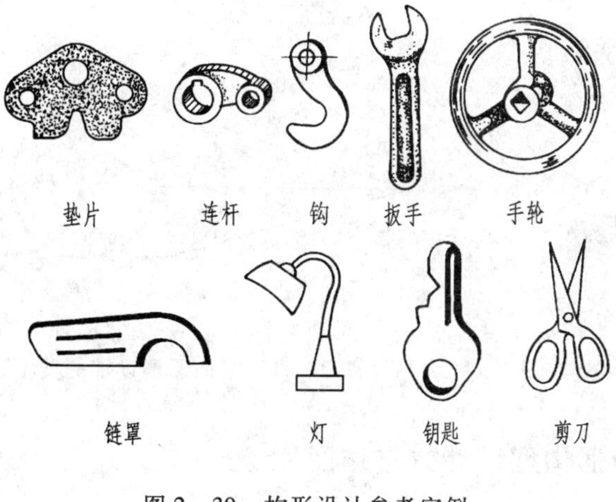

图 2-39　构形设计参考实例

3. 便于绘图与标注尺寸

应尽可能考虑用常用的平面图形来构型，以便于用常用的绘图工具作图和标注尺寸。因图形是制造的依据，所以设计的平面图形必须标注全部尺寸，图形和尺寸齐全才算完成了构型设计。有些非圆曲线，如椭圆、渐开线等，已简化成用圆弧连接作图，也必须标注制造需要的特征尺寸。有些工程曲线，如车体、飞行器外形、船体线型、凸轮外轮廓等需按计算结果绘制，它们往往需要标注数个离散点的坐标尺寸，然后用曲线板逐点光滑连接成轮廓线，这样的过程，对于作图和尺寸标注显然是相当的复杂。本节的构型设计不是真正的工程设计，一般应避免采用自由曲线。构型设计更不是一般的美术画，比如美术家徒手画一条任意曲线是轻而易举的事，但要标注这条曲线的尺寸却是很困难的。采用常用图形完全可以构造出各种美观、多样、实用的图形。

总之，构型设计出来的平面图形应便于使用常用的工具绘制，且容易完整地标注尺寸，切不可随心所欲地勾画图形，从而使需要标注的尺寸繁多，甚至难以注全。

一般地说，便于绘制和标注尺寸的图形也便于加工制造，且具有良好的工艺性。

4. 注意运用图形变换和整体效果

将常用图形（如正六边形、圆等）按一定规律进行变换，即可设计出形态各异、寓意深远的图案，如图2-40所示。

平面图形设计还应考虑美学、力学、视觉等方面的整体效果，如图2-41所示：（a）表示静中有动、（b）表示稳定、（c）表示拉力平衡。

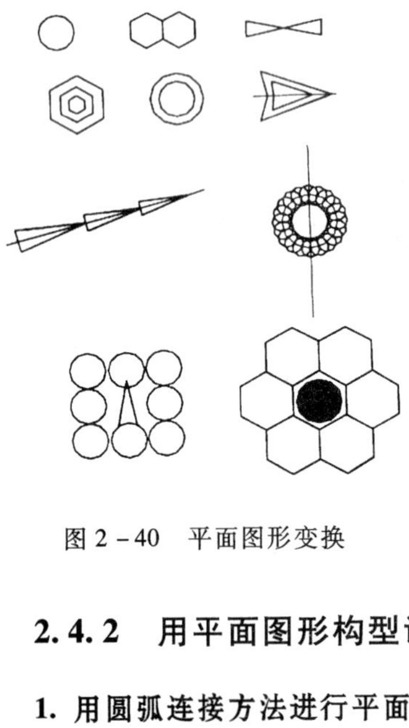

图2-40　平面图形变换

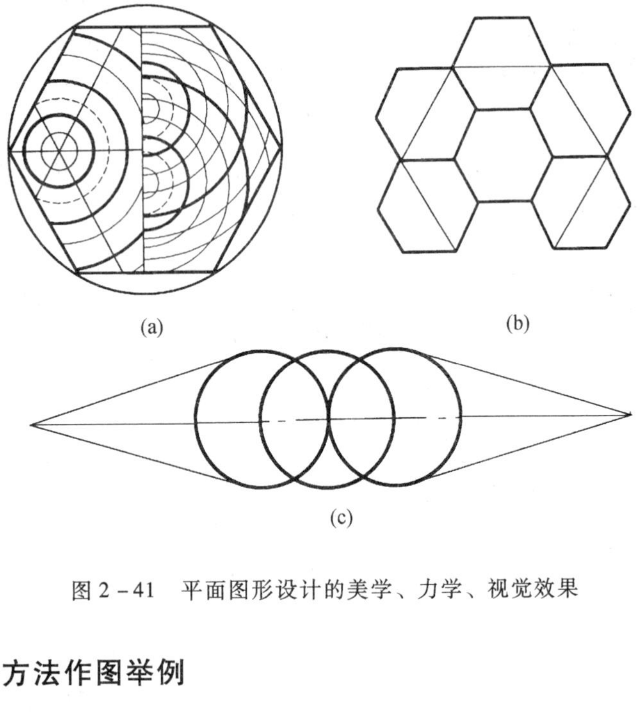

图2-41　平面图形设计的美学、力学、视觉效果

2.4.2　用平面图形构型设计方法作图举例

1. 用圆弧连接方法进行平面图形设计

1）设计要求

① 包含圆弧与直线相切、圆弧与圆弧内切与外切，并有中间线段（或中间弧）；

② 能基本反映某种工程产品或机件的形状特征；

③ 标注全部尺寸。

2）设计方法和作图过程

① 选取产品或机件，由其功能分析轮廓形状特征；

② 按照设计要求和轮廓特征拟定线段连接方案，注意必须准确求出连接圆弧的圆心和切点，先画已知线段，再画中间线段，最后画连接线段；

③ 检查并修改图形方案，符合设计要求后，描深全图；

④ 标注尺寸。

例 拨钩构型作图（图 2-42）。

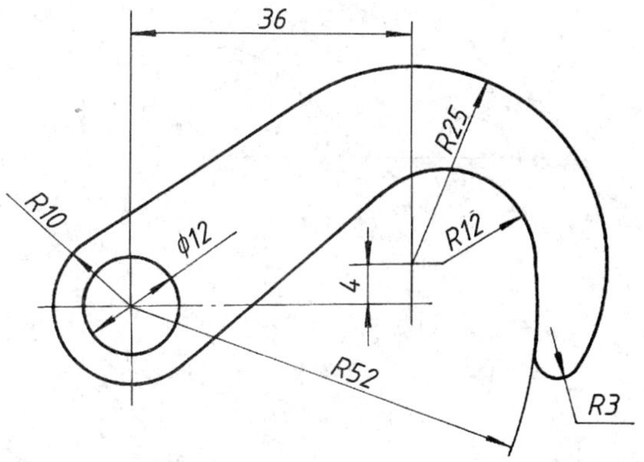

图 2-42 拨钩构型示例

分析：

（1）按其功能要求，必须有一直径为 $\phi12$ 的转轴孔和一半径为 $R12$ 的挂钩弧；

（2）从圆弧种类分析，半径为 $R25$、$R52$、$R10$ 的圆弧和直径为 $\phi12$ 的圆为已知圆弧，半径为 $R12$ 的圆弧为中间圆弧，半径为 $R3$ 的圆弧是连接圆弧，两条公切线是连接直线。

作图步骤（图 2-43）

（1）画已知圆弧（图 2-43a）。

（2）画半径为 $R12$ 的中间弧（与半径为 $R52$ 的已知弧内切）：以 O 为圆心，以 $R40$ 为半径画圆弧与过 O_1 的水平线相交，交点 O_2 为半径为 $R12$ 的圆弧的圆心；连线段 OO_2，其延长线与半径为 $R52$ 的圆弧的交点 A 即为切点；画半径为 $R12$ 的圆弧（图 2-43b）。

（3）画半径为 $R3$ 的连接弧（与半径为 $R52$ 的圆弧外切、与半径为 $R25$ 的圆弧内切）（图 2-43c）。

（4）画两条公切的直线段（半径分别为 $R10$、$R25$ 的圆弧的公切线 ED，半径分别为 $R10$、$R12$ 的圆弧的公切线 FG）（图 2-43c）。

（5）描深全图，标注尺寸（图 2-42）。

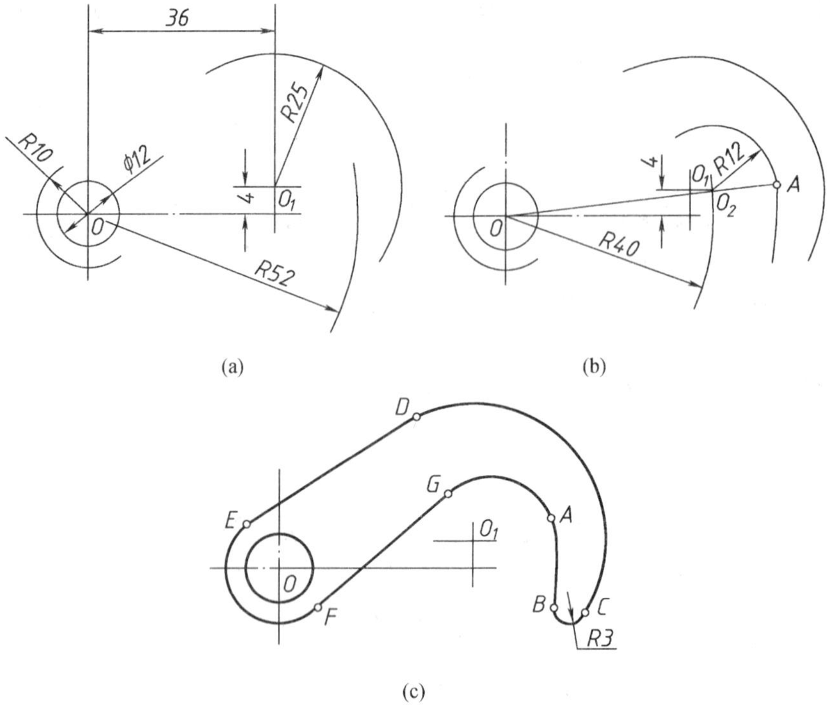

图 2－43 拨钩构型作图过程

2. 平面图案构型设计

1）设计要求

① 用正六边形、圆、尺寸线终端箭头组成；

② 必须有粗实线、细实线、虚线；

③ 不标注尺寸；

2）设计的图案（图 2－44）

如图 2－44 所示主要运用了圆形的环形陈列和六边形缩放变换构成了类似于花瓣的图案，箭头轮廓象征着支点，给人以平衡和定位感。

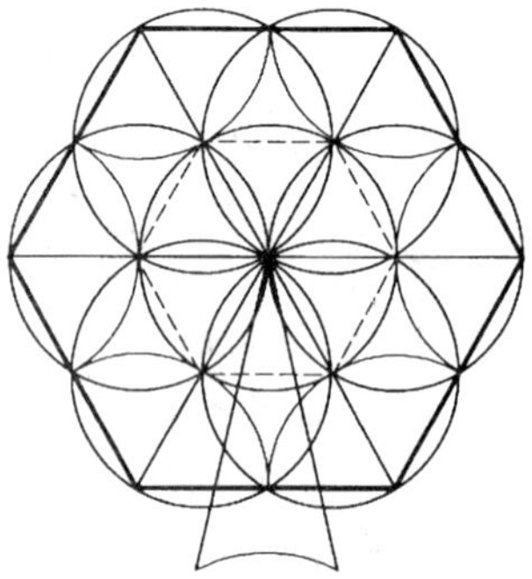

图 2－44 平面图案

2.5 绘图技能

绘图技能包括用仪器绘图和徒手绘图两种方法。

2.5.1 仪器绘图

1. 充分做好各项准备工作

（1）准备好必需的制图工具和仪器；

（2）确定图形采用的比例和图纸幅面的大小；

（3）画出图框和标题栏的边框；

（4）分析所画图形上尺寸的作用和线段的性质，确定画线的先后次序；

（5）确定图形在图纸上布置的位置。

2. 按照正确的步骤进行画图

现以扳手为例加以说明，如图 2－45 所示。

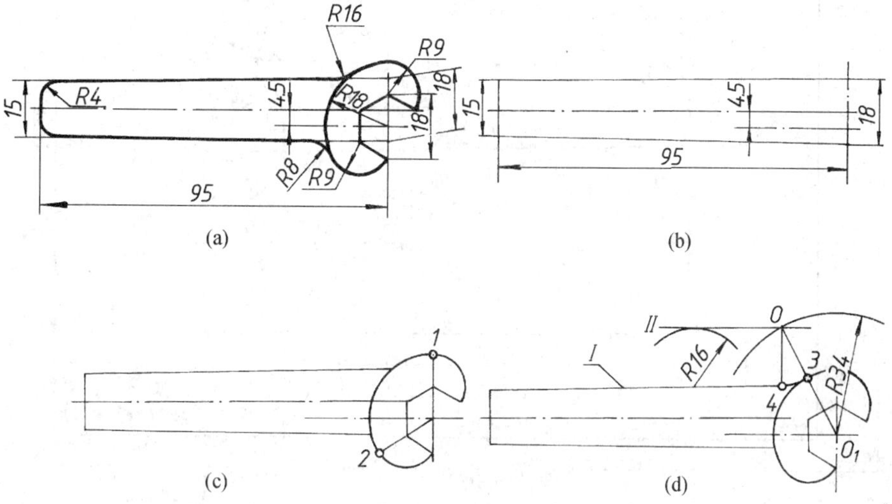

(a) (b) (c) (d)

图 2－45 扳手画法

1）进行图形分析

如图 2－45a 所示，扳手钳口是正六边形的四条边。扳手弯头形状是由 R18，R9 组成，它们是相切的，圆心位置都已知道。R16、R8、R4 是连接弧。

2）用细实线画图形的底稿

画底稿一般用较硬的铅笔（如 H 或 2H）来画。底稿要轻画，但各种图线要分明，视图位置安排合理，尺寸大小要准确。如图 2－45b 所示根据已知尺寸画出轴线、中心线和柄部的图形。如图 2－45c 所示根据尺寸 18 作出六边形。根据 R9、R18 画出弯头，它们相切在点 *1*、*2*。

如图 2－45d 所示，求 R16 连接弧的圆心：以 O_1 为圆心，$R=18+16=34$ 为半径画弧，作与直线 *I* 平行且距离为 16 的直线 *II*，直线 *II* 与圆弧的交点 *O* 即为圆心，点 *3*，*4* 为切点。R8、R4 的圆心求法与前类同。

3）加深粗实线

底稿完成之后，要仔细校对，擦去多余的作图线，再按各种图线要求进行加深，一般用 B 或 2B 铅笔加深粗实线。圆规用的铅芯应比画直线用的铅笔软一号为宜。加深粗实线时，先加深圆和圆弧，再从图的左上方开始，顺次向下加深所有水平方向的粗实线，从图的左上方开始，顺次向右加深所有的垂直方向的粗实线，最后加深其余粗实线。

4）加深细线

按上述顺序，用 H 铅笔加深所有细线——细实线、点画线和虚线等，这些线型一般以清晰可见为宜。以后画视图的剖面线时，注意不要画得太浓太密，否则会影响图样的清晰。如果底稿已很明显，一般也可不再加深。剖面线等也可在加深时一次画成。

5）画箭头、注尺寸、画代（符）号等

6）填写标题栏和其他必要的说明，完成图样，如图2－46所示。

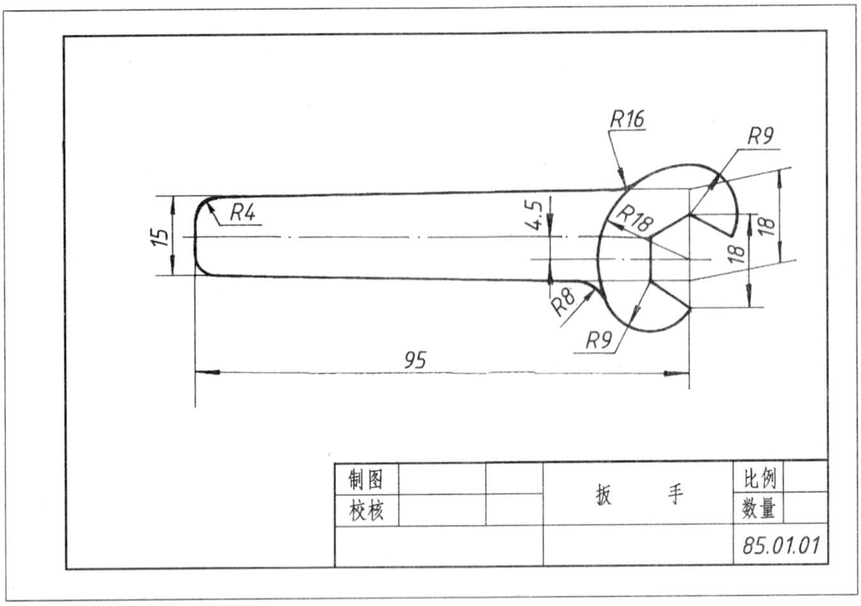

图2－46 扳手的平面图形

2.5.2 徒手草图

1. 草图的概念

草图是不借助仪器，仅用铅笔以徒手、目测的方法绘制的图样。由于绘制草图迅速简便，有很大的实用价值，常用于创意设计、测绘机件和技术交流中。

草图不要求按照国标规定的比例绘制，但要求正确目测实物形状及大小，基本上把握住形体各部分间的比例关系。判断形体间比例要从整体到局部，再由局部返回整体，相互比较。如一个物体的长、宽、高之比为4:3:2，画此物体时，就要保持物体自身的这种比例。

草图不是潦草的图，除比例一项外，其余必须遵守国标规定，要求做到图线清晰，粗细分明，字体工整等。

为便于控制尺寸大小，经常在网格纸上画徒手草图，网格纸不要求固定在图板上，为了作图方便可任意转动或移动。

2. 草图的绘制方法

1）画直线

水平直线应自左向右，铅垂线应自上而下画出，眼视终点，小指压住纸面，手腕随线移动。画水平线和铅垂线时，要充分利用坐标纸的方格线，画45°斜线时，应利用方格的对角线方向（如图2－47）。

2）画圆

画不太大的圆，应先画出两条互相垂直的中心线，再在中心线上按半径定四端点，然后连成圆，如图2－48a所示。如画的圆较大，可以再增画两条对角线，在对角线上找出四段半径的端点，然后通过这些点进行描绘，最后完成所画的圆，如图2－48b所示。

图 2-49 所示是利用网格纸绘制草图的示例。

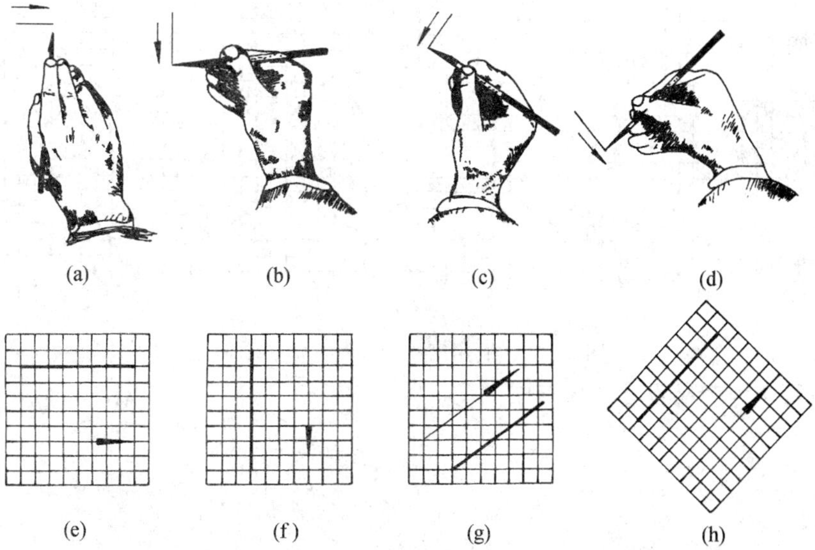

图 2-47 草图画线

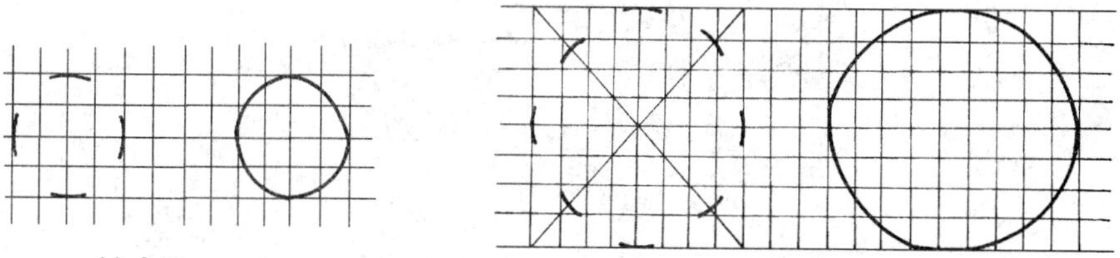

(a) 小圆

(b) 大圆

图 2-48 草图圆的画法

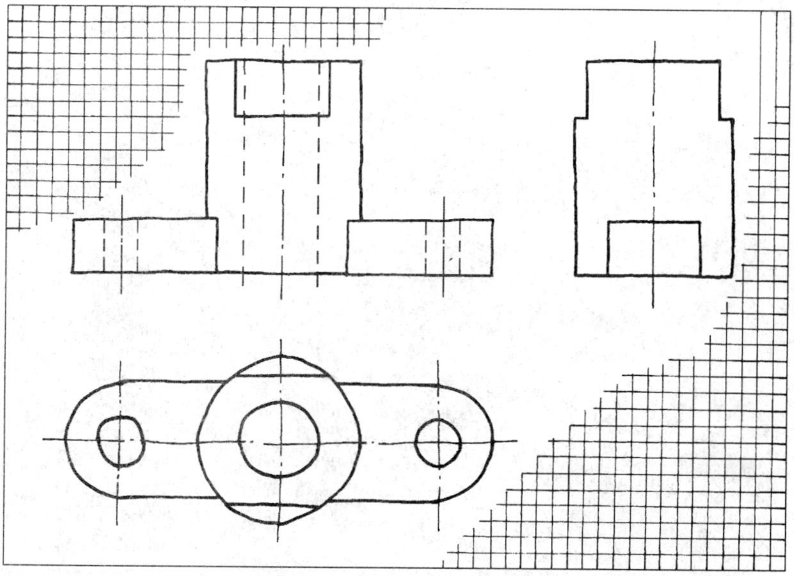

图 2-49 草图示例

图 2－50 所示是根据视图绘制立体图（轴测图）的示例。

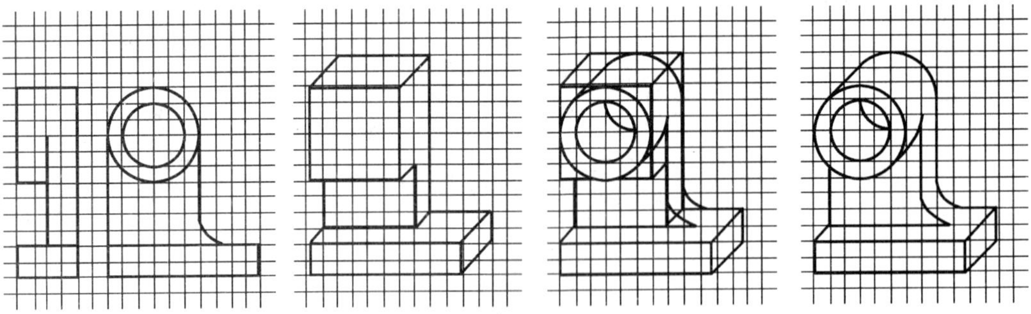

图 2－50 利用网格纸绘制立体图示例

图 2－51 所示为产品设计构思草图。

图 2－51 产品设计构思草图

第3章 计算机绘图基础

3.1 交互绘图屏幕菜单与输入法

计算机绘图是指应用绘图软件及计算机硬件（主机、图形输入及输出设备），实现图形显示、辅助绘图与设计的一项技术。图形输入设备常见的有鼠标、扫描仪、数字化仪及图形输入板。图形输出设备常见的有显示器、打印机及绘图机。

随着计算机硬件的发展，计算机绘图软件得到了突飞猛进的发展。国内外成功地研制了许多绘图软件，其中 AutoCAD 是一个通用的交互式绘图系统。1982 年推出了 1.0 版，到 2004 年已推出 2005 版本的 AutoCAD 软件。该软件版本不断更新，功能日趋完善，在机械、电子、建筑等领域得到了广泛的应用。

为了满足产品系列化设计的要求，即如何对具有形状结构相似但大小不同的产品提高设计与绘图效率，近年来交互参数化绘图软件受到了重视。经过深入的研究，现国内外不断推出具有参数化设计功能的绘图软件，可有效地提高系列化产品的设计效率。

与手工绘图比较，计算机绘图具有如下优点：

（1）图形可保存在硬盘或光盘上，管理容易，不会污损，携带方便。

（2）修改图形容易、方便、快速。

（3）绘图速度快、精度高。

（4）促进设计工作的规范化、系列化和标准化。

下面主要介绍 2005 版 AutoCAD 的使用方法及参数化绘图的基本概念。AutoCAD 绘图的基本命令详见附录 A。

3.1.1 AutoCAD 菜单

AutoCAD2005 启动后的屏幕显示如图 3-1，分绘图区、菜单区、命令提示区。该绘图软件提供了几种不同的菜单，包括固定菜单、下拉菜单、图标菜单。

1. 下拉菜单

（1）使用鼠标将光标移至绘图屏幕的固定菜单行，选择所需要的项目，然后按下鼠标左键，即出现下拉菜单。

（2）利用鼠标上下移动，以选择适当命令。

（3）命令后有三角箭头符号者，表示还有下一级菜单。

（4）命令后有“…”三点符号者，表示该项有对话框或图标菜单。

2. 对话框

在下拉菜单的某些项目中，可用来显示或修改某些 AutoCAD 的设定值，如图层、栅格等，此即所谓的对话框。例如点下拉菜单［Format］->［Layer...］，则出现图层设置对话框。

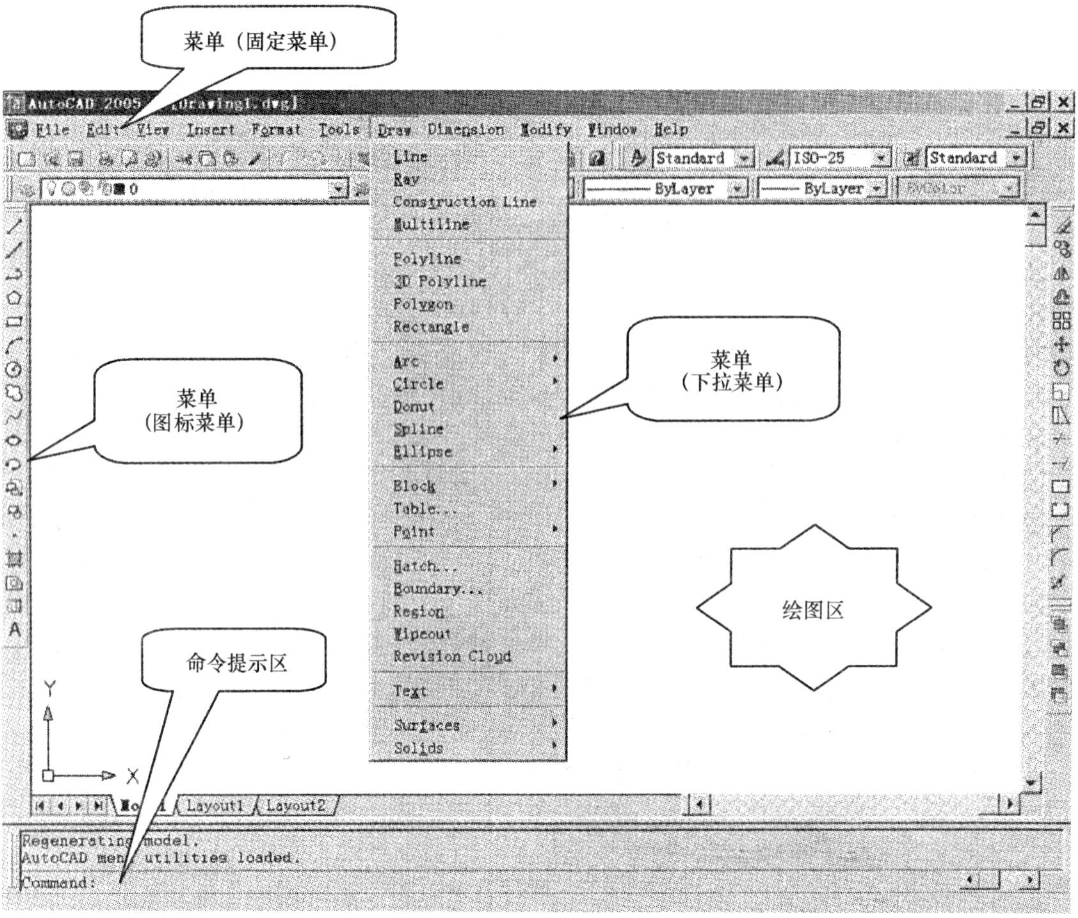

图3-1　AutoCAD界面

3. 图标菜单

某些菜单以实际的图像显示在屏幕上，如用直线图标来表示画直线菜单，使用户一目了然。

3.1.2　AutoCAD命令的输入方法

在命令提示区出现“Command:”的状态下，表明AutoCAD此时处于命令状态并准备接受命令。用户可以下列任何一种方式输入命令：

1. 从键盘输入

从键盘输入命令，简单地打入命令名，接着按Enter键或鼠标右键。

2. 从图标菜单输入

将鼠标移到屏幕上的图标菜单，选择菜单项，并按鼠标左键即可。

3. 从下拉菜单输入

使用鼠标将光标移至屏幕的固定菜单行。左右移动光标，选择所需要的项目，然后按下鼠标左键，即出现下拉菜单。鼠标上下移动，以选择适当命令。

4. 重复命令

无论使用何法输入一个命令，都可以在下一个“Command:”提示符出现后，通过按空格键或回车键或鼠标右键来重复这个命令。

3.1.3 AutoCAD 数据的输入方法

当调用一条命令时，通常还需提供某些附加信息，指明执行动作的方式、位置和对象等。AutoCAD 在需要输入信息时会给出提示。

1. 数值

许多提示要求输入数值。从键盘输入这些值时，可用下列字符：

+ -0 1 2 3 4 5 6 7 8 9 E.

数值如：-35.7，7.2E+6，2.5E-3。

2. 指定点

当 AutoCAD 出现“point:”提示时，它需要作图过程中某一点的坐标。点是输入数据最常用的方式。

AutoCAD 接受三维点（x，y，z），但用户可省略 z 值，AutoCAD 会根据用户设置的当前高度自动填入 z 值。

AutoCAD 指定点的方法有：

1）键盘输入

直接输入坐标后，按空格键或回车键。

2）鼠标输入

利用鼠标将光标移至绘图区某点，按鼠标左键。

3.1.4 AutoCAD 的几个功能键

AutoCAD 在键盘上定义了一些功能键，操作时非常方便，也很有用。功能键的定义有：

F2——文本显示与图形显示转换键。

F6（CTRL D）——动态显示坐标开关。当其为 ON 时，光标移动，状态行的坐标数值随鼠标移动而变化。

F7（CTRL G）——网点开关。

F8——正交方式开关。

F9（CTRL B）——网点捕捉开关。

F3——对象捕捉开关。

Esc——放弃正在执行的某命令，使系统处在接受命令状态。

3.1.5 AutoCAD 中的坐标

1. 绝对坐标

用户输入绝对坐标可以有：

1）笛卡儿（直角）坐标：（x，y，z）

在二维绘图中 z 坐标通常可以省略，即（x，y）。实际输入时不加小括号。如 x 坐标为 3.5，y 坐标为 7.2，则输入格式是：3.5，7.2。

2）极坐标：距离 <角度

用户可以输入某点离当前用户坐标系（UCS）原点的距离及它在 XY 平面中的角度来确定该点，两值用“<”隔开。规定以 X 轴正向为基线，逆时针方向角度值为正值，顺时针方向角度值为负值。如 8.03 <65 表示离原点距离为 8.03，相对于 X 轴为 65°。

2. 相对坐标

1）相对笛卡儿坐标：@ dx，dy

如前所述，绝对坐标是对当前的用户坐标系统来说的。用户可以指出某一点到已知前一个坐标的相对距离，为此需要在点值前打入一个“@”。如，已知前一点坐标是（10，6），如果输入@2.5，-1.3，相当于指定该点绝对坐标是（12.5，4.7）。

2）相对极坐标：@距离<角度

这是以某一点为基准以该点至下一点连线的距离及该连线与 X 轴正向的角度来表示。如输入@8.03<65，表示离前一点距离为 8.03，两点连线相对于 X 轴为 65°。

3. 上一次坐标

输入@符号本身相当于输入相对坐标“@0，0”，它指明与最后点的偏移为 0。

3.2 AutoCAD 绘图操作流程

AutoCAD 绘图流程为：建立一张新图或打开一张旧图→设置绘图环境→绘图和修改→编辑→存储和退出。

1. 建立一张新图或打开一张旧图

1）NEW 建立一张新图

在“File”菜单中选择“New”命令，AutoCAD 将弹出“Select template”对话框，可以选择相应的“template”文件，单击“Open”来建立新的图形文件。图形文件名为 Drawing 1，Drawing 2 等（系统给定），存盘时可以改变。

2）OPEN 打开一张旧图

在“File”菜单中选择“Open”命令，AutoCAD 将弹出 Select File 对话框，通过鼠标点取或输入要打开的文件名。

2. 建立绘图环境

1）设置图幅

在“Format”菜单中选择“Drawing Limits”，或直接在命令行输入“LIMITS”命令，AutoCAD 提示是否设定限定范围检查或输入限定范围的左下、右上坐标。设置后用“ZOOM”命令并键入“ALL”窗口显示该工作区。

2）设置单位制

系统缺省的数值、角度单位是十进制，可不重新设置。若想改变可用“UNITS”命令或点取“Format”菜单，选择“Units Control”选项来重新设置。

3）设置图层

图层（LAYER）是 AutoCAD 的一大特色。图层本身是不可见的。可以将图层理解为透明纸，图形的不同部分可以画在不同的透明纸上，最终将这些透明纸叠加在一起就是一张完整的图形。图层可以设定颜色和线型，并可设定打开或关闭、冻结或解冻、锁定或解锁等。

例如一张机械图，可把轮廓线放在一个图层上，设定颜色是白色（WHITE），线型为实线（CONTINUOUS）；把中心线放在某一图层上，设定颜色为绿色（GREEN），线型为点画线（CENTER）；把尺寸标注放在某一图层上，设定颜色为蓝色（BLUE），线型为实线（CONTINUOUS）；这样不同类型的图素放在不同的图层上。

当开始绘新图时，系统只有一个名字为 0 的图层，该图层不能删除或更名，它含有与图形块有关的一些特殊变量。设置图层的命令为“LAYER”，具体操作见附录 A。

4）设置颜色

在“Format”菜单选择“Color”，或直接在命令行输“DDCOLOR”命令，计算机弹出选择颜色框，确认某种颜色后，便按此颜色绘图。

5）设置线型

在“Format”菜单选择“Linetype”，或直接在命令行输“LINETYPE”命令，或“DDLTYPE”命令，系统弹出线型设置对话框选择线型。

3. 绘制（DRAW）和修改（MODIFY）

（1）部分常用绘制命令（表 3－1）。

（2）部分常用修改命令（表 3－2）。

表 3－1　常用绘图菜单与命令

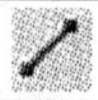	Line	绘制直线
	Xline	绘制构造线
	Pline	绘制多义线
	Polygon	绘制多边形
	Rectangle	绘制矩形
	Arc	绘制圆弧
	Circle	绘制圆
	Revcloud	绘制云线
	Spline	绘制样条曲线
	Ellipse	绘制椭圆
	Insert	插入块
	Block	定义块
	Point	绘制操作点
	Bhatch	填充图形
	Region	定义面域
	Table	插入表格
	Mtext	写文本

表 3－2 常用图形修改菜单与命令

	Erase	删除实体
	Copy	拷贝实体
	Mirror	镜像
	Offset	偏移复制
	Array	阵列复制
	Move	移动操作
	Rotate	旋转操作
	Scale	比例缩放实体
	Stretch	拉伸移动实体
	Trim	修剪实体
	Extend	延伸实体
	Break	删除或打断实体
	Chamfer	倒直角
	Fillet	倒圆角
	Explode	分解实体

4. 存储图形

绘制图形后，需要保存到磁盘中，AutoCAD 提供了“Save”、“Save as”命令，用于保存文件到目标盘中。

5. 退出

当绘制完图形，并且将文件存盘后，就可以退出 AutoCAD 系统。可通过［File］－>［Exit］实现，也可直接在命令行输“EXIT”或“QUIT”命令。如果图形发生了更改而没有存盘，则系统退出前弹出提示存盘的对话框。

3.3 计算机绘图举例

3.3.1 图形生成

例 3－1 用 AutoCAD 命令作图 3－2 所示图形。

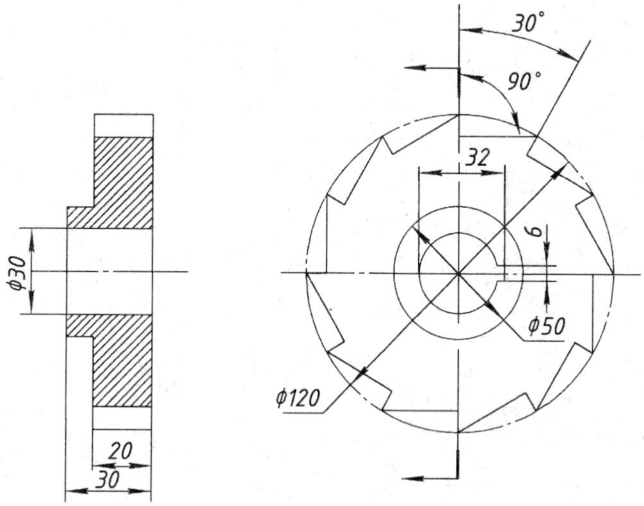

(a) (b)

图 3-2

作图步骤：

【步骤一】 作图环境设置

（1）用 LIMITS 命令设置图限范围。左下角为（0，0），右上角为（420，297），然后用 ZOOM 命令 ALL 选项显示全范围。

（2）用 LAYER 命令设置层。

在 Layer 对话框中用“New Layer”按钮设置如下层

Name（层名）	Color（颜色）	Linetype（线型）
OBJECT 层	WHITE	CONTINUOUS
DIM 层	YELLOW	CONTINUOUS
CENTER 层	RED	CENTER
HATCH 层	GREEN	CONTINUOUS

注意：

层颜色设置在颜色项［Color］下方的小方框处单击鼠标左键，通过弹出的颜色对话框选择颜色。

线型缺省为 CONTINUOUS，在 CONTINUOUS 处单击鼠标左键，若弹出的对话框中不存在所需的线型，通过 Load 按钮装入线型，并从框中选择所需的线型。

（3）用鼠标点取层名 CENTER，击“Set Current”按钮，使 CENTER 层为当前层。

【步骤二】 画棘轮轮齿

（1）作外圆

Command：CIRCLE

Specify center point for circle or ［3P/2P/Ttr（tan tan radius）］（用鼠标在屏幕适当位置选一点，该点为圆心）

Specify radius of circle or ［Diameter］：60

(2) 用 LAYER 命令设置 OBJECT 层为当前层。

(3) 用 LINE 命令从圆心垂直向上画一条线。

Command: LINE

Specify first point: CEN

Of (用鼠标在半径为 60 的圆周上点取该圆)

Specify next point or [Undo]: @0, 60

Specify next point or [Undo]: 〈ENTER〉

(4) 用 LINE 命令画一条与垂直方向成 30°的线，并作一段水平线。

Command: LINE

Specify first point: CEN

Of (用鼠标在半径为 60 的圆周上点取该圆)

Specify next point or [Undo]: @60<60

Specify next point or [Undo]: PER (垂直于)

To (选过圆心垂直向上的线)

Specify next point or [Close/Undo]: 〈ENTER〉

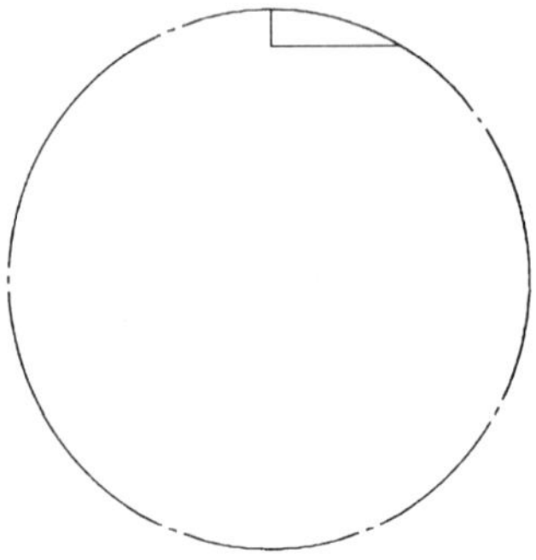

图 3-3

(5) 用 TRIM 命令 (用法见附录 A) 裁剪垂直线一部分，用 ERASE 命令 (用法见附录 A) 删除与垂直方向成 30°的线，此时所作的图如图 3-3 所示。

(6) 用 ARRAY 命令阵列轮齿。

Command: ARRAY (执行后弹出图 3-4 所示对话框)

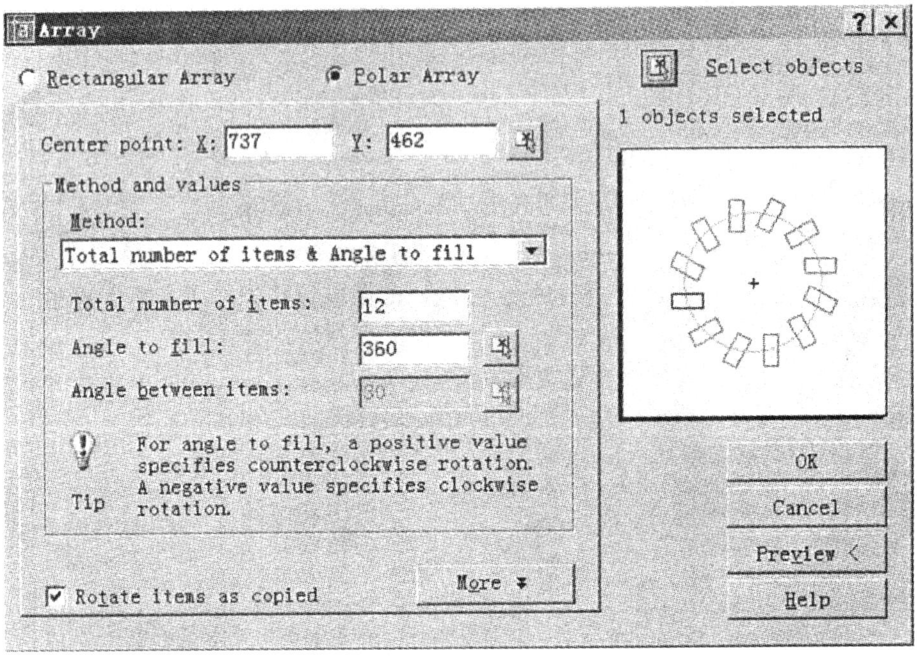

图 3-4 Array 对话框

Polar Array：（圆形阵列）

Select objects：（选中轮齿两条直线段）

Center point：（选取半径为 60 的圆的中心点）

Total number of items：（阵列 12 个轮齿）

Angle to fill：（阵列角度）

Rotate items as copied：（阵列时图形随阵列中心旋转）

此时所作的图如图 3－5 所示。

【步骤三】 画键槽

（1） 画棘轮突出部分的圆。

Command：CIRCLE

Specify center point for circle or［3P/2P/Ttr（tan tan radius）］：CEN

Of（选外圆）

Specify radius of circle or［Diameter］〈60.0000〉：25

（2）画内圆。

Command：CIRCLE

Specify center point for circle or［3P/2P/Ttr（tan tan radius）］：CEN

Of（选外圆）

Specify radius of circle or［Diameter］〈25.0000〉：15

（3）用 LAYER 命令设置 CENTER 层为当前层，准备作中心线。

（4） 画中心线

用 LINE 命令从圆心（用目标捕捉方式捕捉圆心）出发水平向左、水平向右、垂直向上、垂直向下各作一条中心线（按 F8 打开正交模式）。

此时所作的图形如图 3－6 所示。

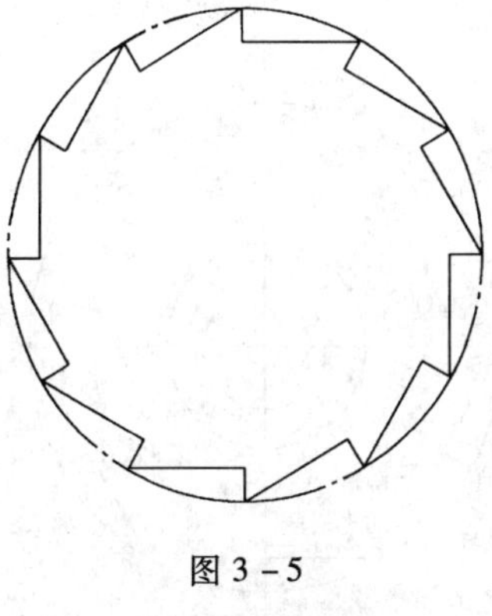

图 3－5

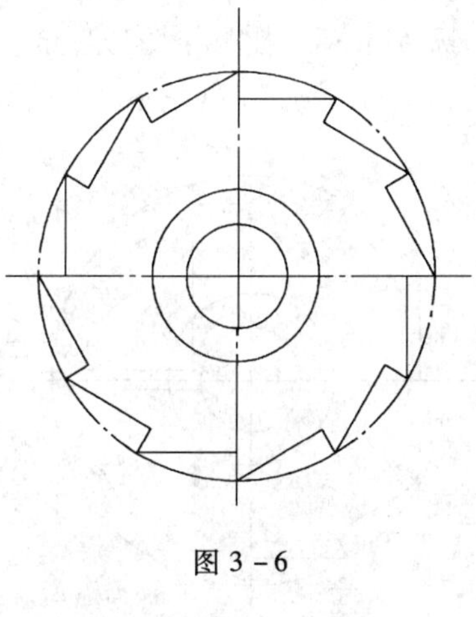

图 3－6

（5）用 LAYER 命令设置 OBJECT 层为当前层。

（6）用 OFFSET 命令平行复制键槽的三条线。

用 ZOOM 命令选窗口（W）项，再用鼠标点取包围已画最小圆的两角点（First corner、other corner），此时棘轮中心被局部放大。

Command: OFFSET

Specify offset distance or [Through] 〈Though〉: 3

Select object to offset or 〈Exit〉: (选水平向右的中心线)

Specify point on side to offset: 在线的上边点一点 (向上复制)

Select object to offset or 〈Exit〉: (选水平向右的中心线)

Specify point on side to offset: 在线的下边点一点 (向下复制)

Select object to offset or 〈Exit〉: 〈ENTER〉

Command: OFFSET (或回车)

Specify offset distance or [Through] 〈3.000〉: 17

Select object to offset or 〈Exit〉: (选垂直向上的中心线)

Specify point on side to offset: 在线的右边点一点 (向右复制)

Select object to offset or 〈Exit〉: 〈ENTER〉

(7) 修改刚复制的三条线的层。

Command: CHANGE

Select objects: (选三条线)

Select objects: 〈ENTER〉

Specify change point or [Properties]: P (修改特性)

Enter property to change [Color/Elev/LAyer/LType/Ltscale/LWeight/Thickness]: LA (修改层)

Enter new layer name 〈CENTER〉: OBJECT (将三条线从 CENTER 层改到 OBJECT 层)

Enter property to change [Color/Elev/LAyer/LType/Ltscale/LWeight/Thickness]: 〈ENTER〉

此时所作的图形应如图 3-7 所示。

(8) 用 EXTEND 命令 (用法见附录 A) 和 TRIM 命令修剪图形，使图形如图 3-8 所示 (用 ZOOM 命令选 ALL 项，使整个图形显示在屏幕上)。

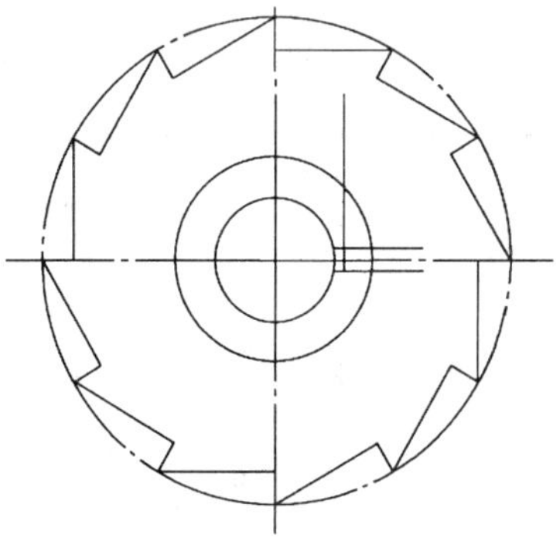

图 3-7

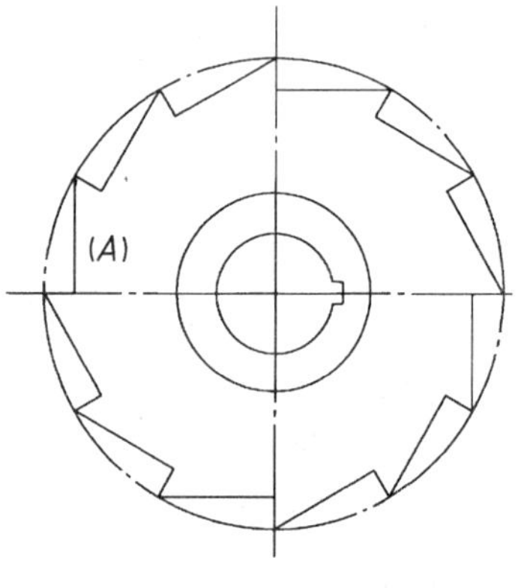

图 3-8

【步骤四】 画右视图

(1) 设置当前层为 CENTER 层。

(2) 用 LINE 命令作一条水平中心线。

Command: LINE

Specify first point: END

Of (选线 A)

To ␣@ -80, 0

To 〈ENTER〉

(3) 设置当前层为 OBJECT 层。

(4) 用 LINE 命令从中心线上出发作一条垂直向上的线。

Command: LINE

Specify first point: NEA

To (选刚作的中心线 B)

Specify next point or [Undo]: (画一条适当长度的向上垂直线段 C)

Specify next point or [Undo]: 〈ENTER〉

(5) 用 OFFSET 命令向左平行复制两条线。

Command: OFFSET

Specify offset distance or [Through] 〈17.0000〉: 20

Select object to offset or 〈Exit〉: (选刚作的向上的直线 C)

Specify point on side to offset: 在线的左边点一点 (向左复制)

Select object to offset or 〈Exit〉: 〈ENTER〉

Command: OFFSET

Specify offset distance or [Through] 〈20.0000〉: 30

Select object to offset or 〈Exit〉: (选线 C)

Specify point on side to offset: 在线的左边点一点

Select object to offset or 〈Exit〉: 〈ENTER〉

此时所作的图形如图 3-9 所示。

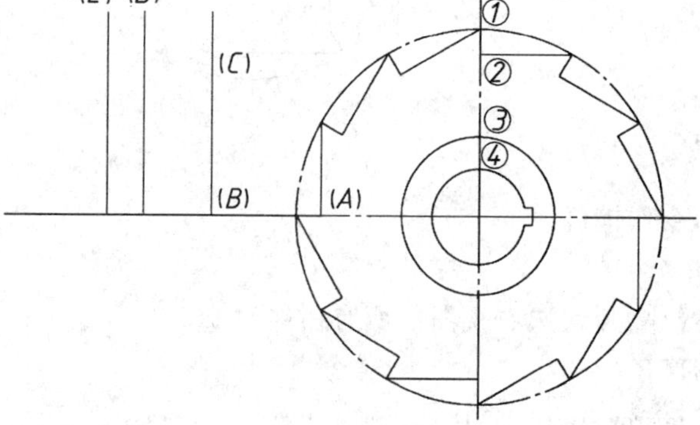

图 3-9

（6）用 LINE 命令做辅助线。

LINE 命令（end 模式）从①点出发做（per 模式）D 线的垂线

LINE 命令（end 模式）从②点出发做（per 模式）D 线的垂线

LINE 命令（qua 模式）从③点出发做（per 模式）E 线的垂线

LINE 命令（qua 模式）从④点出发做（per 模式）E 线的垂线

此时所作的图形应为如图 3－10 所示。

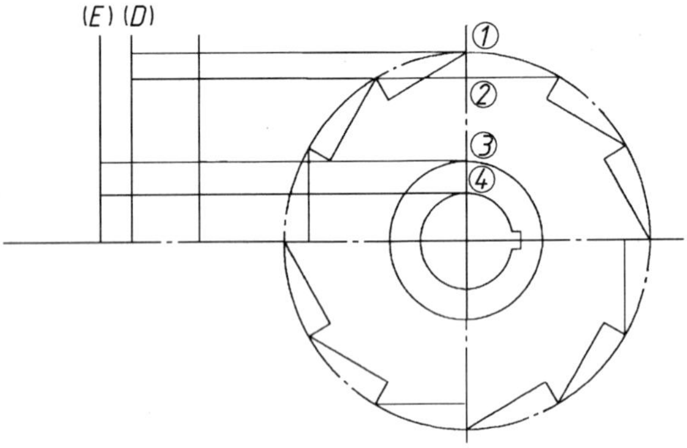

图 3－10

（7）用 TRLM 命令裁剪。

此时所作的图形应如图 3－11 所示。

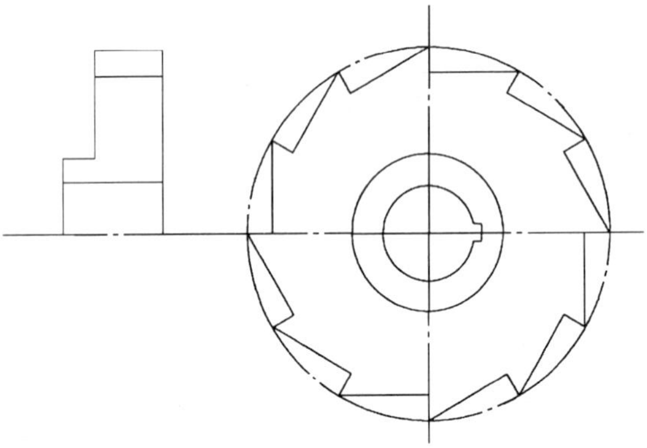

图 3－11

（8）用 MIRROR 命令作镜像。

Command：MIRROR

Select objects：（C 或 W 开窗选右视图的所有白线）

Select objects：〈ENTER〉

Specify first point of mirror line：END

of（选右视图中中心线的左端）

Specify second point of mirror line：（打开正交模式，在适当的位置点一点）

Delete source objects? [Yes/No] 〈N〉: 〈ENTER〉

(9) 用 MOVE 命令（用法见附录 A）调整两视图的距离。

(10) 设置当前层为 HATCH 层。

(11) 用 BHATCH 命令（用法见附录 A）作剖面线。

选 ANSI31 为剖面图案。此时所作的图形如图 3-12 所示。

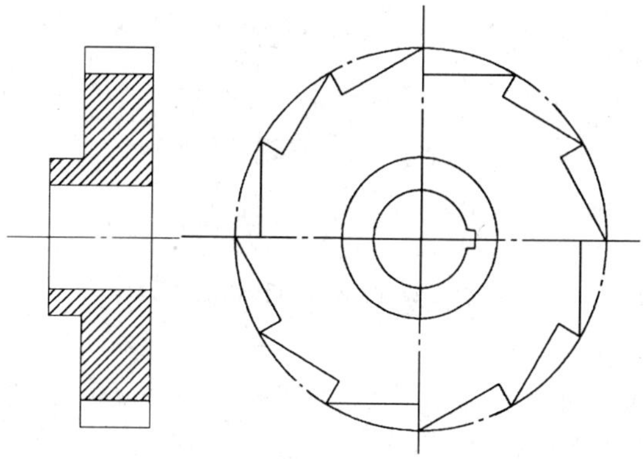

图 3-12

3.3.2 尺寸标注

例 3-2 标注图 3-13 所示图形尺寸。

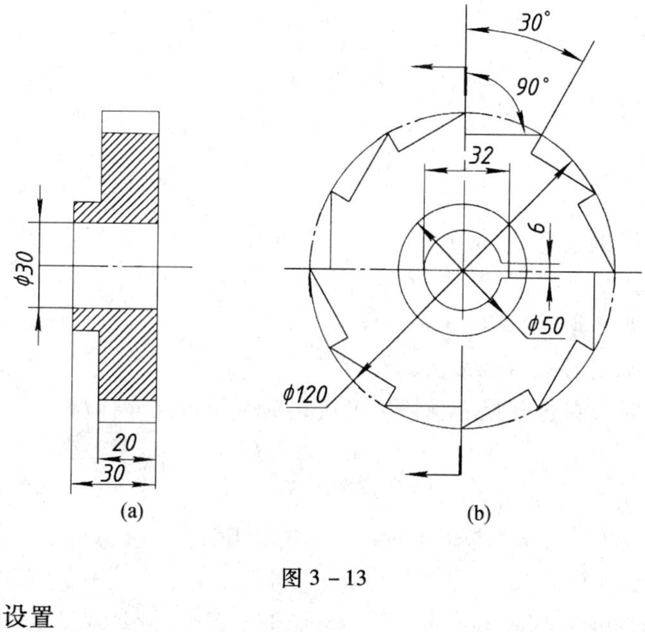

图 3-13

【步骤一】 环境设置

(1) 用 OPEN 命令调如图 3-14 所示已生成的图形。

(2) 用 LAYER 命令设置 DIM 层为当前层。

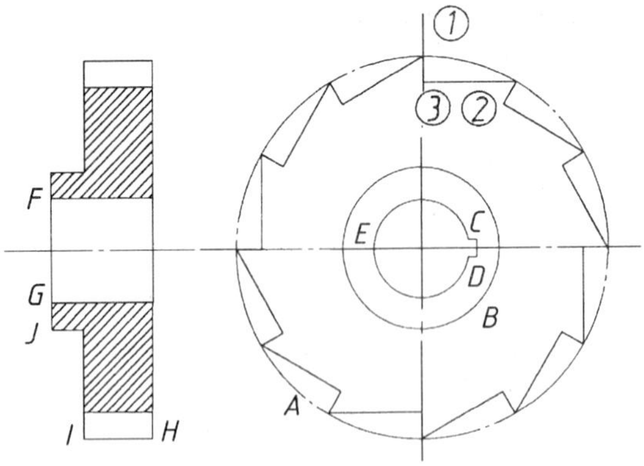

图 3 – 14

(3) 设置如下尺寸变量（变量含义见附录 A 图 –27）。

Command：SETVAR

Enter variable name or ［?］：DIMTXT

Enter new value for DIMTXT 〈2.5000〉：5

以下其余变量值与 DIMTXT 设置类似。

DIMTXT = 5

DIMASZ = 5

DIMTAD = 1

DIMZIN = 8

DIMTIH = OFF

DIMTOFL = ON

DIMEXO = 0

DIMDLI = 10

DIMEXE = 2

尺寸标注变量也可以通过［Format］–>［Dimension Style］对话框有关选项设置。

【步骤二】 标注图 3 – 12b 的尺寸

(1) 标注 30°角度尺寸。

先用 ZOOM 命令将标注处局部放大。

直接点取尺寸图标菜单选择尺寸标注类型或用命令执行尺寸标注：

Command：DIM

Dim：ANG

Select arc，circle，line，or 〈Specify vertex〉：（选①线）

Select second line：（选②线）

Specify dimension arc line location or ［Mtext/Text/Angle］：（选尺寸线圆弧位置）

Enter dimension text 〈30〉：〈ENTER〉

Enter text location (or press ENTER)：〈ENTER〉

(2) 标注 90°角度尺寸。

Dim: ANG

Select arc, circle, line, or 〈Specify vertex〉:（选①线）

Select second line:（选③线）

Specify dimension arc line location or [Mtext/Text/Angle]:（选尺寸线圆弧位置）

Enter dimension text 〈90〉:〈ENTER〉

Enter text location (or press ENTER):〈ENTER〉

（3）标注 ϕ120 尺寸。

Dim: DIA

Select arc or circle:（在圆上选 A 点）

Enter dimension text 〈120〉:〈ENTER〉

Specify dimension line location or [Mtext/Text/Angle]:（输入旁注线长度，可用鼠标输入一点）

（4）标注 ϕ50 尺寸。

Dim: DIA

Select arc or circle:（在圆上选 B 点）

Enter dimension text 〈50〉:〈ENTER〉

Specify dimension line location or [Mtext/Text/Angle]:（输入旁注线长度，可用鼠标输入一点）

（5）标注垂直尺寸 6（先用 ZOOM 命令将标注附近局部放大）。

Dim: VER

Specify first extension line origin or 〈Select object〉:（选 C 点，用 OSNAP 命令设置 END 模式）

Specify second extension line origin:（选 D 点）

Specify dimension line location or [Mtext/Text/Angle]:（标注线位置）

Enter dimension text 〈6〉:〈ENTER〉

（6）标注水平尺寸 32。

Dim: HOR

Specify first extension line origin or 〈Select object〉:（选 E 点）

Specify second extension line origin:（选 D 点）

Specify dimension line location or [Mtext/Text/Angle]:（标注线位置）

Enter dimension text 〈32〉:〈ENTER〉

【步骤三】 标注图 3－12a 中的尺寸

（1）标注垂直尺寸 ϕ30。

Dim: VER

Specify first extension line origin or 〈Select object〉:（选 F 点）

Specify second extension line origin:（选 G 点）

Specify dimension line location or [Mtext/Text/Angle]:（标注线位置）

Enter dimension text 〈30〉: %%c 〈〉

(2) 标注水平尺寸20。

Dim：HOR

Specify first extension line origin or 〈Select object〉：(选H点)

Specify second extension line origin：(选I点)

Specify dimension line location or [Mtext/Text/Angle]：(标注线位置)

Enter dimension text 〈20〉：〈ENTER〉

(3) 标注水平尺寸30。

Dim：BAS

Specify second extension line origin or 〈Select object〉：(选J点)

Enter dimension text 〈30〉〈ENTER〉

3.4　二维交互参数化绘图的基本概念

产品设计中，经常会遇到工作原理、功用相同的产品，这些产品形状结构相同，但尺寸大小不同。二维交互参数化，是指通过交互绘图方式生成一种规格的图形，该图形的大小由一组尺寸参数来决定与约束，只要修改相应尺寸参数的大小，绘图系统由尺寸来驱动图形，自动生成不同规格产品的图形。

上一节介绍的AutoCAD交互绘图系统，它是把计算机屏幕当作图板，鼠标、键盘当作丁字尺，通过菜单或命令调用绘图软件的功能，生成所设计的图形。这种方法图形生成与修改直观，但不能实现尺寸驱动图形。图3-15为交互生成的图形，要由图3-15变为结构相同但大小不同的图3-17，用传统交互绘图系统，必须先修改图形，然后重新标注尺寸。显然，这种方式对系列化产品设计绘图，其效率不高。

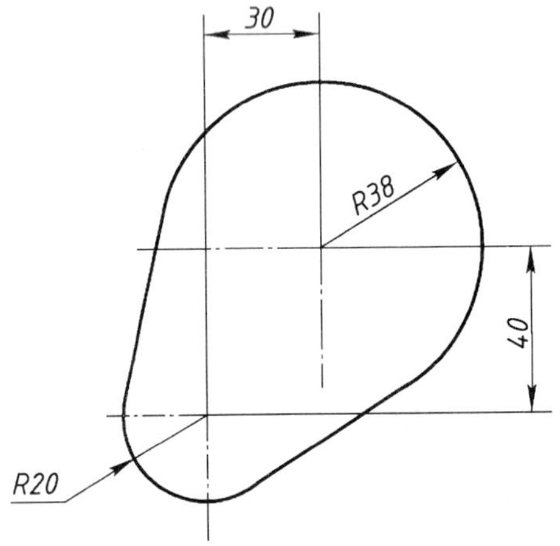

图3-15　交互生成的图形

参数化生成图形的交互绘图方式基本不变，图形生成后，在计算机内部自动定义一组决定图形形状的参数。如图3-16所示给出的尺寸参数，决定了该图形的形状。这样要生成结构相同，但大小不同的图形时，则可在尺寸数值附近用鼠标点取尺寸，通过修改尺寸值来修改图形。将图 3－16 中的尺寸参数 RA 设为 35，RB 设为 18，*L* 设为 30，*H* 设为 40，则参数化系统根据图形的尺寸参数驱动图形，并自动将尺寸大小变为相应的值，此时图 3－15 变为图 3－17。

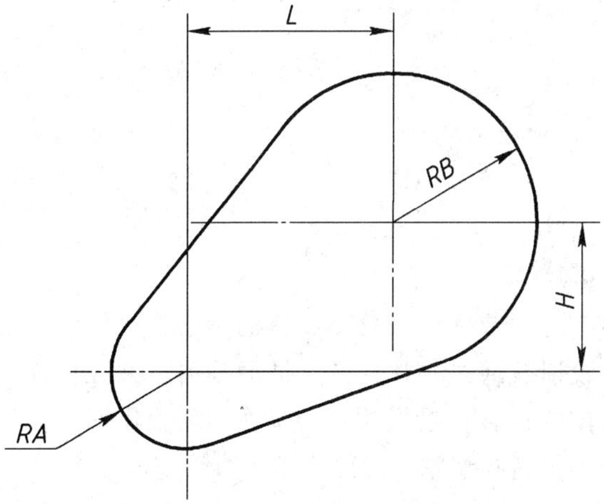

图 3－16　尺寸参数

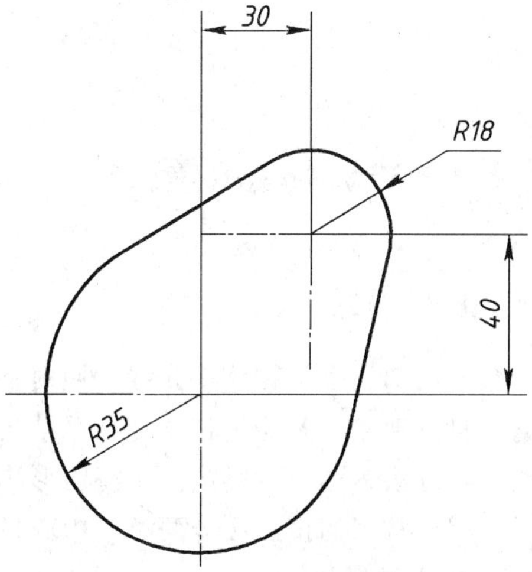

图 3－17　尺寸驱动图形

实现交互参数化有代数方程组求解、几何推理等多种方法。

第4章　投影理论基础

4.1　投影体系的建立

4.1.1　投影法

众所周知，空间物体在光线的照射下，会在地面或墙壁上落下物体的影子。投影法就是根据这一自然现象，并经过科学抽象总结出的。投射线通过物体向选定的面投射，并在该面上得到图形的方法，称为投影法。所得图形称为物体的投影，投影所在的平面称为投影面。

工程上常用的投影法分两类：中心投影法和平行投影法。

1. 中心投影法

如图 4-1 所示，中心投影法是由投射中心、物体和投影面组成的投影法。用中心投影法得到的物体的投影与物体相对投影面所处的远近有关，投影不能反映物体表面的真实形状和大小，但图形富有立体感。该方法常用于绘制建筑物或富有逼真感的立体图，称为透视图（透视投影）。

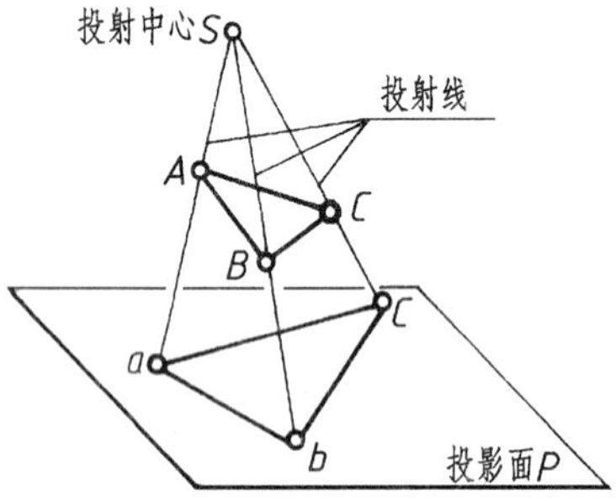

图 4-1　中心投影法

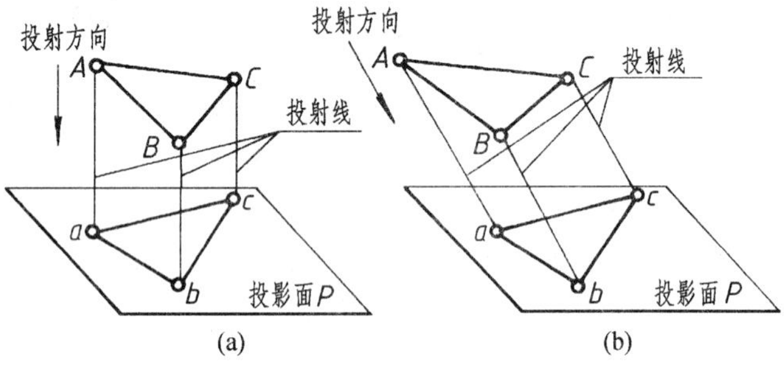

图 4-2　平行投影法

2. 平行投影法

如图 4-2 所示，平行投影法的投射线相互平行。按投射线与投影面是否垂直，平行投影又分为正投影法（图 4-2a）和斜投影法（图 4-2b）。投射线垂直于投影面时的投影称为正投影，投射线倾斜于投影面时的投影称为斜投影。在平行投影中，如果使平面与投影面平行，则其投影能反映平面的真实形状和大小，且与平面离投影面的距离无关。工程图样的表达通常用正投影方法。本教材中所称“投影”，均指正投影，斜投影只在轴测图的斜二轴测中使用。

4.1.2　正投影图

使用正投影法得到物体的图形，称为正投影图（正投影），如图 4-3 所示。

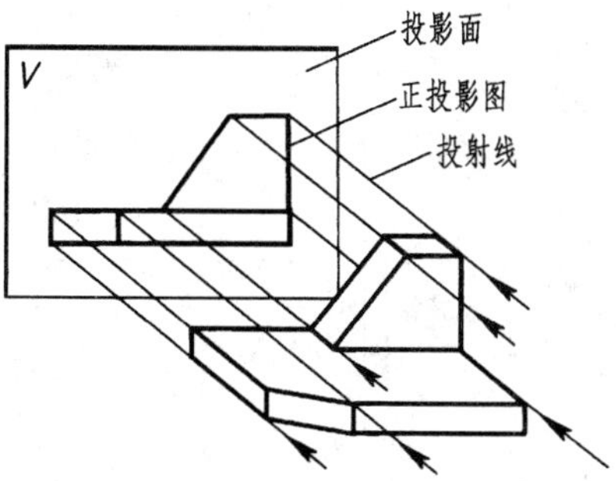

图 4-3　正投影法

4.1.3　投影体系

用一个投影面只能画出物体一个方向的投影图。它只能反映平行于投影面的两个坐标方向的物体大小和形状，因此用一个投影图一般不能表达物体整体的大小和形状。图 4-4 中的 *A*、*B* 两个物体，它们的对应部分长和高分别相等，图上所示位置的投影图完全相同，但事实上两物体左前角形状并不一样。为了表示物体的大小和形状，必须从几个方向来观察，即从几个方向来画出物体的投影图。在工程图样中通常采用与物体的长、宽、高相对应的三个互相垂直的投影面，如图 4-5 所示的正立投影面 *V*（简称正面或 *V* 面）、水平投影面 *H*（简称水平面或 *H* 面）、侧立投影面 *W*（简称侧面或 *W* 面），构成三面投影体系。这三个投影面之间的交线 *OX*，*OY*，*OZ* 称为投影轴，它们表示物体的长、宽、高三个测量方向。各投影面上的投影名称约定为：物体在正面上的投影称为正面投影；在水平面上的投影称为水平投影；在侧面上的投影称为侧面投影。

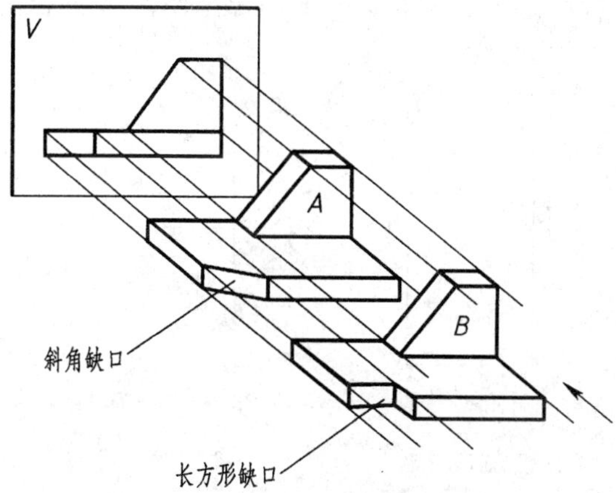

图 4-4　两物体在同一投影面上的投影

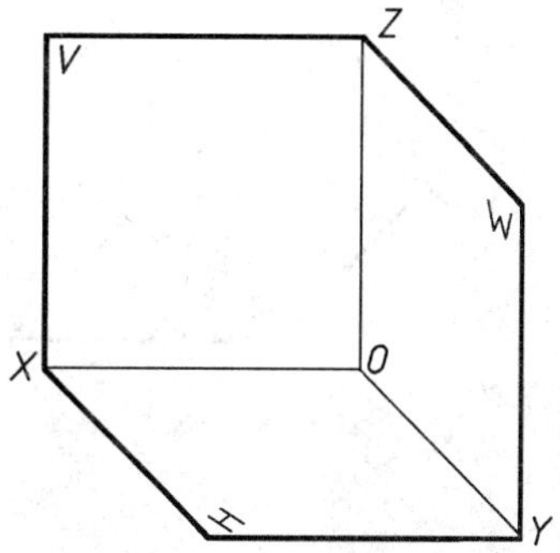

图 4-5　三面投影体系

工程图样中，为了便于画图和看图，需要把空间三个投影面展开在一个平面上，按制图国家标准的规定，展开时 *V* 面不动，将 *H* 面绕 *OX* 轴向下旋转，*W* 面绕 *OZ* 轴向右旋转，均重合于正面，图 4-6 为展开在一个平面上的全过程。在投影面旋转后，*OY* 轴一分为二，通常在 *H* 面上的称为 OY_H，在 *W* 面上的称为 OY_W。这样，水平投影在正面投影的下方，侧面投影在正面投影的右方，如图 4-7a 所示。通常只画出三个投影轴的展开图，如图 4-7b 所示。

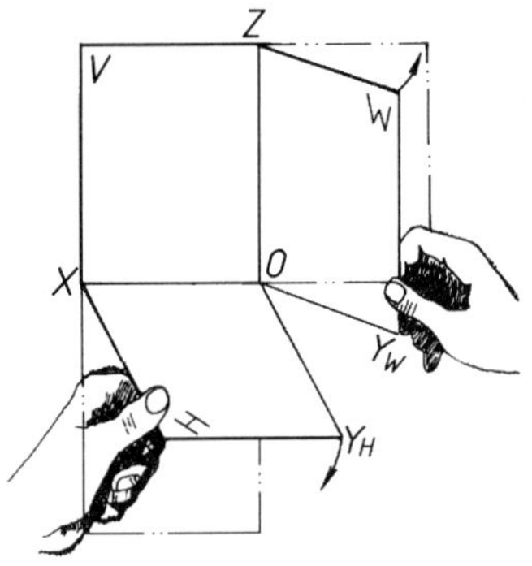

图 4－6　投影面展开过程

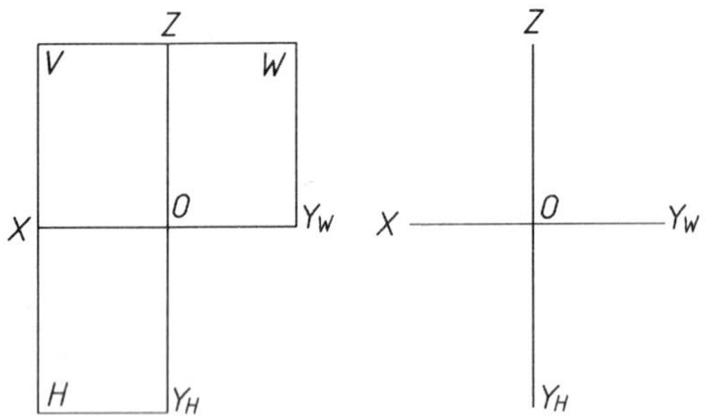

(a)　　(b)

图 4－7　展开后的三面投影面

4.2　点的投影

点、直线、平面是构成空间物体最基本的几何元素。要迅速而又准确地画出物体的投影、图示与图解空间几何问题，就必须先掌握最基本几何元素的投影规律和投影特性。

4.2.1　点在两投影面体系中的投影

图 4－8a 所示为处于 V 面和 H 面的两面投影体系中的空间点 A，由 A 分别向 V 面、H 面作垂直线，得垂足a'和 a。a'、a 分别为点 A 的正面投影和水平投影（规定空间点用大写字母表示，该点的投影用同名小写字母表示，V 面投影加一撇）。使 V 面不动，将 H 面绕 OX 轴向下旋转 90°，使 H 面与 V 面在同一个平面上，如图 4－8b 所示，在实际画图时，不必画出投影面的边框和点 a_X，点 A 的投影图如图 4－8c 所示。为了在投影图上确定空间点 A 的位置，应保留投影轴 OX。由图 4－8 可概括出点的如下投影特性。

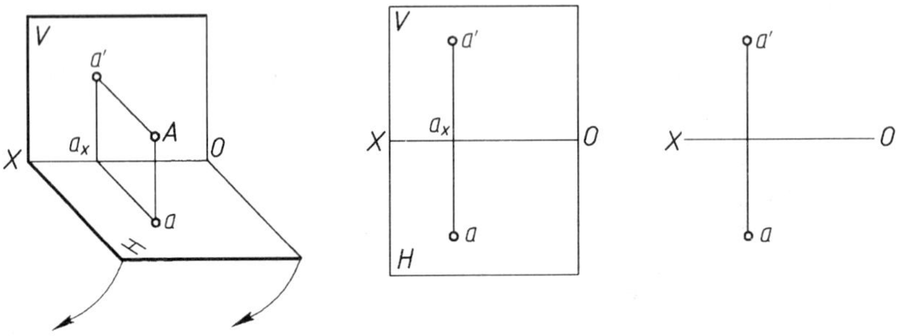

(a) 立体图　　(b) 投影面展开后　　(c) 投影图

图 4－8　点在二投影面体系中的投影

1. 点的两投影连线与投影轴垂直

因为过点 A 向投影面所作的垂线 Aa'和 Aa 分别垂直于 V 面和 H 面，则 H 面和 V 面的交线 OX 轴垂直于 Aa'和 Aa 所组成的平面以及该平面上所有的直线，如图 4－8a 所示。所以 $a'a_X$ 和 aa_X 都垂直于 OX 轴。当 H 面绕 OX 轴旋转至与 V 面重合时，$a'a_X$ 和 aa_X 成为垂直于 OX 的一条直线。

2. 点的投影到投影轴的距离等于点到投影面的距离

点 A 的正面投影 a'至 OX 轴的距离等于空间点 A 到 H 面的距离，即 $a'a_X = Aa$；点 A 的水投影 a 至 OX 轴的距离等于空间点 A 到 V 面的距离，即 $aa_X = Aa'$。

4.2.2 点在三投影面体系中的投影

如图 4－9a 所示，空间点 A 处于 V 面、H 面和 W 面的三投影面体系中，点 A 在 V 面上投影 a'，在 H 面上的投影为 a，在 W 面上的投影为 a''（规定点的 W 投影用同名小写字母加两撇表示）。从点 A 的投影（图 4－9b）可归纳出点在三影面体系中的投影特性（投影规律）为：

$a'a \perp OX$（前一节已证明）；

$a'a'' \perp OZ$（证法同前）；

$aa_X = a''a_Z$。

为了完成其作图，可按图 4－9b 所示用以 O 为圆心的圆弧或 45°分角线表明其作图关系。

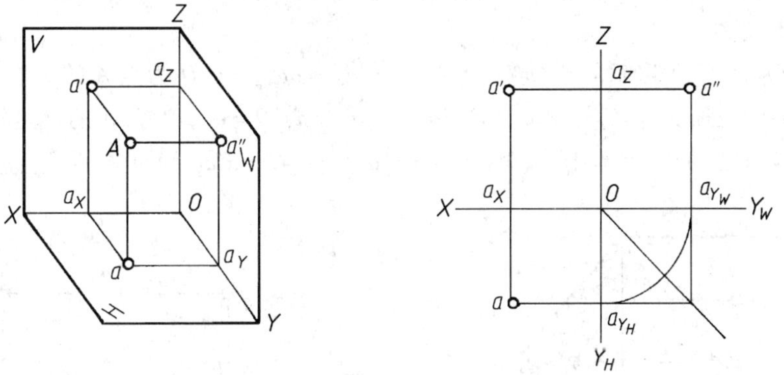

(a) 立体图　　(b) 投影图

图 4－9　点在三投影面体系中的投影

4.2.3 投影面和投影轴上的点

如图 4－10 所示是 V 面上的点 B、H 面上的点 C、OX 轴上的点 D 的立体图和投影图。从图中可看出，投影面和投影轴上的点的投影及坐标具有下述特性。

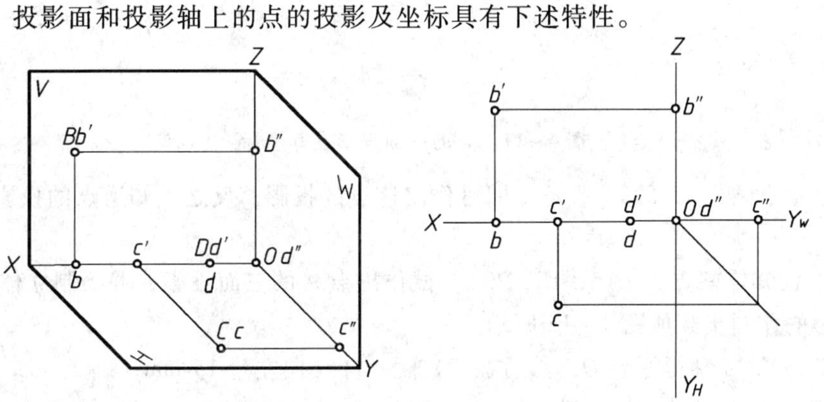

(a) 立体图　　(b) 投影图

图 4－10　投影面和投影轴上的点

1. 投影面上的点有一个坐标为零

投影面上的点在投影面上的投影与该点重合，在相邻投影面上的投影分别在相应的投影轴上。画图时应注意 H 面上的点 C 的 W 面投影 c''在 OY 轴上，在投影图中必须画在 W 画的 OY_W 轴上，而不能画在 H 面的 OY_H 轴上。

2. 投影轴上的点有两个坐标为零

投影轴上的点在包含该轴的两个投影面上的投影都与该点重合，在另一投影面上的投影则与点 O 重合。

4.2.4 点的三面投影与直角坐标的关系

如果把 H、V、W 三个投影面作为直角坐标平面，投影轴就成为坐标轴，点 O 即为原点，这样空间点到投影面的距离可以用坐标表示。如图 4-11 所示，空间点 A 的坐标值在投影图上规定了增值方向：x 坐标自 O 向左；y 坐标自 O 向前；z 坐标自 O 向上。因此，点 A 的三面投影与坐标有如下关系：

（1）点 A 到 W 面的距离等于 Aa''，且 $Aa''=a'a_Z=aa_{Y_H}=a_XO$ 为点 A 的 x 坐标；

（2）点 A 到 V 面的距离等于 Aa'，且 $Aa'=a''a_Z=a_{Y_H}O=aa_X$ 为点 A 的 y 坐标；

（3）点 A 到 H 面的距离等于 Aa，且 $Aa=a''a_{Y_W}=a_ZO=a'a_X$ 为点 A 的 z 坐标。

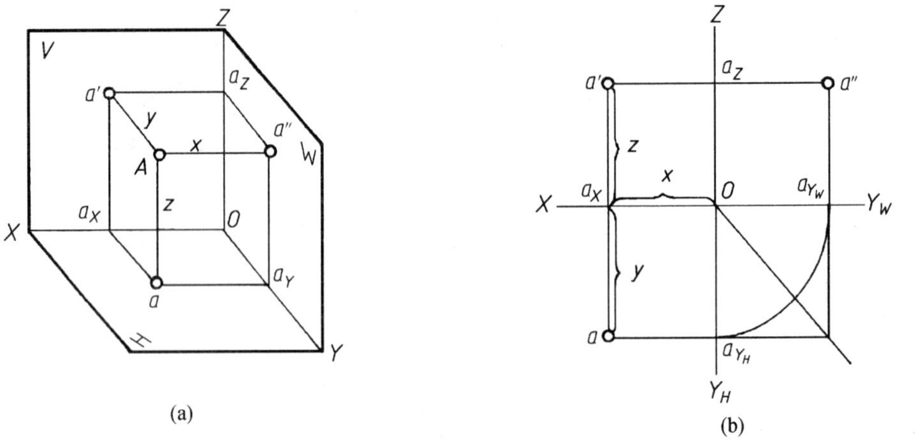

图 4-11 点的三面投影及其坐标

因此，已知点的坐标（x，y，z），即可作出该点的投影；反之，知道点的投影图亦可测得点的坐标值。

例 4-1 已知空间点 A（15，15，20），试作出点 A 的三面投影，并绘制立体图。

三面投影的作图步骤如图 4-12 所示。

（1）作 X，Y，Z 轴得原点 O，然后在 OX 轴上自 O 向左量 15 mm，确定 a_X；

（2）过 a_X 作 OX 轴垂直线，沿 OY_H 轴方向自 a_X 向下量取 15 mm 得 a，再沿 OZ 轴方向自 a_X 向上量取 20 mm 确定 a'；

（3）按点的投影规律作出 a''，即完成点 A 的三面投影。

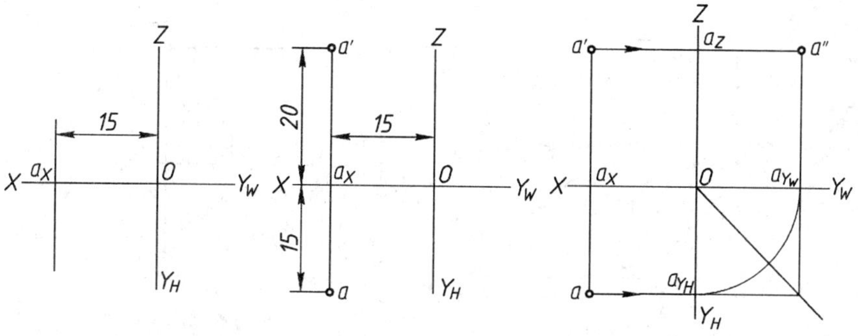

(a) (b) (c)

图 4－12 由点的坐标作三面投影

点的立体图作法如图 4－13 所示。

4.2.5 两点的相对位置及重影点

1. 两点的相对位置

如图 4－14 所示，两个点的投影沿上下、前后、左右三个方向所反映出的坐标差，就是这两个点对于投影面 *H*、*V*、*W* 的距离差，由它们能确定两点的相对位置，如果已知两点的相对位置以及某一个点的投影，则可以作出另一个点的投影。如图 4－14 所示点 *A* 在点 *B* 之上、之前和之左。

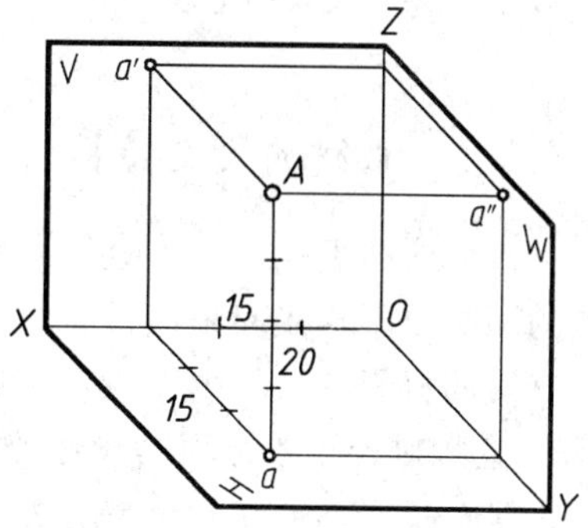

图 4－13 由坐标作立体图

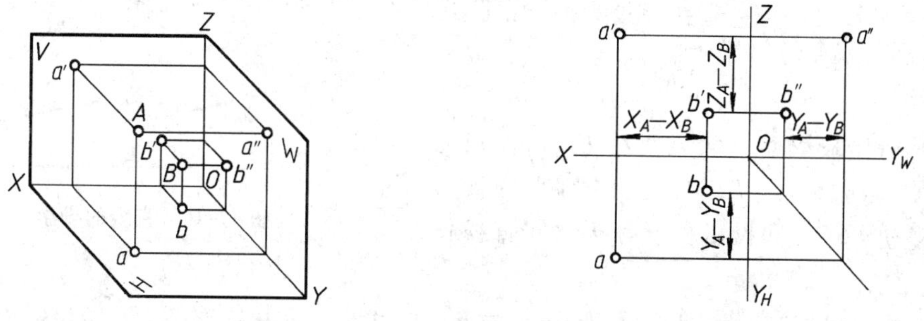

(a) 立体图 (b) 投影图

图 4－14 两点的相对位置

2. 重影点

如图 4－15 所示，点 *A* 和点 *C* 在 *X* 和 *Z* 方向的坐标值相同，点 *A* 在点 *C* 之正前方，故 *A*、*C* 两点的正面投影重合。这种同面投影重合的空间点称为该投影面的重影点。同理，若一点在另一点的正下方或正上方，该两点即是对水平投影面的重影点；若一点在另一点的正右方或正左方，该两点即是对侧面投影面的重影点。对应重影点的可见性判别应该是前遮后、上遮下、左遮右。如图 4－15 所示，在正面投射方向点 *A* 遮住点 *C*，*a*′可见，*c*′不可见。对于重影点，可以不表明可见性，若需要表明时，对不可见投影符号加上括号，如（*c*′）。

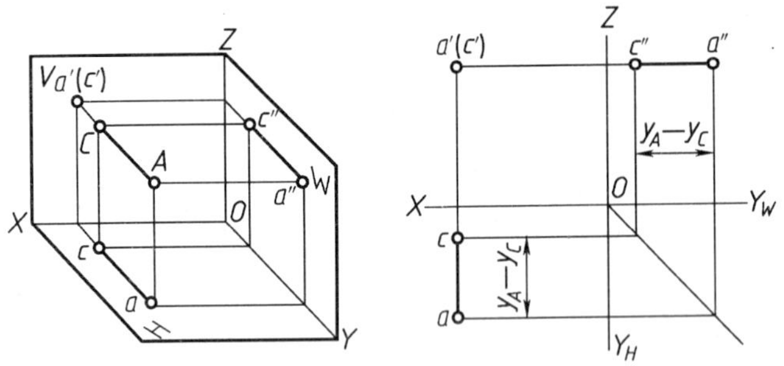

(a) 立体图　　(b) 投影图

图 4 – 15　重影点

4.3　直线的投影

4.3.1　直线的投影特性

不重合的两点决定一条直线。要确定直线的投影，只要找出直线上两个点的投影，并将两个点的同面投影连接起来即得直线在该投影面上的投影。

直线的投影特性是由直线对投影面的相对位置决定的。

1. 直线对一个投影面的投影特性

直线对投影面的相对位置有如下三种情况：

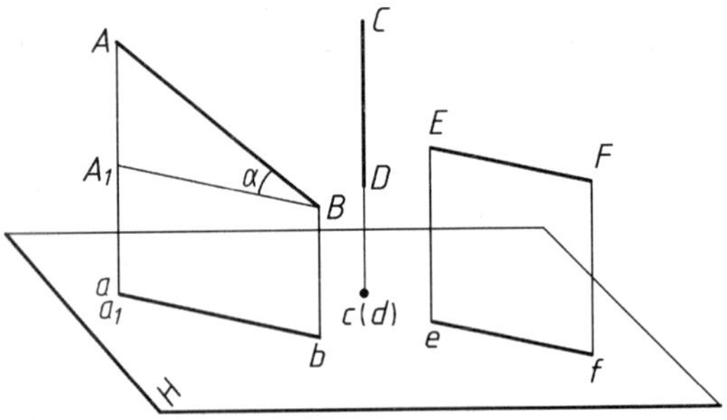

图 4 – 16　直线的投影

（1）倾斜于投影面　如图 4 – 16 所示，直线 AB 对投影面 H 倾角为 α，它在该投影面上的投影为一直线 ab。投影 ab 小于直线 AB 的实长，$ab = AB \times \cos\alpha$。

（2）平行于投影面　如果直线 EF 与投影面 H 平行，则 $\alpha = 0$，直线 EF 在该投影面上的投影 ef 反映实长 $ef = EF$，即投影长度等于空间直线长度。

（3）垂直于投影面　如图 4 – 16 所示，直线 CD 与投影面 H 垂直，它在该投影面上的投影 cd 积聚为一点。

2. 直线在三投影面体系中的投影特性

以上讨论的是直线对一个投影面的投影特性。根据直线在三投影面体系中的位置可分为投影面倾斜线、投影面平行线和投影面垂直线三类。前一类直线称为一般位置直线，后两类直线称为特殊位置直线。它们具有不同的投影特性，现分述如下：

1）投影面垂直线

投影面垂直线是指垂直于某一个投影面，而与另外两个投影面平行的直线，投影面垂直线有正垂线、铅垂线和侧垂线三种。现以铅垂线为例，分析其投影特性。

如图 4 – 17 所示，铅垂线是一条垂直于水平投影面的直线，其投影特性为：

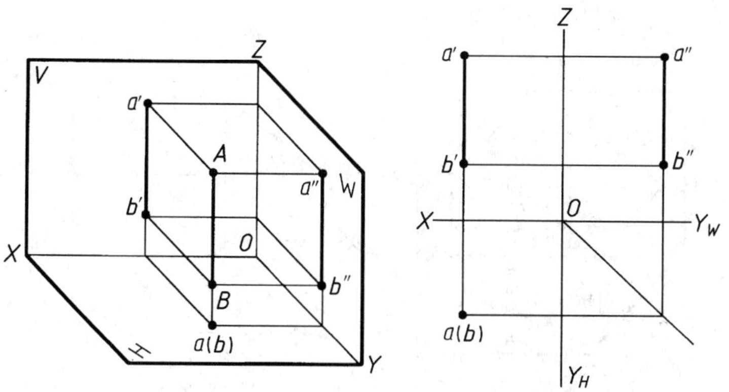

(a) (b)

图 4－17 铅垂线的投影特性

① 水平投影 ab 具有积聚性，积聚为一点；

② 正面投影 $a'b'$垂直于 OX 轴；侧面投影 $a''b''$垂直于 OY_W 轴；正面投影 $a'b'$和侧面投影 $a''b''$ 均反映实长，即 $a'b'=a''b''=AB$。

有关铅垂线、正垂线、侧垂线的投影特性列于表 4－1。

表 4－1 投影面垂直线的投影特性

名称	直观图	投影图	投影特点
铅垂线（⊥H面）	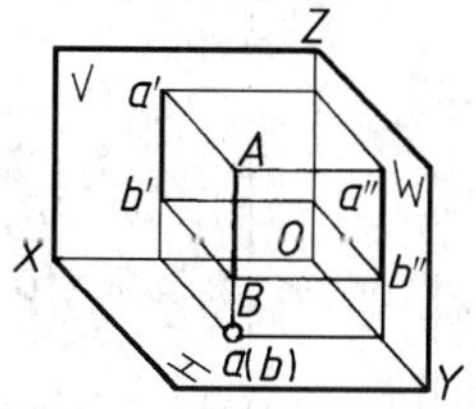	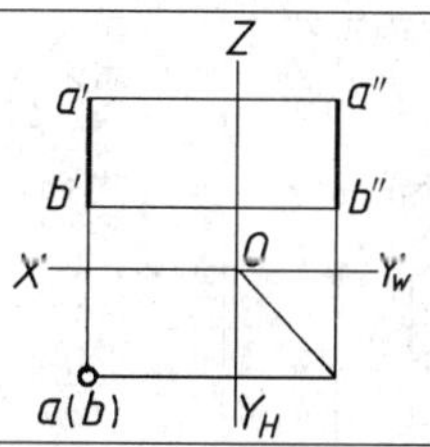	1. ab 成为一点，有积聚性； 2. $a'b'\perp OX$， $a''b''\perp OY_W$， $a'b'=a''b''=AB$。
正垂线（⊥V面）	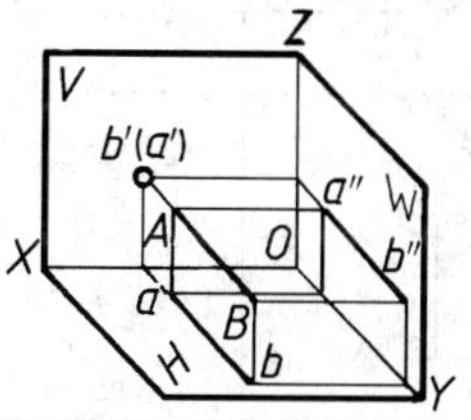	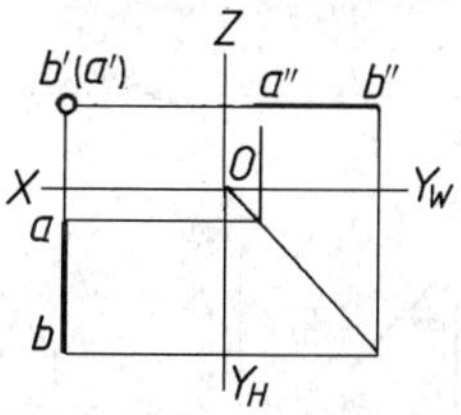	1. $a'b'$成为一点，有积聚性； 2. $ab\perp OX$，$a''b''\perp OZ$ $ab=a''b''=AB$。
侧垂线（⊥W面）	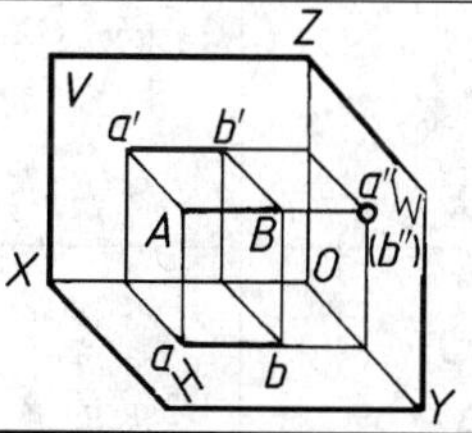	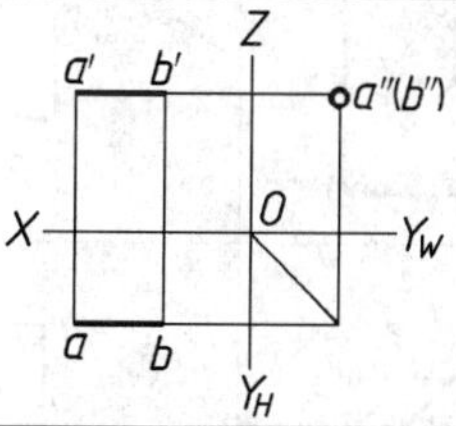	1. $a''b''$成为一点，有积聚性； 2. $ab\perp OY_H$，$a'b'\perp OZ$ $ab=a'b'=AB$。

2）投影面平行线

投影面平行线是指平行于某一个投影面，而与另外两个投影面倾斜的直线，投影面平行线有正平线、水平线和侧平线三种。现以正平线为例，分析其投影特性。

如图 4－18 所示，正平线是一条平行于正投影面的直线，它与水平投影面和侧立投影面倾斜，倾角分别为 α 和 γ，其投影特性为：

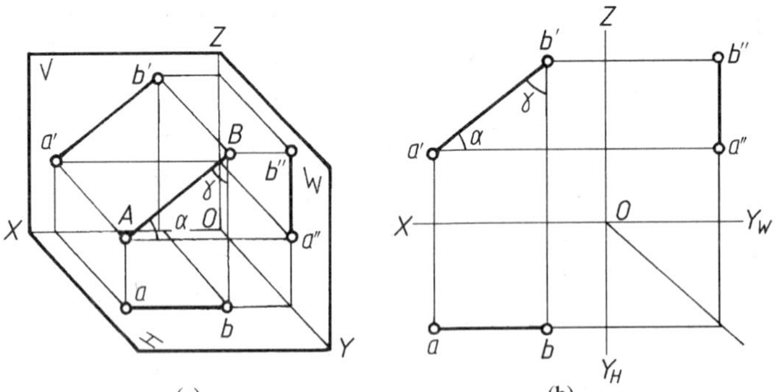

(a)　　　　(b)

图 4－18　正平线的投影特性

① 正面投影 $a'b'$ 反映线段的实长，即 $a'b'=AB$；且与 OX 轴的夹角为 α，与 OZ 轴的夹角为 γ。

② 水平投影 ab 平行 OX 轴。侧面投影 $a''b''$ 平行 OZ 轴。

有关水平线、正平线、侧平线的投影特性列于表 4－2。

表 4－2　投影面平行线的投影特性

名称	直观图	投影图	投影特点
水平线（//H 面）	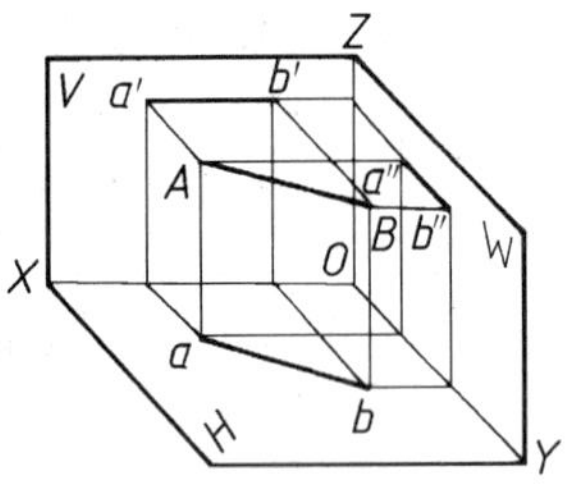	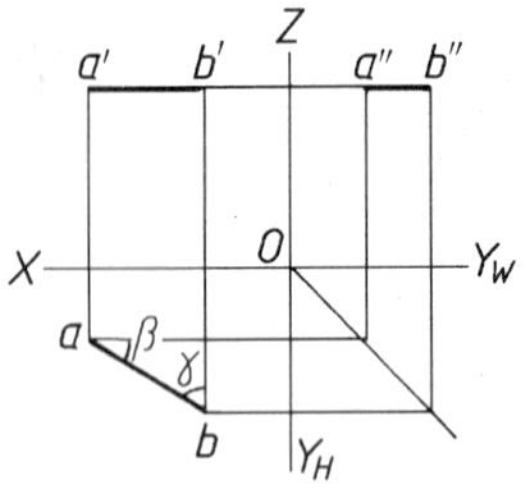	1. $ab=AB$，且反映 β、γ； 2. $a'b'$ // OX，$a''b''$ // OY_W。
正平线（//V 面）	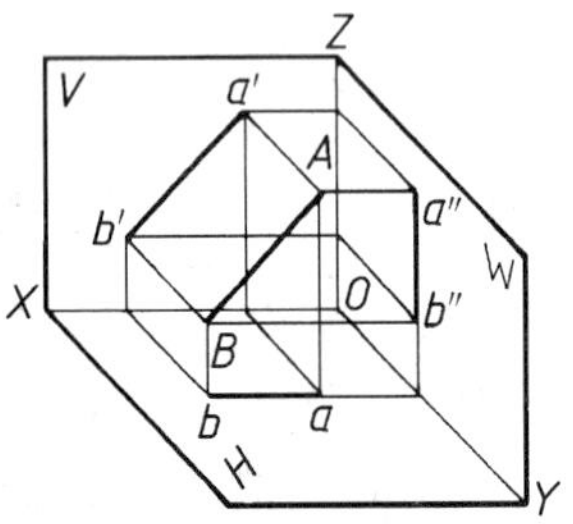	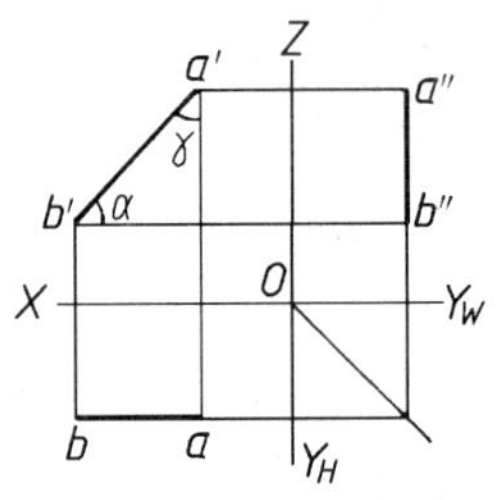	1. $a'b'=AB$，且反映 α、γ； 2. ab // OX，$a''b''$ // OZ。
侧平线（//W 面）	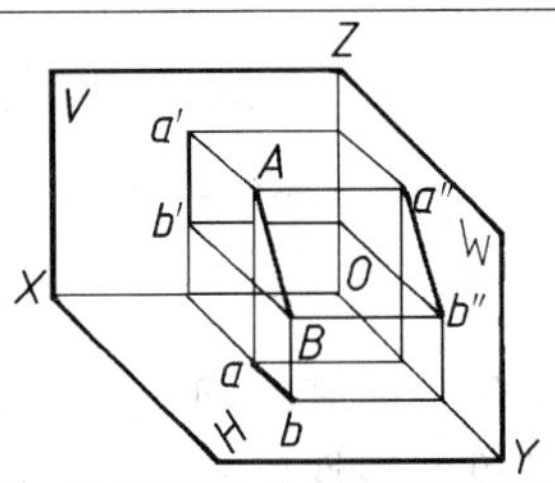	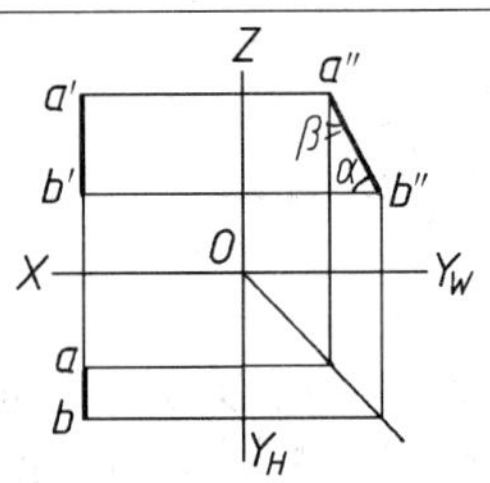	1. $a''b''=AB$，且反映 α、β； 2. ab // OY_H，$a'b'$ // OZ。

注：直线对 H、V、W 面的倾角分别为 α、β、γ。

3）一般位置直线

一般位置直线是指对三个投影面既不平行也不垂直的直线。

如图4－19所示，直线 AB 为一般位置直线，其投影特性为：

① 一般位置直线的三个投影对三个投影轴既不平行也不垂直；

② 一般位置直线的任何一个投影均不等于该直线的实长，且小于实长；

③ 任何一个投影与投影轴的夹角，均不真实反映空间直线与任何投影面间的倾角。

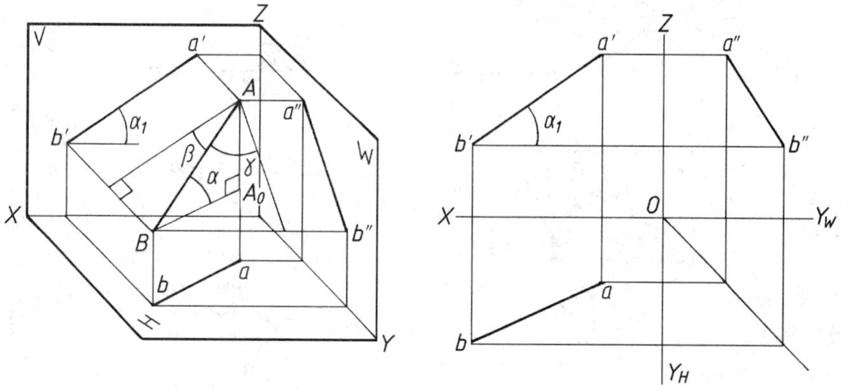

图4－19　一般位置直线的投影

4.3.2　一般位置线段的实长及对投影面的倾角

特殊位置线段能在三面投影中直接反映出实长及对投影面的倾角，而一般位置线段的三个投影既不反映实长，也不反映空间直线与任何投影面的倾角。但是，可以根据线段的投影，按一定的几何关系，通过作图的方法求得该线段的实长及对投影面的倾角。下面介绍用直角三角形法求作一般位置线段的实长和倾角。

1. 求线段实长及对 H 面的倾角 α

图4－20a所示为空间一般位置线段 AB，在平面 $AabB$ 中，过点 A 作 AC 平行 ab、$\triangle ABC$ 为直角三角形。在此直角三角形中，$\angle BAC$ 为线段 AB 对 H 面的倾角 α，斜边 AB 即为线段实长，而直角边 AC 等于 ab。另一直角边 BC 等于线段两端点 B 和 A 的 z 坐标差，即 $BC=z_B-z_A$。该直角三角形可以由已知线段的投影图作得，如图4－20b所示。作图步骤如下：

（1）以水平投影 ab 为一直角边，过 b 作 $bB_1\perp ab$；

（2）取 bB_1 等于 z_B-z_A，从而确定 B_1、bB_1 是空间线段 AB 两端点的 z 坐标差；

（3）连接 aB_1。

直角三角形 abB_1 即为空间直角三角形 ABC 的实形，aB_1 为线段 AB 的实长，$\angle baB_1$ 为线段 AB 对 H 面的倾角 α。

2. 求线段实长及对 V 面的倾角 β

如图4－20c所示，用类似以上的方法，在直角三角形 ABD 中，斜边 AB 为线段的实长，$\angle ABD$ 为 AB 对 V 面的倾角 β。该直角三角形可以由已知线段的投影图作得，如图4－20d。作图步骤如下：

（1）以正面投影 $a'b'$ 为一直角边，过 a' 作 $a'A_1\perp a'b'$；

（2）取 $a'A_1$ 等于 y_A-y_B，从而确定 A_1，$a'A_1$ 是空间线段 AB 两端点的 y 坐标差；

(3) 连接 $b'A_1$。

直角三角形 $b'a'A_1$ 即为空间直角三角形 ABD 的实形，其斜边 $b'A_1$ 即为线段 AB 的实长，$\angle A_1b'a'$ 为线段 AB 对 V 面的倾角 β。

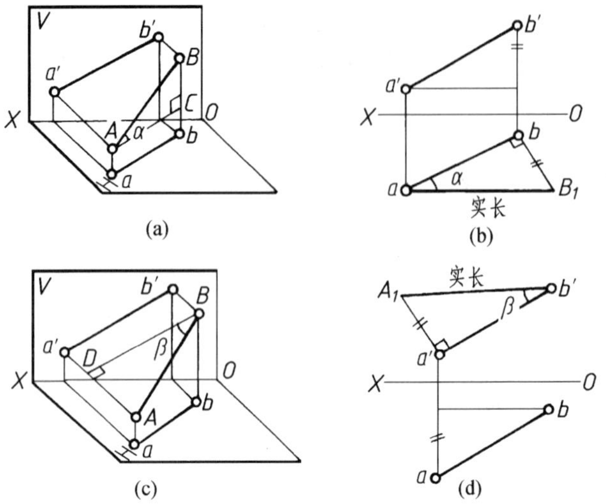

图 4-20 直角三角形法求线段的实长及其投影面的倾角

以上图解应注意在所作直角三角形中斜边（线段的实长）与直角边（线段投影长）之间的夹角，为空间线段对该投影面的倾角。

思考：求 γ 角的直角三角形的三条边是如何确定的？

4.3.3 直线上的点及分割线段成定比

1. 直线上的点

直线上点的投影，必在直线的同面投影上。如图 4-21 所示，线段 AB 上有一点 C，点 C 的正面投影 c' 必在 $a'b'$ 上；其水平投影 c 必在 ab 上。反之，如果一个点的各个投影分别位于一直线的同面投影上，则该点一定是直线上的点。

2. 直线上的点分割线段成定比

直线上的点的投影必位于直线的同面投影上，且直线分段保持定比。

如图 4-21 中所示，点 C 将线段 AB 的各个投影分割成和空间相同的比例，即 $AC:CB = a'c':c'b' = ac:cb$。

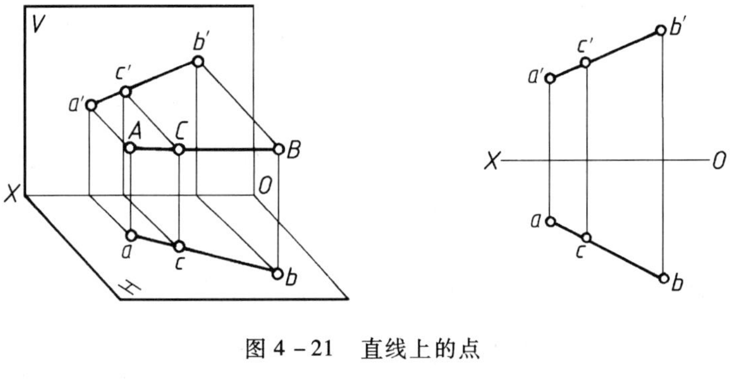

图 4-21 直线上的点

例 4-2　已知线段 AB 上有一点 C，点 C 把线段 AB 分成两段：$AC:CB=2:3$，试作点 C 的投影（图 4-22）。

分析：线段上的点分割线段之比，在投影后仍保持不变，为此可以直接利用定比分段法作图。

作图：

（1）过 a 任作一线段 aB_0；

（2）在线段 aB_0 上取任意等长的五等分，得点 1、2、3、4、5，连接点 5、点 b，再过 aB_0 上的点 2 作 $5b$ 的平行线与 ab 相交于点 c；

（3）过 c 作 OX 轴垂线与 $a'b'$相交于 c'，c'和 c 即为点 C 的两面投影。

例 4-3　试判别点 C 是否在线段 AB 上（图 4-23）。

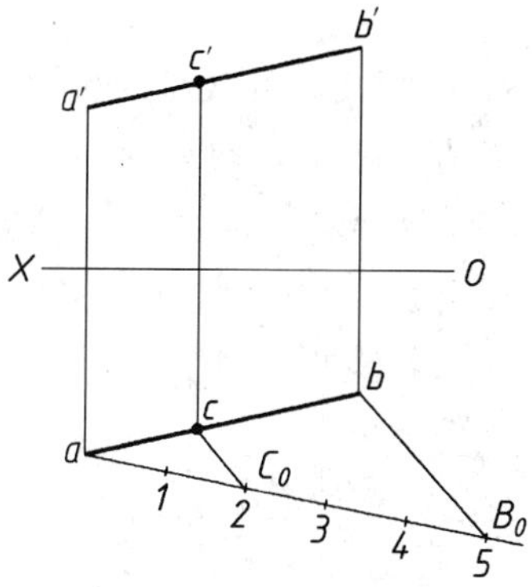

图 4-22　求点 C 分割线段的投影

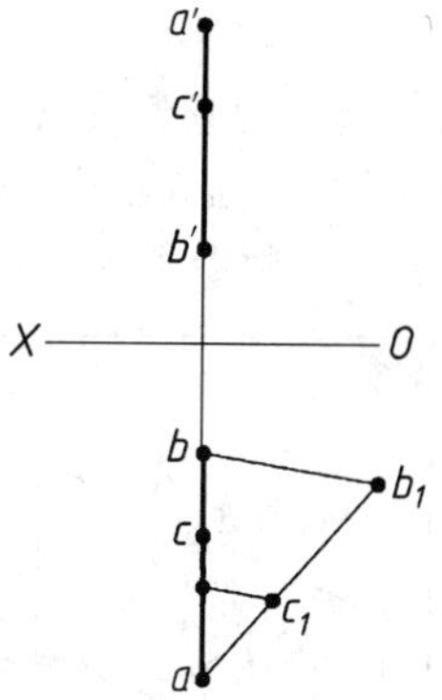

图 4-23　应用定比分段法求点的投影

分析：点 C 的两个投影分别在线段 AB 的同面投影上，但线段 AB 为侧平线，它的正面投影 $a'b'$、水平投影 ab 均垂直于 OX 轴，在此特殊情况下一般不能直接用观察方法确定点 C 是否在线段 AB 上。这时可以应用定比分段法来验证，如果点 C 是在 AB 上，则其两投影线段分段之比应相等；如果两投影线段分段之比不等，则点 C 不在线段 AB 上，只不过是点 C 投影与 AB 线段的投影重影。

作图：首先过 a 作一辅助线 ab_1，使 $ab_1=a'b'$，$ac_1=a'c'$；然后连接 b_1b，过 c_1 作 b_1b 的平行线使与 ab 相交，交点与点 C 的水平投影 c 不重合，则表明点 C 对 AB 的分段不符合定比分段法，此时点 C 不在线段 AB 上。

4.3.4　两直线的相对位置

空间两直线的相对位置有三种情况：平行、相交和交叉（既不平行，也不相交），它们的投影特性分别叙述如下：

1. 平行两直线

如图 4-24，若空间两直线相互平行，则两直线的同面投影也相互平行，即若 $AB/\!/CD$，则 $ab/\!/cd$、$a'b'/\!/c'd'$。如果从投影图上要判别一般位置的两条直线是否平行，只要看它们的两个同面投影是否平行即可。但当两直线为投影面平行线时，通常需要观察第三个同面投影。例如，图 4-25 中，AB、CD 是两条侧平线，它们的正面投影及水平投影均相互平行，即

$a'b'//c'd'$、$ab//cd$，但它们的侧面投影并不平行，因此 AB、CD 两直线的空间位置并不平行。

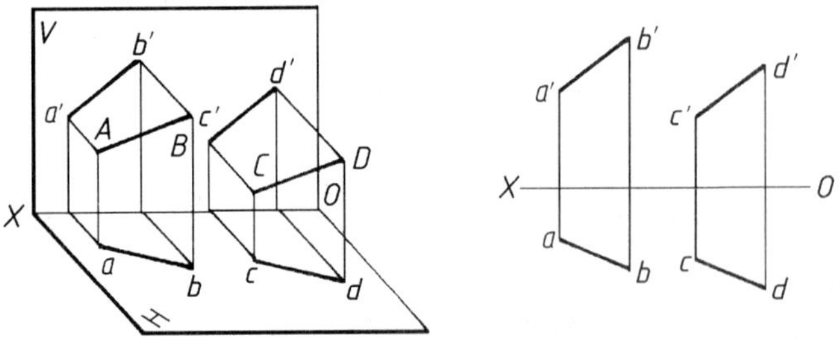

图 4-24　平行两直线

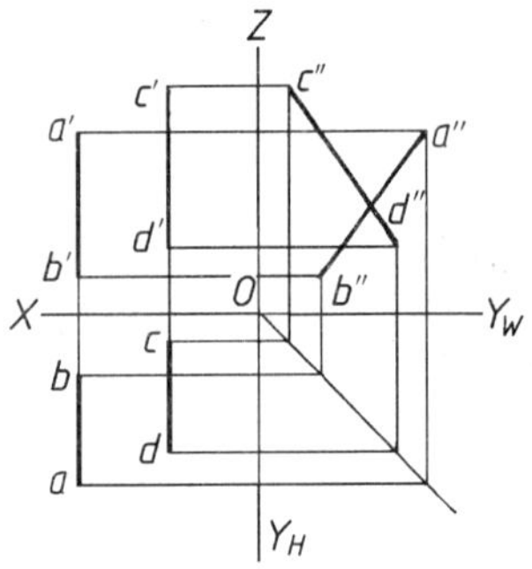

图 4-25　两直线不平行

2. 相交两直线

若空间两直线相交，则它们在投影图上的同面投影亦分别相交，且交点的投影一定符合点的投影规律。如图 4-26a 所示，两直线 AB、CD 相交于点 K，点 K 是两直线的共有点，所以 ab 与 cd 交于 k，$a'b'$ 与 $c'd'$ 交于 k'，kk' 连线必垂直于 OX 轴，如图 4-26b 所示。

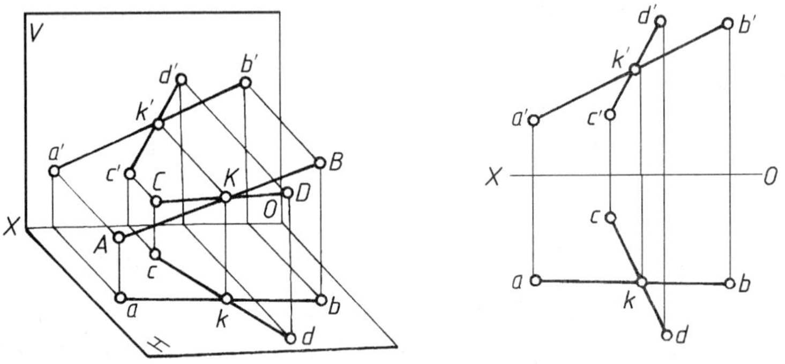

(a)　　(b)

图 4-26　相交的两直线

例 4-4　已知两相交直线 AB、CD 的水平投影 ab、cd 及直线 CD 和点 B 的正面投影 $c'd'$ 和 b'，求直线 AB 的正面投影 $a'b'$（图 4-27a）。

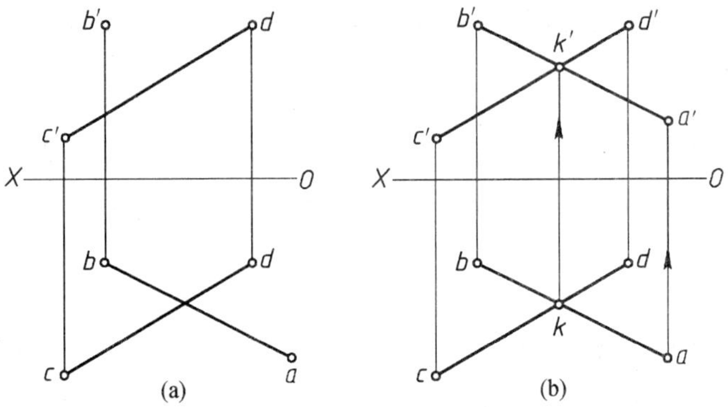

(a)　　(b)

图 4-27　求相交两直线的投影

分析：利用相交两直线的投影特性，可求出交点 K 的两投影 k、k'；再运用相交原理即可求得 $a'b'$。

作图：

（1）两直线的水平投影 ab 与 cd 相交于 k，即交点 K 的水平投影；

（2）过 k 作 OX 轴的垂直线，求得 $c'd'$上的 k'；

（3）连接 b'和 k'并将其延长；

（4）再过 a 作 OX 轴垂直线与 $b'k'$延长线相交于 a'，$a'b'$即为所求。

思考：稍作修改，若不知 b'，但已知 AB 与水平面夹角为 30°，如何求 $a'b'$？

3. 两直线交叉

图 4-28 中 AB、CD 为空间两条既不平行又不相交的直线，称为两交叉直线。按照其定义，交叉的两直线在空间不存在交点，然而它们在投影图上的同面投影却可能出现相交的情况，这是由于两直线上点的同面投影重影之故，如图 4-28a 所示。交叉两直线的某一同面投影还可能会有平行的情况，但该两直线的另一同面投影是不平行的，如图 4-28b 所示。图4-25 中所示的两侧平线 AB、CD 也属两交叉直线。

现举例说明两交叉直线上重影点可见性的判别方法。

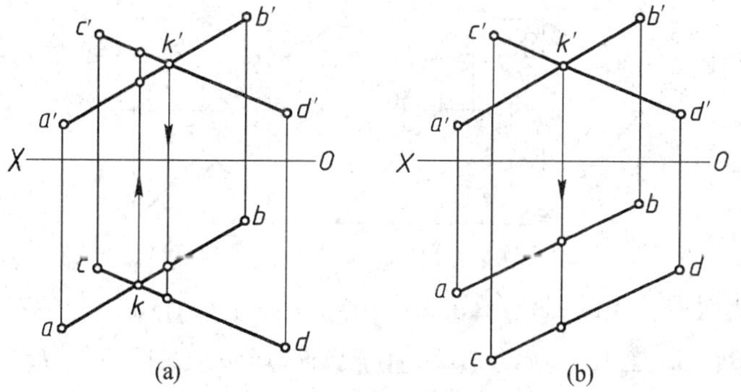

图 4-28　交叉两直线的投影

例 4-5　试判别图 4-29 所示交叉两直线 AB、CD 的水平投影上重影点的可见性。

分析：图中两直线的水平投影交于一点，这一交点是两直线投影的重影，实际上是两个点的投影。设属于直线 AB 上的点为Ⅰ，CD 上的点为Ⅱ，空间点Ⅰ、Ⅱ在水平投影面上的投影重合。在判别可见性时，只需要比较两点Ⅰ、Ⅱ间的 z 坐标的大小，这可从正投影面上看出。

作图：如图 4-29b 所示，由重影处作 OX 轴垂直线，得到 $a'b'$上的 $1'$，$c'd'$上的 $2'$；由于 $z_I > z_{II}$所以点Ⅰ在上，点Ⅱ在下。对水平投影而言，点Ⅰ遮住了点Ⅱ，点Ⅱ的水平投影为不可见。

同理，若正面投影有重影点需要判别其可见性时，只要比较两重影点的 y 坐标；y 坐标大的点在前，前面的点遮住后面的点。

4. 两直线相交成直角的投影

当两直线相交成直角时，如果两直线都平行于某一投影面，则两直线在该投影上的投影的夹角仍为直角；如果两直线都不平行于某一投影面时，则两直线在该投影面上的投影的夹角不是直角。如果两直线相交成直角，且其中有一条直线平行于某一投影面，则两直线在该投影面上的投影仍然反映直角关系，通常称为直角投影原理。利用这一原理，可进行有关空间几何问题的图示图解。

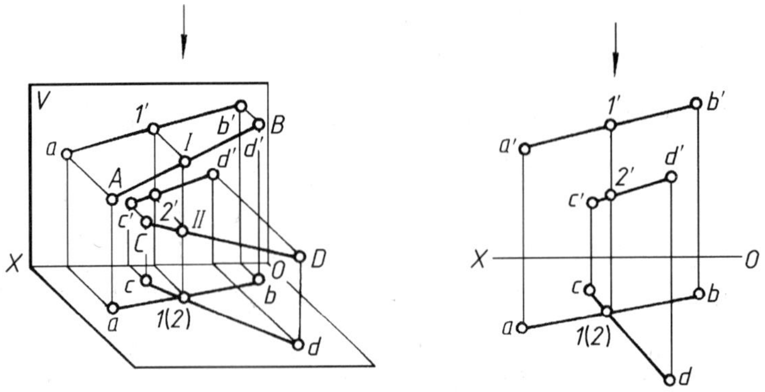

(a)　　(b)

图4－29　判别重影点的可见性

如图4－30a所示，AB、BC为相交成直角的两直线，其中BC平行于H面（即水平线），AB为一般位置直线。现证明两直线的水平投影ab和bc仍相互垂直，即$bc \perp ab$。

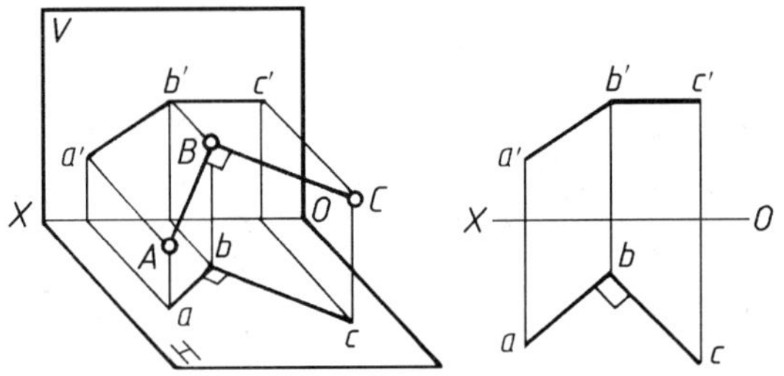

(a)　　(b)

图4－30　一边平行于投影面的直角的投影

证明： 因$BC \perp Bb$，$BC \perp AB$，所以BC垂直于平面$ABba$；又因$BC /\!/ bc$，所以bc也垂直于平面$ABba$。根据立体几何定理可知bc垂直于平面$ABba$上的所有直线，故$bc \perp ab$（图4－30b）。

例4－6　求点A到正平线BC的距离。

分析： 点到直线的距离是指该点到直线的垂直距离。如图4－31所示，BC为一正平线，所以可利用相交两直线成直角的正面投影仍成直角的特性。首先从a'作$b'c'$的垂直线，得到垂足K的正面投影k'，过k'作OX轴的垂直线使与bc相交，得垂足K的水平投影k；然后连接$a'k'$、ak，得到垂直线AK的两个投影；最后运用直角三角形法作出垂直线段AK的实长。

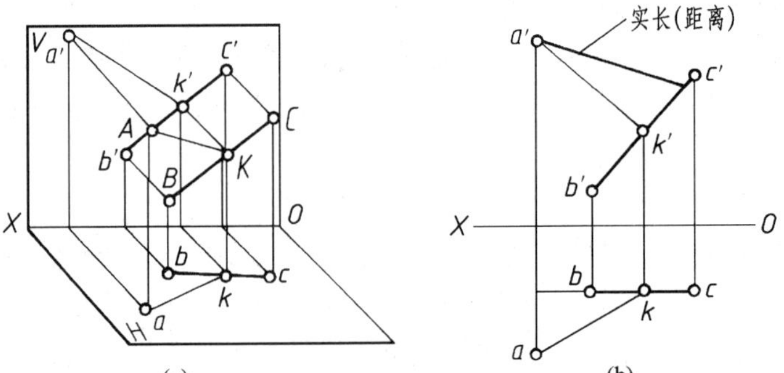

(a)　　(b)

图4－31　求作点到正平线的距离

例 4-7 如图 4-32 所示，已知点 A 的正面投影 a'，点 B 的两面投影 b、b'，BC 在 BM 上，BM 为水平线，求正方形 $ABCD$ 的投影。

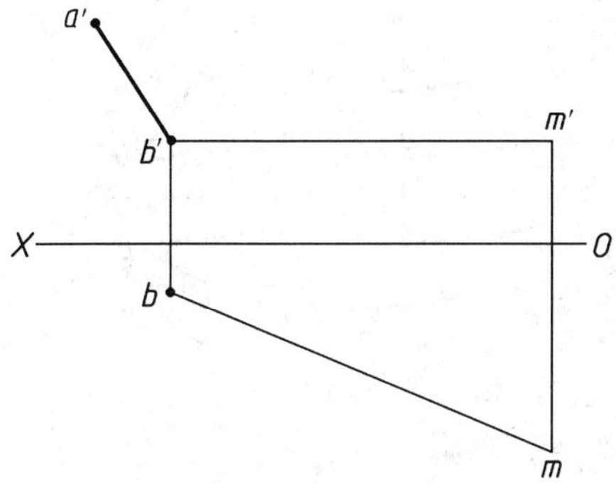

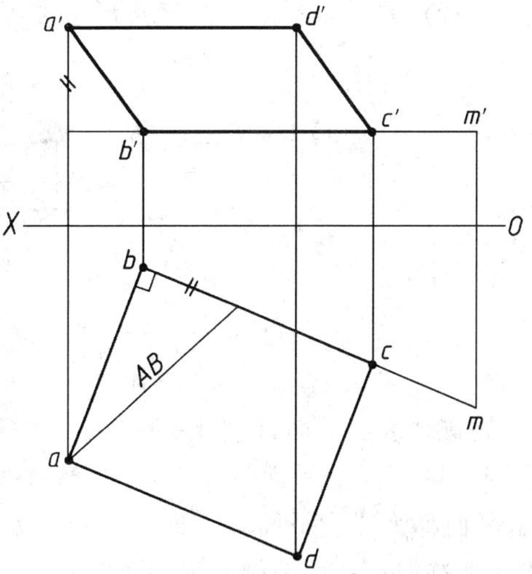

图 4-32 求作正方形

分析：

正方形边长相等，对边平行，内角为 90°，本题即要求在投影图中应用这些基本性质确定正方形的顶点。边长可以用直角三角形法求，平行关系可直接得到反映，垂直关系可以通过直角投影原理实现。

作图：

（1）因 BM 为水平线，根据直角投影原理，$AB \perp BM$ 能在水平投影上得到反映，过 b 作 $ab \perp bm$，过 a' 作 OX 轴的垂线，与 ab 交于点 a，即得点 A 的水平投影 a；

（2）利用直角三角形法求出 AB 实长；

（3）正方形边长相等，BM 为水平线，水平投影反映实长，在 bm 上取 $bc = AB$，得点 c，根据投影规律得 c'；

（4）根据两平行线其同面投影也平行的特性，可以求得 d 和 d'，显然 $dd' \perp OX$，符合投影规律。

4.4 平面的投影

4.4.1 平面的表示法

空间一平面可以用确定该平面的几何元素的投影来表示，以下是表示平面的最常见的六种形式，如图 4-33 和图 4-34 所示。

（1）不在同一直线上的三点（图 4-33a）；

（2）一直线与该直线外一点（图 4-33b）；

(3) 相交两直线（图4-33c）；

(4) 平行两直线（图4-33d）；

(5) 一有限的平面图形（如三角形、圆等，见图4-33e）；

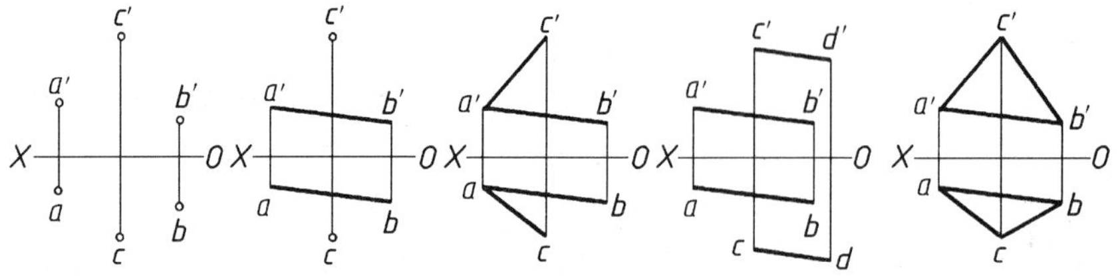

图4-33 用几何元素表示平面

(6) 用迹线表示平面（图4-34）。

如图4-34所示，平面与投影面的交线，称为平面的迹线。平面也可用迹线来表示，用迹线表示的平面称为迹线平面。平面与 V 面、H 面、W 面的交线，分别称为正面迹线（V 面迹线）、水平面迹线（H 面迹线）和侧面迹线（W 面迹线）。迹线的符号用平面名称的大写字母附加投影面名称的注脚表示，如图4-34中的 P_V、P_H、P_W。迹线是投影面上的直线，它在该投影面上的投影是迹线自身，用粗实线表示，并标注上述符号；它在另外两个投影面上的投影，分别在相应的投影轴上，不需作任何表示和标注。

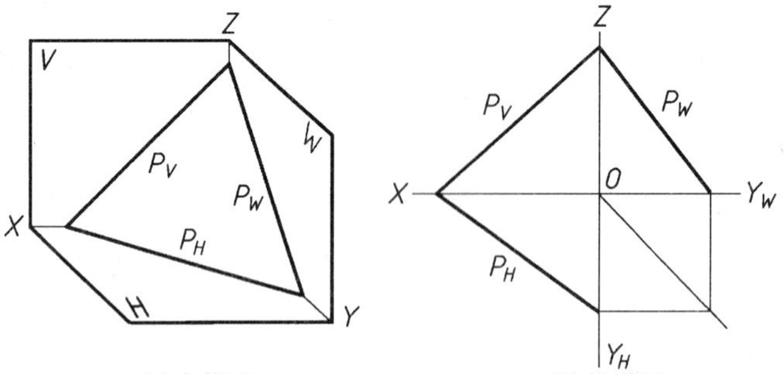

(a) 立体图 (b) 投影图

图4-34 用迹线表示平面

4.4.2 平面的投影特性

平面的投影特性是由平面对投影面的相对位置决定的。

1. 平面对一个投影面的投影特性

平面对投影面相对位置，可分为三类：

(1) 投影面平行面 如图4-35a所示，平面 P 平行于投影面 H，其投影 p 反映了空间平面 P 的实形。

(2) 投影面倾斜面 如图4-35b所示，平面 P 倾斜于投影面 H，其投影 p 不反映实形。

(3) 投影面垂直面 如图4-35c所示，平面 P 垂直于投影面 H，其投影 p 积聚成一条直线。

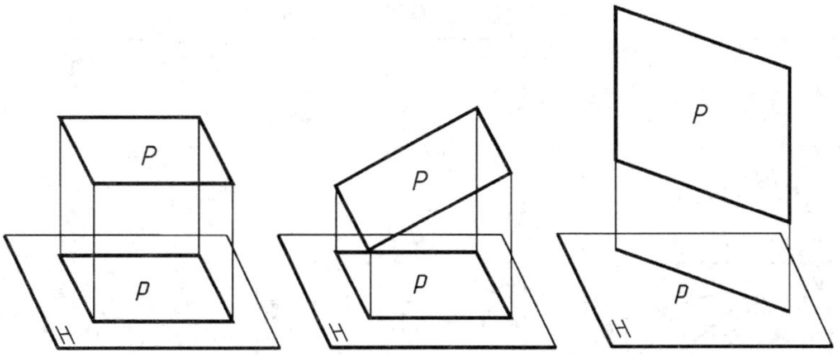

(a) (b) (c)

图 4-35 平面对投影面的各种位置

2. 平面在三投影面体系中的投影特性

1）投影面垂直面

平面垂直一个投影面而对另外两个投影面倾斜，称为投影面垂直面。对不同的投影面垂直面可分为铅垂面（垂直于 H 面）、正垂面（垂直于 V 面）及侧垂面（垂直于 W 面）三种。现以铅垂面为例，分析其投影特性。

如图 4-36 所示三角形 ABC 所确定的铅垂面，在 H 面的投影积聚成一条直线（水平投影 abc），铅垂面上的一切点、直线、曲线等在水平投影面上的投影都在这条直线上。此外，水平投影与 OX 轴的夹角反映平面与 V 面的倾角 β，与 OY 轴的夹角反映平面与 W 面倾角 γ。平面的正面投影和侧面投影都是空间图形的类似形，如正面投影 $a'b'c'$ 和侧面投影 $a''b''c''$ 都是空间平面 ABC 的类似形。

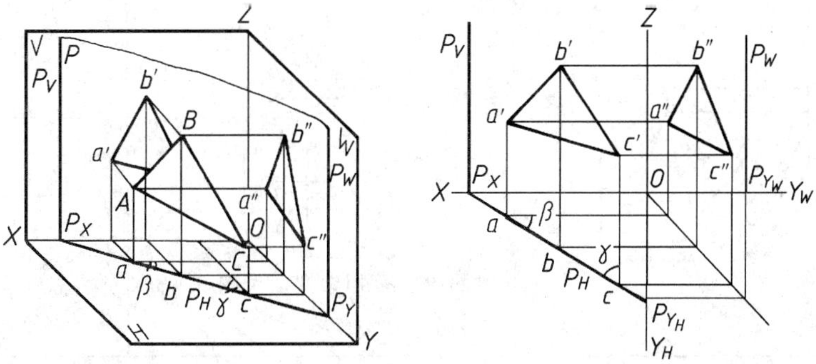

(a) (b)

图 4-36 铅垂面的投影及其特征

若将平面 ABC 扩大，则与投影面 V、H、W 相交得迹线 P_V、P_H 和 P_W。P_W 与 P_H 交于 OY 轴上的集合点 P_Y。因为平面 P 垂直于 H 面，所以 P_H 有积聚性；同时 P 面与 V 面的交线 P_V 必然垂直于 OX 轴，P 面与 W 面的交线 P_W 必然垂直于 OY 轴。用迹线表示平面和用平面上的两相交直线或两平行直线表示平面是实质相同，而它与几何元素表示法的不同处是迹线平面只画出与迹线自身重合的一个投影，与投影轴重合的投影不画。例如，水平迹线 P_H 的正面投影和正面迹线 P_V 的水平投影均在 OX 轴上，但都不画出。

表 4-3 列出了处于三种投影面垂直位置的平面图形的直观图、投影图和投影特性。

表 4-3 投影面垂直面的投影特性

名称	直观图	投影图及其特性	
		用平面图形表示	用迹线表示
铅垂面 ⊥H 面	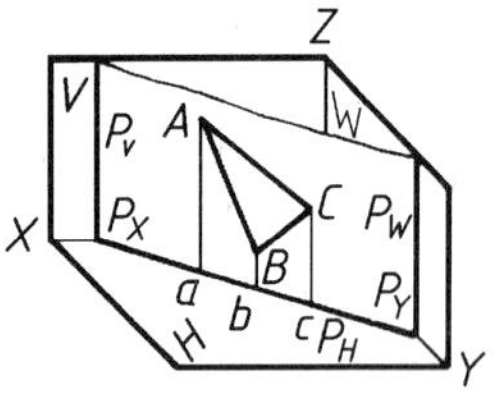	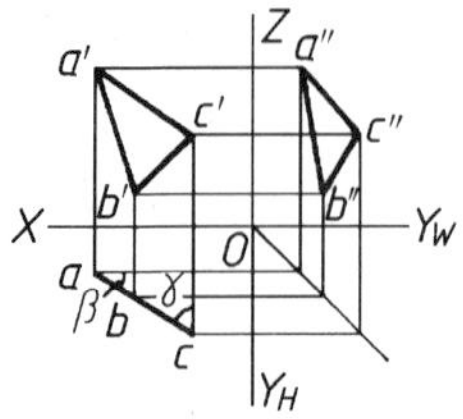 水平投影有积聚性，反映 β、γ 角。	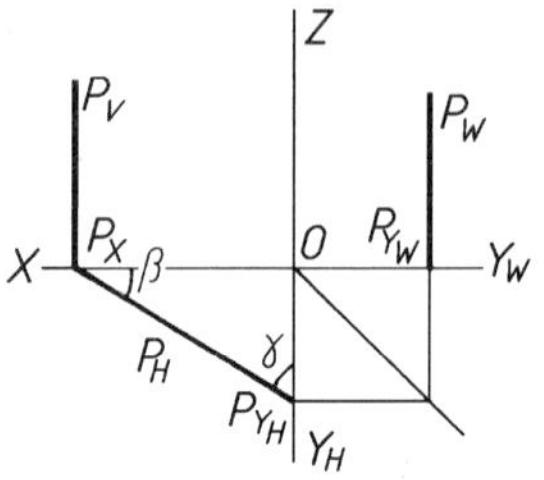 P_H 有积聚性，反映 β、γ； $P_V \perp OX$；$P_W \perp OY_W$。
正垂面 ⊥V 面	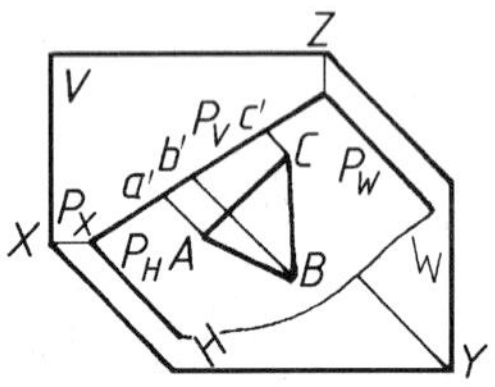	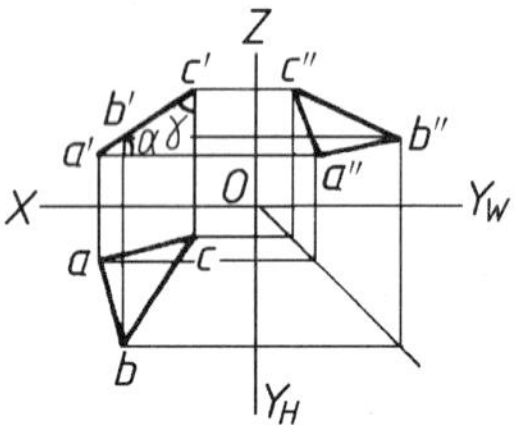 正面投影有积聚性，反映 α、γ 角。	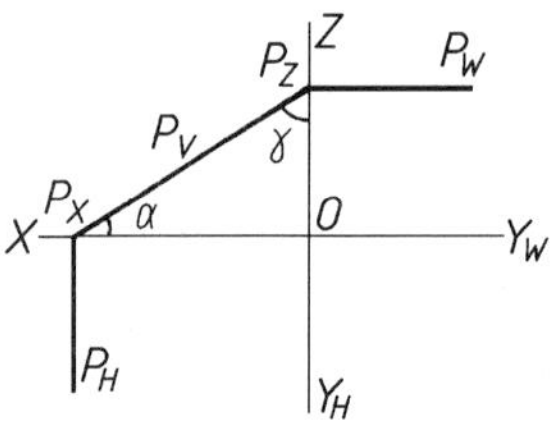 P_V 有积聚性，反映 α、γ； $P_H \perp OX$；$P_W \perp OZ$。
侧垂面 ⊥W 面	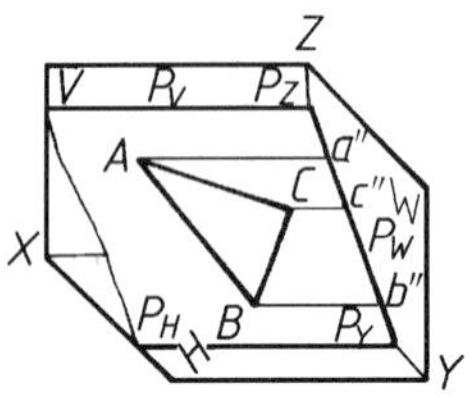	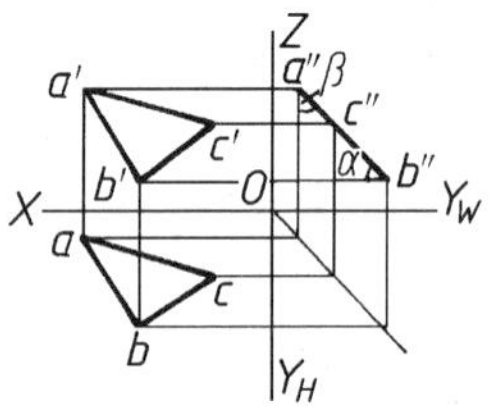 侧面投影有积聚性，反映 α、β。	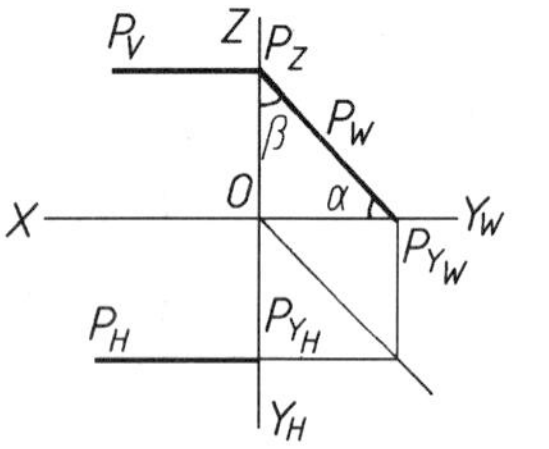 P_W 有积聚性，反映 α、β； $P_H \perp OY_H$；$P_V \perp OZ$。

2）投影面平行面

平行于一个投影面同时必垂直于另外两个投影面的平面称为投影面平行面。对不同的投影面，平行面分为水平面（平行 H 面）、正平面（平行 V 面）及侧平面（平行 W 面）三种。现以水平面为例，分析其投影特性。

图 4-37 所示的水平面，它必然同时垂直于 V 面和 W 面，即 $\alpha=0°$，$\beta=90°$，$\gamma=90°$，图中矩形 $ABCD$ 所表示的平面，在 H 面上其投影反映实形，即水平投影矩形 $abcd$ 与空间矩形 $ABCD$ 全等。在 V 面和 W 面上的投影积聚成一直线，分别平行 OX 轴和 OY 轴。

如果把表示平面 P 的矩形 $ABCD$ 扩大，则平面 P 与 V 面、W 面相交得两条迹线 P_V、P_W，它们分别与平面 $ABCD$ 的正面投影、侧面投影重合并具有积聚性。因平面 P 平行于 H 面，故无 P_H。

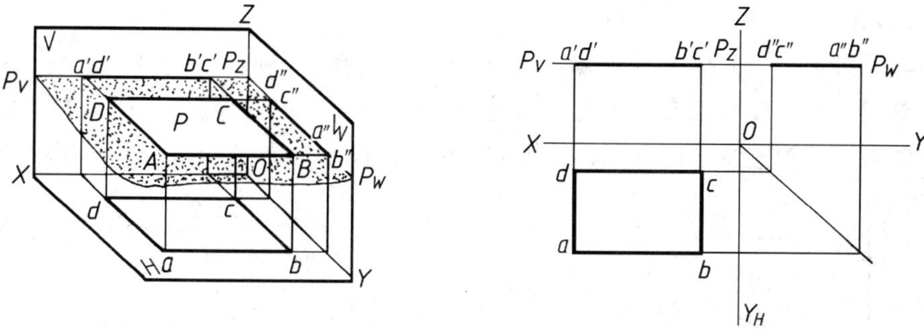

图 4－37　水平面的投影及其特性

表 4－4 列出了处于三种投影面平行位置的平面图形的直观图、投影图和投影特性。

表 4－4　投影面平行面的投影特性

名称	直观图	投影图及其特性	
		用平面图形表示	用迹线表示
水平面 //H 面	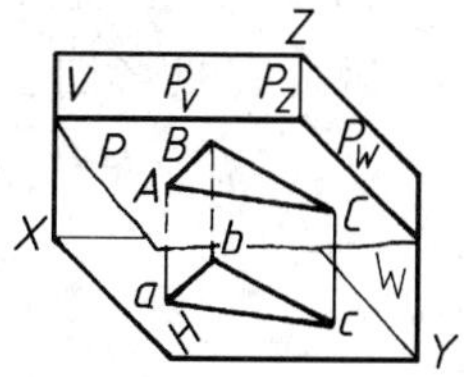	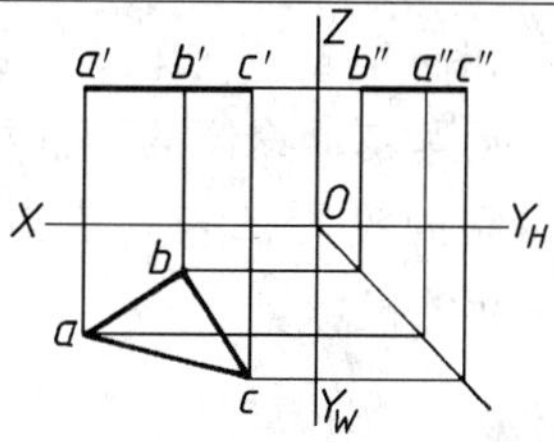 水平投影反映实形；正面投影和侧面投影有积聚性，且分别平行于 OX、OY_W。	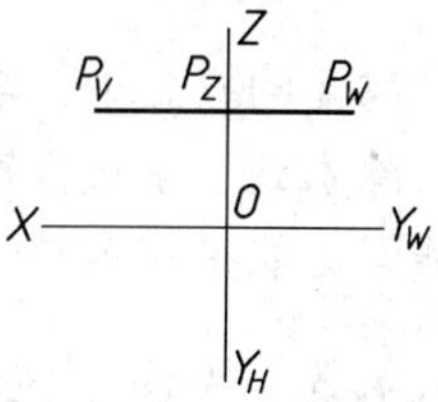 P_V 与 P_W 分别平行于 OX、OY_W；无水平迹线 P_H。
正平面 //V 面	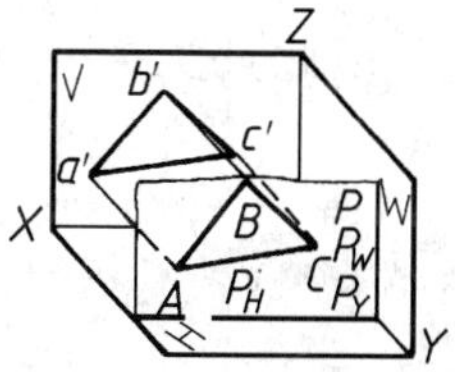	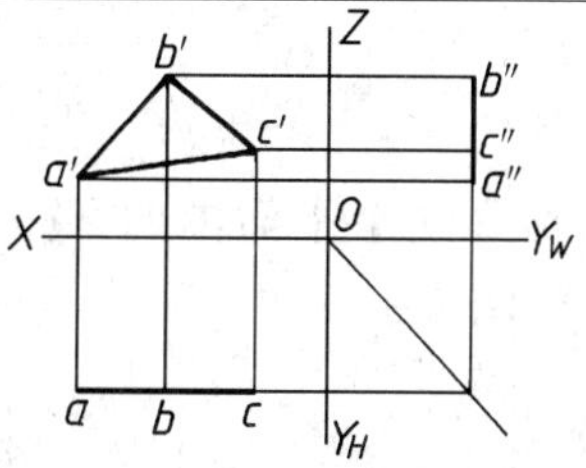 正面投影反映实形；水平投影和侧面投影有积聚性，且分别平行为 OX、OZ。	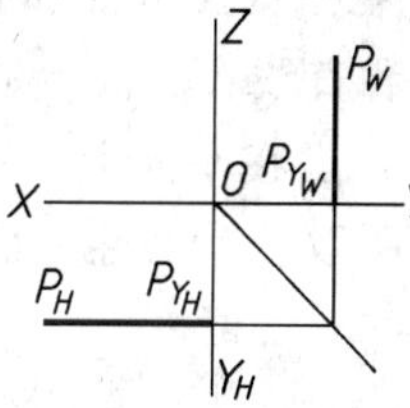 P_H 和 P_W 分别平行于 OX、OZ；无正面迹线 P_V。
侧平面 //W 面	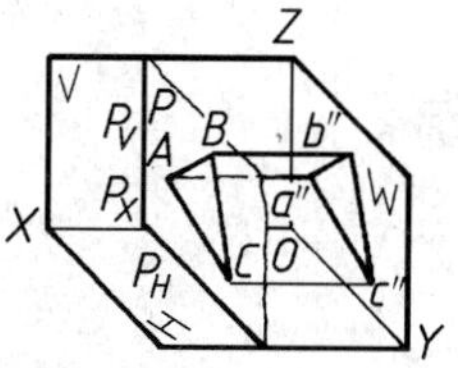	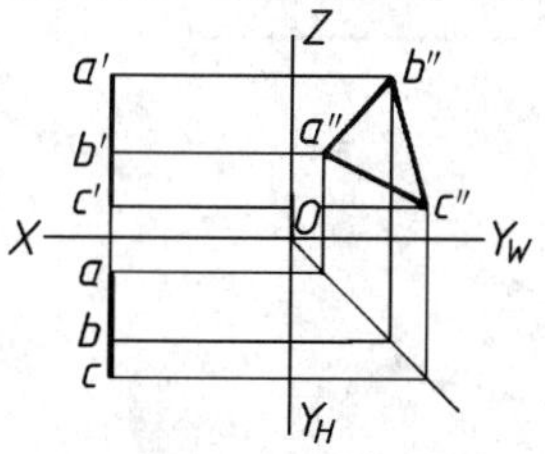 侧面投影反映实形；水平投影和正面投影有积聚性，且分别平行于 OY_H、OZ。	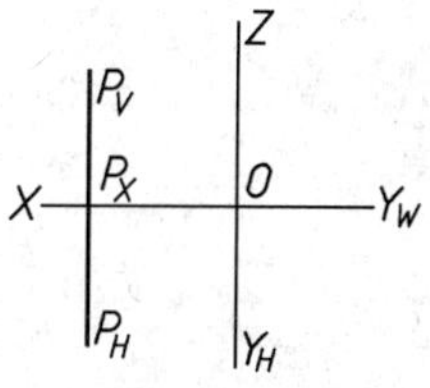 P_H 和 P_V 分别平行于 OY_H、OZ；无侧面迹线 P_W。

3）一般位置平面

如图 4－38 所示，一般位置平面 *ABC* 对各个投影面都处于倾斜的位置，所以各个投影都不会积聚成直线，也不反映出实形以及平面对投影面倾斜角度的真实大小，各个投影都是空间原图形的类似形。若为迹线平面，则其投影如图 4－34 所示，各迹线都相交于相应的投影轴。

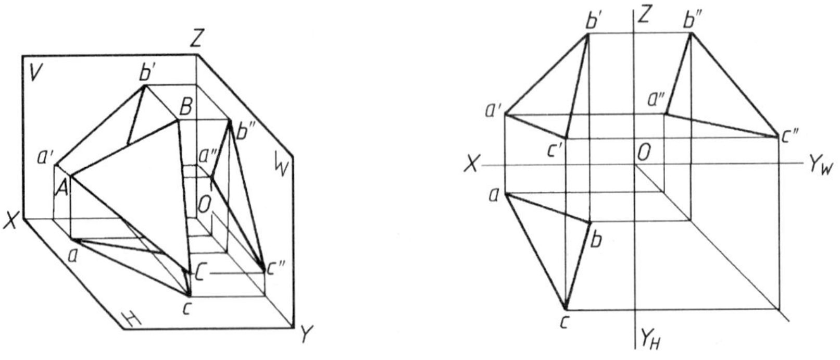

(a) (b)

图 4－38 一般位置平面的投影

在物体的投影中，常用几何元素表示物体的面。根据以上三类平面的投影，可知一个空间平面，除了处于垂直投影面外，它的投影都表现为封闭图形。因此，投影图上的一个封闭图形，通常可能是表示空间一个平面的投影。

4.4.3 平面上的点和直线

平面的投影完全确定了平面的空间位置，在投影图中作平面上的图形、线段或点就如同在空间平面上作图一样。因此，凡是初等几何中有关平面作图的原理完全适用于投影作图。

1. 在平面上取点和直线

点和直线在平面上的几何条件是：

（1）点在平面上，则该点必在这个平面内的某一直线上，因此只要在平面的任一直线上取点，所取点就必在平面上，如图 4－39 中所示的点 *M* 和点 *N*。

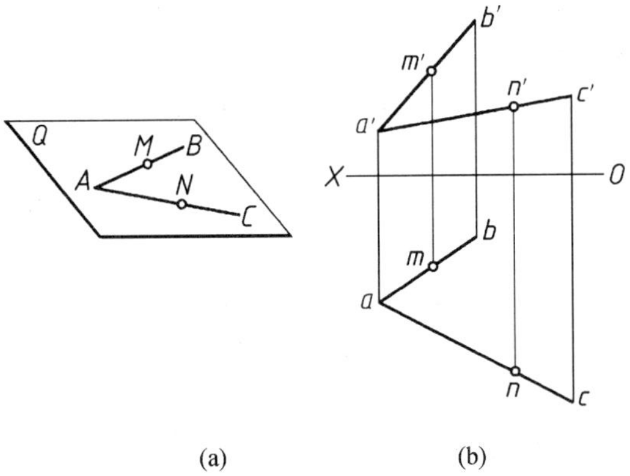

(a) (b)

图 4－39 平面上取点

（2）直线在平面上，则该直线必定通过这个平面上的两个点，或通过平面上一点且平行于平面上一直线。因此，凡所作直线通过平面上两已知点或过一已知点且平行于平面上一已知直线，则该直线必在该平面上，如图 4－40a、b 所示。

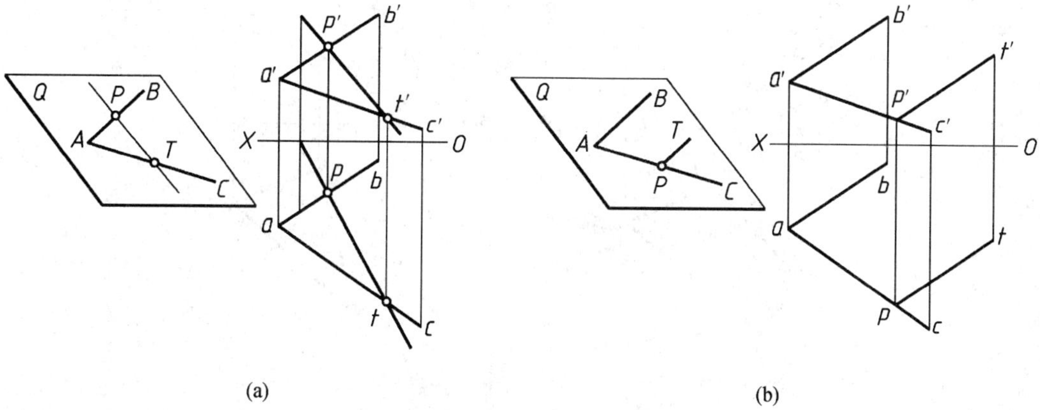

图 4－40 平面上取线

例 4－8 如图 4－41 所示，已知平面由两平行直线 *AB*、*CD* 确定，试判断点 *G* 是否在平面上。

分析：若点在平面上，则点必定在平面的一直线上。故只要通过点 *G* 的一个投影 *g*（或 *g'*）任意作一条平面上的直线的投影，如果该点的另一个投影 *g'*（或 *g*）在所作直线的同面投影上。则该点在平面上，否则就不在平面上。

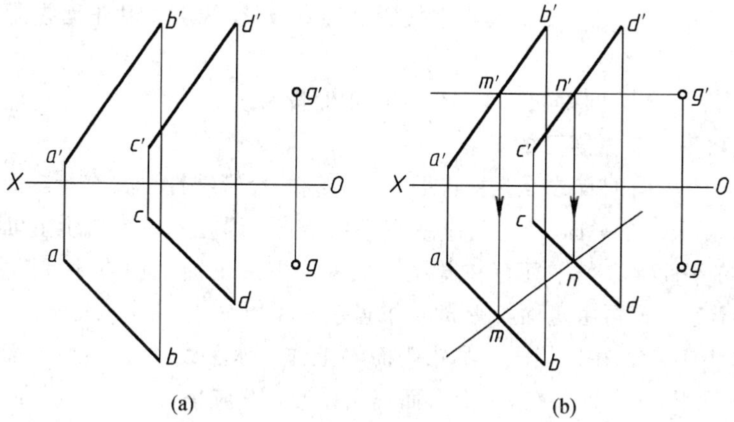

图 4－41 判断点是否属于平面

作图：

（1）过 *g'* 任作一条直线，交 *a'b'* 于 *m'*，交 *c'd'* 于 *n'*；

（2）作出 *m'*、*n'* 的水平投影 *m*、*n*；

（3）连接 *mn*，则 *MN* 为平面上一直线；

（4）延长 *mn*，因 *g* 不在延长线上，也就是说点 *G* 不在直线 *MN* 上，从而得知点 *G* 不在该平面上。

例 4－9 如图 4－42 所示，已知四边形 *ABCD* 的水平投影 *abcd* 及正面投影 *a'b'c'*，试完成其正面投影。

分析：四边形 *ABCD* 是一平面图形，故点 *D* 是平面上的一点。因不在一直线上的三点可以确定平面，故连接 *ABC* 可得此平面。通过平面上取点的方法可求得点 *D* 的另一个投影 *d*，然后连接 *a'b'*、*c'd'*，即求得四边形的正面投影。

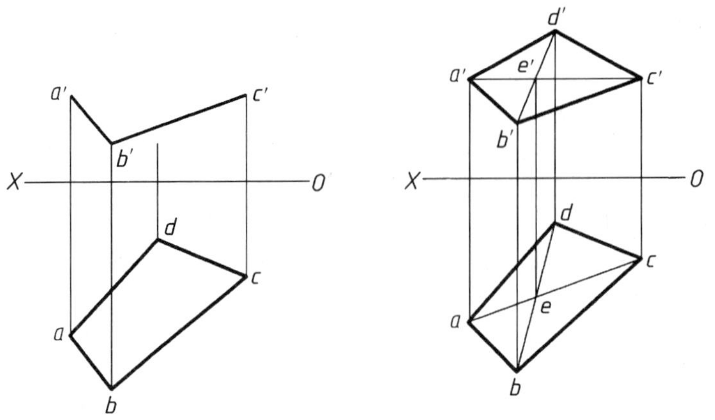

(a) (b)

图 4－42 补全四边形的正面投影

作图：

（1）连接 AC 的同面投影 $a'c'$，ac，得三角形 ABC 的两个投影；

（2）连接 BD 的水平投影 bd 交 ac 于 e，E 即为两直线的交点；

（3）作出点 E 的正面投影 e'；

（4）点 D 为该平面上的一点，其水平投影 d 在 be 延长线上，其正面投影 d' 必在 $b'e'$ 的延长线上；

（5）连接 $a'd'$、$c'd'$，即得四边形 $ABCD$ 的正面投影。

2. 在平面上取平行于投影面的直线

平面上平行于投影面的直线，既具有平面上直线的投影特性，又有投影面平行线的投影特性。如图 4－43a 所示，在平面 ABC 上作一水平线 MN。因是水平线，其正面投影平行于 OX 轴，又因为它是在平面上，与平面存在着从属关系，即过平面上两点 M 和 N。因此，作图时必须先从正面投影着手，再由正面投影 $m'n'$ 求得水平投影 mn。

又如图 4－43b 所示，在迹线表示的铅垂面 P 上作一水平线 AB。按照平面上的直线的投影特性，AB 的水平投影 ab 应积聚在 P_H 上，而正面投影 $a'b'$ 应平行于 OX 轴，同理可求得侧面投影 $a''b''$，它平行于 OY_W 轴。

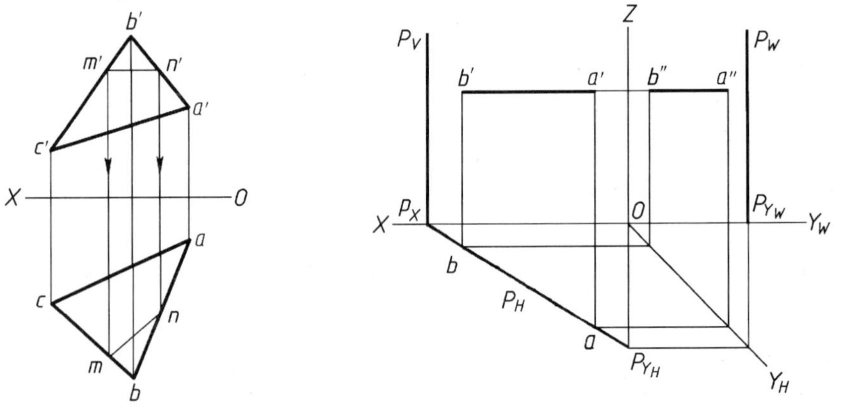

(a) (b)

图 4－43 作平面上的水平线

3. 过点、直线作平面

前面已经介绍了在平面上作点、直线的原理与方法，现在运用这些原理和方法来解决过已知点或直线作平面的问题。

1）过已知点作平面

通过一点作平面，如果无附加条件，能够作出无数多个平面，它们相对于投影面来说可以是各种位置的平面。根据平面表示方法的不同，这些平面的表现形式也可以是各不相同的。图4－44为过已知点 A 作一平面。现列出三种形式：图4－44b是作过点 A 的两条相交直线 $BCDE$ 所组成的一般位置平面，因为 BC 和 DE 两直线位置可任定，所以它可以是无数多个，并且形式也可以各不相同。图4－44c是作过点 A 的铅垂面（图中为三角形 BCD，其中边 BC 通过点 A）；图4－44d是作过点 A 的水平面 P（用迹线表示），根据水平面的投影特性可知：这样的平面只有一个。

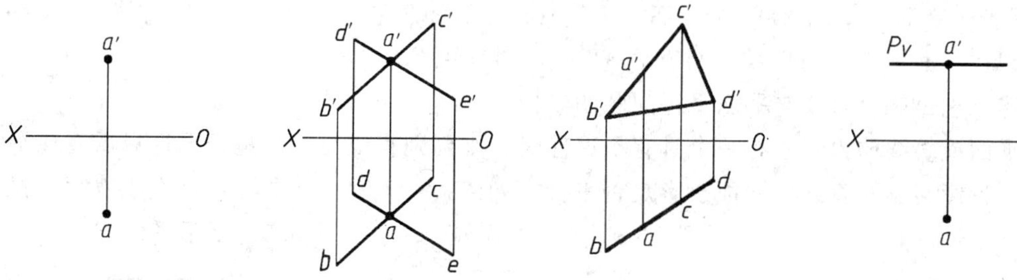

(a) (b) (c) (d)

图4－44 过点作平面

2）过已知直线作平面

过已知直线作平面，如果没有其他条件的限制，则可作无数个平面，如图4－45所示。现列出三种形式：图4－45b是作过直线 AB 的一般位置平面 ABC，由于点 C 是任意的，所以有无数个平面可作；图4－45c是过点 A 作直线 AC，由 AB、AC 组成一正垂面，它与 H 面的倾角为 α，过直线 AB 只能作一个正垂面；图4－45d是过直线 AB 作一铅垂面，并用迹线表示该铅垂面 P，它与 V 面的倾角为 β，过直线 AB 也只能作一个铅垂面。

应当注意：通过一般位置直线是不可能作水平面和正平面的；只有通过投影面平行线才能作出投影面的平行面，例如通过一水平线可作水平面。

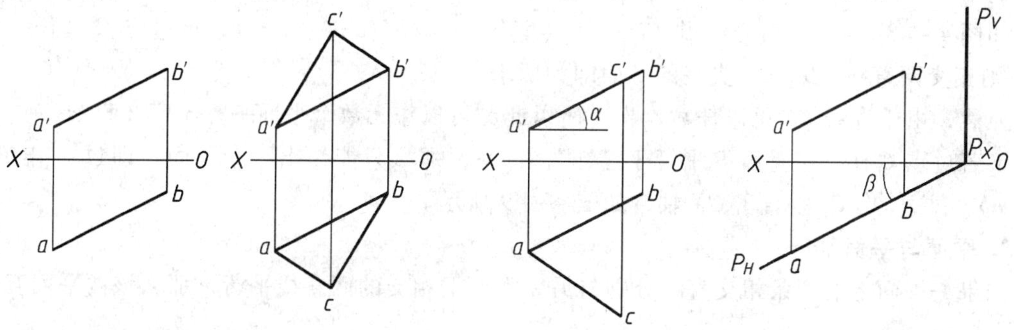

(a) (b) (c) (d)

图4－45 过直线作平面

4.5 直线与平面、平面与平面之间的相对位置

在空间，直线与平面、平面与平面的相对位置有平行、相交和垂直三种，其中垂直是相交的特例。本节将着重分析在这三种情况下，当直线或平面的一个投影具有积聚性时的投影表示及作图方法。

4.5.1 平行

1. 直线与平面平行

如果空间一直线与平面上任一直线平行，那么此直线与该平面平行。如图4－46所示，直线 AB 平行于平面 P 上的直线 CD，那么直线 AB 与平面 P 平行；反之，如果直线 AB 与平面 P 平行，则在平面 P 上必可以找到与直线 AB 平行的直线 CD。

上述原理是解决直线与平面平行问题的依据。

若平面或直线的投影中有一个具有积聚性时，则判别直线与平面是否平行只需看该平面有积聚性的投影与已知直线的同面投影是否平行。如图4－47所示，平面 P 垂直于 H 面，故在 H 面上有积聚性（P_H），由于 P_H 平行 AB 的同面投影 ab，所以直线 AB 平行于平面 P。

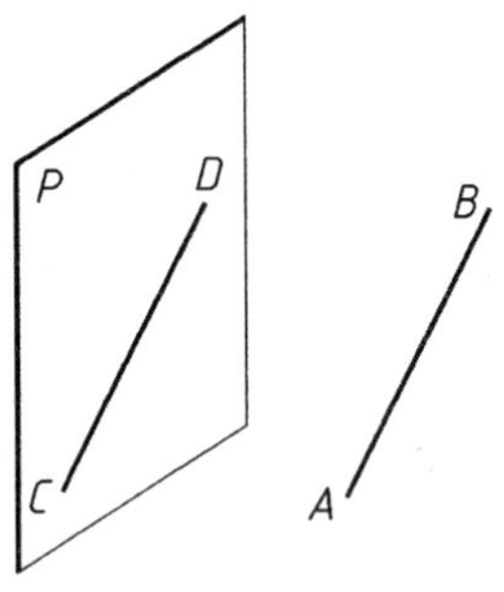

图4－46 直线与平面平行的几何条件

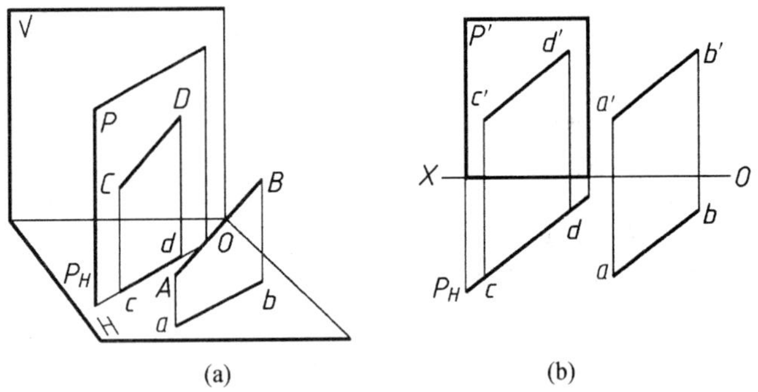

图4－47 判别直线是否与平面平行

例4－10 过点 C 作平面平行于已知直线 AB。

如图4－48b所示，过点 C 作 $CD /\!/ AB$（即作 $cd /\!/ ab$，$c'd' /\!/ a'b'$），再过点 C 作任一直线 CE，则相交两直线 CD、CE 决定的平面即为所求。

显然，由于直线 CE 可以任意作出，所以此题可以作无数个平面平行于已知直线。

又若过点 C 作一铅垂面 P 平行于已知直线 AB，那么只能作出一个平面，即过 C 作 P_H 平行于 ab，过 P_X 作 P_V 垂直于 OX 轴，如图4－49所示。

2. 平面与平面平行

如果一平面上的两条相交直线分别与另一平面上相交的两直线平行，那么该两平面互相平行。

如图4－50所示，平面 P 上有一对相交直线 AB、AC 分别与平面 Q 上一对相交直线 DE、DF 平行，即 $AB /\!/ DE$，$AC /\!/ DF$，那么平面 P 与 Q 平行。

如图4－51所示，已知平面 $ABCD$ 和 EGF 是两铅垂面，若它们的水平投影 $abcd /\!/ egf$，则

该两平面在空间也互相平行。按照立体几何原理，可证得两平行平面若同时垂直于一投影平面，则两平行平面在该投影面上的投影亦互相平行。

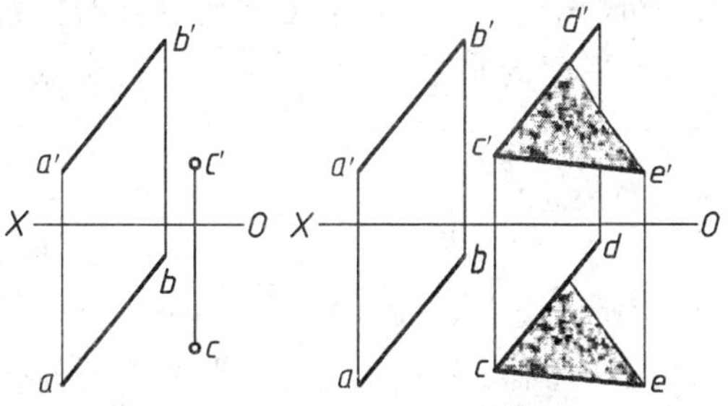

(a) (b)

图 4-48 过点 *C* 作平面平行于直线 *AB*

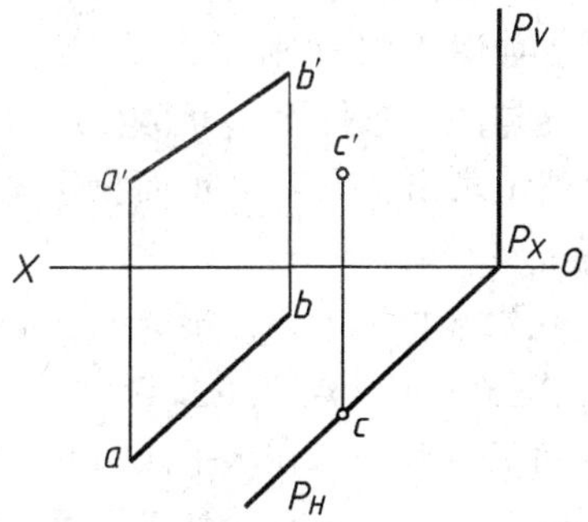

图 4-49 过点 *C* 作铅垂面 *P* 平行于直线 *AB*

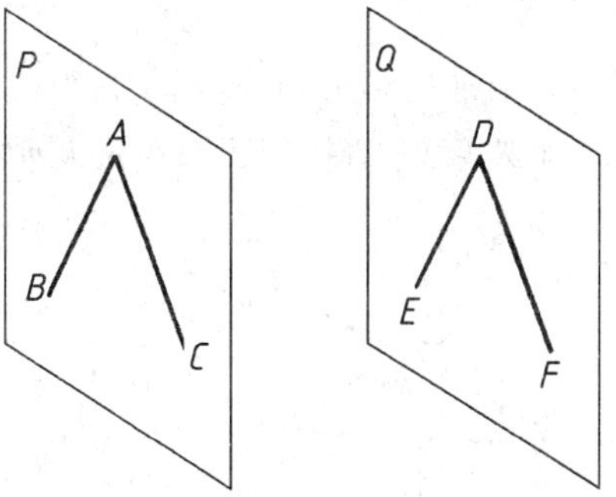

图 4-50 两平面平行的几何条件

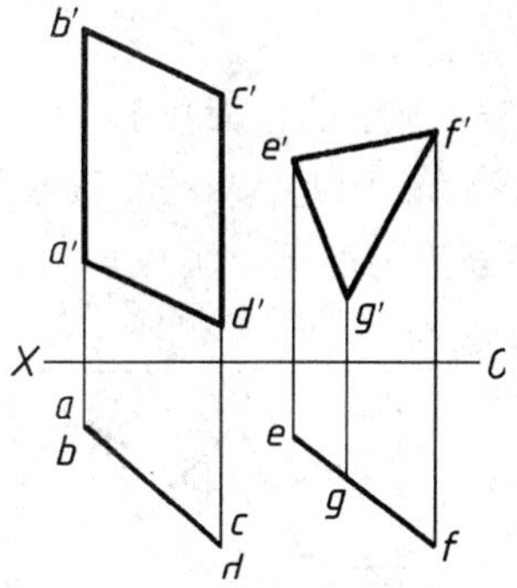

图 4-51 两铅垂面相互平行

若两平行平面与第三个平面相交，则它们的交线也互相平行。因此，当两平行平面用迹线表示时，它们的同面迹线互相平行，如图 4-52 所示。

若三个互不平行的平面相交，三面可以汇交于一点，如 *V* 面、*H* 面、*W* 面汇交于原点 *O*，*P* 面、*V* 面、*H* 面汇交于 P_X（图 4-52b）。

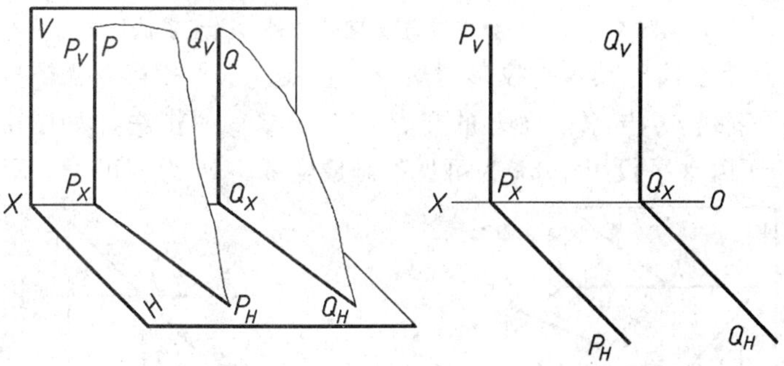

(a) (b)

图 4-52 两迹线平面相互平行

4.5.2 相交

1. 直线与平面相交

直线与平面相交，其交点是直线和平面的共有点，它既在直线上又在平面上。当直线或平面与某一投影面垂直时，则可利用其投影的积聚性，在投影图上直接求得交点。

例 4-11　求直线 MN 与铅垂面 ABC 的交点。

分析：如图 4-53a 所示，设直线 MN 与铅垂面 ABC 相交于点 K，根据平面投影的积聚性及直线上的点的投影特性，可得交点的水平投影 k 即是平面的水平投影 abc 和 mn 的交点，由此可在直线上求出交点 K 的正面投影 k。

作图：

（1）在水平投影上，标出 mn 与 abc 的交点 k。

（2）作出 $m'n'$ 上点 K 的投影 k'，则 K（k，k'）为所求交点。

（3）可见性判别：在水平投影中，凡位于平面之上的线段为可见，位于平面之下的线段被平面遮住不可见；同理，在正面投影中，凡位于平面之前的线段为可见，位于平面之后的线段被平面遮住为不可见。可见线段画成实线，不可见线段画成虚线或不画线，交点是可见与不可见的分界点。

如图 4-53b 所示的正面投影，线段 $m'k'$ 和 $k'n'$，由水平投影可知线段 nk 在平面之前，线段 km 在平面之后。因此 NK 的正面投影 $n'k'$ 为可见，画成实线；KM 的正面投影 $k'm'$ 被三角形 ABC 遮住的部分为不可见，画成虚线。

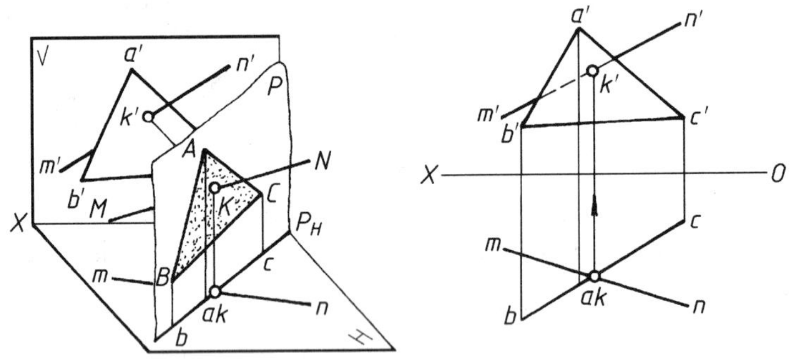

(a)　　　　　　　　　　　　(b)

图 4-53　一般位置直线与铅垂面的交点求法

由于平面 ABC 是铅垂面，其水平投影积聚为一直线，水平投影就无需判别可见性了。

图 4-54 表示了直线 AB 与水平面 P 的交点 K（k，k'）的作法（如图中箭头所示），因为 AK 位于面 P 之上，所以水平投影中 ak 为可见，画成实线，kb 为不可见，画成虚线。

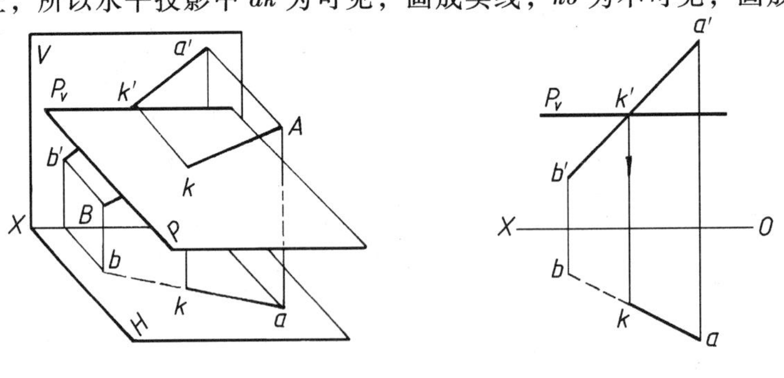

(a)　　　　　　　　　　　　(b)

图 4-54　直线与水平面的交点

例 4-12 求铅垂线 AB 与平面 CDE 的交点。

分析：如图 4-55 所示，设平面 CDE 与铅垂线 AB 相交于点 K，根据直线的积聚性即可确定其交点的水平投影 k，再利用面上取点的方法，在 $a'b'$ 上作出正面投影 k'。

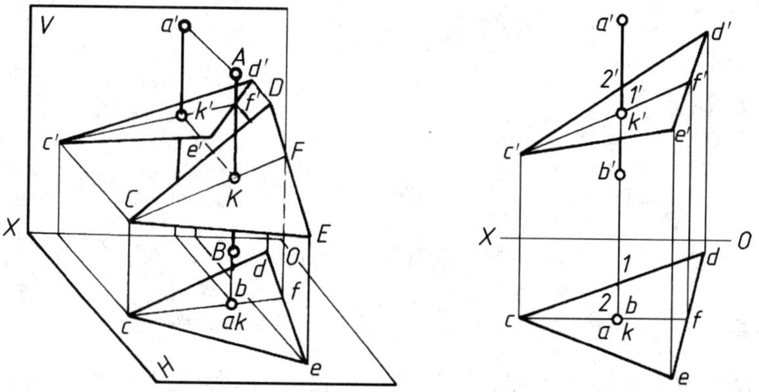

(a) (b)

图 4-55 铅垂面与平面的交点求法

作图：

（1）在 ab 上标出点 k；

（2）在平面 cde 上过 k 点任作一辅助直线，例如 ck，连接 ck 并延长与 ed 交于点 f，再作 CF 正面投影 $c'f'$；

（3）$c'f'$ 与 $a'b'$ 的交点，即为所求交点 K 的正面投影 k'；

（4）判别可见性：在水平投影中，由于直线 AB 是铅垂线，其投影积聚为一点，因此不必判别其可见性。而在正面投影中，按重影点判别方法如图 4-55b 所示，$2'k'$ 为可见。亦可用三角板与铅笔模拟空间位置直观地判别可见性。可见线段画成实线，不可见线段画成虚线。

2. 平面与平面相交

空间两平面若不平行就必定相交。相交两平面的交线是一条直线，该交线为两平面的共有线，交线上的每个点都是两平面的共有点。当求作交线时，只要求出两个共有点或一个共有点以及交线的方向即可。若相交两平面之一为投影面垂直面或投影面平行面时，则可利用该平面有积聚性的投影求得交线。

例 4-13 求平面 ABC 与铅垂面 $DEFG$ 的交线（图 4-56）。

分析：因为铅垂面 $DEFG$ 的水平投影 $defg$ 有积聚性，按交线的性质，铅垂面与平面 ABC 的交线的水平投影必在 $defg$ 上，同时又应在平面 ABC 的水平投影上，因而可确定交线 KL 的水平投影 kl，进而求得 $k'l'$。

作图：

（1）如图 4-56b 所示，在水平投影中，确定 $defg$ 与 ab 和 ac 的交点 k 和 l；

（2）作为平面 ABC 上的点 K 和 L，求得 k' 和 l'，连接 $k'l'$；

（3）判别可见性。

若铅垂面改用迹线平面表示时，其作法与上述相同，如图 4-56c 所示。

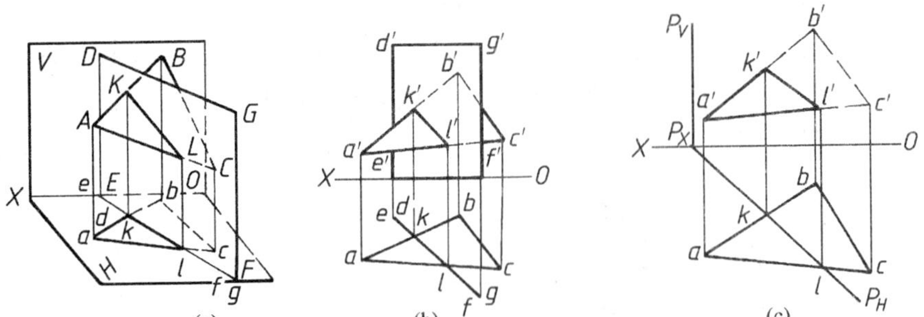

(a) (b) (c)

图4-56 平面与铅垂面的交线求法

4.5.3 垂直

本部分内容仅介绍投影面垂直面与直线垂直、投影面垂直面与平面垂直的投影特性。

1. 直线与平面垂直

例4-14 已知一铅垂面 *ABCD*，试过平面外一点 *M* 作一直线与该平面垂直相交。

分析： 由图4-57所示，当直线与垂直于投影面的平面垂直时，直线一定平行于该平面所垂直的投影面，且直线的投影垂直于平面的有积聚性的同面投影。图中的直线垂直于铅垂面 *ABCD*，因此直线必定为水平线。

作图：

(1) 如图4-57b所示，过 *m* 作 *abcd* 的垂直线得交点 *k*；

(2) 过 *m'* 作 *OX* 轴的平行线，与过 *k* 的投影连线相交于 *k'*；

(3) *MK*（*mk*，*m'k'*）即为所求直线。

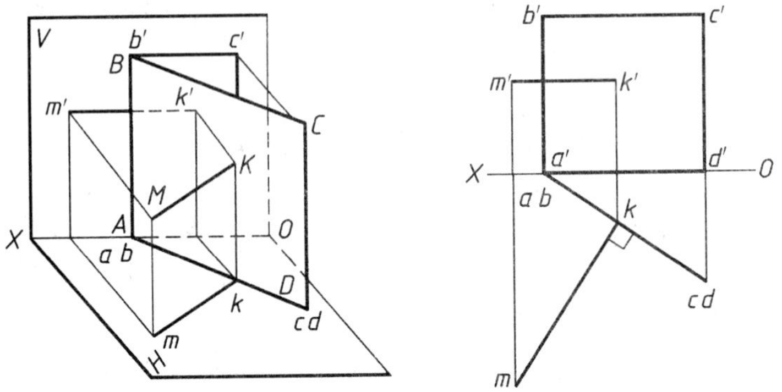

(a) (b)

图4-57 直线垂直于铅垂面

2. 两平面垂直

如果直线垂直于已知平面，则包含此垂线所作的任意平面必垂直于已知平面。如图4-58a所示，*ABCD* 为一已知铅垂面，*MK* 为垂直于此平面的直线，显然 *MK* 为水平线，且凡是包含直线 *MK* 的平面均垂直于平面 *ABCD*。根据过直线作平面的原理，过点 *M* 引直线 *MN*，并使

MN 的水平投影 *mn* 与 *MK* 的水平投影 *mk* 重影，则 *KMN* 的平面亦为铅垂面。其投影图作法如图 4－58b 所示，其交线 *NK* 为铅垂线。

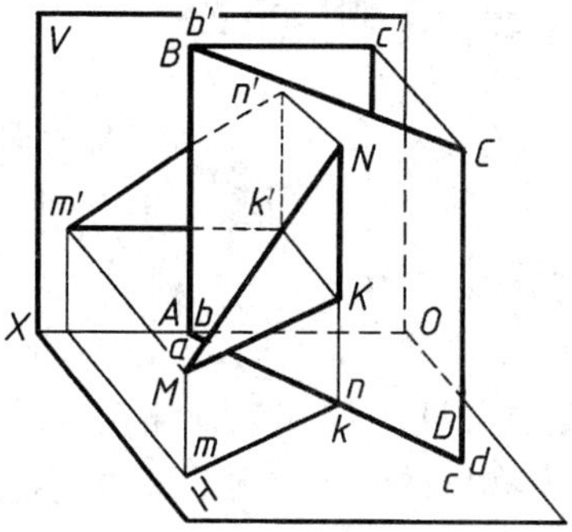

(a)

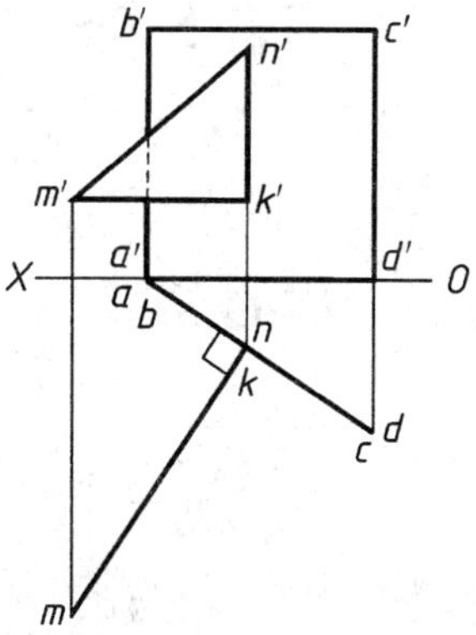

(b)

图 4－58 两垂直相交的铅垂面

第 5 章　组合体与实体造型

5.1　基本立体的投影

立体按其表面性质的不同分为平面立体和曲面立体两类。从几何角度来看，表 5－1 所示的空间立体称为基本立体，基本立体的投影是表示物体的基础，必须很好掌握它们的投影特性，以及在这些基本立体表面上取点和取线的作图方法。

表 5－1　基本立体的三面投影

名称	正六棱柱（体）	正四棱锥（体）
平面立体	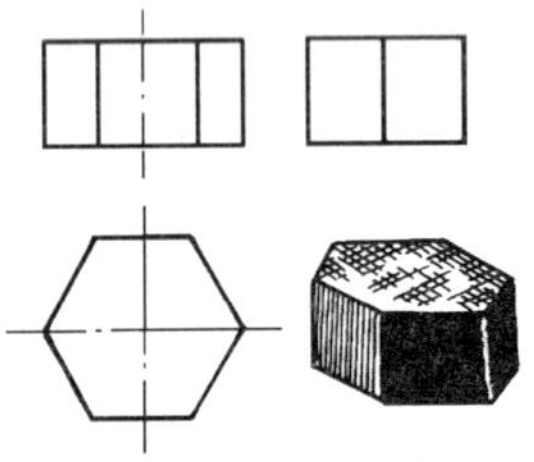	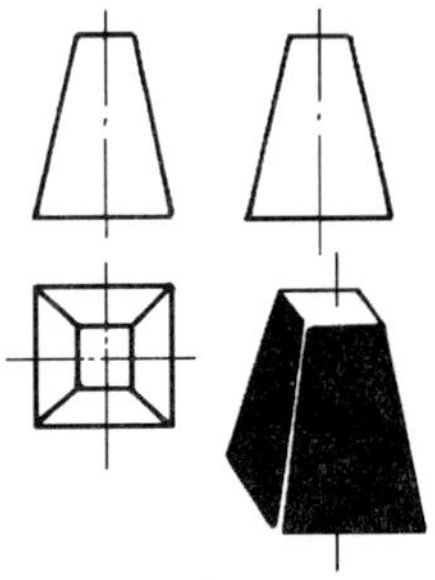
名称	（正）圆柱（体）	（正）圆锥（体）
曲面立体	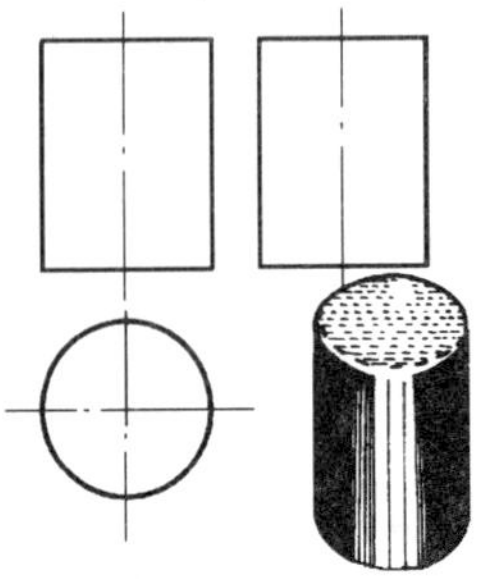	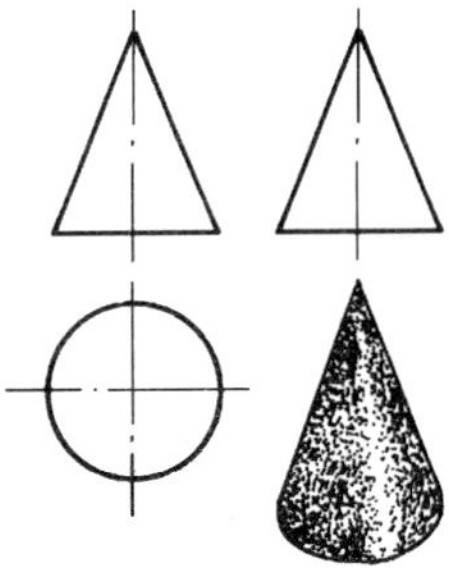

5.1.1　平面立体及其表面交线的投影

因为平面立体各表面都是平面，立体的投影由各表面投影组合而成，绘制平面立体的投影，就是画出各个平面的投影。所要画的各个平面是由直线所组成的线框，而直线段由其两端点确定。于是平面立体的投影，又归结为各表面（平面）的交线（直线）以及各顶点的投影。

1. 棱柱体

1）棱柱体的投影

如图 5－1 所示为一四棱柱体。画图前，应先分析各表面以及棱线对投影面的相对位置。

它的顶面和底面是大小相同的两个水平面，左右两侧棱面为铅垂面，前后两侧棱面为正平面，四条棱线为铅垂线。作投影时，先画反映实形的顶面和底面，它们重影为四边形 *abcd*，如图 5－1b 所示。而顶面和底面的正面投影和侧面投影均积聚成水平的直线。四条棱线的水平投影，积聚在四边形的四个顶点，它的正面投影和侧面投影为垂直的直线且反映实长。

立体的投影由其各表面的投影线框组成，投影线框至少是两个表面的重影。正确地表示立体，必须在各个投影中判别各表面投影的可见性。如图 5－1 所示四棱柱的水平投影中，由于顶面、底面投影重合，顶面的水平投影可见，底面不可见。在正面投影中，因为侧棱面 *ABGF* 在立体的前面，其正面投影是可见的，而侧棱面 *DAFH*、*CDHI*、*CBGI* 的正面投影是不可见的，因此棱线 $d'h'$ 和 $c'i'$ 画成虚线。在侧面投影中，因为侧棱面 *DAFH* 在立体左面为可见，并与右面侧棱面 *CBGI* 重影，而侧棱面 *BAFG* 和 *CDHI* 为正平面，故积聚成垂直的直线。总之，平面立体的各个投影中，每个线框或某直线均表示了某个棱面的投影。

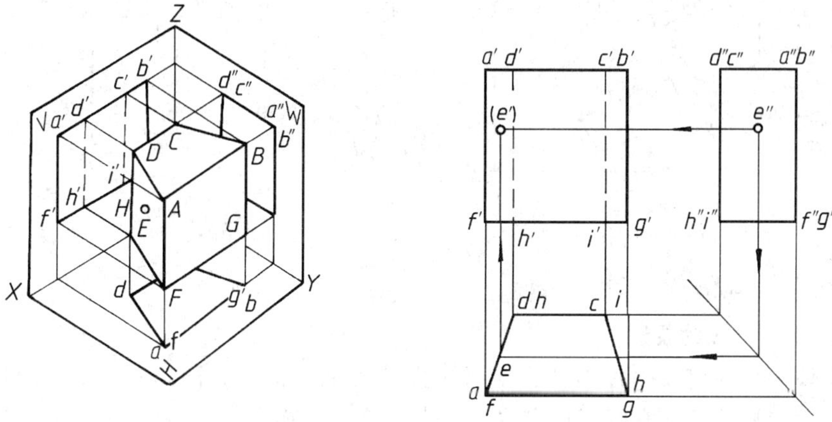

(a) (b)

图 5－1 四棱柱的投影

2）棱柱体表面上取点

棱柱体表面上取点和平面上取点的方法相同，先要确定点所在的平面并分析平面的投影特性。如图 5－1b 所示，已知点 *E* 的侧面投影 e''，求出点 *E* 的其他两个投影。因为 e'' 为可见，必在左侧棱面 *DAFH* 上，而 *DAFH* 面为铅垂面，其水平投影 *ad* 积聚为直线，*e* 必在 *ad* 上，由 e'' 和 *e* 即可求得 e'。

2. 棱锥体

1）棱锥体的投影

如图 5－2a 所示为一正四棱锥，由底面 *ABCD* 和四个侧棱面组成。底面为水平面，水平投影 *abcd* 反映实形，其正面投影和侧面投影积聚成一条水平的直线。四个侧棱面都是一般位置平面，其三个投影均为类似形。绘图时，先作底面 *ABCD* 的水平投影及其他两个投影，如图 5－2b 所示。再作锥顶 *S* 的投影，将锥顶和底面各点的同面投影连接起来，即完成侧棱面的投影。正面投影因点 *B* 在前，故 $s'b'$ 为可见。侧面投影因点 *A* 在左，故 $s''a''$ 为可见。水平投影因 *S* 点在底面之上，故四个侧棱面均为可见。

2）棱锥体表面上取点

作图方法与棱柱体相同。如图5－2b所示，已知棱锥体上一点 E 的正面投影（e'），求出其他两个投影。

因为点 E 的正面投影为不可见，故点 E 位于侧棱面 SAD 上，又因 SAD 为一般位置平面，可按平面上取点作图原理作图。为使作图方便，选择过点 E 的水平线 EF 作为辅助线。先作 $e'f'//a'd'$，求得 f；再过 f 作 ad 的平行线即可求得 e。根据 E 的两个投影，可求得 e''。因为平面 SAD 的水平投影和侧面投影均可见，故点 E 的水平投影和侧面投影也可见。请读者思考，过点 E 作什么辅助线作图方便。

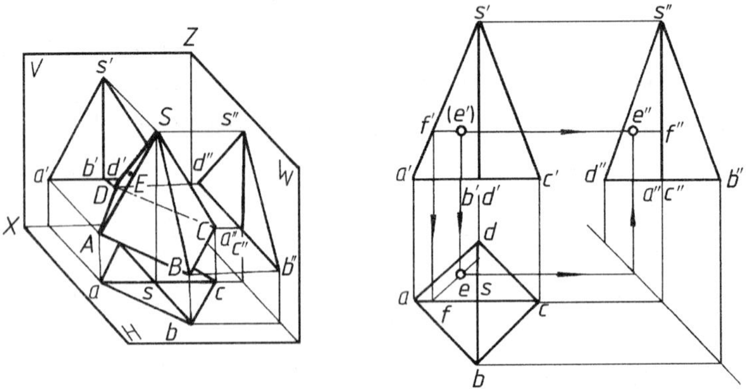

(a) (b)

图5－2 正四棱锥的投影

3. 平面立体截交线的投影

平面与立体表面的交线，称为截交线，平面称为截平面，如图5－3所示。由图中可知，截交线是截平面与棱面的共有线，截交线上的点既在截平面上，又在立体表面上。平面立体截交线是由直线组成的封闭多边形，多边形的边数等于截平面与平面立体相交的棱面数，多边形的顶点就是截平面与平面立体的棱线的共有点。求平面与平面立体的截交线有两种方法：（1）求各棱线与平面的交点——棱线法；（2）求各棱面与平面的交线——棱面法。截交线的形状取决于两个因素：立体的形状；立体与截平面的相对位置。

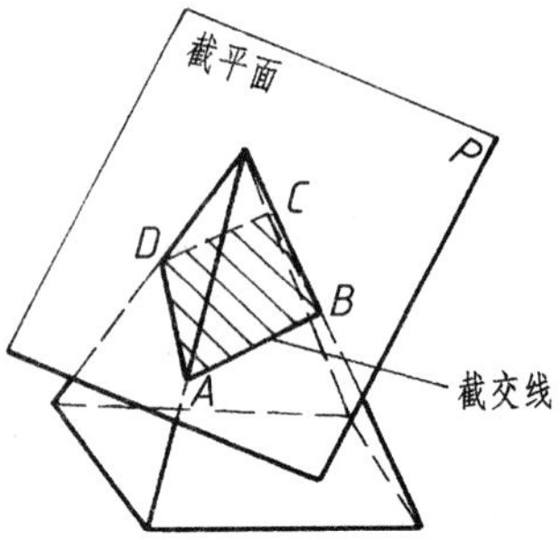

图5－3 平面立体的截交线

例5－1 试求正四棱锥被正垂面 P 截切后的三面投影。

分析：如图5－4a所示，截平面 P 与四棱锥的四个侧棱面相交，所以截交线为四边形，其四个顶点即四棱锥的四条侧棱线与截平面 P 的交点。因为截平面为正垂面，所以截交线的正面投影积聚在 P_V 上，而其水平投影和侧面投影则为类似形。

作图（图5－4b）：

（1）在正面投影中求得棱线SⅠ、SⅡ、SⅢ和SⅣ与 P_V 的交点 a'、b'、c'、d'；

（2）由正面投影 a'、b'、c'、d' 求得相应的水平投影 a、b、c、d 和侧面投影 a''、b''、c''、d''；

（3）按照在同一棱面上两点相连的原则，作出截交线的水平投影和侧面投影。同时要特别注意平面立体被截切后原有棱线投影的变化。

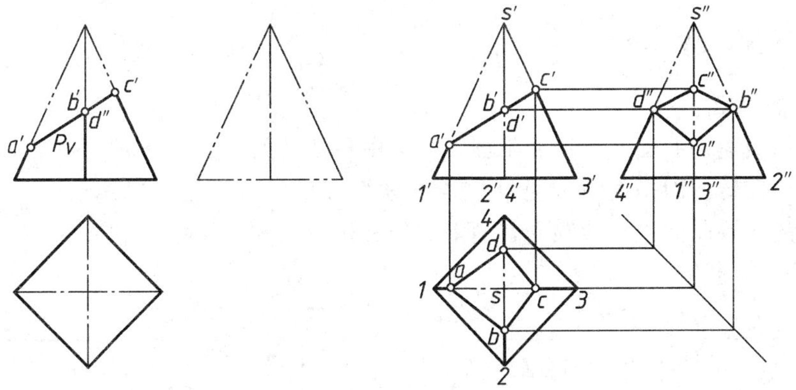

(a) (b)

图 5-4 正四棱锥的截交线及其投影

例 5-2 如图 5-5a 所示，已知一形体系由四棱柱被一正垂面 P 截断，再被一铅垂面 Q 截切而成，试求被截交后形体的投影。

分析和作图：由于形体是由四棱柱被平面 P 和 Q 截交而成，为了正确画出其投影，必须逐步分析其截交线。首先作出基本体四棱柱的投影图，如图 5-5b 所示。被平面 P 所截时，由于平面 P 为正垂面，故截交线正面投影积聚成一直线，截断面为一矩形，截断面的水平投影和侧面投影为矩形的类似形，如图 5-5c 所示；当被平面 Q 所截时，截断面为四边形，截交线的水平投影积聚成一直线，其正面投影和侧面投影为四边形的类似形，如图 5-5d 所示。应当注意的是 P 与 Q 两平面相交的交线 AB 为一般位置直线，作图时先定出 ab，再求得 $a'b'$（积聚在 P_V 上），按投影规律求出 $a''b''$。

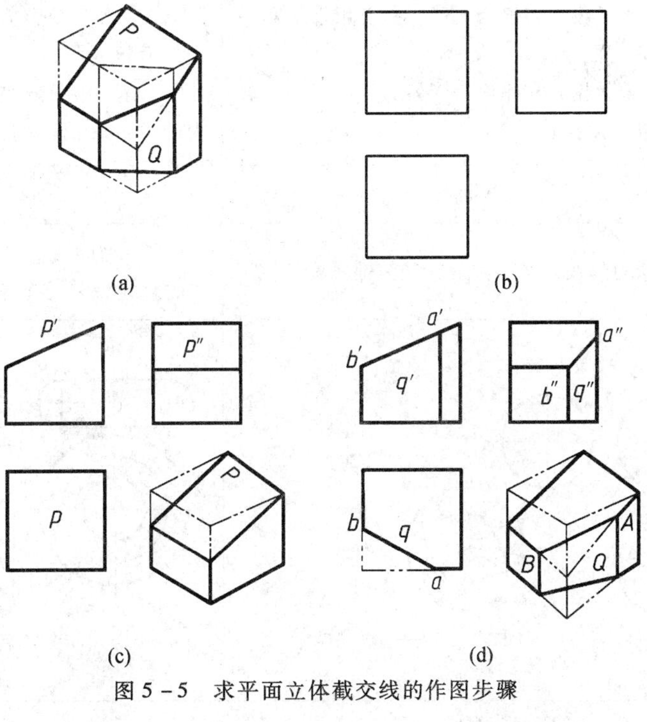

(c) (d)

图 5-5 求平面立体截交线的作图步骤

5.1.2　曲面立体

1. 回转体的投影

曲面立体的表面是曲面或曲面和平面，曲面中最常见的为回转曲面，表面有回转曲面的立体称为回转体。回转曲面是由一线段（该线段称为回转曲面的母线）绕空间一直线作定轴旋转运动而形成的光滑曲面，母线在回转面上的任意位置线称为素线。常见回转体的形成和投影见表5－2。

表5－2　常见回转体的形成及其投影

名称	正圆柱面	正圆锥面
形成	以直线 *AA* 为母线，绕平行直线 *OO* 为轴线旋转。	以直线 *SA* 为母线，绕 *SO* 轴线（与母线相交于 *S*，夹角为 α）旋转。
投影	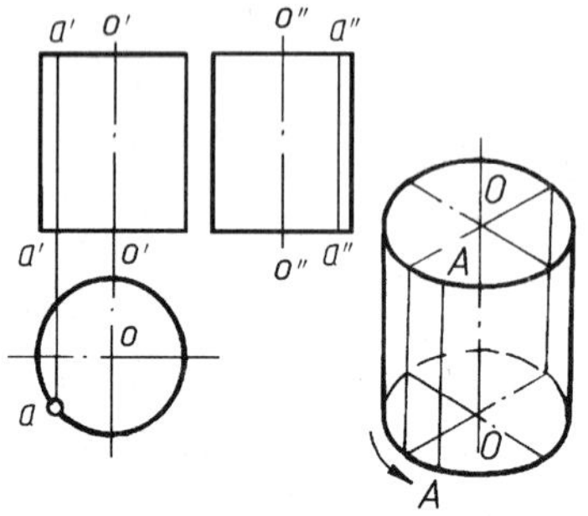	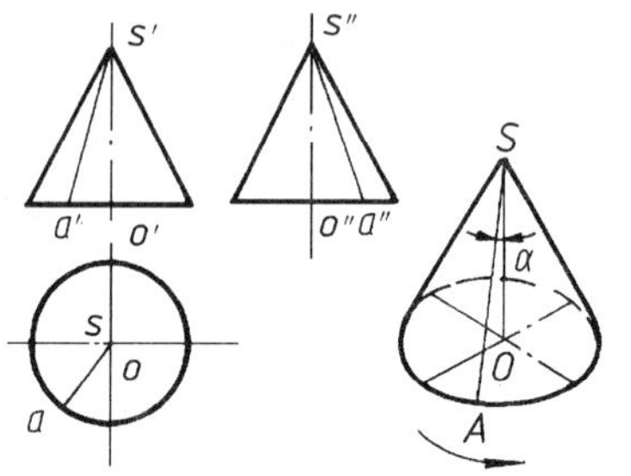
投影特性	（1）回转轴线用点画线表示； （2）水平投影积聚为一圆，圆心用水平和垂直的点画线表示； （3）正面投影和侧面投影各为两条平行的转向轮廓素线的投影。	（1）回转轴线用点画线表示； （2）水平投影为一圆，即底面的轮廓线，无积聚性； （3）正面投影和侧面投影各为两条相交的转向轮廓素线的投影。
名称	球面	圆环
形成	以半圆为母线，绕半圆的直径为轴线旋转。	以圆 *L* 为母线，绕与其共面，但不过圆心的直线为轴线旋转。
投影	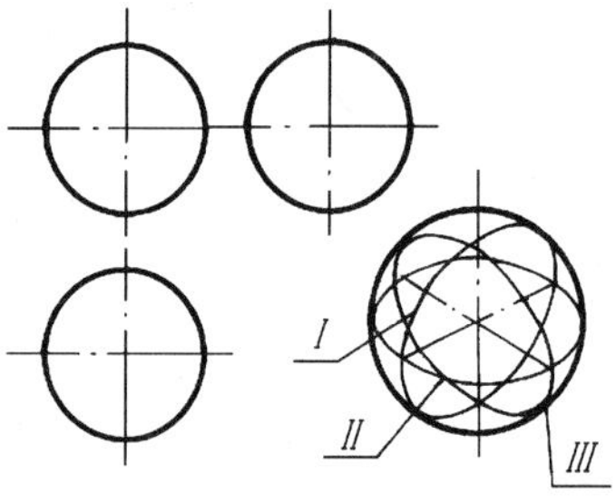	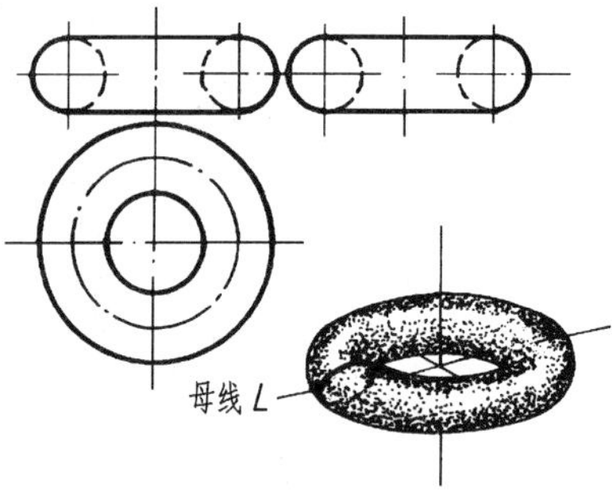

续表

名称	球面	圆环
投影特性	（1）正面投影的圆为转向轮廓素线 *I* 的投影； （2）水平投影的圆为转向轮廓素线 *II* 的投影； （3）侧面投影的圆为转向轮廓素线 *III* 的投影。 以上三个圆均无积聚性。	（1）水平投影的点画线圆为母线圆心旋转过程中的运动轨迹，大圆和小圆为上半环和下半环转向轮廓素线的投影； （2）正面和侧面投影的圆分别为母线旋转到反映实形位置的轮廓素线，两圆相切线为环面轮廓。 内环面为不可见，画成虚线。

由表可知，回转体的表面是回转曲面或回转曲面和平面，如圆柱体的表面是圆柱面加上、下底平面；圆锥体的表面是圆锥面加下底平面等等。画回转体投影的步骤是：首先画出回转轴线（用点画线），然后画出有圆的投影，最后作其余两个投影。

在画回转体投影时必须注意画出转向轮廓素线的投影。回转体在投影时的转向轮廓素线是回转曲面对该投影面可见与不可见的分界线。转向轮廓素线是对某一投影面而言的，因此不同的投影面就有不同的转向轮廓素线。画图时，不应画出不属于该投影面的转向轮廓素线的投影。

2. 回转体表面取点、取线

1）回转面上取点

如图 5－6a 所示，已知圆柱及其表面上点 *M* 的侧面投影 *m″*，试求点 *M* 的水平投影和正面投影。

分析和作图：圆柱的投影如图 5－6b 所示。首先确定点 *M* 在圆柱面上的部位，因 *m″*在中心线右边且为可见，故点 *M* 应在圆柱的前面、左边的四分之一圆柱面上。然后根据圆柱面的投影特性，即水平投影的圆具有积聚性，由 *m″*作得点 *M* 的水平投影 *m*。最后作出点 *M* 的正面投影 *m′*，因点 *M* 所在的前半个圆柱面正面投影为可见，故 *m′*可见。

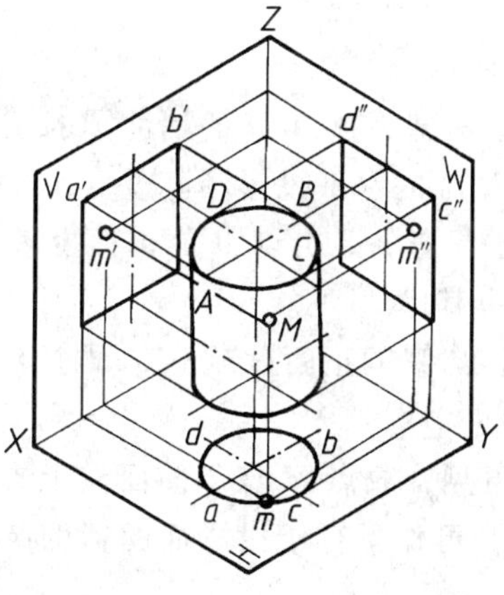

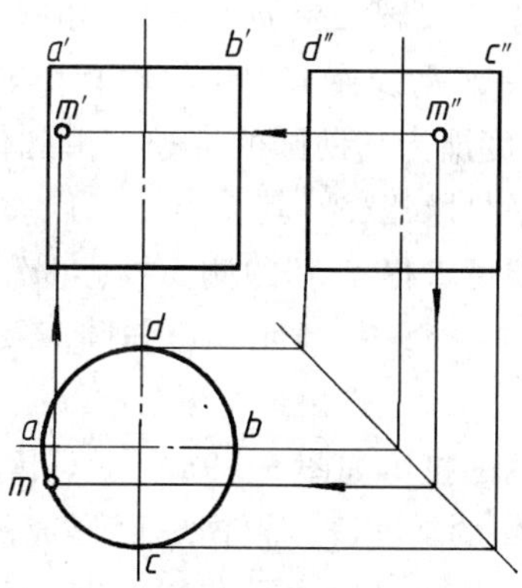

图 5－6 圆柱投影及其表面取点

例5-3 如图5-7所示，已知圆锥及其面上点M的正面投影m'，试求M的水平投影和侧面投影。

分析：圆锥的投影如图5-7所示。首先确定点M在圆锥面上的部位，因为m'为可见，故点M应位于圆锥的前面、左边的四分之一圆锥面上；由于圆锥的投影无积聚性，故必须过点M在圆锥面上作一辅助线，为了作图方便，可过锥顶S作辅助素线（素线法）或作垂直于回转轴的纬线辅助圆（辅助纬线圆法）。再按点在线上的投影特性求得点M的水平投影和侧面投影。

作图：

（1）用辅助素线法求m和m''，如图5-8a所示。

连接$s'm'$并延长使与底圆相交于a'，$s'a'$即为过点M的圆锥面素线SA的正面投影。按投影规律求出这条素线SA的水平投影sa和侧面投影$s''a''$。点M位于辅助线SA上。因此点M的水平投影m必是位于辅助线SA上的水平投影sa上，点M的侧面投影m''必是位于辅助线SA的侧面投影$s''a''$上。由此求得m和m''。注意m、m''的可见性判别。

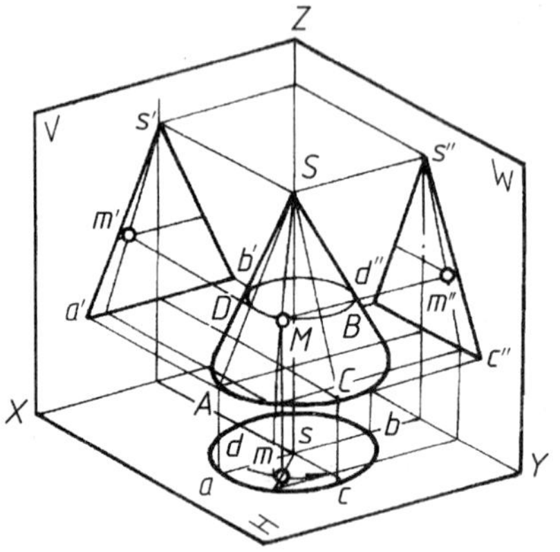

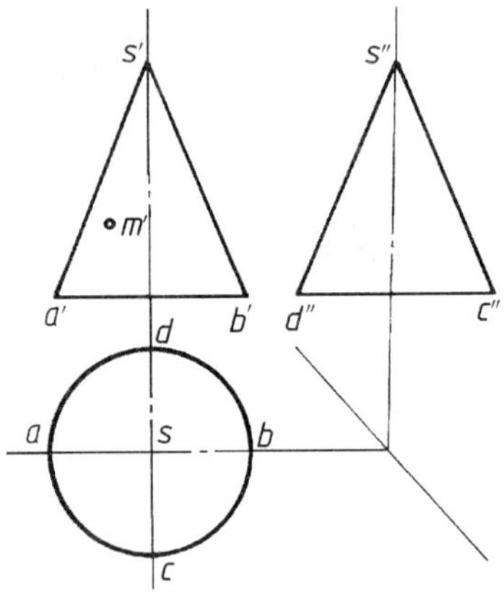

图5-7 圆锥投影及其表面取点

（2）用辅助纬线圆法求m和m''，如图5-8b所示。

过点m'作一水平线使与圆锥轮廓相交。这条线段即为过点M的辅助圆的正面投影（积聚成直线），其长度即为辅助圆的直径。由此作出辅助圆的水平投影圆。过点m'作OX轴的垂线与辅助圆的水平投影相交，其交点即为点M的水平投影m。由点M的正面投影m'和水平投影m按投影规律即可求得点M的侧面投影m''，m和m''均为可见。

例5-4 如图5-9a所示，已知圆球及其面上点M的正面投影m'，试求点M的水平投影和侧面投影。

分析：圆球的投影如图5-9a所示。因m'为可见，故点M位于前面左上方球面上。在球面上选定过点M的辅助线，根据球面形成的性质，可作平行于投影面的辅助圆，再按点在线上的投影特性，求得M的水平和侧面投影。

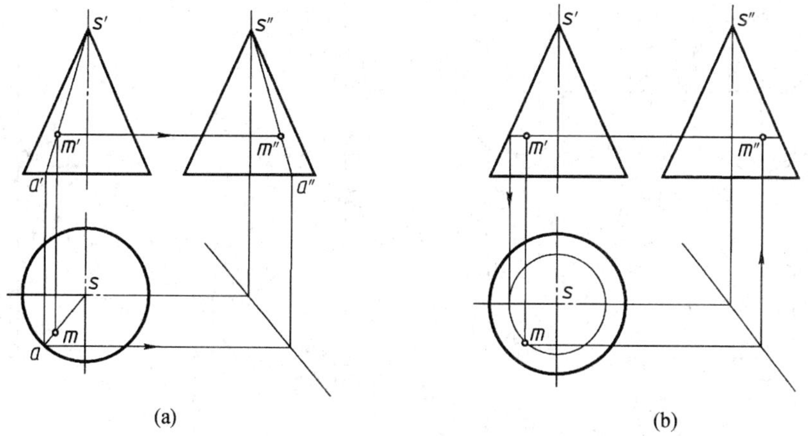

图 5-8 圆锥表面上取点的作图方法

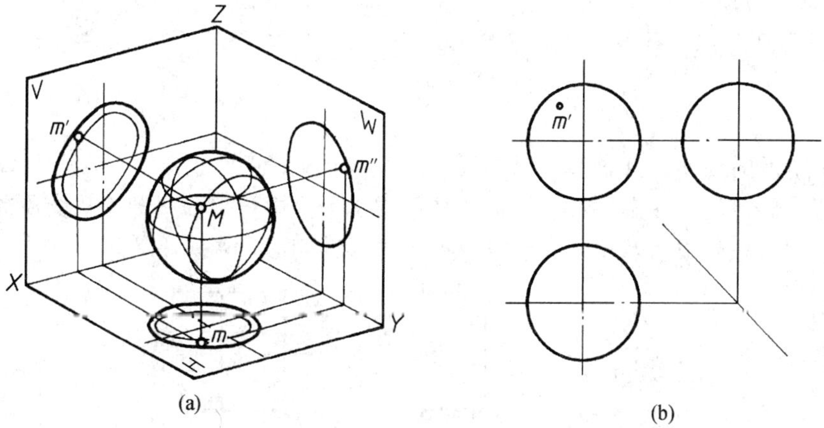

图 5-9 球的投影及其表面取点

作图：

（1）作平行于 H 面的辅助圆，如图 5-10a 所示。

过 m'作水平线，与球的正面投影轮廓相交于两点，这两点间的线段长即为平行于 H 面的辅助圆直径，由此作出辅助圆的水平投影（圆）。点 M 在球面上，它必定在该辅助圆上，所以点 M 的水平投影必在辅助圆的水平投影上，从 m'作 OX 轴的垂线交辅助圆的水平投影于点 m，再按投影规律即可求得侧面投影 m''。

（2）作平行于 V 面的辅助圆，如图 5-10b 所示。

过 m'作一圆（圆心与球心重合），该圆为平行于 V 面的辅助圆实形，按投影规律求得辅助圆（正平面圆）的水平投影和侧面投影，然后即可求得 m 和 m''。m 和 m''均为可见。

若已知（m'）时，说明点 M 在后半球上，作法与前同，但水平投影和侧面投影的位置均应在后半球面上。请读者试完成其作图，并注意可见性判别。

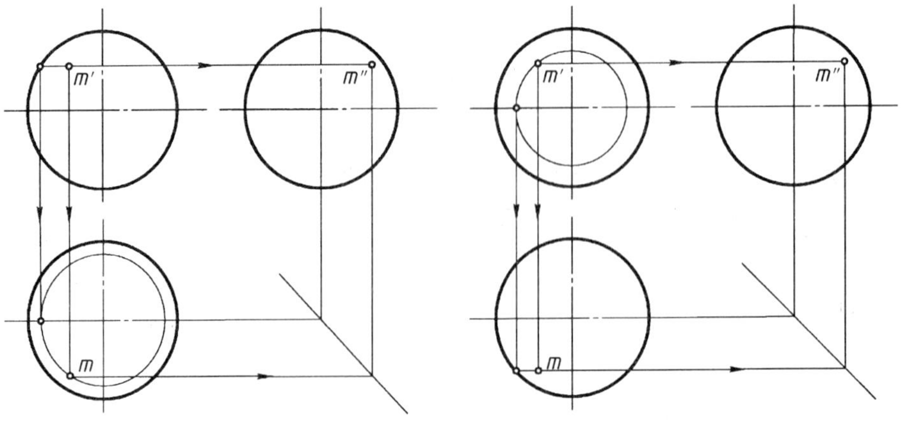

(a) (b)

图5-10 圆球面上取点的作图方法

2）回转面上取线

例5-5 已知圆柱及其面上线段 *CB* 的正面投影 $c'b'$，试求该线段的水平投影和侧面投影。

分析：

图5-11所示圆柱面，其轴线为铅垂线，因 *CB* 线段的正面投影 $c'b'$ 为一直线，故该线段为一平面曲线。因该线段在圆柱面上，而圆柱面的水平投影积聚为一圆，故线段的水平投影积聚在圆周上，将线段看成由若干点所组成，即可求得其侧面投影。

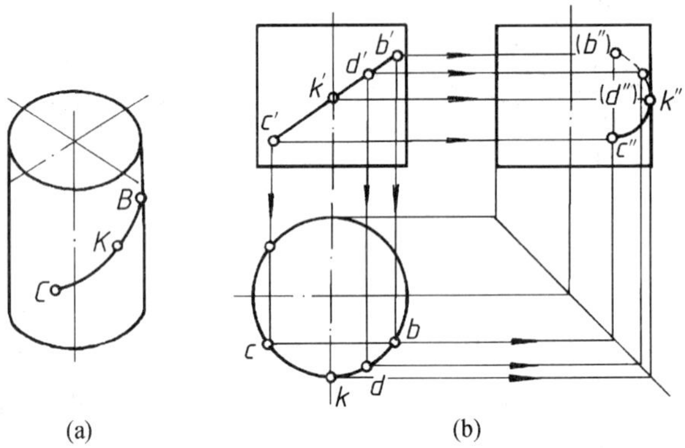

(a) (b)

图5-11 圆柱上线段的投影

作图：

（1）在正面投影上取若干点，如 c'、k'、d'、b' 等，因为它们均为可见，故线段在前半圆柱面上。

（2）求得水平投影 c、k、d、b。

（3）求得侧面投影 c''、k''、d''、b'' 后，光滑连接，并判别可见性。因 k'' 位于侧面投影的转向轮廓素线投影上，曲线 *CK* 位于左半圆柱面上，*KB* 位于右半圆柱面上，故 $c''k''$ 为可见，$k''b''$ 为不可见。k'' 为曲线侧面投影的可见性分界点，也是转向轮廓素线投影与曲线的切点。

3. 不完整的回转体

工程上常用到不完整的回转体，它们的投影列于表 5－3。

表 5－3 不完整的回转体

部分圆柱	半圆柱	圆锥台
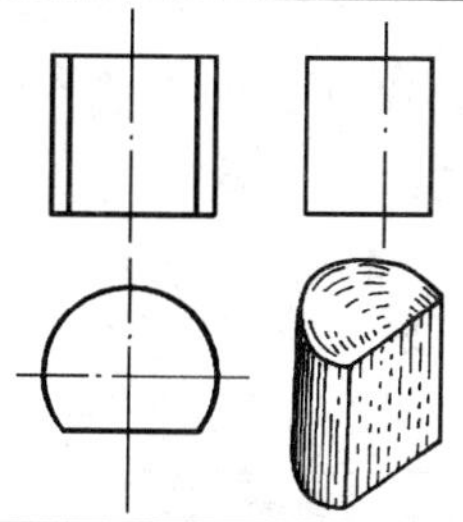	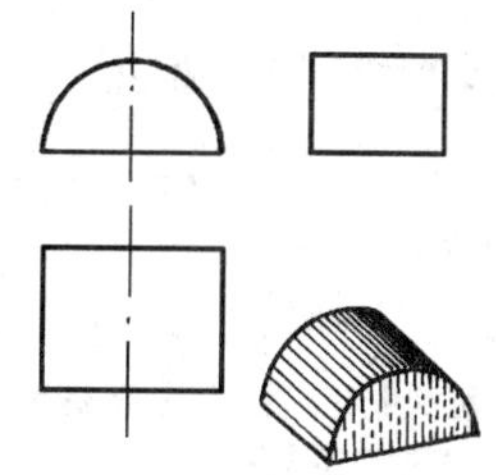	
部分球	1/4 环	回转曲面体
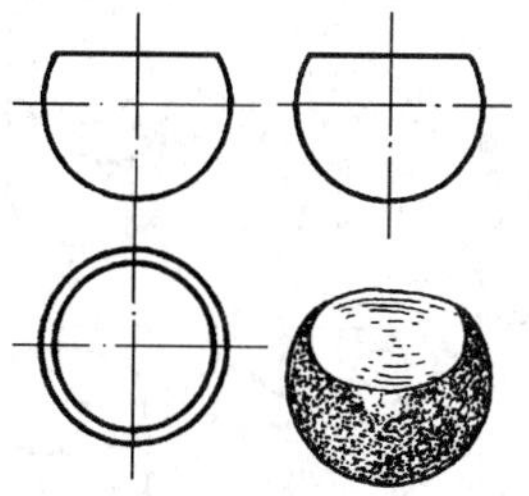	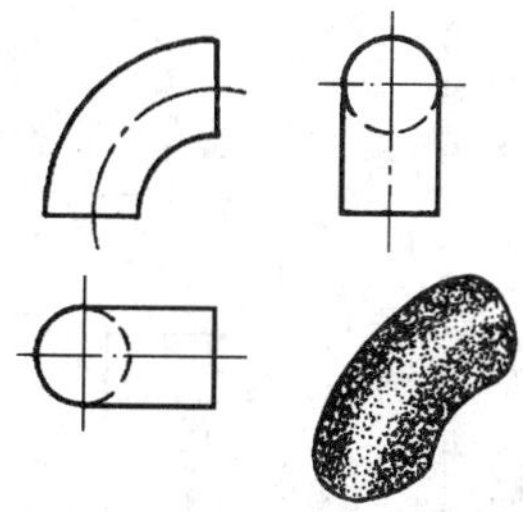	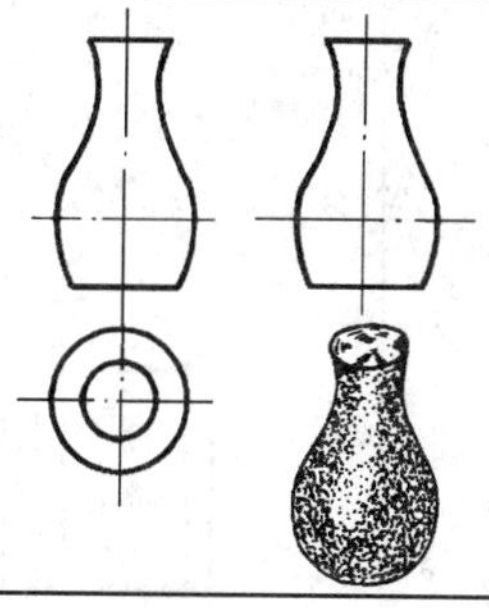

5.2 回转体表面的截交线和相贯线

5.2.1 回转体截交线的投影

由回转体组成的形体，往往不是完整的回转体，而是在回转体上切割去一部分或增加另一个回转体。在表示这类形体时，就必须画出表面交线的投影。这些交线可分为两类：即平面与回转体的截交线和两立体表面相交的相贯线。

1. 回转体的截交线

如图 5－12 所示顶针，其主体为圆柱、圆锥，形体表面上有若干截交线。下面叙述常见回转体上截交线的投影特性及其作图方法。

1）截交线的形式

通常截交线的形式取决于以下两个方面：

① 回转体形状；

② 截平面与回转体的相对位置。

2）截交线的性质

① 截交线既在截平面上又在回转体表面上；

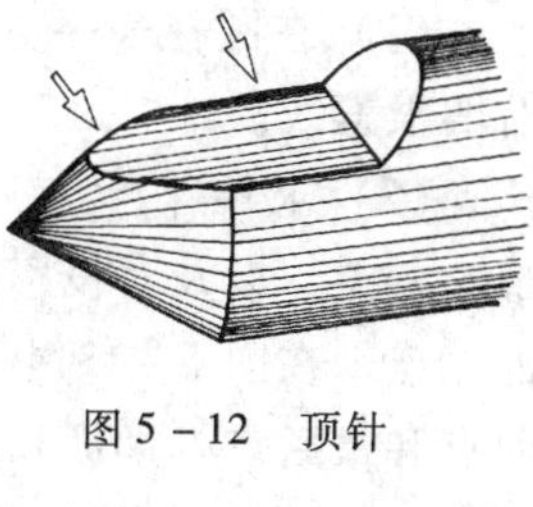

图 5－12 顶针

② 截交线是一条封闭的平面曲线，或封闭的平面多边形，也可能是直线或曲线。

3）求截交线投影作图方法

① 表面取点法

已知截交线的一个投影，有积聚性，利用表面取点法，求出截交线的其他投影。

② 辅助平面法

采用假设平面与截平面和回转体表面相交，利用三面共点的几何原理，求出截交线上的点，最后作出截交线的投影。

2. 圆柱体的截交线

平面与圆柱体的截交线有三种情况：矩形、圆以及椭圆，见表5－4。

表5－4　圆柱的截交线

立体图	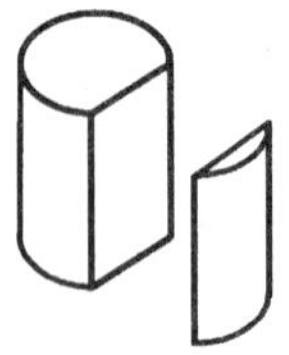	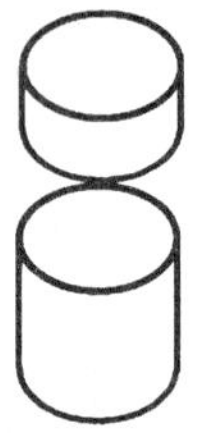	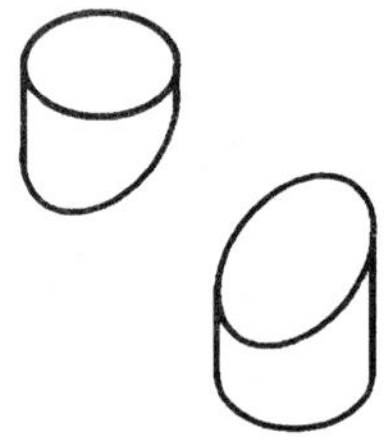
投影图	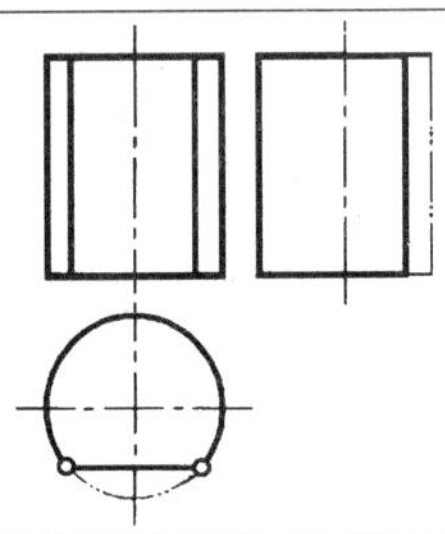	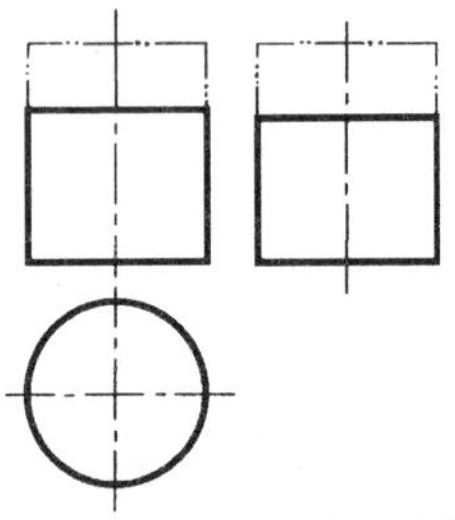	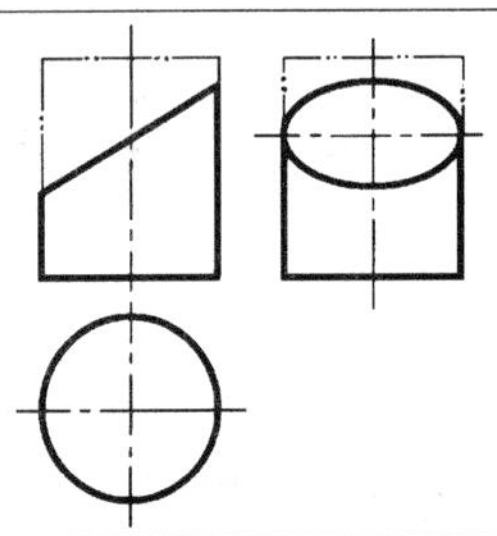
交线情况	截平面平行于轴线，截交线为矩形	截平面垂直于轴线，截交线为圆	截平面倾斜于轴线，截交线为椭圆

例5－6　求正垂面 P 与圆柱相交的截交线（图5－13）。

分析： 如图5－13所示，圆柱轴线为铅垂线，截平面为正垂面且与圆柱轴线倾斜，故截交线是椭圆。截交线的正面投影与截平面的正面投影重影（积聚成一线段），截交线的水平投影与圆柱面的水平投影重影，截交线的侧面投影为椭圆但不反映实形。作图时只要先作出椭圆长、短轴的端点，再作出一般点，用曲线板光滑连接即可。

作图：

（1）在圆柱表面上均匀取若干素线　图中取了八根素线，包括了最前、最后、最左、最右四根素线。

（2）求特殊点　截交线上的特殊点一般包括确定范围的最高、最低、最前、最后、最左、最右各点，以及对投影面的可见和不可见的分界点，截交线为椭圆时，尚需求得椭圆长、短轴的端点。在图5－13中，由正面投影可定出最高点和最低点，即Ⅴ和Ⅰ，由水平投影可定出最前点和最后点，即Ⅲ和Ⅶ。这四点也正是椭圆的长、短轴的端点，并确定了侧面投影的椭圆。

（3）求一般位置点　为了正确地作出截交线的椭圆，还应适当地求作一些点，这些点通常取在两特殊点之间。如图 5－13 所示，在有积聚性的水平投影图上取点 *2*、*4*、*6*、*8*，再求得它们的另外两个投影。

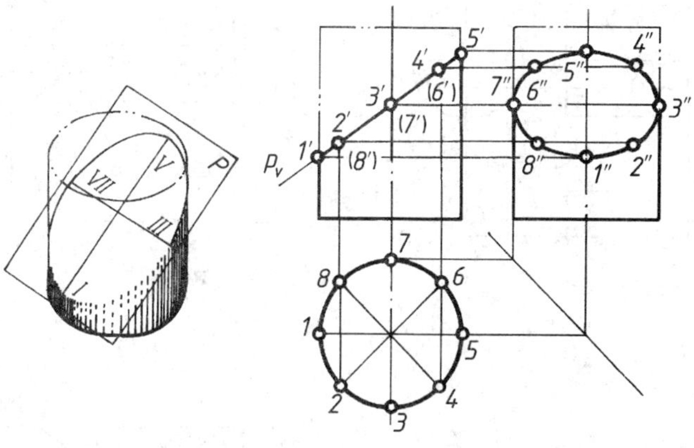

(a) (b)

图 5－13 正垂面与圆柱相交

(4) 依次光滑地连接点 *1''*、*2''*、*3''*、…、*7''*、*8''*、*1''*，得侧面投影为一椭圆，即为所求截交线的侧面投影。

(5) 补全外形轮廓线。

例 5－7 如图 5－14 所示，已知一带缺口圆柱体的正面投影，试作出其水平和侧面投影。

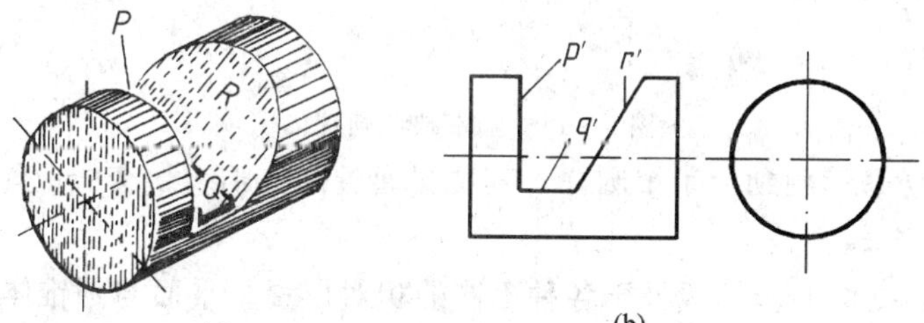

(a) (b)

图 5－14 带缺口圆柱体结构

分析：圆柱缺口是由 *P*、*Q*、*R* 三个平面切割而成，圆柱体的回转轴为侧垂线。截平面 *P* 为侧平面，其与圆柱面的交线为圆的一部分；截平面 *Q* 为水平面，其与圆柱面的交线为两平行直线；截平面 *R* 为正垂面，其与圆柱面的交线为椭圆的一部分。而截平面 *P* 和 *Q* 以及截平面 *Q* 和 *R* 的交线均为正垂线。

作图：具体步骤如图 5－15 所示。

(1) 由 *P* 的正面投影确定与圆柱面交线的侧面投影积聚在圆上，截交线的水平投影积聚为直线，如图 5－15a 所示。

(2) 由 *Q* 的正面投影，确定与圆柱面交线的侧面投影积聚为一条虚线，然后作出其水平投影，如图 5－15b 所示。

(3) 由 *R* 与圆柱面交线的正面投影和侧面投影确定其水平投影椭圆的长、短轴，作出部分椭圆，如图 5－15c 所示。

(4) 作面 *P* 与面 *Q*、面 *Q* 与面 *R* 的交线的投影，校核后描深如图 5－15d 所示。要特别注意形体轮廓线的变化。

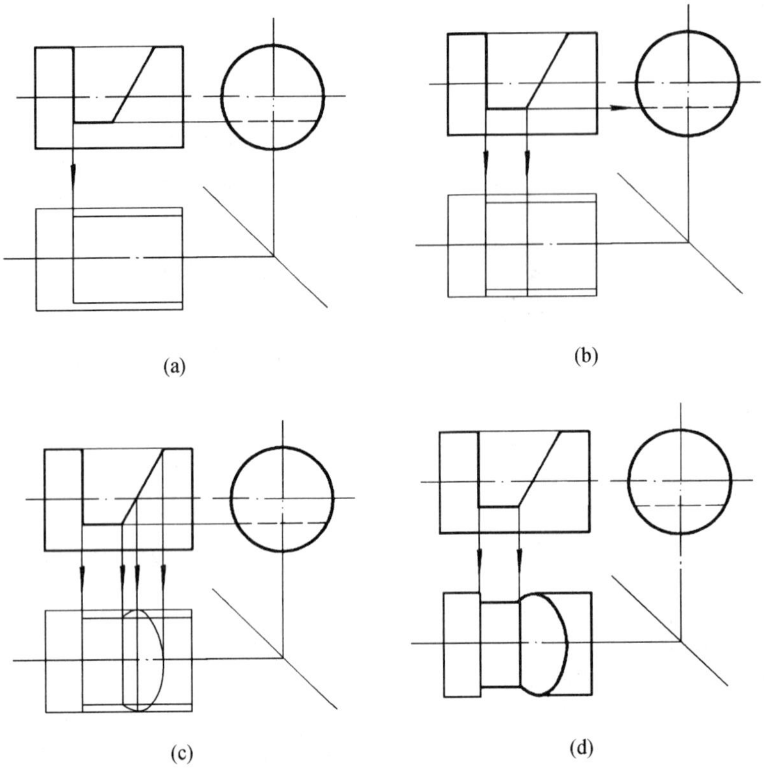

图 5－15　画带缺口圆柱体

思考：如果面 Q 只切割到上半个圆柱，其位置通过圆柱轴线，交线应如何表示？

3. 圆锥体的截交线

随着截平面与圆锥面回转轴线处于各种不同的相对位置，平面与圆锥体的截交线有五种情况：圆、椭圆、抛物线加直线段、双曲线加直线段及过锥顶点的等腰三角形，见表 5－5。

表 5－5　圆锥的截交线

立体图	投影图	截交线形状	截平面位置
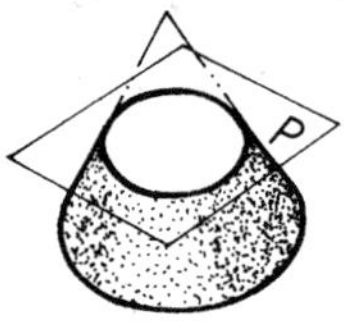	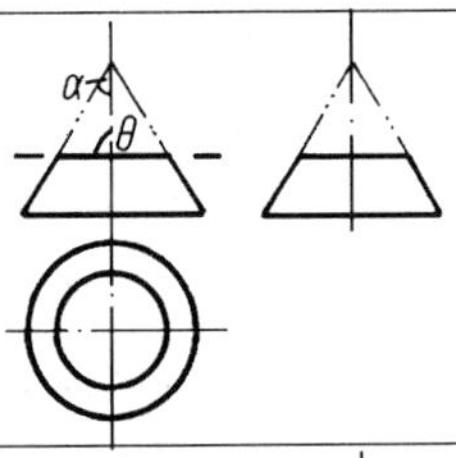	圆	与轴线垂直，$\theta=90°$
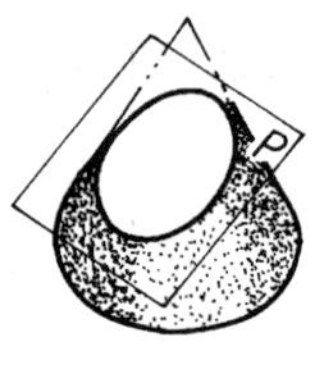	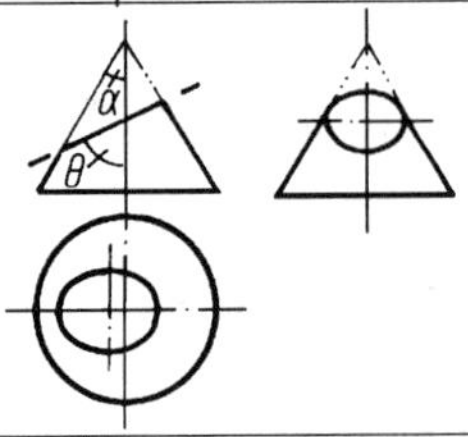	椭圆	与轴线倾斜，$\theta>\alpha$

续表

立体图	投影图	截交线形状	截平面位置
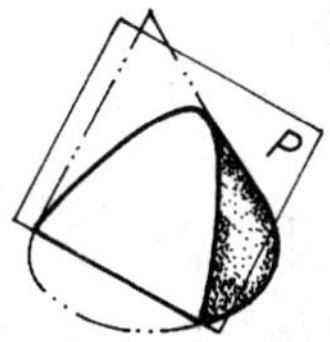	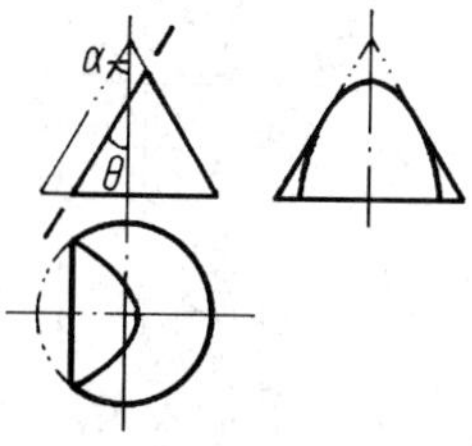	抛物线与直线段	平行一根素线，$\theta=\alpha$
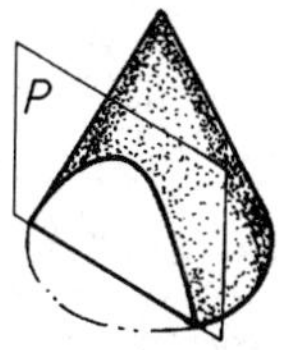	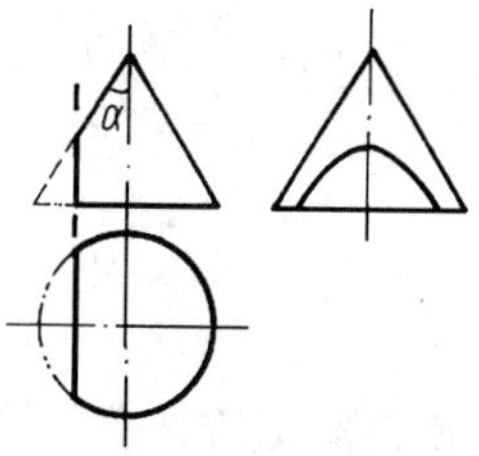	双曲线与直线段	与轴线平行，$\theta=0°$或$\theta<\alpha$
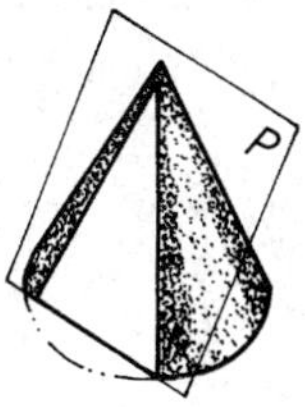	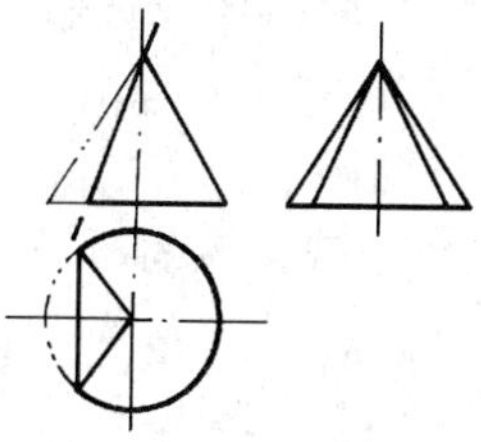	等腰三角形	过锥顶

例 5－8　求正垂面 P 与圆锥相交的截交线（图 5－16a）。

分析：如图 5－16 所示，圆锥轴线为铅垂线，截平面 P 为正垂面且与圆锥轴线夹角大于锥半角，所以截交线为椭圆。截交线的正面投影与截平面的 P_V 重合，而水平投影和侧面投影均为椭圆，但不反映实形。作图时，只要先求出椭圆长、短轴的端点，再作一般位置点，然后用曲线板光滑地连接起来即可。

作图：

（1）截交线椭圆的长轴 Ⅰ Ⅱ 与短轴 Ⅲ Ⅳ 互相垂直平分，它们分别是正平线和正垂线，正面投影为 1′、2′、3′、4′。这些点也分别为截交线的最低、最高、最前、最后点。

（2）根据圆锥表面取点的方法求得 Ⅰ 、Ⅱ、Ⅲ、Ⅳ 各点的水平投影和侧面投影。因为点 Ⅰ 和 Ⅱ 是在圆锥的正面投影转向轮廓素线上，所以可直接求得其另外的两个投影。而点 Ⅲ 和 Ⅳ 可用通过它们且垂直于圆锥轴的水平面 Q（图 5－16b）与圆锥的截交线圆为辅助线，求得它们的投影。此法称为辅助平面法。点 Ⅴ 和 Ⅵ 为截交线侧面投影的转向轮廓素线上的点，也属于特殊点，求法如图所示。

（3）若连接点不够光滑，还应适当多求几个一般位置点，如图中的点 Ⅶ、Ⅷ。

（4）用曲线按顺序光滑地连接各点的投影，即得截交线的投影。

（5）补全外形轮廓线。

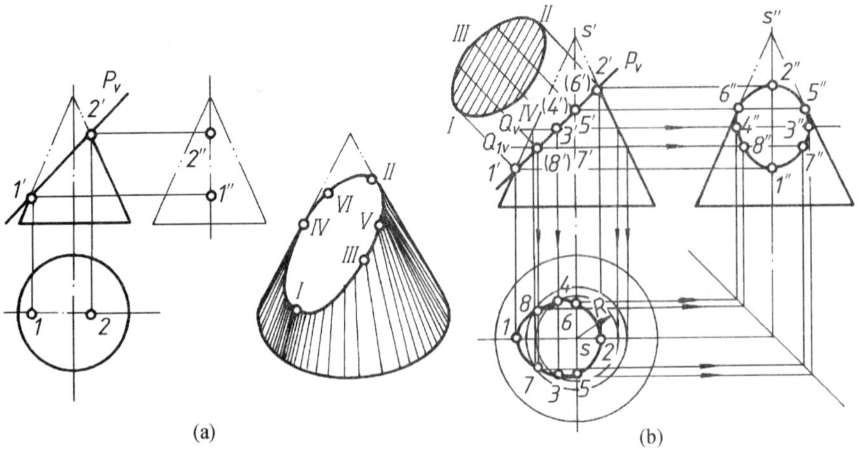

图 5-16 正垂面与圆锥交线

4. 圆球面的截交线

平面与圆球相交，不论截平面处于何种位置，其截交线都是圆。当截平面通过球心时，这时的截交线圆的直径最大，即等于球的直径；截平面离球心越远，截交线圆的直径也就越小。

由于截平面对投影面位置不同，截交线的圆的投影也不相同，当截平面与投影面垂直、平行和倾斜时，截交线的投影分别为直线段、圆和椭圆。

例 5-9 如图 5-17 所示，试求正垂面与圆球截交后的截交线的投影。

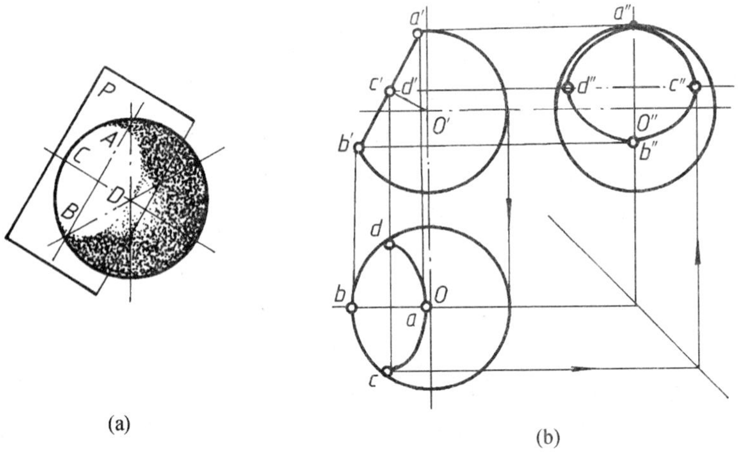

图 5-17 正垂面与球截交

分析： 正垂面与圆球截交后的截交线为圆，截交线的正面投影积聚在 P_V 上，即 $a'b'$，它也等于截交线圆的直径。截交线的水平投影和侧面投影都是椭圆，在求得水平投影和侧面投影椭圆的长轴和短轴后，就可以用几何作图方法作出截交线的水平投影和侧面投影。

作图：

（1）作短轴 ab 和 $a''b''$。由于 a'、b'是在正面转向轮廓素线的投影上，故可直接作得 a、b 和 a''、b''。

（2）作长轴 cd 和 $c''d''$。取 $a'b'$的中点 c'（d'），按球面上取点的方法找出 c、d 和 c''、d''。

$cd = c''d'' = a'b'$。

（3）以长轴 cd 和短轴 ab 作椭圆，得截交线的水平投影。以长轴 $c''d''$ 和短轴 $a''b''$ 作椭圆，得截交线的侧面投影。

本题也可用表面取点法（或辅助平面法），先求得椭圆上若干点（特殊点和一般位置点）的投影，然后光滑连接成椭圆。

（4）补全外形轮廓线。注意水平投影与侧面投影轮廓线的变化。

例 5-10 如图 5-18 所示，已知球阀芯的正面投影，试作出它的水平投影和侧面投影。

(a)

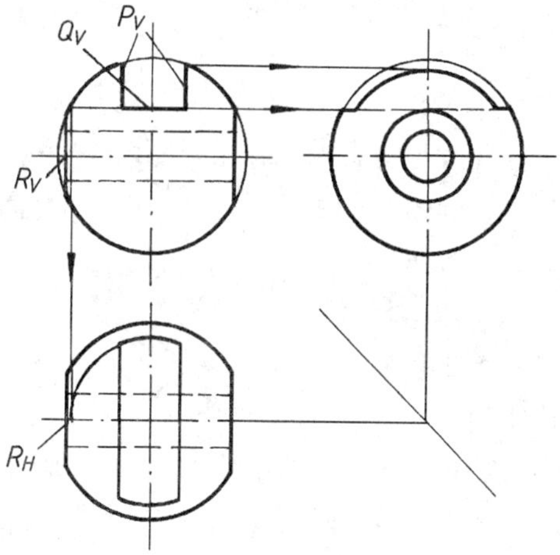

(b)

图 5-18 球阀芯的投影

分析：球阀芯的主体为圆球，其中央有一圆孔，左右两端被侧平面 R 所截，截交线为平行投影面的圆。球体上部开一凹槽，凹槽由两个侧平面 P 和一个水平面 Q 组成。面 P 与球的交线是平行于侧投影面的两段圆弧。面 Q 与球面的交线为前后两段水平圆弧。

作图：

（1）作两侧平面 R 与球的截交线，其侧面投影反映截交线圆的实形，其水平投影积聚为直线。

（2）作凹槽两侧平面 P 与球面的交线，其侧面投影反映截交线圆弧实形，其水平投影积聚为直线。

（3）作凹槽底面 Q 与球面的截交线，因为面 Q 是水平面，故水平投影反映两段圆弧的实形，侧面投影积聚为直线，不可见部分为虚线。

（4）作中央圆孔的水平投影与侧面投影。

通过以上数例，可知求物体上的各种表面截交线时，必须认真分析：

（1）组成物体的各基本立体的形状和相对位置。

（2）截平面与各基本立体的相对位置。

（3）截交线的空间形状及其投影形状。

5.2.2 立体表面相贯线的投影

两立体相交称为相贯，两立体表面的交线称为相贯线，如图 5-19 所示。

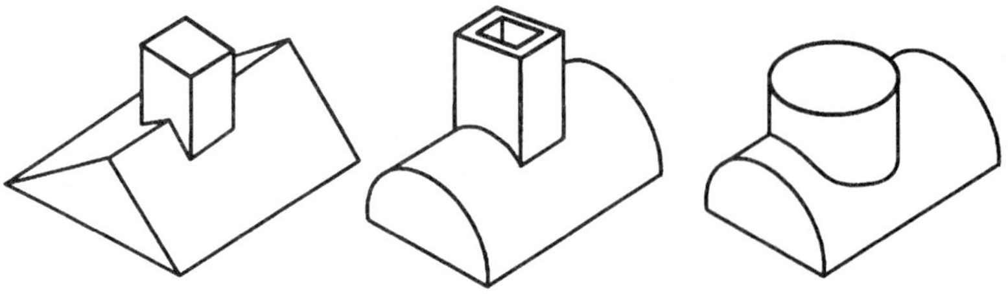

(a) (b) (c)

图 5－19 相贯线

1. 相贯线概述

1）相贯线的性质

① 相贯线上的点是两立体表面的共有点，相贯线也就是两立体表面的共有线。

② 相贯线一般是闭合的空间图形，有时不闭合，或是平面图形。

2）按照立体的类型，常见的立体相贯有以下三种：

① 平面立体与平面立体相贯；

② 平面立体与回转体相贯；

③ 回转体与回转体相贯。

由于平面立体可以看作若干个平面围成的实体，所以前两种相贯情况可归结为求平面与立体的截交线。本节仅讨论回转体与回转体相贯。

3）按照立体的虚实类型，可以分为三种：

① 实体与实体相贯（即两外表面相交）；

② 实体与虚体相贯（即外表面与内表面相交）；

③ 虚体与虚体相贯（即两内表面相交）；

虚体与实体相贯线的分析作图是完全相同的。

4）按照回转体轴线之间的关系又可分为三种：

① 正交：轴线垂直相交；

② 斜交：轴线倾斜相交；

③ 偏交：轴线交叉（含垂直与倾斜）；

在此主要讨论正交问题。

2. 两回转体相贯

两回转体的回转面相交时，其相贯线通常是空间曲线，特殊情况时是平面曲线或直线。由于回转体表面没有明显的棱线和连接点，因此求作两回转体表面的相贯线时必须作出相贯线上足够的点，这些点包括特殊位置点和一般位置点。常用的作图方法为辅助平面法，其作图思路为：假设作一辅助平面与相贯的两回转体相交，作出辅助平面与两回转体的截交线，这两条截交线的交点，即为相贯线上的点，称相贯点。若作一系列的辅助平面，可得相贯线上的一系列相贯点，然后依次连接各点，就可得到相贯线。选择辅助平面的原则是辅助平面与两回转体的截交线及其投影都是最简单的形式（直线或圆等），以使作图简便。

例 5－11 如图 5－20 所示，求圆柱与圆柱的相贯线。

分析：两圆柱的轴线是垂直相交，相贯线是空间封闭曲线，且前后对称。相贯线的水平投影积聚在直立圆柱的水平投影的圆上。侧面投影积聚在水平圆柱的侧面投影的圆上，因此，只需作出相贯线的正面投影。

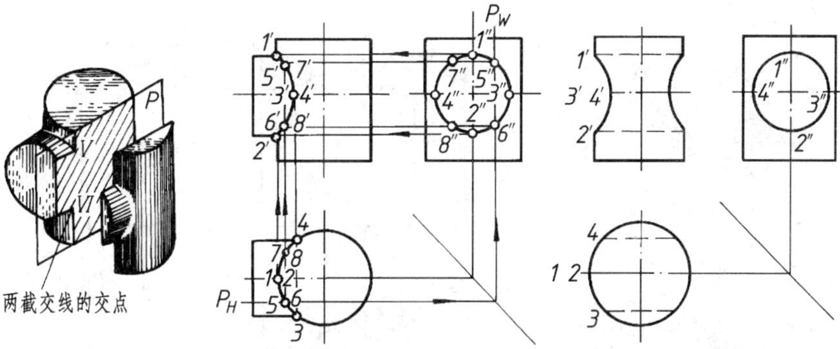

(a)　　(b)　　(c)

图 5－20　圆柱与圆柱相贯

作图：

（1）求特殊点　相贯线的最高点Ⅰ和最低点Ⅱ的正面投影为两圆柱面的转向轮廓素线投影的交点 1′和 2′。由于相贯线前、后在正面投影上重影，故点Ⅰ和Ⅱ也是相贯线的最左两点。相贯线的最前点Ⅲ和最后点Ⅳ的水平投影为水平圆柱面的转向轮廓素线投影与直立圆柱的水平投影的相交点3 和4 ，也是相贯线上的最右点。侧面投影 1″、2″、3″、4″均在水平圆柱面的侧面投影的圆上。由两个投影即可求得正面投影上的 3′和 4′。

（2）求一般位置点　为了光滑连接相贯线的曲线，还应适当作出相贯线上的一般位置点。选择正平面 P 作为辅助平面，它与两圆柱面的交线都是两条平行直线。如图 5－20a 所示，交线的交点即为相贯线上的相贯点。作平面 P 的 P_H、P_W 使与两圆柱相交，作出截交线的正面投影，得交点 5′和 6′。同理，可作一系列的辅助平面，就可作出一系列相贯点的正面投影。此例也可采用水平面作为辅助平面。

（3）判别相贯线投影可见性　凡处在可见表面部分上的相贯线为可见。若相贯线的投影位于有积聚性的面上时，则不必判别其可见性，画成实线，如本例的水平投影和侧面投影，相贯线的投影都是积聚在圆上，而正面投影，相贯线 1′ 5′ 3′ 6′ 2′为可见，1′ 7′ 4′ 8′ 2′为不可见，因前后对称，相贯线的不可见部分与可见部分重影。

（4）依次用曲线按Ⅰ Ⅴ Ⅲ Ⅵ Ⅱ顺序光滑连接各点的正面投影，可得其相贯线的正面投影。

如图 5－20c 所示为圆柱上开圆柱孔的相贯线。作法同上。但应注意所开圆柱孔不可见的转向轮廓线的投影为虚线。

例 5－12　如图 5－21 所示，试求圆柱与圆锥台的相贯线。

分析：图中圆柱和圆锥台的轴线垂直相交，且为全贯，相贯线通常是一封闭的空间曲线，前后、左右对称。由于圆锥台轴线是铅垂线，圆柱轴线是侧垂线，所以相贯线的侧面投影积聚在圆柱面的侧面投影的圆上，只需作出相贯线的正面投影和水平投影。在正面投影上相贯线前后重影为一曲线，在水平投影上为一封闭曲线。

作图时，选择水平面作为辅助平面最为适宜。它与圆锥台的截交线为圆，与圆柱的截交线为矩形，截交线圆和截交矩形的水平投影均反映实形，它们的交点即为相贯线上的相贯点。

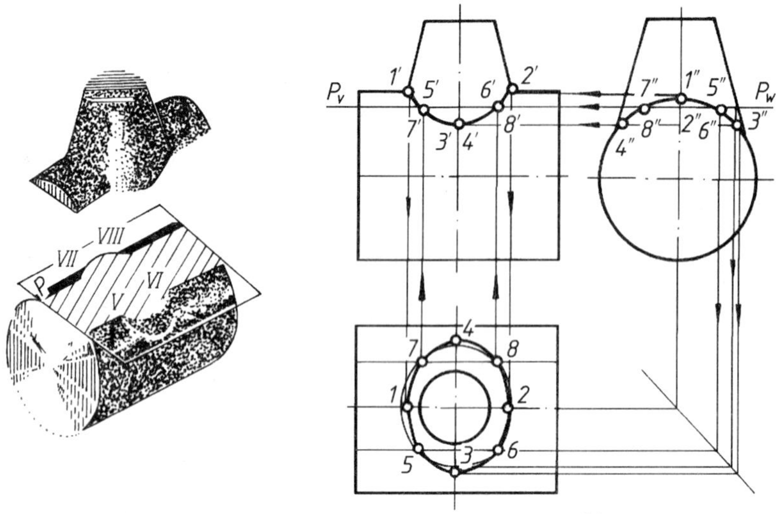

(a)　　(b)

图 5－21　圆柱与圆锥台的相贯线

作图：

（1）求特殊位置点　相贯线上最高点 *I* 和 *II* 两点、由侧面投影可以确定为 *1″*（和 *2″*重影），其正面投影是圆柱与圆锥台两转向轮廓素线投影的交点 *1′*和 *2′*，由此作得水平投影 *1* 和 *2*。两点 *I* 和 *II* 也是相贯线上最左点和最右点。相贯线上最低点可由侧面投影确定为两点 *III* 和 *IV*，它们的正面投影为 *3′*（和 *4′*重影），并可求得水平投影 *3* 和 *4*，两点 *III* 和 *IV* 也是相贯线上的最前点和最后点。

（2）求一般位置点　可选择水平面 *P* 为辅助平面（参看图 5－21a），它与圆锥台的截交线为圆，与圆柱的交线为矩形，它们的水平投影反映实形，如图 5－21b 所示。两截交线的相交点为 *5*、*6*、*7*、*8* 即相贯线上的四点，然后作得它们的正面投影。如此可作一系列水平辅助平面，求得一系列相贯线上的点。

（3）判别相贯线的可见性

正面投影：相贯线的正面投影是由前半个圆柱和前半个圆锥台相贯而成，而这两部分表面的正面投影均为可见，所以相贯线亦可见。因为相贯线前后对称，由圆柱的后半部与圆锥台的后半部形成的不可见相贯线，与可见部分重影。

水平投影：因相贯线是由圆锥台和上半个圆柱相贯而成，而这两部分表面的水平投影均为可见，所以形成的封闭曲线的相贯线均为可见。

（4）按 *II*、*VI*、*III*、*V*、*I* 的顺序，用曲线极光滑地连接各点的正面投影和水平投影，可得到相贯线的正面投影和水平投影。

例 5－13　如图 5－22 所示，试求圆柱与圆球的相贯线。

分析：圆柱与圆球的轴线垂直相交，全贯，相贯线为封闭的空间曲线，且前后对称。由于圆柱轴线为侧垂线，所以相贯线的侧面投影积聚在圆柱的侧面投影的圆上，只需求出相贯线的正面投影和水平投影。作图时，选择水平面 *P* 作为辅助平面。平面 *P* 与圆柱面的交线为两条平行直线，与球的截交线为圆，直线与圆的交点即为相贯点，如图 5-22b 所示。

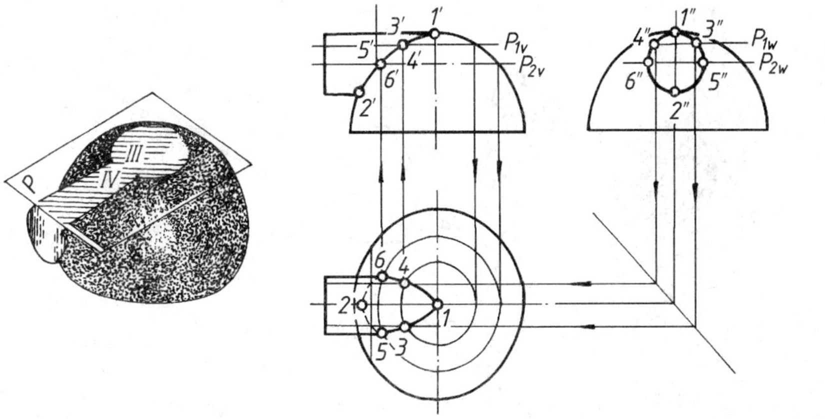

(a)　　(b)

图 5-22　圆柱与球的相贯

作图：

（1）求特殊位置点　由侧面投影可确定 *1*"和 *2*"，它们是相贯线上的最高点 *Ⅰ* 和最低点 *Ⅱ*，而正面投影为圆柱和球的正面转向轮廓素线投影的交点 *1'* 和 *2'*，由此可求得水平投影 *1* 和 *2*。点 *Ⅰ* 和 *Ⅱ* 又是相贯线上的最右点和最左点。由侧面投影还可以确定相贯线上最前点 *Ⅴ* 和最后点 *Ⅵ* 为 *5*"和 *6*"，通过辅助平面 P_2 可以求得水平投影 *5* 和 *6*，以及正面投影 *5'* 和 *6'*。

（2）求一般位置点　选择水平面 P_1 作为辅助平面，首先在侧面投影中求得相贯线上的点 *3*"和 *4*"，然后根据平面 P_1 与圆柱以及平面 P_1 与球的截交线求得水平投影 *3* 和 *4*，正面投影 *3'* 和 *4'* 相互重影。如此可作一系列辅助平面，求得一系列相贯线上的点。

（3）判别相贯线的可见性

正面投影：相贯线的正面投影由前半个圆柱和前半个球相贯而成，而这两部分的表面的正面投影均为可见，所以相贯线也可见。因为相贯线前后对称，由后半个圆柱和后半个球形成的不可见相贯线与可见部分重影。

水平投影：因相贯线由圆柱和上半个球相贯而成，而上半个圆柱和上半个球的水平投影为可见，所以相贯线 *53146* 为可见，但下半个圆柱的水平投影为不可见，所以相贯线 *526* 为不可见，分界点为 *5* 和 *6*。

（4）按 *Ⅱ*、*Ⅴ*、*Ⅲ*、*Ⅰ*、*Ⅳ*、*Ⅵ*、*Ⅱ* 的顺序，用曲线极光滑地连接各点的正面投影和水平投影，可得到相贯线的正面投影和水平投影。

3. 两回转体的特殊相贯线

在以下两种情况时，两回转体的相贯线为平面曲线（圆或椭圆）。

1）回转体轴线过球心，它们的相贯线为一垂直于回转体轴线的圆，如图 5-23 所示。

2）公切于球的两回转体相贯。

当两圆柱轴线相交、直径相等、且公切于一圆球时，它们的相贯线可分解为两平面曲线——椭圆，如图 5-24 所示。在这种情况下，相贯线的正面投影积聚成直线。当圆柱与圆锥的轴线相交、且公切于一圆球时，它们的相贯线也为两平面曲线椭圆，如图 5-25 所示。在这种情况下，相贯线的正面投影积聚成直线。

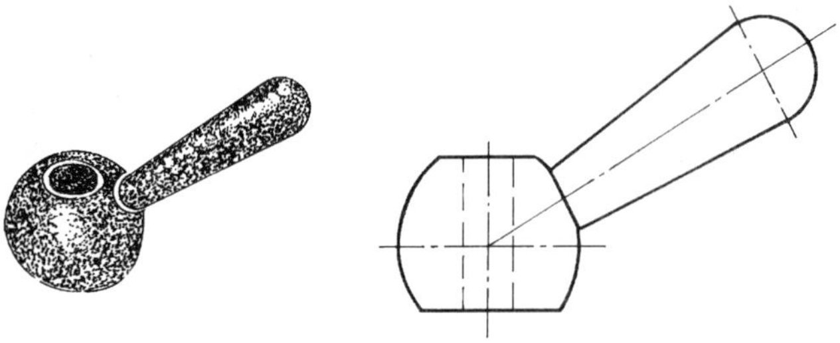

图 5-23 圆球与回转体共轴相贯

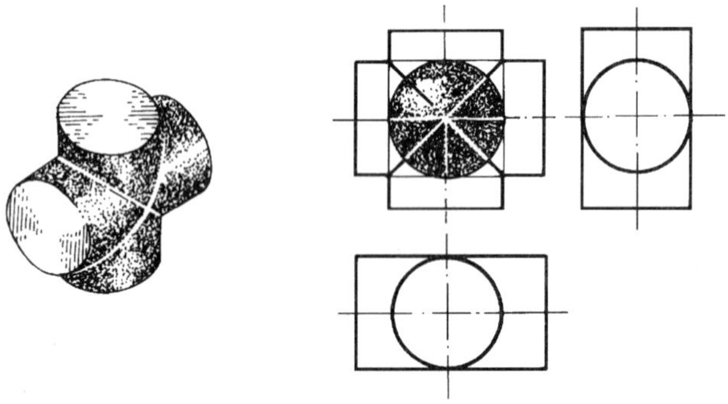

(a) (b)

图 5-24 公切于一圆球面的两圆柱相贯线

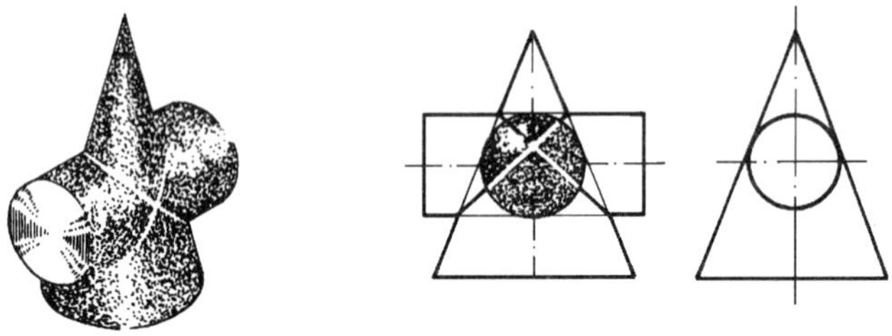

(a) (b)

图 5-25 公切于一圆球面的圆锥和圆柱的相贯线

5.3 常用工程曲面

5.3.1 概述

在建筑工程中，有些建筑物的表面是由一些特殊的曲面构成的，这些曲面统称为工程曲面。例如图 5-26a 所示建筑物顶面和图 5-26b 所示建筑物的立面。

图 5－26 工程曲面实例

曲面可以看成是线运动的轨迹，这种运动着的线称做母线，控制母线运动的线或面称为导线或导面，母线、导线或导面便是形成曲面的几何要素。

由直母线运动形成的曲面称为直纹曲面，由曲母线运动形成的曲面称为非直纹曲面。母线在运动过程中的每一个位置都是曲面上的线，曲面上任一位置的母线称曲面的素线。

如图 5－27 所示，直母线 AA_1 沿着 H 面上的曲导线 ABC 滑动时，始终平行于直导线 L，即可形成一个直纹曲面。在这个直纹曲面上存在着许许多多的直线（直纹曲面的素线）。

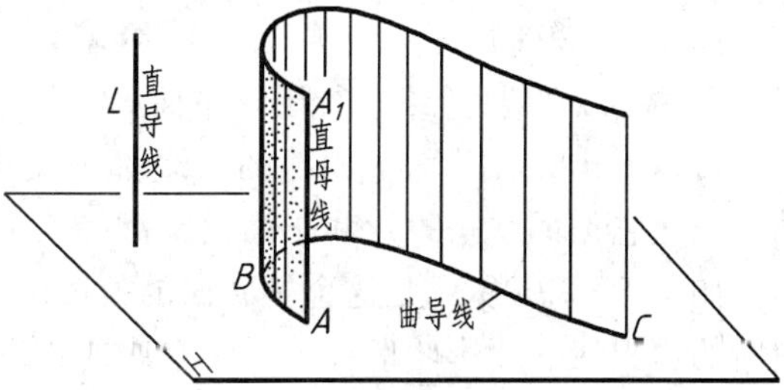

图 5－27 曲面的形成与要素

5.3.2 常用工程曲面

1. 柱面

如图 5－28a 所示，直母线 AA_1 沿着曲导线 $ABCD$ 移动，且始终平行于直导线 L，这样形成的曲面叫柱面。

表示柱面的基本要素是直母线、直导线和曲导线。从理论上说，只要把这些要素的投影画出，则柱面即可完全确定。但是，这样表示的柱面不能给人以完整清晰的感觉，因此还需要画出柱面的边界线和投影轮廓线的投影。图 5－28a 中直线 AA_1、DD_1 和曲线 $ABCD$、$A_1B_1C_1D_1$ 都是柱面的边界线，需要画出全部投影；而 BB_1 是柱面正面投影的转向轮廓素线，只需画出正面投影；而 CC_1 是柱面水平投影的转向轮廓素线，只需画出水平投影。导线 L 的投影可以不画。

在图 5－28b 中还表示了柱面上画点的作图方法。例如已知柱面上点 M 的正面投影 m'，则利用柱面上的素线为辅助线可以求出它的水平投影 m。

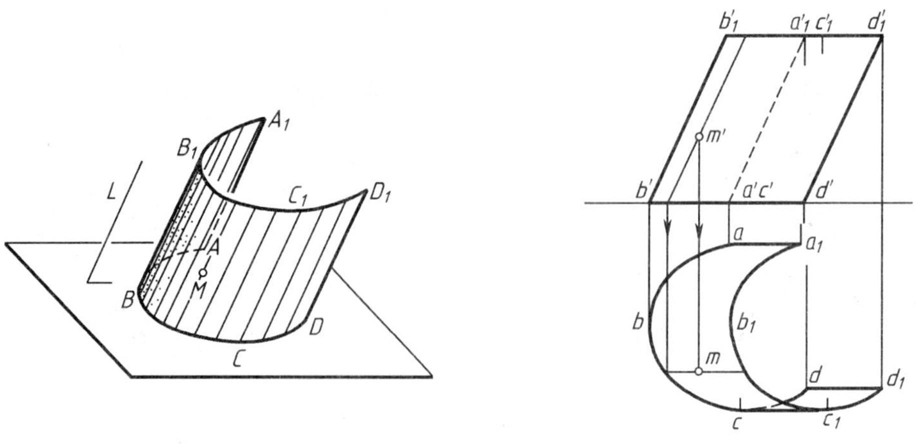

(a) 形成　　(b) 投影

图5-28 柱面的形成及投影

2. 柱状面

直母线沿着两条曲导线移动，且又始终平行于一个导平面，这样形成的曲面叫柱状面。

如图5-29a所示，直母线 AA_1 沿着两条曲导线——半个正平椭圆 ABC 和半个正平圆 $A_1B_1C_1$ 移动，并且始终平行于导平面 P（图中为侧平面），即可形成一个柱状面。

可以看出，柱状面上相邻的素线都是交错直线，这些素线又都平行于侧平面，都是侧平线，因此它们的水平投影和正面投影都相互平行，侧面投影不平行。

如图5-29b所示是这个柱状面的投影图，在图上除了画出两条导线的投影外，还画出了曲面的边界线、投影轮廓线及若干素线的投影（图中没有画出导平面的投影）。

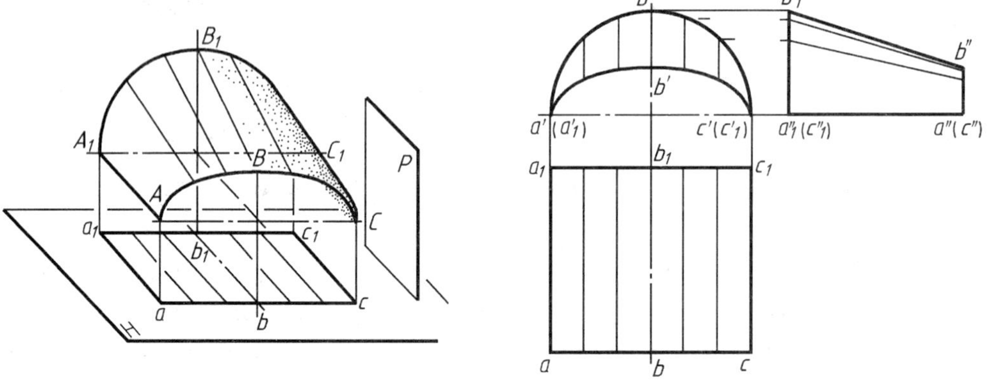

(a) 形成　　(b) 投影

图5-29 柱状面的形成及投影

3. 锥面

如图5-30a所示，直母线 SA 沿着曲导线 $ABCDE$ 移动，且始终通过一点 S，这样形成的曲面叫锥面。

画锥面的投影时，必须画出锥顶 S 及导线 $ABCDE$ 的投影，此外还需要画出锥面的边界线

SA 和 *SE* 的投影以及正面投影转向轮廓线 *SC* 的正面投影和水平投影转向轮廓线 *SB*、*SD* 的水平投影（图 5－30b）。图中还表明了以素线（过锥顶的直线）为辅助线在锥面上画点的方法。

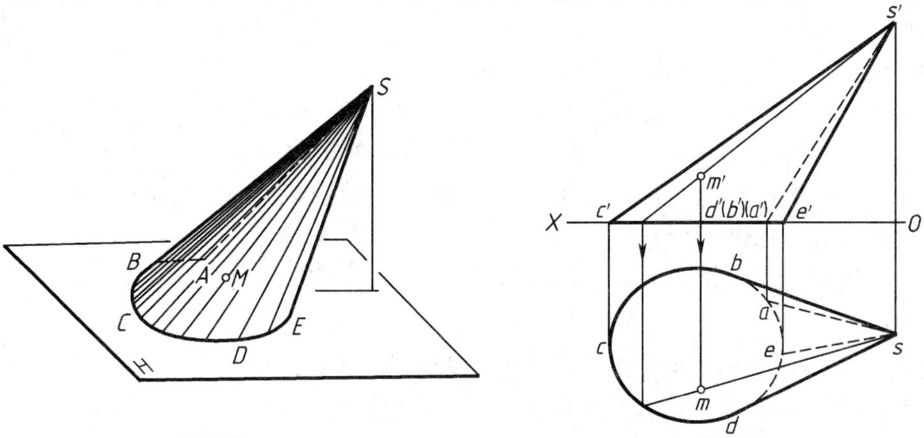

(a) 形成　　(b) 投影

图 5－30　锥面的形成及投影

4. 锥状面

直母线一端沿着直导线移动，另一端沿着曲导线移动，而且又始终平行于一个导平面，这样形成的曲面叫锥状面。

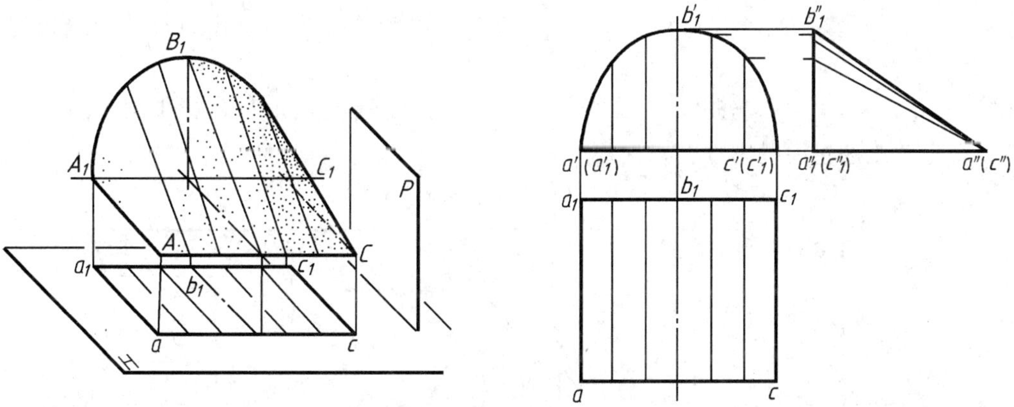

(a) 形成　　(b) 投影

图 5－31　锥状面的形成及投影

如图 5－31a 所示，直母线 AA_1 沿着直导线 *AC* 和曲导线 $A_1B_1C_1$（半个椭圆）移动，且始终平行于导平面 *P*（侧平面），即可形成一个锥状面。

在这个锥状面上，相邻的素线都是交错直线，所有的素线都是侧平线，它们的水平投影和正面投影都互相平行，侧面投影都相交。如图 5－31b 所示是这个锥状面的投影图，图中没有画出导平面。

5. 单叶回转双曲面

两条交错直线，以其中一条直线为母线，另一条直线为轴线做回转运动，这样形成的曲面叫单叶回转双曲面。

如图 5－32 所示，AA_1 和 OO_1 为两条交错直线，以 AA_1 为母线，OO_1 为轴线做回转运动，即可形成一个单叶回转双曲面。

在回转过程中，母线上各点运动的轨迹都是纬圆（位于与轴线垂直的平面上），纬圆的大小取决于母线上的点到轴线的距离。母线上距离轴线最近的点形成了曲面上最小的纬圆，称为喉圆。

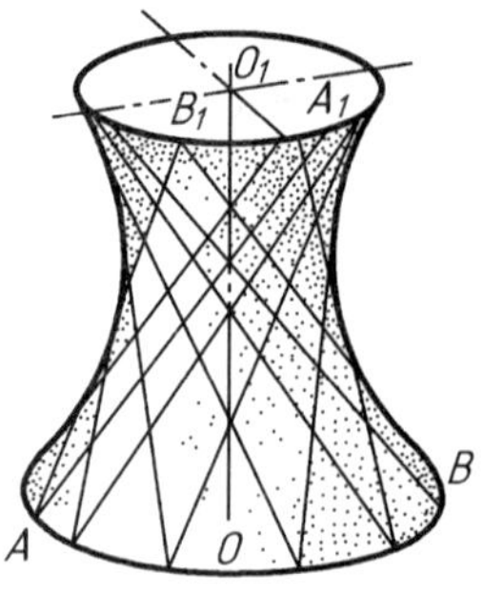

图 5－32 单叶回转双曲面的形成

从图 5－32 中可以看出，如果把母线 AA_1 换到对称的 BB_1 位置上，那么这两个母线做回转运动时形成的是同一个单叶回转双曲面。可见，在单叶回转双曲面上存在着两族素线，同一族素线都是交错直线，不同族素线都是相交直线。

画单叶回转双曲面的投影，同样要求画出边界线的投影和转向轮廓线的投影。

如图 5－33a 所示给出了单叶回转双曲面的母线 AA_1 和轴线 OO_1。

如图 5－33b 所示表明了投影图的画法——素线法，作图步骤如下：

（1）作出母线 AA_1 和轴线 OO_1 的两面投影；

（2）作出母线 AA_1 的两端点绕轴线 OO_1 回转形成的两个边界圆的两面投影；

（3）在水平投影上，自点 a 和点 a_1 起把两个边界圆作相同等分（图中为 12 等分），得等分点 1、2、…、12 和 1_1、2_1、…、12_1，向上引联系线，在正面投影上得等分点 $1'$、$2'$、…、$12'$ 和 $1'_1$、$2'_1$、…、$12'_1$；

（4）在水平投影上连素线 11_1、22_1、…、1212_1，并以点 o 为圆心作圆与各素线相切，得喉圆的水平投影；

（5）在正面投影上连素线 $1'1'_1$、$2'2'_1$、…、$12'12'_1$，并且画出与各素线相切的曲线（包络线），得轮廓线的正面投影（为双曲线）。

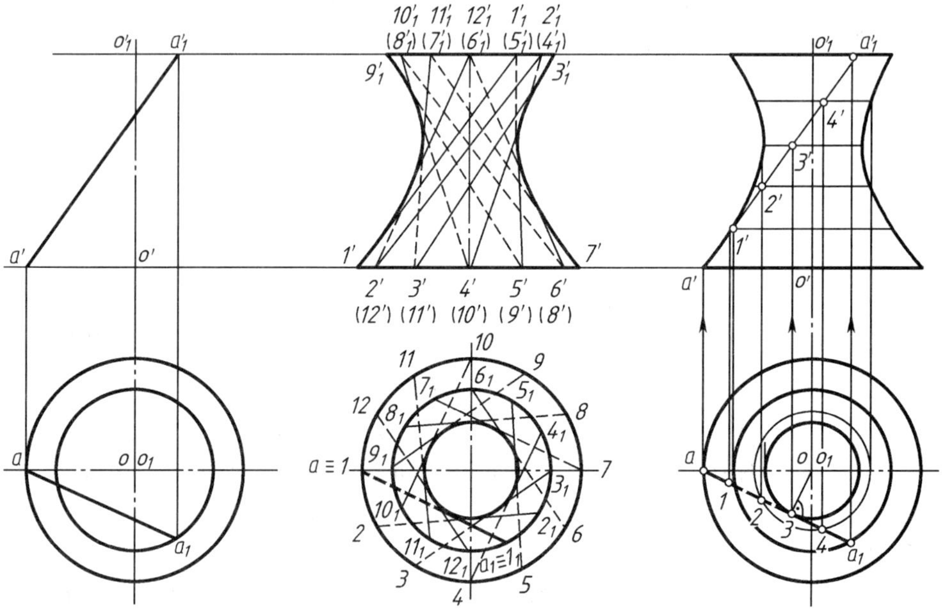

(a) 已知条件　　(b) 素线法作图　　(c) 纬圆法作图

图 5－33 单叶回转双曲面的画法

如图 5-33c 所示表明了投影图的另一种画法——纬圆法，作图步骤如下：

（1）作出母线 AA_1 和轴线 OO_1 的两面投影；

（2）过点 a 和点 a_1 分别作出两个边界圆的水平投影，而后作出它们的正面投影；

（3）在母线 AA_1 上找出与轴线距离最近的点 3，并以点 o 为圆心，$o3$ 为半径画圆，得喉圆的水平投影，而后再作出喉圆的正面投影；

（4）在母线 aa_1 上适当地选定三个点 1、2 和 4，并且过这三个点分别作三个纬圆（先作水平投影再作正面投影）；

（5）根据各纬圆的正面投影作出单叶回转双曲面轮廓线的投影（为双曲线）。

6. 双曲抛物面

直母线沿着两条交错的直导线移动，并且始终平行于一个导平面，这样形成的曲面叫双曲抛物面。

如图 5-34 所示，直母线 AD 沿着两条交错的直导线 AB、CD 移动，并且平行于一个导平面 P（图中 P 为铅垂面）、即可形成一个双曲抛物面。

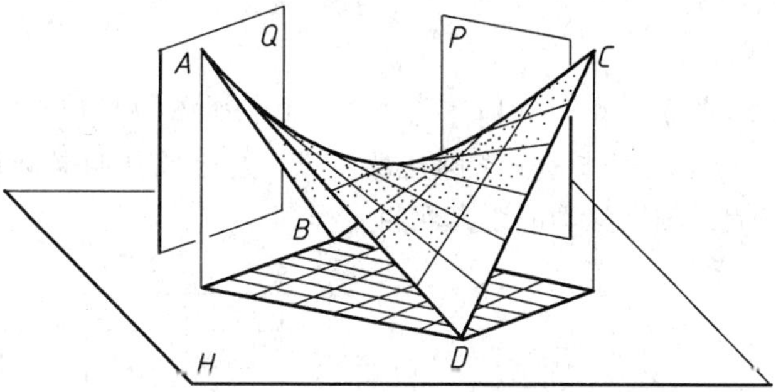

图 5-34 双曲抛物面的形成

如果以直线 CD 为母线、两直线 AD、BC 为导线，铅垂面 Q 为导平面，也可形成一个双曲抛物面。显然这个双曲抛物面与前面那个双曲抛物面是同一个曲面。

可见，在双曲抛物面上也存在着两族素线，同族素线相互交错，不同族素线全部相交。

如图 5-35 所示为双曲抛物面投影图的画法，作图步骤为：

（1）画出导平面 P 的水平投影 P_H 以及母线 AD 的三面投影 ad、$a'd'$和 $a''d''$（$ad /\!/ P_H$）；

（2）画出导线 AB、CD 的三面投影 ab、cd（$ab /\!/ cd$、$ab = cd$），$a'b'$、$c'd'$和 $a''b''$、$c''d''$；

（3）把两条导线作相同的等分（图中为 6 等分），得等分点的各个投影 1、2、…，$1'$、$2'$、…和 $1''$、$2''$、…以及 1_1、2_1、…，$1'_1$、$2'_1$、…和 $1''_1$、$2''_1$、…；

（4）连线，ad、11_1、22_1、…、bc，$a'd'$、$1'1'_1$、$2'2'_1$、…、$b'c'$和 $a''d''$、$1''1''_1$、$2''2''_1$、…、$b''c''$，作出边界线和素线的三面投影；

（5）在正面投影上和侧面投影上，分别作出与各素线都相切的包络线（均为抛物线），完成曲面轮廓线的投影。

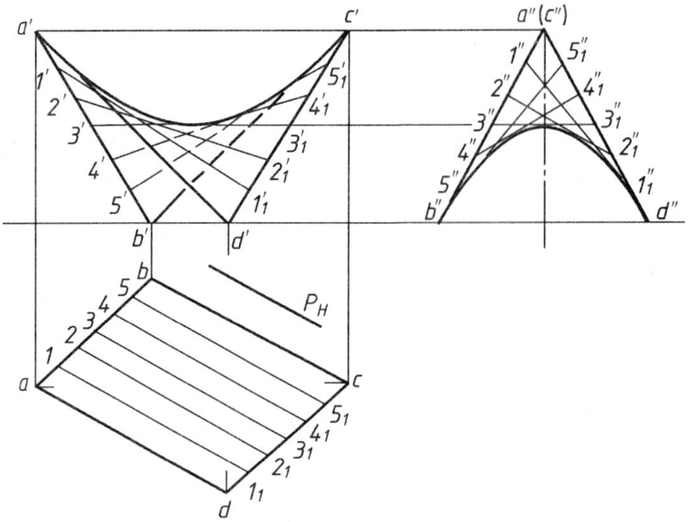

图 5-35 双曲抛物面的画法

7. 平螺旋面

如图 5-36 所示，点 M 沿着圆柱表面素线 AA_1 向上等速运动，而素线 AA_1 又同时绕着轴线 OO_1 等速旋转，则点 M 的运动轨迹是一条圆柱螺旋线。这个圆柱叫导圆柱，圆柱的半径 R 叫螺旋半径，动点旋转一周沿轴向移动的距离 h 叫导程。

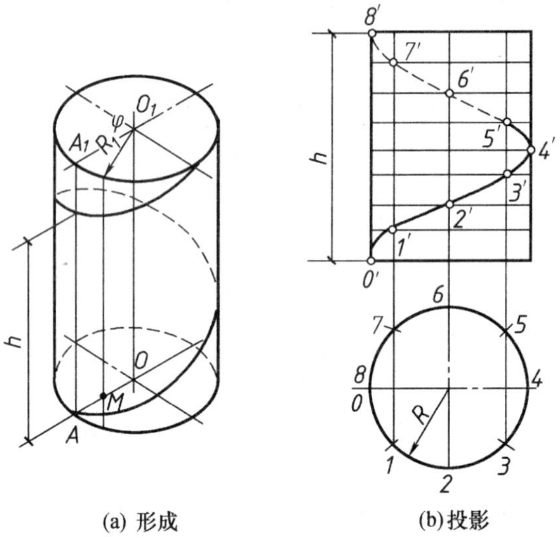

(a) 形成 (b)投影

图 5-36 圆柱螺旋线

图中表明了点 M 沿 AA_1 上升，AA_1 绕 OO_1 向右旋转形成的一条螺旋线；可想而知，如果点 M 沿 AA_1 上升，而 AA_1 绕 OO_1 向左旋转，也可形成另一条螺旋线。前者叫右螺旋线，后者叫左螺旋线。控制螺旋线的要素为螺旋半径 R、导程 h 和旋转方向。

图 5-36b 为圆柱螺旋线投影图的画法，其步骤如下：

(1) 画出导圆柱的两面投影（圆柱的高度等于 h，圆柱的直径等于 $2R$）；

(2) 把导圆柱的底圆进行等分（图中作了 8 等分），并按右螺旋方向（逆时针方向）进行编号 0、1、2、…、8；

（3）把导程 h 作相同的等分，并且画出横向格线；

（4）自 0、1、2、…、8 向上引联系线，并在横向格线上自下而上地、依次地找到相应的点 0′、1′、2′、…、8′；

（5）将 0′、1′、2′、…、8′依次连成光滑的曲线（为正弦曲线），完成螺旋线的正面投影，螺旋线的水平投影位于导圆柱的轮廓圆上。

如图 5－37a 所示，直线 MN（母线），一端沿着圆柱螺旋线（曲导线）移动，另一端沿着圆柱轴线（直导线）移动，并且始终与水平面 H（导平面）平行，这样形成的曲面叫平螺旋面。

为了画出平螺旋面的投影，应当首先根据螺旋半径、导程、螺旋方向画出导圆柱的轴线和圆柱螺旋线的投影，然后画出各条素线的投影（图中画了 12 条素线）。由于平螺旋面的母线平行于水平面，所以平螺旋面的素线也都是水平线，它们的正面投影与轴线垂直，水平投影与轴线相交，如图 5－37b 所示。平螺旋面也可看成是一种锥状面。

在建筑工程上，平螺旋面常见于螺旋楼梯，如图 5－38 所示为一螺旋楼梯的两面投影图

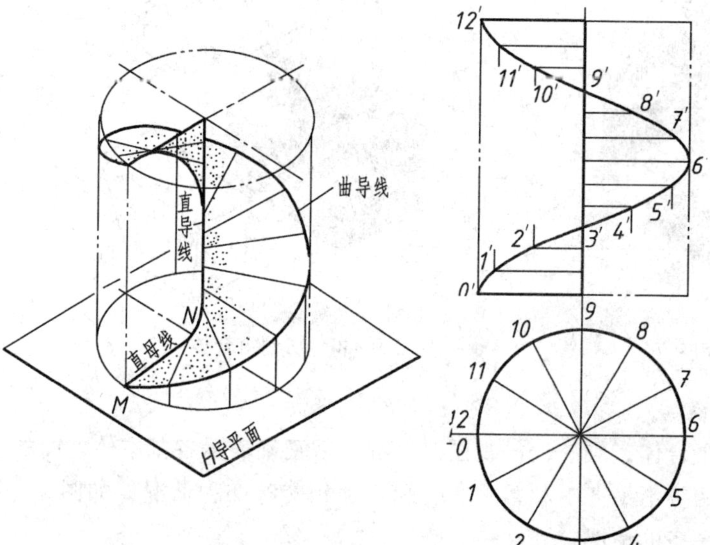

(a) 形成　(b)投影

图 5－37　平螺旋面

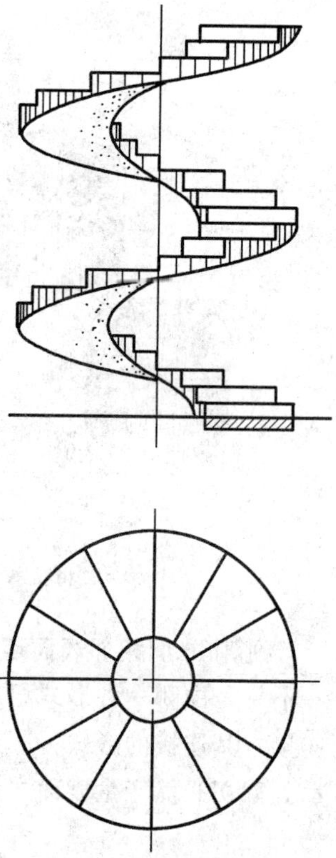

图 5－38　螺旋楼梯

5.4　组合体视图的画法

根据有关标准和规定，用正投影法绘制的物体的图形，称为视图。机件的正面投影，称为主视图；机件的水平投影，称为俯视图；机件的侧面投影，称为左视图。

5.4.1　组合体的形体分析

1. 组合体的组合形式

工程上常见的形体，以其几何形状来分析，一般都可以看作是由若干简单立体按一定的相对位置经过叠加、切割等方式组合而形成的组合体。

图5-39所示支架为叠加体，由圆筒*Ⅰ*、底板*Ⅱ*和支承板*Ⅲ*叠加而成。*Ⅰ*的圆柱面和*Ⅱ*的前面表面相切，*Ⅱ*和*Ⅲ*之间为相接关系，所谓相接即两个基本体之间的表面叠合在一起。图5-40所示底架为切割体，由长方体上切割去*Ⅰ*、*Ⅱ*、*Ⅲ*三个部分而形成。显然叠加、切割的混合体更为常见。

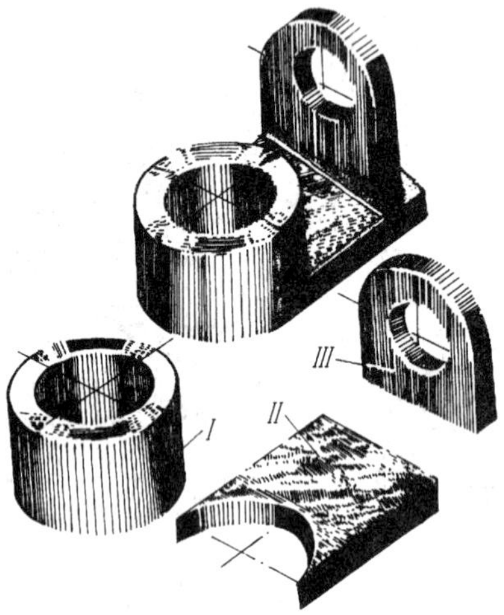

图5-39　叠加组合体

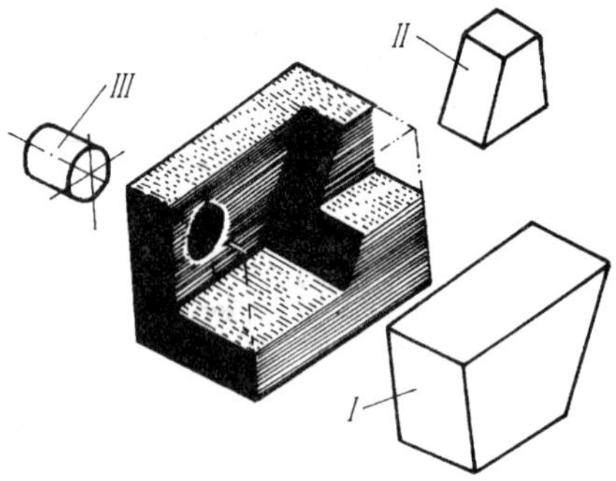

图5-40　切割组合体

2. 形体之间相邻表面连接关系

不管是由哪一种形式组成的组合体，画它们的视图时，都必须正确表示各基本体之间的表面连接，其连接的形式可归纳为相接不平齐、相接平齐、相切和相交等四种情况，如图5-41所示。截切必然产生表面之间不平齐的情况。

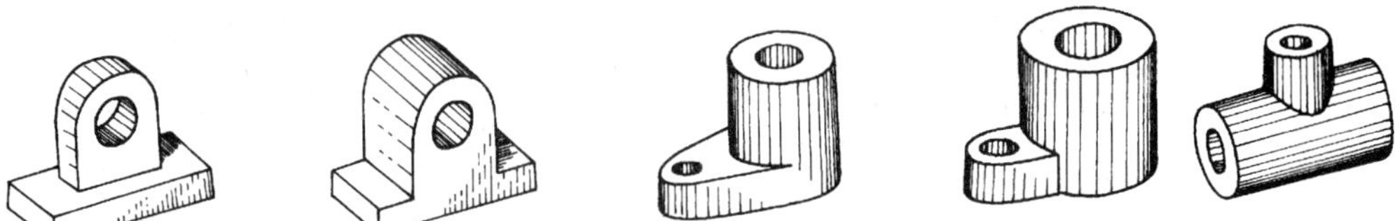

(a)不平齐　(b)平齐　(c)相切　(d)相交

图5-41　形体间表面连接关系

(1) 当两形体表面不平齐时，中间应该有线隔开，如图 5－42 中的主视图和左视图，图 5－43中的左视图、图 5－44a 中的主视图。

(2) 当两形体表面平齐时，中间不应有线隔开，如图 5－43 中的主视图。

(3) 当两形体表面相切时，在相切处不应该画线，如图 5－42、图 5－43 的左视图。

(4) 当两形体表面相交时，在相交处应画出交线的投影，如图 5－44b 所示主视图中的相贯线的投影。

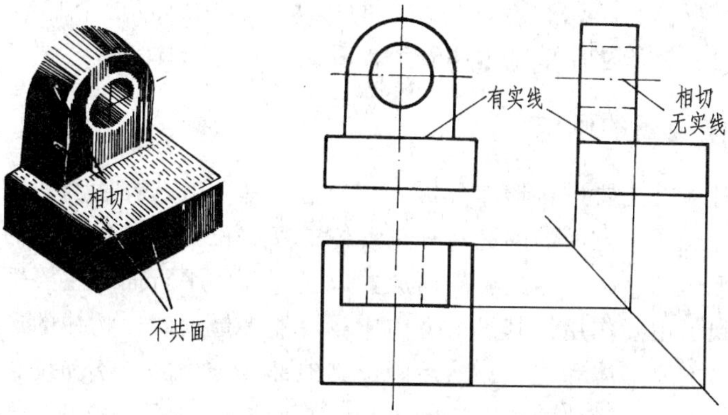

图 5－42 形体表面交线画法之一

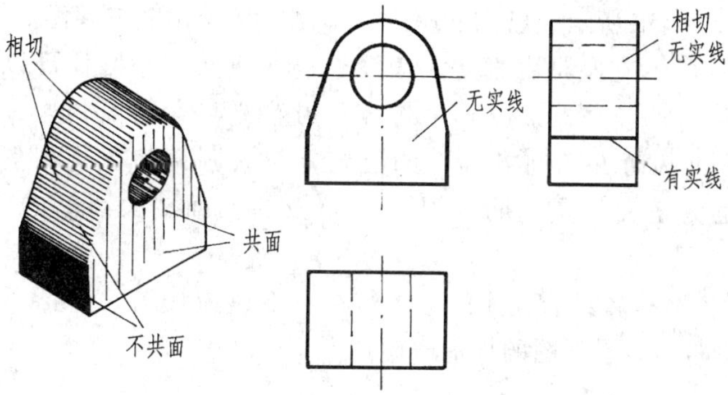

图 5－43 形体表面交线画法之二

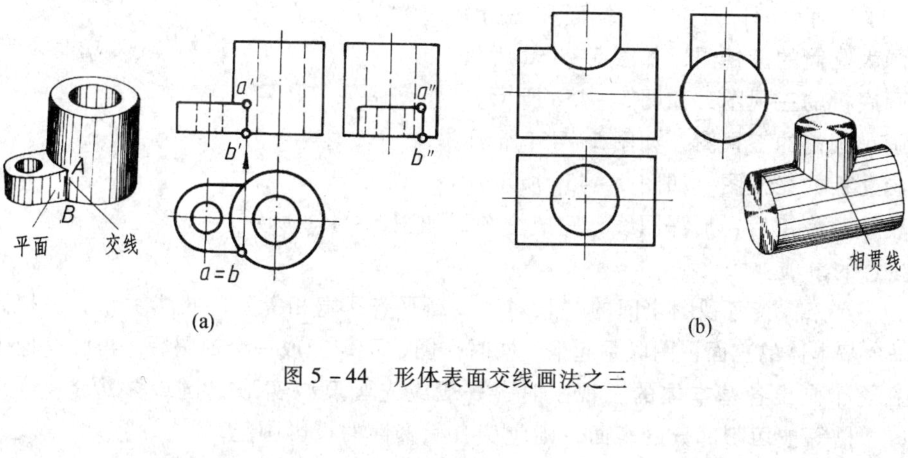

(a) (b)

图 5－44 形体表面交线画法之三

3. 组合体的形体分析法

一个组合体或者更为复杂的机件，都可视为由若干个基本体，按叠加、切割或两者混合的形式组合而成。在画投影图时，应根据各基本体之间相对位置及其组成形式，正确地画出各形体之间表面连接的投影，清楚地表达出形体。在看投影图时只要根据各基本体之间表面连接的投影特性，分别看懂组合体中各基本体的形状及其相对位置，理解整个组合体的形状，这种思维方法称为形体分析法。

在画图时，运用形体分析法，就可将复杂的形体，简化成若干个基本体来完成。在看图时，运用形体分析法，就能从简单基本体着手，看懂复杂的形体。

5.4.2 组合体视图的画法

画组合体视图时，首先要进行形体分析，在分析的基础上选择适当的视图，特别是选择好主视图。此时主要考虑两个方面的问题：一是形体的安放位置，二是形体的投射方向。为了有较好的度量性和易于作图，必须将主要平面放置成投影面的平行面，主要轴线放置成投影面的垂直线；主视图起到了主要作用，其投射方向应尽可能多地反映出物体的形状特征。

画图时，先画出主要形体和位置；然后画出其他部分结构的形状和位置，并判断各基本形体表面之间的连接关系，正确地画出它们的投影；最后校核描深。画组合体视图的步骤举例说明如下。

例 5-14 如图 5-45a 所示，已知支座的立体图，试画出其三视图。

分析 图 5-45a 所示支座是由直立大圆筒*Ⅰ*、底板*Ⅱ*、小圆筒*Ⅲ*以及肋板*Ⅳ*等四个基本体所组成，见图 5-45b。底板*Ⅱ*位于大圆筒*Ⅰ*的左侧与大圆筒相切，并且两者的下底面平齐；小圆筒*Ⅲ*位于大圆筒*Ⅰ*的前方偏上的位置，与大圆筒为正交相贯，同时小圆筒的内孔与大圆筒的内孔也为正交相贯，肋板*Ⅳ*位于底板的上面、大圆筒的左侧，与底板叠合，与大圆筒相交。

选择视图：根据安放位置结合支座的形体特征，支座应按图 5-45a 所示的位置放置，并按图中箭头所指的 A 向作为主视图的投射方向。

作图步骤：

(1) 画作图基准线，合理确定各视图的布局，如图 5-45c 所示。基准线常选用回转体的轴线、组合体的对称面以及重要的端面和底面等。

(2) 画大圆筒的三视图，如图 5-45d 所示。

(3) 画底板的三视图，如图 5-45e 所示。

(4) 画小圆筒的三视图，如图 5-45f 所示。

(5) 画肋板的三视图、如图 5-45g 所示。

(6) 校核、修正后，加深图线，完成全图，如图 5-45h 所示。

需要注意的事项：

(a) 为了严格保持各视图之间的“长对正、高平齐、宽相等”的投影关系，并提高画图速度，应将每个基本体的三面视图联系起来，同时作图，不应完成一个视图后，再画其他视图；

(b) 在逐个画出各基本体的三视图时，一般应先画反映实形（圆或多边形等）的视图，而对于切口、槽等被切割部分的表面，则应从有积聚性的投影画起；

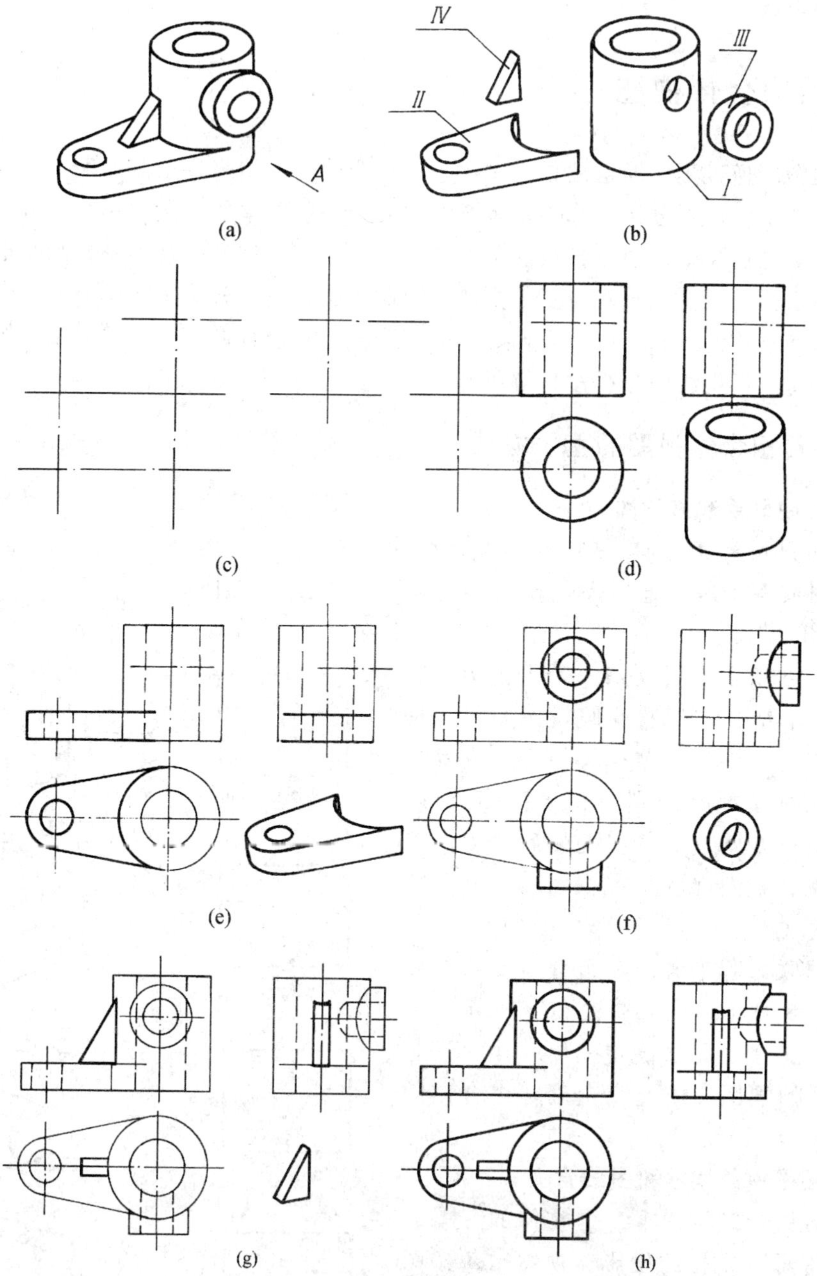

图 5－45　画支架三视图

（c）注意相接、相交、相切、截切部位的画法。

通过以上两例可以体会到画物体视图的过程中，必须深刻理解“物”与“图”的对应关系，对应关系的建立是通过形体分析来实现的，经过多次这样的反复练习，建立起由空间到平面的投影概念，从而逐步提高画图能力。

另一方面，立体表面的连接关系必须准确表达出来，如平面与立体产生的截交线、立体与立体产生的相贯线。

5.5　看组合体视图

看图是画图的逆过程，即运用投影规律，由组合体的视图想象出其空间形状的过程。

看图的方法也以形体分析法作为基本方法，对于一些复杂的视图可用线面分析法作为辅助手段。所谓线面分析法就是根据直线、平面的投影规律，通过分析视图中封闭线框的形状，来理解物体局部表面的性质和相对位置的方法。因此看图方法，就是用形体分析法看清楚构成组合体的各个基本立体的形状，以及它们之间的相对位置和组合形式，想象出整个组合体的结构和形状，必要时，可用线面分析法理解局部的细节。

5.5.1　看组合体视图的基本方法

1. 几个视图联系起来读图

一个视图只反映组合体一个方向的形状，所以一个视图或两个视图通常不能确定组合体的形状。

如图5-46所示，若仅知一个主视图，则可以构思出多个组合体形状。假设原始形状是长方体，则左上角或者是被挖切掉的，或者是凸出的，这两种情况又分别可得出许多投影。这里列举的是长方体左上角被挖切后产生许多结果中的四例，它们都满足主视图的形状，如图5-46中的（a）、（b）、（c）、（d）所示。若把主、左视图联系起来看，则组合体形状被缩小在如图5-46的（a），（b）、（c）所示三种可能的范围内，但仍无法确定是哪一个。只有再进一步联系俯视图，才能完全确定组合体的形状。

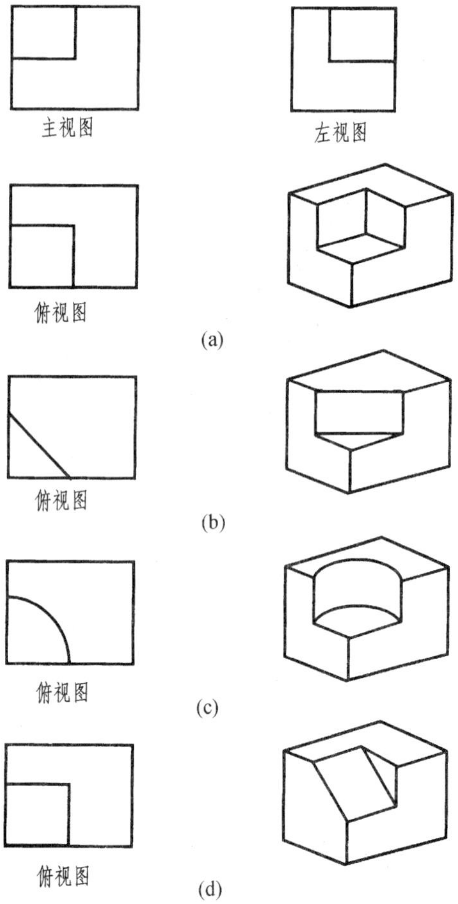

图5-46　联系起来读图

2. 明确视图中的线框和图线含义

视图中的每个封闭线框，是物体的一个表面（平面或曲面）或孔的投影；视图中每条图线，可能是物体表面有积聚性的投影，或者是两个表面的交线的投影，也可能是曲面转向轮廓线的投影。通过线面分析，明确视图中每个封闭线框、每条图线是组合体的哪个表面、哪条线。如图5-47所示，顶尖三视图中各线框、图线的含义见表5-6。

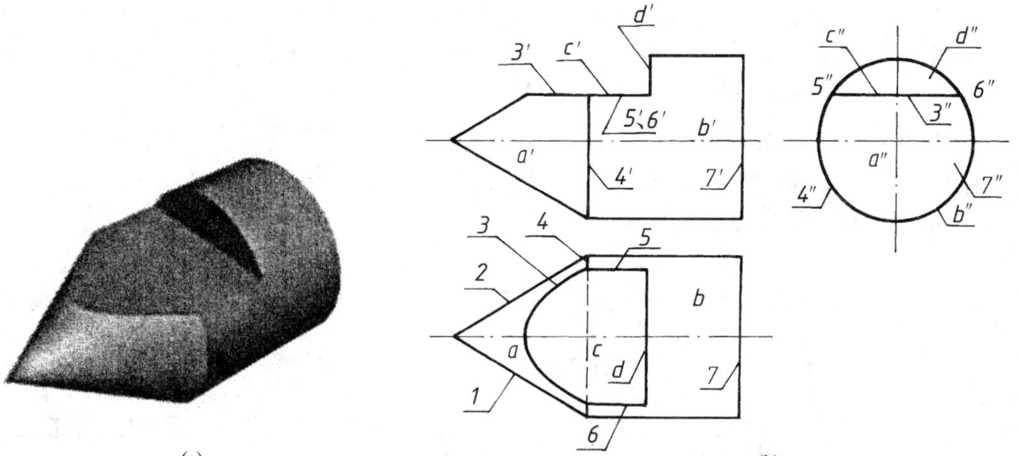

(a) (b)

图 5-47 顶尖三视图

表 5-6 线框和线的含义

线、框类别	几何元素名称	投影	几何元素空间意义
封闭线框	*A*	*a*，*a*′，*a*″	圆锥面
	B	*b*，*b*′，*b*″	圆柱面
	C	*c*，*c*′，*c*″	水平面
	D	*d*，*d*′，*d*″	侧平面
图线	Ⅰ、Ⅱ	*1*、*2*，主、左视图中分别与水平点画线重合（不画）	圆锥面 *A* 对 *H* 面的两条转向轮廓线
	Ⅲ	*3*、*3*′和 *3*″分别积聚成直线段	双曲线（圆锥面 *A* 与水平面 *C* 的交线）
	Ⅳ	*4* 和 *4*′积聚成直线段，*4*″是圆弧段	圆弧（圆锥面 *A* 与圆柱面 *B* 的交线）
	Ⅴ、Ⅵ	*5*、*6*，*5*′、*6*′，*5*″、*6*″积聚成点	两侧垂线（圆柱面 *B* 与水平面的交线）

5.5.2 看组合体视图的步骤

通过以下四例说明一般看图步骤。

例 5-15 根据图 5-48a 所示的底座三视图，试想象其结构形状。

分析：从已知的三视图看出，底座前后对称，由三部分基本形体以叠加为主、结合挖切的方式形成的组合体。

读图步骤：

（1）分线框、找投影。结合三个视图的投影关系，可以将主视图的线框分为三个部分：*1*′、*2*′、*3*′；这三部分在俯、左视图中的投影为 *1*、*2*、*3* 和 *1*″、*2*″、*3*″，如图 5-48a 所示。

（2）对投影、识形体。由线框 *1*、*1*′、*1*″可想象出形体Ⅰ为两端挖槽，四角倒圆的底板；由 2、2′、2″可知，Ⅱ是长方块顶面挖成一个小圆柱面的形体；由 *3*、*3*′、*3*″可知，Ⅲ是中间钻孔并有键槽的拱形柱体。如图 5-48b～d 所示。

（3）定位置、想整体。根据三部分基本形体在视图中的相对位置关系，可以看出：形体Ⅱ，Ⅲ在长度方向左右紧靠，且前后表面分别平齐，又一起叠加在底板上，所以整个底座形状前后对称，如图5－48e所示。

为了提高画图和看图能力，可以通过在已知物体的两个视图条件下，经过看图，然后画出第三视图的练习，通常称为“二补三”练习。这一练习既包含了看图的过程，又包含了画图的过程，同时又检验了看图的效果。

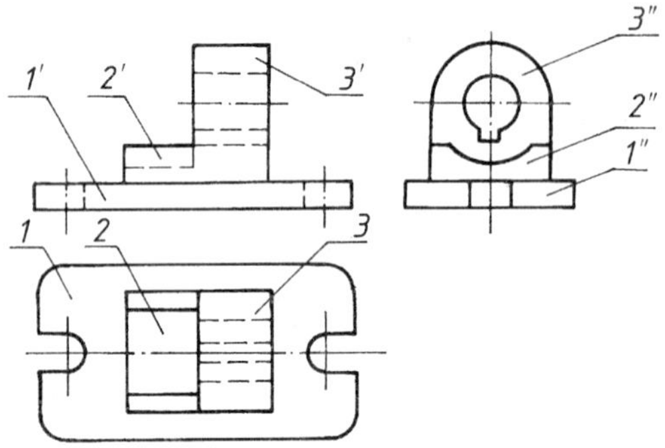

(a) 底座三视图

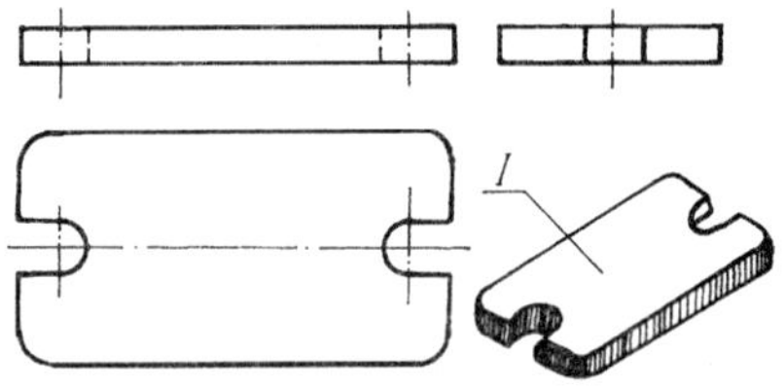

(b) 形体Ⅰ是两端挖槽，四角倒圆的平板

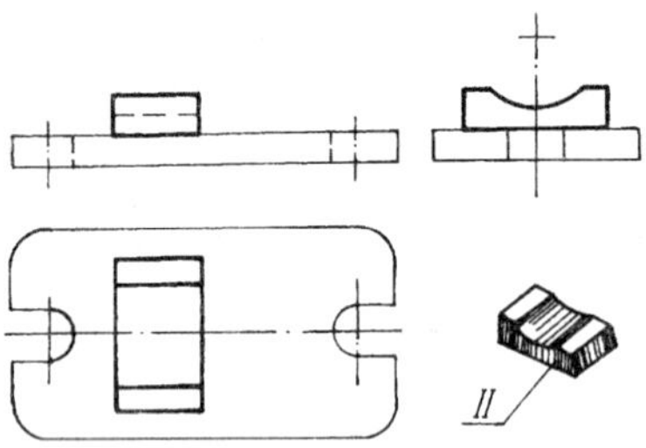

(c) 形体Ⅱ是顶部挖去一个小半圆的长方块

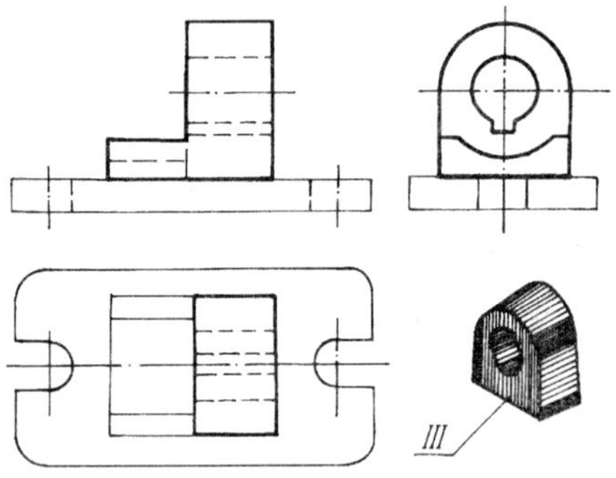

(d) 形体Ⅲ是中间钻孔并开有键槽的拱形柱体

(e) 底座的空间形状

图5－48 读底座三视图的步骤

例5－16 如图5－49所示，已知压板的主、俯视图，试画出压板的左视图。

看压板的步骤和画左视图的方法，如图5－50所示。

（1）运用形体分析法，可确定“压板”主体为Z字形板，且在右边对称面上开一长圆孔，如图5－50a所示；

（2）左边头部形体，由于在主视图上有斜线，对应俯视图上的线框，确定P面为正垂面，如图5－50b所示；

（3）俯视图上的两条对称斜线，对应在主视图上的四边形线框，确定Q面为铅垂面，如图5－50c所示；

（4）作出压板的左视图，如图5－50d所示。先画主体Z字形，再画正垂面P——ⅠⅡⅢⅣⅤⅥ和铅垂面Q——ⅤⅨⅩ

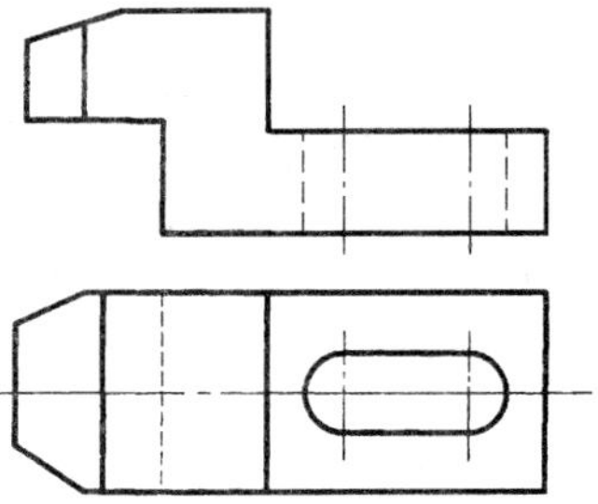

图5－49 压板

Ⅵ，最后画出长圆孔的投影；

（5）校核，描深。

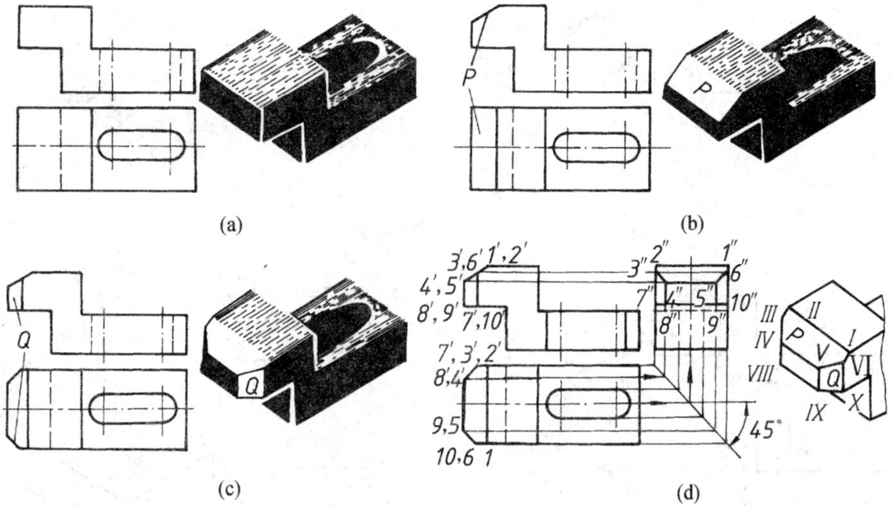

图 5－50　看视图并作第三视图

画图是对看图的检验，而看图是画图的必要过程，两者相辅相成，密切联系。通过看图与补画第三视图的练习，必将有利于提高空间想象力。

例 5－17　如图 5－51 所示，已知拖板的主、左视图，试画出其俯视图。

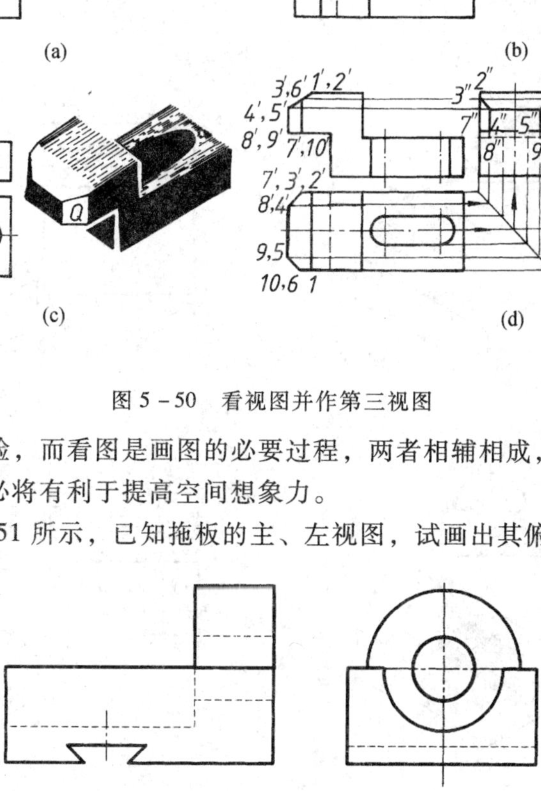

图 5－51　拖板

看和画拖板的步骤如图 5－52 所示。

（1）对投影，分形体，如图 5－52a 所示；

（2）看、画形体Ⅰ，如图 5－52b 所示；

（3）看、画形体Ⅱ，如图 5－52c 所示；

（4）看、画形体Ⅲ，如图 5－52d 所示；

（5）看、画形体Ⅳ，如图 5－52e 所示；

（6）看、画形体Ⅴ，综合起来成整体，如图 5－52f 所示。

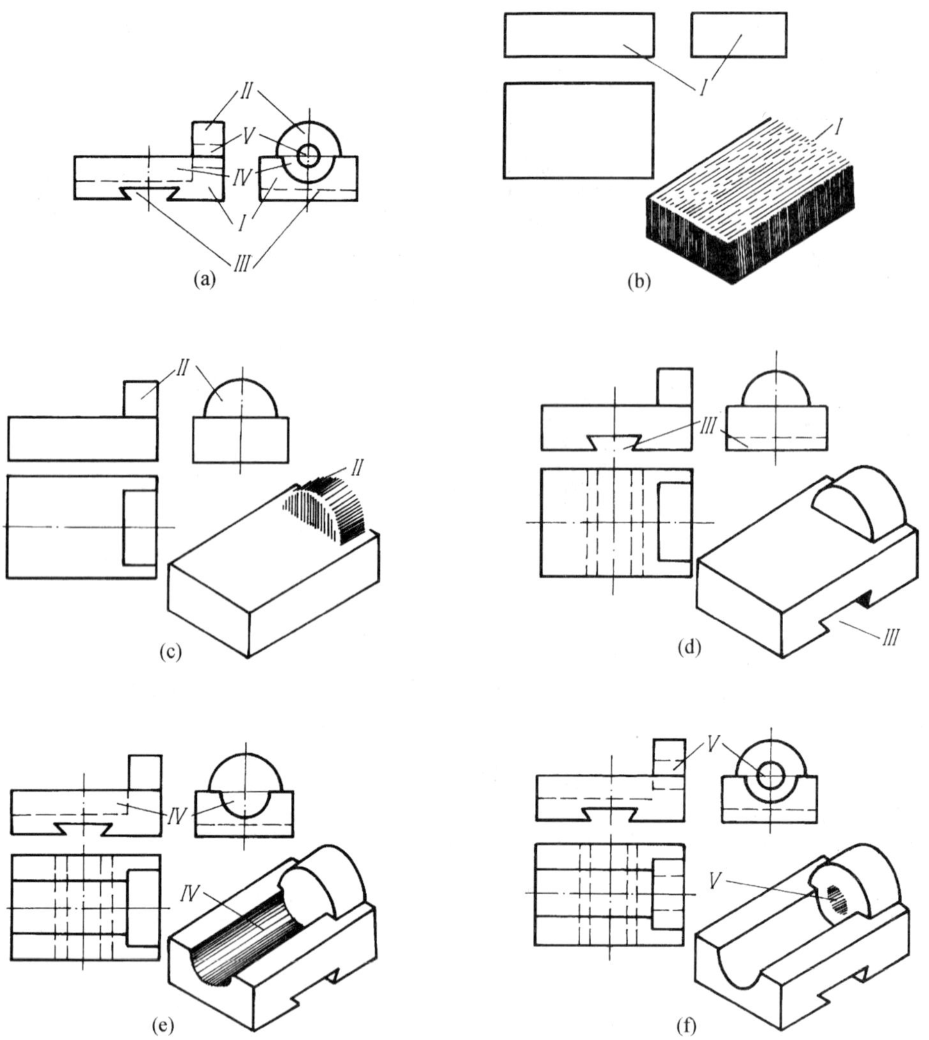

图5-52 看视图并作第三视图

5.6 体的计算机生成

5.6.1 等轴测绘图

1. 等轴测坐标轴

AutoCAD 提供的等轴测绘图方法仅仅是为了辅助用户作出等轴测投影图。用户开始作等轴测投影图之前，首先应调用 SNAP 命令选择相应的捕捉模式。

Command：SNAP

Specify snap spacing or [ON/OFF/Aspect/Rotate/Style/Type]〈10.0000〉：S（选择捕捉模式）

Enter snap grid style [Standard/Isometric] 〈S〉：I（选等轴测模式）

Specify vertical spacing 〈10.0000〉：（输入纵向栅格距离）

屏幕上的十字光标由正交状态变为成60°夹角的交叉状态。

在进行等轴测绘图时，等轴测形式可以显示在左平面、上平面、右平面三个平面中的任何一平面，如图5-53所示，定义这些面的线成30°、60°、90°或150°。其中：

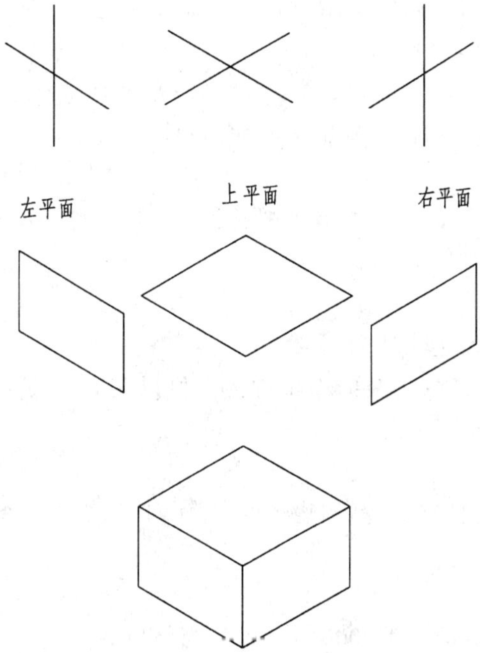

图5-53

90°、150°为左平面。

150°、30°为上平面。

90°、30°为右平面。

2. ISOPLANE 等轴测平面

[功能] 将光标从一种等轴测平面状态转换为另一种等轴测平面状态。

[操作]

Command：ISOPLANE

Current isoplane：Left

Enter isometric plane setting [Left/Top/Right] 〈Top〉：（选定等轴测平面）

L（Left）——选左平面

T（Top）——选上平面

R（Right）——选右平面

回车——自动按 Left - Top - Right - Left 循序转换

[说明]

1）使用 CTRL - E 可自动切换。

2）ORTHO、GRID 和 SNAP 命令在等轴测绘图模式中仍然保持着原来的功能，但是它们都以等轴测平面为参考坐标系。

3）等轴测圆

大多数绘图命令如 CIRCLE、POLYGON 等并不受等轴测绘图模式的影响，但是在等轴测绘图模式中的 ELLIPSE 命令专门适用于画等轴测图。圆形在等轴测图形中自动地显示为椭圆。

Command：ELLIPSE

Specify axis endpoint of ellipse or [Arc/Center/Isocircle]：I（画等轴测圆）

Specify center of isocircle：（给圆心）

Specify radius of isocircle or [Diameter]：（给半径或选 D 给直径）

给出圆心和半径或直径，即画出等轴测图的椭圆。

[说明]

必须在合适的等轴平面上画相应的等轴图，否则画出的椭圆不对。

5.6.2 简单三维图形

简单三维图形更精确地说应该是二维半图形。

像直线、圆、圆弧、多义线之类的简单图元，可以在 Z 轴方向上延伸一定高度，就可以形成三维图形。

1. ELEV 标高

[功能] 设定图形在空间的标高和物体的厚度，以绘出立体图形。

[操作]

Command：ELEV

Specify new default elevation 〈0.0000〉：（输入当前标高）

Specify new default thickness 〈0.0000〉：（输入当前厚度）

[说明] 文字高度必须在完成文字输入后，再以 CHANGE 命令来设定。

2. VPOINT 视点

观察点是由用户决定的一个（x，y，z）坐标点，AutoCAD 假定将图形放在坐标原点上，用户从给定的坐标点看图形。

如视点为（0，0，1）应理解为从 Z 轴上的点（0，0，1）开始，向坐标原点观察图形。如果不是生成透视图，它与视点（0，0，10）的意义相同。

[功能] 对一个三维图形，设定不同的观察位置（视点），进行视图转换。

[菜单位置] [View] -> [3D Views]

[操作]

Command：VPOINT

Current view direction：VIEWDIR = 0.0000，0.0000，1.0000

Specify a view point or [Rotate] 〈display compass and tripod〉：（输入视点坐标）

此时有三种选择：

（1）直接输入坐标值（x，y，z）；

（2）直接打回车。AutoCAD 显示一个罗盘和坐标轴系。罗盘是一个球面的三维表示图，其中心为北极，对应于直角坐标系中的（0，0，1），内圈代表赤道大圆线，圈上所有点的 z 坐标为零，钟表12点位置对应（0，1，0），3点和9点对应（-1，0，0）和（1，1，0），6点对应（0，-1，0），大圈上的点代表南极；

（3）输入R，定义观察角度。AutoCAD提示：

Enter angle in XY plane from X axis〈270.00〉：（在X-Y平面上与X轴的夹角）

Enter angle from XY plane〈90.000〉：（在X-Y平面的夹角）

［说明］ 视点（0，0，1）相当于俯视图，视点（-1，0，0）相当于左视图，视点（0，-1，0）相当于主视图，视点（-1，-1，0.5）相当于正等轴测图。

3. HIDE 消隐

［功能］ 消去立体图形的隐藏线，使图形清晰。

［菜单位置］ ［View］ -> ［Hide］

［操作］

Command：HIDE

［说明］ 消隐后的图形不能存盘，只能存未消隐的图形。

5.6.3 UCS（User Coordinate System）用户坐标系

AutoCAD最初固定的坐标系，其原点（0，0，0）是固定的，所有的点都以该点为参考点，因而其坐标也是唯一的，称为世界坐标系（World Coordinate System，简写为WCS）。

UCS允许以当前UCS的坐标原点为参考点，重新定义一个新的UCS坐标系的坐标原点，即在一幅图形中用户可以定义多个坐标系，它们各有自己的原点（0，0，0）。用户也可以重新定义轴的方向，但三坐标轴必须仍然相互垂直，并符合右手法则。

UCS对于三维绘图非常重要。在二维绘图中主要应用于定义新的坐标原点，以方便确定点的坐标。

［功能］ 定义新的直角坐标系

［菜单位置］ ［Tools］ -> ［NewUCS］

［操作］

Command：UCS

Current ucs name：*WORLD*

Enter an option［New/Move/OrthoGraphic/Prev/Restore/Save/Del/Apply/？/World］〈World〉：（输入选项）

New：定义一个新坐标系

Move：移动当前坐标系

OrthoGraphic：指定一个正投影坐标系

Prev：返回前一个坐标系

Restore：调用已存储的坐标系

Save：保存当前坐标系

Del：删除已存储的坐标系

Apply：将当前坐标系设置应用到视窗中

？：列出已存储的坐标系名称

World：回到世界坐标系

选择 New 选项：AutoCAD 有如下响应：

Specify origin of new UCS or [ZAxis/3point/OBject/Face/View/X/Y/Z] 〈0，0，0〉：

O（Origin）——定义相对于当前 UCS 的新的坐标原点；

ZA（ZAxis）——在当前 UCS 下定义新的 Z 轴方向；

3（3point）——选择三个点构成新坐标系。其第一点为新原点，第二点为新坐标系 X 轴上一点，第三点为 XY 平面具有正 y 值的一点；

OB（OBject）——用户指定新的实体确定新的坐标系。新坐标系的 Z 轴方向指向该实体的延伸方向（Z 轴方向），原点及 X 轴的确定遵循以下原则：

（1）弧：原点为圆心点，X 轴经过弧的终点；

（2）圆：原点为圆心点，X 轴经过作圆时所指定的点；

（3）尺寸标注：原点为标注文字的中心点，X 轴平行于尺寸标注的 X 轴；

（4）直线：原点为离选点最近的端点，X 轴与直线重合，XY 平面不变；

（5）多义线：原点为起始点，X 轴指向下一顶点；

（6）型、文字、块，原点为插入点，X 轴为插入时指定的旋转轴。

V（View）——新坐标系原点不变，XY 平面平行屏幕；

X——新坐标系原点不变，X 轴不变，Y 和 Z 轴转动指定角度；

Y——新坐标系原点不变，Y 轴不变，X 和 Z 轴转动指定角度；

Z——新坐标系原点不变，Z 轴不变，X 和 Y 轴转动指定角度；

Face：用户指定实体的面确定新的坐标系。

[说明]

（1）在定义了新的坐标系后，如需使坐标系的图标总在坐标原点上，需使用 UCSICON 命令中的 OR 选项。

（2）可以使用下拉式菜单操作。

5.6.4 PLAN 平面图

[功能] 置某一坐标系 XY 平面图

[操作]

Command：PLAN

Enter an option [Current ucs/Ucs/World] 〈Current〉：

此时可选择：

（1）〈Current〉——生成当前用户坐标系的 XY 平面图；

（2）U（Ucs）——生成指定用户坐标系的 XY 平面图，AutoCAD 将询问所指定的 UCS 的名称；

（3）W（World）——生成世界坐标系（WCS）的平面视图。

[说明]

PLAN 命令相当于 VPOINT 命令给视点（0，0，1），但操作步骤少。

5.6.5 轴测图生成示例

例 5 – 18 用 AutoCAD 命令作图 5 – 54 所示的轴测图。

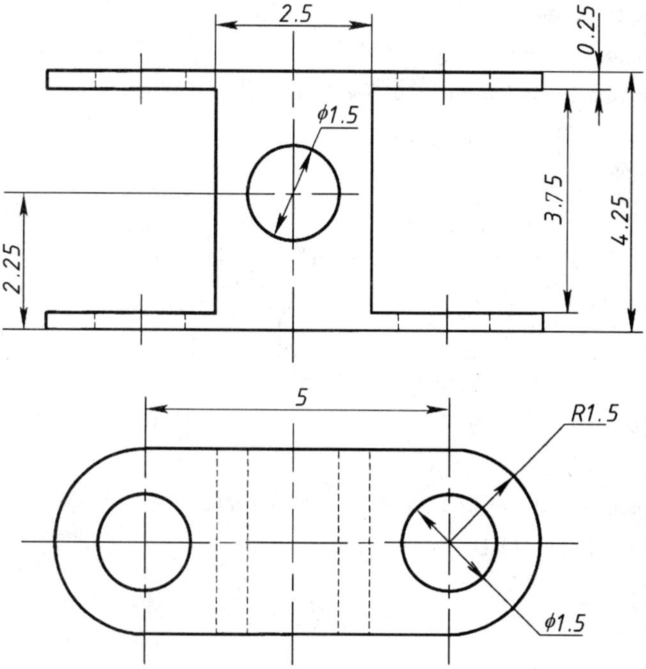

图 5 – 54

主要练习：

（1）如何设定作轴测图的绘图环境；

（2）如何在适当的轴测平面内作线和轴测图。

[步骤一] 设定作图环境

（1）设定图限范围。

用 Limits 命令设定左下角极限为（0，0），右上角极限为（16，10）。

用 ZOOM A 显示图限范围。

（2）设定网格间距。

用 GRID 命令更改网格间隔为 0.25。

（3）将 Snap—Style 选项改为等轴模式。

Command：SNAP

Specify snap spacing or [ON/OFF/Rotate/Style/Type]〈10.0000〉：S（选模式）

Enter snap grid style [Standard/Isometric]〈I〉：I（轴测模式）

Specify vertical spacing〈10.0000〉：0.25

（4）将轴测平面切换到 TOP 平面。

按 CTRL – E 将轴测平面切换为 TOP 平面。

[步骤二] 作底面

(1) 作底面矩形。

Command: LINE

Specify first point: 6.28, 0.63

Specify next point or [Undo]: @5<30

Specify next point or [Undo]: @3<150

Specify next point or [Close/Undo]: @5<210

Specify next point or [Close/Undo] C

(2) 作底面轴测图。

Command: ELLIPSE

Specify axis endpoint of ellipse or [Arc/Center/Isocircle]: I

Specify center of isocircle: MID

of (选取线 A)

Specify radius of isocircle or [Diameter]: 0.75

Command: 〈Enter〉

ELLIPSE

Specify axis endpoint of ellipse or [Arc/Center/Isocircle]: I

Specify center of isocircle: MID

of (选取线 A)

Specify radius of isocircle or [Diameter]: 1.5

此时所作的图形应如图 5-55 所示。

(3) 将两圆拷贝到另一头。

Command: COPY

Select objects: (选两轴测圆)

Select objects: 〈Enter〉

Specify base point or displacement: MID

of (选取线 A)

Specify second point of displacement or 〈use first point as displacement〉: MID

of (选取线 B)

Specify second point of displacement: 〈Enter〉

(4) 将轴测圆修剪掉部分

利用 TRIM 命令将底面修改到如图 5-56 所示。

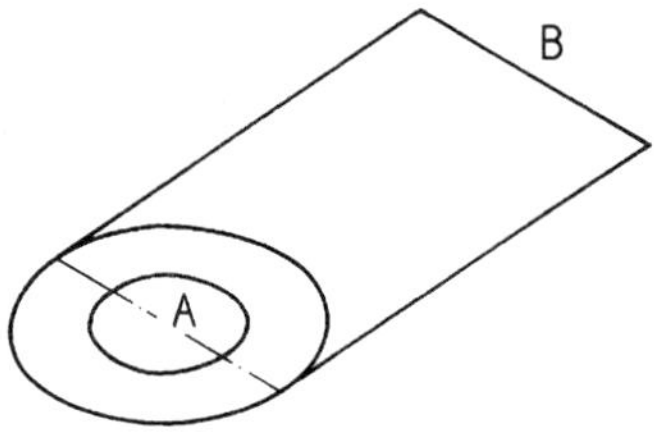

图 5-55

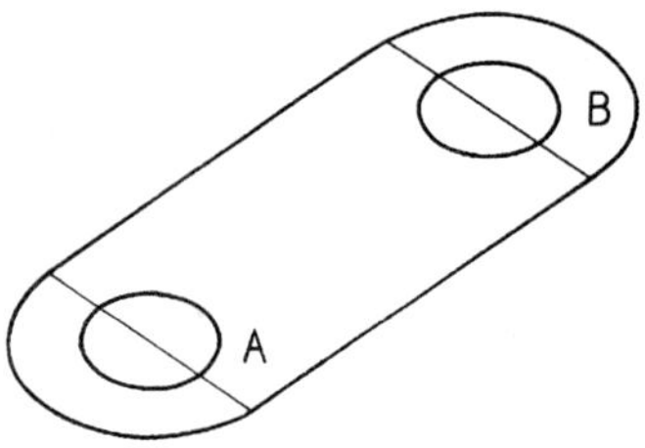

图 5-56

［步骤三］　完成底座

（1）按 CTRL－E 切换到 RIGHT 平面。

（2）将底面向上 0.25 单位拷贝一份。

Command：COPY

Select objects：（选取全部图元）

Select objects：〈Enter〉

Specify base point or displacement：（任取一点）

Specify second point of displacement or〈Use first point as displacement〉：@0.25<90

Specify second point of displacement：〈Enter〉

此时得到如图 5－57 所示图形。

（3）作椭圆的切线（用 ZOOM 开窗放大局部）。

Command：LINE

Specify first point：QUA

of（选椭圆弧 A）

Specify next point or［Undo］：QUA

of（选椭圆 B）

Specify next point or［Undo］：〈Enter〉

如图 5－58 所示。

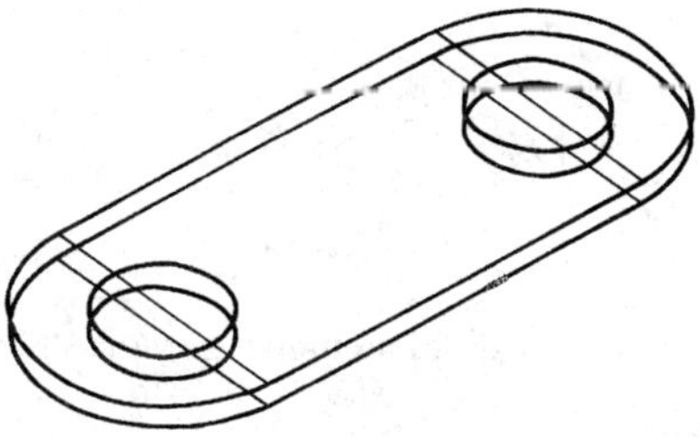

图 5－57

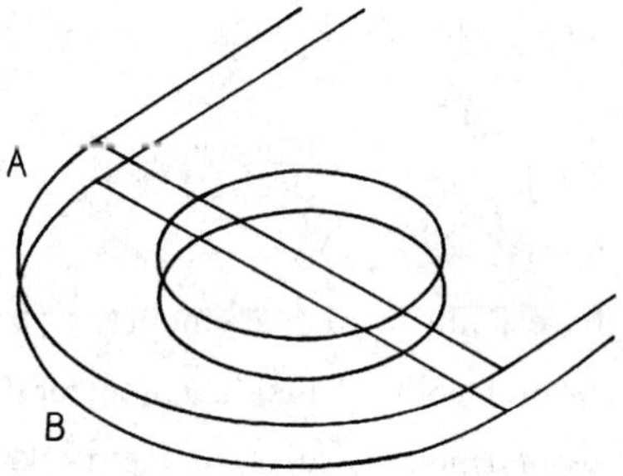

图 5－58

（4）作另一头椭圆的切线，同上述步骤。

（5）用 TRIM 命令和 ERASE 命令修改图形不可见线条，此时所作图形如图 5－59 所示。

［步骤四］　作顶座

用 COPY 命令作顶座。

Command：COPY

Select objects：（选全部图元）

Select objects：〈Enter〉

Specify base point or displacement：（任取一点）

Specify second point of displacement or〈Use first point as displacement〉：@4<90

Specify second point of displacement：〈Enter〉

如图 5－60 所示。

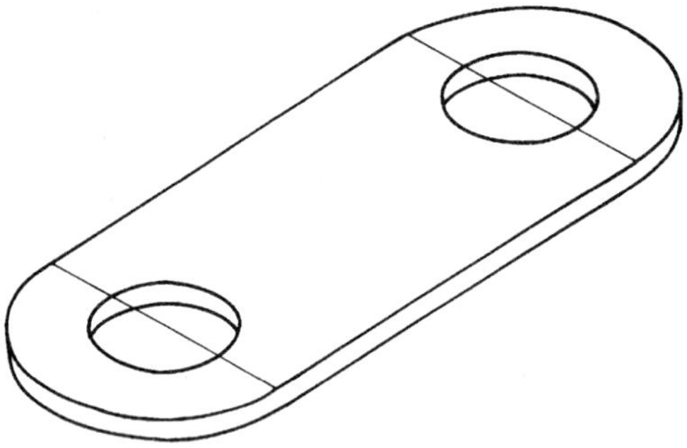

图 5-59

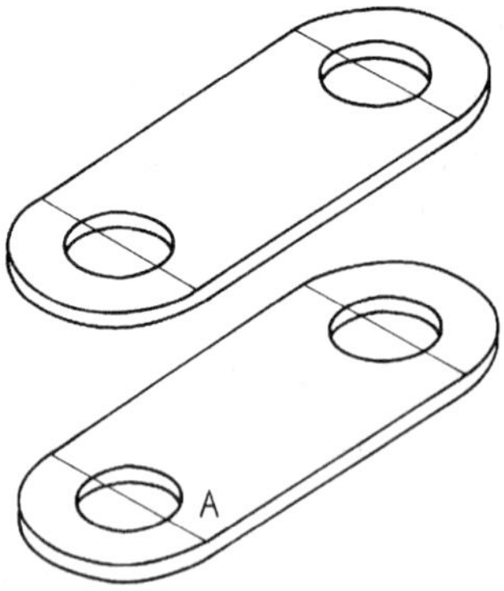

图 5-60

[**步骤五**] 作两座的连接部分

(1) 复制一条辅助线。

Command：COPY

Select objects：(选线 A)

Select objects：〈Enter〉

Specify base point or displacement：(任取一点)

Specify second point of displacement or 〈Use first point as displacement〉：@2.5 <30

Specify second point of displacement：〈Enter〉

(2) 将刚作的辅助线向两侧 1.25 单位各复制一条线。

Command：COPY

Select objects：(选辅助线)

Select objects：〈Enter〉

Specify base point or displacement：(任取一点)

Specify second point of displacement or 〈Use first point as displacement〉：@1.25 <30

Specify second point of displacement：@1.25 <210

Specify second point of displacement：〈Enter〉

(3) 将刚作的两条线向上 3.75 单位复制，步骤同上。此时所作图形如图 5-61 所示。

(4) 用 LINE 命令作四条垂直线，分别对应连接最后所作四条线的端点。此时所作图形如图 5-62 所示。

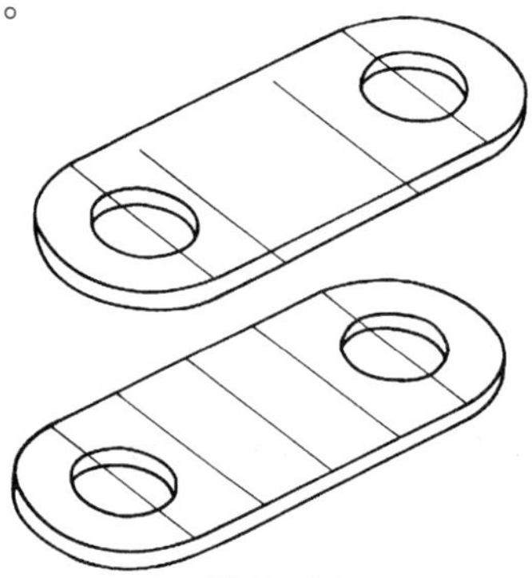

图 5-61

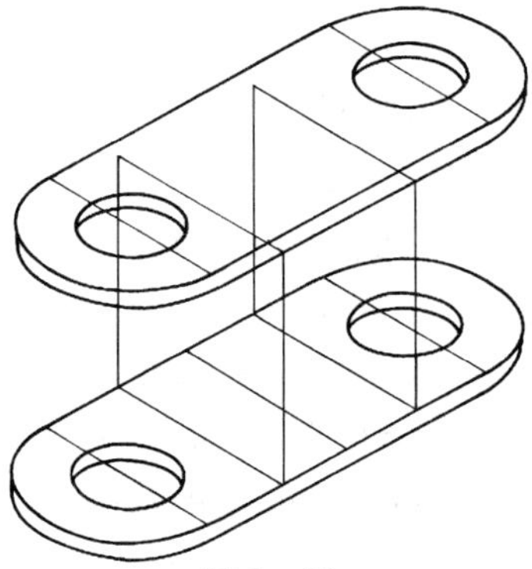

图 5-62

（5）用 ERASE 命令和 TRIM 命令修改和删除不可见和不需要的部分。此时所作图形如图 5－63 所示。

[步骤六] 作右平面上的轴测圆

（1）把轴测平面切换到 RIGHT 平面上。

（2）作轴测圆。

Command：ELLIPSE

Specify axis endpoint of ellipse or [Arc/Center/Isocircle]：I

Specify center of isocircle：8.44，4

Specify radius of isocircle or [Diameter]：0.75

此时所作图形如图 5－64 所示。

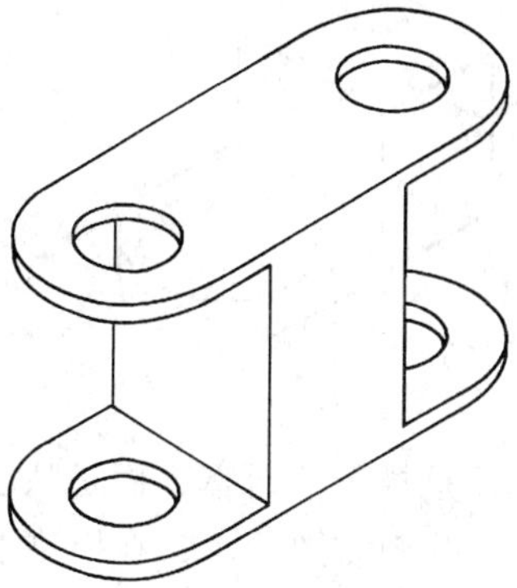

图 5－63

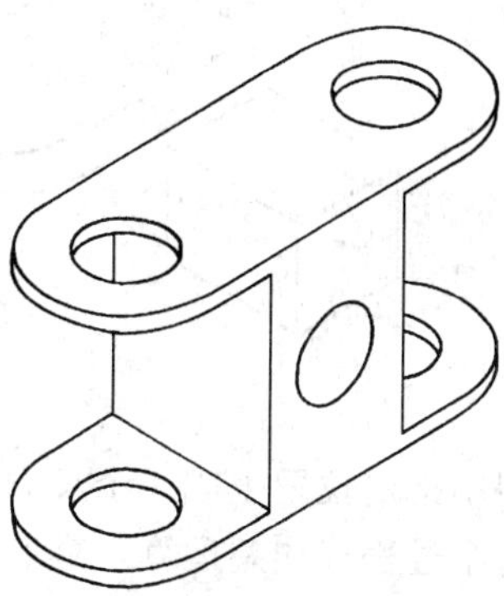

图 5－64

[步骤七] 存图

用 SAVE AS 命令存盘，文件名为 EX6－1。

5.7 AutoCAD 实体造型

5.7.1 实体造型基础

所有的物体，无论复杂或者简单，都是由一些基本几何形体组合而成的。基本形体一般包括长方体、球体、圆柱体、圆环体等等。实体造型就是首先生成这些基本体素，然后通过拼合或者减取，得到最终的形体模型。下面将讨论如何利用体素拼合的方法，得到图 5－65 中物体的实体模型。

首先生成一个长方体，代表物体的基座，如图 5－66 所示。使用 AutoCAD 命令 Box，输入长方体的长、宽、高，就可以得到所需的实体块。然后，执行 Cylinder 命令生成一个圆柱体，用于表示物体的凸缘部分。实体造型的一个优点是通过拼合运算，能够从简单体素合并得到复杂的实体模型。执行构造实体几何 CSG 命令 Union（实体并运算），把前面生成的长方体与圆柱体合并为一个实体，从而形成物体的整个基座，如图 5－67 所示。

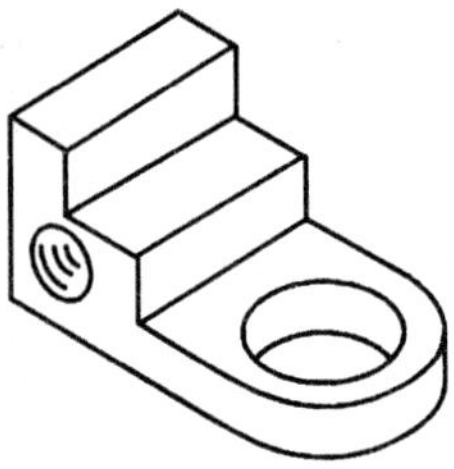

图 5－65

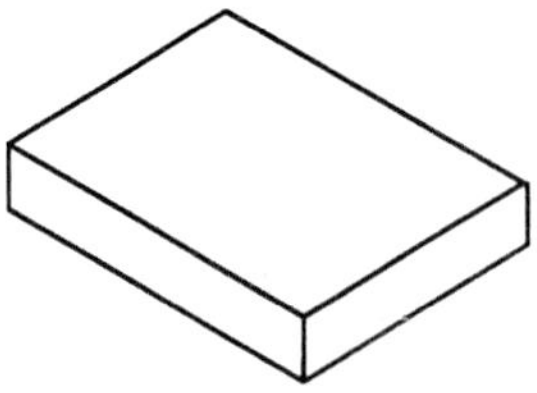

图 5－66

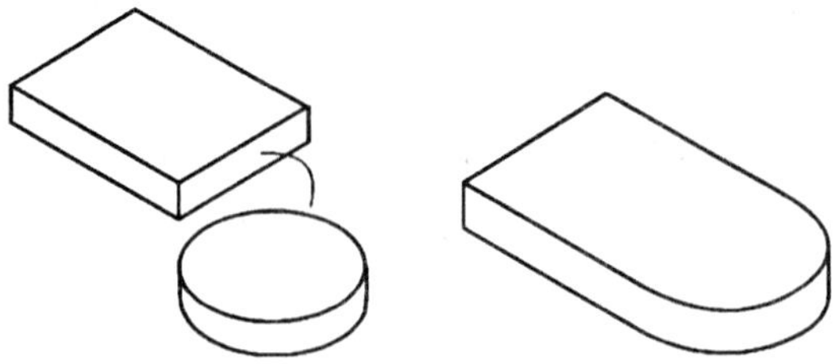

图 5－67

接着，在基座的顶部生成一个长方体，用 Union 命令将该长方体与基座合并为一个新实体，如图 5－68 所示。使用 Union 命令时，参与并运算的所有实体都成为新实体的一部分。

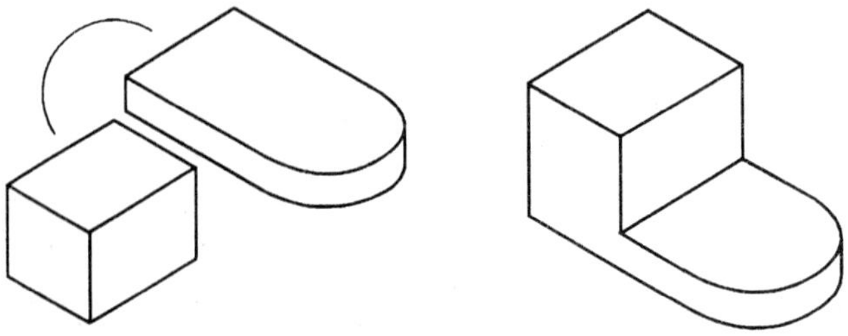

图 5－68

再次在模型中指定位置生成一个长方体。这一次不是执行并运算，而是从已有模型中移出一部分实体，这个过程称作差运算。最后结果如图 5－69 中右图所示，在模型上形成一个阶梯形。实现该操作的 AutoCAD 命令为 Subtract。

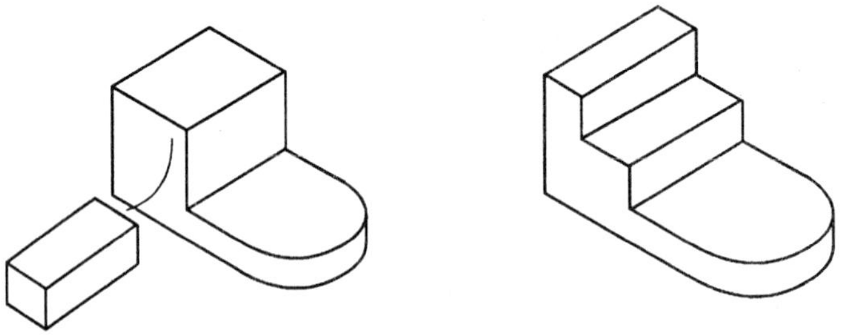

图 5－69

如图 5－70 所示，按上述同样的方法生成基座。首先，执行 Cylinder 命令，按孔的直径和深度值建立一个圆柱体。然后将圆柱体移至模型中指定位置，使用 Subtract 命令，就可以形成所需的基座孔。图 5－70 右端为最后所得结果。

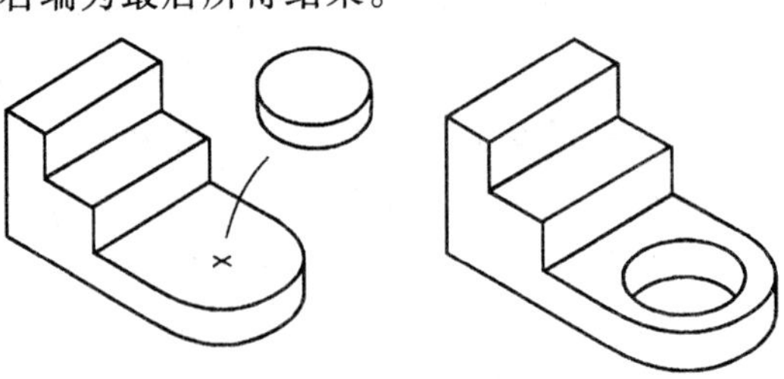

图 5－70

利用已有的 AutoCAD 工具，如 UCS 命令，定义一个新的用户坐标系。然后在该坐标系下，执行 Cylinder 命令生成一个圆柱体。这样，使用上面的同一方法，执行 Subtract 命令得到形体上的另一个通孔，如图 5－71a 所示。图 5－71 为最终生成的与图 5－65 相同的完整的实体模型。

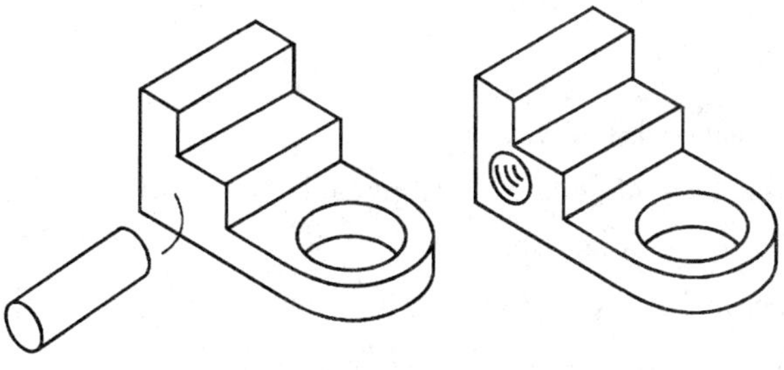

(a) (b)

图 5－71

建立物体的实体模型具有很多优点。首先，从实体模型中可以抽取物体任意表面的轮廓图。其次，系统能够沿任意剖面生成实体的剖视图，并标注出剖面线，最后得到如图 5－72 所示的结果。另外，利用实体模型，系统可以对形体进行非常重要的物理特性分析。在 AutoCAD 中，执行 Massprop（实体物性提取）命令，就可以得到图 5－72 各项信息，包括物体的质量、体积、包围盒、重心和转动惯量。计算机辅助工程（CAE）和有限元分析（FEA）需要使用物性分析得到的这些数据。

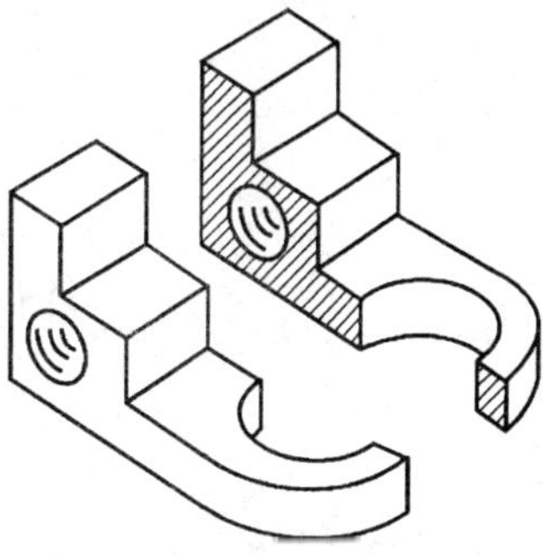

图 5－72

5.7.2 实体造型基本体素的生成

1. BOX（长方体）命令

Box 命令用于生成实体基本体素——长方体。该命令可以通过给出长方体主对角线上两个对角点的坐标来定义长方体。如果已知长、宽、高，那么确定长方体角点或中心的位置后，输入长、宽、高的数据也可以定义长方体。另外在命令提示符中选取相应的选项可以构造一个正方体。一般情况下，长方体的基平面平行于当前 UCS 的 XY 平面，棱边分别平行于对应坐标轴。下面为生成长方体的操作序列：

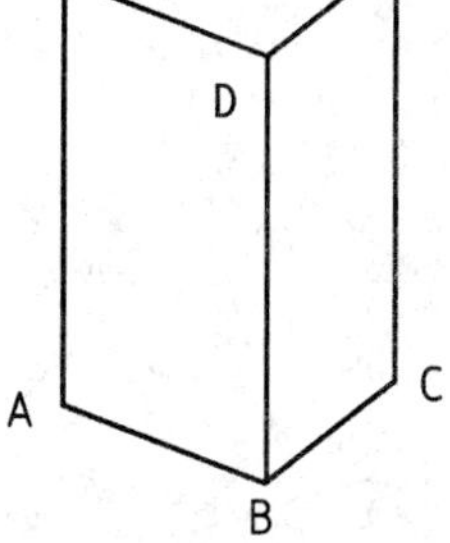

图 5－73

Command：Box

Specify corner of box or [CEnter] 〈0，0，0〉：4.00，5.50（在“A”处）

Specify corner or [Cube/Length]：L

Specify length：2.00（“A”到“B”）

Specify width：2.00（“B”到“C”）

Specify height：3.00（“B”到“D”）

进一步配合使用 Vpoint 和 Hide 命令，可生成如图 5－73 所示的长方体（其他基本体素生成过程与此类似）。

2. CONE（圆锥体）命令

Cone命令以圆或者椭圆为基座，按指定的高度值生成圆锥体或椭圆锥体。一般圆锥体的基面平行于当前UCS的XY平面，但也可以定义新的基面。下面两组操作序列用于建立图7-17中所示的两个圆锥体。下面为生成如图5-74所示圆锥体"A"的提示符序列：

Command：Cone

Current wire frame density：ISOLINES =4

Specify center point for base of cone or [Elliptical]〈0，0，0〉：（确定圆锥体底面的中点）

Specify radius for base of cone or [Diameter]：（输入半径值）

Specify height of cone or [Apex]：（键入圆锥体的高度值）

下面为生成如图5-74所示圆锥体"B"的提示符序列：

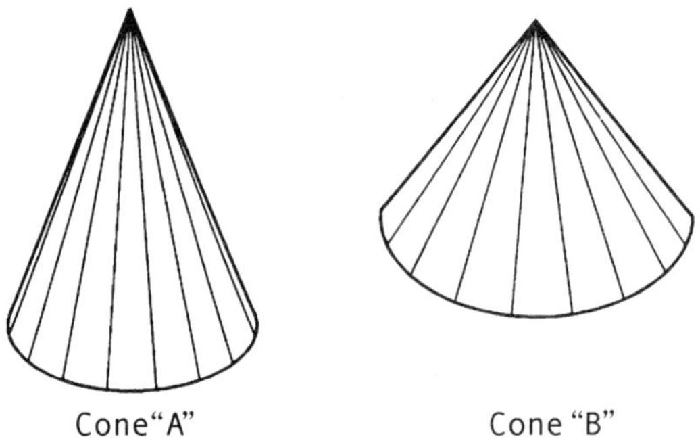

图5-74

Command：Cone

Current wire frame density：ISOLINES =4

Specify center point for base of cone or [Elliptical]〈0，0，0〉：E

Specify axis endpoint of ellipse for base of cone or [Center]：（确定一条轴的第一个端点）

Specify second axis endpoint of ellipse for base of cone：（确定该轴的第二个端点）

Specify length of other axis for base of cone：（确定另一条轴的长度）

Specify height of cone or [Apex]：（键入圆锥体的高度值）

3. WEDGE（楔形体）命令

楔形体可以看成是沿长方体对角棱边切去一半得到的一种基本体素，如图5-75所示。楔形体基面与当前用户坐标系的XY平面平行，斜面沿X轴方向收缩。生成楔形体的Wedge命令的提示符序列与Box命令非常相似。

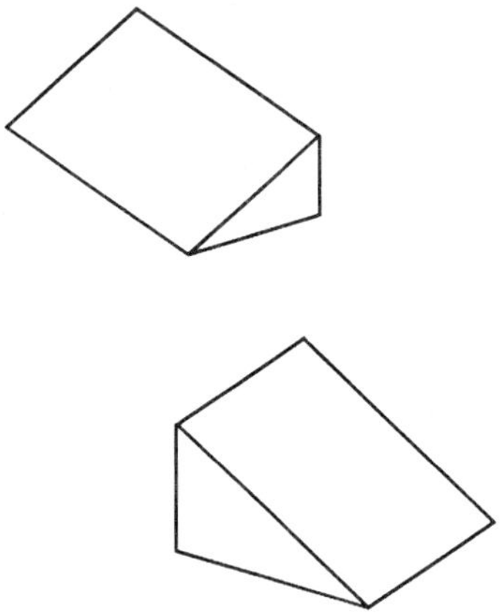

图5-75

Command：Wedge

Specify first corner of wedge or [CEnter]〈0，0，0〉：（确定楔形体一个角点的位置）

Specify corner or [Cube/Length]：（确定楔形体的对角点）

Specify height：（键入一个非零值作为楔形体的高度值）

下面的提示符序列说明如何用长、宽、高三个尺寸值生成楔形体。

Command：Wedge

Specify first corner of wedge or [CEnter] 〈0，0，0〉：（确定楔形体一个角点的位置）

Specify corner or [Cube/Length]：L

Specify length：（键入楔形体的长度值）

Specify width：（键入楔形体的宽度值）

Specify height：（键入楔形体的高度值）

4. CYLINDER（圆柱体）命令

Cylinder 命令与 Cone 命令非常类似。该命令用于生成圆柱体或者椭圆柱体，如图 5-76 所示。圆柱体的基面平行于当前 UCS 的 XY 平面，中心轴沿当前 UCS 的 Z 轴方向。下面的提示符序列用于说明利用半径值或直径值构造圆柱体的一般过程。

Command：Cylinder

Current wire frame density：ISOLINES = 4

Specify center point for base of cylinder or [Elliptical] 〈0，0，0〉：

Specify radius for base of cylinder or [Diameter]：

Specify height of cylinder or [Center of other end]：（输入圆柱体中心的高度值）

Command：Cylinder

Current wire frame density：ISOLINES = 4

Specify center point for base of cylinder or [Elliptical] 〈0，0，0〉：（圆柱体中心的坐标值）

Specify radius for base of cylinder or [Diameter]：D

Specify diameter for base of cylinder：（输入圆柱体的直径）

Specify height of cylinder or [Center of other end]：（输入圆柱体中心的高度值）

5. SPHERE（球体）命令

执行 Sphere 命令可以按用户输入的半径值或者直径值后生成一个球体，如图 5-77 所示。同圆柱体一样，球体的中心轴沿当前 UCS 的 Z 轴方向。

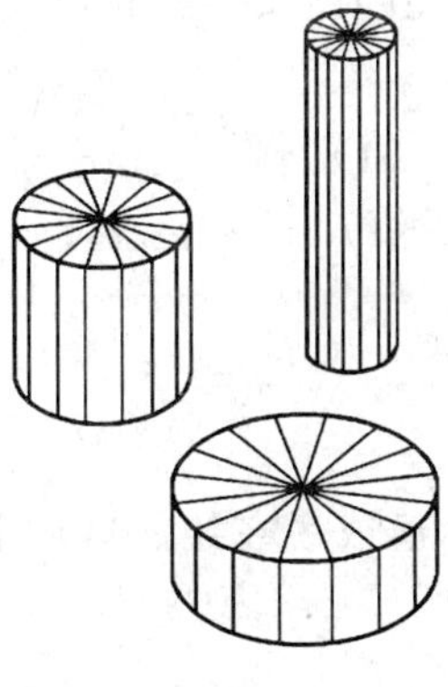

图 5-76

图 5-77

Command：Sphere

Current wire frame density：ISOLINES = 4

Specify center of sphere 〈0, 0, 0〉:（输入球体的中心坐标值）

Specify radius of sphere or [Diameter]:（输入球体的半径值，或在“D”提示符下，输入球体直径值）

6. TORUS(圆环体)命令

图5-78为一圆环。圆环体可以由半径法或直径法得到。如图5-79所示，如果使用半径法，就需要确定管半径与圆环体半径的值。环半径是指从环中心到管中心的距离。同理，如图5-80所示，如果使用直径法，就必须确定管直径和环直径。绘制出来的圆环体与当前UCS的XY平面平行。下面为使用半径法定义圆环体的命令提示符序列：

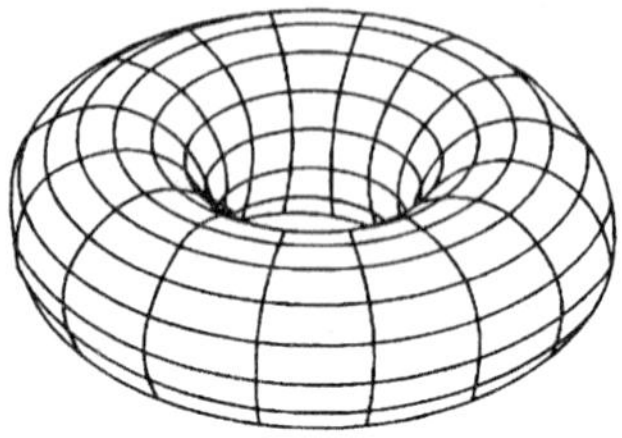

图5-78

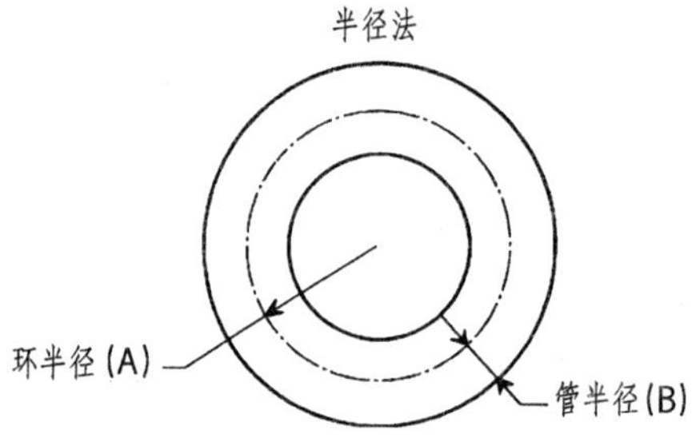

图5-79

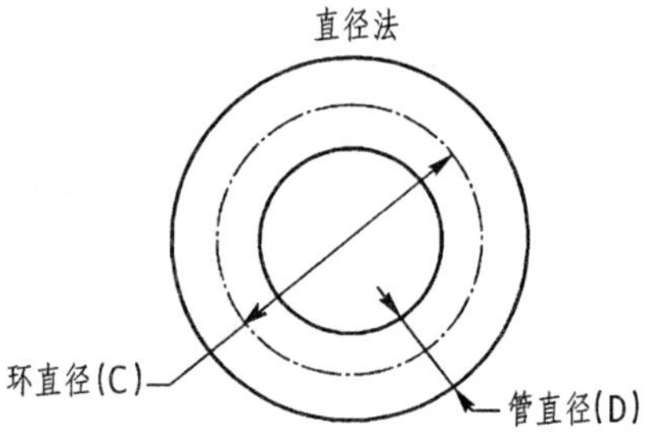

图5-80

Command: Torus

Current wire frame density: ISOLINES = 4

Specify center of torus 〈0, 0, 0〉:（通过输入坐标值或者在绘图区域上拾取来确定环的中心）

Specify radius of torus or [Diameter]:（输入环的半径值）

Specify radius of tube or [Diameter]:（输入管的半径值）

下面为使用直径法定义一个圆环体的操作序列：

Command: Torus

Current wire frame density: ISOLINES = 4

Specify center of torus 〈0, 0, 0〉:（通过输入坐标值或者在绘图区域上拾取来确定环的中心）

Specify radius of torus or [Diameter]: D

Specify diameter:（输入环的直径值）

Specify radius of tube or [Diameter]: D

Specify diameter:（输入管的直径值）

5.7.3 布尔运算

布尔运算是一种关系描述系统，可以用于说明把一个或者多个基本体素合并为统一实体时，各组成部分之间的构成关系。在 AutoCAD 中，布尔运算至少应在两个基本体素、区域或者实体之间进行。下拉菜单“Modify”项中“Boolean”下，以命令项的形式提供了三种基本的布尔运算。如图 5-81 所示，系统具有的三项布尔运算为：并（Union）、差（Subtract）、交（Intersect）。其中并运算可以将两个或者多个实体对象合并为一个新实体；差运算用于从一个实体中减去另外一个或多个实体对象；交运算则是保留两个或者多个实体的重叠公共部分。

在基本体素以及复合实体之间通过执行并、交、差布尔运算，可以生成槽或者孔等形状特征。如图 5-82 所示，“A”处表示分别建立两个基本体素：圆柱体和长方体，然后将两者调整至同轴的位置。接着执行三种布尔运算将得到各不相同的结果。“B”处为执行 Union 命令后，长方体和圆柱体连接为一个整体，构成一个新的独立实体。“C”处表示执行 Intersect 命令得到的结果，两个基本体素相交保留圆柱体的公共部分。“D”处为使用 Subtract 命令，从长方体中减去圆柱体形成一个孔。三种布尔运算都可以同时对多个实体执行操作，比如从一个长方体中减去多个圆柱体。布尔运算命令，既可以通过键盘在命令行上输入，也可以从图 5-81 中所示的下拉菜单中选取得到。

Boolean	Union
	Subtract
	Intersect

图 5-81

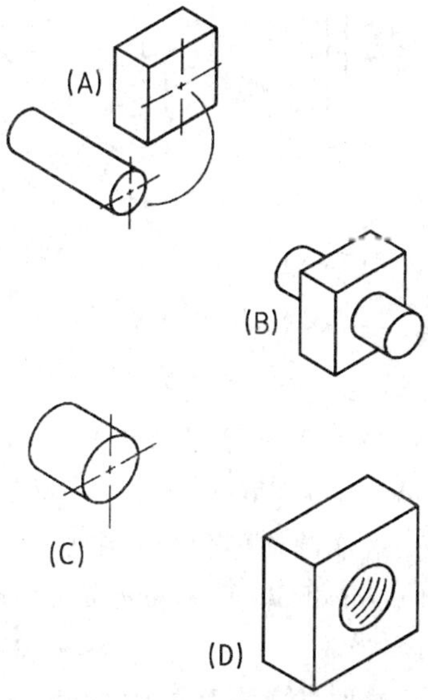

图 5-82

1. UNION（并运算）命令

图 5-83 中的实体对象，包括一个水平放置的长方体，两个处于垂直位置的长方体以及两个凸缘形的半圆柱体。所有的实体都已经通过 Move 命令安放在指定位置上。现在将执行Union 命令，把这些实体合并为一个新实体。执行并运算时，选取实体的顺序可以任意。下面为执行命令的提示符序列：

Command：Union

Select objects：（在“A”处选取实体凸缘）

Select objects:（在“B”处选取垂直放置的长方体）

Select objects:（在“C”处选取水平放置的长方体）

Select objects:（在“D”处选取垂直放置的长方体）

Select objects:（在“E”处选取实体凸缘）

Select objects:（按回车键执行并运算）

2. SUBTRACT(减运算)命令

图 5 - 84 表示要在图 5 - 83 实体模型基座板中位置上增加一个孔。首先执行 Cylinder 命令生成参与运算的圆柱体，然后使用 XYZ 点过滤器和 Move 命令，将圆柱体移至基座中心处。下面为完成平移操作的命令提示符序列：

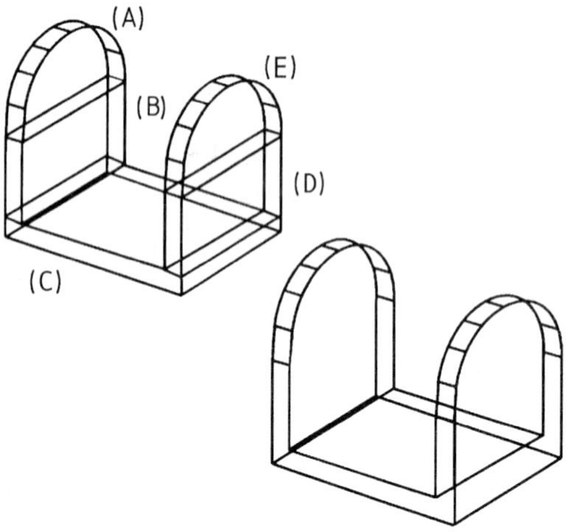

图 5 - 83

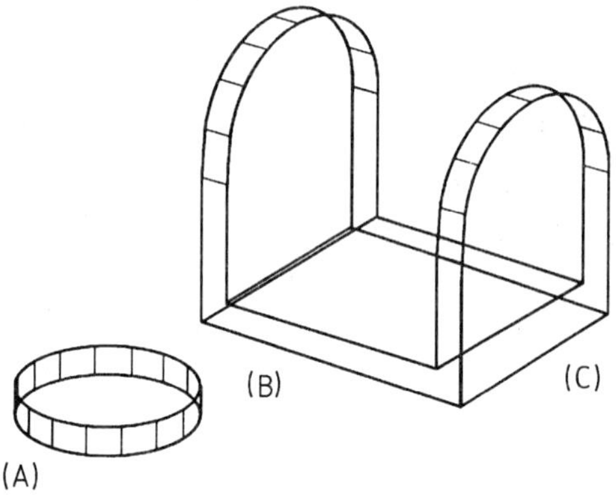

图 5 - 84

Command: Move

Select objects:（在“A”处选取圆柱体）

Select objects:（按回车键继续操作）

Specify base point or displacement; Cen

of（在“A”处选取圆柱体底面的中心）

Specify second point of displacement or 〈Use first point as displacement〉: . X

of Mid

of（在“B”处选取基座底面的中心）

(Need YZ): . Y

of Mid

of（在“C”处选取基座底面的中心）(Need Z): 0

现在所有实体都已位于指定位置上。下面执行 Subtract 命令，从基座中减去圆柱体，得到含有一个孔的新实体，如图 5 - 85 所示。

Command: Subtract

Select solids and regions to subtract from...

Select objects:（在“A”处选取主实体作为源目标）

Select objects：（按回车键继续操作）

Select solids and regions to subtract...

Select objects：（在“B”处选取圆柱体）

Select objects：（按回车键执行减运算）

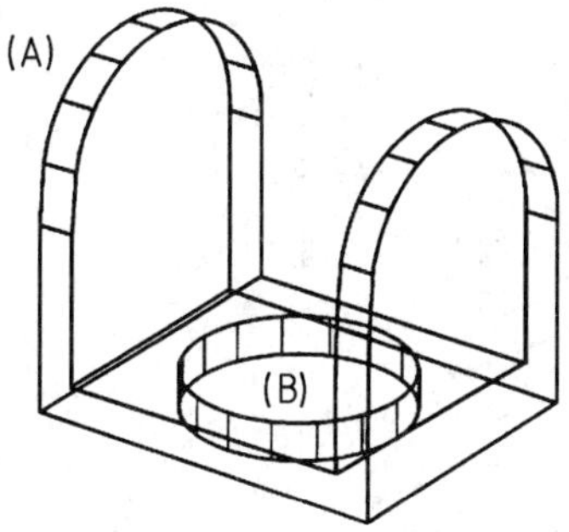

图 5－85

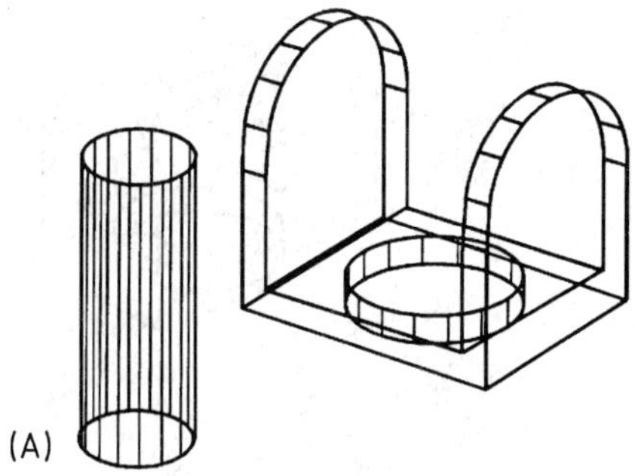

图 5－86

图 5－86 表示在物体的侧面板上挖取两个孔。执行 Cylinder 命令生成的圆柱体处于垂直位置，所以需要使用 Rotate3d 命令将圆柱体绕 X 轴沿逆时针方向旋转 90°。

Command：Rotate3d

Current positive angle：ANGDIR = Counterclockwise ANGBASE = 0

Select objects：（在“A”处选取垂直圆柱体）

Select objects：（按回车键继续操作）

Specify first point on axis or define axis by [Object/Last/View/Xaxis/Yaxis/Zaxis/2 points]：X

Specify a point on the X axis 〈0，0，0〉：（按回车键）

Specify rotation angle or [Reference]：90

使用 Osnap－Center 选择项和 Move 命令，将圆柱体移至主实体垂直侧面上的指定位置。

Command：Move

Select objects：（在图 5－87“A”处选取圆柱体）

Select objects：（按回车键继续操作）

Specify base point or displacement：Cen

of（在“A”处选取圆柱体的中心）

Specify second point of displacement or 〈Use first point as displacement〉：Cen

Of（在“B”处选取半圆实体的中心）

执行 Subtract 命令从主实体两垂直侧面板上减去长圆柱体。

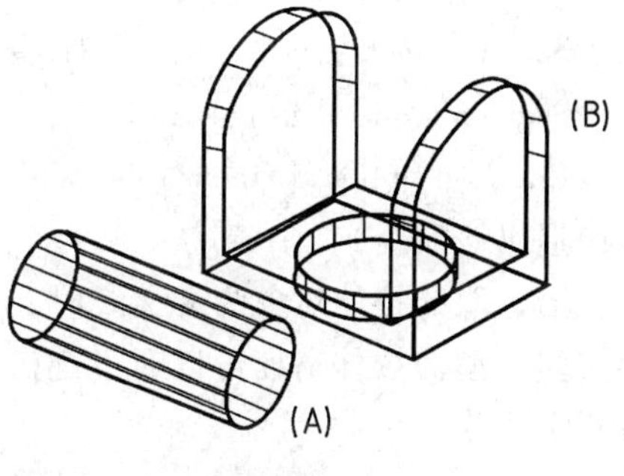

图 5－87

Command：Subtract

Select solids and regions to subtract from...

Select objects：（在图 5－88“A”处选取主实体作为源目标）

Select objects：（按回车键继续操作）

Select solids and regions to subtract...

Select objects：（在“B”处选取圆柱体）

Select objects：（按回车键执行减运算）

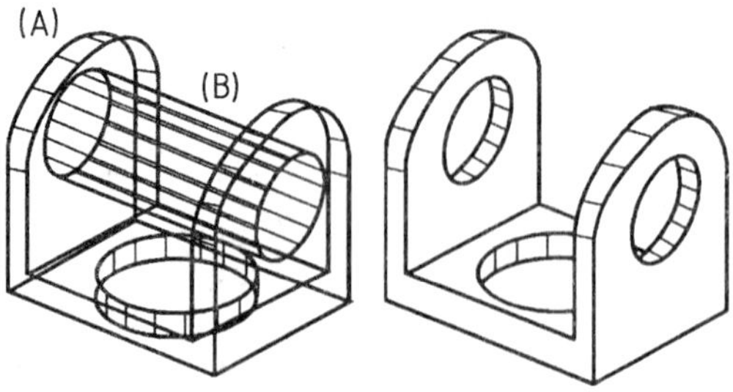

图 5－88

5.7.4 拉伸实体的生成

Extrude 命令通过拉伸二维封闭的实体，如圆、椭圆、闭合的样条曲线和多义线、多边形、矩形、环和区域等，来建立一个实体模型。选定拉伸对象后，系统提示用户输入拉伸高度以及拉伸锥度角。如果选取的多个对象不是多义线，那么用户可以使用 Pedit（多义线编辑）命令将其转换为一个简单的多义线实体，或者在执行拉伸操作之前，将这些拉伸对象放进一个区域中。

Command：Pedit

Select polyline of [Multiple]：（选取图 5－89 中的一条线段）

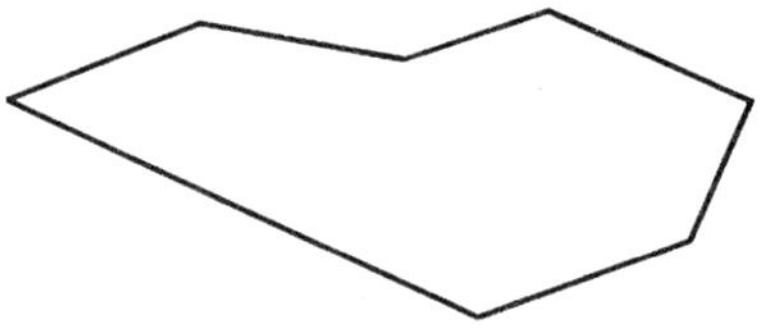

图 5－89

Object selected is not a polyline

Do you want to turn it into one? 〈Y〉 Y

Enter an option [Close/Join/Width/Edit vertex/Fit/S/Decurve/Ltype gen/Undo]：J

Select objects：（选取图 5－89 中未选的所有直线段）

Segments added to polyline

Enter an option [Open/Join/Width/Edit vertex/Fit/Spline/Decurve/Ltype gen/Undo]：（按回车键退出该命令）

当选取的拉伸对象为多义线时，用户可以按下面的提示符序列，生成与图 5－90 相似的拉伸实体模型。拉伸高度可以通过键盘在命令行上输入一个正值，或者用鼠标在屏幕上拾取两点得到。

Command：Extrude

Current wire frame density：ISOLINES＝4

Select objects：（在“A”处选取多义线）

Select objects：（按回车键继续操作）

Specify height of extrusion or [Path]：1.00

Specify angle of taper for extrusion 〈0〉：（按回车键接受图 5－90 缺省值）

如图 5－91 所示，使用 Extrude 命令可以生成带锥度角的拉伸模型。按下面的操作步骤，在提示符 “Extrusion taper angle” 下键入相对于 Z 轴正方向的角度值。

Command：Extrude

Current wire frame density：ISOLINES＝4

Select objects：（在 “B” 处选取多义线）

Select objects：（按回车键继续操作）

Specify height of extrusion or ［Path］：1.00

Specify angle of taper for extrusion 〈0〉：15

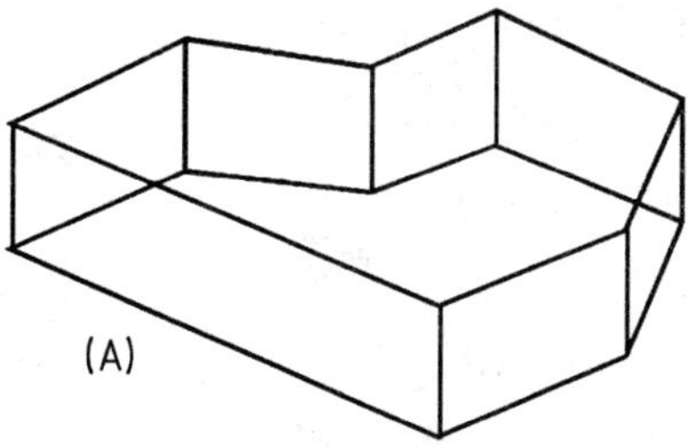

图 5－90

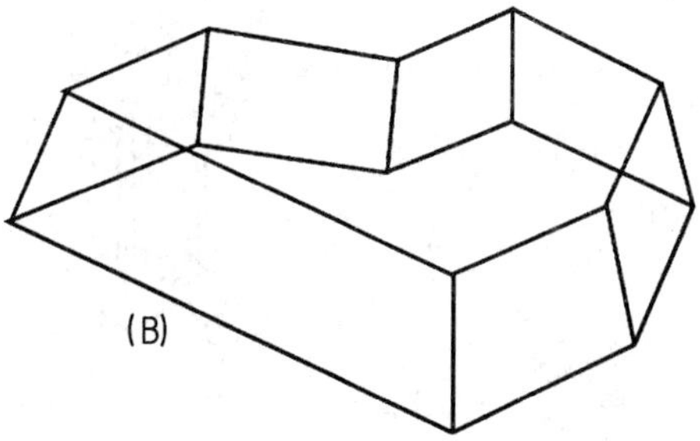

图 5－91

5.7.5 旋转实体的生成

Revolve 命令通过将二维封闭实体，包括圆、椭圆、样条曲线、多义线、多边形、矩形、环和区域等，绕一根指定的轴线旋转来生成一个实体模型。对于一组彼此独立的二维实体，可以执行 Pedit 命令将其转换为多义线实体。如图 5－92 所示为一个通过旋转生成实体模型的例子。

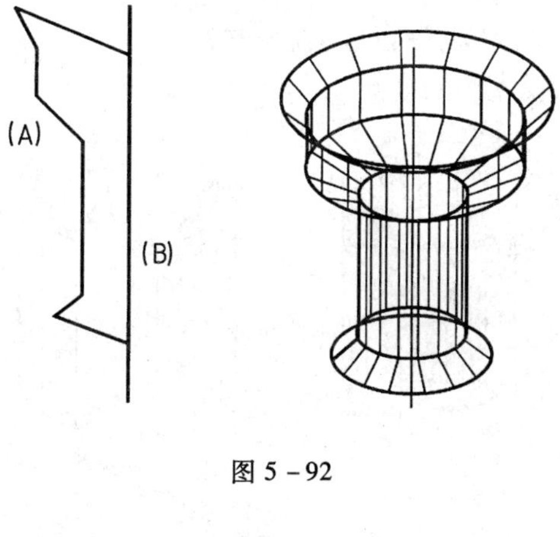

图 5－92

Command：Revolve

Current wire frame density：ISOLINES＝4

Select objects：（在 “A” 处选取多义线）

Select objects：（按回车键继续操作）

Specify start point for axis of revolution of define axis by ［Object/X （axis） /Y （axis）］：Object

Select an object：(在“B”处选取直线段)

Specify angle of revolution〈360〉：(按回车键接受缺省值)

旋转实体能应用在很多地方，下面将说明如何用图 5－92 中的旋转实体，来生成如图 5－94 所示的具有复杂内部结构的实体模型。首先执行 Cylinder 命令建立一个圆柱体。圆柱半径应大于旋转实体的最大半径值。因为 AutoCAD 中的 Osnap 命令完全支持实体造型，所以可以使用 Osnap－Center 选择项和 Move 命令，将旋转实体平移至如图 5－93 所示圆柱体的中心线上。

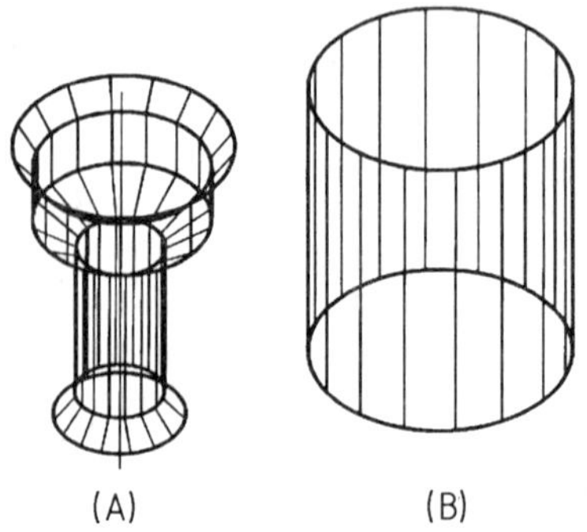

图 5－93

Command：Move

Select objects：(选取图 5－93 中的旋转实体)

Select objects：(按回车键继续操作)

Specify base point or displacement：Cen

of (在“A”处选取旋转实体的中心)

Specify second point of displacement or〈use first point as displacement〉：Cen

of (在“B”处选取圆柱体的中心)

当圆柱体和旋转体处于指定的同轴位置上后，执行 Subtract 命令，从圆柱体中减去旋转实体，然后执行 Hide 命令消除模型中的隐藏线，得到图 5－94 中“B”处所示的模型。

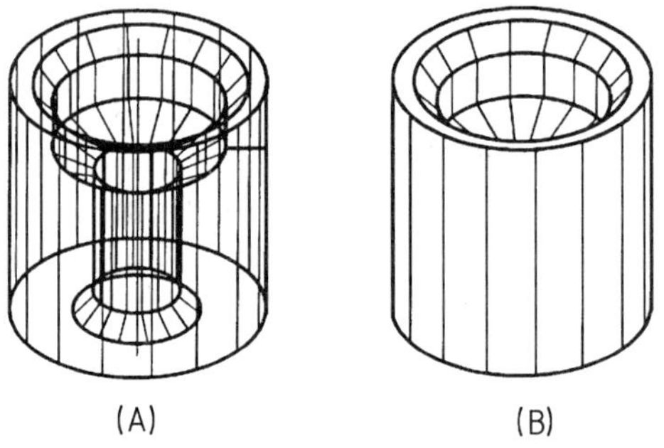

图 5－94

5.7.6 实例

1. 目的

本例题根据图 5－95 中三视图提供的尺寸和形状信息，生成一个导架的三维实体模型。

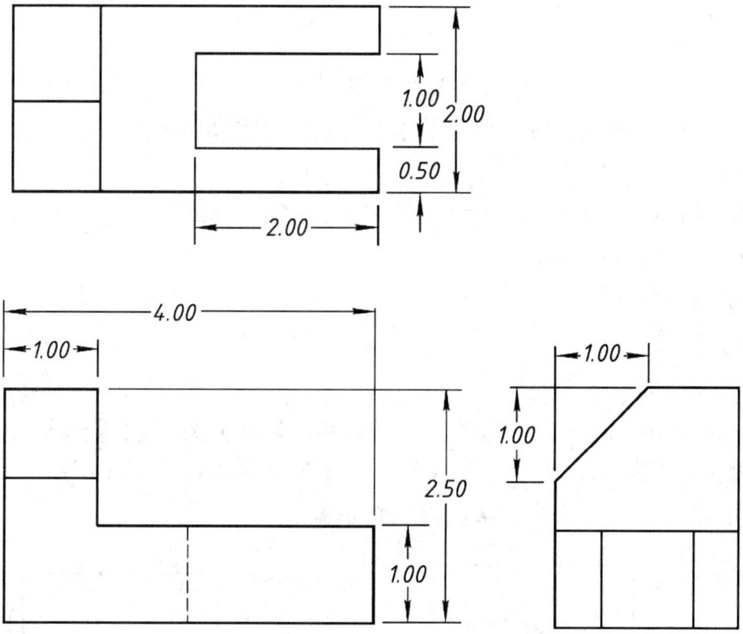

图 5－95

2. 系统设置

系统的度量单位保持为十进制。用 Units 命令将小数位数由 4 位改为 2 位。保留其他的缺省单位值。用 Limits 命令，保持左下角坐标值为（0，0），将右上角置为（12，9）。用 Grid 命令，将栅格间距改为 0.50 单位。

本例题无需另外生成其他图层。

3. 操作概述

首先用 Box 与 Wedge 命令，生成表示导架各组成部分的所有实体基本体素。将这些体素平移至指定位置，并用 Union 命令将其合并为一个实体，然后开始执行形成导架底板上矩形孔的操作。先建立一个长方体，并将其移至底板上的指定位置，执行 Subtract 命令，从主实体中减去这个长方体，从而得到矩形孔。按同样的方法，可以生成侧面板的斜面。最后，消除隐藏线，并生成模型的浓淡图。最后生成的图形可以在 B 号（11″×17″）图纸上，按 1:1 的比例值绘制输出。

［步骤一］ 首先，执行 Box 命令，在绝对坐标（4.00，5.50）处生成一个长为 4 单位，宽为 2 单位，高为 1 单位的长方体，用来表示导架的底板，如图 5－96 所示。

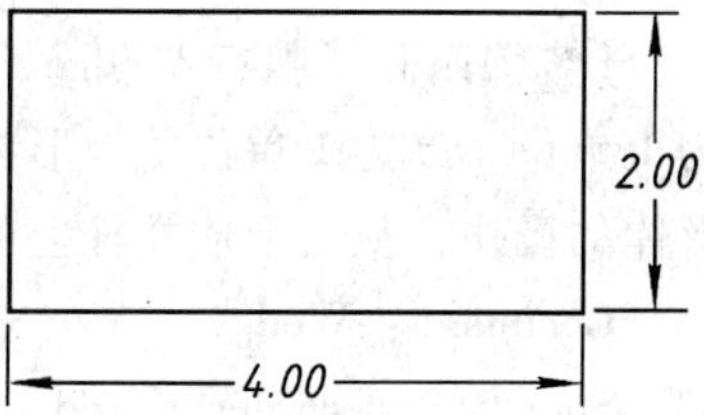

图 5－96

Command：Box

Specify corner of box or ［CEnter］ 〈0，0，0〉：4.00，5.50

Specify corner or ［Cube/Length］：L

Specify length：4.00

Specify width：2.00

Specify height：1.00

[**步骤二**] 用Box命令，在绝对坐标（2.00，1.50）处，生成一个长为1单位，宽为2单位，高为1.5单位的长方体，表示导架的垂直立柱，如图5-97所示。

Command：Box

Specify corner of box or [CEnter]〈0，0，0〉：2.00，1.50

Specify corner or [Cube/Length]：L

Specify length：1.00

Specify width：2.00

Specify height：1.50

[**步骤三**] 使用Box命令，在绝对坐标（5.50，1.50）处，生成一个长为2单位，宽为1单位，高为1单位的长方体，表示导架底板上的矩形孔，如图5-98所示。[步骤8] 将执行减运算，从底板中减去这个长方体，从而得到矩形孔。

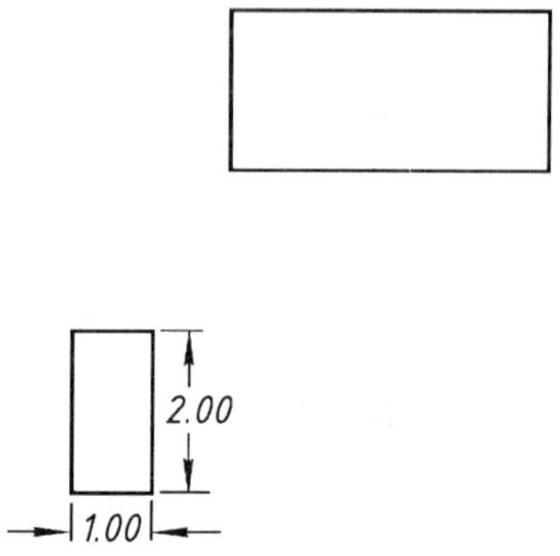

图5-97

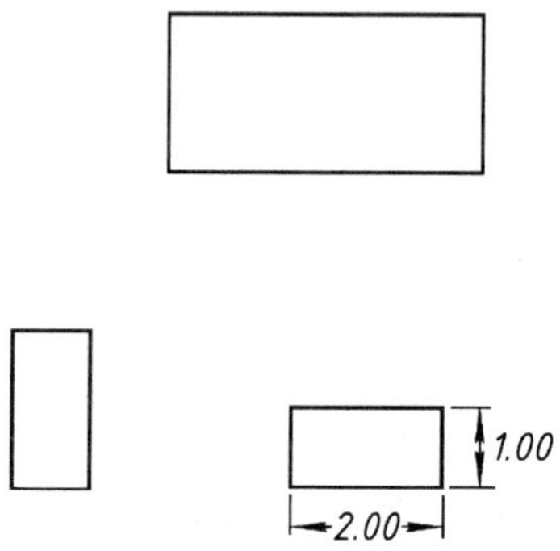

图5-98

Command：Box

Specify corner of box or [CEnter]〈0，0，0〉：5.50，1.50

Specify corner or [Cube/Length]：L

Specify length：2.00

Specify width：1.00

Specify height：1.00

[**步骤四**] 执行Wedge命令，在绝对坐标（9.50，2.00）处，生成一个长为1单位，宽为1单位，高为1单位的楔形体，如图5-99所示。[步骤13] 将执行从导柱立架中减去该楔形体的操作，从而形成立柱上的斜面。

Command：Wedge

Specify first corner of wedge or [CEnter]〈0，0，0〉：9.50，2.00

Specify corner or [Cube/Length]：L

Specify length：1.00

Specify width：1.00

Specify height：1.00

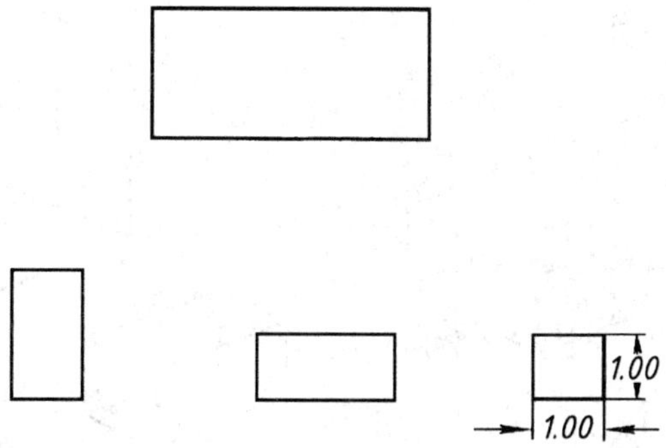

图 5－99

［步骤五］　执行 Vpoint 命令，改变三维方式中观察四个实体基本体素的视点位置，新视点取在（1，－1，0.75）处。然后用 Move 命令，将图 5－100 中“A”处的长方体平移至“B”处底板的顶表面上。

Command：Vpoint

Current view direction：VIEWDIR＝0.0000，0.0000，1.0000

Specify a view point or ［Rotate］〈Display compass and tripod〉：1，－1，0.75

Command：Move

Select objects：（在“A”处选取长方体）

Select objects：（按回车键继续操作）

Specify base point or displacement：Endp

of（在“A”处选取长方体的端点）

Specify second point of displacement or〈Use first point as displacement〉：Endp

of（在“B”处选取基座的端点）

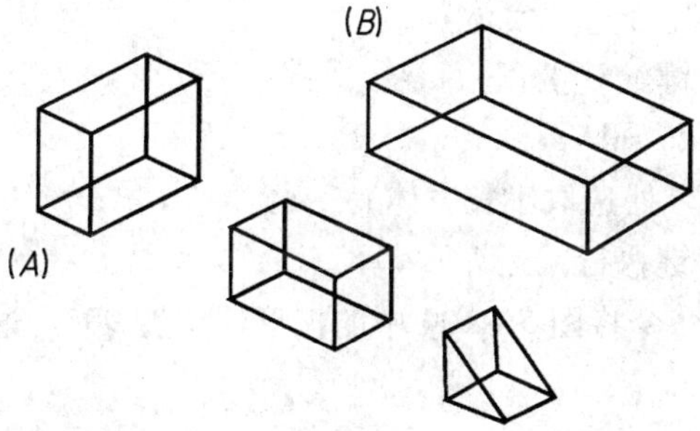

图 5－100

［步骤六］　执行 Union 命令，将底板与立柱联结为一个实体。

Command：Union

Select objects；（选取图 5－101“A”处的底板和“B”处的立柱）

Select objects：(按回车键执行并运算)

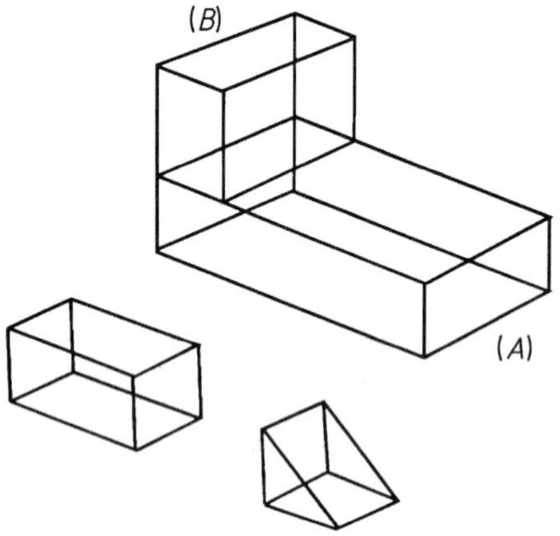

图 5 - 101

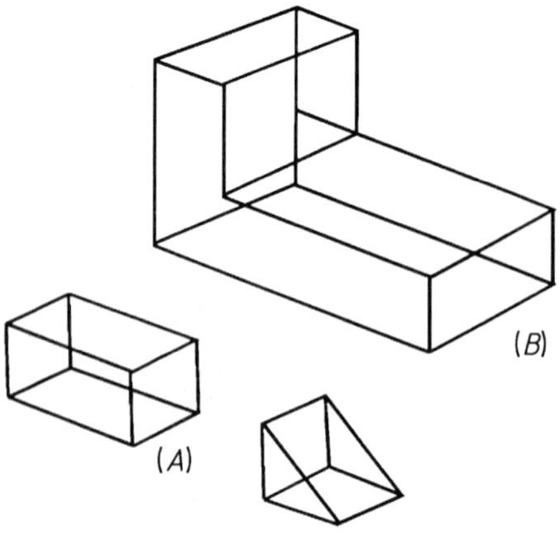

图 5 - 102

[**步骤七**]　执行 Move 命令，将图 5 - 102 中“A”处的实体平移至“B”处的导架底板中。并使两者沿中心线对齐。下面将从底板中减去该长方体以形成矩形槽。

Command：Move

Select objects：(在“A”处选取长方体)

Select objects：(按回车键继续操作)

Specify base point or displacement：Mid

of (在“A”处选取长方体的中心)

Specify second point of displacement of 〈Use first point as displacement〉：Mid

of (在“B”处选取底板的中心)

[**步骤八**]　如图 5 - 103 所示，执行 Subtract 命令从导架底板中减去长方体“B”。

Command：Subtract

Select solids and regions to subtract from...

Select objects：(在“A”处选取实体)

Select objects：(按回车键继续操作)

Select solids and regions to subtract...

Select objects：(在“B”处选取小长方体)

Select objects：(按回车键执行减运算)

[**步骤九**]　用 Rotate 命令将图 5 - 104 中的楔形体旋转 90°。这是在将楔形体插入导架支柱之前的一步准备操作。

Command：Rotate

Select objects：(选取楔形体)

Select objects：(按回车键继续操作)

Specify base point：Endp

of (在“A”处选取楔形体的端点)

Specify rotation angle or [Reference]：90

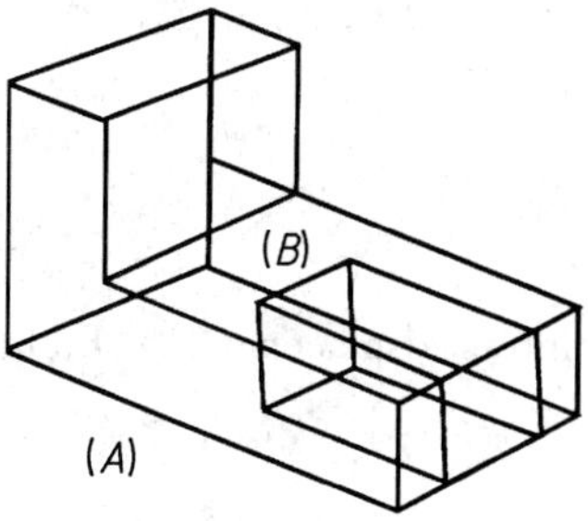

图 5-103

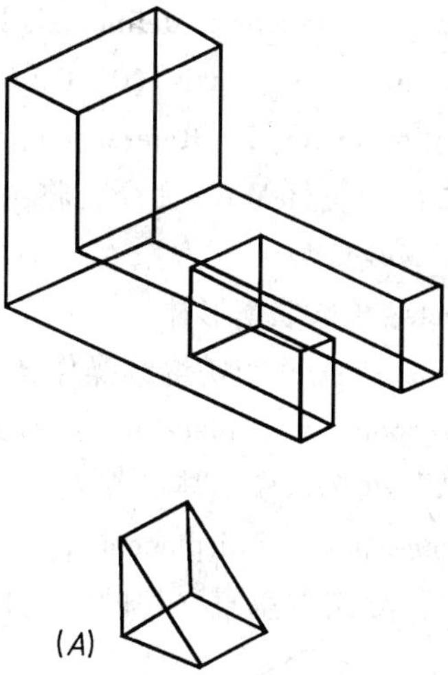

图 5-104

[步骤十] 将用户坐标系图标移至位于楔形体中的新原点上，如图 5-105 所示。

Command：UCS

Enter an option[New/Move/OrthoGraphic/Prev/Restore/Save/Del/Apply/? /World]〈World〉:Or

Specify new origin point 〈0，0，0〉：Endp

of（在“A”处选取楔形体的端点）

Command：Ucsicon

Enter an option ［ON/OFF/All/Noorigin/Origin/Properties］〈ON〉：OR

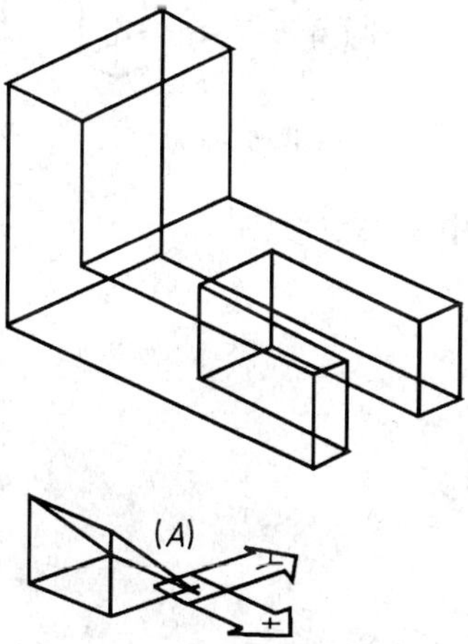

图 5-105

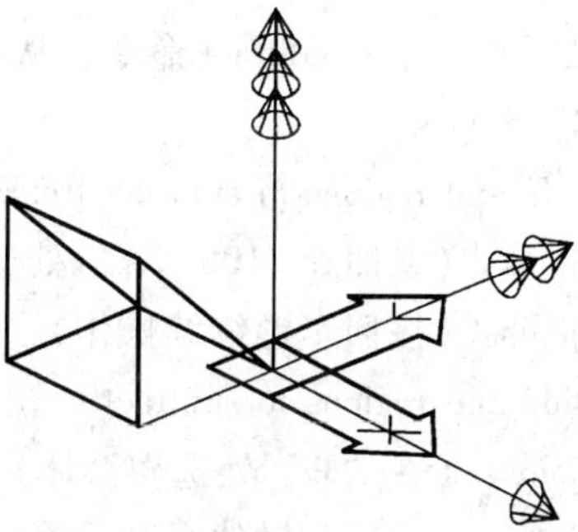

图 5-106

[步骤十一] 把楔形体插入立柱之中。在执行减运算前，还需要用 Rotate3d 命令将楔形体绕 X 轴（图 5-106）顺时针旋转 90°。

Command：Rotate3d

Select objects：（选取楔形体）

Select objects：（按回车键继续操作）

Specify first point on axis of define axis by [Object/Last/View/Xaxis/Yaxis/Zaxis/2 points]: X

Specify a point on the X axis 〈0, 0, 0〉: (按回车键)

Specify rotation angle or [Reference]: -90

[**步骤十二**] 执行 Move 命令，将图 5-107 中“A”处的楔形体移至“B”处立柱之中。

Command: Move

Select objects: (选取楔形体)

Select objects: (按回车键继续操作)

Specify base point or displacement: Endp

of (在“A”处选取楔形体的端点)

Specify second point of displacement or 〈Use first point as displacement〉: Endp

of (在“B”处选取垂直立柱的端点)

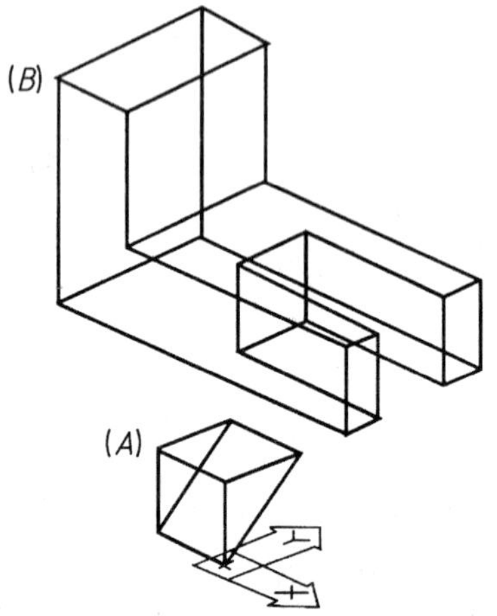

图 5-107

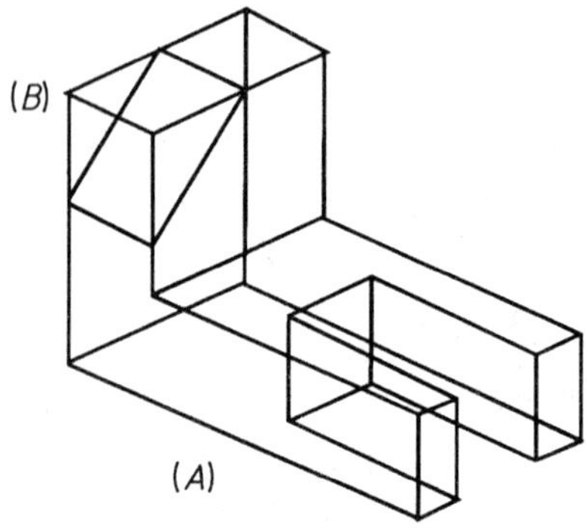

图 5-108

[**步骤十三**] 执行 Subtract 命令，从主实体模型中减去楔形体。

Command; Subtract

Select solids and regions to subtract from...

Select objects: (在图 5-108“A”处选取实体)

Select objects: (按回车键继续操作)

Select solids and regions to subtract...

Select objects: (在“B”处选楔形体)

Select objects: (按回车键执行减运算)

[**步骤十四**] (同步骤十三) 使用 Chamfer 命令，对导架立柱倒角，也可以形成立柱顶表面上的斜面。

Command: Chamfer

Select first line or [Polyline/Distance/Angle/Trim/Method/Multiple]: (在图 5-109 表面“A”上选取一条边)

Base surface selection...

Enter surface selection option [Next/OK (current)]〈OK〉:（如果表面“A”选中，则按回车键；否则键入“N”准备进行第二次选取。重复操作直至顶表面选中为止）

Specify base surface chamfer distance：1.00

Specify other surface chamfer distance〈1.0000〉:（按回车键接受缺省值）

Select an edge or [Loop]:（选表面“A”、“B”的公共边并按回车键）

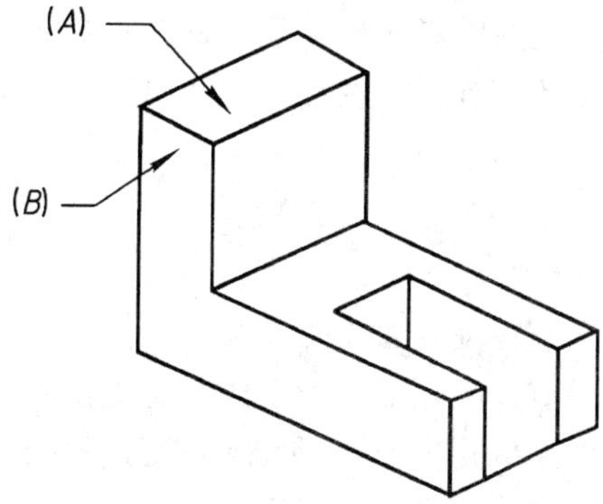

图 5 - 109

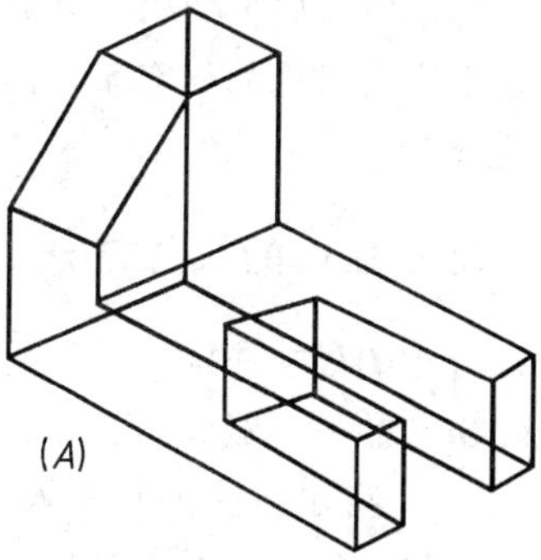

图 5 - 110

导架立柱倒角后得到的结果如图 5 - 110 所示。

[步骤十五]　如图 5 - 111 所示为执行 Hide 命令，消除模型中隐藏线后得到的结果。

Command：Hide

[步骤十六]　执行 Shade 命令得到实体模型图的显示，如图 5 - 112 所示。在系统计算隐藏线消除，以及按模型的当前颜色进行涂色处理时，屏幕将暂时显示为空白。最后可以用 Mslide 命令将图像制作成幻灯片，存储起来供以后使用。

Command：Shade

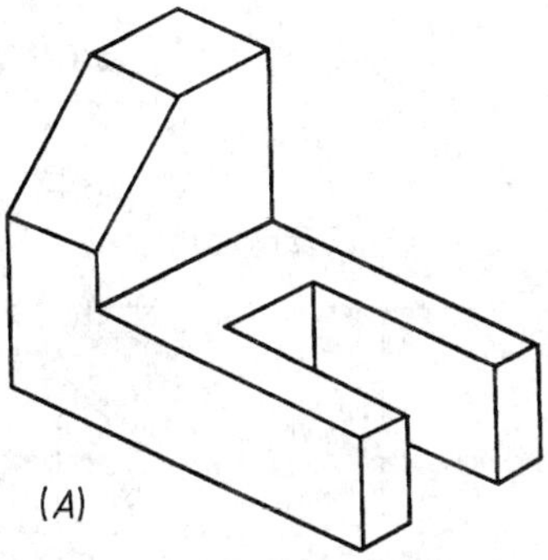

图 5 - 111

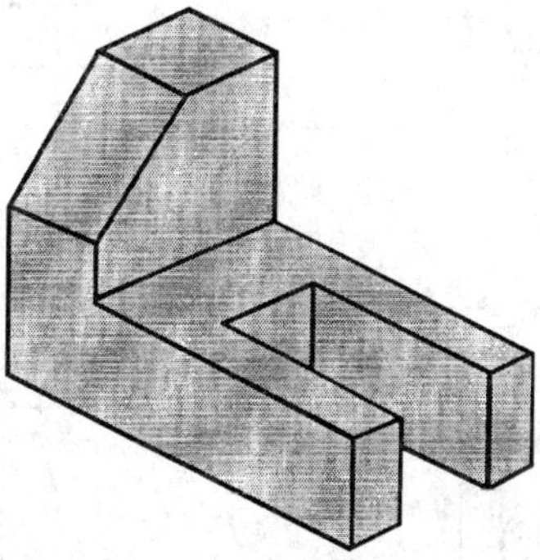

图 5 - 112

5.8　组合体的尺寸标注

视图只能表达组合体的形状，各种形体的真实大小及其相对位置，要通过标注尺寸来确定。生产机件时，必须根据图样上所注的尺寸进行加工制造。因此，标注尺寸应做到以下几点：

（1）正确——尺寸注写要符合国家标准《机械制图》中有关《尺寸注法》的规定；

（2）完整——尺寸必须注写齐全，不遗漏，不重复；

（3）清晰——尺寸的注写布局要整齐、清晰，便于看图；

（4）合理——所注尺寸要既能保证设计要求，又能适合加工、检验、装配等生产工艺要求。

标注尺寸必须符合以上要求，否则会引起生产上的困难。尺寸注法的有关规定，已在第2章中介绍，这里主要讨论如何完整、清晰地标注尺寸。有关标注尺寸的合理性，将在第7章中零件图部分再介绍。

5.8.1　基本立体的尺寸注法

要掌握组合体的尺寸注法，必须先熟悉和掌握一些基本立体的尺寸标注方法。对于基本立体，一般应注出它的长、宽、高三个方向的尺寸，但并不是每一个立体都需要在形式上注全这三个方向的尺寸。例如标注圆柱、圆锥的尺寸时，在其投影为非圆的视图上注出直径方向（简称径向）尺寸“ϕ”后，不仅可以减少一个方向的尺寸，而且还可以省略一个视图，因为尺寸“ϕ”具有双向尺寸功能。从表5-7常见基本立体的尺寸注法中，可以了解基本立体尺寸标注的一般规律和方法。

表5-7　常见基本立体的尺寸注法

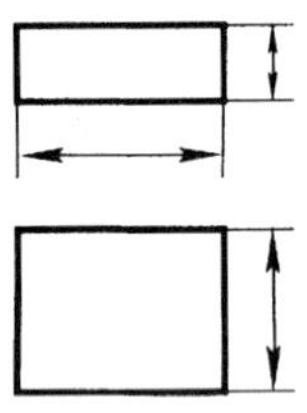 1. 四棱柱：注长、宽、高三个尺寸	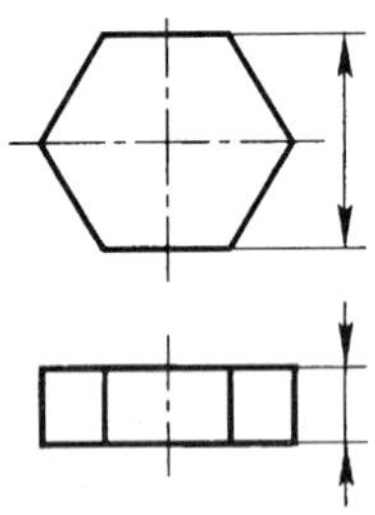 2. 六棱柱：注六棱柱的对边距离及高度尺寸	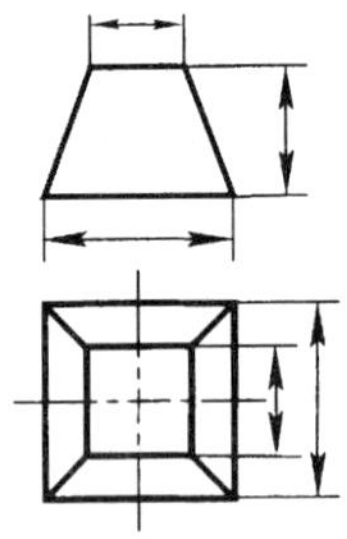 3. 四棱台：注上、下底面的长和宽以及高度尺寸
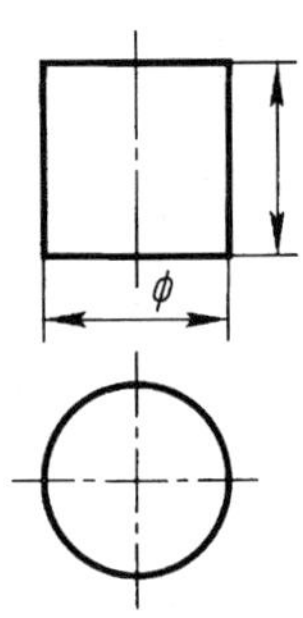 4. 圆柱：直径及高度尺寸	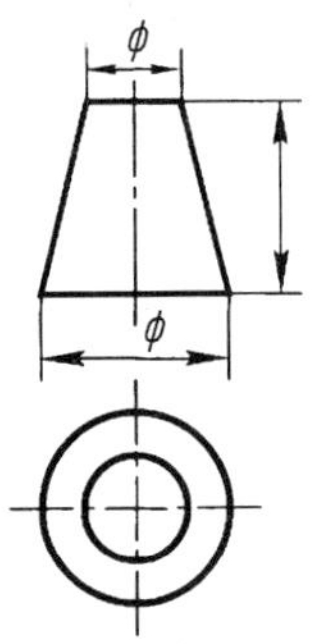 5. 圆台：注上、下底圆直径和高度尺寸	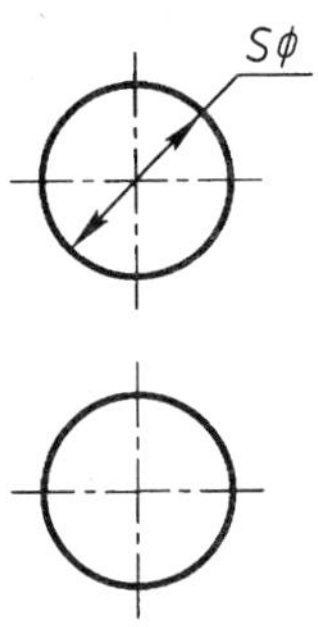 6. 球：注直径

续表

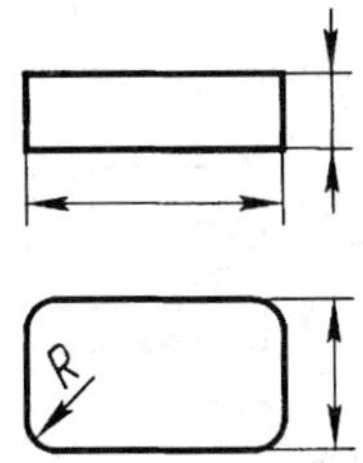 7. 底板：注长、宽、高三个尺寸及加注圆角半径尺寸	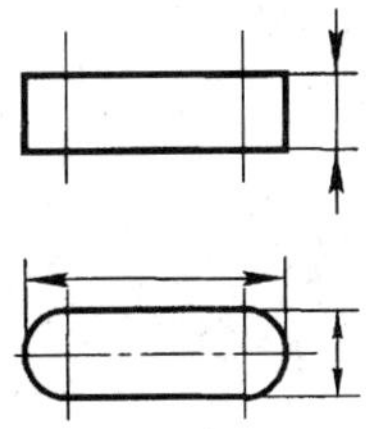 8. 底板：注长、宽、高三个尺寸	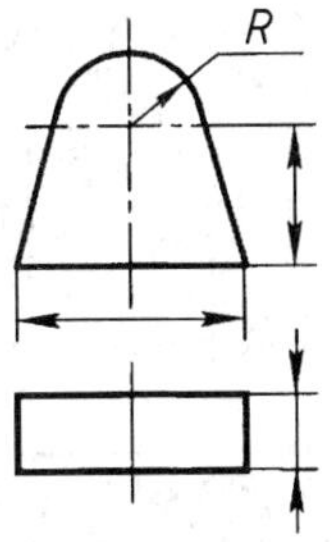 9. 支板：注长、宽、中心高及圆弧尺寸
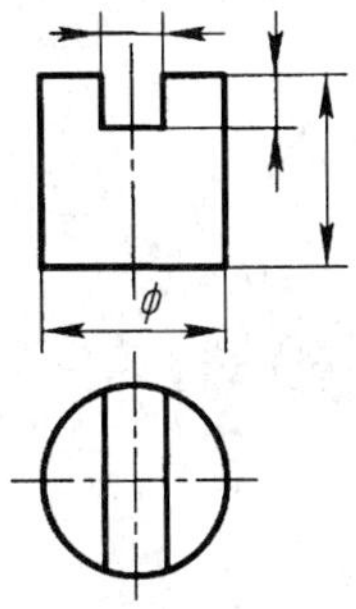 10. 开槽圆柱：注出圆柱尺寸后，再注出槽的深度和宽度	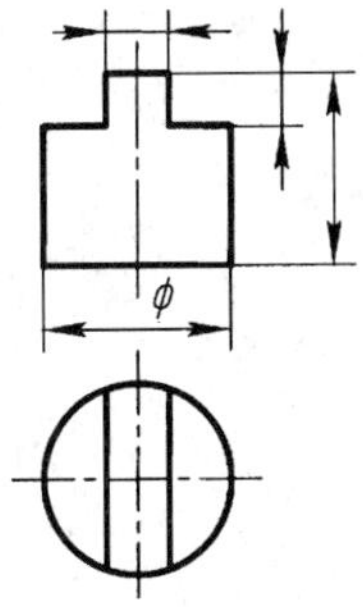 11. 凸块：注出圆柱尺寸后，再注出凸块的高度和宽度	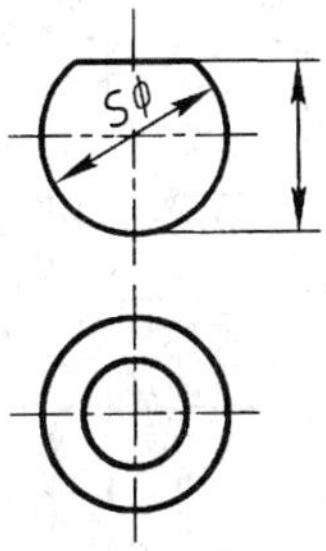 12. 截头圆球：注直径及高度

5.8.2　组合体的尺寸注法

1. 完整地标注尺寸

要使尺寸注得完整，通常可按照形体分析的方法，将组合体分解成由若干基本立体组合而成。因此，对组合体应注出下面三类尺寸：

1）定形尺寸——用于确定各基本立体的形状大小；

2）定位尺寸——用于确定各基本立体之间的相互位置；

3）总体尺寸——用于确定组合体的总长、总宽和总高。

标注定位尺寸时，必须在长、宽、高三个方向分别选出尺寸基准，每个方向至少有一个主要尺寸基准，常常还有一个或几个辅助基准。以便确定各基本立体在各方向上的相对位置。所谓尺寸基准，即标注尺寸的起点，通常可选择组合体的底面、重要端面、对称平面以及回转体的轴线等作为尺寸基准。

现以图 5-113 滑座为例，说明如何完整标注组合体尺寸的问题。

经过形体分析知道滑座由支板、底板和圆柱凸台三部分组成。其尺寸标注步骤见表 5-8。

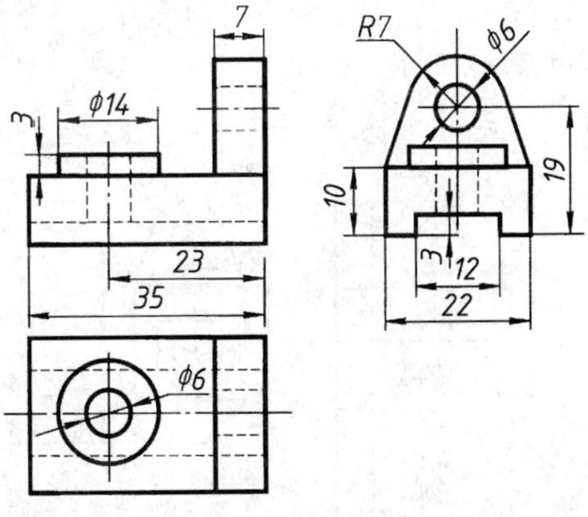

图 5-113　滑座

表 5－8　尺寸标注步骤

第一步：注出底板的定形尺寸

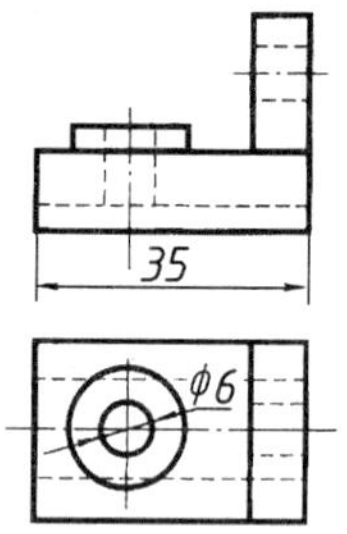

底板的定形尺寸

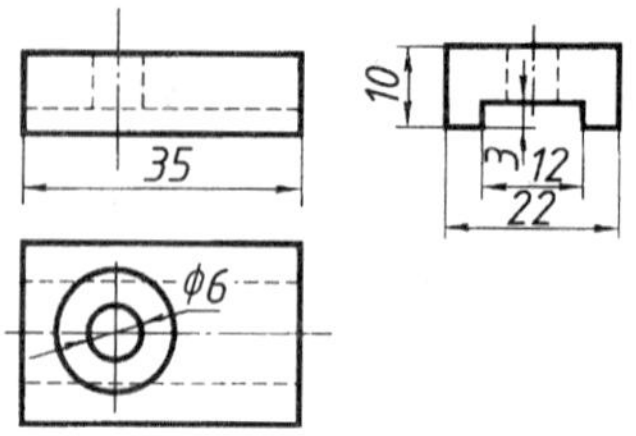

第二步：定出支板的定形尺寸

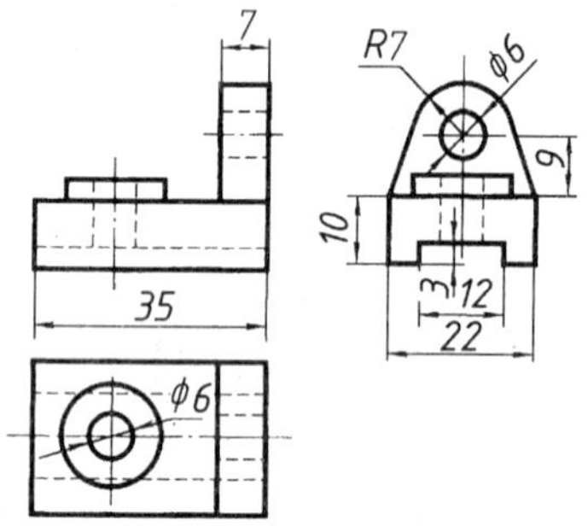

支板的定形尺寸

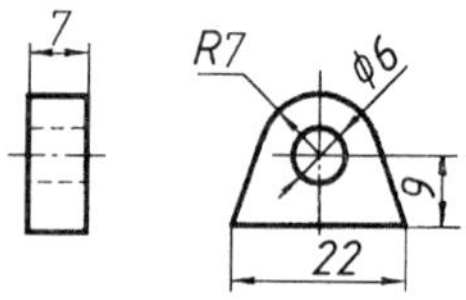

第三步：注出圆柱体的定形尺寸

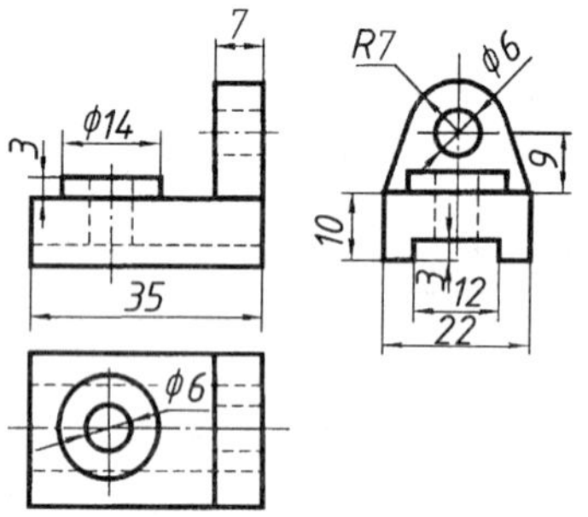

圆柱体的定形尺寸

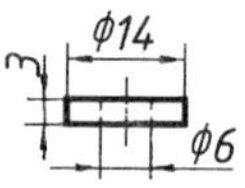

圆柱体中圆孔的尺寸 $\phi6$ 与底板共有，不必重复注出。

第四步：注出以上三个基本立体间的相对位置尺寸及总体尺寸

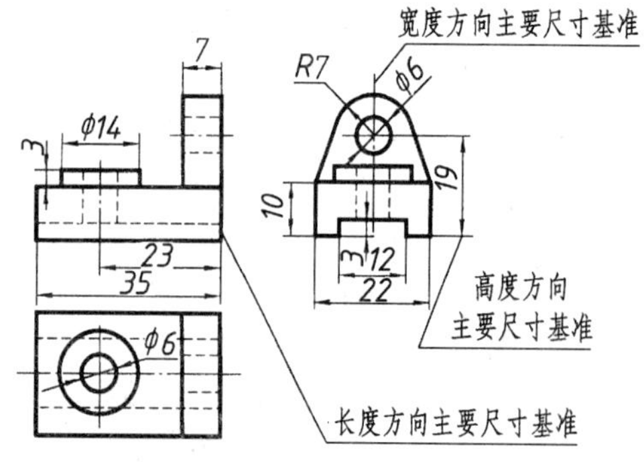

以底面为高度方向主要尺寸基准，注出定位尺寸 19（支板的定形尺寸 9 可省去），以右端面为长度方向主要尺寸基准，注出定位尺寸 23，再选前后的对称平面为宽度方向主要尺寸基准注出宽度尺寸。最后根据组合体的结构特点注出总长、总高和总宽尺寸。本例的总长、总宽尺寸即是底板的长、宽尺寸。在加工时，为了便于确定支板上圆孔 $\phi6$ 的中心位置，必须直接注出孔的中心高 19，因此省略总高尺寸。

经常会碰到如表 5 – 9 所列的底板、法兰盘（仅画出某一个方向视图）这一类结构件，熟悉这些结构投影图形的尺寸标注，将有利于掌握组合体的尺寸注法。这些结构件均由两个以上基本立体组成，显然，在标注尺寸时就要考虑尺寸基准的问题。由表 5 – 9 中的图可见，这些结构件的平面图形又都是对称的，所以可用对称线作为尺寸基准来确定基本立体的相对位置。

2. 清晰地标注尺寸

尺寸不仅要标注完整，而且还要求清晰，使看图的人一目了然。因此必须注意尺寸线、尺寸界线和尺寸数字在图上的排列和布置。

（1）尺寸尽可能标在表示形体特征最明显的视图上。如图 5 – 114 中凹槽的尺寸 8 注在主视图上比注在俯视图上好；又如图 5 – 113 所示支板厚度 7，注在主视图上就很清晰、明显。

表 5 – 9 常见底板，注兰盘的尺寸标注

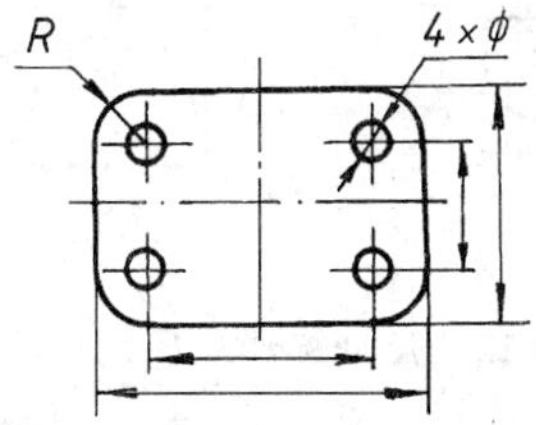	定形尺寸——a. 底板的长、宽，以及圆角半径 R b. 四个圆孔 $4\times\phi$ 定位尺寸——以对称线为基准注出四个圆孔长、宽方向的中心位置尺寸。
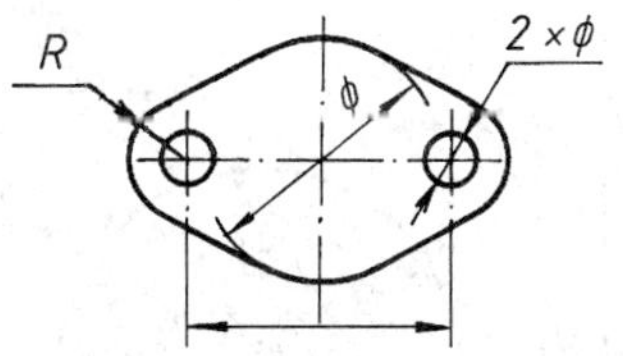	定形尺寸——a. 底板宽度直径 ϕ，两端圆弧尺寸及其圆心位置 b. 两个圆孔 $2\times\phi$ 定位尺寸——以对称线为基准注出两个圆孔的中心位置尺寸（与定形尺寸合用）
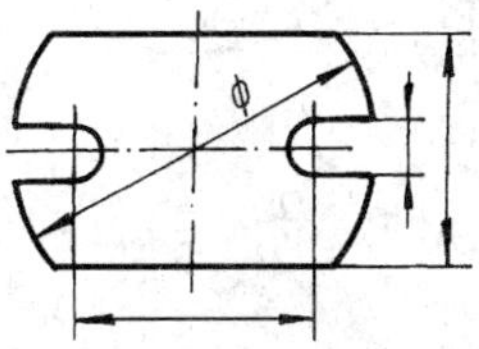	定形尺寸——a. 底板直径 ϕ 及宽度 b. 半圆弧槽的宽度 定位尺寸——以对称线为基准注出两半圆弧槽的中心位置尺寸
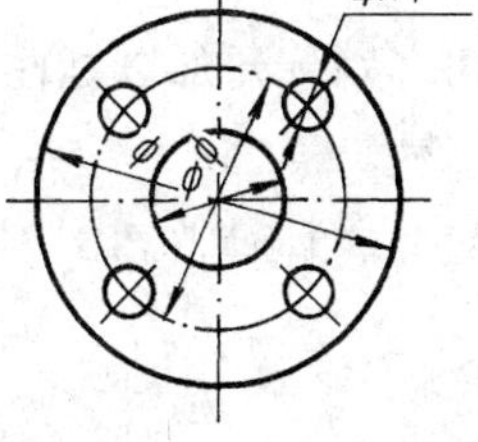	定形尺寸——a. 法兰盘的直径 ϕ b. 四个圆孔 $4\times\phi$ c. 中间圆孔 ϕ 定位尺寸——以圆心为基准注出过四个圆心的直径，即为四个小圆孔的中心位置尺寸。由于四孔在圆周上均匀分布，角度尺寸可省略

（2）同一形体的尺寸应尽量集中标注。如图 5 - 114 所示凹槽的尺寸 8 及 9 应集中注在主视图上，以便于看图时查找。

（3）半径尺寸一定要注在投影为圆弧的视图上，如图 5 - 115 所示。

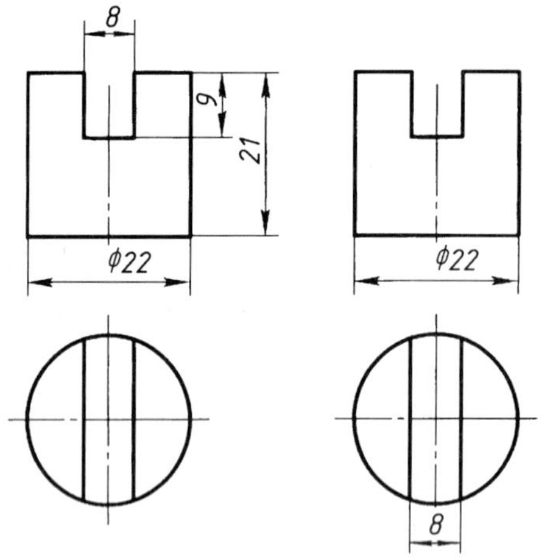

(a) 好 (b) 不好

图 5 - 114 尺寸标注对比之一

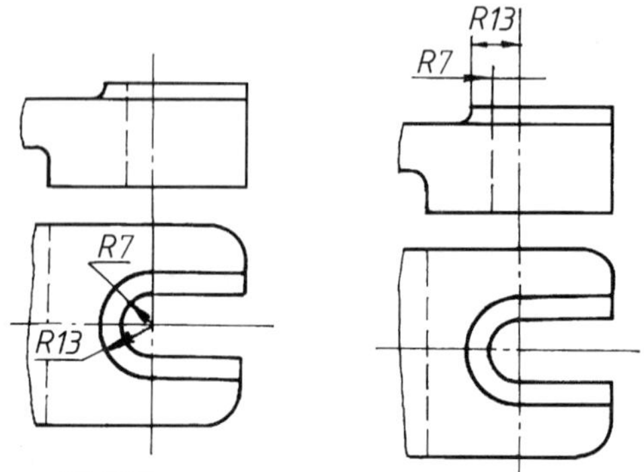

(a) 正确 (b) 错误

图 5 - 115 尺寸标注对比之二

（4）直径尺寸最好标注在非圆视图上，小于等于半圆标半径，大于半圆标直径。特别是同心圆较多时，不宜集中标注在反映圆的视图上，避免注成辐射形式，如图 5 - 116 所示。

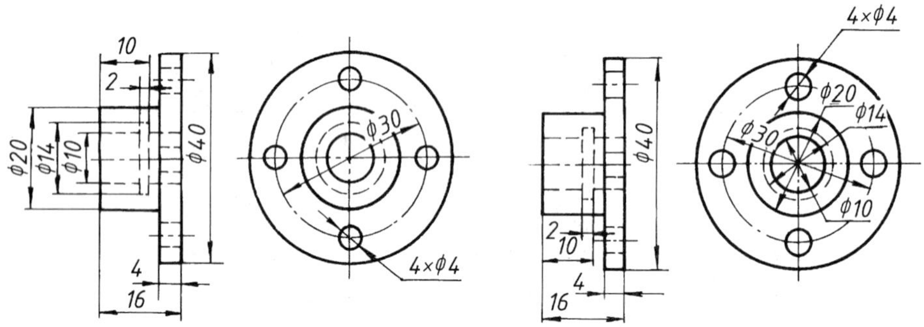

(a) 好 (b) 不好

图 5 - 116 尺寸标注对比之三

（5）尺寸线平行排列时，应使小尺寸在内（靠近视图），大尺寸在外，以避免尺寸线与尺寸界线干涉，如图 5 - 116a 所示。

（6）尺寸相互平行的内外结构，最好把这些尺寸按内外结构之别分开加以标注，如图 5 - 116a 所示。

（7）在截交线和相贯线上标注尺寸是错误的，虚线处尽量不要标注尺寸，如图 5 - 117 所示。

（8）尺寸应尽量注在视图外面，保持视图清晰。

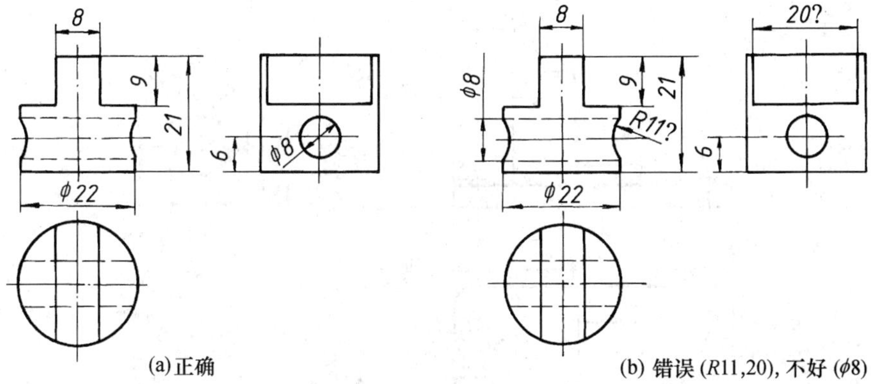

图 5－117 尺寸标注对比之四

以上各要求有时会出现不能完全兼顾的情况，应在保证尺寸正确、完整、清晰的前提下，合理布局。

例 5－19 轴承座的尺寸标注

图 5－118 中轴承座的尺寸是按照正确、完整、清晰的要求标注的。分析所注尺寸可知：

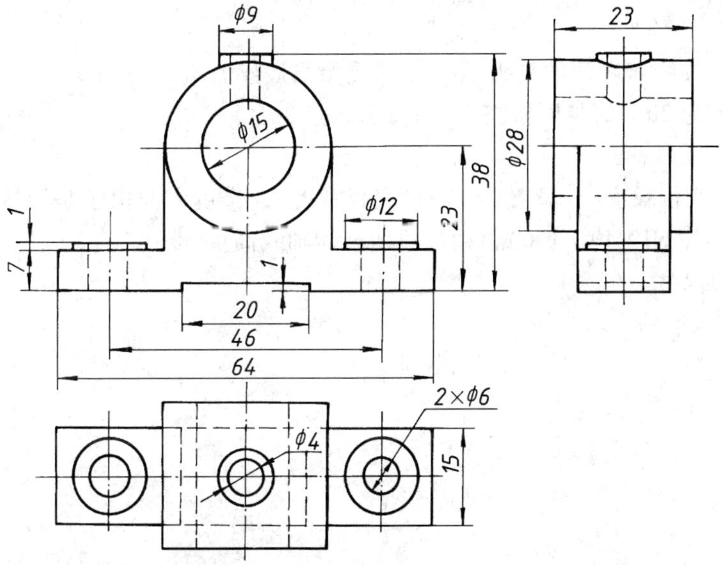

图 5－118 轴承座的尺寸标注

1）尺寸基准　高度主要尺寸基准——轴承座底面，长度主要尺寸基准——对称平面中心线，宽度尺寸主要基准——对称平面中心线。

2）定位尺寸　23、46 为定位尺寸。

3）总体尺寸　高度为 38，长度为 64（底板长度），宽度为 23（ϕ28 圆筒宽度），其余均为定形尺寸。

例 5－20 底座的尺寸标注。

分析：

由图 5－119 中所注尺寸可知：

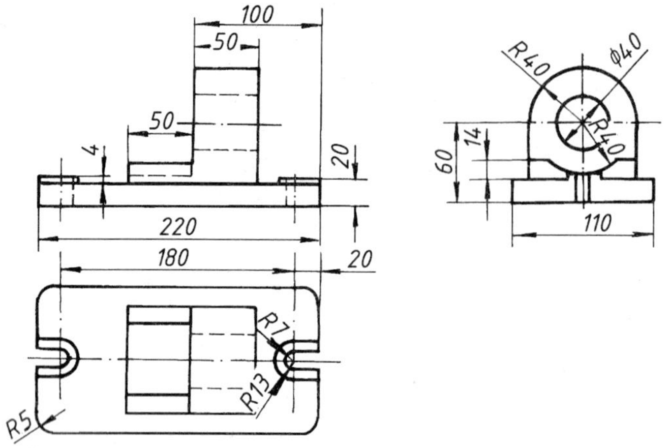

图5-119 底座的尺寸标注

1）尺寸基准

高度主要尺寸基准——底座的底面，长度主要尺寸基准——半圆支板的左端面，宽度主要尺寸基准——对称平面中心线。

2）定位尺寸

半圆支板中心轴线离底面的高为60，半圆支板与底座右端面为100，底板中间半圆槽搭子中心与底板右端面为20，两半圆槽搭子中心距离为180。

3）总体尺寸

长度为220（底板长度）、宽度为110（底板宽度），高度方向由于是回转体轮廓，一般不注总体尺寸（即不注60+40=100），而标注回转体轴线高度60。

其余均为定形尺寸。

第6章　工程图表达基础

6.1　轴测图的基本知识

6.1.1　轴测图的形成

轴测图是将物体连同其参考直角坐标系，沿不平行于任一坐标面的方向，用平行投影法将其投射在单一投影面上所得到的具有立体感的三维图形，如图6-1所示。这个单一投影面称为轴测投影面。根据投射线方向与轴测投影面的不同位置，轴测图可分为两大类：当投射线方向垂直轴测投影面时所得到的轴测图，称为正轴测图，如图6-1a所示；当投射线方向倾斜于轴测投影面时所得到的轴测图，称为斜轴测图，如图6-1b所示。

物体的长、宽、高三个方向的坐标轴，即参考直角坐标系的三根坐标轴 OX、OY、OZ 在轴测图中的投影，称轴测轴，分别用 O_1X_1、O_1Y_1、O_1Z_1 表示；三条轴测轴的交点称为原点；轴测轴之间的夹角称轴间角；轴测轴上的单位长度与相应坐标轴上的单位长度的比值，称轴向伸缩系数。O_1X_1、O_1Y_1、O_1Z_1 轴上的伸缩系数分别用 p_1、q_1、r_1 表示。为了便于作图，轴向伸缩系数之比应采用简单的数值，而且各个系数的数值也宜简化，简化后的系数称为简化伸缩系数，分别用 p、q、r 表示。

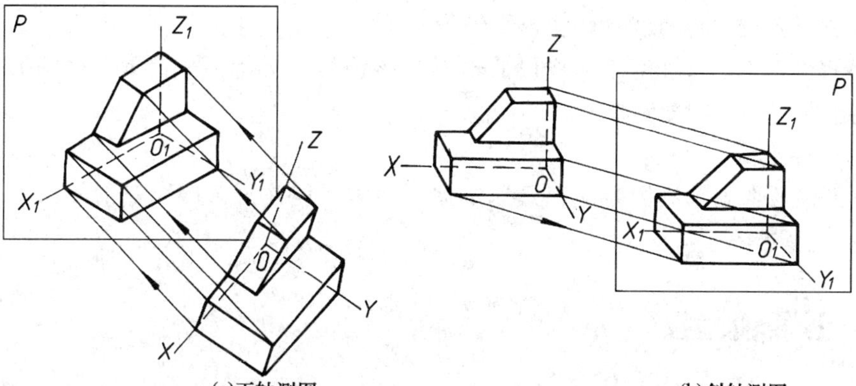

(a)正轴测图　　(b)斜轴测图

图6-1　轴测图的形成

正轴测图按三个轴向伸缩系数是否相等分为三种：三个轴向伸缩系数相等的轴测投影，称为正等轴测投影（正等轴测图）；只有两个轴向伸缩系数相等的轴测投影，称为正二等轴测投影（正二轴测图）；三个轴向伸缩系数各不相等的轴测投影，称为正三轴测投影（正三轴测图）。对于斜轴测图，也相应分为斜等轴测图、斜二等轴测图和斜三轴测图。国家标准规定使用的有正等轴测图（$p_1=q_1=r_1$）和斜二等轴测图（$p_1=2q_1=r_1$）两种。

6.1.2　轴间角和轴向伸缩系数

在正等轴测图上，三条轴测轴 O_1X_1、O_1Y_1、O_1Z_1 之间的夹角都是120°，各轴的轴向伸缩系数约为0.82。为了作图方便，常采用简化的伸缩系数，即 $p=q=r=1$，作图时沿轴向尺寸按实长量取，如图6－2a所示。

在斜二等轴测图上，轴测轴 O_1X_1 和 O_1Z_1 之间的轴间角为90°，O_1X_1 轴、O_1Z_1 轴的轴向伸缩系数 p、r 都是1，O_1Y_1 轴选用与 O_1X_1 轴成135°，O_1Y_1 轴的轴向伸缩系数为0.5，如图6－2b所示。

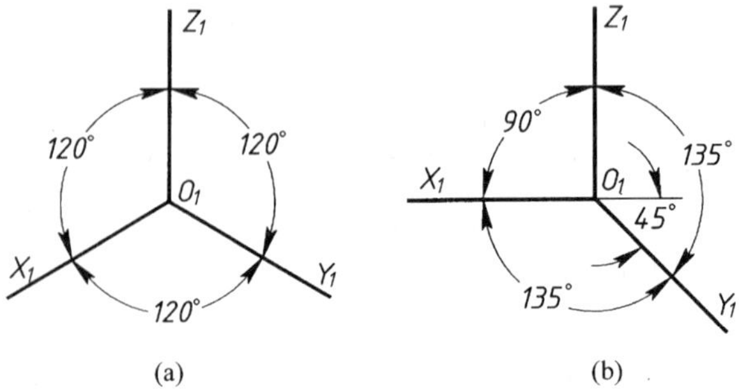

图6－2　轴间角

6.1.3　轴测图上的直线和平面的投影特性

由于轴测图是用平行投影法得到的，故在轴测图上的直线和平面的投影保持着平行投影的一些特性，其中主要有：

（1）同素性不变，即直线的轴测投影仍为直线；

（2）平行性不变，即相互平行线段的轴测投影仍相互平行，平行于坐标轴的线段，它的轴测投影仍平行于相应的轴测轴；

（3）定比性不变；

以上几点性质在画轴测图时应很好地掌握，同时还应注意，虚线在轴测图中一般省略不画。

6.2　正等轴测投影

6.2.1　基本立体的轴测图画法

1. 正立方体的正等轴测图画法

现以图6－3a所示正立方体为例，说明正等轴测图的画法。

（1）在已知视图上定出坐标轴 OX、OY、OZ（在作图中，坐标轴等符号可不写下标），如图6－3b所示；

（2）定出轴测轴 O_1X_1、O_1Y_1、O_1Z_1，如图6－3c所示；

(3) 从点 O_1 起，沿 O_1Z_1 轴量取线段 O_1B_1 等于 $o'b'$；画 A_1B_1 平行 O_1X_1 轴，其长等于 ab，画 B_1C_1 平行 O_1Y_1 轴，其长等于 bc，画 A_1D_1 平行 B_1C_1（即平行 O_1Y_1 轴），画 C_1D_1 平行 A_1B_1（即平行 O_1X_1 轴）交 A_1D_1 于 D_1 点；过 A_1、D_1、C_1 各点作垂直线平行于 O_1Z_1 轴，在垂直线上量取立方体的高度（等于 $o'b'$），得到 E_1、F_1、G_1 各点，用直线连接 E_1、F_1、G_1 各点，如图 6-3d 所示；

(4) 擦去辅助作图线，加深，即可完成正立方体的正等轴测图，如图 6-3e 所示。

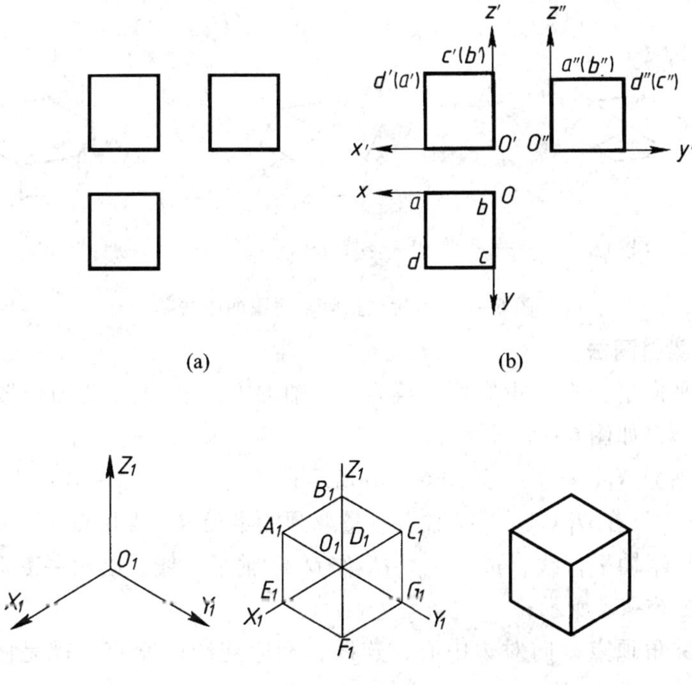

(a) (b) (c) (d) (e)

图 6-3 正方体正等轴测图的画法

由图可知，轴测图上组成正立方体顶面、底面、侧面的三个面是处于不同位置的三个相同的菱形。

下面讨论其他基本立体，如六棱柱、四棱台、圆柱和圆锥（台）等的正等轴测图画法和步骤。

2. 六棱柱的正等轴测图画法

(1) 六棱柱顶面与底面都是平行于水平投影面的正六边形，确定 OX、OY、OZ 轴的方向和原点 O 的位置，如图 6-4a 所示；

(2) 画出轴测轴 O_1X_1、O_1Y_1，在 O_1X_1 轴上从 O_1 点量取 $O_1A_1=oa$、$O_1D_1=od$，在 O_1Y_1 轴上从 O_1 点量取 $O_1\,I_1=o1$、$O_1\,II_1=o2$，如图 6-4b 所示；

(3) 过 I_1II_1 点分别作 O_1X_1 轴的平行线，量取 $E_1F_1=ef$、$B_1C_1=bc$，如图 6-4c 所示；

(4) 依次连接各点，即得顶面的轴测图，如图 6-4d 所示；

(5) 由各点沿 O_1Z_1 轴方向量取六棱柱的高度，得底面正六边形，如图 6-4e 所示；

(6) 擦去多余线条，加深可见轮廓线，即得六棱柱的正等轴测图，如图 6-4f 所示。

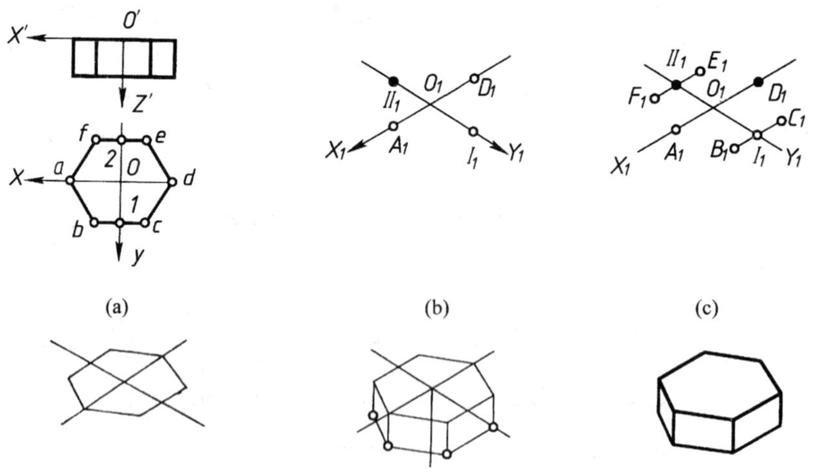

(a) (b) (c)

(d) (e) (f)

图 6－4 六棱柱正等轴测图的画法

3. 圆的正等轴测图画法

（1）圆所在的平面平行水平投影面，确定 OX 轴的方向和原点 O 的位置，并作外切正方形得切点 a、b、c、d，如图 6－5a 所示；

（2）作出轴测轴 O_1X_1，O_1Y_1，如图 6－5b 所示；

（3）从点 O_1 出发，在 O_1X_1、O_1Y_1 轴上各量取圆的半径 R，得切点 A_1、B_1、C_1、D_1 四点，通过点 B_1、D_1 作 O_1X_1 轴平行线，过点 A_1、C_1 作 O_1Y_1 轴平行线，画出一菱形，即为外切正方形的轴测投影，如图 6－5c 所示；

（4）通过菱形钝角顶点，向对边中心作连线，相应连线的交点，就是圆心。如图 6－5d 所示；

（5）先以钝角顶点 O_3 为圆心，顶点到对边中点的距离为半径，画两个圆弧（从一中点画到另一中点）；再以连线交点 O_2 为圆心交点到对边中点距离为半径，作两圆弧，与另两圆弧相切，即成近似椭圆，如图 6－5e 所示；

（6）平行于各基本投影面的圆，在正等轴测图中，它们的投影均为椭圆，作法同上，如图 6－5f 所示。

4. 圆柱的正等轴测图画法

（1）圆柱的顶面和底面相同，均平行水平投影面；确定 OX、OY、OZ 轴的方向和原点 O 的位置，如图 6－6a；

（2）作出轴测轴 O_1X_1、O_1Y_1、O_1Z_1；从点 O_1 出发，量取圆柱的高度，定出顶面的位置，并作出与 O_1X_1、O_1Y_1 轴平行的轴线，如图 6－6b 所示；

（3）作出顶面和底面的菱形，边长等于圆的直径，如图 6－6c 所示；

（4）作出与菱形内切的椭圆，作法见圆的正等测画法，如图 6－6d 所示；

（5）作两椭圆的公切线，如图 6－6e 所示；

（6）整理，加深，即得圆柱正等轴测图，如图 6－6f 所示。

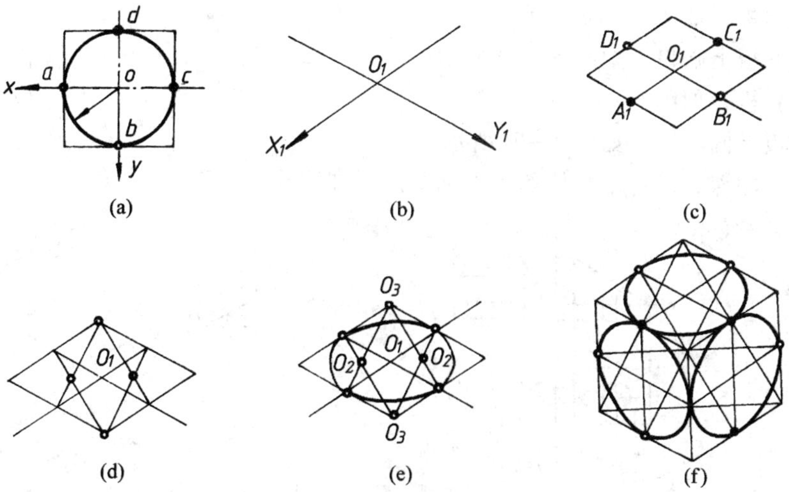

图 6－5 圆的正等轴测图画法

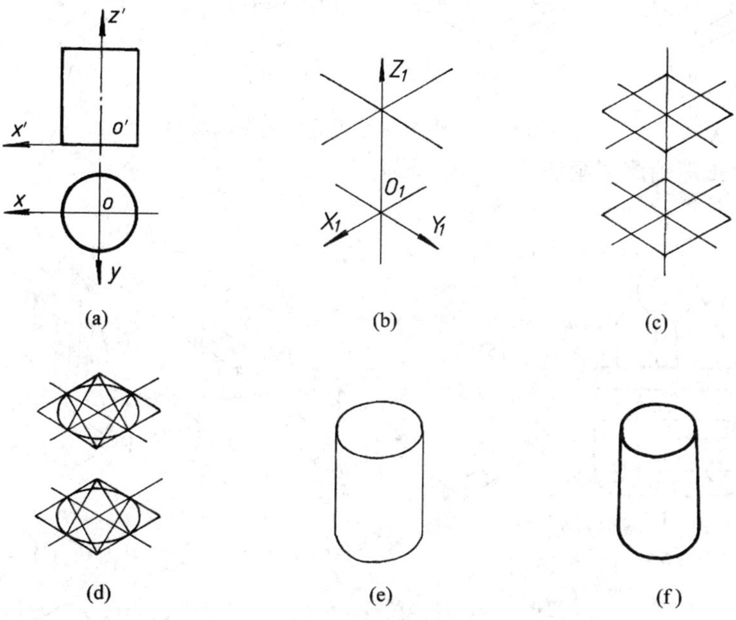

图 6－6 圆柱的正等轴测图画法

6.2.2 组合体正等轴测图的画法

在画组合体正等轴测图时，应先用形体分析方法，分析组合体的组成部分、连接方式和相对位置，然后逐个画出每个组成部分的正等轴测图，最后按照它们的连接形式，完成轴测图。

1. 组合体的正等轴测图画法

通过形体分析图 6－7a 可知，这个组合体是由底板（四棱柱）、侧立板（四棱柱）、缺口（四棱柱）、正立板（三棱柱）及圆孔组成。在选定坐标位置后即可进行作图，具体作图步骤为：

（1）画轴测轴，并画底板，如图 6－7b 所示；

(2) 画侧立板，如图 6－7c 所示；

(3) 画侧立板上缺口，如图 6－7d 所示；

(4) 画正立板，如图 6－7e 所示；

(5) 画底板上圆柱孔，如图 6－7f 所示；

(6) 整理、加深，即得组合体的正等轴测图，如图 6－7g 所示。

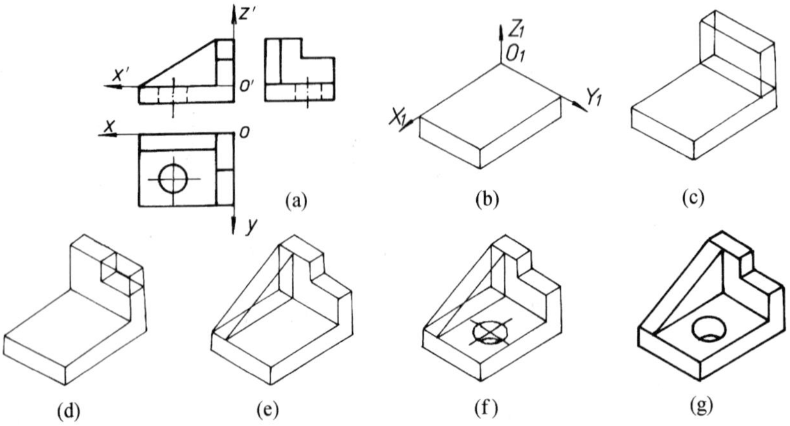

图 6－7 组合体的正等轴测图画法

2. 轴承架的正等轴测图画法

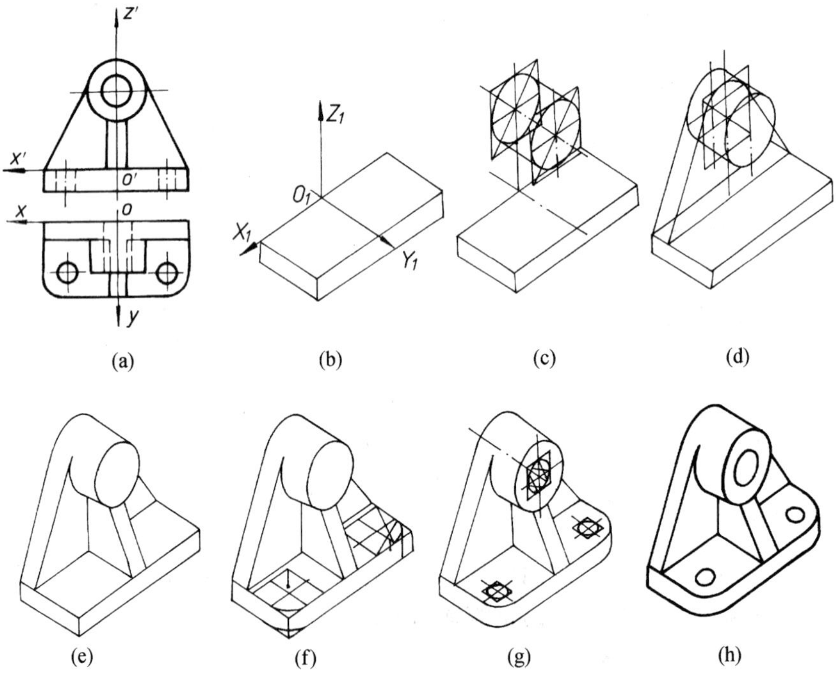

图 6－8 轴承架的正等轴测图画法

(1) 分析图 6－8a 视图，确定 OX、OY、OZ 轴的方向和原点 O 的位置；

(2) 画轴测轴，并画出底板，如图 6－8b 所示；

(3) 按圆柱轴线高，画出圆柱，如图 6-8c 所示；
(4) 作出与圆柱相切的斜肋，如图 6-8d 所示；
(5) 作出垂直支撑肋，如图 6-8e 所示；
(6) 作出底板上两个圆角，如图 6-8f 所示；
(7) 作出底板上两个圆柱孔及圆柱体上圆柱孔，如图 6-8g 所示；
(8) 整理、加深，即得轴承架的正等轴测图，如图 6-8h 所示；

6.3 斜二等轴测投影

1. 下面我们同样以正立方体为例，来说明斜二轴测图的画法。

(1) 在已知视图图 6-9a 上定出坐标轴 OX、OY、OZ，如图 6-9b 所示；

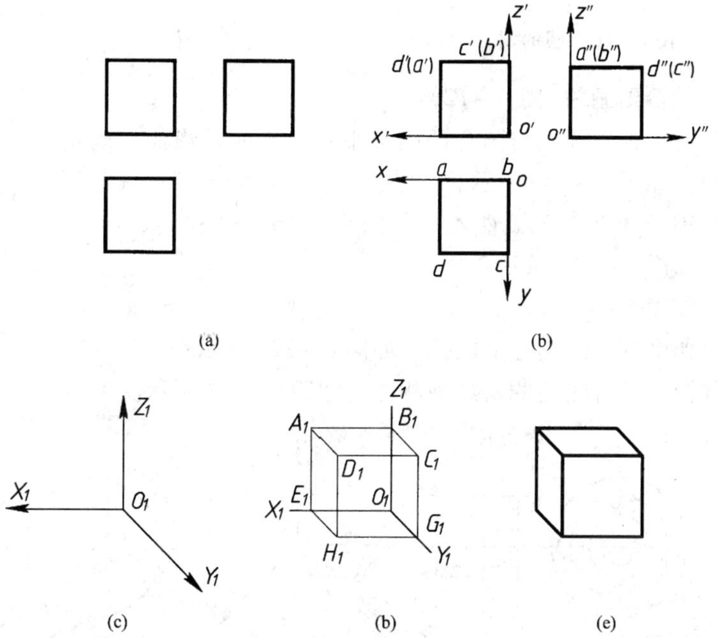

图 6-9 斜二轴测图的画法

(2) 画出轴测轴 O_1X_1、O_1Y_1、O_1Z_1，如图 6-9c 所示；

(3) 从点 O_1 出发。沿 O_1Z_1 轴量取线段 O_1B_1 等于 $o'b'$；画 A_1B_1 平行 O_1X_1 轴且等于 ab，画 B_1C_1 平行 O_1Y_1 轴并等于 $bc/2$，画 A_1D_1 平行 B_1C_1（即平行于 O_1Y_1 轴），画 C_1D_1 平行 A_1B_1（即平行 O_1X_1 轴）交 A_1D_1 于点 D_1；过点 A_1、D_1、C_1 作垂直线平行 O_1Z_1 轴，在垂直线上截取高度（等于 $o'b'$），得点 E_1、H_1、G_1，用直线连接点，E_1、H_1、G_1，如图 6-9d 所示；

(4) 整理，加深，即得正立方体的斜二轴测图，如图 6-9e 所示。

因零件上平行于轴测投影面的平面形状，在斜二轴测图中反映实形，所以图中前面反映实形——正方形；其余两个面变形成平行四边形。

图6-10所示是圆在斜二轴测图中三个基本投影面上的不同情况。当圆平行于轴测投影面时，其投影反映实形，其余是椭圆。因此，凡遇到一个方向上圆较多或形状较复杂的零件时，为了作图方便，常采用斜二轴测图，并使多圆的方向平行轴测投影面。图6-11所示的法兰是由圆板、圆柱、圆孔组成，圆很多，如用正等轴测图，就得画很多椭圆，较麻烦。现采用斜二轴测图画法兰（如图6-12），使圆形都平行于轴测投影面，这样作轴测图时，就很方便。画斜二轴测图时要注意 O_1Y_1 轴方向的伸缩系数为0.5，量取尺寸时应取原尺寸的一半。

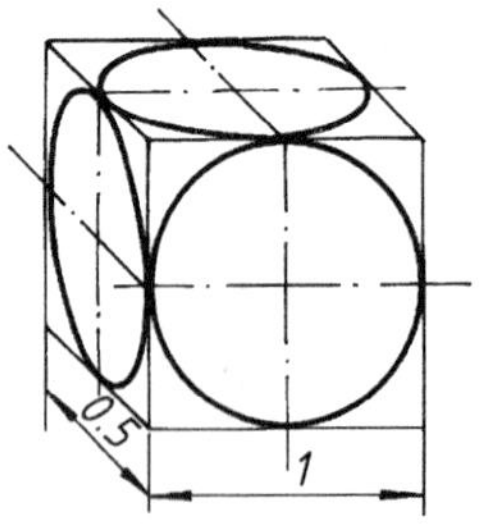

图6-10　圆的斜二轴测图

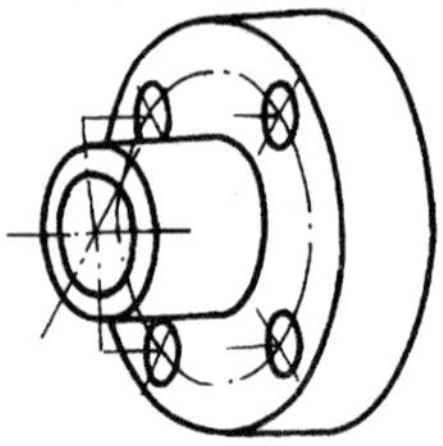
图6-11　法兰

2. 法兰的斜二轴测图画法(图6-12)

(1) 构成法兰的圆板、圆柱与圆孔的圆都平行于正面投影面；确定 OX、OY、OZ 轴的方向和原点 O 的位置，如图6-12a所示；

(2) 画出轴测轴 O_1X_1、O_1Y_1、O_1Z_1，如图6-12b所示；

(3) 画圆板，如图6-12c所示；

(4) 画圆柱，如图6-12d所示；

(5) 画圆板上四个圆孔及圆柱上圆孔，如图6-12e所示；

(6) 整理，加深，即得法兰的斜二轴测图，如图6-12f所示。

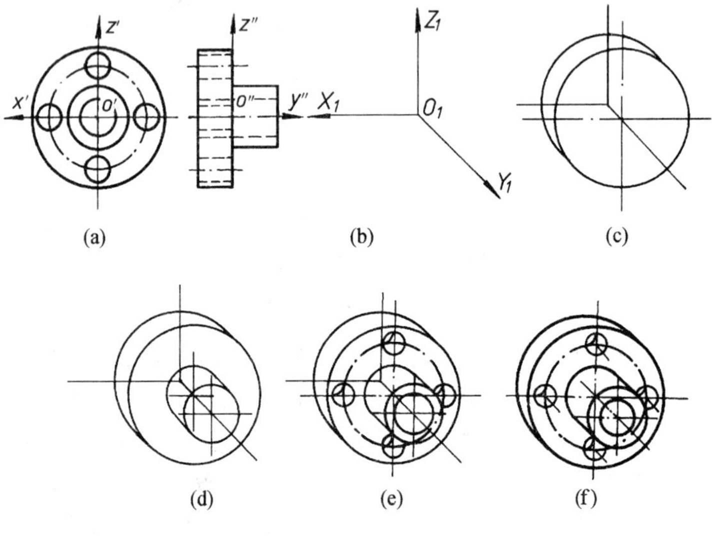

图6-12　法兰的斜二轴测图画法

6.4 透视投影

6.4.1 透视投影的基本概念

1. 透视的基本概念

如图 6－13 所示，由透视投射中心 S，将立体投射到 P 面上所得到的单面投影图，称为透视投影或透视图，简称透视。

例如长方体上点 A 的透视 A'，就是透视投射中心 S 与点 A 的连线与投影面的交点。长方体有 8 个顶点，只要分别求出这 8 个顶点在 P 面上的透视，然后连接起来，即得到该长方体的透视图。这个透视图，相当于眼睛在点 S，隔着玻璃窗（P 面）观看长方体所得到的效果。

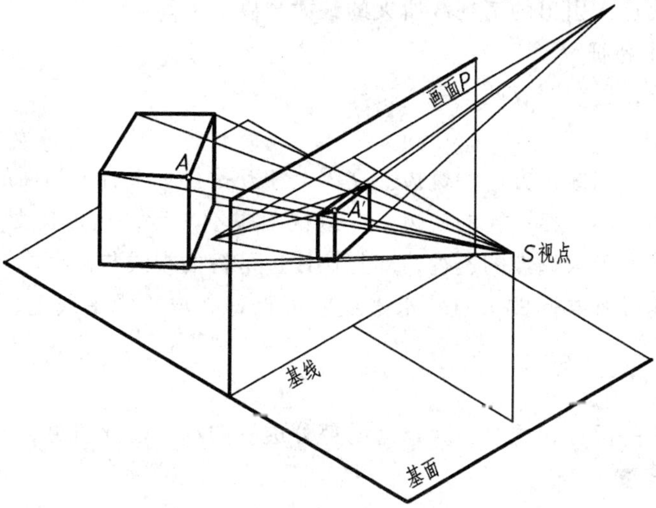

图 6－13 透视的基本概念

2. 透视投影体系及其有关的名词术语

透视投影体系如图 6－14 所示。

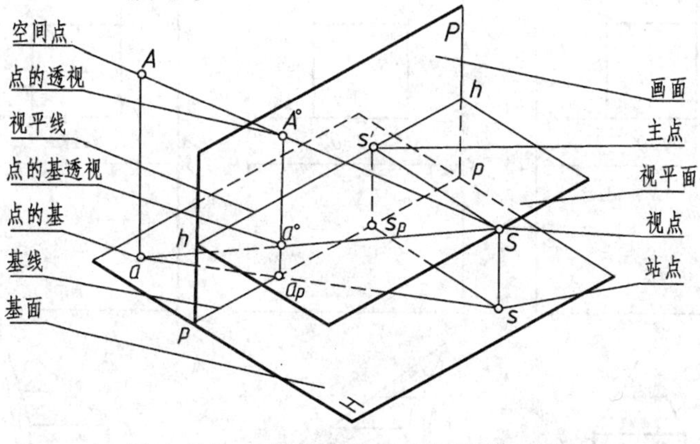

图 6－14 透视投影体系和有关名词术语

画面 P——绘制透视图的投影面，一般是平面。

基面 H——放置物体的水平面，观察者所站立的水平地面，一般 $P \perp H$。

基线 $p—p$——画面与基面的交线。

视点 S——透视投射中心，相当于观察者单眼眼瞳所在位置。

站点 s——视点 S 在 H 面上的正投影，即观察者站立的位置。

视高 Ss——视点到 H 面的距离。

视距 Ss'——视点到画面的垂直距离。

视线——视点 S 与物体上某一点的连线。

主视线——通过视点而垂直于画面的视线。

主点 s'——主视线与画面的交点。

视平面——通过视点的平面。

视平线 $h—h$——水平视平面与画面的交线。

视锥角——从视点 S 引出的诸视线所夹的最大角度。

3. 透视图的基本特征

与平行投影比较，透视图有两个基本特征：

1）出现灭点

立体有长、宽、高三组主方向的棱边。立体上相互平行且平行于画面的棱边，在透视图中仍平行；不平行于画面的互相平行的棱边，在透视图中不平行，且延长交于一点，称为灭点。所谓灭点，就是棱边上无限远点的透视，即与该棱边平行的视线与画面的交点。

互相平行的直线必有共同的灭点。水平线的灭点，必位于视平线上，如图 6－13 所示的 V_x、V_y 点。

2）近大远小

立体上离视点近的部分，透视图大，远的部分透视图小。由此可见，透视图无度量性。

4. 影响透视的因素

1）立体的坐标面对画面的角度　当立体上有一个坐标面与画面平行时，透视图上只有一个灭点，称为一点透视，又称平行透视，如图 6－15 所示；当立体上有两个主方向的棱边与画

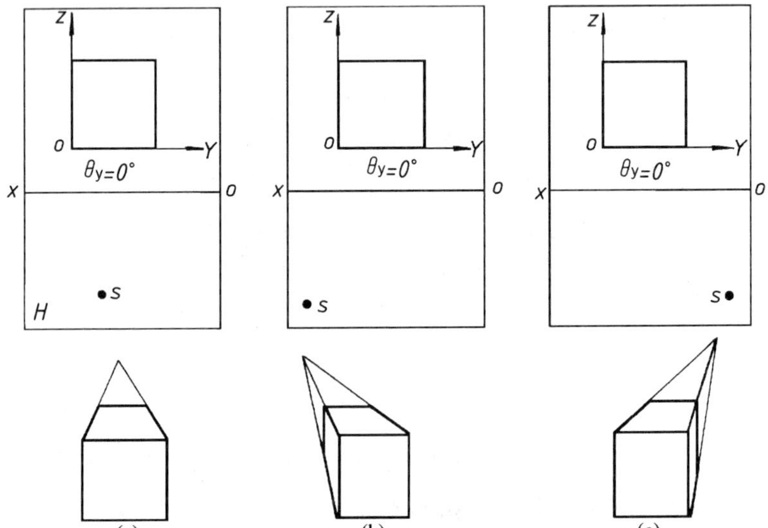

(a)　(b)　(c)

图 6－15　一点透视

面相交时，称为两点透视，又称成角透视，如图 6－16 所示；当立体上三个坐标面都与画面倾斜时，透视图上有三个灭点，称为三点透视，又称斜透视，如图 6－17 所示。

2）视点的位置　视点高过立体顶面高度时，透视图会显示出立体顶面的情况，如图 6－15、图 6－16 所示；视点低于立体底面的高度时，透视图可显示出立体底面的情况。视点居中时，透视图显示出立体正面的情况，如图 6－15a 所示；视点偏向物体左面时，透视图可显示出立体左前方的情况，如图 6－15b 所示；视点偏向物体右面时，透视图可显示出立体右前方的情况，如图 6－15c 所示。

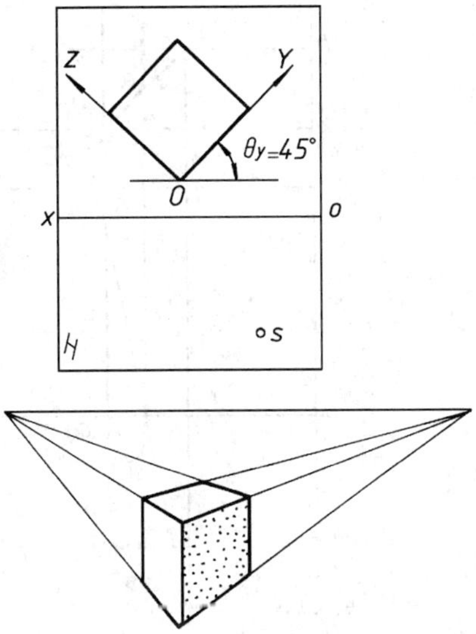

图 6－16　二点透视

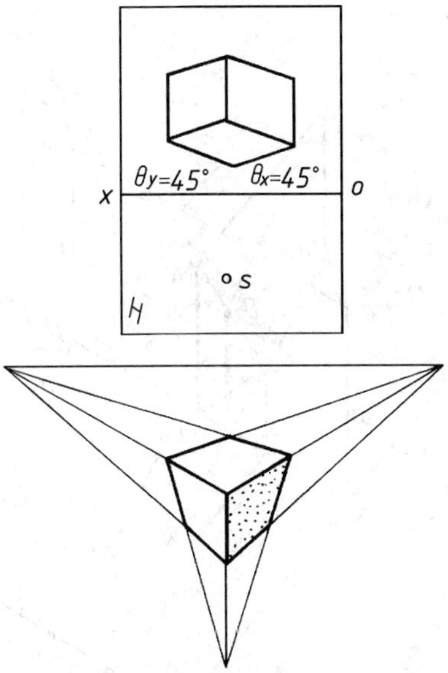

图 6－17　三点透视

3）视距　当视点和立体的位置一定时，视距反映着画面的位置，它影响透视图的大小（如图 6－18 所示）。视距可以由视角来决定，一般视角取 30°以内。

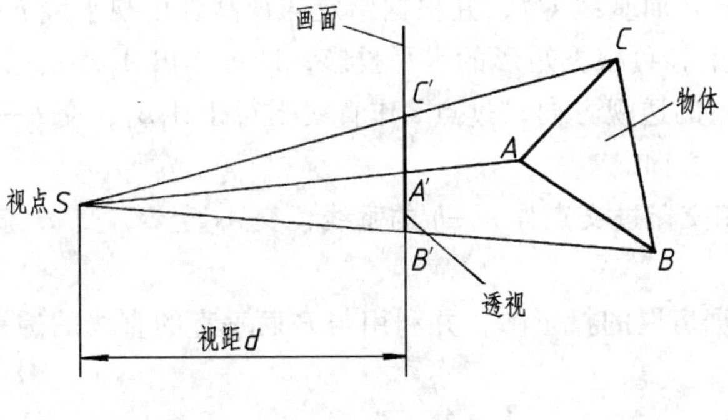

图 6－18　视距对透视的影响

6.4.2 根据投影图画透视图

1. 垂直于画面的直线的透视图

如图 6-19 所示，设在透视投影体系中有一矩形 $A_1B_1b_1a_1$ 垂直于画面 P，且 A_1a_1 边在 P 面上，则该矩形的透视图为 $ABba$。下面分析一下矩形四条边的透视图的情况。由于 A_1B_1 平行于 a_1b_1，且垂直于 P 面，故灭点与主点 S' 重合。由于 A_1a_1、B_1b_1 平行于 P 面，故没有灭点，且 Aa 平行于 Bb，A_1a_1 在 P 面上，故 $A_1a_1 = Aa$。

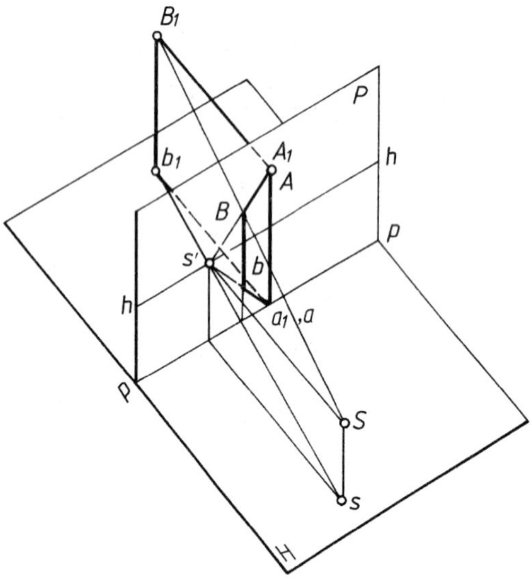

图 6-19 垂直于 P 面的直线的透视

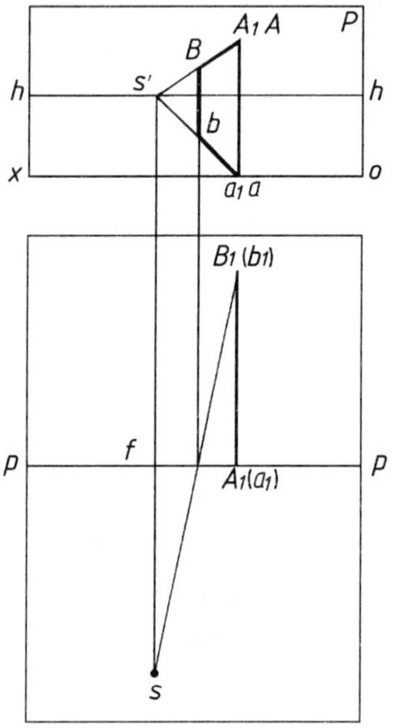

图 6-20 透视图的画法

图 6-20 表示了作矩形 $A_1B_1b_1a_1$ 透视图的方法：

1）画出基面、基线、站点 s 及 $A_1B_1b_1a_1$ 在基面上的正投影。

2）在基面上方画出 P 面基线 OX，并根据给定的视高画出视平线 $h—h$。

3）因 A_1a_1 在 P 面上，再根据矩形的水平投影，即可作出 A_1a_1 的透视图 Aa。

4）作出 A_1B_1、a_1b_1 的透视方向，过点 s 作直线平行于 A_1B_1，交 $h—h$ 于点 s'。则 s'和 s 分别为 A_1B_1 和 a_1b_1 的透视方向。

5）连 sb_1 与 $p—p$ 相交，过交点作 $h—h$ 的垂线，交 As'于 B，交 as'于 b，Bb 即为 B_1b_1 的透视。

图 6-21 表示了根据房屋的投影图，并利用与 P 面垂直的直线的透视图的特点，作一点透视的方法。

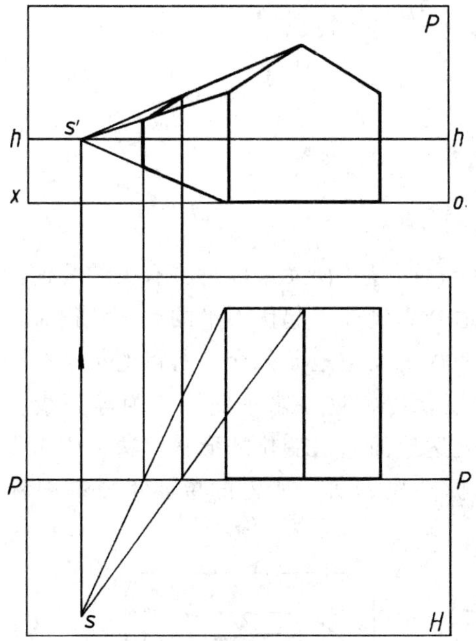

图 6－21 一点透视的画法

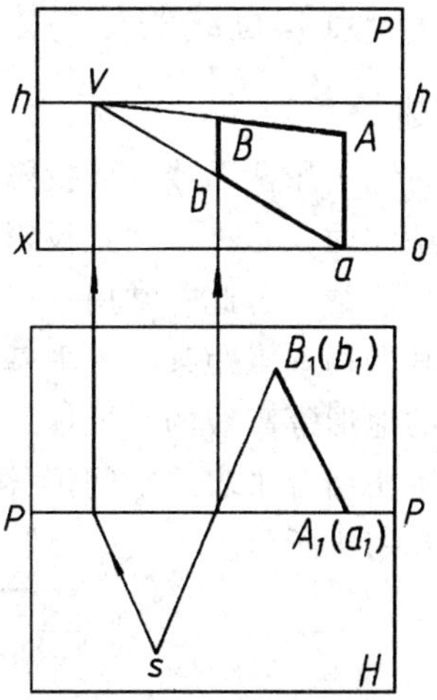

图 6－22 水平线的透视

2. 平行于 *H* 面的直线的透视图

图 6－22 表示了当矩形 $A_1B_1b_1a_1$ 不垂直于 *P* 面时，透视图的作法。这里 $A_1B_1b_1a_1$ 垂直于 *H* 面，但不垂直于 *P* 面，灭点 *F* 不与主点重合。过点 *s* 作直线平行于 A_1B_1，交 *ox* 于点 *V*，过点 *V* 作直线垂直于 *hh*，其交点即为灭点 *V*。求出灭点后，很容易作出透视图。

图 6－23 表示了根据房屋的投影图，并利用平行于 *H* 面的直线透视图的特点，作房屋的两点透视的方法。

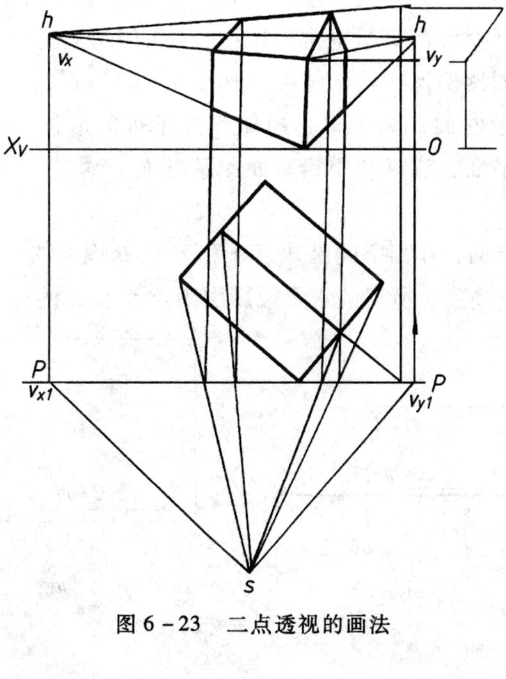

图 6－23 二点透视的画法

6.5 标高投影

6.5.1 点和直线的标高投影

1. 概述

前面讨论了用两面或三面投影来表达点、线、面等几何元素以解决有关的几何问题，但对于一些复杂曲面，这种多面正投影的方法不很适合。例如，起伏不平的地面就很难用它的三面投影来表达清楚，为此，常用一组平行、等距的水平面与地面截交，所得的每条截交线都为水平曲线，其上每一点距某一水平基准面 H 的高度相等，这些水平曲线称为等高线。一组标有高度数字的地形等高线的水平投影，能清楚地表达地面起伏变化的形状。这种用水平投影与标注高度数字相结合来表达空间形体的方法称为标高投影法，所得的单面正投影图称为标高投影，如图 6-24 所示。

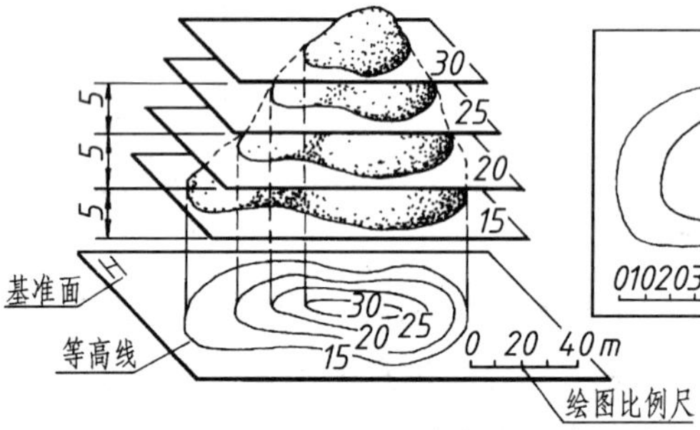

(a)

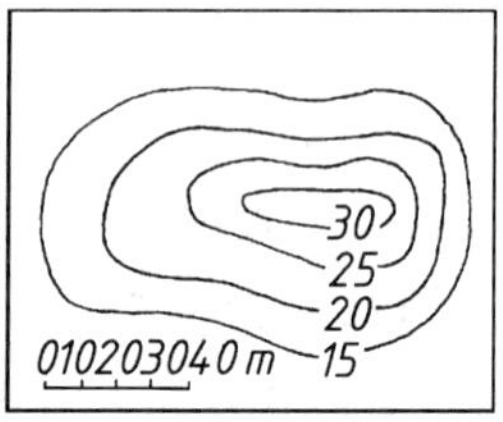

(b)

图 6-24 标高投影概念

除了地面这样复杂的曲面外，在土木水利工程中，一些平面相交或平面与曲面、曲面与曲面相交的问题，如填筑或开挖坡面等，也常用标高投影的方法解决。标高投影中的基准面一般为水平面，图中还面出绘图比例尺或给出绘图比例。

机械工程中的某些复杂曲面，如飞机、船舶、汽车等的形体表面也常用类似的方法来表达，但基准面不一定是水平面，有时利用铅垂面作基准面。

2. 点的标高投影

以水平投影面 H 为基准面，作出空间已知点 A 和 B 在 H 面上的正投影 a 和 b，并在点 a 和 b 的右下角标注该点距 H 面的高度，所得的水平投影图为点 A 和 B 的标高投影，如图 6-25 所示。

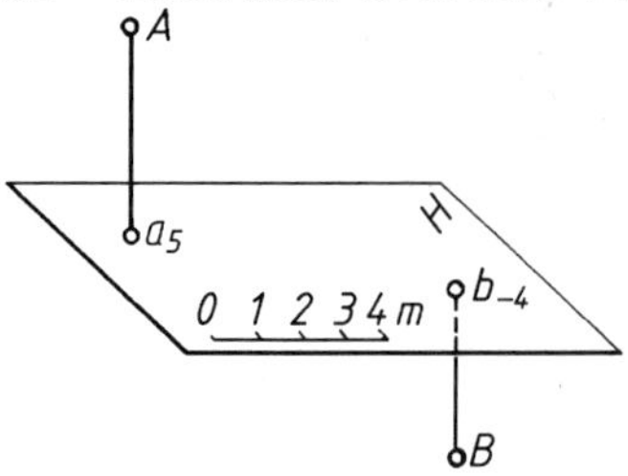

(a)

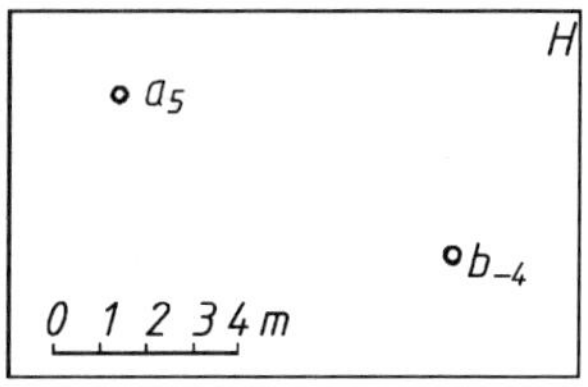

(b)

图 6-25 点的标高投影

在标高投影中，设水平基准面 H 的高程为 0，基准面以上的高程为正，基准面以下的高程为负。在图 6－25 中，点 A 的高程为 +5，记为 a_5；点 B 的高程为 －4，记为 b_{-4}。在点的标高投影图中还画出了绘图比例尺，单位为 m，如图 6－25b 所示。

3. 直线的标高投影

1）直线的坡度和平距

直线上任意两点的高差与其水平距离之比，称为该直线的坡度，记为 i。如图 6－26 所示设直线上点 A 和 B 的高差为 H，其水平距离为 L，直线对水平面的倾角为 α，则直线的坡度为

$$i=\frac{H}{L}=\tan\alpha$$

直线上任意两点 A 和 C 的高差为一个单位时的水平距离，称为该直线的平距，记为 l。这时，该直线的坡度可表示为

$$i=\frac{1}{l}$$

从上式可知，坡度和平距互为倒数。坡度大，则平距小；坡度小，则平距大。直线坡度的大小是指直线对水平面倾角的大小。例如，$i=1$ 的坡度大于 $i=0.5$ 的坡度。假如坡度以平距的形式表示时，则可写成

$$i=1:l$$

这时，$i=1:1$ 的坡度小于 $i=1:0.5$ 的坡度。

2）直线的标高投影表示法

通常用直线上两点的标高投影来表示该直线，例如如图 6－27a 所示，把直线上点 A 和 B 的标高投影 a_2 和 $b_{4.5}$ 连成直线，即为直线 AB 的标高投影。

当已知直线上一点 B 和直线的方向，那么也可以用点 B 的标高投影 $b_{4.5}$ 和直线的坡度 $i=1:1.5$ 来表示直线，并规定直线上表示坡度方向的箭头指向下坡，如图 6－27b 所示。

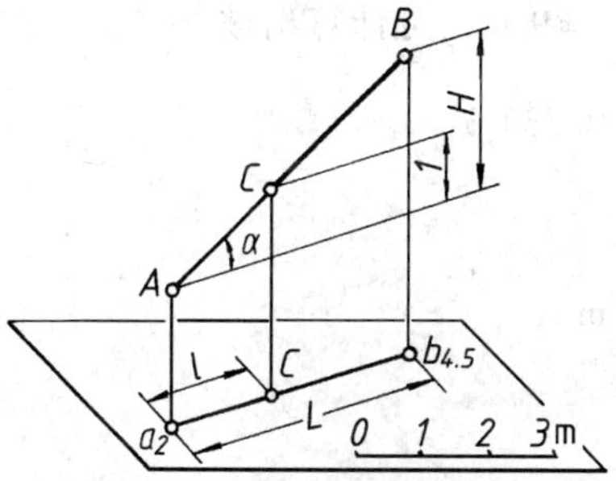

图 6－26 直线的坡度和平距

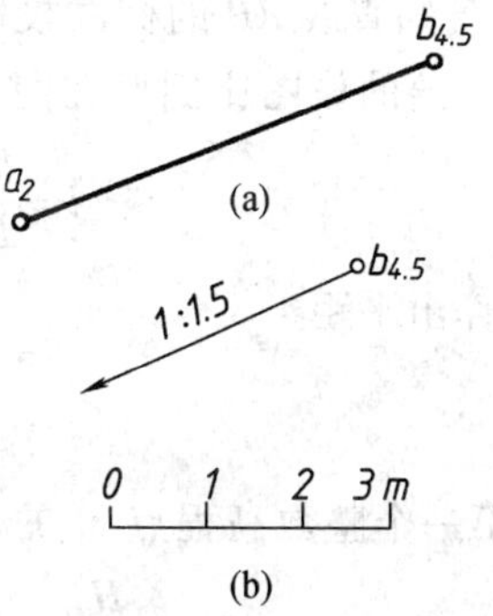

图 6－27 直线的标高投影表示法

例 6－1 已知直线 AB 的标高投影 a_9b_5 和直线上点 C 到点 A 的水平距离 $L=4$ m，试求直线 AB 的坡度 i、平距 l 和点 C 的高程（图 6－28a）。

解：根据图 6－28 中所给出的绘图比例尺，在图中量取点 a_9 和点 b_5 之间的距离为 10 m，于是可求得直线的坡度。

$$i=\frac{H}{L}=\frac{9-5}{10}=\frac{2}{5}$$

由此可求得直线的平距

$$l=\frac{1}{i}=\frac{5}{2}=2.5$$

又因为点 C 到 A 的水平距离 $L_{AC}=4$ m，所以点 C 和 A 的高差

$$H_{AC}=iL_{AC}=\frac{2}{5}\times 4=1.6$$

由此可求得点 C 的高程

$$H_C=H_A-H_{AC}=9-1.6=7.4\ \text{m}$$

记为 $c_{7.4}$，如图 6-28 所示。

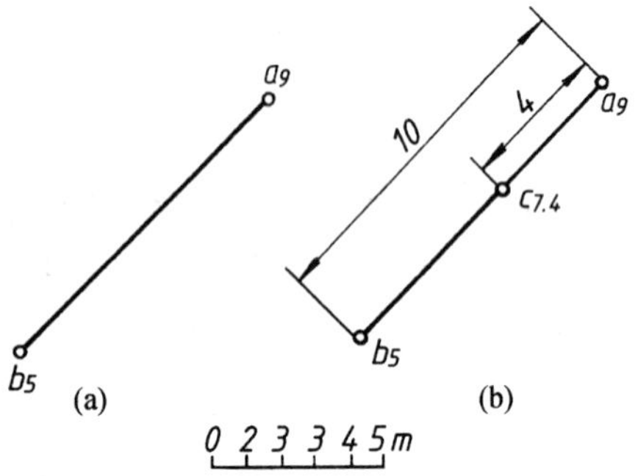

图 6-28　求作直线上一点的高程

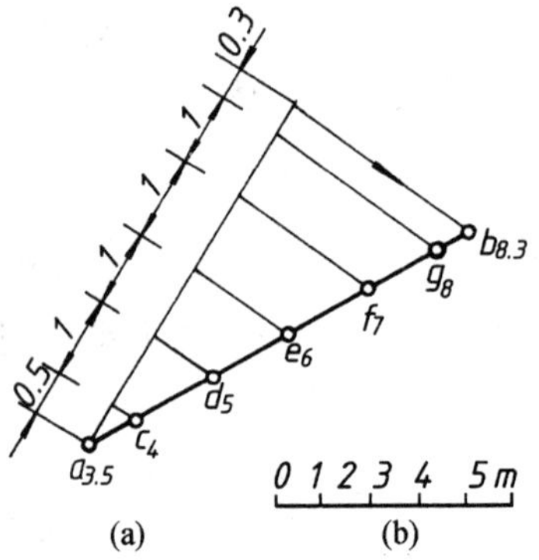

图 6-29　求作直线上的整数高程点

3）直线上的整数高程点

假如直线上两端点的高程不是整数，那么可利用计算法或图解法求得直线标高投影上的整数高程点。

例 6-2　已知直线 AB 的标高投影为 $a_{3.5}b_{8.3}$，试求作 AB 上各整数高程点（图 6-29）。

解：根据已给的作图比例尺在图 6-29 中量得 $L_{AB}=9$ m，可计算出坡度

$$i=\frac{H_{AB}}{L_{AB}}=\frac{8.3-3.5}{9}=0.5333$$

由此可计算出平距

$$l=\frac{1}{i}=1.875\ \text{m}$$

点 $a_{3.5}$到第一个整数高程点 c_4 的水平距离应为

$$L_{AC}=\frac{H_{AC}}{i}=\frac{4-3.5}{0.5333}=0.5\times 1.875=0.9375$$

用图 6-29 中的绘图比例尺在直线 $a_{3.5}b_{8.3}$上自点 $a_{3.5}$量取 $L_{AC}=0.9375$ m，点 c_4 以后各整数高程点 d_5、e_6、f_7、g_8 的平距均为 $l=1.875$ m。

本例也可利用作比例线段的方法作出已知直线标高投影上各整数高程点，作法如图 6-29 所示。

6.5.2 平面的标高投影

1. 平面上的等高线和坡度线

平面上的等高线就是平面上的水平线，也就是该平面与水平面的交线。平面上的各等高线彼此平行，并且各等高线间的高差与水平距离成同一比例。当各等高线的高差相等时，它们的水平距离也相等，如图 6－30a、b 所示。

平面上的坡度线就是平面上对水平面的最大斜度线，它的坡度代表了该平面的坡度。坡度线上应画出指向下坡的箭头。平面上的坡度线与等高线互相垂直，它们的标高投影也互相垂直，如图 6－30c 所示。

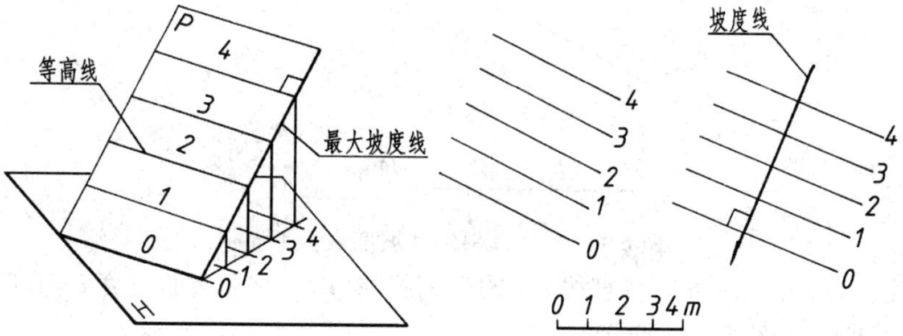

(a) (b) (c)

图 6－30 平面上的等高线和坡度线

2. 平面的标高投影表示法

1）用平面上一条等高线和平面的坡度表示平面

在图 6－31 中平面上一条等高线的标高为 15，坡度线垂直于等高线，在坡度线上画出指向下坡的箭头，并标出平面的坡度 i。

例 6－3 已知平面上一条标高为 28 的等高线，平面的坡度 $i=1:2$，试作出该平面上若干条整数高程的等高线（图 6－32）。

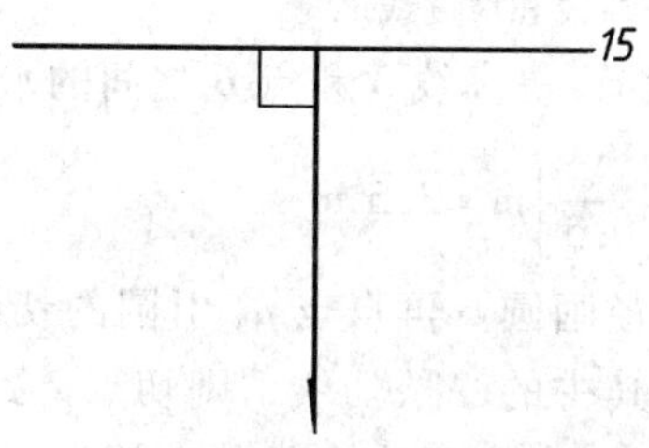

图 6－31 用等高线和坡度线表示平面

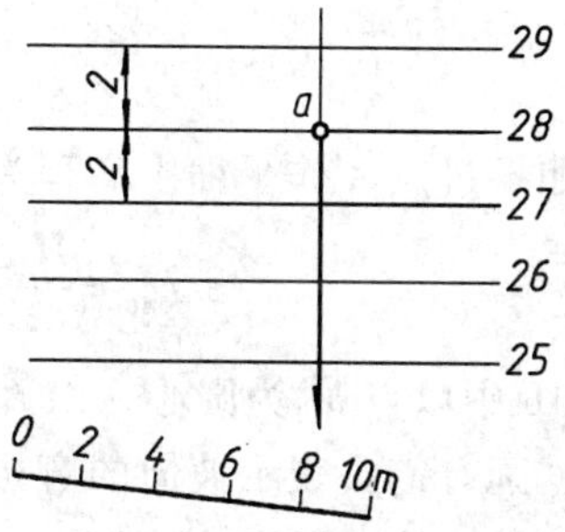

图 6－32 作平面上的等高线

解：在图 6－32 中作直线垂直于已知的等高线 28，即为坡度线。根据图中已给的绘图比例尺，自坡度线与等高线 28 的交点 a，顺指向下坡的箭头方向连续量取平距

$$l=\frac{1}{i}\ \mathrm{m}=\left(1:\frac{1}{2}\right)\mathrm{m}=2\ \mathrm{m}$$

即可定出平面上整数高程的等高线27、26、25等。假如沿反方向量取 l，那么可定出等高线29、30等。

2）用平面上一条倾斜直线和平面的坡度表示平面

如图6－33所示画出了平面上一条倾斜直线的标高投影 a_3b_{10}。因为平面上的坡度线不垂直于该平面上的倾斜直线，所以在平面的标高投影中坡度线不垂直于倾斜直线的标高投影 a_3b_{10}，把它画成带箭头的弯折线，箭头仍指向下坡。

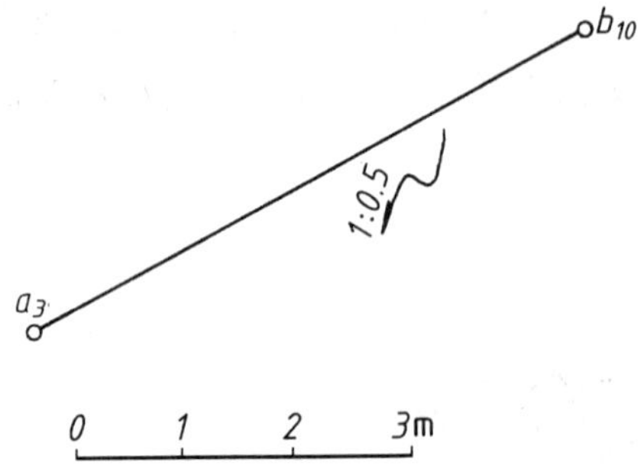

图6－33　用倾斜线和坡度表示平面

例6－4　已知平面上一条倾斜直线 AB 的标高投影 a_3b_{10}，平面的坡度 $i=1:0.5$，试作该平面的等高线和坡度线（图6－34所示）。

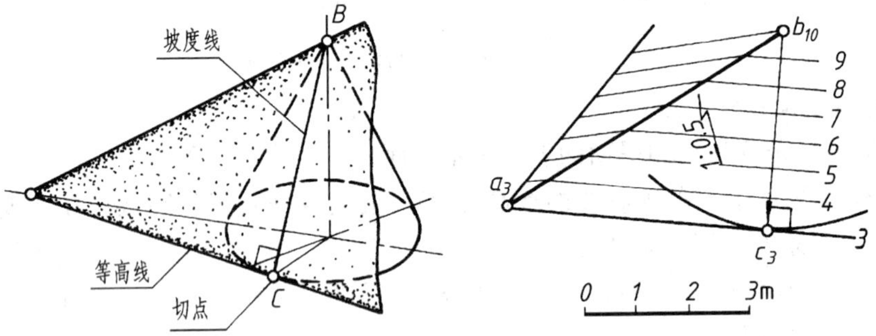

(a)　　(b)

图6－34　作平面上的等高线和坡度线

解： 如果过点 A 作平面上高程为3的等高线，那么等高线3和点 B 之间的水平距离应为

$$L_{AB}=\frac{H_{AB}}{i}\ \text{m}=\left[(10-3):\frac{1}{0.5}\right]\text{m}=3.5\ \text{m}$$

在图6－34b中以点 b_{10} 为圆心，以 $L_{AB}=3.5$ m 为半径画圆。再自点 a_3 引圆的切线，切线可作两条，根据画有箭头表示坡向的弯折示坡线，确定其中的一条切线，则切点 c 到点 b_{10} 的距离为3.5 m。点 C 的高程为3，记为 c_3。a_3c_3 为平面上一条高程为3的整数等高线，如图6－34所示。由之可作出其他等高线。将切点 c_3 和点 b_{10} 用直线连起来，即为平面上的坡度线，且 $c_3b_{10}\perp a_3c_3$。

3. 平面交线的标高投影

在标高投影中，两平面的交线，就是两平面上两对相同高程的等高线相交后所得交点的连线，如图6－35所示。

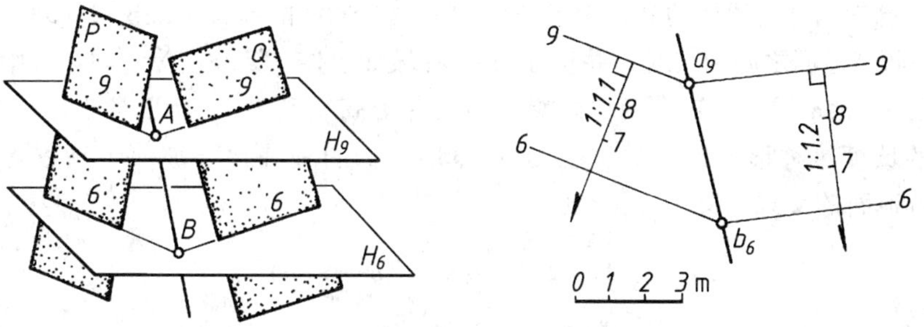

(a) (b)

图 6-35 平面交线的标高投影

下面来讨论交线的标高投影的方向问题。

两平面 P 和 Q 的交线为直线，设交线的标高投影与平面 P 上一条等高线的夹角为 α_P，与平面 Q 上一条等高线的夹角为 α_Q。若两平面的坡度相等，即 $i_P=i_Q$，则它们的夹角也相等，即 $\alpha_P=\alpha_Q$，交线的投影为两平面等高线夹角的平分线，如图 6-36a 所示。若两平面的坡度不相等，例 $i_P>i_Q$，则有 $\alpha_P<\alpha_Q$，如图 6-36b 所示。

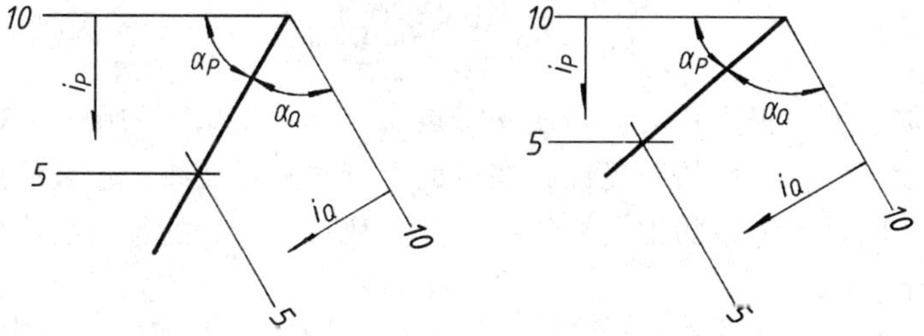

(a) $i_P=i_Q$ (b) $i_P>i_Q$

图 6-36 交线与等高线的夹角

若两平面的等高线平行，则两平面的交线必平行于等高线，即交线方向为已知，只要作出交线上的一个点就可以了。在图 6-37 中垂直于两平面等高线的标高投影（即水平投影）作一辅助正立投影面 V，相交两平面 P 和 Q 在 V 面上的投影积聚为直线 P_V 和 Q_V，其交点 m'（n'）即为所求的交线在 V 面上的投影，对应地作到标高投影图中，便得交线 MN 的标高投影 mn。

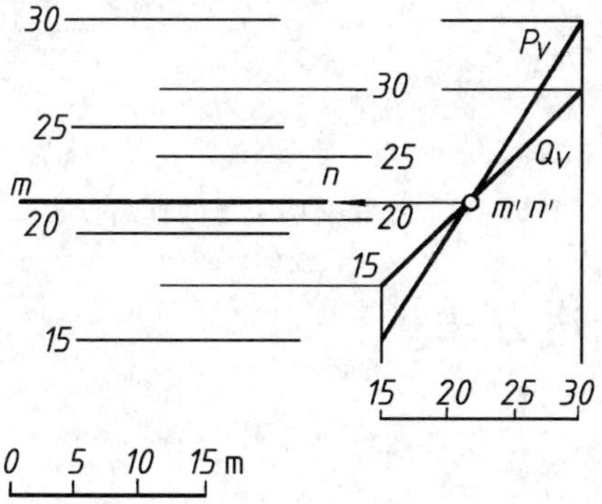

图 6-37 交线与等高线平行

例 6－5 已知两土堤顶面的高程、各坡面的坡度、地面的高程，如图 6－38a 所示，试作出两堤之间、堤面与地面之间的交线，并从堤顶 a_6 在坡面上作一条坡度为 $i=1:3$ 的倾斜直线。

解：如图 6－38a 所示可知，两堤的堤顶边线为等高线 5 和 6，所以各土堤坡面是以一条等高线和坡面的坡度这种形式给出的。在图 6－38b 中，首先作出各坡面上高程为 0 的等高线，即为各坡面与地面的交线，其中

$$L_1=L_2=\left(6:\frac{1}{1.5}\right)\text{m}=9\ \text{m}$$

$$L_3=\left(1:\frac{1}{1.5}\right)\text{m}=1.5\ \text{m}$$

$$L_4=L_5=L_6=\left(5:\frac{1}{1}\right)\text{m}=5\ \text{m}$$

然后，按图 6－36 所示的方法作出两坡面上相同高程的等高线的交点，如点 c_5 和 d_0，连成直线，即为坡面间的交线。其中，e_5f_0 为相邻两坡面上相交等高线的角平分线，c_5g_5 平行于大堤坡面上的等高线。

最后，以点 a_6 为圆心，以

$$L_{AB}=\left(6:\frac{1}{3}\right)\text{m}=18\ \text{m}$$

为半径作圆弧，与坡面上高程为 0 的等高线交于点 b_0，即为所求，如图 6－38b 所示。

为了增加标高投影图中坡面的明显性，在坡面上可加画示坡线。示坡线应垂直于坡面上的等高线，用长、短相间且为等距的细实线绘制，并且从高程值大的等高线画向高程值小的等高线，如图 6－38 所示。

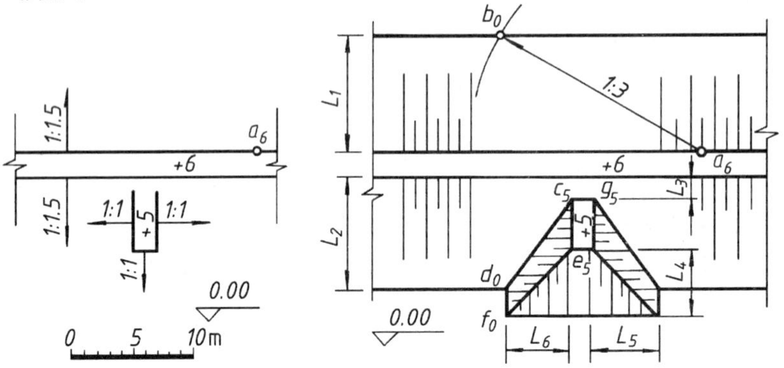

(a) (b)

图 6－38 作相交两土堤的标高投影

6.6 机件的常用表达方法

6.6.1 视图

1. 基本视图

前面介绍的主视图、俯视图和左视图，是在正立投影面、水平投影面和侧立投影面的三个基

本投影面上所得到的视图。根据国家标准规定，在原有三个投影面的基础上再增设三个投影面，组成一个正六面体，这六个投影面称为基本投影面。机件向基本投影面投射所得的视图称为基本视图，如图 6－39 所示，在增设的三个基本投影面上所得到的视图为：右视图——由右向左投射所得的视图；仰视图——由下向上投射所得的视图；后视图——由后向前投射所得的视图。

以上六个视图称为基本视图。六个投影面的展开方法，如图 6－39 所示。

六个基本视图的配置关系，称为视图的基本配置关系，如图 6－40 所示。

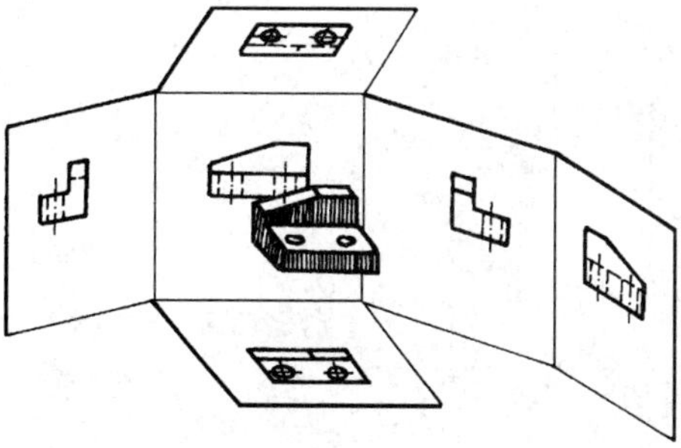

图 6－39 六个基本投影面的展开方法

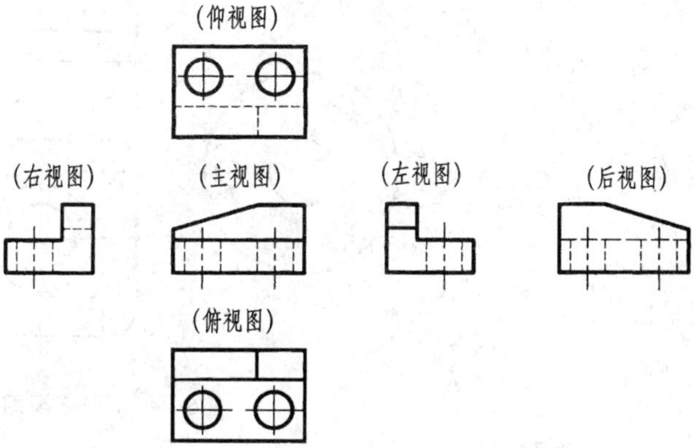

图 6－40 六个基本视图的配置

绘图时，通常无需画出六个基本视图，应根据机件的形状和结构特点，选用必要的几个基本视图。

2. 向视图

向视图是可以自由配置（平移）的基本视图。

在向视图的上方标出“×”（“×”一般为大写拉丁字母），在相应的视图附近用箭头指明投射方向，并注上同样的字母，如图 6－41 所示。

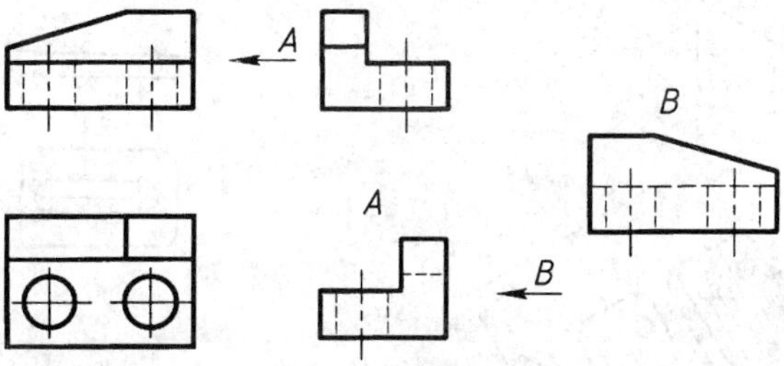

图 6－41 向视图标注的方法

3. 局部视图

将机件的某一部分向基本投影面投射，所获得的视图称为局部视图，如图 6－42 所示。局部视图可按基本视图的形式配置（如图 6－44 的俯视图），也可按向视图的形式配置并标注（如图 6－42）。绘图时，一般在局部视图的上方标出视图的名称“×”（“×”一般为大写拉丁字母），在相应的视图附近用箭头指明投射方向，并注上同样的大写拉丁字母，如图 6－42 中所示的“*A*”，“*B*”和“*C*”。当局部视图按投影关系配置，中间又无其他图形隔开时，可省略标注，图 6－42 中所示的“*A*”和“*B*”可省略不注。局部视图的范围应以视图轮廓线和波浪线或双折线的组合表示，如图6－42所示“A”、“B”向视图。当所表达的结构形状完整，且外轮廓线成封闭时，波浪线可省略，如图6－42所示“C”向视图。

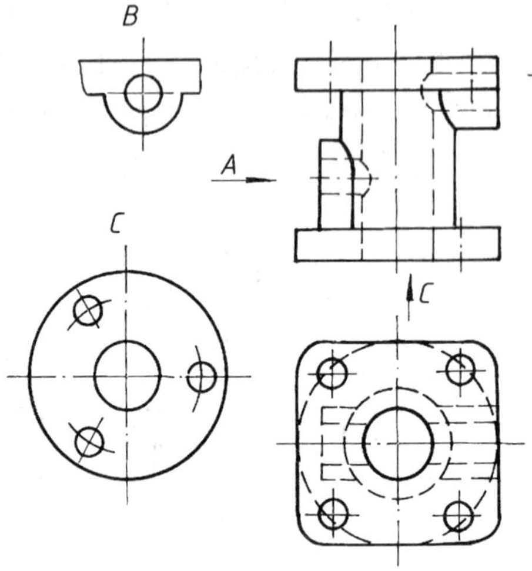

图6－42　局部视图的画法

4. 斜视图

将机件向不平行于任何基本投影面的平面（斜投影面）投射而得到的视图，称为斜视图，如图6－43所示。绘图时，必须在斜视图的上方标出视图的名称“×”，在相应的视图附近用箭头指明投射方向，并注上同样的大写拉丁字母，如图6－44a所示。通常斜视图按向视图的形式配置并标注，必要时也可画在其他适当的位置。在不致引起误解时，允许将图形旋转配置。标注形式如图6－44b所示，旋转符号为半径为字高的半圆弧，箭头为旋转方向，表示该视图名称的拉丁字母应靠近旋转字符的箭头端，也可将旋转角度标注在字母之后。

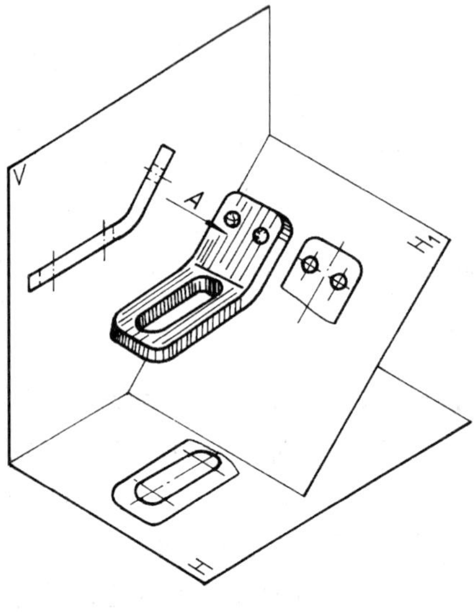

图6－43　斜视图的形成

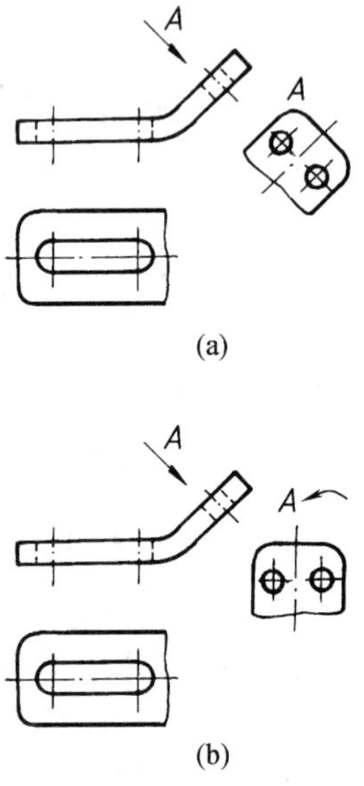

图6－44　斜视图的画法

6.6.2 剖视图

1. 剖视图的形成及其画法

1）剖视图的形成

如图 6－45b 中所示的主视图出现了较多表达内部结构的虚线。

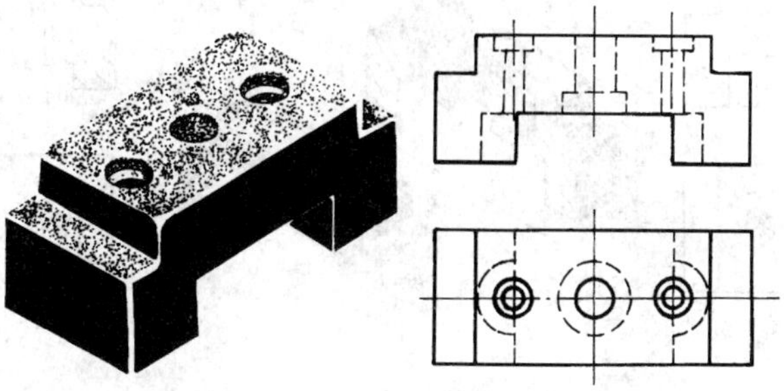

(a) (b)

图 6－45 用虚线表示内部形状

为解决这个问题，可假想用剖切平面在适当的部位剖开机件，假想把处于观察者和剖切面之间的部分形体移去，而将余下的部分形体向投影面投射，这样所得的图形称为剖视图，简称剖视，如图 6－46 所示。在剖视图上，机件内部形状变为可见，原来不可见的虚线改画成实线。为了分清楚机件上被剖切面所剖切的部分以及未被剖切的部分，规定被剖切到的部分应画上剖面符号。对不同的材料，应采用不同的剖面符号（详见第 2 章各种材料的剖面符号）。金属材料的剖面符号，画成与主要轮廓线成 45°方向且间距相等的细实线，该线称为剖面线，如图 6－46 中所示的主视图。同一机件所有视图的剖面线的方向、间距应相同。

由于剖切是假想的，虽然机件的某个视图画成剖视图，然而机件仍为完整的，所以机件的其他投影图都应按完整的机件进行投射，画出完整的视图。

剖视图是为了清楚地表示机件的内部结构形状，因此应该使剖切平面平行于投影面且尽量通过较多的内部结构（孔、槽等）的轴线或对称中心线、对称面等。

2）画剖视图的方法和步骤

机件的视图如图 6－46a 所示。

① 确定剖切平面的位置。为了在主视图上表达出机件的内部结构，故选用平行于正投影面的剖切平面，且通过三处孔的轴线，然后画出剖切平面与机件的截交线，得到断面图形，并在其上画出剖面符号，如图 6－46b 所示。

② 画出断面的图形和画断面后面的可见形体的投影。如图 6－46c 所示，画出大、小孔的台阶面的投影、半圆孔形体的轮廓线等。对于断面后边的不可见形体，可在其他视图上表达清楚，一般不再画出虚线。对于在其他视图难以表达清楚的部分，必要时允许在剖视图上画出虚线。

③ 校核、描深，并标注剖切符号和剖视图的名称（详见剖切位置和剖切视图的标注部分内容）。在俯视图上标注剖切符号，用粗短画（长约 5～10 mm）表示剖切平面的起讫位置，

在粗短画的外侧画出相垂直的箭头表示投射方向，在粗短画附近写上同一字母，如图 6－46d 所示的俯视图中的 *A*；在所画的剖视图的上方用相同的字母标注出 ×—×（“×”为大写拉丁字母），如图 6－46d 所示的主视图 *A*—*A*。

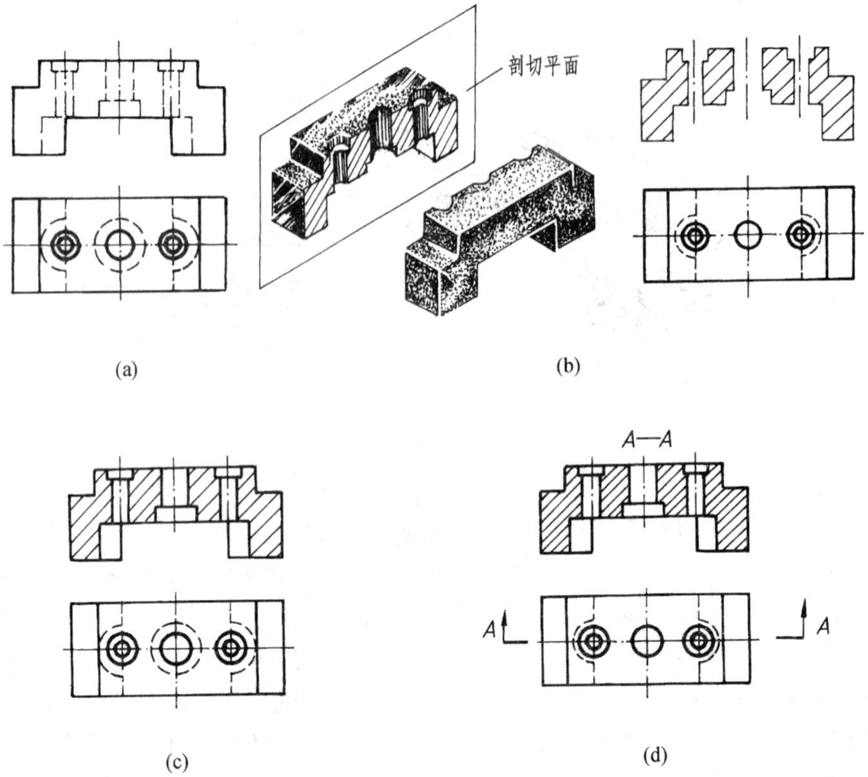

图 6－46　画剖视图的方法和步骤

2. 剖切面的种类

1）单一剖切面

用一个平面剖切机件称为单一剖，如图 6－46 所示。

用一个不平行于任何基本投影面的单一剖切平面剖开机件习惯上称为斜剖，如图 6－47a 所示。采用斜剖画图时，可按照箭头所指的投射方向画出斜剖视图形，如图 6－47b 所示。在不会引起误解时，允许将图形旋转，此时的标注形式如图 6－47c 所示。

2）几个相交的剖切平面

用两相交的剖切平面（交线垂直于某一基本投影面）剖切机件称为旋转剖，如图 6－48 所示。采用这种方法画剖视图时，先假想按剖切位置剖开机件，然后将被剖切平面剖切到的结构旋转到与选定的投影面平行，再进行投射。在剖切平面之后的机件上，其他结构形状一般仍按原来位置投射，如图 6－49 所示俯视图中的小孔。应用旋转剖时，机件应具有回转轴线。

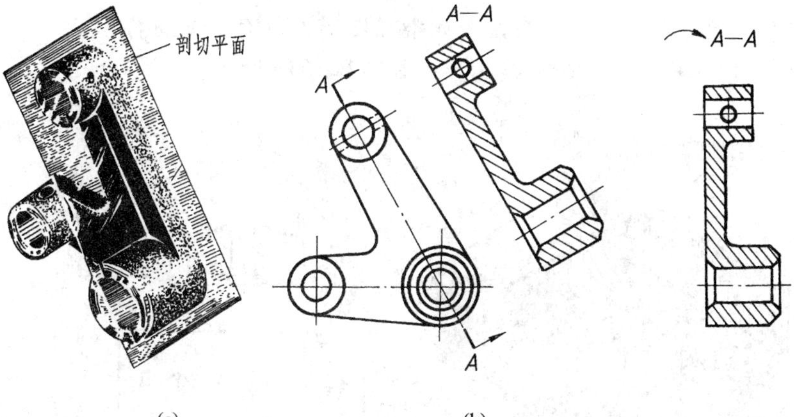

(a) (b) (c)

图 6-47 斜剖视

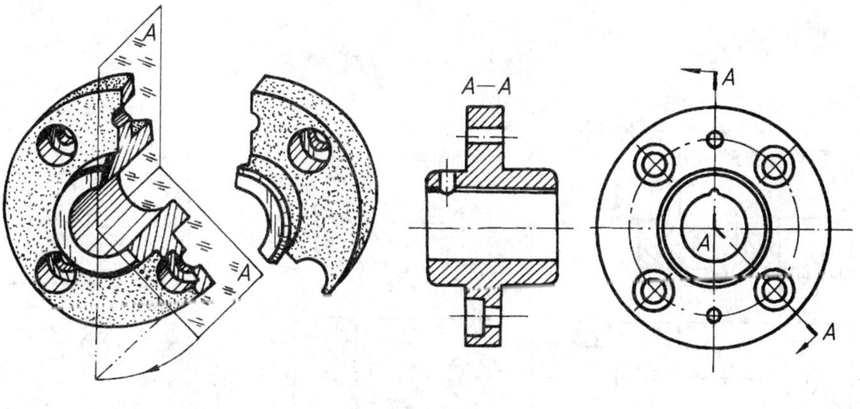

图 6-48 两相交的剖切平面

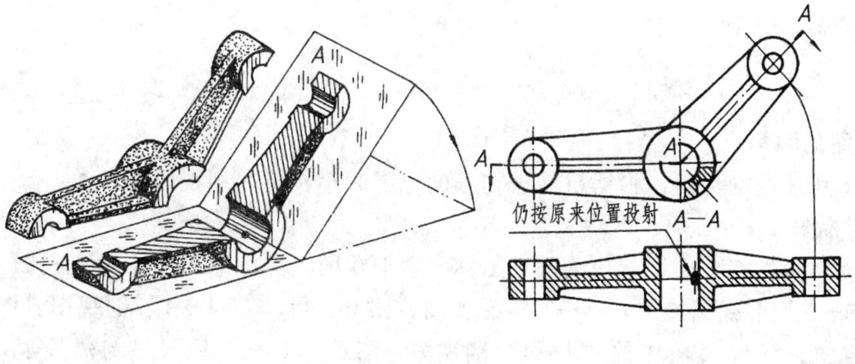

图 6-49 旋转剖

3）几个平行的剖切平面

用几个平行的剖切平面剖开机件称为阶梯剖，如图 6-50 所示。采用这种方法画剖视图时，假想由几个平行剖切平面剖切机件所得到的剖视图是在同一平面上，因此不画出剖切平面转折处的分界面的投影，如图 6－51a 所示。但要注意的是，在剖视图上不应出现不完整的孔、槽等元素，如图 6－51b 所示。只有当两个元素在图形上具有公共对称中心线或轴线时，可以各画一半，此时应以对称中心线或轴线为界，如图 6－51c 所示。

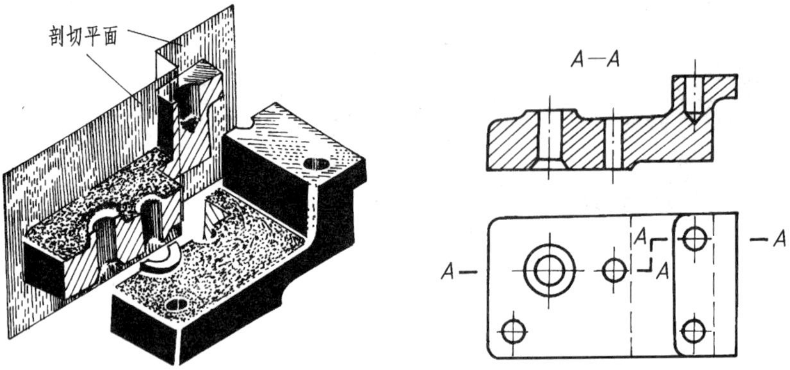

(a)　　　　(b)

图 6－50　阶梯剖

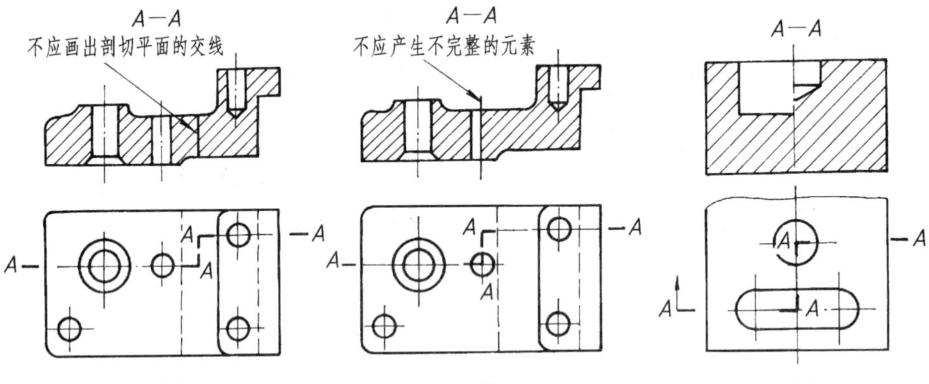

(a)　　　　(b)　　　　(c)

图 6－51　画阶梯剖时的注意点

3. 剖视图的种类

运用以上所述的剖切面，根据机件被切开的范围大小作出的剖视图有三类：

1）全剖视图

用剖切面将机件完全剖切所得的剖视图称为全剖视图，如图 6－46 中的主视图，图 6－47 中所示的“*A*—*A*”剖视图或“↷*A*—*A*”剖视图，图 6－48 中“*A*—*A*”剖视图，图 6－49 中“*A*—*A*”剖视图，图 6－50c 中的“*A*—*A*”剖视图，图 6－51 中“*A*—*A*”剖视图等。

2）半剖视图

当机件具有对称平面时，在垂直于对称平面的投影面上投射所得的视图，以对称中心线为界，一半画成剖视图，另一半画成视图，这种剖视图称为半剖视图，如图 6－52 和图 6－53b 所示。

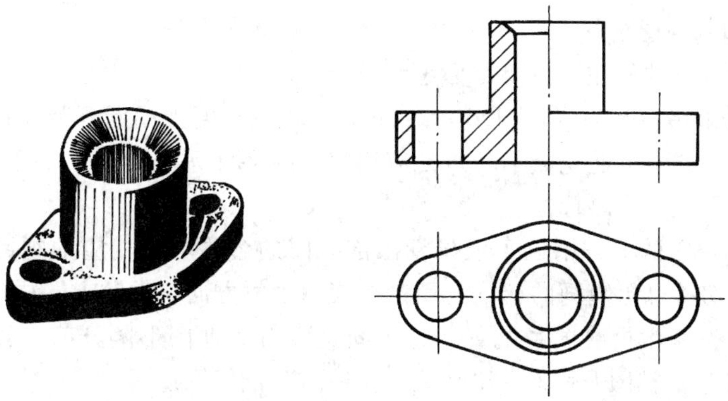

图 6－52　半剖视图

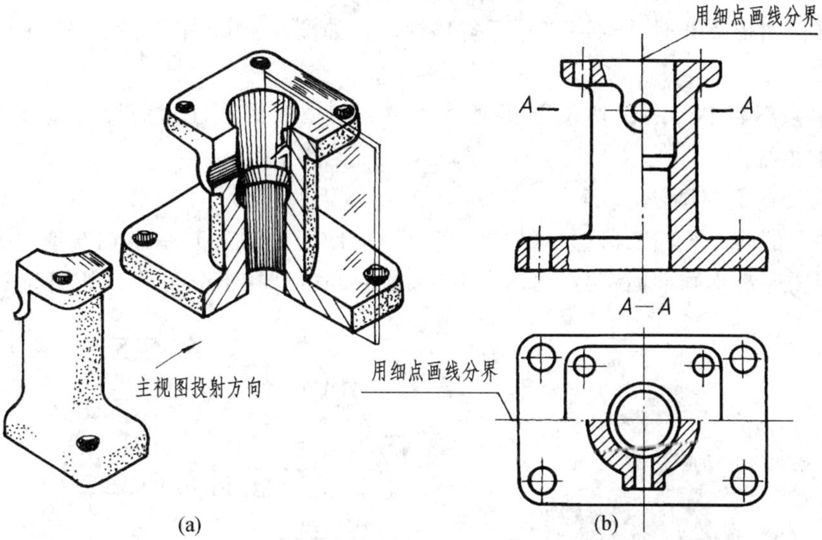

图 6－53　半剖视图

3）局部剖视图

用剖切面局部地剖切开机件所得的剖视图，称为局部剖视图，如图 6－54 所示。局部剖视图用波浪线或双折线作为分界线，将其与视图分开，波浪线不应和图样上其他图线重合。

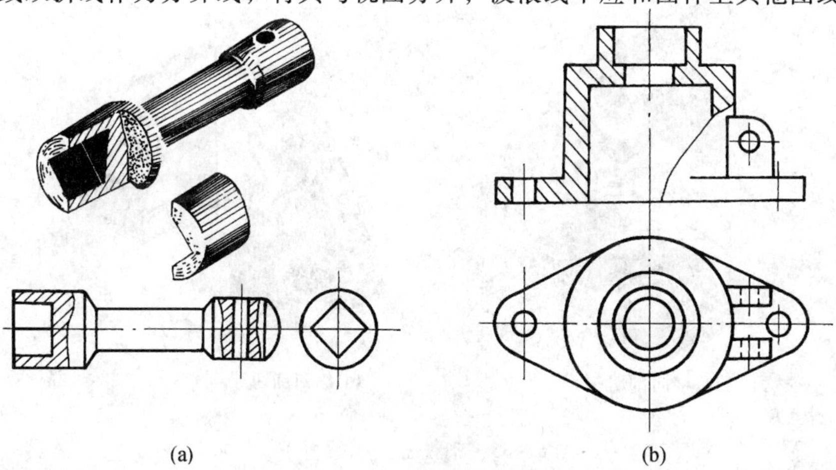

图 6－54　局部剖视图

4. 剖切位置和剖视图的标注

剖视图中剖切位置的标注，主要是为了便于看图。

(1) 剖切符号采用线宽为 (1~1.5) d (d 表示粗线宽度) 的断开粗实线，应尽可能不与图形的轮廓线相交，在它的起讫点和转折处应用相同的字母标出，但当转折处的地方有限，而又不致引起误解时，允许省略标注。

(2) 一般在剖视图的上方用拉丁字母标出剖视图的名称。在相应的视图上用剖切符号表示剖切位置，在剖切符号粗短画的起讫处用箭头表示投射方向，并注上同样的拉丁字母。

(3) 当剖视图按基本投射关系配置，且中间又没有其他图形隔开时，可以省略箭头，如图 6-49 中 "*A—A*" 剖视图及图 6-53b 中的 "*A—A*" 剖视图所示。

(4) 当单一剖切平面通过机件的对称平面或基本对称的平面，且剖视图按投影关系配置，中间又没有其他图形隔开时，剖切符号可省略标注，如图 6-46c 中的主视图、图 6-53b 中主视图所示。

(5) 当单一剖切平面的剖切位置明显时，局部剖视图的标注可省略，如图 6-54a 及图 6-54b 所示的主视图。

5. 剖视图上的简化画法

对于机件上的肋、轮辐及薄壁等结构，若是纵向剖切 (通过其基本轴线或对称平面)，这些结构在剖视图上都不画剖面符号，而用粗实线将它与其邻接部分分开，如图 6-55 所示。由

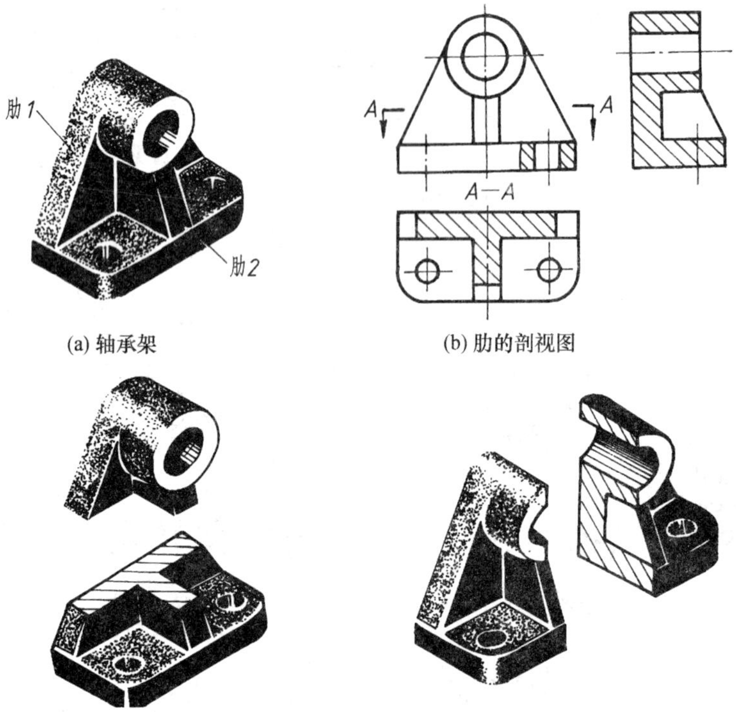

(a) 轴承架 (b) 肋的剖视图

(c) 横向剖切 (d) 纵向剖切

图 6-55 剖视图上肋的画法

图可见轴承架的圆筒是用肋 1 和肋 2 支撑（图 6-55a），其左视图、俯视图都是全剖视图（图 6-55b）。在左视图上由于肋 2 被剖切平面纵向剖切（图 6-55d），故肋板上不画剖面线，而按视图画出；但在俯视图上，肋 1 和肋 2 均被剖切平面横向剖切（图 6-55c），故肋上要画出剖面线。

又如图 6-56 所示带轮的轮辐，在主视图中为纵向剖切，也按规定不画剖面线。

(a)

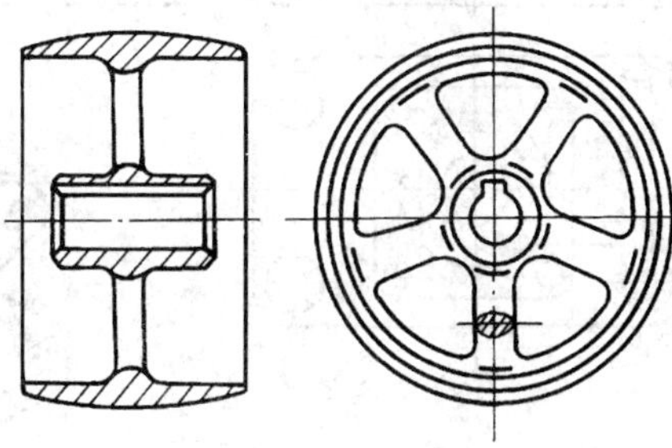

(b)

图 6-56 剖视图上轮辐的画法

6. 剖视图选用举例

剖视图应根据形体的特点，以充分表达出内外形状为原则合理选用。试将三通接头（图 6-57b）的三个视图选用适合的剖视图。

分析：三通接头的形体是由两圆柱体垂直相贯，上、下及左边的接头主要为平面立体，在这些形体上均开有圆孔，因此图 6-57a 中视图上虚线较多。

主视图：图形左右不对称，外形两圆柱和内部两圆孔均相贯，故选用通过两圆柱（两圆孔）垂直相交的轴线，并平行 *V* 面的剖切平面，用局部剖视表示，如图 6-57c 所示的主视图。由于是从形体的对称面处剖切的，故不需标注。

俯视图：图形为前后对称，在表示出上、下接头的形状的同时，为了表达出圆柱的壁厚和左边接头上的小孔，故选用了 *A*—*A* 半剖视，剖切平面通过水平圆柱轴线且平行于 *H* 面，如图 6-57c 所示的单一半剖视的俯视图。该剖视图应标注，但表示投射方向的箭头可省。

左视图：为对称图形。为了表示左边接头外形以及垂直圆柱，故选用 *B*—*B* 半剖视图。剖切平面通过垂直圆柱轴线且平行 *W* 面，该视图也应标注。为了表示上、下接头上各四个通孔，故在未剖的半个视图上选用两个局部剖视，如图 6-57c 所示单一半剖视及两处单一局部剖视的左视图。由此例可知，凡采用了剖视图，虚线通常省略不画，但等分孔的轴线还应画出。

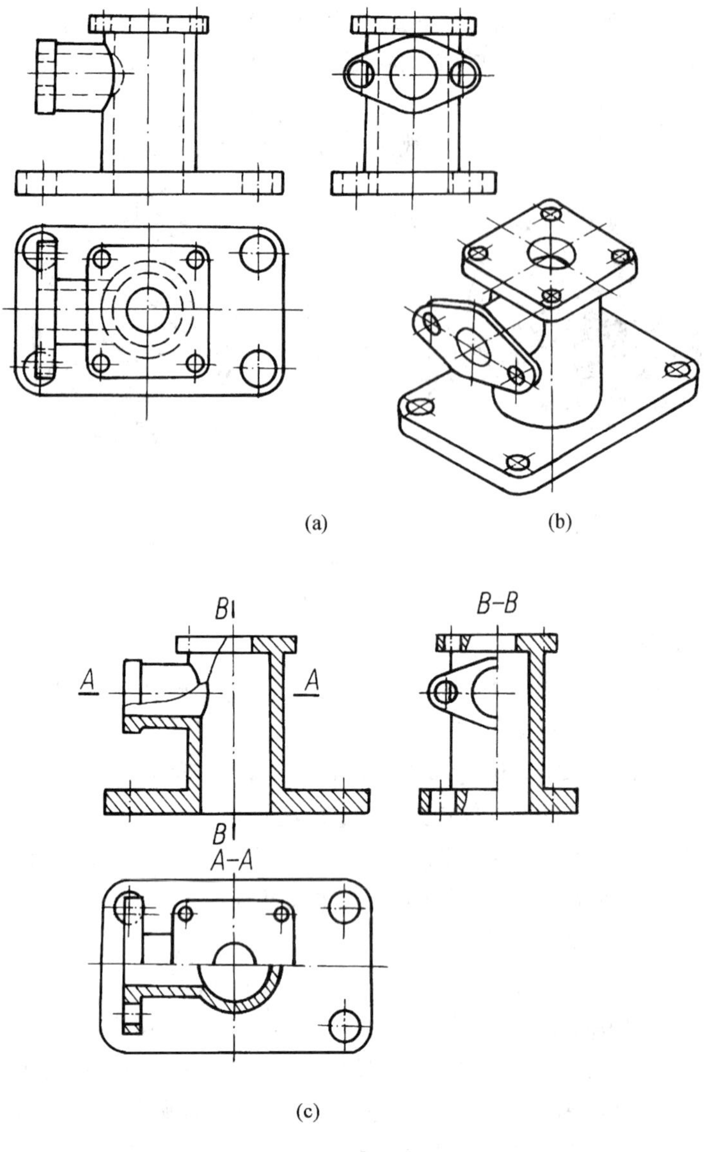

图 6－57 剖视图表达示例

6.6.3 断面图

1. 断面图的形成

假想用剖切平面将机件的某处切断，仅画出断面的图形，这种图称为断面图，简称断面，如图 6－58 所示。断面图用于表示机件上某处的断面结构和形状。画断面图时，应将剖切的断面绕剖切符号旋转 90°重合在图面上，并在剖切的断面上画出剖面线。

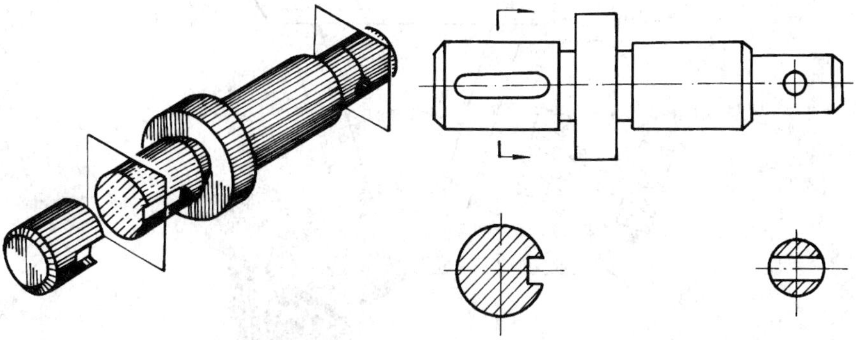

(a) (b)

图 6－58 断面图

2. 断面图的种类

断面图分为移出断面图和重合断面图。

1）移出断面图

画在视图之外的断面，称为移出断面图。画移出断面图应注意：

① 移出断面的轮廓线用粗实线绘制，如图 6－59 所示。

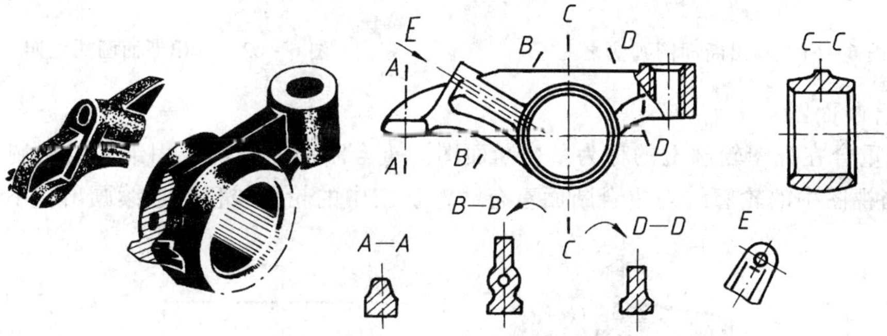

(a) (b)

图 6－59 移出断面图画法之一

② 移出断面应尽量配置在剖切符号或剖切平面迹线的延长线上，如图 6－58b 所示。剖切平面迹线是剖切平面与投影面的交线，用细点画线表示。必要时，可以将移出断面配置在其他适当的地方。在不致引起误解时，允许将图形旋转，其标注形式如图 6－59 中的断面“*A—A*”、断面“*B—B*↶”以及断面“↷*D—D*”。

③ 由两个或多个相交的剖切平面剖切机件所得出的移出断面，中间一般应断开，如图6－60 所示。

④ 当剖切平面通过回转面形成孔或凹坑的轴线时，这些结构均按剖视绘制，如图 6－61 所示。当剖切平面通过非圆孔时，导致出现完全分离的两个断面，这些结构应按剖视绘制，如图 6－62 所示。

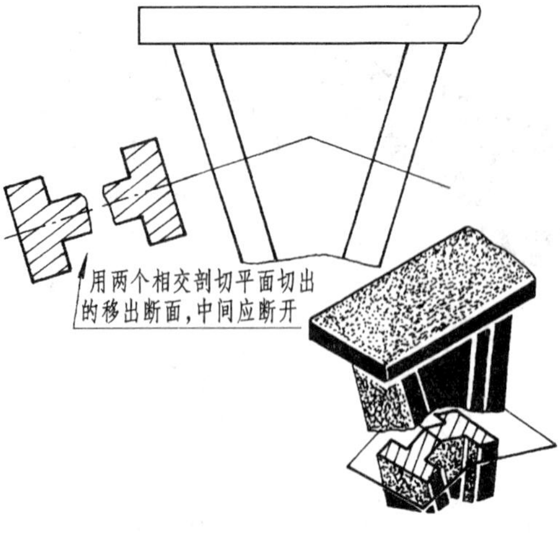

图 6-60 移出断面图画法之二

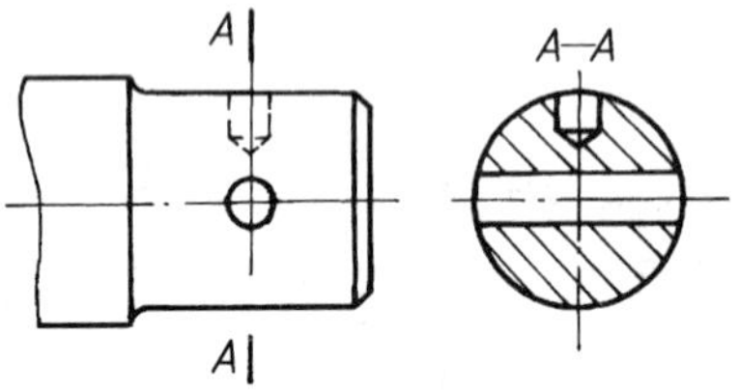

图 6-61 移出断面图画法之三

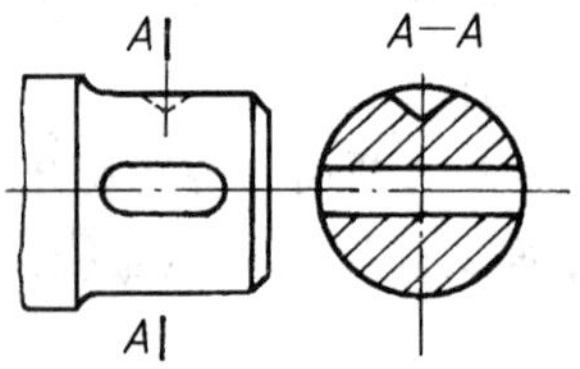

图 6-62 移出断面画法之四

2）重合断面图

断面图重合在视图轮廓上的称为重合断面图。重合断面的轮廓线用细实线绘制，如图 6-63 所示。当视图中的轮廓线与重合断面重合时，视图中的轮廓线仍应连续画出，不可间断。

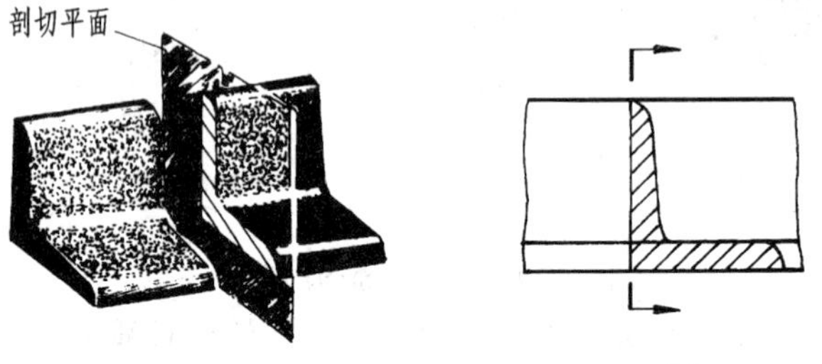

(a) (b)

图 6-63 重合断面画法之一

3. 剖切位置和断面图的标注

1）移出断面一般应用剖切线或粗短画表示剖切位置，用箭头表示投射方向，并注上拉丁字母，在断面图上方应当用同样的拉丁字母标出相应的名称，如图 6-64 中所示的断面“*A*—*A*”和断面“*B*—*B*”。

2）配置在剖切线的延长线上的不对称移出断面，可省略字母，如图 6-58b 所示。配置在剖切线上的不对称重合断面，也不必标注字母，如图 6-63b 所示。

不配置在剖切符号延长线上的对称移出断面，其标注如图 6-59 中的“*A*—*A*”、图 6-61

中的“*A—A*”、图 6－62 中“*A—A*”，以及按投影关系配置的对称移出断面，如图 6－64 中“*B—B*”，均可省略箭头。

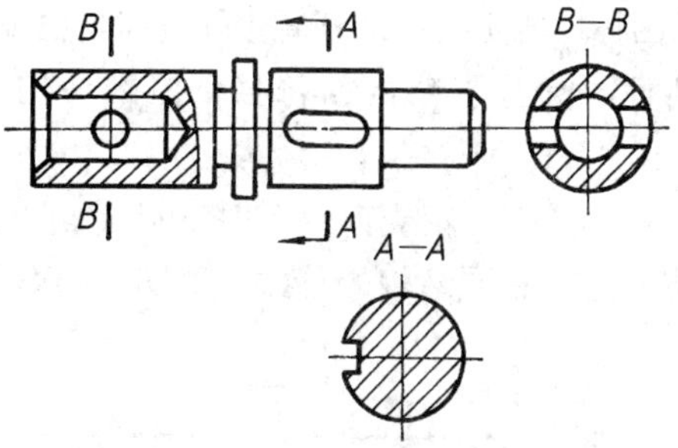

图 6－64 移出断面的标注

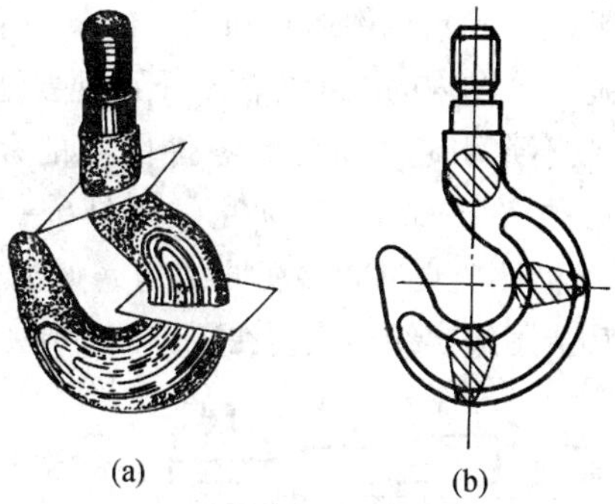

图 6－65 重合断面画法之二

3）对称的重合断面，其画法如图 6－65 所示。配置在剖切符号延长线上的对称移出断面，如图 6－58b 所示。剖切符号均不必标注。

6.6.4 局部放大图

将图样中所表示的机件的部分结构，用大于原图形所采用的比例画出的图形，称为局部放大图，如图 6－66 所示。画局部放大图时应注意：

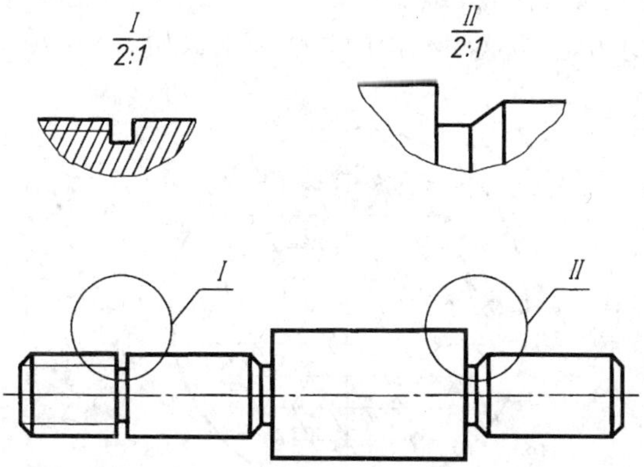

图 6－66 局部放大图（轴）

1）局部放大图可画成视图、剖视、断面，它与被放大部分的表达方式无关。局部放大图应尽量配置在被放大部位的附近。局部放大图上被放大部分的范围用波浪线表示；

2）原视图上用细实线圈出被放大的部位。当同一机件上有多个被放大的部位时，必须用罗马数字依次标明被放大的部位，并在局部放大图的上方标注出相应的罗马数字和所采用的比例，如图 6－66 所示；

3）同一机件上不同部位的局部放大图，当图形相同或对称时，只需画出其中的一个。

6.6.5 简化画法

在能够准确表示机件形状和结构的条件下，为使画图简便，可以采用包括规定画法、省略画法、示意画法等在内的图示方法。下面扼要地介绍国标所规定的一部分简化画法和其他规定画法。

（1）在不致引起误解时，零件图中的移出断面，允许省略剖面符号，但剖切位置和断面图的标注必须按原来的规定标注，如图6－67所示。

（2）当机件上具有较多相同结构（如齿、槽等），并按一定规律分布时，只需画出几个完整的结构。其余用细实线连接，在零件图中则必须注明这些相同结构的总数，如图6－68所示。

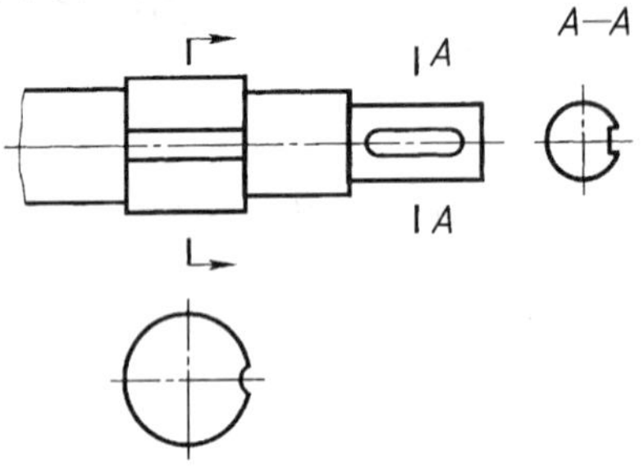

图6－67　断面图简化画法

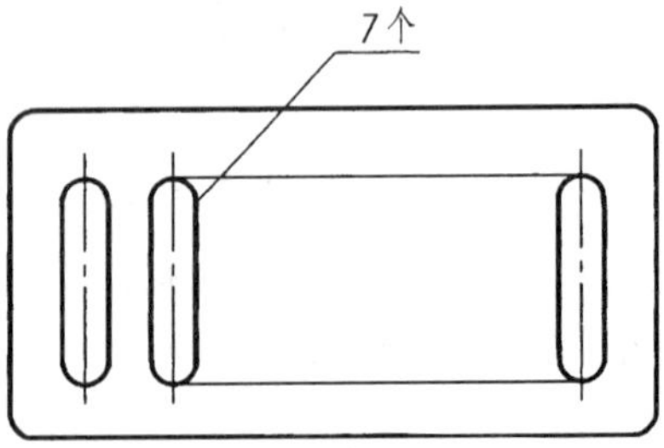

图6－68　相同结构简化画法

（3）若干直径相同且成规律分布的孔（如圆孔、螺孔等），可以仅画出一个或几个，其余只需用点画线表示其中心位置，在零件图中则应注明孔的总数，如图6－69所示。

（4）网状物、编织物或机件上的滚花部分，可在轮廓线附近用细实线示意画出。并在零件图的视图部分或技术要求中注明这些结构的具体要求，如图6－70和图6－71所示。

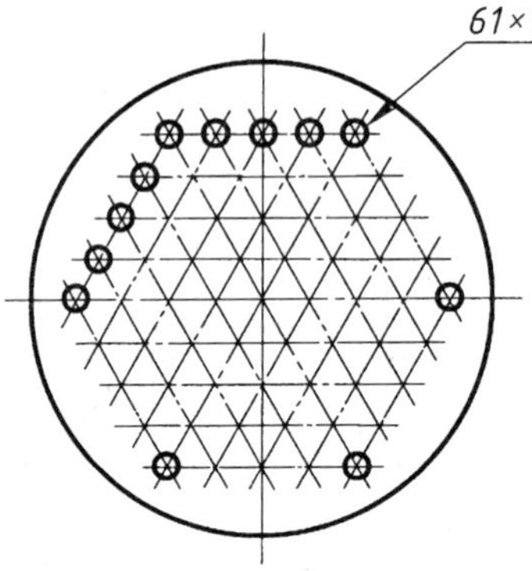

图6－69　相同直径成规律分布孔的简化画法

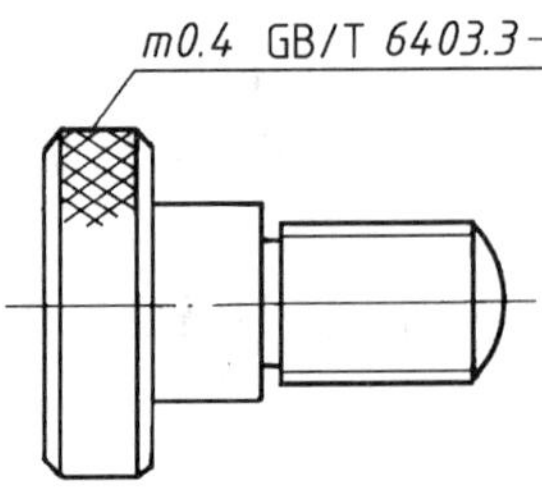

图6－70　滚花简化画法

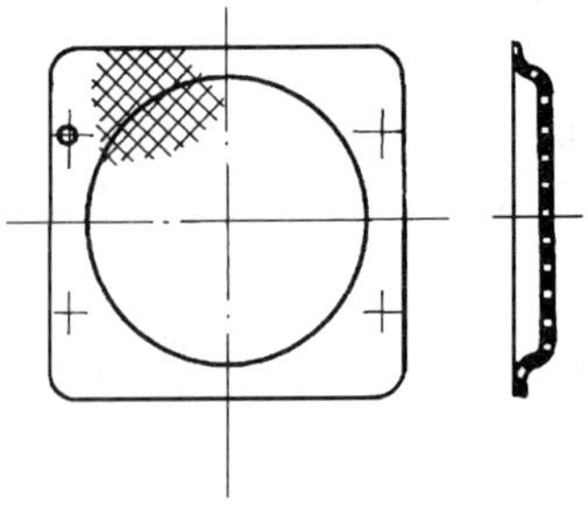

图6－71　网状物简化画法

(5) 对于机件的肋、轮辐及薄壁等，如按纵向剖切，这些结构都不画剖面符号，用粗实线将它们与邻接部分分开（即按视图来画），如图 6－72 所示。当零件回转体上均匀分布的肋、轮廓、孔等结构不处于剖切平面上时，可将这些结构旋转到剖切平面上画出，如图 6－72、图 6－73 所示。

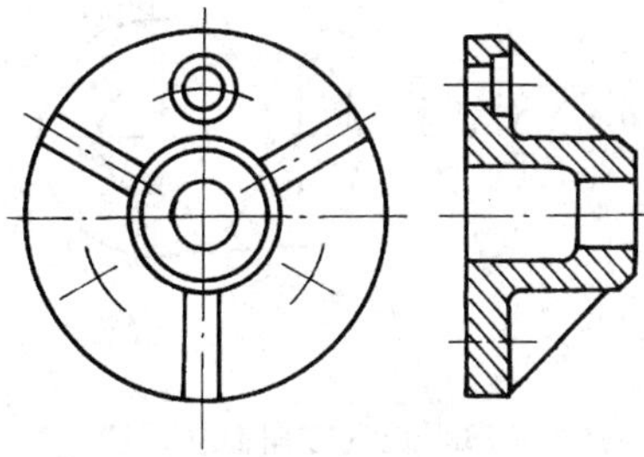

图 6－72　肋的简化画法

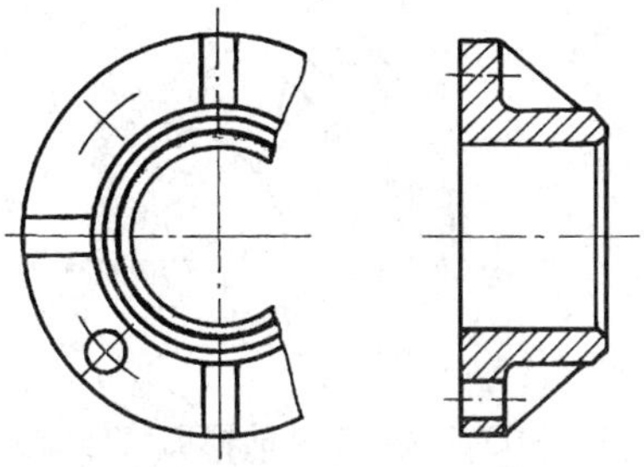

图 6－73　孔的简化画法

(6) 当图形不能充分表达平面时，可用平面符号（相交的两细实线）表示，如图 6－74 所示。

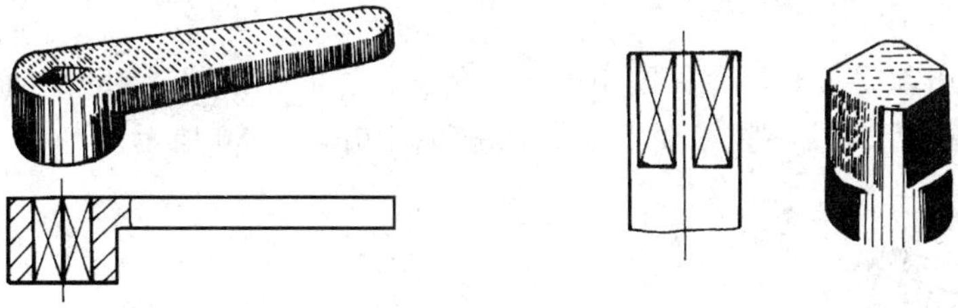

(a)　(b)

图 6－74　平面的简化画法

(7) 在不致引起误解时，过渡线、相贯线允许简化成用圆弧或直线来代替，如图 6－75 和图 6－76 所示。

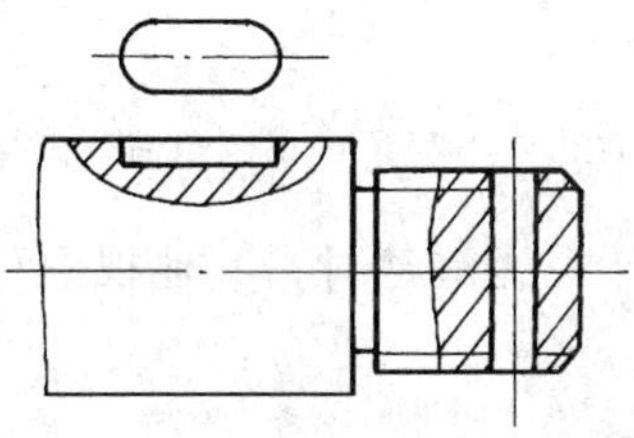

图 6－75　相贯线简化画法

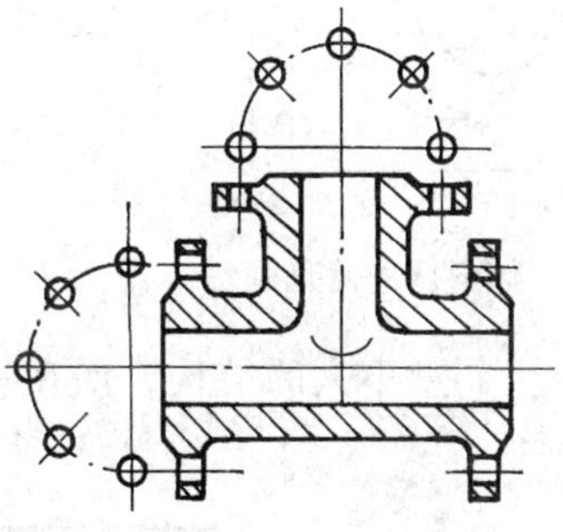

图 6－76　过渡线简化画法

(8) 对称结构的局部视图，可按图 6－75 所示方法绘制。圆柱形法兰上均匀分布的孔可按图 6－76 所示方法表示（由外向法兰端面方向投射）。

(9) 在不致引起误解时，对于对称机件的视图可画一半或四分之一，并在对称中心线的两端画出两条与其垂直的平行细实线，如图 6－77 所示。

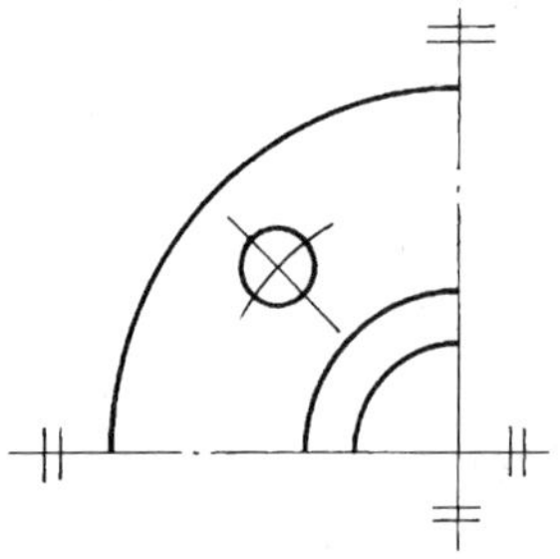

图6－77 对称机件的视图简化画法

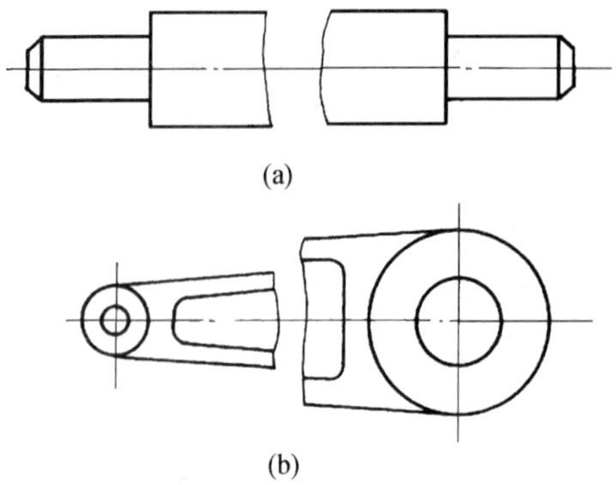

图6－78 长度方向简化画法

（10）较长的机件（如轴、杆等），当其沿长度方向的形状一致或按一定规律变化时，可断开后缩短绘制，如图6－78所示。

（11）与投影面倾斜角度小于或等于30°的圆或圆弧，其投影可用圆或圆弧代替，如图6－79所示。

（12）在不致引起误解时，零件图中的小圆角、锐边的小倒圆或45°小倒角允许省略不画，但必须在视图中注明尺寸或在技术要求中加以说明，如图6－80所示。

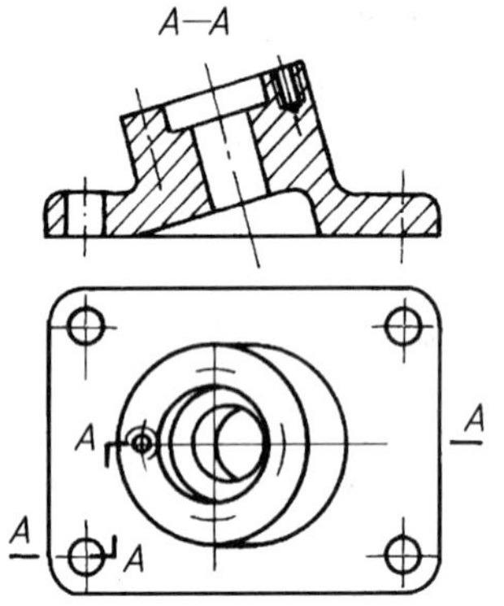

图6－79 倾斜圆的简化画法

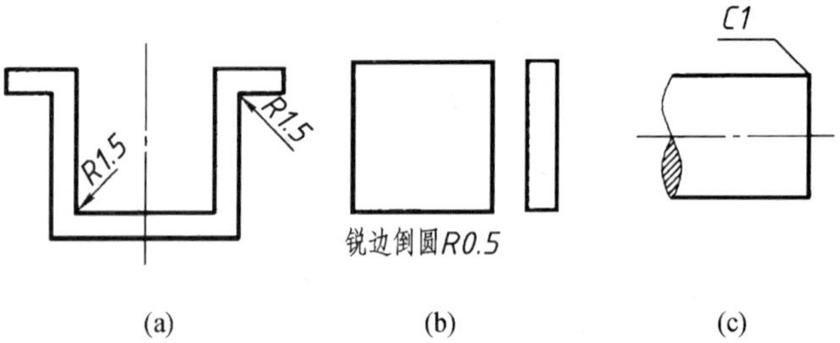

图6－80 小圆角、小倒角简化画法

（13）机件上斜度不大的结构，如在一个视图中已表达清楚时，其他视图可按小端画出，如图6－81所示。

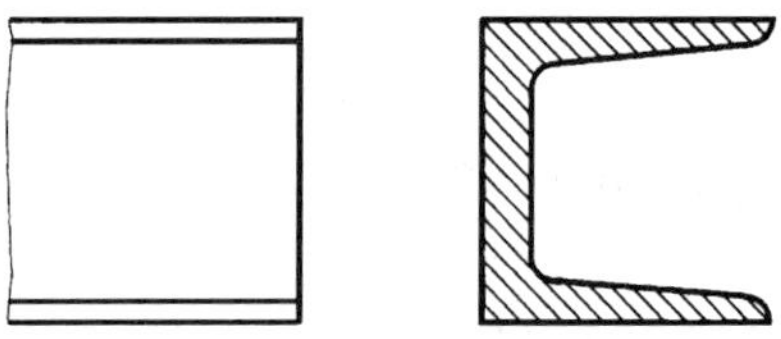

图6－81 斜度的简化画法

6.6.6 表达方法应用举例

前面介绍了机件在图样上的各种表达方法，有以基本视图为主的各种视图，以全剖、半剖、局部剖为主的各种剖视图和断面图；以及其他画法等。在表达一个零件时，应根据零件的具体形状和结构，以完整、清晰为目的，以看图方便、绘图简便为原则，正确地选用适当的表达方法。现举例说明如下。

例 6-6 轴承支架的表达方法（图 6-82）。

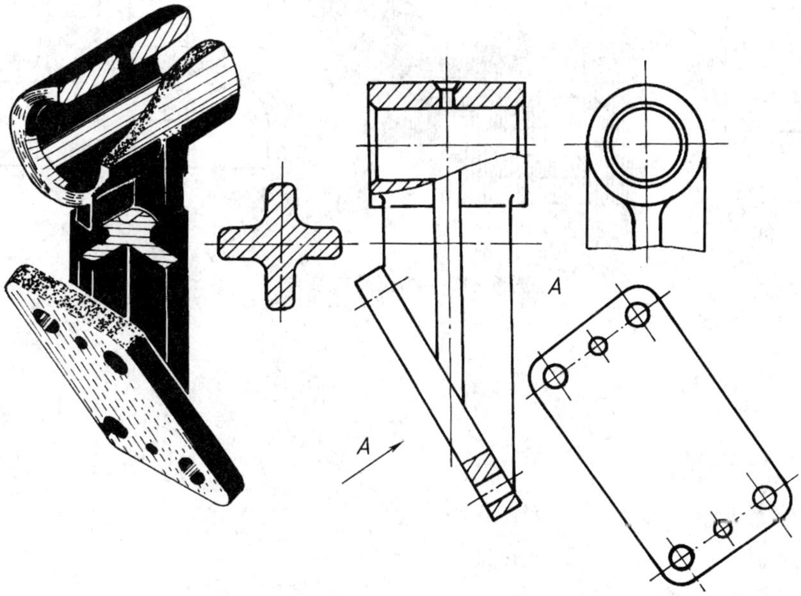

(a) (b)

图 6-82 轴承支架的表达方案

轴承支架的主视图反映出支架在机器中的安装位置，并采用了局部剖视，以表示轴承孔和加油孔。左视图为局部视图，表示轴承圆柱与十字形肋板的连接关系和相对位置，移出断面表示十字形肋板的断面实形；主视图上的倾斜底板采用局部剖视，表示其通孔；*A* 向斜视图，表示倾斜底板的实形以及其上孔和销孔的分布位置及数量。这样，轴承支架仅用了四个视图，达到视图清晰完整、作图简便的要求。

6.6.7 第三角画法简介

V、*H* 两投影面把空间分成为四个区域。每一区域称为分角。如图 6-83a 所示，*V* 面的上半部分、*H* 面的前半部分之间的区域为第一分角；*V* 面的下半部分、*H* 面的后半部分之间的区域为第三分角；其余为二、四分角。根据国家标准《投影法》的规定，视图应采用第一角画法，因此前述各章均以第一分角来阐述投影的问题。国标中规定，必要时也可以采用第三角画法。国际上不少国家采用第三角画法，它是将物体放在第三分角中投影，即投影面处于观察者与物体之间进行投影，在 *V* 面上形成由前向后投射所得的前视图，在 *H* 面上形成由上向下投

射所得的顶视图，在 W 面上形成由右向左投射所得的右视图，如图 6－83b 所示。投影面的展开是规定 V 面不动，顶面向上、侧面向右各旋转 90°与 V 面重合，使三个面展成同一个平面，得到物体的三视图，如图 6－83c 所示。与第一角画法相类似，采用第三角画法的三视图也有下述特性，即多面正投影的投影规律：前、顶视图长对正；前、右视图高平齐；顶、右视图宽相等，前后对应。

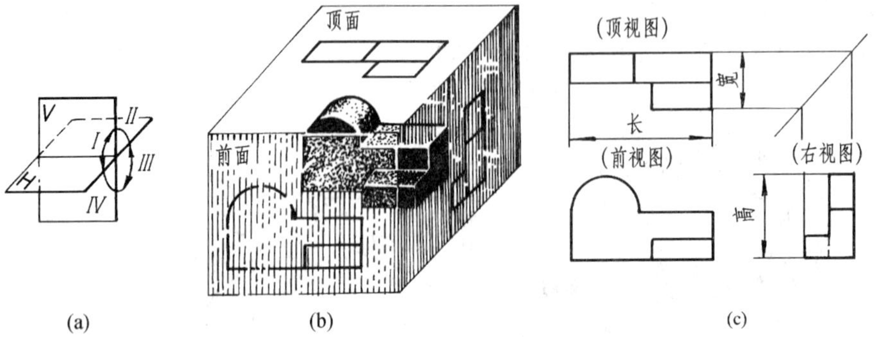

图 6－83 第三角投影法

第7章　工程图的绘制与阅读

7.1　机械产品的常用结构和标准件

任何机器或部件都是由若干零件按一定的装配关系和技术要求装配而成的。装配机器时，一般先将零件装配成部件，然后把若干部件装配成机器。表示部件或机器的工程图样称为装配图。表示零件的工程图样称为零件图。

设计时，一般先画装配图，然后根据装配图设计零件并绘制零件图；制造加工时，则按零件图的要求加工制造零件，再根据装配图装配成部件和机器。因此，零件图和装配图的关系十分密切，它们都是生产中的重要技术文件。

在机器零件中，有些零件在各种不同机器中都经常用到，例如，起紧固作用的螺钉、螺栓、垫圈、销等；起传动、变速作用的齿轮等；起储能作用的各种弹簧；起支承转动轴作用的各种滚动轴承等等。

为了便于生产、使用和简化设计，对其中一些常用的结构要素、形状大小和规格，都制定了标准，例如螺纹紧固件。如键、销和滚动轴承，在使用中必须保证互换性，因此还制订了严格的公差要求。由于螺纹紧固件、键、销和滚动轴承已经全部标准化，因此这些零件又称为标准件。标准件可集中大量生产，成本可大大降低。齿轮只有其上的轮齿结构是标准的，轮齿的参数已标准化、系列化，齿轮其他部分的结构、尺寸等国标不作统一规定。

对于常用结构，国标制订了规定画法，特别是对螺纹紧固件、键、销和滚动轴承等标准件，还制订了代号和标记，根据代号和标记，可以从相应的国家标准中查出其全部尺寸。

图7-1所示的齿轮油泵，由螺钉、螺栓、螺母、垫圈、销、键、齿轮、左端盖、右端盖、泵体等组成。左端盖、右端盖、泵体等为该机器专用的零件，螺钉、螺栓、螺母、垫圈、销、键等为标准件。

7.1.1　螺纹和螺纹紧固件

1. 螺纹的形成、要素和结构

1）螺纹的形成

在圆柱（或圆锥）表面上，沿着螺旋线所形成的、具有相同轴向剖面的连续凸起和沟槽的螺旋体，称螺纹。在圆柱（或圆锥）外表面上所形成的螺纹称外螺纹；在圆柱（或圆锥）内表面上所形成的螺纹称内螺纹，如图7-2所示。

2）螺纹的五要素

① 牙型　在通过螺纹轴线的剖面上螺纹的轮廓形状，称为螺纹的牙型。图7-3所示的螺纹为三角形牙型。此外，还有梯形、锯齿形和方形等牙型。

② 公称直径　公称直径是代表螺纹尺寸的直径，指螺纹大径的基本尺寸。如图7-3所

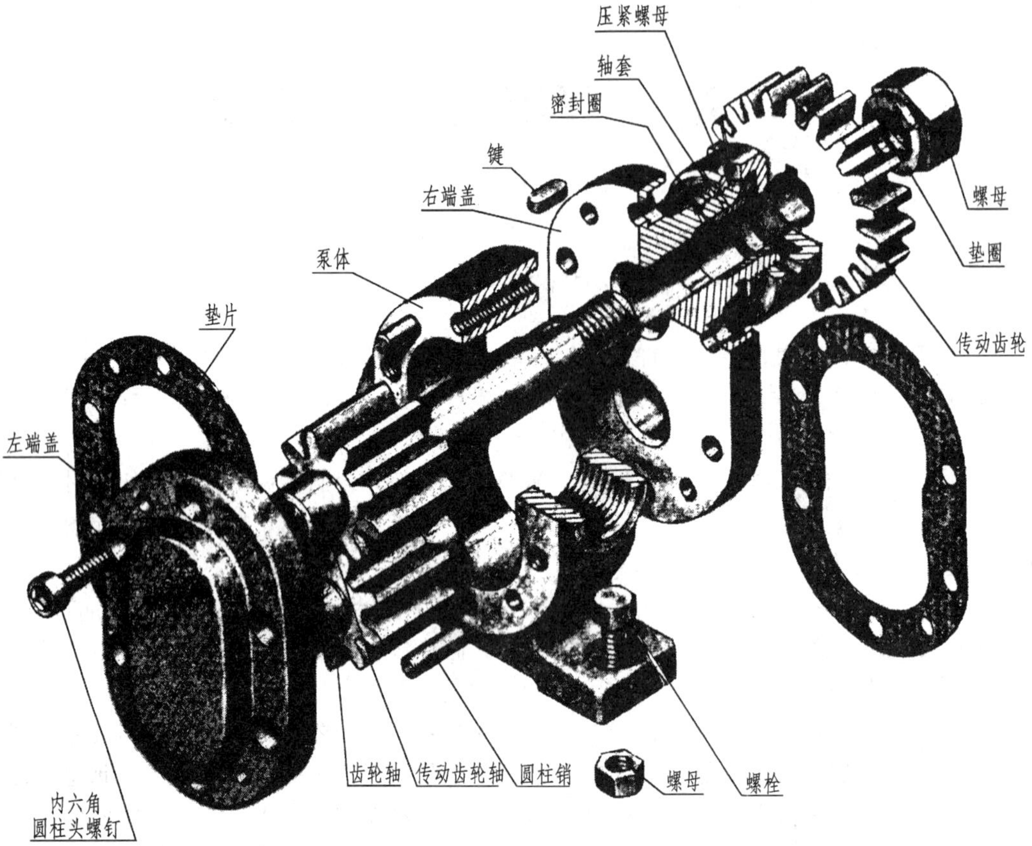

图7-1 齿轮油泵

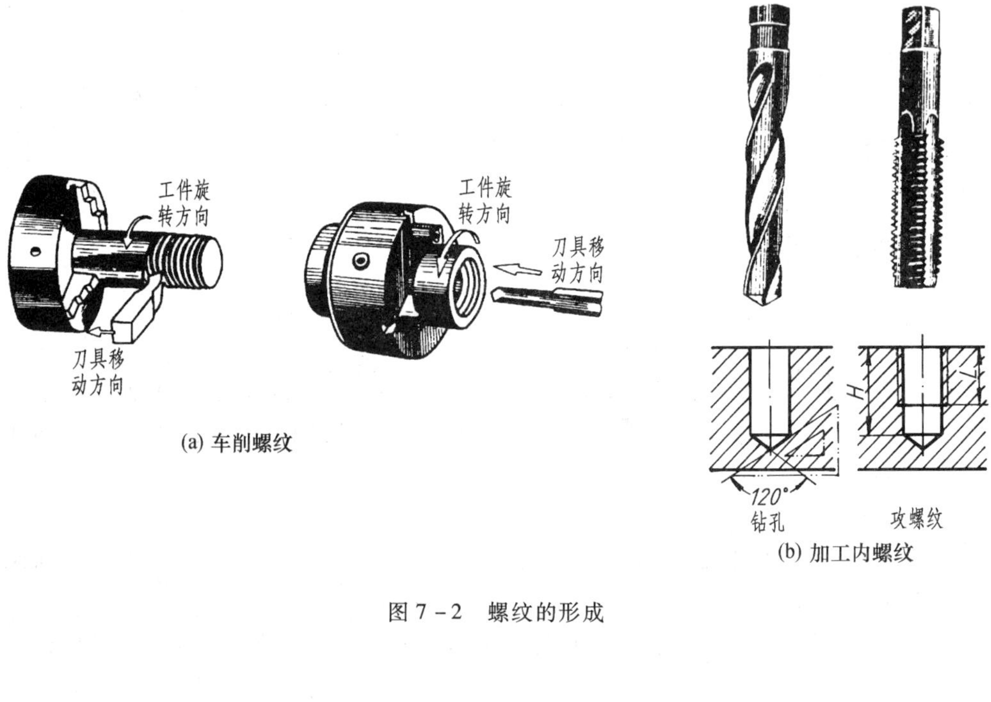

(a) 车削螺纹

(b) 加工内螺纹

图7-2 螺纹的形成

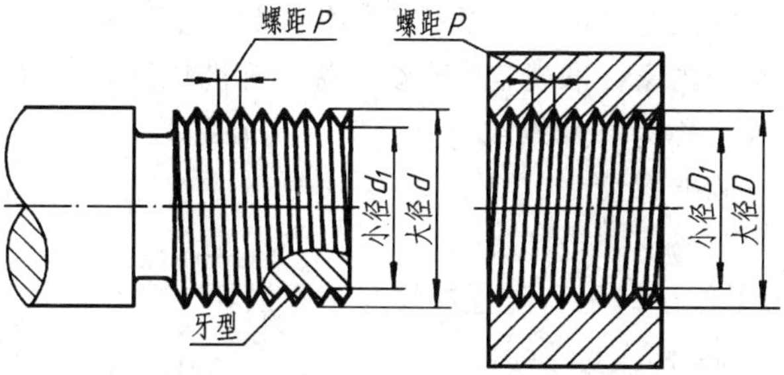

(a) 外螺纹 (b) 内螺纹

图 7-3 内螺纹与外螺纹

示，螺纹大径是与外螺纹牙顶或内螺纹牙底相切的假想圆柱面的直径，外、内螺纹的大径分别用 d 和 D 表示。螺纹小径是与外螺纹牙底或内螺纹牙顶相切的假想圆柱面的直径，外、内螺纹的小径分别用 d_1 和 D_1 表示。螺纹中径是假想圆柱面的直径通过牙型上沟槽和凸起宽度相等的地方，内、外螺纹的中径分别用 D_2 和 d_2 表示。

③ 线数 n 形成螺纹时，螺旋线的条数称为螺纹线数。沿一条螺旋线所形成的螺纹称为单线螺纹；沿轴向等距分布的两条或两条以上的螺旋线形成的螺纹称为多线螺纹，如图 7-4 所示。

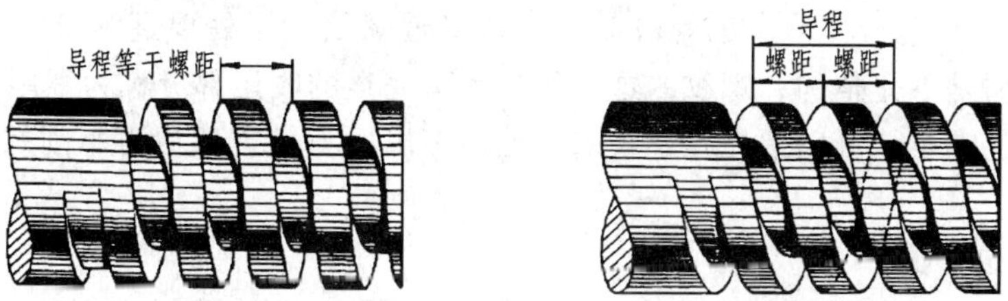

(a) 单线螺纹 (b) 多线螺纹

图 7-4 螺纹的线数

④ 螺距 P 和导程 P_h 螺纹相邻两牙在中径线上对应两点间的轴向距离，称为螺距，如图 7-3 所示。同一条螺旋线上的相邻两牙在中径线上对应两点间的轴向距离，称为导程。对单线螺纹 $P_h = P$，对多线螺纹 $P_h = nP$。

⑤ 旋向 螺纹分右旋和左旋。顺时针旋入的螺纹称为右旋螺纹，右旋螺纹为常用螺纹；逆时针旋入的螺纹称为左旋螺纹，如图 7-5 所示。

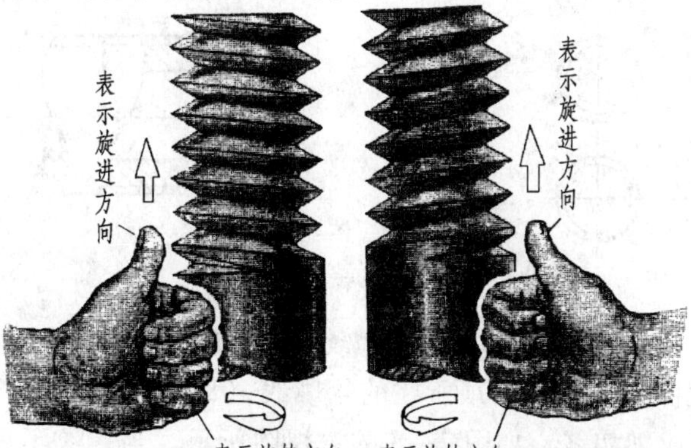

图 7-5 螺纹的旋向

只有当螺纹的五要素相同时，内、外螺纹才能相互旋合。

牙型、直径和螺距符合国家标准规定的螺纹，称为标准螺纹。而只有牙型符合标准，直径或螺距不符合标准的螺纹，称为特殊螺纹，标注时，应在牙型符号前加注“特”字。牙型不符合标准的螺纹，称为非标准螺纹。

3）螺纹的结构

① 螺纹的末端　为了便于装配和防止螺纹起止圈损坏，常在螺纹的起始处加工成一定的形式，如倒角、倒圆等，如图 7-6a 所示。

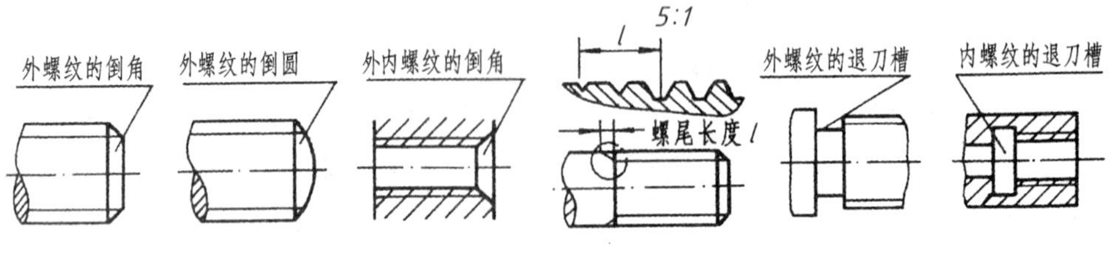

(a) 螺纹的倒角和圆角　(b) 螺纹收尾　(c) 螺纹的退刀槽

图 7-6　螺纹的结构

② 螺纹的收尾和退刀槽　车削螺纹时，刀具接近螺纹末尾处要逐渐离开工件，因此，螺纹收尾部分的牙型是不完整的，螺纹的这一段牙型不完整的收尾部分称为螺尾，如图 7-6b 所示。为了避免产生螺尾，可以预先在螺纹末尾处加工出退刀槽，然后再车削螺纹，如图 7-6c 所示。

2. 螺纹的规定画法

国家标准《机械制图》GB/T 4459.1—1995 规定了在机械图样中螺纹和螺纹紧固件的画法。

1）内、外螺纹的规定画法

① 外螺纹　螺纹牙顶所在的轮廓线（即大径），画成粗实线；螺纹牙底所在的轮廓线（即小径），画成细实线，在螺杆倒角或倒圆部分也应画出。小径通常画成大径的 0.85 倍，如图 7-7 的主视图所示。在垂直于螺纹轴线的投影面视图中，表示牙底的细实线圆只画出约3/4圆弧，此时倒角圆省略不画。

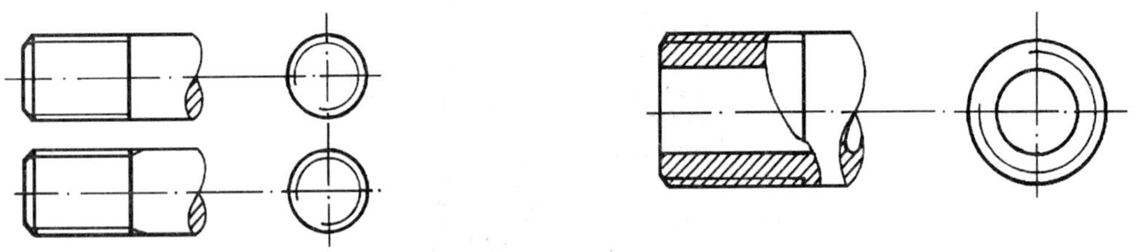

(a)　(b)

图 7-7　外螺纹的规定画法

② 内螺纹　在剖视图中，螺纹牙顶所在的轮廓线（即小径）画成粗实线；螺纹牙底所在的轮廓线（即大径）画成细实线，如图 7-8 的主视图所示。当螺纹不可见时，所有图线均按虚线绘制。

在垂直于螺纹轴线的投影面视图中，表示牙底的细实线圆，只画约3/4圆弧，倒角圆省略不画。

③ 其他的一些规定画法 完整螺纹的终止界线（简称螺纹终止线）用粗实线表示，外螺纹终止线如图7-7所示，内螺纹终止线如图7-8所示。

当需要表示螺纹收尾时，螺尾部分的牙底用与轴线成30°的细实线绘制，如图7-7a所示。

对于不穿通的螺孔（不穿通孔亦称盲孔），钻孔深度应比螺孔深度深0.2d~0.5d。由于钻头的刀刃锥角约等于120°，因此，钻孔底部的圆锥坑的锥角应画成120°，不要画成90°，如图7-8所示。

2）螺纹连接的规定画法

如图7-9所示，以剖视图表示内、外螺纹连接时，其旋合部分应按外螺纹绘制，其余部分仍按各自的画法表示。应该注意的是：表示大、小径的粗实线和细实线应分别对齐，而与倒角的大小无关。

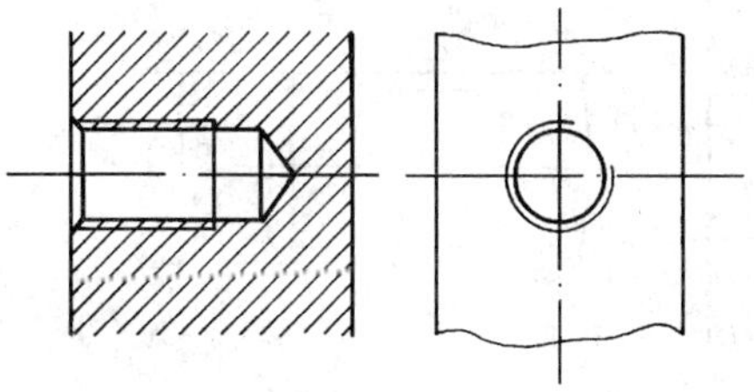

图7-8 内螺纹的规定画法

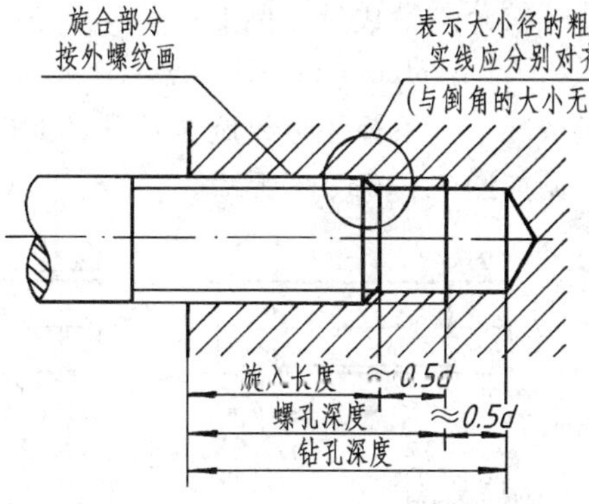

图7-9 螺纹连接的规定画法

3. 常用螺纹的标注

常用螺纹可以分为两大类四种，即连接螺纹的普通螺纹和管螺纹，传动螺纹的梯形螺纹和锯齿形螺纹。

1）普通螺纹

① 螺纹代号

采用规定画法后，螺纹的种类、牙型、螺距、旋向和线数都无需在图中表示出来，可以通过标注螺纹代号或标记来解决。

普通螺纹的螺纹代号是：

特征代号	公称直径	×	螺距（单线螺纹） 或 导程（P螺距）	旋 向

按上述格式注写代号时，应注意：

ⓐ 单线螺纹和右旋螺纹的使用非常广泛，在标注时不必注明线数和旋向。如为左旋，应

注明代号 LH。

ⓑ 粗牙普通螺纹用得较多，且与大径相对应的螺距只有一种，所以在标注时不必注出螺距。细牙普通螺纹与大径相对应的螺距有好几种，因而标注时必须注明螺距。例如：M24 表示大径为 24 mm 的粗牙普通螺纹、单线、右旋；

M24×2 表示大径为 24 mm、螺距为 2 mm 的细牙普通螺纹、单线、右旋。

② 螺纹标记

普通螺纹的完整标记由螺纹代号、螺纹公差带代号和螺纹旋合长度代号组成。其中公差带代号（可参阅有关标准）包括中径公差带代号和顶径公差带代号。公差带代号是由表示螺纹公差带等级的阿拉伯数字和表示其偏差的拉丁字母所组成，例如 6H、6 g 等。螺纹公差带代号标注在螺纹代号之后，中间用“-”分开。当螺纹的中径公差带和顶径公差带代号不同时要分别注出，例如：M10-5 g6 g，前者为中径公差带，后者为顶径公差带。如果中径与顶径公差带代号相同，只要注一个代号，例如：M10×1-6H。

当内、外螺纹装配在一起时，其公差带代号可用斜线分开，左边表示内螺纹公差带代号，右边表示外螺纹公差带代号。例如：

M20×2-6H/6 g　　　　M20×2LH-6G/5 g 6 g

在一般情况下，不标注螺纹旋合长度，此时螺纹公差带代号按中等旋合长度考虑。普通螺纹的标注详见如图 7-10a、e 所示。

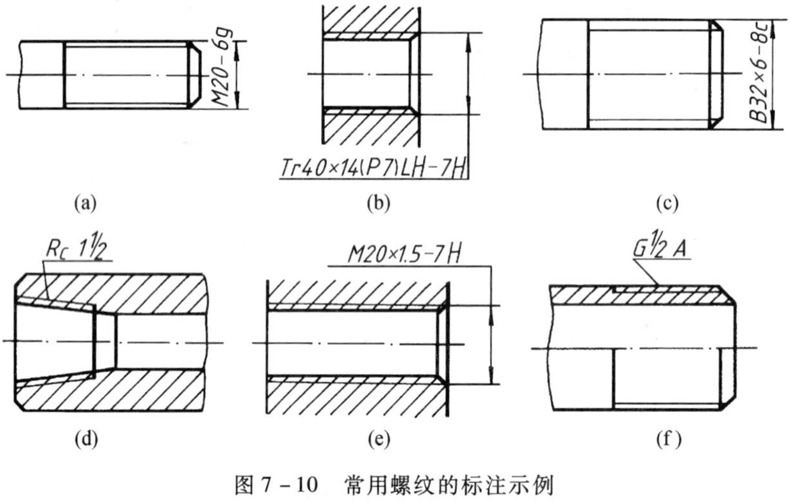

图 7-10 常用螺纹的标注示例

2）管螺纹

在水管、油管、煤气管的管道连接中常用到管螺纹，它们是英寸制的。管螺纹分为非螺纹密封的管螺纹和螺纹密封的管螺纹。非螺纹密封的内、外管螺纹，其特征代号为 G；用于螺纹密封的管螺纹有圆柱内管螺纹、圆锥内管螺纹和圆锥外管螺纹，它们的特征代号分别是 R_p、R_c 和 R。管螺纹应标注螺纹特征代号和尺寸代号；非螺纹密封的外管螺纹还应标注公差等级；当螺纹为左旋时，应在最后加注“LH”，并用“-”隔开。尺寸代号与带有外螺纹管子的孔径相同，表示管子孔径，而不是管螺纹的大径。非螺纹密封的管螺纹的大径、小径和螺距，可由尺寸代号从国家标准中查出。例如：“G1½-LH”表示非螺纹密封的左旋内螺纹，尺寸代号为 1½英寸。标注示例如图 7-10d、f 所示。

3）梯形螺纹

梯形螺纹用来传递双向动力，如机床的丝杠。梯形螺纹的直径和螺距系列、基本尺寸可查阅附录附B表1。

① 螺纹代号

梯形螺纹的特征代号为“Tr”。梯形螺纹的代号由特征代号和尺寸规格两个部分组成。当螺纹为左旋时，需在尺寸规格之后加注“LH”。单线螺纹的尺寸规格用“公称直径×螺距”表示；多线螺纹用“公称直径×导程（*P*螺距）”表示。

例如：“Tr40×7”表示公称直径为40 mm，螺距为7 mm的单线右旋梯形螺纹；“Tr40×14(*P*7) LH”表示公称直径为40 mm，导程为14 mm，螺距为7 mm的双线左旋梯形螺纹。

② 螺纹标记

梯形螺纹的标记由梯形螺纹代号、公差代号及旋合长度代号组成。梯形螺纹的公差带代号只标注中径公差带。梯形螺纹按公称直径和螺距的大小将旋合长度分为中等旋合长度（*N*）和长旋合长度（*L*）两组。当旋合长度为*N*组时，不标注旋合长度代号；当旋合长度为*L*组时，应将旋合的组别代号*L*写在公差带代号的后面，并用“-”隔开。

例如：“Tr40×7-7H”表示公称直径为40 mm，螺距为7 mm的单线右旋梯形螺纹，中径公差带代号为7H，中等旋合长度；“Tr40×14（*P*7）LH-8e-*L*”表示公称直径为40 mm，导程为14 mm，螺距为7 mm的双线左旋梯形螺纹，中径公差带为8e，长旋合长度。标注示例如图7-10b所示。

4）锯齿形螺纹

锯齿形螺纹用来传递单向动力，如千斤顶中的螺杆。

锯齿形螺纹的标记顺序是：特征代号B、公称直径、导程（螺距）或螺距、公差带代号（加“-”与前面隔开）、旋向。如为单线螺纹，则不必注导程，仅注螺距；如为右旋螺纹，则不必注明方向。例如：“B70×10-8c”表示公称直径为70 mm，螺距为10 mm的单线右旋锯齿形螺纹，公差带代号为8c；“B40×10（*P*5）LH-8c”表示公称直径为40 mm，导程为10 mm（螺距为5 mm）的双线左旋锯齿形螺纹，公差带为8c。标注示例如图7-10c所示。

4. 螺纹紧固件

螺纹紧固件就是用一对内、外螺纹来连接和紧固一些零、部件。常用的螺纹紧固件有螺钉、螺栓、螺柱（亦称双头螺柱）、螺母和垫圈等，见表7-1。它们的结构形式和尺寸都已标准化，并由专业化工厂进行大批量生产和供应，需要时可按它们的规定标记直接向市场采购而不必自行生产，也不必画出它们的零件图。设计机器时，只要在装配图上画出这些标准件并注出它们的规定标记即可。国家标准规定的螺纹紧固件标记的一般形式为：

名称　国标编号　规格—性能等级。

1）螺栓连接

如图7-11a所示，螺栓连接通常由螺栓*1*、垫圈*2*和螺母*3*三种零件构成。这种连接只需在两被连接件上钻出通孔，然后从孔中穿入螺栓，再套上垫圈，拧紧螺母即实现了连接，如图7-11b所示。这种连接主要用于两零件被连接处厚度不大，而受力较大，且需要经常装拆的场合。

① 螺纹紧固件装配的规定画法

从图 7-11 可以看出，螺纹紧固件的装配图画法，应遵循下述基本规定：

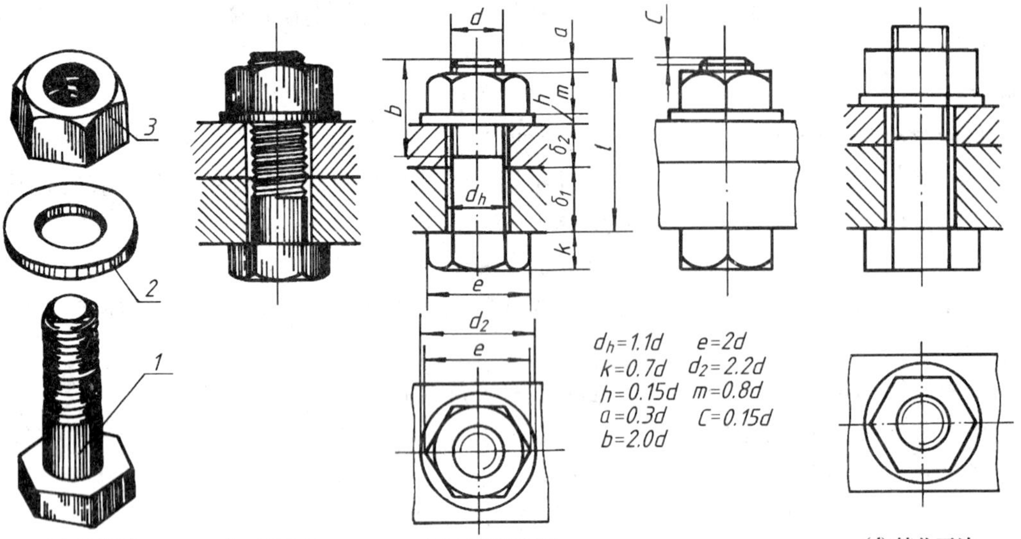

(a) 连接前　(b) 连接后　(c) 连接装配图　(d) 简化画法

图 7-11　螺栓连接

ⓐ 两零件接触表面画一条线，不接触表面画两条线。

ⓑ 两零件邻接时，不同零件的剖面线方向应相反，或者方向一致、间隔不等。

ⓒ 对于紧固件和实心零件（如螺钉、螺栓、螺母、垫圈、键、销、球及轴等），若剖切平面通过它们的基本轴线时，则这些零件都按不剖画出，仍画外形，需要时，可采用局部剖视。

表 7-1　螺纹紧固件及其标记示例

名称及标准号	图例及标记示例	名称及标准号	图例及标记示例
六角头螺栓  GB/T 5782—2000	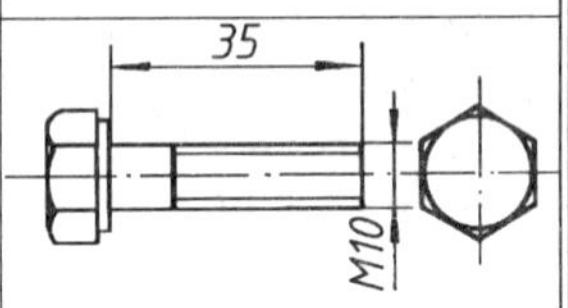 螺栓　GB/T 5782　M10×35	开槽沉头螺钉 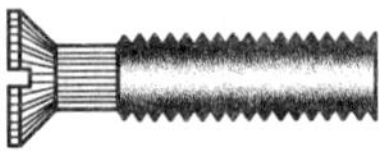 GB/T 68—2000	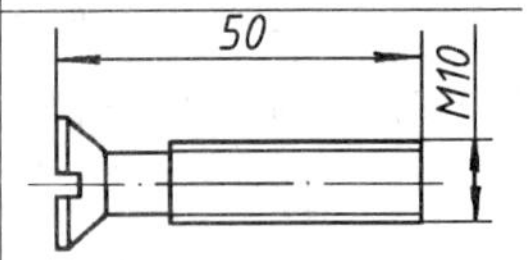 螺钉　GB/T 68　M10×50
螺　柱 A 型 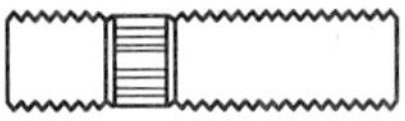 B 型 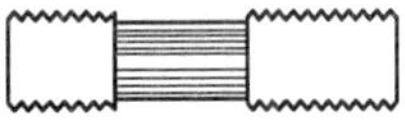 GB/T 897—1988（$b_m=1d$） GB/T 898—1988（$b_m=1.25d$） GB/T 899—1988（$b_m=1.5d$） GB/T 900—1988（$b_m=2d$）	A 型 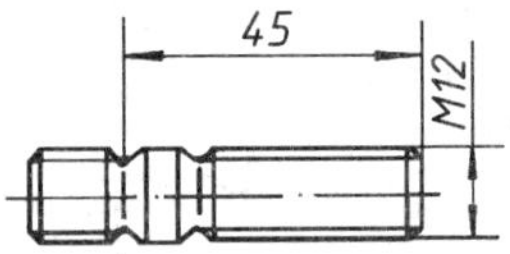 螺柱　GB/T 897　M12×45 B 型 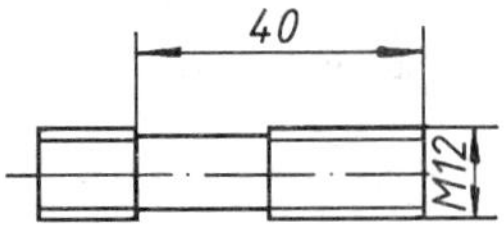 螺柱　GB/T 898　M12×40	开槽锥端紧定螺钉 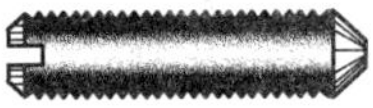 GB/T 71—1985 1 型六角螺母  GB/T 6170—2000	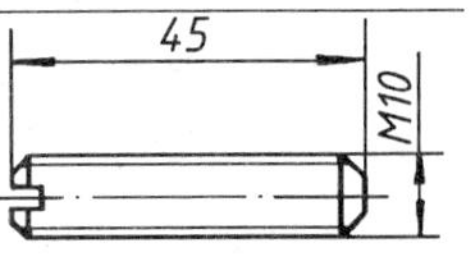 螺钉　GB/T 71　M10×45 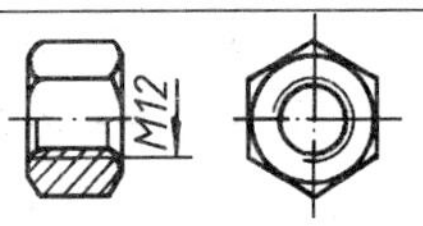 螺母　GB/T 6170　M12

续表

名称及标准号	图例及标记示例	名称及标准号	图例及标记示例
内六角圆柱头螺钉 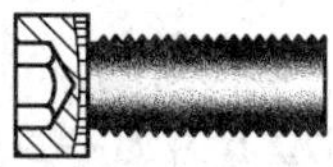 GB/T 70—2000	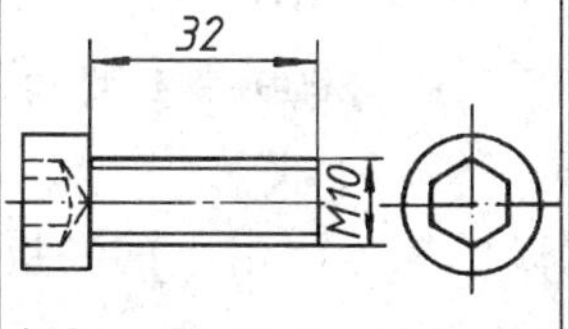 螺钉 GB/T 70 M10×32	平垫圈 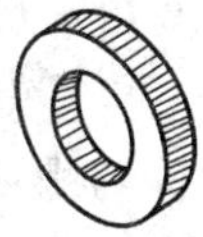 垫圈 GB/T 97.1—2002	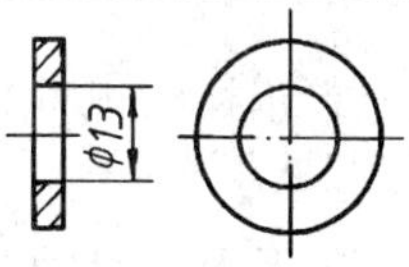 垫圈 GB/T 97.1 12—140HV
开槽圆柱头螺钉 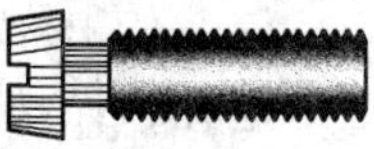 GB/T 65—2000	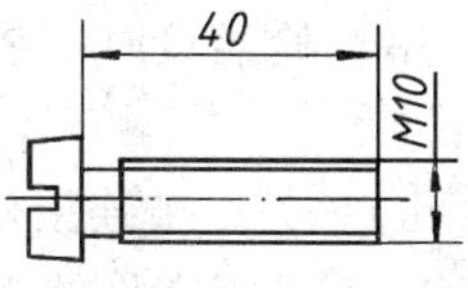 螺钉 GB/T 65 M10×40	弹簧垫圈  垫圈 GB/T 93—1987	弹簧垫圈 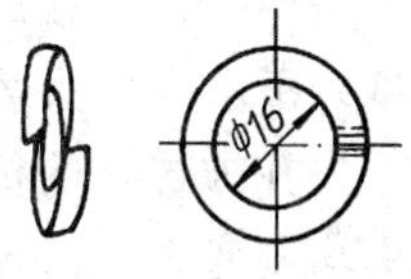 垫圈 GB/T 93 16

② 螺栓、螺母和垫圈的比例画法

单个螺纹紧固件的画法，可根据公称直径查附录 B 附表 5 至附表 12 或有关标准，得出各部分的尺寸。但在绘制螺栓、螺母和垫圈时，通常按螺栓的螺纹规格 d、螺母的螺纹规格 D、垫圈的公称尺寸 d 进行比例折算，得出各部分尺寸后按比例画法画出，如图 7-12 所示。

确定螺栓的公称长度 l 时，应查阅垫圈、螺母的表格得出 h、m_{max}、再加上被连接零件的厚度等，经计算后选定。从图 7-11c 可知：

$$\text{螺栓长度}\quad l \geqslant \delta_1 + \delta_2 + h + m_{max} + a$$

其中 a 是螺栓伸出螺母的长度，一般可取 $0.3d$ 左右（d 是螺栓的螺纹规格，即公称直径）。上式计算得出数值后，再从相应的螺栓标准所规定的长度系列中，选取合适的 l 值。

如图 7-12 所示螺栓、螺母和垫圈的规定标记是：

螺栓 GB/T 5782 M$d \times l$

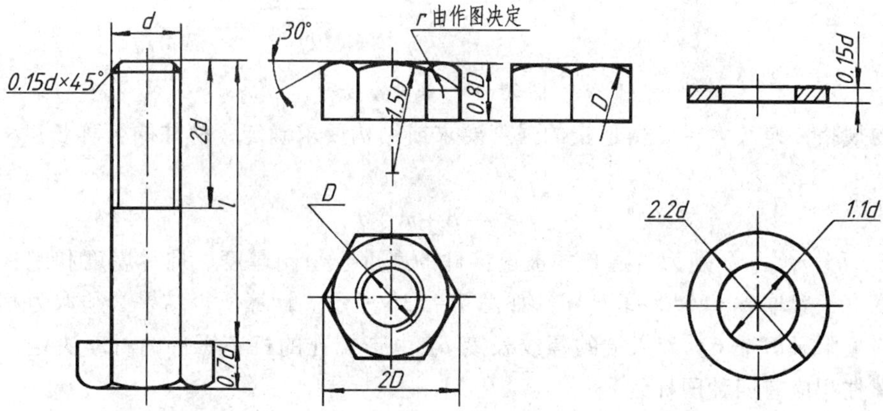

(a) 螺栓　(b) 螺母　(c) 垫圈

图 7-12 单个紧固件的比例画法

表示螺纹规格为 d mm，公称长度为 l mm 的六角头螺栓，GB/T 5782 是六角头螺栓的国标编号。

螺母 GB/T 6170 MD

表示螺纹规格为 D mm 的六角螺母，GB/T 6170—2000 是 1 型六角螺母的国标编号。

垫圈 GB/T 97.1 d

表示公称尺寸为 d mm，（即与螺纹规格为 d 的螺栓配用）的平垫圈，GB/T 97.1—2002 是平垫圈的国标编号。

2）螺柱连接

当两个被连接的零件中，有一个较厚或不宜用螺栓连接时，常采用双头螺柱连接。如图 7-13a所示是双头螺柱连接的示意图。

先在被连接的机座上加工出不穿通螺孔（盲孔），另一被连接件上加工出通孔，而螺柱的两头均制有螺纹。连接时，将螺柱的旋入端全部旋入机座零件的螺孔内，再套上另一被连接件，然后放上垫圈，拧紧螺母，即实现了连接，如图 7-13b 所示。

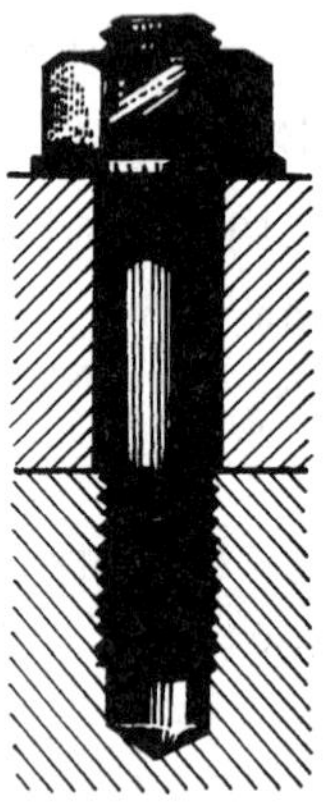

(a)

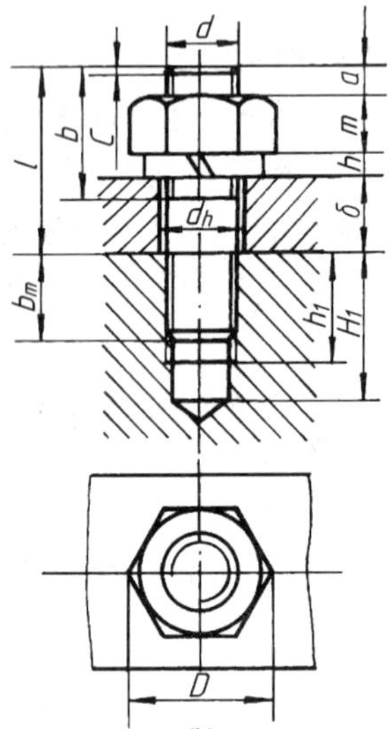

(b)

图 7-13 螺柱连接

螺柱的规格：螺纹大径 d 由连接的强度要求或结构要求确定；螺柱的公称长度 l 则由下式计算：

$$l \geqslant \delta + h + m + a$$

式中 δ、h、m、a 分别为带通孔的被连接件的厚度、垫圈厚度、螺母厚度和螺柱头部超出螺母的长度，一般取 $a=(0.2\sim0.3)d$，如图 7-13b 所示。计算所得结果必须取为相近的标准公称长度，见附录 B 表 6。旋入端的螺纹长度 b_m 由带螺孔的机座零件的材料决定，有四种不同规格，螺柱相应有四种国标编号：

GB/T 897—1988 $b_m=1d$ 用于钢和青铜

GB/T 898—1988 $b_m=1.25d$ 用于铸铁

GB/T 899—1988 $b_m=1.5d$ 用于铸铁或铝合金

GB/T 900—1988　$b_m = 2d$　　　　用于铝合金

由此可确定螺柱的规格，根据配套要求，同时也就确定了垫圈和螺母的规格，于是可用比例画法（或查表画法）画出螺柱连接的装配图，如图 7-13b 所示。

画螺柱连接时应注意的事项：

（1）螺柱旋入端的螺纹终止线应与两被连接件接触面的投影线平齐。

（2）机座零件上的螺孔深度 h_1 应稍大于螺柱的旋入深度 b_m，一般可取 $h_1 = b_m + (0.3 \sim 0.5)d$，而钻孔的深度 H_1 又应稍大于螺孔深度 h_1，一般可取 $H_1 = h_1 + (0.3 \sim 0.5)d$。

（3）螺柱的旋入部分必须按内、外螺纹的连接画法正确画出；螺母端的画法则与螺栓连接时相应部分的画法完全相同。为了防止连接松动，这里采用了弹簧垫圈。

其他注意事项均与螺栓连接时相同，这里不再赘述。

3）螺钉连接

螺钉按用途不同可分为连接螺钉和紧定螺钉两类。前者用于连接零件，后者用于固定零件。

① 连接螺钉

连接螺钉主要用于不经常拆卸，并且受力不大的连接场合。连接螺钉由头部和杆身两部分组成，其头部有多种不同的结构形式，相应有不同的国家标准编号，见表 7-1，杆身上制有部分螺纹或全部螺纹（螺钉公称长度较小时）。被连接件之一加工有通孔，另一被连接件上加工有螺孔。连接时，将螺钉穿过通孔，依靠杆身上的螺纹即可旋入到螺孔中，并依靠其头部压紧被连接件而实现两者的连接，如图 7-14 所示。

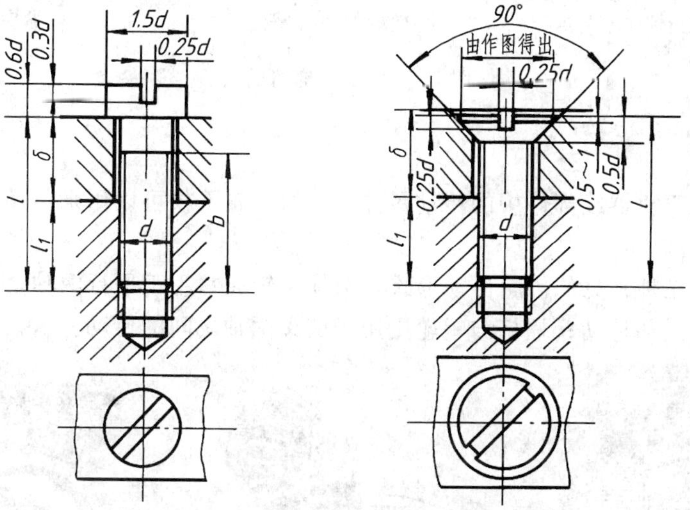

(a) 圆柱头螺钉连接　　(b) 沉头螺钉连接

图 7-14　连接螺钉连接

设计螺钉连接时，通常首先根据使用要求确定螺钉的结构形式（即确定了国标编号），再根据结构要求确定螺钉的公称直径 d，并由下式确定螺钉的公称长度 l：

$$l \geq \delta + l_1$$

式中 δ 为带通孔零件的厚度，l_1 为螺钉旋入深度，由带螺孔的被连接件的材料决定，并与确定螺柱旋入端长度 b_m 的方法相同。计算得到结果后，再从相应的螺钉标准长度系列中选取相近的标准值。

根据上面选定的结构形式和具体规格即可按比例画法画出螺钉连接的装配图，如图7-14a、b所示。

画连接螺钉装配图时应注意：螺钉头部的一字槽在通过螺钉轴线剖切的剖视图上应按垂直于投影面的位置画出，而在垂直于螺钉轴线的投影面上的投影应按45°画出（见图7-14）；螺钉杆身上的螺纹长度 b 应大于旋入深度 l_1，因此螺钉的螺纹终止线应高于两被连接零件接触面的投影线，如图7-14a所示，或采用全部螺纹，如图7-14b所示。

② 紧定螺钉

紧定螺钉用来固定两个零件的相对位置，使它们不产生相对运动。例如图7-15中所示的轴和齿轮（图中齿轮只画出轮毂部分），用一个开槽锥端紧定螺钉旋入轮毂的螺孔，使螺钉端部的90°锥顶角与轴上的90°锥坑压紧，从而固定了轴和齿轮的相对位置。

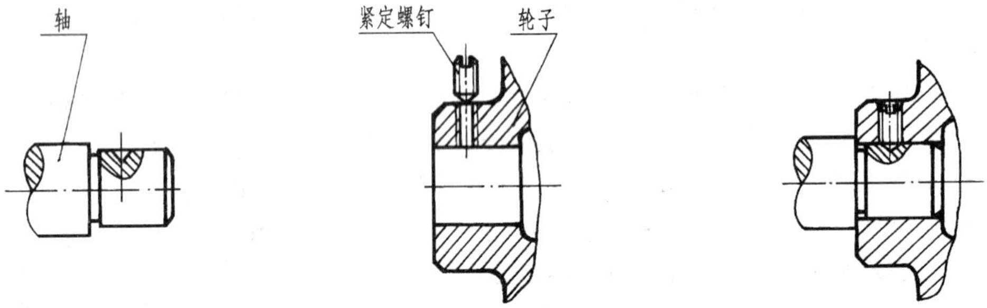

(a) 轴上加工出锥坑　(b) 轮毂上加工出螺孔　(c) 紧定螺钉装配图

图7-15　紧定螺钉画法

7.1.2 齿轮

齿轮是广泛用于机器或部件中的传动零件。一组齿轮不仅可以用来传递动力，并且还能改变转速和回转的方向。

图7-16表示三种常见的齿轮传动形式。圆柱齿轮通常用于平行两轴之间的传动；圆锥齿轮用于相交两轴之间的传动；蜗杆与蜗轮则用于交叉两轴之间的传动。

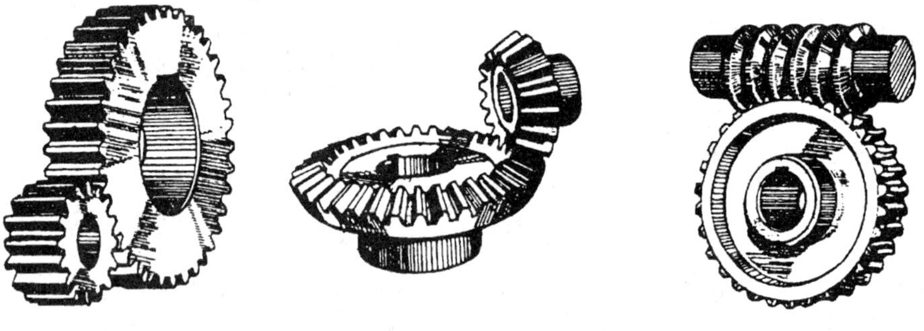

图7-16　常见的齿轮传动

在此主要介绍直齿圆柱齿轮（圆柱齿轮的轮齿有直齿、斜齿、人字齿等）的基础知识和规定画法。

1）直齿圆柱齿轮的各部分名称及尺寸代号如图 7－17 所示。

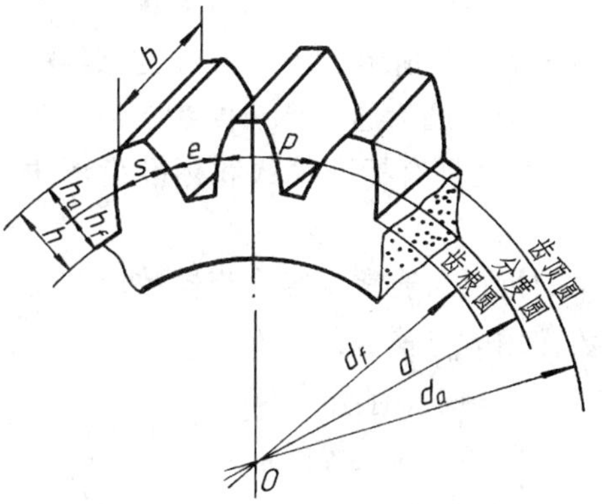

图 7－17　直齿圆柱齿轮各部分名称及尺寸代号

① 齿顶圆——齿轮齿顶所在的圆柱面与端面的交线圆。其直径（或半径）用 d_a（或 r_a）表示。

② 齿根圆——齿轮齿槽底所在的圆柱面与端面的交线圆。其直径（或半径）用 d_f（或 r_f）表示。

③ 分度圆——用来分度（分齿）的圆，该圆位于齿厚和槽宽相等的地方。其直径（或半径）用 d（或 r 表示）。

④ 齿顶高——齿顶圆与分度圆之间的径向距离，用 h_a 表示。

⑤ 齿根高——齿根圆与分度圆之间的径向距离，用 h_f 表示。

⑥ 全齿高——齿顶圆与齿根圆之间的径向距离，用 h 表示。显然有：$h = h_a + h_f$。

⑦ 齿厚——一个齿的两侧齿廓之间的分度圆弧长，用 s 表示。

⑧ 槽宽——一个齿槽的两侧齿廓之间的分度圆弧长，用 e 表示。

⑨ 齿距——相邻两齿的同侧齿之间的分度圆弧长，用 p 表示。显然有：$p = s + e$。

⑩ 齿宽——齿轮轮齿的宽度（沿齿轮轴线方向度量），用 b 表示。

2）直齿圆柱齿轮的基本参数

① 齿数 z　一个齿轮的轮齿总数。

② 模数 m　齿轮的齿数 z、齿距 p 和分度圆 d 之间有如下关系：

$$\pi d = z p \qquad \text{即 } d = z p/\pi$$

由于式中出现了无理数 π，不便计算和标准化，令 $p/\pi = m$，则 $d = m z$。显然，模数 m 是反映轮齿大小和强度的一个参数。

为了便于齿轮的设计和制造，模数已经标准化，我国规定的标准模数值见表 7－2。

表 7－2　渐开线圆柱齿轮标准模数 m（GB/T 1357—1987）　mm

1	1.25	1.5	2	2.5	3	4	5	6	8	10

注：1. 本表只列入 1～10 mm 的标准数值（标准模数从 0.1～50 mm）。

2. 本表只列入应优先采用的第一系列模数值。

3. 对于斜齿轮是指法向模数 m_n。

③ 齿形角 α　齿廓曲线在分度圆上的一点处的速度方向与曲线在该点处的法线方向（即力的作用线方向）之间所夹锐角称为分度圆齿形角，用 α 表示，如图 7－18 所示。齿形角 α 也已经标准化。我国规定 $\alpha=20°$，即规定分度圆为通过齿廓曲线上齿形角为 20°的点所作的圆。因此分度圆是具有标准模数和标准齿形角的圆。

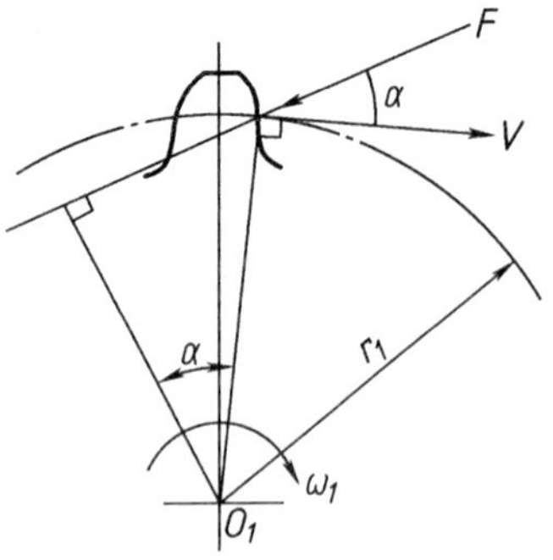

图 7－18　齿轮的齿形角

④ 齿顶高系数 h_a^*　齿轮的齿顶高通常规定为与模数成一定的比，该比值称为齿顶高系数，用 h_a^* 表示，即 $h_a^*=h_a/m$，我国规定正常齿轮的齿顶高系数 $h_a^*=1$，因此有

$$h_a=h_a^*m=m$$

⑤ 传动比 i　传动比 i 为主动齿轮的转速 n_1（r/min）与从动齿轮的转速 n_2（r/min）之比，即 n_1/n_2。用于减速的一对啮合齿轮，其传动比 >1。由 $n_1z_1=n_2z_2$ 可得：

$$i=n_1/n_2=z_2/z_1$$

3）标准直齿圆柱齿轮的几何尺寸计算

标准直齿圆柱齿轮各部分的几何尺寸的具体计算公式见表 7－3。

表 7－3　标准直齿圆柱齿轮的尺寸计算公式

（$\alpha=20°$，$h_a^*=1$，$c^*=0.25$）

名称	代号	计算公式
模数	m	由强度计算或用类比法确定,并取标准值
齿数	z	由运动设计确定
齿顶高	h_a	$h_a=h_a^*m=m$
齿根高	h_f	$h_f=h_a+c=h_a^*m+c^*m=(h_a^*+c^*)m=1.25\ m$
全齿高	h	$h=h_a+h_f=h_a^*m+(h_a^*+c^*)m=(2h_a^*+c^*)m=2.25m$
分度圆直径	d	$d=mz$
齿顶圆直径	d_a	$d_a=d+2h_a=mz+2m=m(z+2)$
齿根圆直径	d_f	$d_f=d-2h_f=mz-2\times1.25m=m(z-2.5)$
齿距	p	$p=m\pi$
齿厚	s	$s=p/2=m\pi/2$
槽宽	e	$e=p/2=m\pi/2$
中心距	a	$a=(d_1+d_2)/2=m(z_1+z_2)/2$

4）圆柱齿轮的规定画法

① 单个圆柱齿轮

根据 GB/T 4459.2—2003 规定的齿轮画法，齿顶圆和齿顶线用粗实线绘制，分度圆和分度线用点画线绘制，齿根圆和齿根线用细实线绘制（也可省略不画），如图 7-19a 所示；在剖视图中，当剖切平面通过齿轮的轴线时，轮齿一律按不剖处理，齿根线用粗实线绘制，如图 7-19b 所示。当需要表示斜齿与人字齿的齿线的形状时，可用三条与齿线方向一致的细实线表示，如图 7-19c、d 所示。

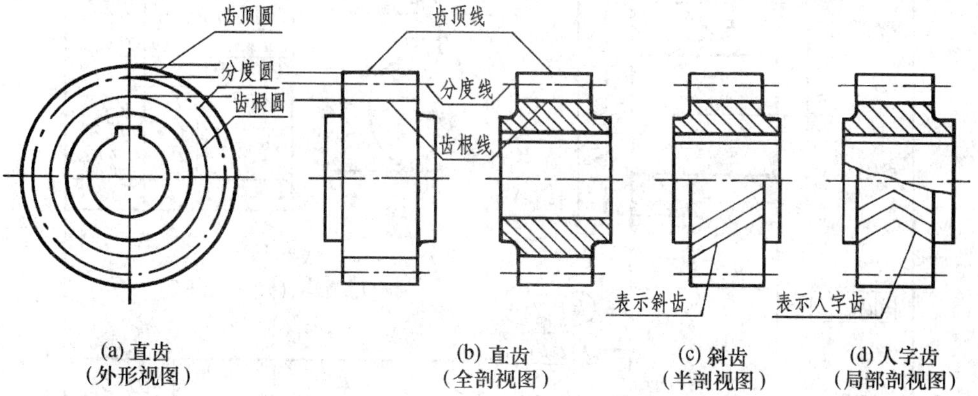

图 7-19 圆柱齿轮的规定画法

② 一对圆柱齿轮的啮合画法

在投影为非圆的视图上，一般画成剖视图（剖切平面通过两啮合齿轮的轴线）。在啮合区两齿轮的分度线重合为一条线，画成点画线；两齿轮的齿根线均画成粗实线；一个齿轮的齿顶线画成粗实线，另一个齿轮（一般为从动轮）的齿顶线及其轮齿被遮挡的部分的投影均画成虚线，如图 7-20a 所示，也可省略不画，如图 7-20b 所示。当投影为非圆的视图画成外形视图时，啮合区内只需画出一条分度线，并改用粗实线表示，如图 7-20c 所示。

在投影为圆的视图中，与单个齿轮的画法相同，只是表示两个齿轮分度圆的点画线圆应画成相切，如图 7-20d、e 所示。同时啮合区内齿顶圆的相割部分的弧线也可以省略不画，如图 7-20e 所示。

当一对齿轮啮合时，两齿轮的分度圆相切，分度线重合，由于齿根高和齿顶高相差 0.25 m，所以一齿轮的齿顶线与另一齿轮的齿根线之间有 0.25 m 的间隙，如图 7-20 所示。

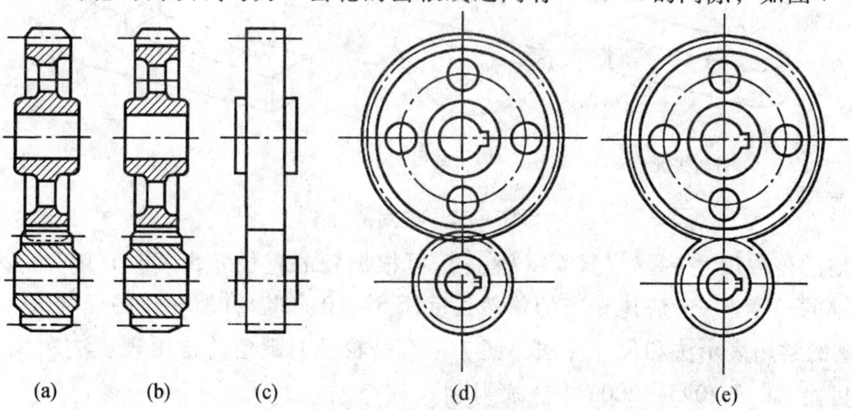

图 7-20 齿轮的啮合画法

5）圆柱齿轮的零件图

图 7－21 所示是一个圆柱齿轮的零件图，供画图时参考。

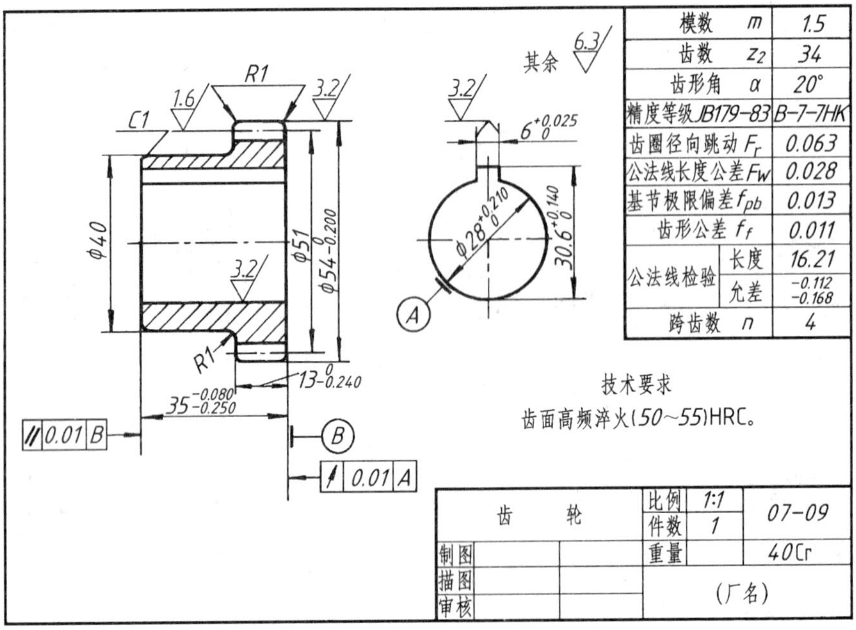

图 7－21 圆柱齿轮零件图示例

7.1.3 键和销

1. 键

键通常用来连接轴和装在轴上的转动零件（如齿轮、带轮等），起传递扭矩的作用。

根据具体的使用要求不同，相应的键有多种类型，如平键、半圆键和楔键等，如图 7－22 所示，它们都是标准件。在此，只介绍应用最多的普通平键及其连接。普通平键有三种结构形式：圆头普通平键（A 型）、平头普通平键（B 键）和单圆头普通平键（C 型），如图 7－23 所示。在标记时，A 型平键省略字母 A，而 B 型、C 型应写出字母 B 或 C。

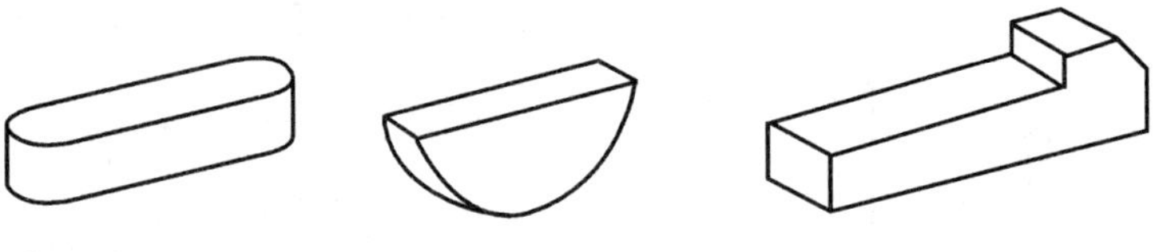

(a) 普通平键　(b) 半圆键　(c) 楔键

图 7－22 常用的键

普通平键的公称尺寸 $b \times h$（键宽 × 键高）可根据轴的直径 d 由 GB/T 1096—2003 中直接查表得到；键的长度 l 一般应比相应的轮毂长度短 5 ~ 10 mm，并取相近的标准值。图 7－24a、b 是轴上键槽的常用表示法和尺寸注法，图 7－25 是轮子上键槽的常用表示法和尺寸注法。两图中 t 和 t_1 可由 GB/T 1095—2003 中查表得到。

普通平键标记示例：

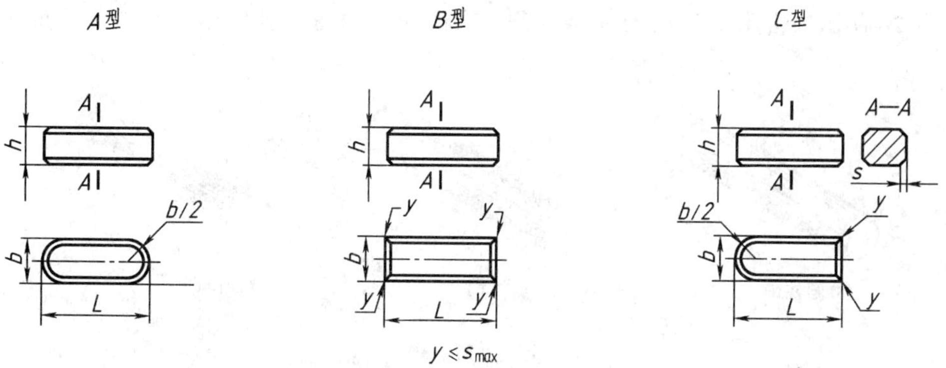

图 7-23 普通平键的结构形式

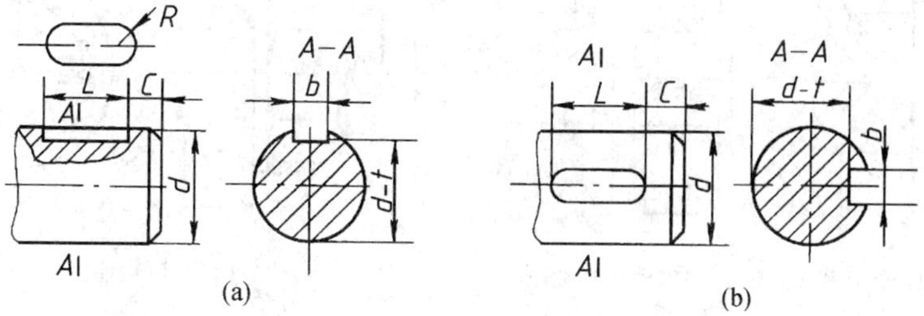

图 7-24 轴上键槽的表示法和尺寸注法

GB/T 1096 键 B18 × 11 × 100

表示键宽 $b = 18$ mm，键长 $L = 100$ mm，键高 $h = 11$ mm 的平头（B 型）普通平键。

图 7-26 所示是普通平键连接的装配图画法。其中主视图为通过轴的轴线和键的纵向对称平面剖切后画出的，根据国家标准规定，此时轴和键均按不剖绘制。为了表示键在轴上的装配情况，轴采用了局部剖视。左视图为 A—A 全剖视，在图中，键的两侧面和下底面分别与轮子槽两侧面、轴槽两侧面和轴槽底面相接触，应画一条线；而键的上顶面与轮子槽的底面间应留有空隙，故画成两条线。

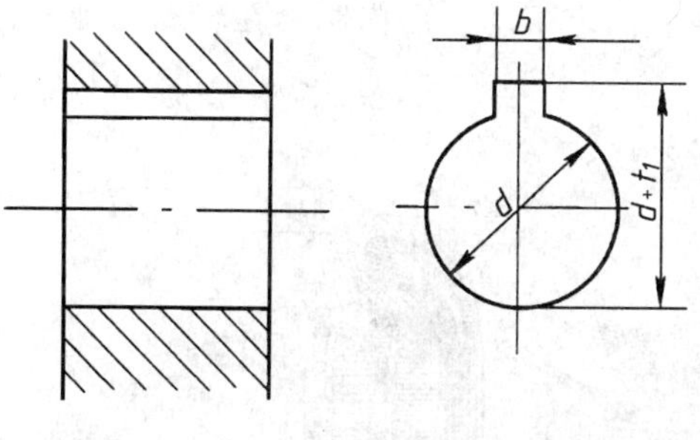

图 7-25 轮子上键槽的表示法和尺寸注法

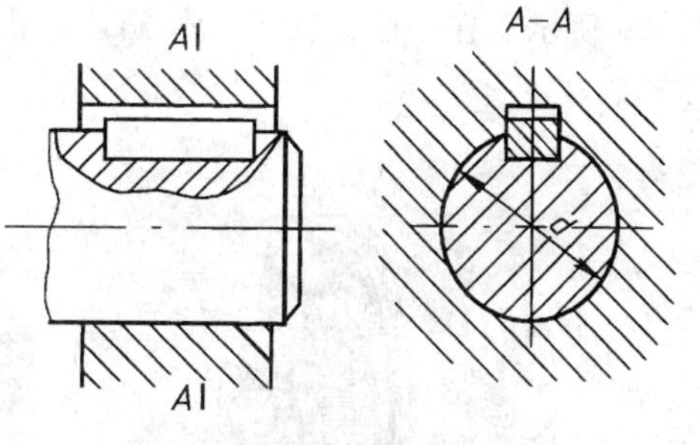

图 7-26 普通平键的连接画法

2. 销

销通常用于零件的连接和定位。常用的销有圆柱销、圆锥销和开口销三种，如图 7-27 所示。

以上三种销的结构形状和尺寸均已标准化，画图时可根据需要从有关标准中（圆柱销和圆锥销标准参看附录 B 表 15）查出各项数据。

图 7－28 所示为常用三种销的连接画法，当剖切平面通过销的基本轴线时，销作不剖处理。

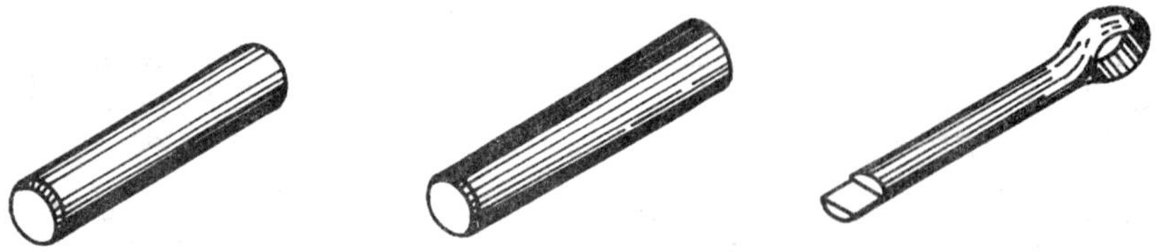

(a) 圆柱销 (b) 圆锥销 (c) 开口销

图 7－27 销

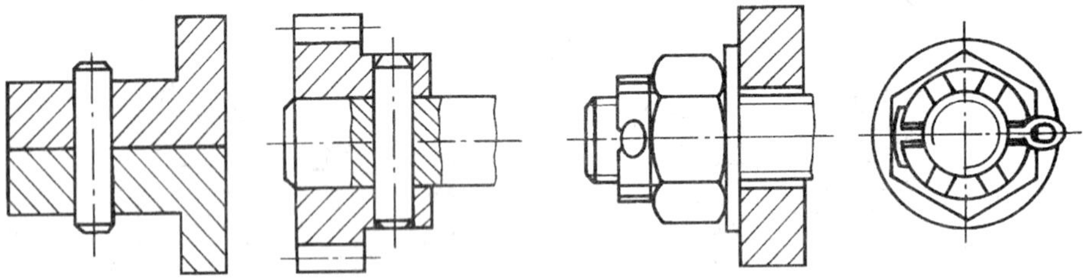

(a) 圆柱销连接 (b) 圆锥销连接 (c) 开口销连接

图 7－28 销连接的画法

7.1.4 滚动轴承

滚动轴承是一种支承旋转轴的组件。它具有摩擦力小、结构紧凑的优点，已被广泛用于机器或部件中，滚动轴承也是标准件。在此介绍三种常用的滚动轴承，其型式与尺寸可查阅附录 B 附表 16～18。

1. 滚动轴承的结构及其规定画法

滚动轴承种类很多，但其结构大体相同。一般由外圈、内圈、滚动体及保持架组成，如图 7－29 所示。在一般情况下，外圈装在机座的孔内，固定不动；而内圈套在转动的轴上，随轴转动。

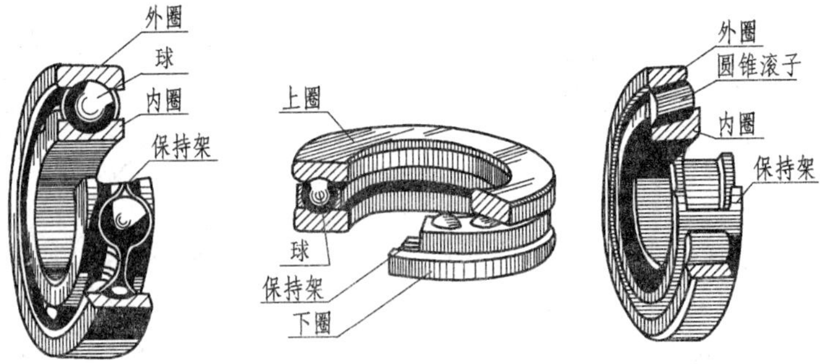

(a) 深沟球轴承 (b) 推力球轴承 (c) 圆锥滚子轴承

图 7－29 滚动轴承的构造

常用的滚动轴承规定画法、特征画法见表 7－4。

表 7－4 滚动轴承的规定画法、特征画法（摘自 GB/T 4459.7—1998）

轴承类型	规定画法	特征画法
深沟球轴承	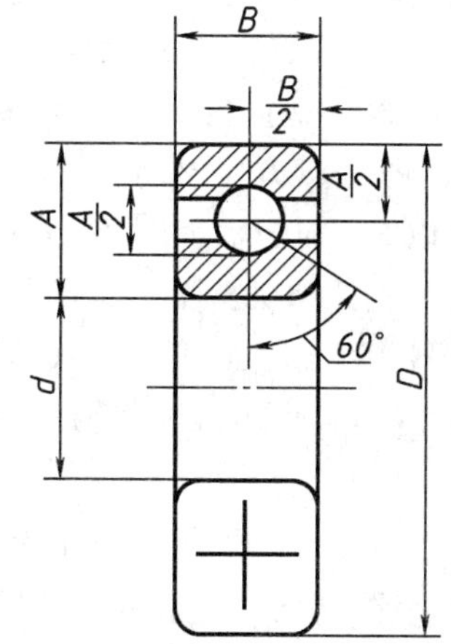	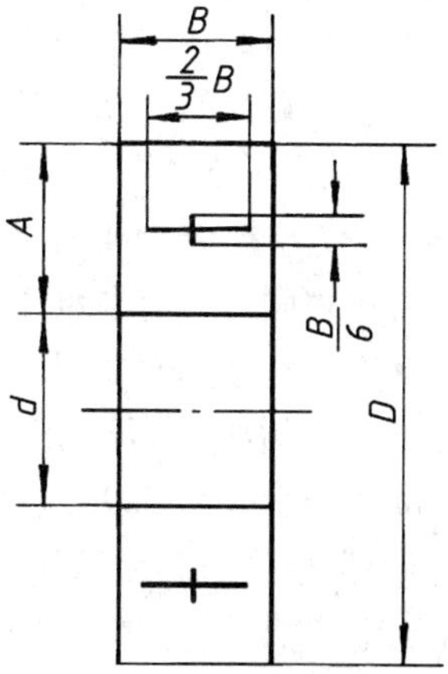
推力球轴承	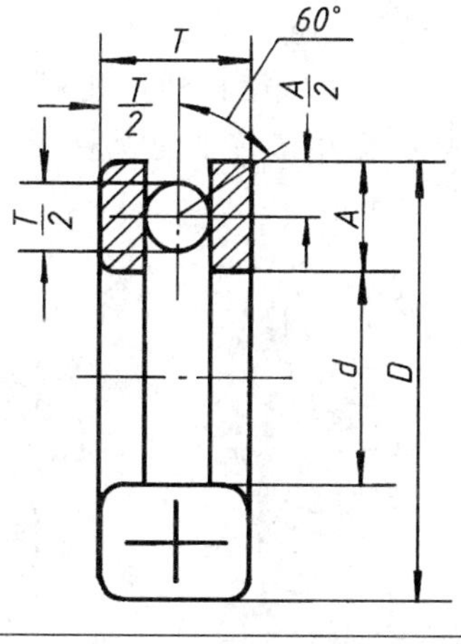	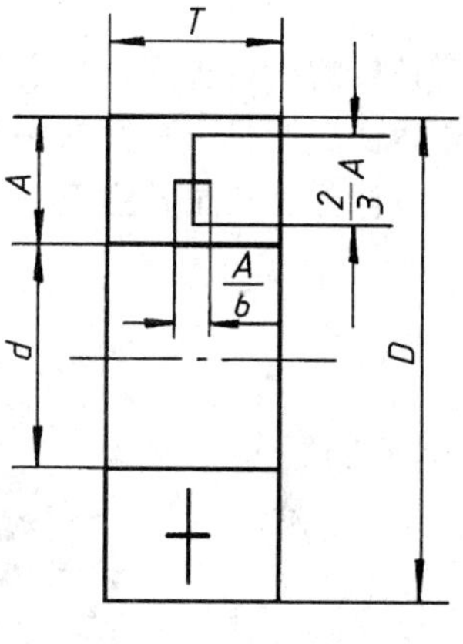
圆锥滚子轴承	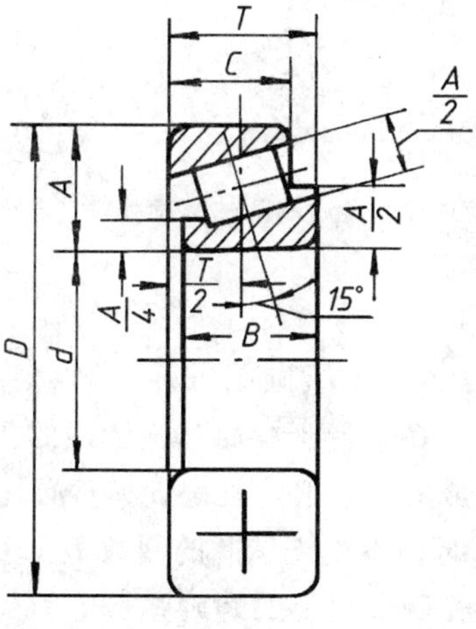	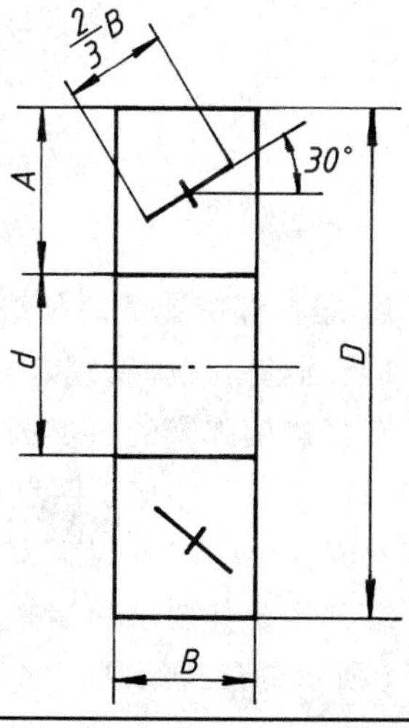

表格中的尺寸除 A 可计算得出外，其余尺寸可从附录 B 附表 16 ~ 18 中查出。

2. 滚动轴承的代号

滚动轴承的代号可查阅国家标准 GB/T 272—1993，由前置代号和基本代号构成；当轴承零件材料、结构、设计、技术条件改变时，则增加补充代号。前置代号由轴承游隙代号和轴承公差等级代号组成，当游隙为基本组和公差等级为 G 级时，可省略前置代号。基本代号用 5 位数字或字母表示，从右边数起，它们的含义是：当 10 mm $\leqslant d \leqslant$ 495 mm 时，第一、二位数字表示轴承的内径（代号数字 < 04 时，即 00、01、02、03 分别表示内径 d = 10、12、15、17 mm；代号数字 ≥04 时，代号数字乘以 5，即为轴承内径）；第三位数字表示轴承直径系列，即在内径相同时，有各种不同的外径，可查阅有关标准；第四位数字表示轴承的宽度系列，当宽度系列为 0 系列时，对多数轴承在代号中不标出宽度系列代号 0，第五位数字或字母表示轴承的类型，例如："6" 表示深沟球轴承，"5" 表示推力球轴承，"3" 表示圆锥滚子轴承。

例如轴承代号 6208 的含义为：

6—类型代号，表示深沟球轴承；2—尺寸系列，表示轻窄系列；08—内径代号，表示轴承内径 40。

7.1.5 弹簧

弹簧的用途很广，它主要用于减振、夹紧、储存能量和测力等。其特点是：去掉外力后，能立即恢复原状。弹簧的种类很多，其中应用最多的是圆柱螺旋弹簧，它们又可分为压缩弹簧、拉伸弹簧和扭转弹簧等，如图 7 - 30 所示。

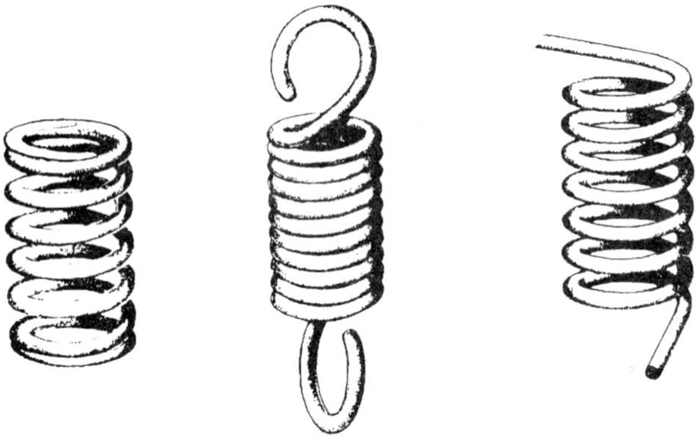

(a)压缩弹簧 (b)拉伸弹簧 (c)扭转弹簧

图 7 - 30 常用的圆柱螺旋弹簧

1. 圆柱螺旋弹簧的画法

1）圆柱螺旋弹簧规定画法

圆柱螺旋弹簧的真实投影比较复杂，为了画图方便，国家标准"弹簧表示法"（GB/T 4459.4—2003）中作了四点规定：（1）在平行于螺旋弹簧轴线的投影面的视图中，其各圈的轮廓应画成直线；（2）螺旋弹簧均可画成右旋，但左旋螺旋弹簧必须在技术要求中注明；（3）螺旋压缩弹簧，如要求两端并紧且磨平时，不论支承圈的圈数多少和末端贴紧情况如何，均按图 7 - 31 所示的形式绘制；（4）有效圈在四圈以上的螺旋弹簧中间部分可以省略，圆柱螺旋弹簧中间部分省略后，允许适当缩短图形的长度。

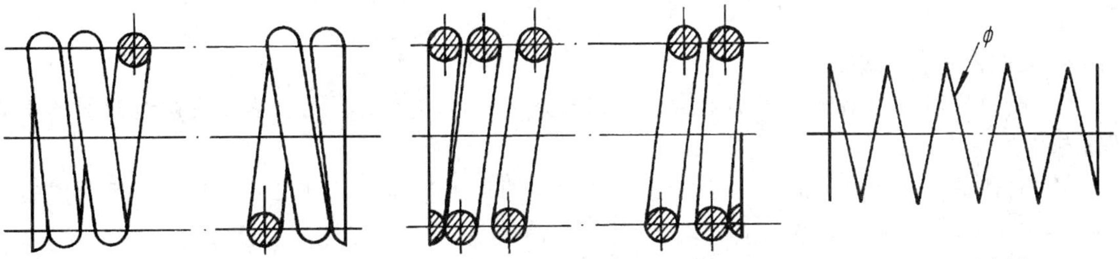

(a) 视图　(b) 剖视图　(c) 示意图

图 7-31 圆柱螺旋（压缩）弹簧的三种表示法

2）圆柱螺旋弹簧画法

图 7-31 所示分别为圆柱螺旋压缩弹簧的三种表示法：视图、剖视图和示意图。当需要画出外形视图时，前三步的画法与上述剖视图的画法相同，第四步按右旋方向作相应的外公切线，如图 7-31a 所示。

圆柱螺旋压缩弹簧剖视图的具体作图方法如图 7-32 所示，具体步骤为：

（1）根据弹簧中径 D 和自由高度 H_0 画出弹簧的中径线和自由高度两端线（有效圈数在四圈以上时，H_0 可适当缩短），如图 7-32a 所示；

（2）根据型材直径 d，画出两端支承圈部分的型材断面图（两端均按并紧、磨平、支承圈为 1¼圈绘制），如图 7-32b 所示；

（3）根据节距 t，画有效圈部分的型材断面图，如图 7-32c 所示；

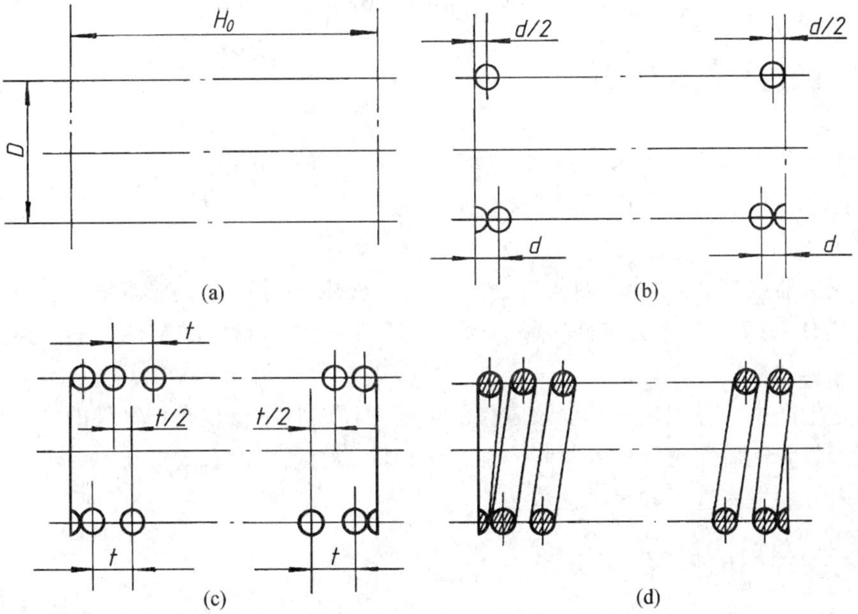

(a)　(b)　(c)　(d)

图 7-32 弹簧的画法

（4）按右旋方向作相应圆的公切线，并画剖面线。整理、加深、完成剖视图，如图7-32d所示。

2. 装配图中弹簧的画法

1）被弹簧挡住的结构一般不画出，可见部分从弹簧的外轮廓线或从弹簧钢丝断面的中心线画起，如图7-33a所示。

2）当弹簧被剖切时，断面直径（或厚度）在图形上等于或小于2 mm时，可用涂黑表示（图7-33b），也可以用示意画法（图7-33c）。

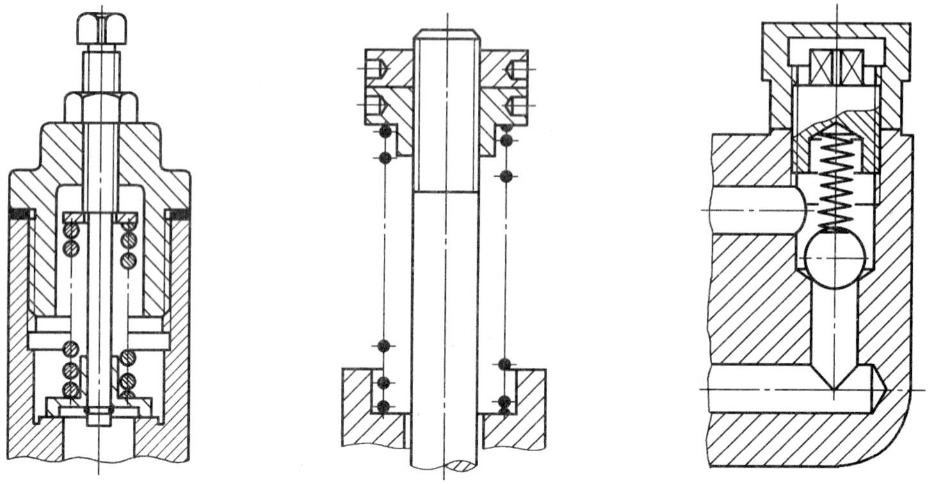

(a) (b) (c)

图7-33 装配图中弹簧的画法

7.2 机械产品零件图

零件是组成机器的不可再拆分的基本单元。零件与理论上的组合体的最大区别在于两点：其一，零件必然在机器或部件中承担着特定的功能；其二，零件是按一定的工艺条件和要求加工生产的。

不管组成机器或部件的零件如何复杂，一般可根据零件的结构形状，大致分为四大类：（1）轴套类零件；（2）盘盖类零件；（3）叉架类零件；（4）箱体类零件。不同类型的零件其表达方案有各自的特点。

零件图是生产中指导制造和检验该零件的主要图样，它不仅仅是把零件的内、外结构形状和大小表达清楚，还需要对零件的材料、加工、检验、测量提出必要的技术要求。下面主要介绍零件图的内容、视图选择和尺寸注法。

7.2.1 零件图的内容

零件图不仅要表达出机器或部件对零件的结构要求，还需要考虑制造和检验该零件所需的必要信息，因此，一张完整的零件图应具备如下内容：

1. 一组图形

用于正确、完整、清晰和简便地表达出零件内外形状的图形信息，其中包括机件的各种表达方法，如视图、剖视图、断面图、局部放大图和简化画法等。

2. 完整尺寸

零件图中应正确、完整、清晰、合理地注出制造零件所需的全部尺寸信息。

3. 技术要求

零件图中必须用规定的代号、数字、字母和文字注解说明制造和检验零件时在技术指标上应达到的要求。如表面粗糙度、尺寸公差、形位公差、材料和热处理、检验方法以及其他特殊要求等。

4. 标题栏

标题栏中应填写的内容主要有零件的名称、材料、数量、比例、图样代号以及设计、审核、批准者的姓名、日期等。标题栏的尺寸和格式已经标准化，可参见图 2－3，本书中采用简化标题栏。

图 7－34 所示是一个凸轮的零件图。凸轮用两个视图表达，主视图为全剖，左视图为视图；一共标注了十个尺寸，包括线性尺寸、直径尺寸、倒角尺寸等；标注了表面粗糙度和尺寸公差；标题栏也填写了主要内容。

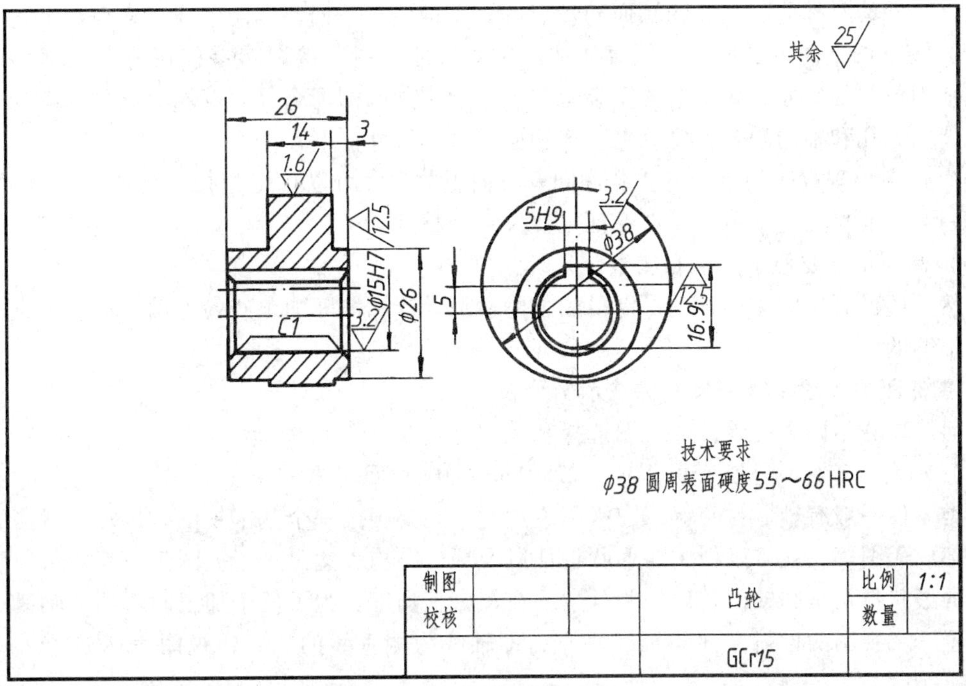

图 7－34 凸轮零件图

凸轮是由 ϕ15H7 轴孔轴线与 ϕ38 圆柱面轴线之间的偏心而产生功能的，偏心距离是 5 mm，5 mm 是重要尺寸，必须直接标注在视图上；从凸轮转动的动力考虑，设计了键槽结构，即宽为 5H9 的通槽，从装配角度考虑，设计了两个 *C*1 倒角；因为 ϕ38 圆柱表面要与其他零件动态接触摩擦，故在技术要求中提出了表面硬度要求 55～66 HRC。

7.2.2 零件图的视图选择和尺寸标注

1. 零件图的视图选择

与组合体视图选择总体原则相同，首先选择主视图，同样考虑安放位置和投射方向两个原则。对零件而言，安放位置从零件的加工位置和装配位置中选择，轴套类和盘盖类以加工位置为主要因素，叉架类和箱体类以工作位置为主要因素；投射方向则要使主视图尽可能多地反映形体的形状特征。然后适当选择其他视图以补充主视图表达的不足，从而完整、清晰地表达零件内、外结构。同时兼顾到尺寸标注的需要。

2. 零件图的尺寸标注

在零件图上标注尺寸，除了要符合前面所述的正确、完整、清晰的要求外，还要尽量考虑标注的合理性。所谓合理，即标注的尺寸能满足设计和加工工艺的要求，也就是要使零件能在部件（或机器）中很好地工作，又能使零件便于制造、测量和检验。为了做到合理标注尺寸，必须考虑以下几个问题：

（1）在对零件进行功能分析、结构分析和工艺分析的基础上，恰当地选择好尺寸基准。在标注零件的长、宽、高三个方向的尺寸时，每个方向至少要确定一个主要尺寸基准，先注定位尺寸，再注定形尺寸。通常可选取的基准有：基准面——底板的安装面、与其他零件的装配结合面、零件的对称面、重要的端面和轴肩等；基准线——回转体的轴线。

（2）零件图上的主要尺寸必须直接注。主要尺寸是指直接影响零件在机器或部件中工作性能和准确位置的尺寸，如重要的安装定位尺寸、零件间的配合尺寸等。对零件间有配合关系的尺寸，例如孔和轴的配合，要分别注出相同的基本尺寸。

（3）避免出现封闭的尺寸链。零件同一方向上的尺寸可以首尾相接，列成尺寸链的形式，应选择一个次要尺寸空出不注，以保证主要尺寸的精度。

（4）标注尺寸要便于加工和测量。

显然，要做到尺寸注得合理，需要较多的机械设计和实际加工经验方面的知识，仅学习本课程是不够的。

3. 零件图的视图选择和尺寸标注示例分析

下面简单介绍四大类零件的视图选择和尺寸标注。

（1）轴套类零件——轴套类零件一般为同轴的细长回转体

这类零件一般有轴、衬套等，在视图表达时，只要画出一个基本视图，再加上适当的断面图和局部放大图等，就可以把主要形状特征以及局部结构表达出来了。图7-35所示的泵轴零件，它的形状特征是同轴回转体，并且主要在车床上加工。为了便于加工时看图，轴线一般按水平放置，主视图的投射方向与轴线垂直，即轴线为侧垂线的位置，视图表达如图7-36所示。

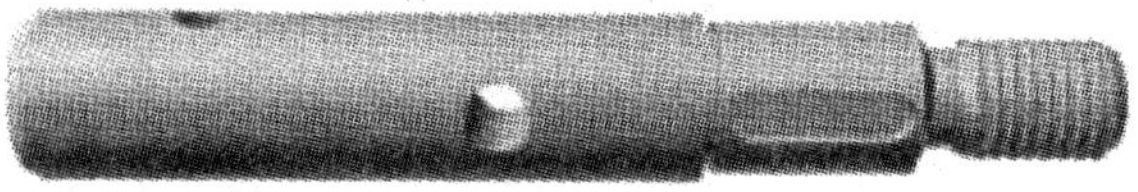

图7-35 泵轴

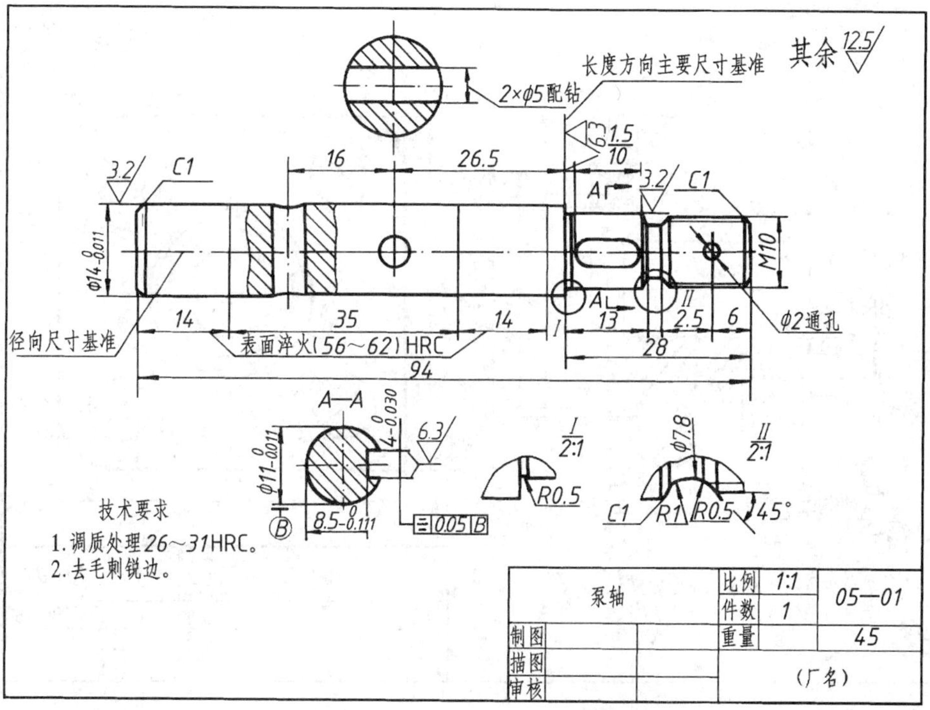

图 7-36 泵轴零件图

在标注轴套类零件的尺寸时，径向以它的轴线作为尺寸基准，因此注出图 7-36 中所示的 $\phi14^{0}_{-0.011}$、$\phi11^{0}_{-0.011}$ 等。这样就把设计基准和加工时的工艺基准（轴类零件在车床上加工时，两端用顶针顶住轴的中心孔）统一起来了。而长度方向的基准常选用重要的端面、接触面（轴肩）或加工面等。如图 7-36 中所示的表面粗糙度为 6.3 的右轴肩，被选为长度方向的主要尺寸基准，因此注出 13、28、1.5 和 26.5 等尺寸；再以由轴端为长度方向的辅助基准，标注出轴的总长 94。

（2）盘盖类零件——盘盖类零件的基本形状是扁平的盘状

这类零件一般有端盖、阀盖、齿轮等。它们的主要结构大体上是回转体，通常还带有各种形状的凸缘、均布的圆孔和肋等局部结构。在视图选择时，一般选择过对称面或回转轴线的剖视图作主视图，轴线水平放置，同时还需增加适当的其他视图（如左视图、右视图或俯视图），把零件的外形和均布结构表达出来。图 7-37 所示为一阀盖，图 7-38 所示就增加了一个左视图，以表达带圆角的方形凸缘和四个均布的圆孔。

图 7-37 阀盖

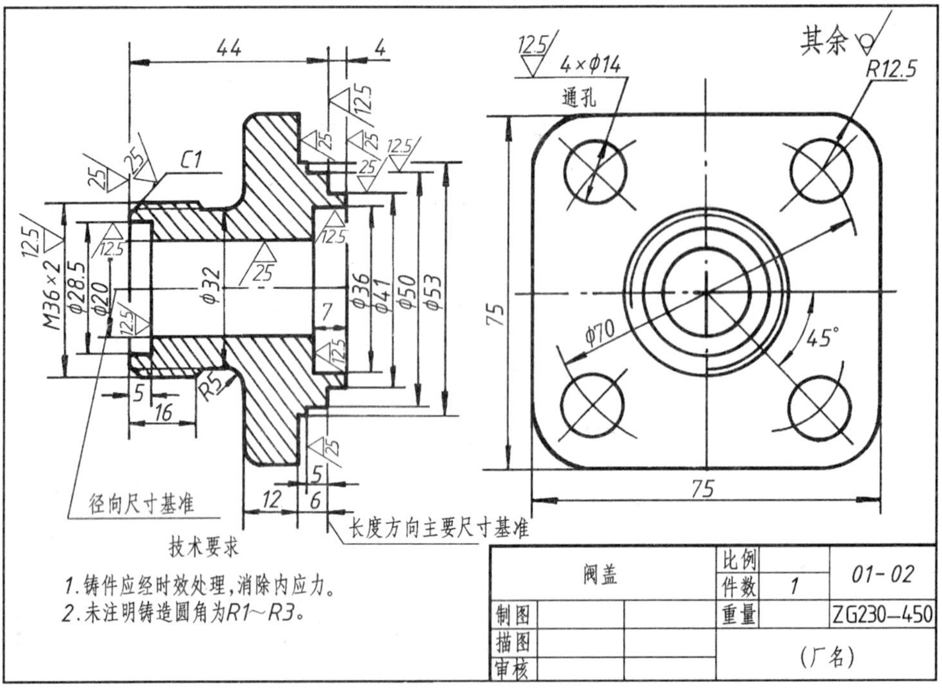

图 7－38　阀盖零件图

在标注盘盖类零件的尺寸时，通常选用通过轴孔的轴线作为径向尺寸基准，长度方向的主要尺寸基准常选用重要的端面，如图 7－38 所示。

（3）叉架类零件——叉架类零件的毛坯形状比较复杂这类零件一般有拨叉、连杆、支座等。由于它们的加工位置多变，在选择主视图时，主要考虑工作位置和形状特征。选择其他视图时，常常需要两个或两个以上的基本视图，并且还要用适当的局部视图、断面图等表达方法来表达零件的局部结构。图 7－39 所示为踏脚座零件，如图7－40 踏脚座零件图所示，（a）的视图选择表达方案精练、清晰；（b）的视图选择，对于表达轴承和肋的宽度来说，右视图是没有必要的，而对于 T 字形肋，采用断面比较合适，因此，该视图选择的效果欠佳。

在标注叉架类零件的尺寸时，通常选用安装基面或零件的对称面作为尺寸基准。尺寸标注方法参见图 7－40a。

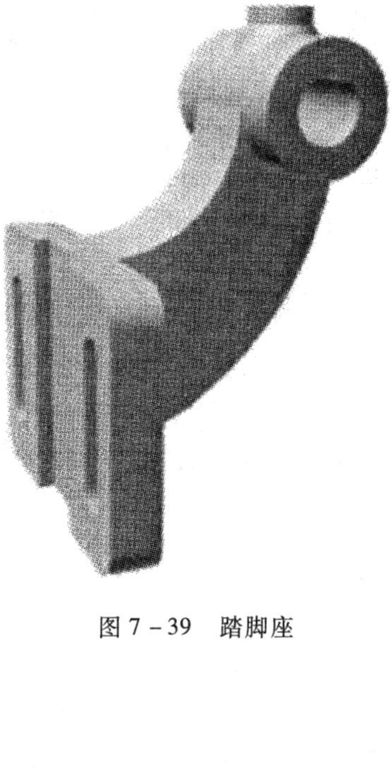

图 7－39　踏脚座

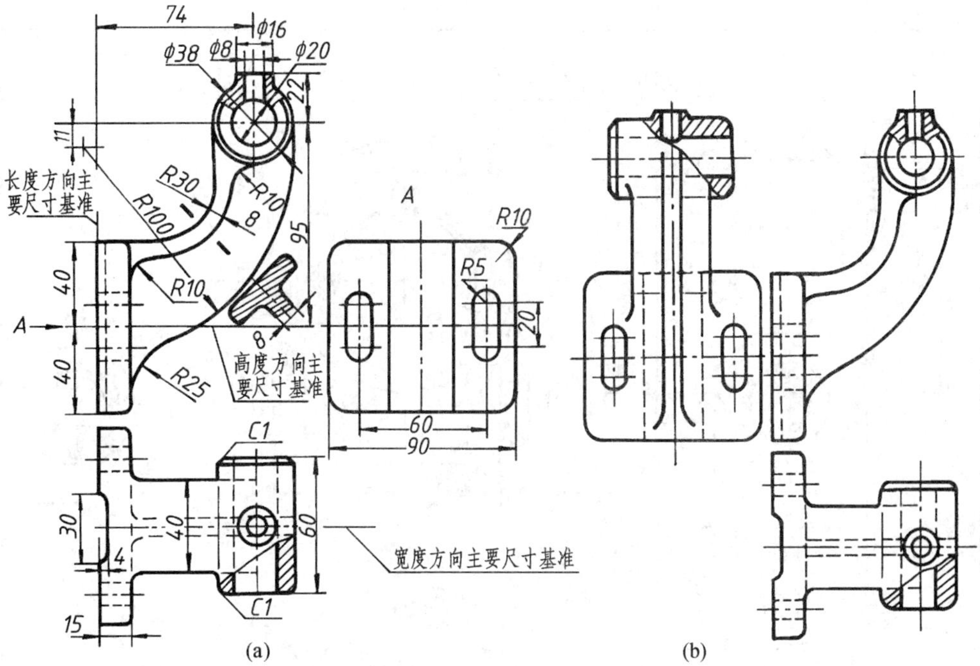

图 7-40 踏脚座零件图

（4）箱体类零件——箱体类零件主要用来支承、包容、保护运动零件或其他零件

一般来说，这类零件的形状、结构比前面三类零件复杂，而且加工位置的变化更多。这类零件一般有阀体、泵体、减速器箱体等。在选择主视图时，主要考虑工作位置和形状特征。选用其他视图时，应根据实际情况采用适当的剖视、断面、局部视图和斜视图等多种辅助视图，以清晰地表达零件的内外结构。尺寸标注时，通常选用设计上要求的轴线、重要的安装面、接触面（或加工面）、箱体某些主要结构的对称面等作为主要尺寸基准。对于箱体上需要切削加工的部分，应尽可能按便于加工和检验的要求来标注尺寸。图 7-41 为一变速箱体，图 7-42 是该箱体的零件图。尺寸标注方法参见图 7-42。

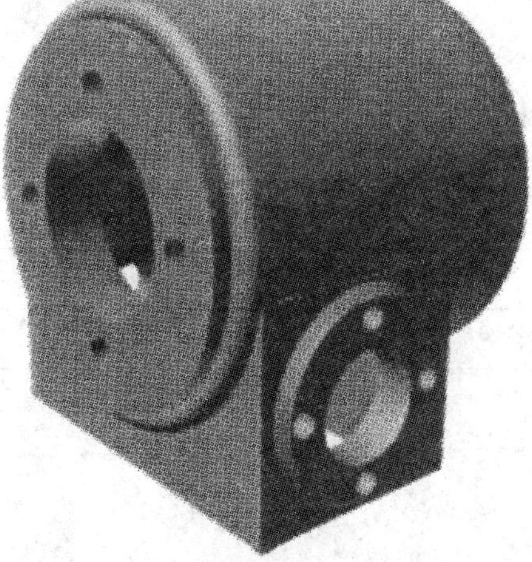

图 7-41 箱体

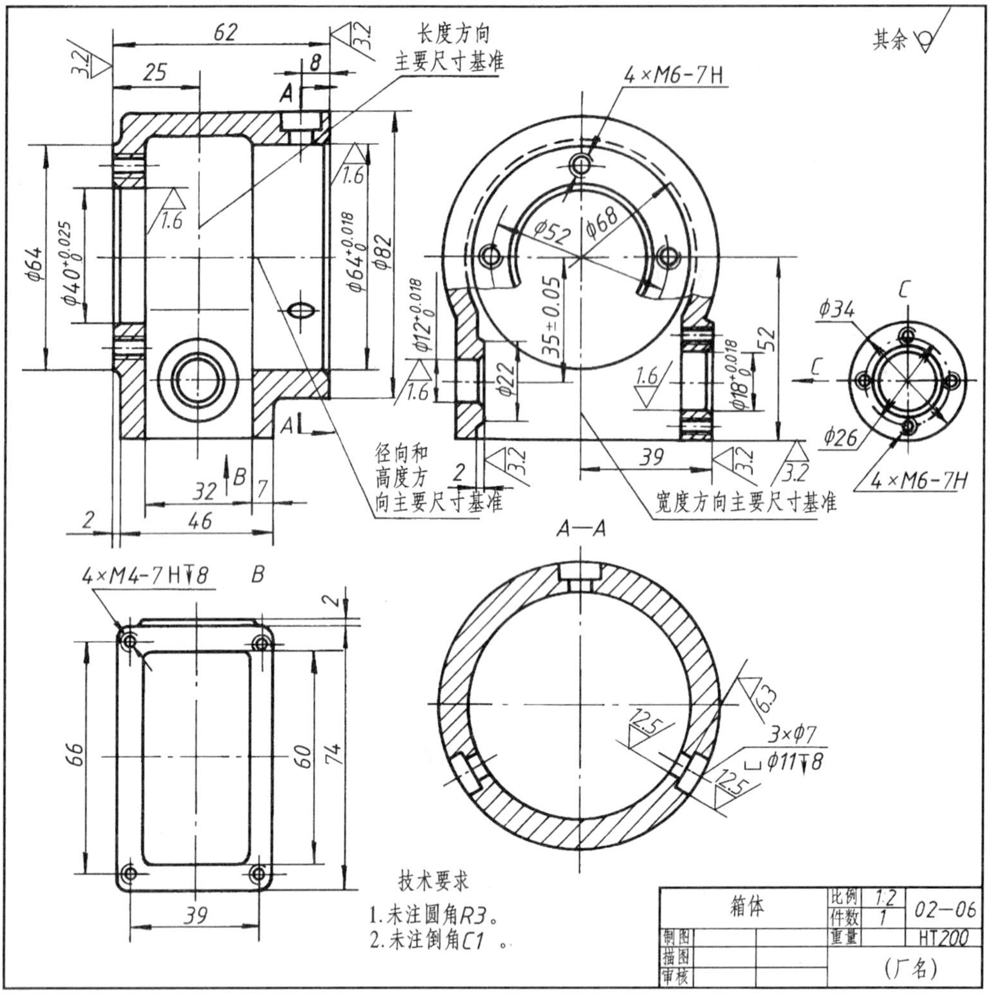

图 7－42 箱体零件图

(5) 零件常见结构的尺寸注法

① 常见孔的尺寸注法，见表 7－5。

② 倒角的尺寸注法，见表 7－6。

表 7－5 常见孔的尺寸注法

孔的类型	标注方法		
	普通注法	旁注法	
光孔	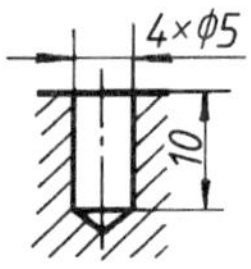	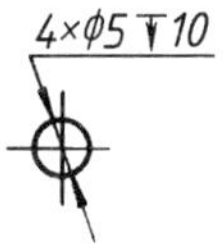	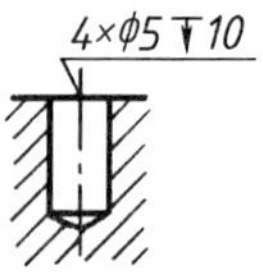

续表

<table>
<tr><th rowspan="2">孔的类型</th><th colspan="3">标注方法</th></tr>
<tr><th>普通注法</th><th colspan="2">旁注法</th></tr>
<tr><td>螺孔</td><td>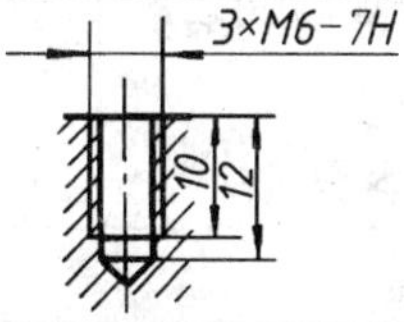</td><td></td><td>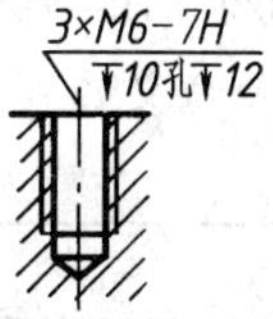</td></tr>
<tr><td>锥形沉孔</td><td>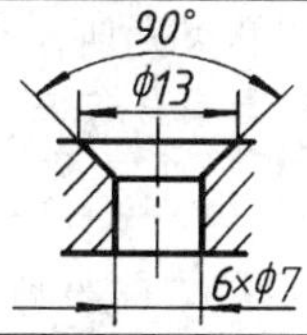</td><td>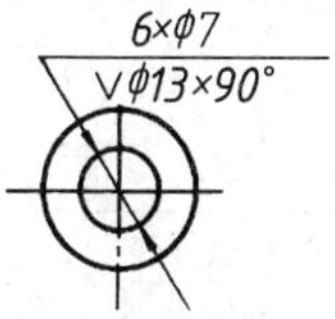</td><td>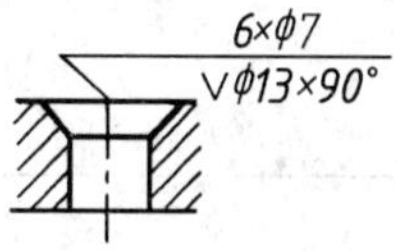</td></tr>
<tr><td>柱形沉孔</td><td>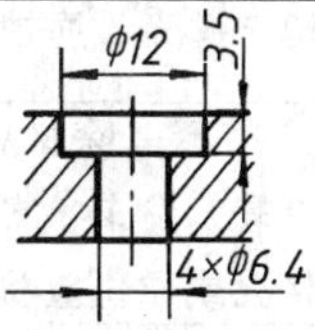</td><td></td><td>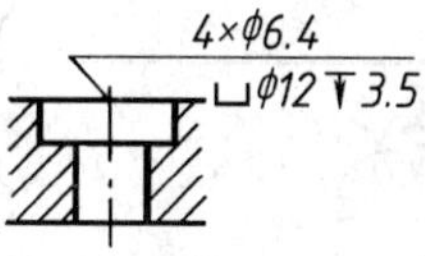</td></tr>
<tr><td>锪平沉孔</td><td>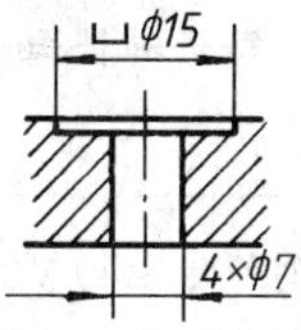</td><td></td><td>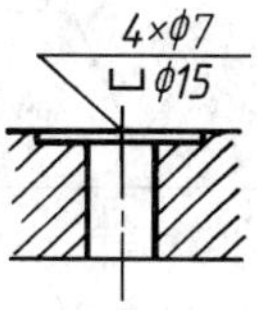</td></tr>
</table>

表 7-6　倒角的尺寸注法

<table>
<tr><td rowspan="2">倒
角</td><td>45°倒角注法</td><td>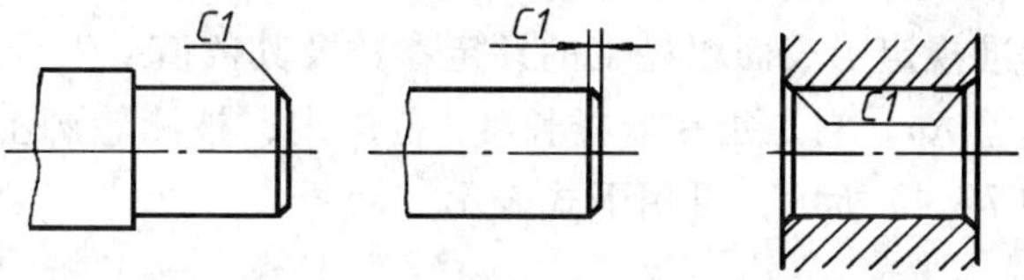</td></tr>
<tr><td>30°倒角注法</td><td>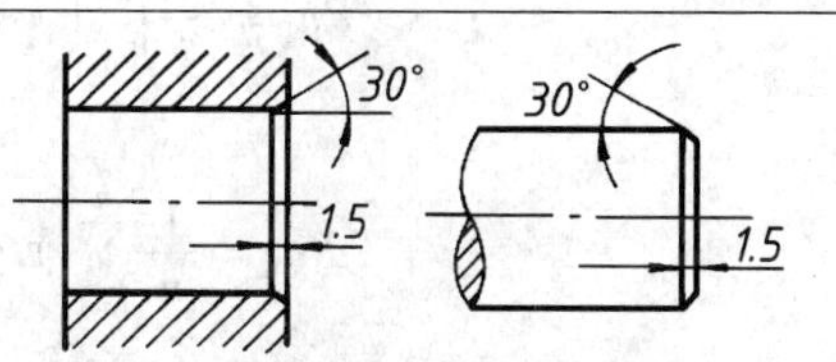</td></tr>
</table>

7.2.3　表面粗糙度

1. 表面粗糙度的概念

零件表面上具有较小间距的峰谷所组成的微观几何形状特性，称为表面粗糙度。表面粗糙度是在加工零件时，由于刀具在零件表面上留下的刀痕及切削分裂时表面金属的塑性变形所形成的。零件表面粗糙度是评定零件表面质量的一项技术指标，它对零件的配合性质、工作精度、耐磨性、耐腐蚀性、密封性、外观等都有影响。在保证机器性能的前提下，为获得相应的零件表面粗糙度，应根据零件的作用，选用恰当的加工方法，尽量降低生产成本。一般来说，凡零件上有配合要求或有相对运动的表面，表面粗糙度参数值要小。

2. 表面粗糙度的符号

GB/T 131—1993 规定，表面粗糙度代号是由规定的符号和有关参数组成，零件表面粗糙度符号及意义如表 7-7 所示。

表 7-7 表面粗糙度的符号及画法

符号	意义
	基本符号，表示表面可用任何方法获得。当不加注粗糙度参数值或有关说明时，仅适用于简化代号标注
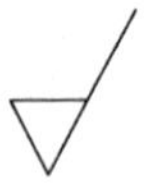	表示表面是用去除材料的方法获得，如车、铣、钻、磨、剪切、抛光、腐蚀、电火花加工、气割等
	表示表面是用不去除材料的方法获得，如铸、锻造、冲压、热轧、冷轧、粉末冶金等；或者是保持上道工序的状况或原供应状况
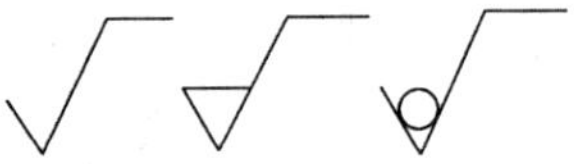	在上述三个符号的长边上均可加一横线，用于标注有关参数和说明
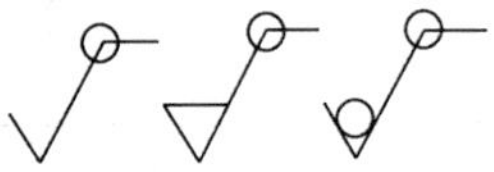	在上述三个符号上均可加一小圆，表示所有表面具有相同的表面粗糙度要求

3. 表面粗糙度的主要评定参数

国家标准规定了表面粗糙度的评定参数及其数值，供合理选用。最常用的评定参数为轮廓算术平均偏差 Ra，它是指在取样长度 l 范围内，被测轮廓上各点至基准线的距离 y_i 的算术平均值，如图 7-43 所示，可用下式表示：

$$Ra = \frac{1}{l}\int_0^l |y| \, dx$$

或近似表示为

$$Ra = \frac{1}{n}\sum_{i=1}^{n} |y_i|$$

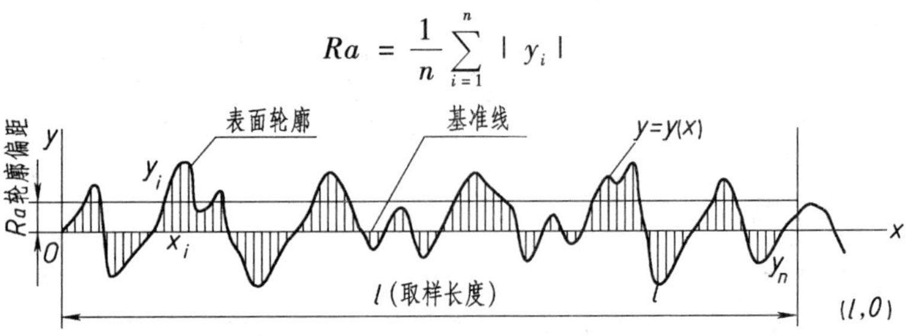

图 7-43 轮廓算术平均偏差 Ra 评定示意图

轮廓算术平均偏差 Ra 的数值见表 7-8，Ra 数值越小，零件表面越平整光滑，反之零件表面越粗糙。表 7-8 列出了国家标准推荐的 Ra 值优先选用系列。

表 7-8 轮廓算术平均偏差 *Ra* 的数值 μm

第 1 系列	第 2 系列	第 1 系列	第 2 系列	第 1 系列	第 2 系列	第 1 系列	第 2 系列
	0.008						
	0.010						
0.012			0.125		1.25	12.5	
	0.016		0.160	1.6			16
	0.020	0.20			2.0		20
0.025			0.25		2.5	25	
	0.032		0.32	3.2			32
	0.040	0.40			4.0		40
0.050			0.50		5.0	50	
	0.063		0.63	6.3			63
	0.080	0.80			8.0		80
0.100			1.00		10.0	100	

4. 表面粗糙度的代号标注示例

轮廓算术平均偏差 *Ra* 值的标注的方法及意义见表 7-9。

表 7-9 轮廓算术平均偏差 *Ra* 值的标注示例及其意义

代号	意义	代号	意义
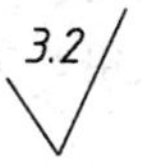	用任何方法获得的表面，*Ra* 的上限值为 3.2 μm	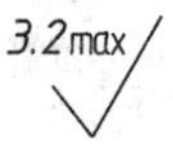	用任何方法获得的表面，*Ra* 的最大值为 3.2 μm
	用不去除材料的方法获得的表面，*Ra* 的上限值为 3.2 μm		用不去除材料的方法获得的表面，*Ra* 的最大值为 3.2 μm
	用去除材料的方法获得的表面，*Ra* 的上限值为 3.2 μm		用去除材料的方法获得的表面，*Ra* 的最大值为 3.2 μm
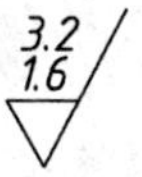	用去除材料的方法获得的表面，*Ra* 的上限值为 3.2 μm，*Ra* 的下限值为 1.6 μm	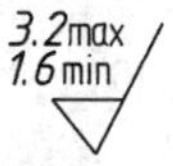	用去除材料的方法获得的表面，*Ra* 的最大值为 3.2 μm，*Ra* 的最小值为 1.6 μm

5. 表面粗糙度代(符)号在图样上的标注方法

(1) 表面粗糙度代（符）号一般应注在可见轮廓线、尺寸界线或它们的延长线上，符号的尖端必须从材料外指向表面，如图 7-44 所示。

(2) 表面粗糙度代号中数字及符号的方向必须按图 4-45a 的规定标注。带有引出线的表面粗糙度符号应按图 7-45b 的规定标注。

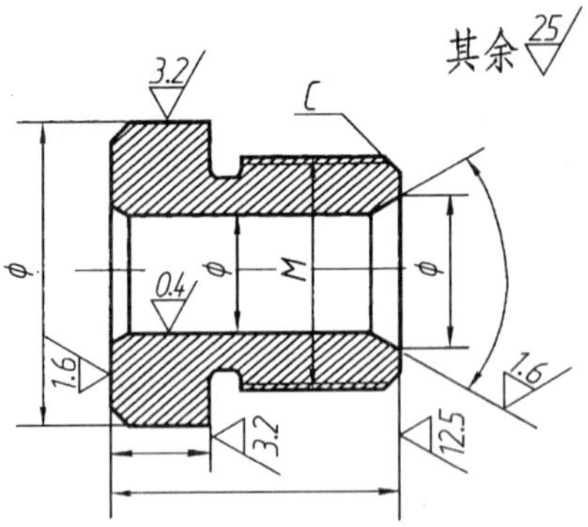

图7－44 表面粗糙度注法

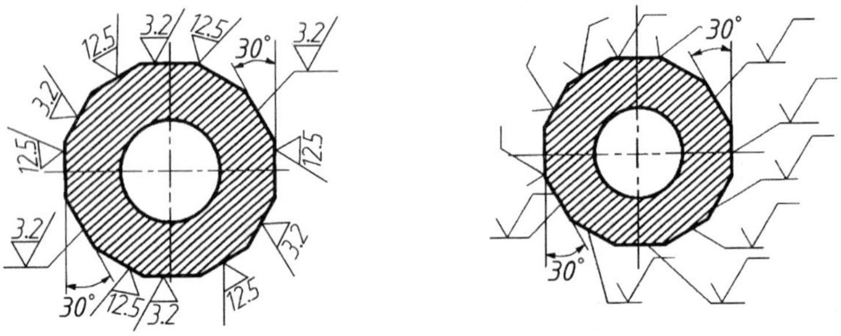

(a) 不带引出线标注时

(b) 带引出线标注

图7－45 表面粗糙度代号中数字及符号的方向

（3）在同一图样上，每一表面一般只标注一次代（符）号，并尽可能地靠近有关的尺寸线，如图7－44所示。当空间狭小或不便标注时可以引出标注，如图7－46所示。

（4）当零件所有表面具有相同的表面粗糙度要求时，可统一标注在图样的右上角，如图7－47所示。

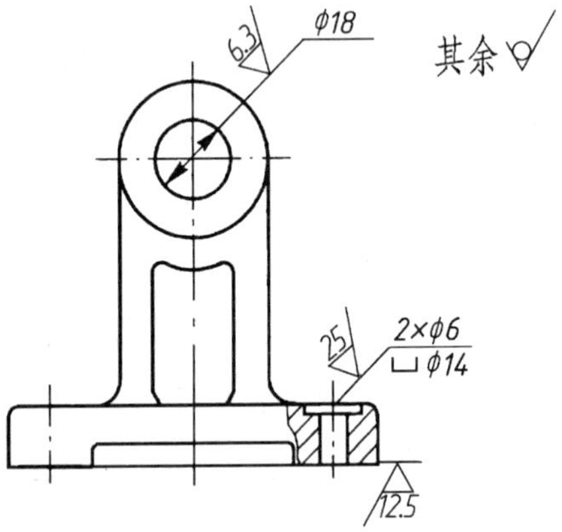

图7－46 引出标注

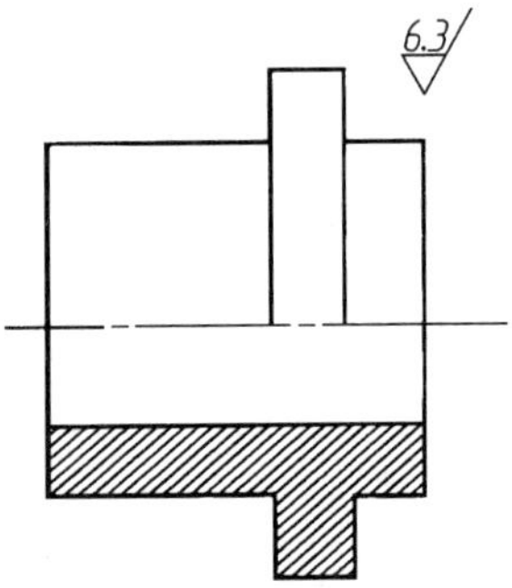

图7－47 全部表面粗糙度相同时的标注方法

当零件的大部分表面具有相同的表面粗糙度要求时，对其中使用最多的一种代（符）号可以同时注在图样的右上角，并加注“其余”两字，如图7－44、图7－46所示。

凡统一标注的表面粗糙度代（符）号及说明文字，其高度均应该是图样标注字符高度的

1.4 倍。

（5）零件上连续表面（图 7－48）、重复要素（如孔、齿、槽等）的表面（图 7－48）和用细实线连接不连续的同一表面（图 7－46 中的底面），其表面粗糙度代（符）号只注一次。

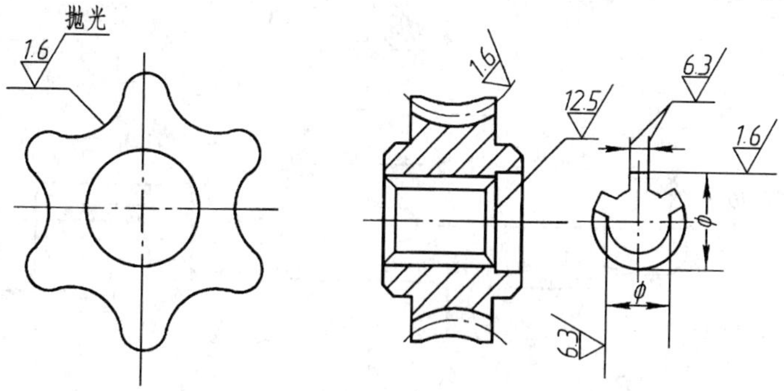

图 7－48 连续表面及重复要素的表面粗糙度注法

（6）同一表面上有不同的表面粗糙度要求时，应用细实线画出其分界线，并注出相应的表面粗糙度代号和尺寸，如图 7－49 所示。

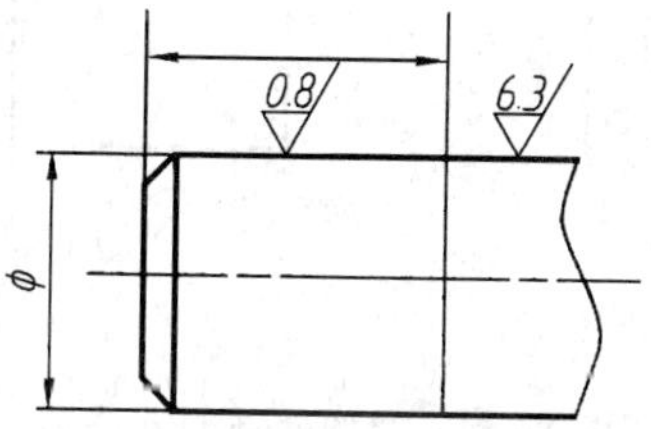

图 7－49 同一表面不同表面粗糙度注法

（7）齿轮、螺纹等工作表面没有画出齿（牙）形时，其表面粗糙度代（符）号注法如图 7－50 所示。

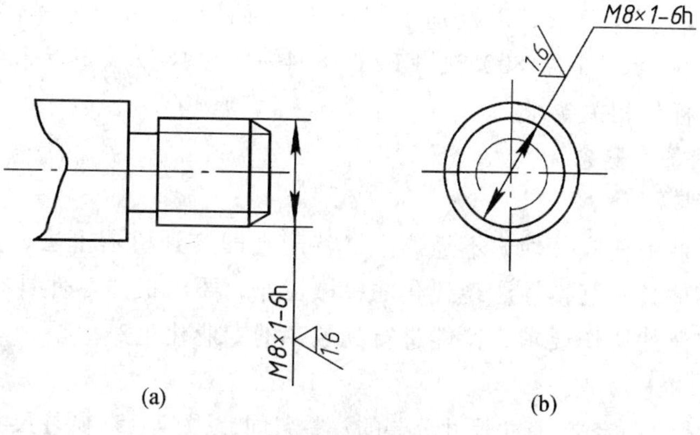

图 7－50 螺纹工作表面的表面粗糙度注法

（8）中心孔的工作表面，键槽的工作表面、倒角、圆角的表面粗糙度代号可以简化标注，如图 7－51 所示。

（9）需要将零件局部热处理或局部镀（涂）覆时，应用粗点画线画出其范围并标注出相应尺寸，也可将其要求注写在表面粗糙度符号长边的横线上，如图7－52所示。

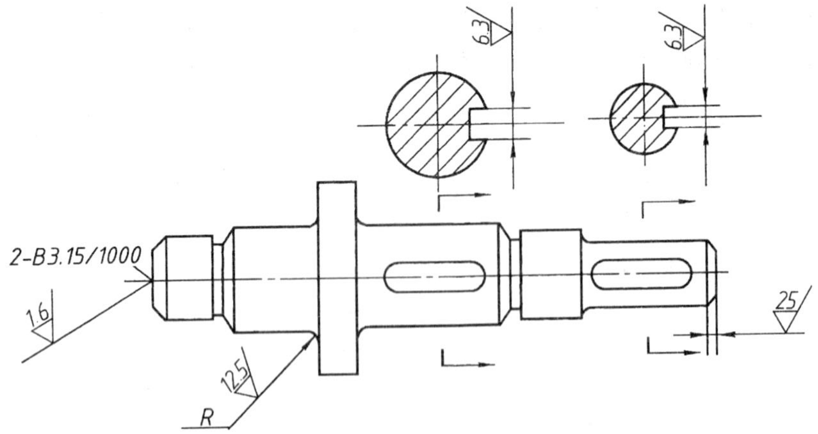

图7－51 中心孔、键槽、圆角、倒角表面粗糙度的注法

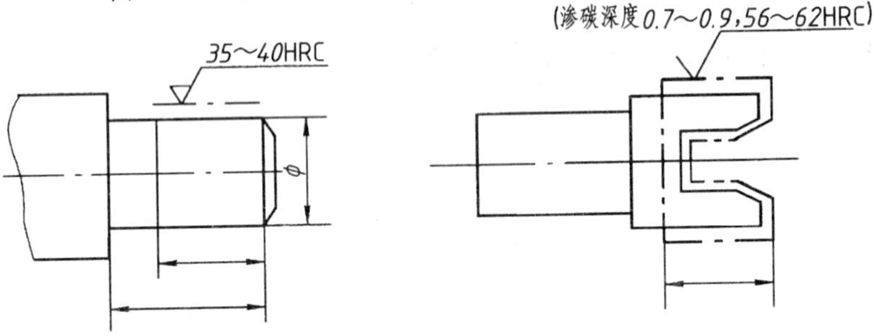

图7－52 局部处理的方法

7.2.4 极限与配合和形位公差简介

极限与配合和形位公差是工程图样的一项重要的技术要求，也是检验产品质量的重要技术指标。为了保证零件的设计要求，以及加工制造的合理性、经济性，零件图上应按国家标准《极限与配合》（GB/T 1800.1～1800.3、GB/T 1804—1999）和《形状和位置公差》（GB/T 1182～1184—1996）标注相关要求。

1. 极限与配合的基本概念

1）零件的互换性

从一批相同的零件中任取一件，不经选配，就能立即装到机器上去，并能保证使用要求，这种情况说明这批零件具有互换性。现代化的机械工业，要求机器零件具有互换性，这样，既能满足各生产部门广泛的协作要求，又能进行高效率的专业化生产。

2）尺寸与公差

有关尺寸公差的术语和定义，有关尺寸公差的一些名词，以图7－53圆柱尺寸为例作简要说明。

(1) 基本尺寸 D (d) ——设计给定的尺寸。如图7－53所示的 $\phi30$。

(2) 实际尺寸——零件制成后，通过测量所得的尺寸。

(3) 极限尺寸——允许零件实际尺寸变化的两个极限值，其中较大的一个尺寸称为最大极限尺寸，较小的一个称为最小极限尺寸。

（4）尺寸偏差（简称偏差）——某一尺寸减去基本尺寸所得的代数差。尺寸偏差有上偏差、下偏差和实际偏差。

上偏差 = 最大极限尺寸 - 基本尺寸

下偏差 = 最小极限尺寸 - 基本尺寸

如图 7 - 53 所示的轴：上偏差 = 29.993 - 30 = -0.007；下偏差 = 29.980 - 30 = -0.020

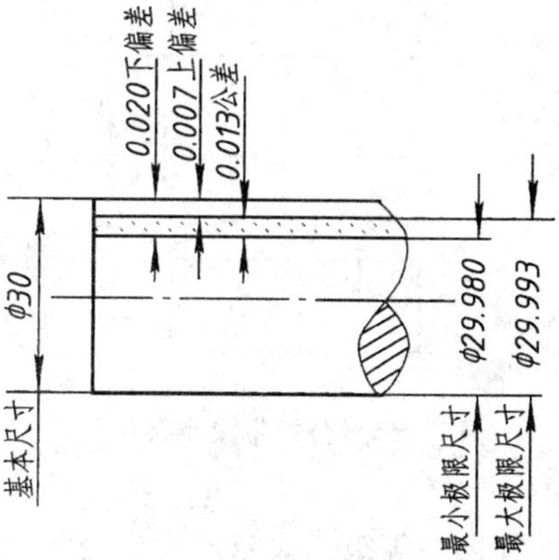

图 7 - 53　基本尺寸与极限尺寸

国家标准规定用代号 ES 和 es 分别表示孔和轴的上偏差；用 EI 和 ei 分别表示孔和轴的下偏差。实际尺寸减去基本尺寸的代数差称为实际偏差。

（5）尺寸公差（简称公差）——允许的尺寸变动量。

即：公差 = 最大极限尺寸 - 最小极限尺寸

或：公差 = 上偏差 - 下偏差

如图 7 - 53 所示的轴，公差 = 29.993 - 29.980 = 0.013；或：公差 = [-0.007 - (-0.020)] = 0.013。

（6）尺寸公差带（简称公差带）——公差带表示公差范围和相对零线位置的一个区域。

图 7 - 54 表示了一对互相结合的孔和轴的基本尺寸、极限尺寸、偏差、公差的相互关系。为简化起见，一般只画出孔和轴的上、下偏差围成的方框简图，称为公差带图，如图 7 - 54b 所示。在公差带图中，零线是表示基本尺寸的一条直线。

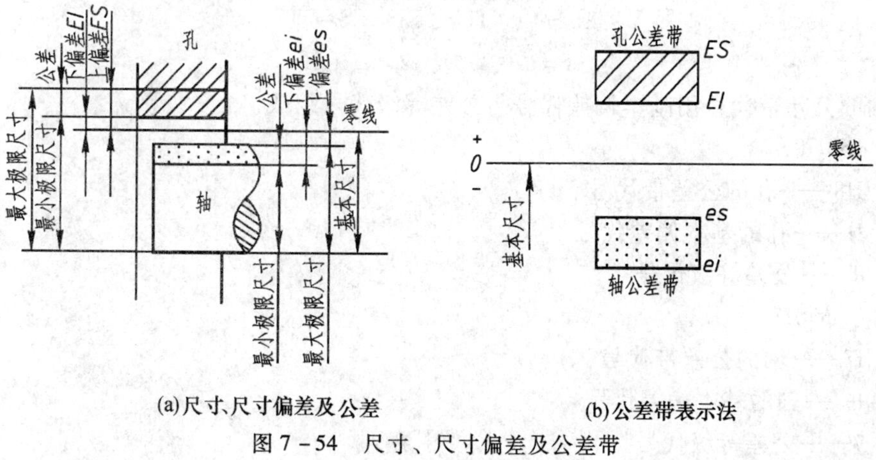

(a) 尺寸、尺寸偏差及公差　(b) 公差带表示法

图 7 - 54　尺寸、尺寸偏差及公差带

2. 标准公差和基本偏差

为便于生产，实现零件的互换性及满足不同的使用要求，国家标准《极限与配合》规定了公差带由标准公差和基本偏差两个要素组成。标准公差确定公差带的大小，而基本偏差确定公差带的位置，见图7－55。

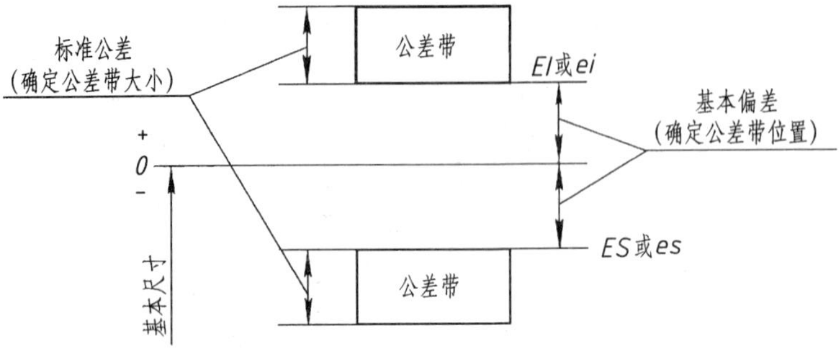

图7－55　公差带大小及位置

1）标准公差（IT）

标准公差的数值由基本尺寸和公差等级来决定。其中公差等级确定尺寸精确程度。标准公差分为20级，即IT01，IT0，IT1，…，IT18。其尺寸精确程度从IT01到IT18依次降低。标准公差的具体数值见附B表19。

2）基本偏差

基本偏差是指在标准的极限与配合制中，确定公差带相对零线位置的那个极限偏差。它可以是上偏差或下偏差，一般指靠近零线的那个偏差。当公差带在零线的上方时，基本偏差为下偏差；反之，则为上偏差，如图7－55所示。基本偏差的代号用拉丁字母表示，大写的为孔，小写的为轴，各28个。

基本偏差系列如图7－56所示。从基本偏差系列图中可以看出：孔的基本偏差A～H为下偏差，J～ZC为上偏差；轴的基本偏差a～h为上偏差，j～zc为下偏差；JS和js的公差带对称分布于零线两边，孔和轴的上、下偏差分别都是＋IT/2、－IT/2。基本偏差系列图只表示公差带的位置，不表示公差的大小，因此，公差带一端开口，开口的另一端由标准公差限定。

根据尺寸公差的定义，基本偏差和标准公差有以下的计算式：

$$ES = EI + IT \text{ 或 } EI = ES - IT$$

$$ei = es - IT \text{ 或 } es = ei + IT$$

孔和轴的公差带代号用基本偏差代号与公差等级代号组成。

例如：ϕ50H8

其中：H8——孔的公差带代号

H——孔的基本偏差代号

8——公差等级代号

又例如：ϕ50f7

其中：f7——轴的公差带代号

f——轴的基本偏差代号

7——公差等级代号

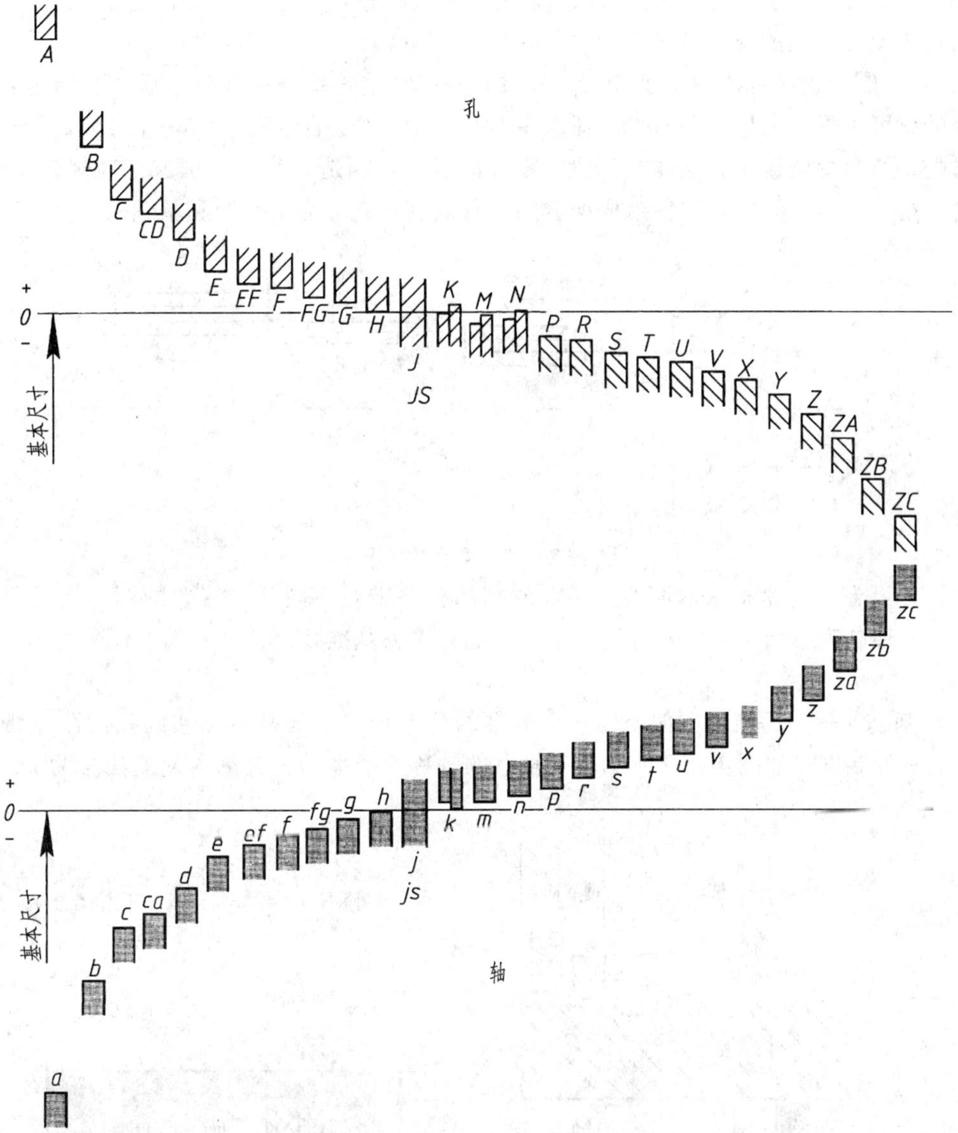

图7-56 基本偏差系列

3. 配合

基本尺寸相同的、相互结合的孔和轴公差带之间的关系，称为配合。根据使用要求的不同，孔和轴之间的配合有松有紧，因而国标规定，配合分三类，即间隙配合、过盈配合、过渡配合（见图7-57）。

1）配合种类

（1）间隙配合 孔与轴装配时有间隙（包括最小间隙等于零）的配合。如图7-57a所示，孔的公差带在轴的公差带之上。

（2）过渡配合 孔与轴装配时可能有间隙或过盈的配合。如图7-57b所示，孔的公差带与轴的公差带互相交叠。

(3) 过盈配合 孔与轴装配时有过盈（包括最小过盈等于零）的配合。如图7-57c所示，孔的公差带在轴的公差带之下。

2) 配合制 国家标准规定了28种基本偏差和20个等级的标准公差后，对给定基本尺寸的孔或轴就可以形成大量的公差带。任取一对孔、轴的公差带都能形成一定性质的配合，如果任意选配，情况变化极多。这样，不便于零件的设计与制造。为此，国家标准规定了配合制。配合制是指同一极限制的孔和轴组成配合的一种制度，它分为基孔制和基轴制。

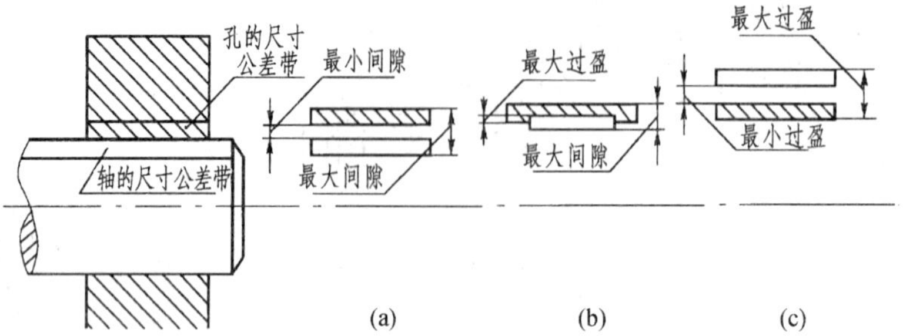

图7-57 配合的情况

(1) 基孔制——是指基本偏差为一定的孔的公差带与不同基本偏差的轴的公差带形成各种配合的一种制度，如图7-58所示。基孔制的孔称为基准孔，其基本偏差代号为H，其下偏差为零。

(2) 基轴制——是指基本偏差为一定的轴的公差带与不同基本偏差的孔的公差带形成各种配合的一种制度。如图7-59所示。基轴制的轴称为基准轴，其基本偏差代号为h，其上偏差为零。

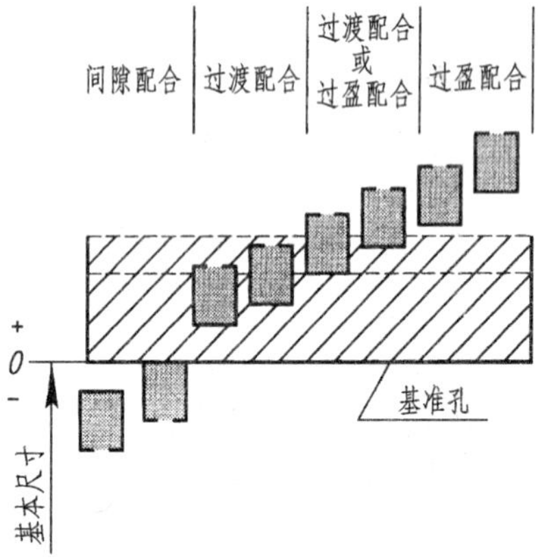

图7-58 基孔制配合

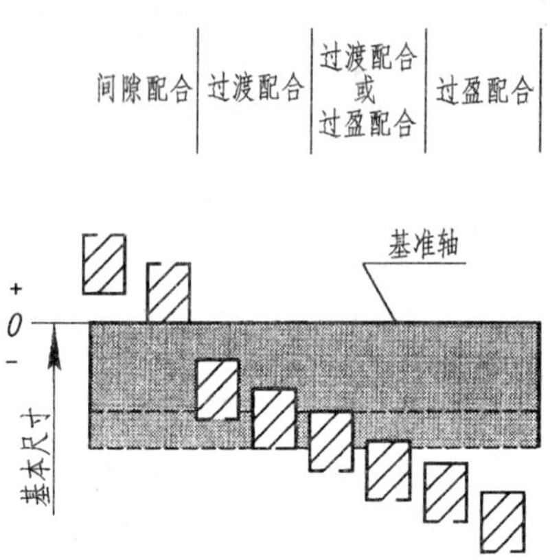

图7-59 基轴制配合

3) 配合代号

配合代号由孔和轴的公差带代号组成，写成分数形式，分子为孔的公差带代号，分母为轴的公差带代号。通常分子中含H的为基孔制配合，通常分母中含h的为基轴制配合。

例如 ϕ25H7/g6的含义是指该配合的基本尺寸为ϕ25、基孔制的间隙配合，基准孔的公差带为H7（基本偏差为H，公差等级为7级），轴的公差带为g6（基本偏差为g，公差等级为6级）。

例如　ϕ25N7/h6 的含义是指该配合的基本尺寸为 ϕ25、基轴制的过渡配合，基准轴的公差带为 h6（基本偏差为 h，公差等级为 6 级），孔的公差带为 N7（基本偏差为 N，公差等级为 7 级）。

而如 ϕ25H6/h6，根据国家标准优先选用基孔制的原则，应考虑为基孔制配合。

4. 公差与配合在图样上的标注

1）在装配图上标注公差与配合，采用组合式注法，如图 7－60a 所示。

2）在零件图上的标注方法

在零件图上标注公差的方法有三种形式：只注公差带代号，如图 7－60b 所示；只注极限偏差数值，如图 7－60c 所示；注出公差带代号及极限偏差数值，如图 7－60d 所示。

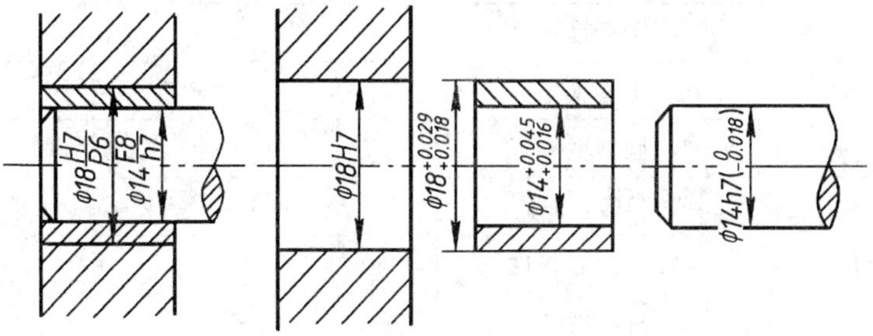

图 7－60　在图样上公差与配合的标注方法

5. 形状和位置公差简介

零件加工后，不仅存在尺寸误差，而且会产生几何形状及相互位置的误差。如图 7－61a 所示的圆柱体，即使在尺寸合格时，也有可能出现一端大，另一端小或中间细两端粗等情况，其截面也有可能不圆，这属于形状方面的误差。再如图 7－61b 所示的阶梯轴，加工后可能出现各轴段不同轴线的情况，这属于位置方面的误差。所以，形状公差是指实际形状对理想形状的允许变动量，位置公差是指实际位置对理想位置的允许变动量，两者简称形位公差。

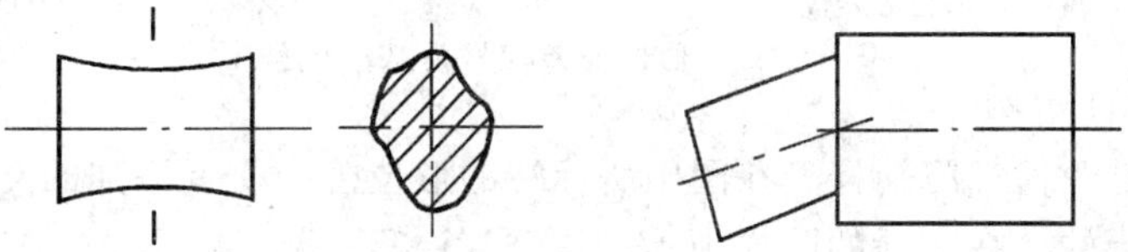

图 7－61　形状和位置误差

1）形状和位置公差的代号

国家标准 GB/T 1182—1996 规定用代号来标注形状和位置公差。在实际生产中，当无法用代号标注形位公差时，允许在技术要求中用文字说明。

形位公差代号包括：形位公差各项目的符号（见表 7－10）、形位公差框格及指引线、形位公差数值和其他有关符号，以及基准代号等。这些内容可参阅图 7－62 以及图中的说明。框格内字体的高度 h 与图样中的尺寸数字等高。

表 7-10 形位公差的项目名称及符号

公差		特征项目	符号	有或无基准要求
形状	形状	直线度	—	无
		平面度	⏥	无
		圆度	○	无
		圆柱度	⌭	无
形状或位置	轮廓	线轮廓度	⌒	有或无
		面轮廓度	⌓	有或无
位置	定向	平行度	//	有
		垂直度	⊥	有
		倾斜度	∠	有
	定位	位置度	⌖	有或无
		同轴（同心）度	◎	有
		对称度	⌯	有
	跳动	圆跳动	↗	有
		全跳动	⌰	有

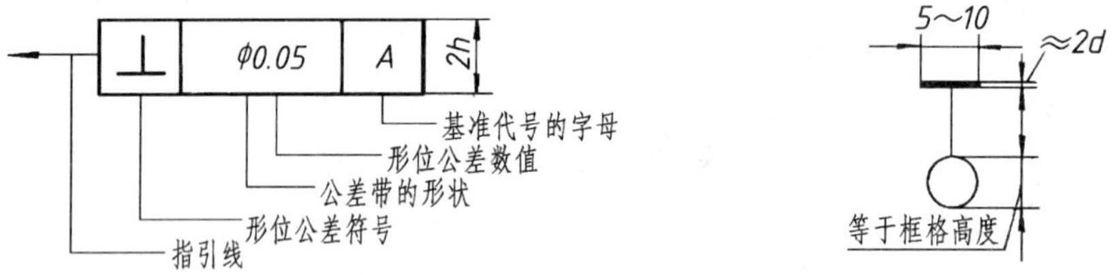

(a)形位公差代号 (b)基准代号

图 7-62 形位公差代号及基准代号

2）形位公差标注示例

图 7-63 所示是一根气门阀杆，在图中所标注的形位公差附近添加的文字，只是为了给读者作说明而重复写上的，在实际的图样中不应该重复注写。

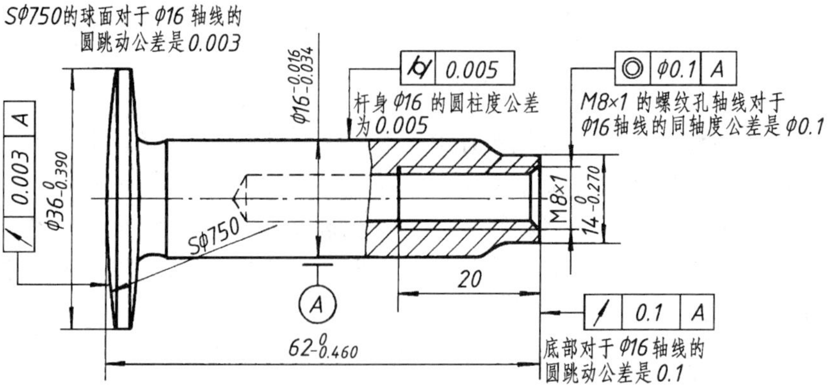

图 7-63 形位公差标注示例

7.2.5 零件结构的工艺性简介

零件的结构形状主要是根据它在机器（或部件）中的功能决定的，同时制造工艺对零件的结构也提出了要求。因此，在设计零件时，应该使零件的结构既要满足使用上的要求，还要方便制造。下面介绍零件的一些常见工艺结构。

1. 零件上的铸造结构

1）铸造圆角

当零件的毛坯为铸件时，因铸造工艺的要求，铸件各表面相交的转角处都应做成圆角，如图 7－64 所示。铸造圆角可防止铸件浇注时转角处的落砂现象及避免金属冷却时产生缩孔和裂纹。铸造圆角的半径一般取 $R=3\ \mathrm{mm} \sim 5\ \mathrm{mm}$，可在技术要求中统一注明。

2）起模斜度

用铸造的方法制造零件毛坯时，为了便于在砂型中取出模样，一般沿模样起模方向作成约 1∶20 的斜度，叫做起模斜度。因此在铸件上也有相应的起模斜度，如图 7－65a 所示，这种斜度在图上可以不予标注，也不一定画出，如图 7－65b 所示；必要时，可以在技术要求中用文字说明。

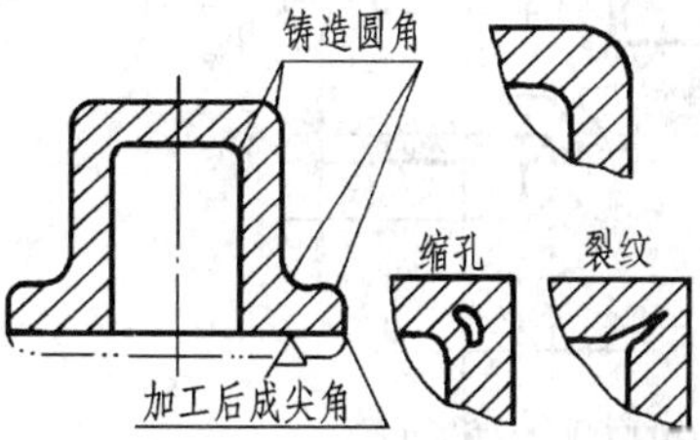

图 7－64 铸造圆角

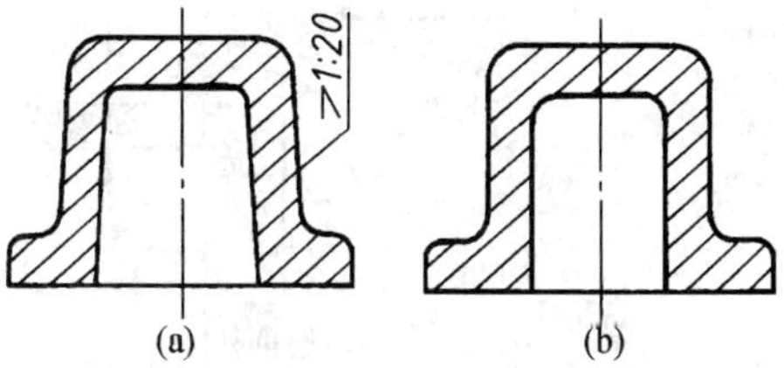

图 7－65 起模斜度

3）铸件厚度

当铸件的壁厚不均匀一致时，铸件在浇注后，因各处金属冷却速度不同，将产生裂纹和缩孔现象。因此，铸件的壁厚应尽量均匀，如图 7－66a 所示；当必须采用不同壁厚连接时，应采用逐渐过渡的方式，如图 7－66b 所示。

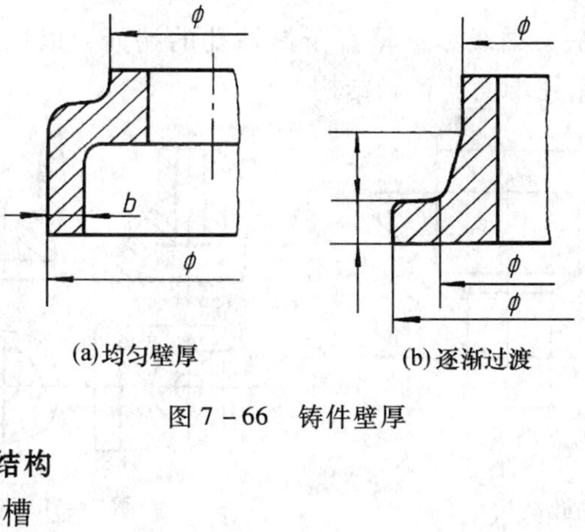

图 7－66 铸件壁厚

2. 零件上的机械加工结构

1）退刀槽和砂轮越程槽

在零件切削加工时，为了便于退出刀具及保证装配时相关零件的接触面靠紧，在被加工表面台阶处应预先加工出退刀槽或砂轮越程槽。车削外圆时的退刀槽，其尺寸一般可按“槽宽×直径”或“槽宽×槽深”方式标注，如图7-67所示。磨削外圆或磨削外圆和端面时的砂轮越程槽如图7-68所示。

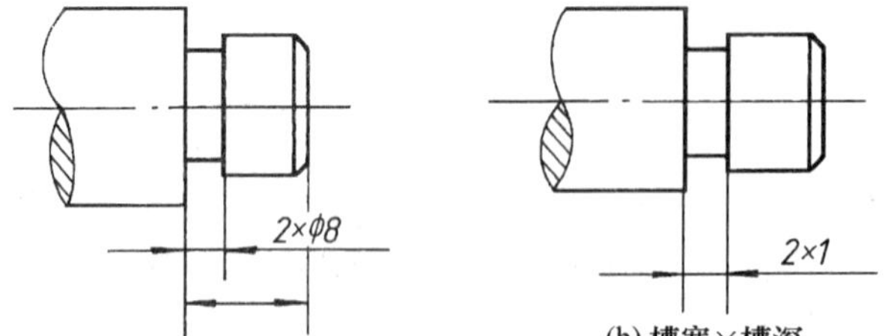

(a)槽宽×直径　(b)槽宽×槽深

图7-67　退刀槽

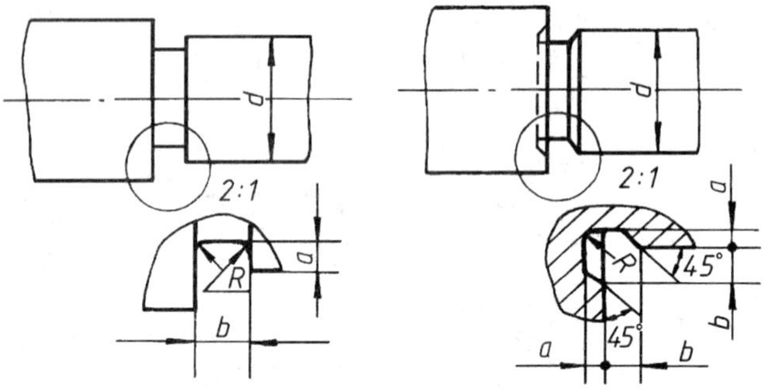

(a)磨削外圆　(b)磨削外圆和端面

图7-68　砂轮越程槽

2）钻孔结构

用钻头钻出的盲孔，在底部有一个120°的锥角，钻孔深度指的是圆柱部分的深度，不包括锥坑，如图7-69a所示。在阶梯形钻孔的过渡处，也存在锥角120°圆台，其画法及尺寸注法如图7-69b所示。

用钻头钻孔时，要求钻头轴线尽量垂直于被钻孔的端面，以保证钻孔准确和避免钻头折断。图7-70表示了三种钻孔端面的正确结构。

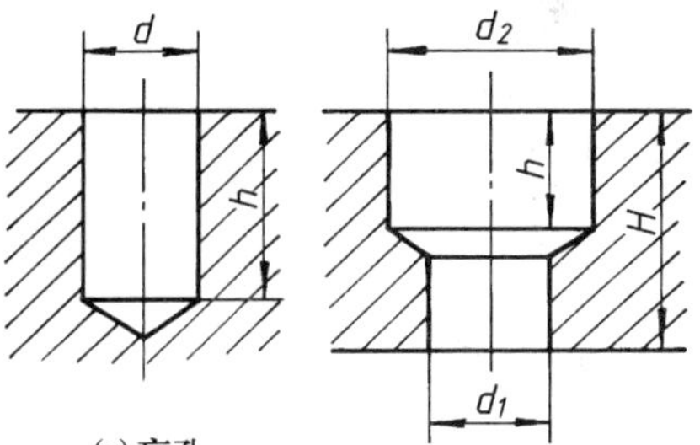

(a)盲孔　(b)阶梯孔

图7-69　钻孔结构

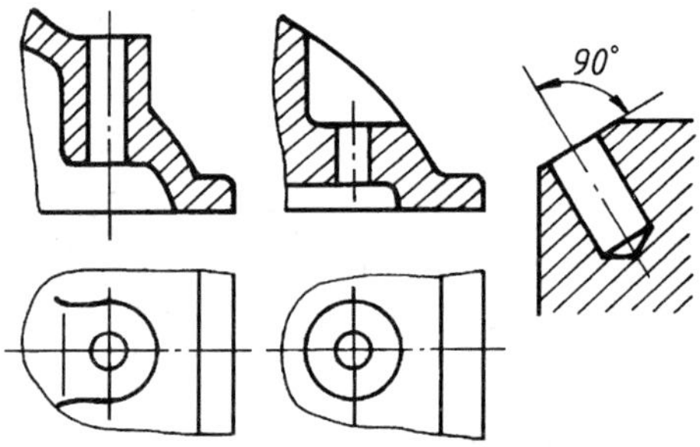

图7-70　钻孔的端面

3）凸台和凹坑

零件上与其他零件接触的接触面，一般都要加工。为了减少加工面积，并保证零件表面之间有良好的接触，常常在铸件上设计出凸台、凹坑。图 7－71a、b 所示是螺栓连接的支撑面，做成凸台或凹坑的形式；图 7－71c 所示是为了减少加工面积，而做成凹槽结构。

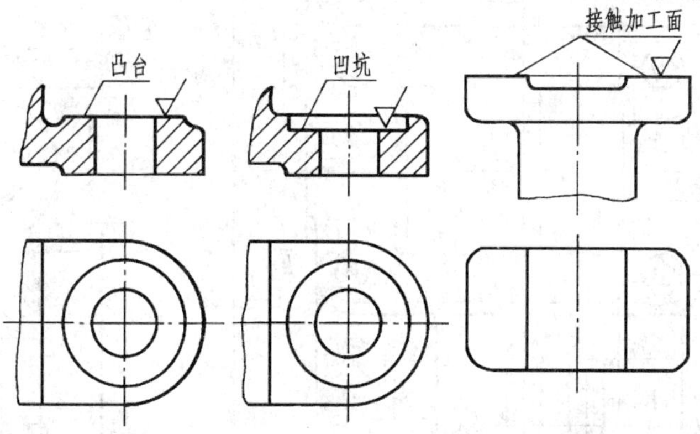

图 7－71 凸台、凹坑等结构

7.2.6 看零件图

看零件图的目的是根据零件图想像出零件的结构形状，分析零件的结构、尺寸和技术要求，以及零件的材料、名称等内容。据此确定加工方法和工序以及测量和检验方法。下面以轴座（图 7－72）为例说明看零件图的方法和步骤。

1. 概括了解

从标题栏了解零件的名称为轴座，可想像零件的作用，材料为铸铁（可确定其毛坯为铸造件），根据画图比例 1∶4 了解零件的实际大小。

由名称知该零件的主要作用是用来支承传动轴，因此轴孔是它的主要工作结构，该零件结构较复杂，表达时用了三个基本视图和三个局部视图。

看其他技术资料，尽可能参看装配图及其相关的零件图等技术文件，进一步了解该零件的功用以及它与其他零件的关系。

2. 分析视图，想像零件形状

分析视图，以便确认零件结构形状，具体方法如下：

1）表达分析　由于该零件加工的工序较多，表达时以工作位置放置，采用最能表达零件结构形状的方向为主视图的投射方向。主视图表达了上述四部分的主要形状和它们的上下、左右位置，再对照其他视图可确定各部分的详细形状和前后位置。可以顺着各视图上标注的视图名称逐一对照，找出剖切位置。*A—A* 剖视图为阶梯剖，由 *A—A* 剖视图可看出空心圆柱、长方形板、凸台和凸耳的形状和它们的前后位置，并从空心圆柱上的局部剖视和 *E* 视图了解油孔及凸台的结构。*B—B* 剖视图为通过空心圆柱轴线的水平全剖视，主要目的是表达轴孔，*B—B* 剖视不仅可了解左右轴孔的结构，还有长方形板和下部凸台后面的凹槽，槽的右侧面为斜面。*C—C* 局部剖视表达螺钉孔和定位销孔的深度和距离。*D* 视图表达了凹槽和两个小螺孔的结构。

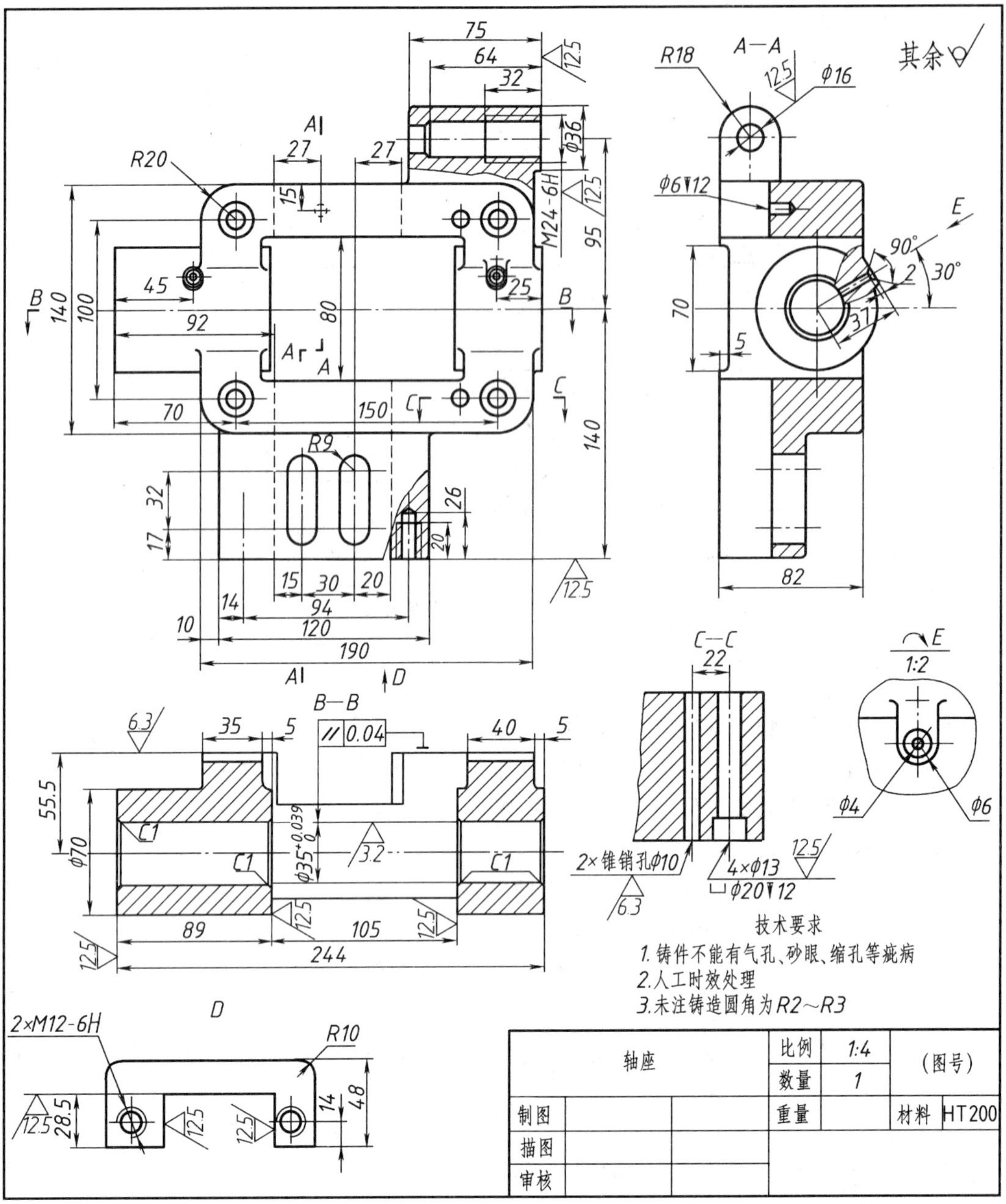

图 7－72　轴座零件图

2）形体分析　先看主视图，结合其他视图，通过对图形进行线框分割，进而进行形体构思，大体了解轴座由中间的中空长方体连接左、右两空心圆柱，下部凸台，上部凸耳4部分构成。还根据需要进行了开槽与穿孔。

3）结构形状及作用分析　轴座的中间部分为左、右两空心圆柱，它们是主轴孔，是轴座的主要结构。两空心圆柱用一中空长方形板连接起来，长方形板的四角有四个孔，为轴座安装用的螺钉孔，因此长方形板为其安装部分。长方形板下部有一长方形凸台，其上有两个长圆孔和螺孔，这是与其他零件连接的结构。轴座上部有一凸耳，内中有带螺纹的阶梯孔，亦为连接其他零件之用。

3. 尺寸和技术要求分析

先看带公差的尺寸、主要加工尺寸，再看标有表面粗糙度符号的表面，了解哪些表面是加工面，哪些是非加工面。再分析尺寸基准，然后了解哪些是定位尺寸和零件的其他主要尺寸。从轴座零件图可以看出带有公差的尺寸 $\phi35^{+0.039}_{0}$ 是轴孔的直径，轴孔的表面粗糙度为 $Ra3.2$，左右两轴孔的轴线与后面（安装定位面）的平行度为 0.04，可见轴孔直径是零件上最主要的尺寸，其轴线是确定零件上其他表面的主要基准。标注表面粗糙度代号的表面还有后面、底面、轴孔的端面及凹槽的侧面和底面，其他表面均不再加工。在高度方向从主要基准轴孔轴线出发标注的尺寸有 140 和 95。高度方向的辅助基准为底面，由此标出的尺寸有 17 等。宽度方向从主要基准轴孔轴线注出尺寸 55.5 以确定后表面，并以此为辅助基准标出尺寸 82 以及 48，28.5，14 等尺寸。长度方向的主要尺寸基准为轴孔的左端面，以尺寸 89、92、70、244 等尺寸来确定另一端面、凹槽面，连接孔轴线等辅助基准。注写的技术要求均为铸件的一般要求。

经以上分析可以了解轴座零件的全貌，它是一个中等复杂的铸件，其上装有传动轴及其他零件，起支承作用。轴座的直观图如图 7－73 所示。

图 7－73　轴座

7.3　机械产品装配图

装配图用来表明机器或部件的结构形状、装配关系、工作原理和技术要求等。装配时，根据装配图把零件装配成部件或机器。在使用过程中，又可通过装配图了解、调试、操作和检修机器或部件。由此可知，装配图是设计、制造、使用、维修以及技术交流的重要技术文件。

7.3.1　装配图的内容

从装配图的作用，并参照图 7－74 所示的滑动轴承装配图，可以看出一张完整的装配图应具有下列内容：

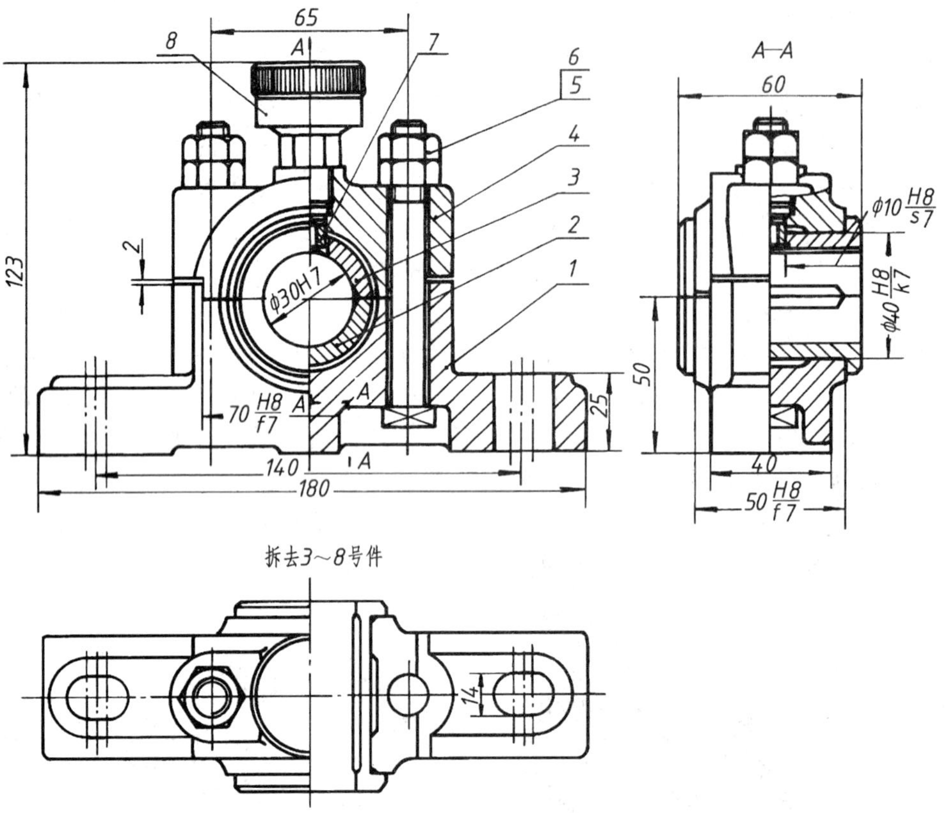

技术要求

1. 装配时轴承盖与轴承底座加垫片调整，保证轴与轴衬间的配合要求。
2. 调整试转后，零件用煤油清洗，工作面涂一层防锈油。

序号	代号	名称	数量	材料	备注
8		油杯 A12	1		
7		轴衬固定套	1	Q235	
6		螺母 M10	4	Q235	
5		方头螺栓 M10×90	2	Q235	
4		轴承盖	1	HT150	
3		上轴衬	1	ZCuAl9Mn2	
2		下轴衬	1	ZCuAl9Mn2	
1		轴承座	1	HT150	

设计		滑动轴承	材料	
班号			数量	1
学号		(校名)	比例	
审核			图号	

图7－74 滑动轴承装配图

1. 一组视图

选用一组恰当的视图表达机器或部件的工作原理，各零件间的装配、连接关系和零件的主要结构形状等。

2. 几类尺寸

装配图中的尺寸一般只标注机器或部件的性能（规格）尺寸、装配尺寸、安装尺寸、总体尺寸，以及其他重要尺寸。

1）性能（规格）尺寸

表示机器或部件性能（规格）的尺寸，在设计时就已经确定，也是设计、了解和选用该机器或部件的依据，如图 7－74 中所示的公称直径 $\phi30$。

2）装配尺寸

包括保证有关零件间配合性质的尺寸，保证零件间相对位置的尺寸、装配时进行加工的有关尺寸等。如图 7－74 中所示的配合尺寸 $\phi40H8/k7$、70H8/f7 等。

3）安装尺寸

机器或部件安装时所需的尺寸，如图 7－74 中所示与安装有关的尺寸 140、14 等。

4）总体尺寸

表示机器或部件外形轮廓的大小，即总长、总宽和总高。它为包装、运输和安装过程所占的空间大小提供了数据。如图 7－74 中所示的总长、总宽和总高为 180、60、123。

5）其他重要尺寸

它们是在设计中确定，又不属于上述几类尺寸的一些重要尺寸。如运动零件的极限尺寸、主体零件的重要尺寸等，如图 7－74 间隙 2 等。

3. 技术要求

用文字或符号说明机器或部件的性能、装配、调试和使用等方面的要求。

4. 零件序号、明细栏及标题栏

序号将装配图中各组成零件按一定格式编号。明细栏用作填写零件的序号、代号、名称、数量、材料、重量、备注等。标题栏的内容、格式、尺寸等已经标准化，且与零件图的标题栏完全一样，主要填写机器或部件的名称、代号、比例及有关部门人员的签名等。

序号（或代号）的编写规则（GB/T 4485.2—2003）：

（1）序号编写的形式由圆点、指引线、水平线（或圆）及数字组成，如图 7－75a 所示。指引线和水平线（或圆）均为细实线，数字写在水平线上方（或小圆内），数字高度应比尺寸数字高度大一号，指引线应从所指零件的可见轮廓内引出，并在末端画一圆点，当所指部分不宜画圆点（如很薄的零件或涂黑的剖面）时，可在指引线末端画一箭头以代替圆点，如图 7－75b 所示。

（2）指引线应尽量分布均匀，彼此不能相交，当通过剖面线区域时，须避免与剖面线平行。必要时，指引线可曲折一次，如图 7－75c 所示。

（3）对于一组紧固件（如螺栓、螺母和垫圈）及装配关系清楚的组件允许采用公共指引线，其编写形式如图 7－75d 所示。

（4）编写图样中的序号时，应按水平或垂直方向排列整齐，可顺时针方向或逆时针方向依次编号，如图 7－74 所示。

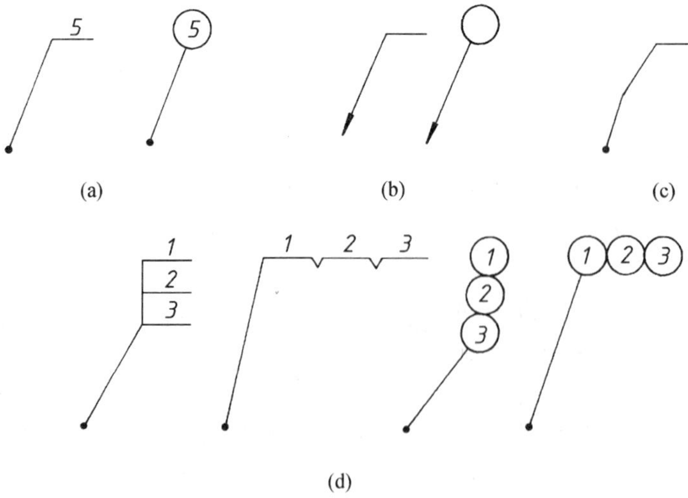

图7－75 零（部）件序号编写方法

明细栏——它是机器或部件中全部零、部件的详细目录，国家标准没有统一规定它的内容和形式。

明细栏应画在标题栏的上方，零、部件序号应自下而上填写。假如位置不够，可将明细栏分段画在标题栏的左方。在特殊的情况下，装配图中也可以不画明细栏，而单独编写在另一张图纸上。

7.3.2 装配图的视图表达方法

前面讨论过的表达零件的各种方法，如视图、剖视图和断面图，以及局部放大图等，在表达部件的装配图中也同样适用。但由于部件是由若干零件组成的，而部件装配图主要用来表达部件的工作原理和装配、连接关系，以及主要零件的结构形状，因此，与零件图比较，装配图还有下述的一些特殊表达方法。

1. 规定画法和简化画法

为了表达几个零件及其装配关系，必须遵守装配画法的三条基本规定。具体内容见螺纹紧固件装配画法的三条基本规定。

在装配图中，零件的工艺结构，如圆角、倒角、退刀槽等可省略不画。对于若干相同的零件组，如螺栓连接等，可详细地画出一组或几组，其余只需用点画线表示其装配位置即可。

在装配图中的某个视图上常有一个（或几个）零件遮住部件的内部构造及其他零件的情况，若需要表达这些被遮挡部分时，可假想将遮挡零件拆卸后再画，或沿结合面剖切表示，当需要说明时，可在视图上方标注“拆去××”，如图7－76所示。

2. 假想画法

在装配图中，若需要表达某些运动零件的极限位置时，可用双点画线画出它们的极限位置的外形图。此外，在装配图中，若需要表达出与本部件相关，但又不属于本部件的零件时，亦可采用假想画法画出相关部分的轮廓，如图7－77所示。

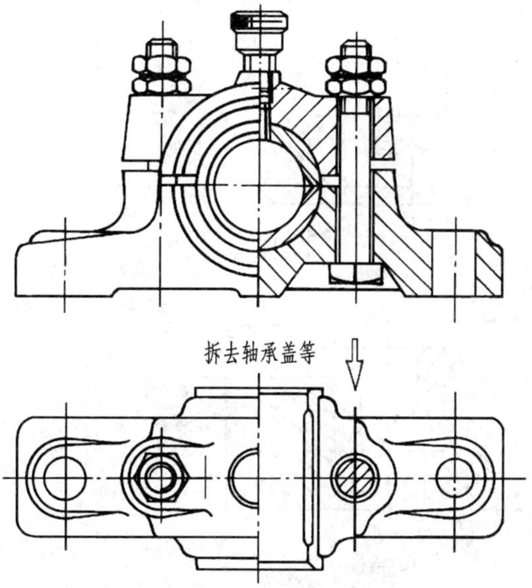

图 7－76 拆卸画法

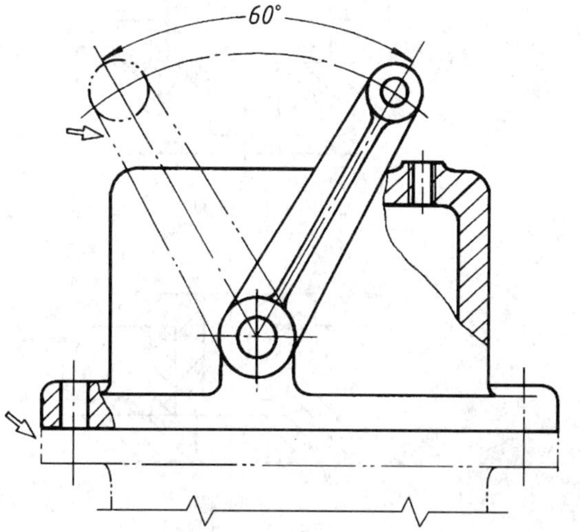

图 7－77 假想画法

3. 夸大画法

对薄片零件、细丝弹簧、微小间隙等，若按它们的实际尺寸在装配图中很难画出或难以明显表示时，均可不按比例而采用夸大画法。

7.3.3 装配结构的合理性简介

在设计和绘制装配图的过程中，应考虑到装配结构的合理性，以保证机器和部件的性能，并给零件的加工和装拆带来方便。确定合理的装配结构，需具有丰富的实际经验，并作深入细致的分析比较。现举例说明如下，以供画装配图时学习参考。

（1）当轴和孔配合，且轴肩与孔的端面相互接触时，应在接触端面制成倒角或在轴肩部切槽，以保证两零件接触良好。图 7－78 所示为轴肩与孔的端面相互接触时的正误对照，图 7－79a、c 所示为圆柱面接触的正误对照。

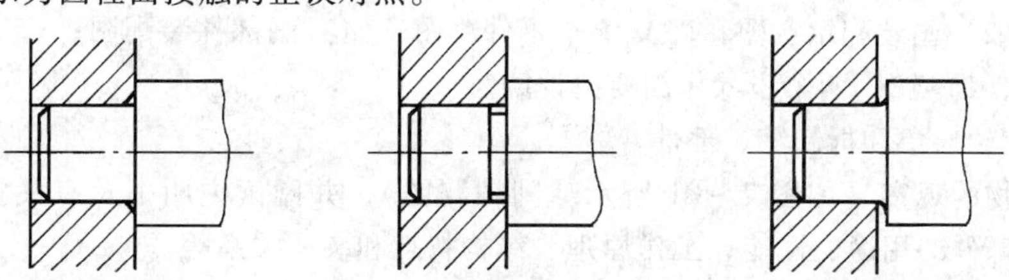

(a)正确 (b)正确 (c)错误

图 7－78 常见的装配结构（一）

（2）当两个零件接触时，在同一方向上的接触面，应只有一个，这样既可满足装配要求，制造也较方便。图 7－79b、d 所示为平面接触的正误对照。

（3）为了保证两零件在装拆前后不至于降低装配精度，通常用圆柱销或圆锥销将两零件定位，如图 7－80a 所示。为了加工和装拆的方便，在可能的条件下，最好将销孔做成通孔，如图 7－80b 所示。

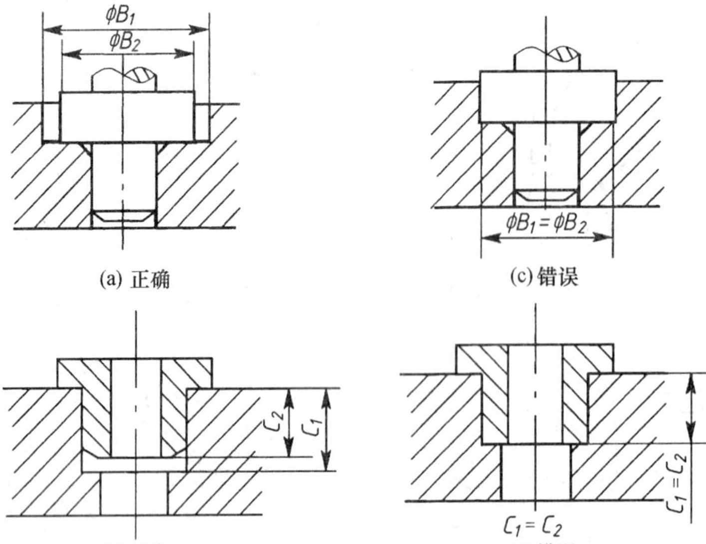

(a) 正确 (c) 错误

(b) 正确 (d) 错误

图 7－79 常见的装配结构（二）

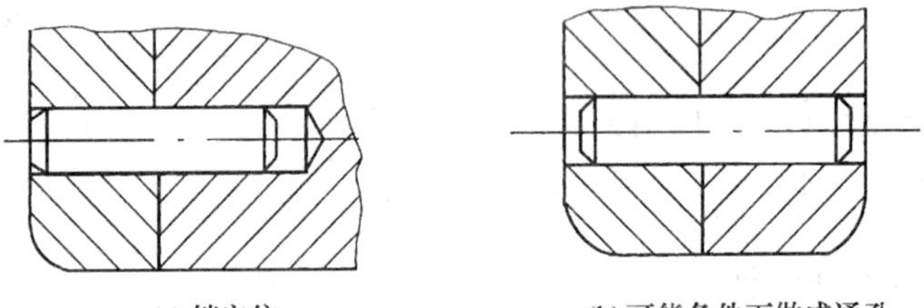

(a) 销定位 (b) 可能条件下做成通孔

图 7－80 常见的装配结构（三）

7.3.4 部件测绘和装配图画法简介

1. 部件测绘简介

当需要对原有机器进行维修、技术改造或仿造时，往往要对有关机器的一部分或整体进行测绘，这种方法称为部件测绘。测绘的大致过程可分为以下几步：（1）了解测绘的对象和拆卸零、部件；（2）画装配示意图；（3）测绘零件草图；（4）画部件装配图；（5）画零件工作图。在此仅对（1）（2）两个步骤作简要的说明。

1）了解测绘对象和拆卸零、部件

通过对实物的观察（如图 7－81 所示球阀轴测图），并阅读说明书及有关技术文件等资料，从而了解部件的用途、性能、工作原理、结构特点和装配关系等。

在管道系统中，阀是用于启闭和调节流量的部件。球阀（图（7－84）是球阀装配图）是阀的一种，它的阀芯是球形的，图示位置阀门全部开启，管道畅通，当扳手按顺时针方向旋转 90°时（图 7－84 中采用双点画线假想画法），阀门全部关闭，管道断流。

要特别注意各零件间的配合关系，弄清其配合性质，拆卸各零件时为了避免零件的丢失和产生混乱，一方面要妥善保管零件，另一方面可对各零件进行编号，并分清标准件和非标准件，作出相应的记录。标准件只要求在测量尺寸后查阅标准，核对并写出规定标记，不必画出零件草图和零件工作图。

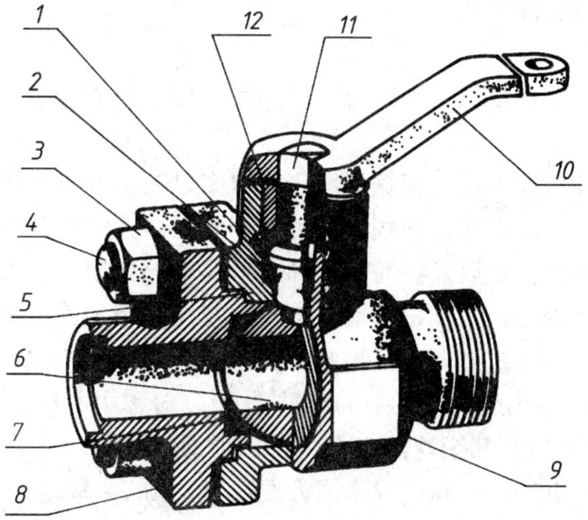

图 7-81 球阀轴测图

2）画装配示意图

装配示意图是通过目测，徒手用简单的线条示意性地画出部件或机器的图样。它用来表达部件或机器的结构、装配关系、工作原理和传动路线等，作为重新装配部件或机器和画装配图时参考。图 7-82 所示是球阀的装配示意图。

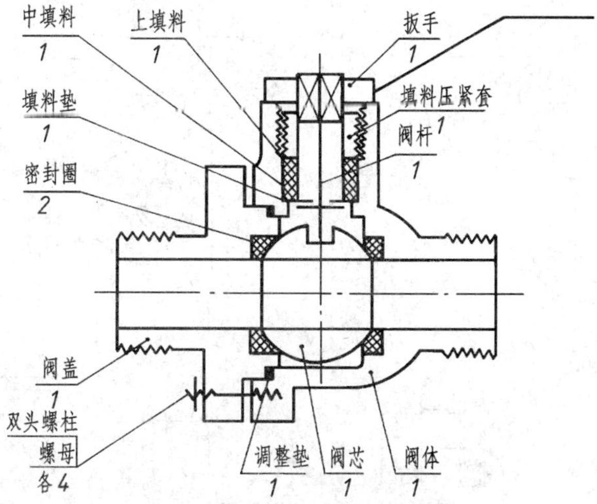

图 7-82 球阀装配示意图

2. 装配图的画法简介

部件由若干零件所组成，根据部件相关的零件图，就可以画出部件的装配图。

1）拟定表达方案

表达方案包括如何选择主视图、确定视图的数量和表达方法，要求较好地反映部件的装配关系、工作原理和主要零件的结构形状。

2）选择装配图的主视图

一般按部件的工作位置选择，并使主视图能够较多地表达机器（或部件）的工作原理、零件间主要装配关系及主要零件的结构形状特征。一般在机器（或部件）中，将装配关系密切的一些零件组合，称为装配干线。

3）其他视图的选择

根据确定的主视图，再选取能反映次要装配关系、外形及局部结构的视图。

3. 画装配图

确定了部件的视图表达方案后，根据视图表达方案以及部件的大小及复杂程度，选取适当的比例安排各视图的位置，从而选定图幅，即可着手画图。在安排各视图的位置时，要注意留有编写零、部件序号、明细栏，以及注写尺寸和技术要求的位置。以球阀为例说明画图过程。

该装配体用三个视图表达，主视图采用全剖，左视图采用半剖，俯视图采用局部剖，注意同一个零件在所有视图上剖面线方向应该相同。共有 13 种零件，其中标准件两种。

画图时，应先画出各视图的主要轴线（装配干线）、对称中心线和作图基线（某些零件的基面或端面）。由主视图开始，几个视图配合进行。画剖视图时，以装配干线为准，由内向外逐个画出各个零件，也可由外向里画，视作图方便而定。图 7－83 表示了绘制球阀装配图视图底稿的画图步骤。底稿线完成后，需经校核，再加深，画剖面线，注尺寸。最后，编写零、部件序号，填写明细栏，再经校核、签署姓名。完成后的球阀装配图，如图 7－84 所示。具体作图步骤如下：

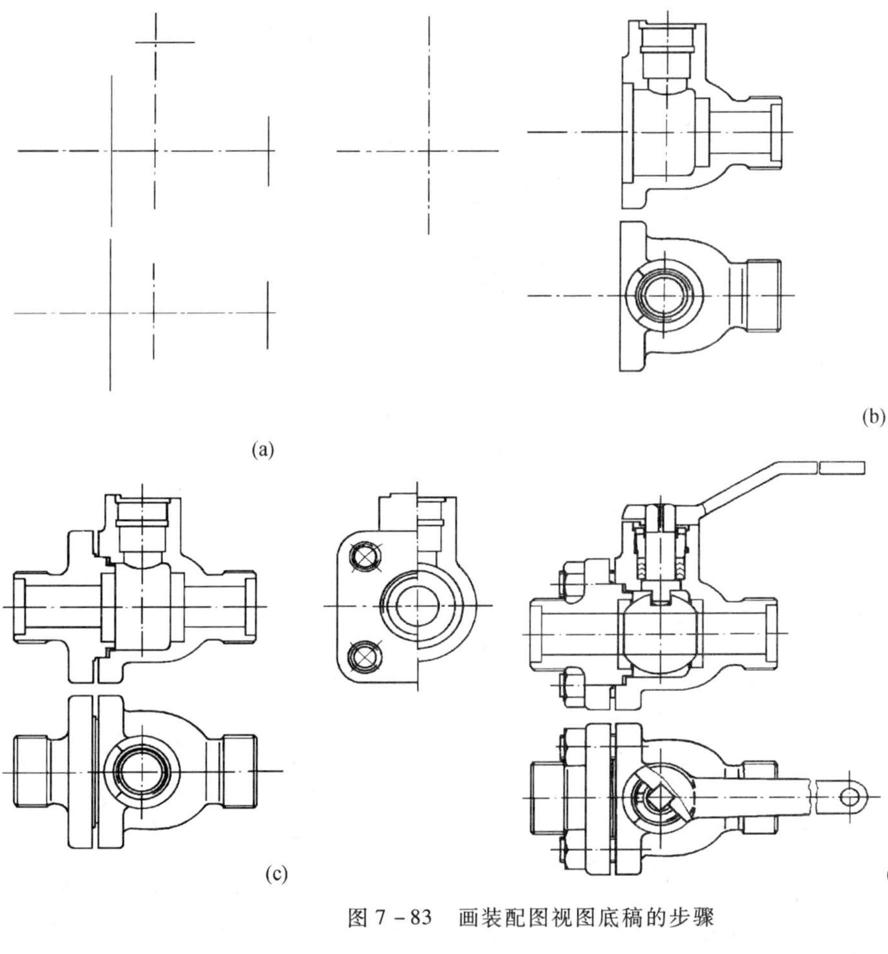

图 7－83　画装配图视图底稿的步骤

(1) 画出各视图的主要轴线，对称中心线及作图基线，如图 7-83a 所示；

(2) 先画主要零件阀体的轮廓线，三个视图要联系起来画，如图 7-83b 所示；

(3) 根据阀盖和阀体的相对位置画出三视图，如图 7-83c 所示；

(4) 画出其他零件，再画出扳手的极限位置（图中因位置不够未画），如图 7-83d 所示。完成后的球阀装配图如图 7-84 所示。

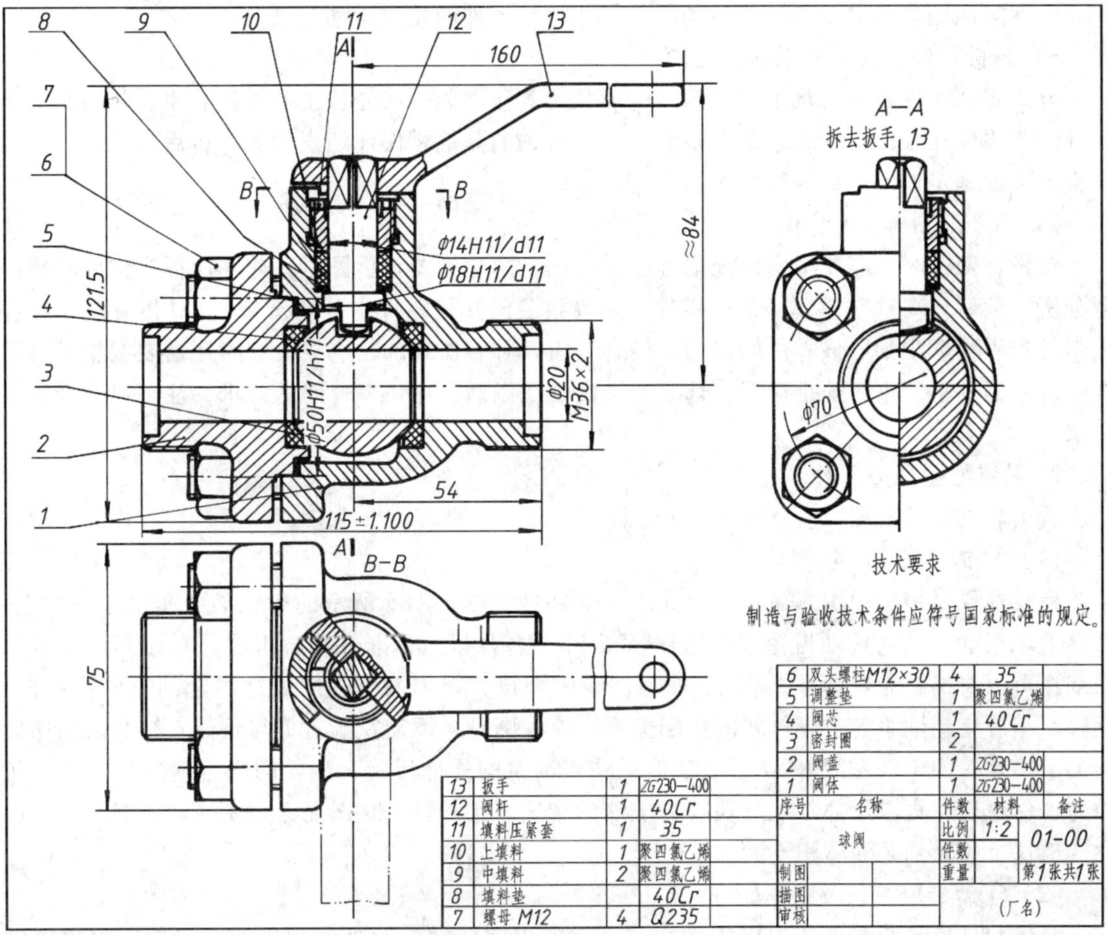

图 7-84 球阀装配图

7.3.5 看装配图及由装配图拆画零件图

1. 看装配图的方法和步骤

1）概括了解

(1) 通过查阅明细栏及说明书了解部件的名称和用途。

(2) 了解标准零、部件和非标准零、部件的名称与数量；对照零、部件序号，在装配图上查找这些零、部件的位置。

(3) 对视图进行分拆，根据装配图上视图的表达情况，找出各个视图、剖视、断面等配置的位置及投射方向，从而搞清各视图的表达重点。

通过以上这些内容的初步了解，并参阅有关尺寸，可以对部件的大体轮廓与内容有一个概略的印象。

2）了解装配关系和工作原理

对照视图仔细研究部件的装配关系和工作原理，这是读装配图的一个重要环节。在概括了解的基础上，分析各条装配干线，弄清各零件间相互配合的要求，以及零件间的定位、连接方式、密封等问题。再进一步搞清运动零件与非运动零件的相对运动关系。

3）分析零件，读懂零件的结构形状

分析零件，就是弄清每个零件的结构形状及其作用。一般先从主要零件着手，然后是其他零件。当零件在装配图中表达不完整时，可对有关的其他零件仔细观察和分析后，再进行结构分析，从而确定该零件的内外形状。

4）由装配图拆画零件图

在设计部件时，需要根据装配图拆画零件图，简称拆图。拆图时，应对所拆零件的功能进行分析，然后分离该零件（即把该零件从与其组装的其他零件中分离出来）。具体方法是在各视图的投影轮廓中划出该零件的范围，结合分析，补齐所缺的轮廓线。有时还需要根据零件图视图表达的要求，重新安排视图。选定和画出视图以后，应按零件图的要求，注写尺寸及技术要求。

2. 看装配图举例

看齿轮油泵装配图

（1）概括了解

齿轮油泵是机器中用来输送润滑油的一个部件。图7-85所示的齿轮油泵是由泵体，左、右端盖，运动零件（传动齿轮、齿轮轴等），密封零件以及标准件等所组成。对照零件序号及明细栏可以看出：齿轮油泵共由17种零件装配而成，采用两个视图表达。全剖视的主视图，反映了组成齿轮油泵各个零件间的装配关系。左视图是采用沿左端盖*1*与泵体*6*结合面剖切后移去了垫片*5*的半剖视图*B—B*，清楚地反映了油泵的外部形状，齿轮的啮合情况以及吸、压油的工作原理；再以局部剖视反映吸、压油的情况。齿轮油泵的外形尺寸是118、85、95，由此知道这个齿轮油泵的体积不大。

（2）了解装配关系及工作原理

泵体*6*是齿轮油泵中的主要零件之一，它的内腔容纳一对吸油和压油的齿轮。将齿轮轴*2*、传动齿轮轴*3*装入泵体后，两侧有左端盖*1*、右端盖*7*支承这一对齿轮轴的旋转运动。由销*4*将左、右端盖与泵体定位后，再用螺钉*15*将左、右端盖与泵体连接成整体。为了防止泵体与端盖结合面处以及传动齿轮轴*3*伸出端漏油，分别用垫片*5*及密封圈*8*、轴套*9*、压紧螺母*10*密封。

齿轮轴*2*、传动齿轮轴*3*、传动齿轮*11*是油泵中的运动零件。当传动齿轮*11*按逆时针方向（从左视图观察）转动时，通过键*14*，将扭矩传递给传动齿轮轴*3*，经过齿轮啮合带动齿轮轴*2*，从而使后者作顺时针方向转动。如图7-86所示，当一对齿轮在泵体内作啮合传动时，啮合区内右边空间的压力降低而产生局部真空，油池内的油在大气压力作用下进入油泵低压区内的吸油口，随着齿轮的转动，齿槽中的油不断沿箭头方向被带至左边的压油口把油压出，送至机器中需要润滑的部位。

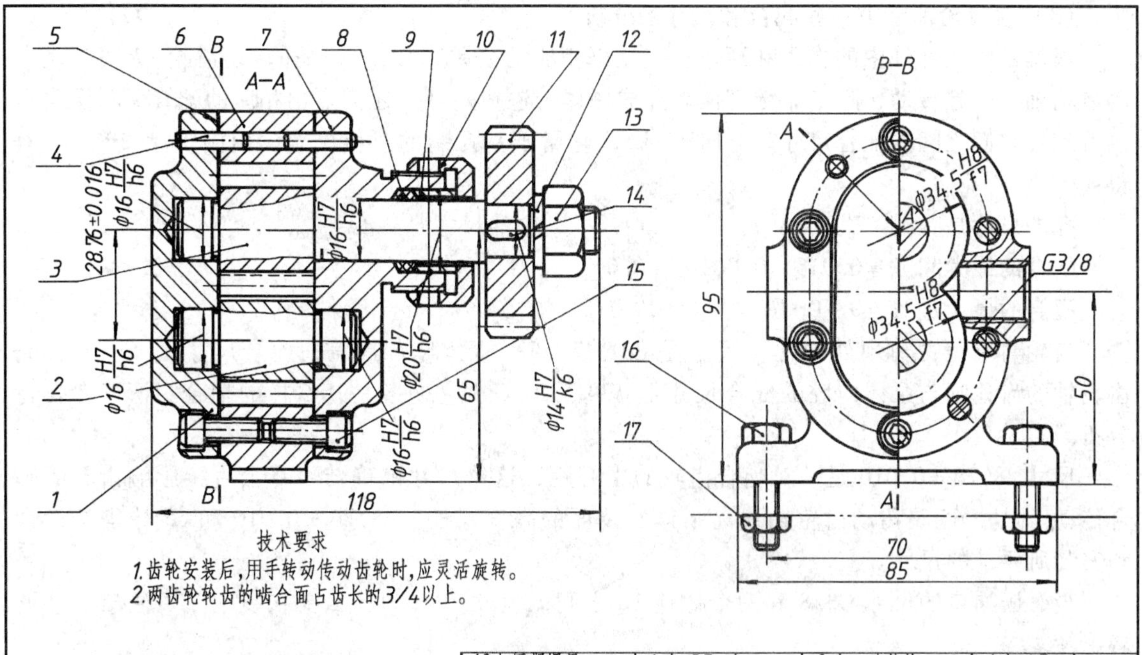

					10	压紧螺母	1	35		2	齿轮轴	1	45	m=3,z=9
17	螺母 M6	2	Q235		9	轴套	1	ZCuSnPbZnS		1	左端盖	1	HT200	
16	螺栓 M6×30	2	Q235		8	密封圈	1	橡胶		序号	名称	件数	材料	备注
15	螺钉 M6×16	12	35		7	右端盖	1	HT200		齿轮油泵		比例		04-00
14	键 5×10	1	45		6	泵体	1	HT200				件数		
13	螺母 M12×1.5	1	35		5	垫片	2	纸	δ=1	制图		重量		共1张第1张
12	垫圈 12	1	65Mn		4	销 A5×18	4	45		描图		（厂名）		
11	传动齿轮	1	45	m=2.5,z=20	3	传动齿轮轴	1	45	m=3,z=9	审核				

图 7-85 齿轮油泵装配图

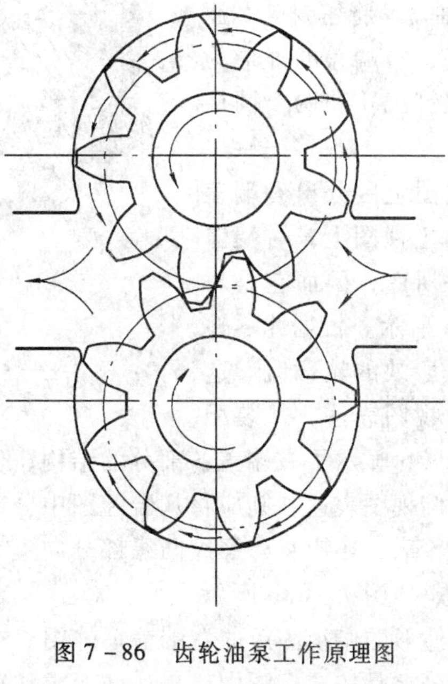

图 7-86 齿轮油泵工作原理图

（3）对齿轮油泵中一些配合和尺寸的分析

根据零件在部件中的作用和要求，应注出相应的公差带代号。例如传动齿轮 *11* 要带动传动齿轮轴 *3* 一起转动，除了靠键把两者连成一体传递扭矩外，还需定出相应的配合。在图中可以看到，它们之间的配合尺寸是 ϕ14H7/k6，它属于基孔制的过渡配合。由附 B 表 20～21 查得：

孔的尺寸是：$\phi 14^{+0.018}_{0}$　　轴的尺寸是：$\phi 14^{+0.012}_{+0.001}$。即

配合的最大间隙 = 0.018 − 0.001 = +0.017

配合的最大过盈 = 0 − 0.012 = −0.012

齿轮与端盖在轴颈处的配合尺寸是 ϕ16H7/h6；轴套与右端盖的配合尺寸是 ϕ20H7/h6；齿轮轴的齿顶圆与泵体内腔的配合尺寸是 ϕ34.5H8/f7。它们各是什么样的配合？请读者自行分析。

尺寸 28.76 ± 0.016 是一对啮合齿轮的中心距，这个尺寸准确与否将会直接影响齿轮的啮合传动。尺寸 65 是传动齿轮轴线离泵体安装面的高度尺寸。28.76 ± 0.016 和 65 分别是设计和安装所要求的尺寸。

吸、压油口的尺寸 G3/8 和两个螺栓 16 之间的尺寸 70，为什么要在装配图中注出，请读者思考。

图 7－87 是齿轮油泵的装配轴测图，供读图分析思考后对照参考。

（4）拆画右端盖零件图

现以右端盖 *7* 为例进行分析。由主视图可见：右端盖上部有传动齿轮轴 *3* 穿过，下部有齿轮轴 *2* 轴颈的支承孔，在右部的凸缘的外圆柱面上有外螺纹，用压紧螺母 *10* 通过轴套 *9* 将密封圈 *8* 压紧在轴的四周。由左视图可见：右端盖的外形为长圆形，沿周围分布有六个螺钉沉孔和两个圆柱销孔。

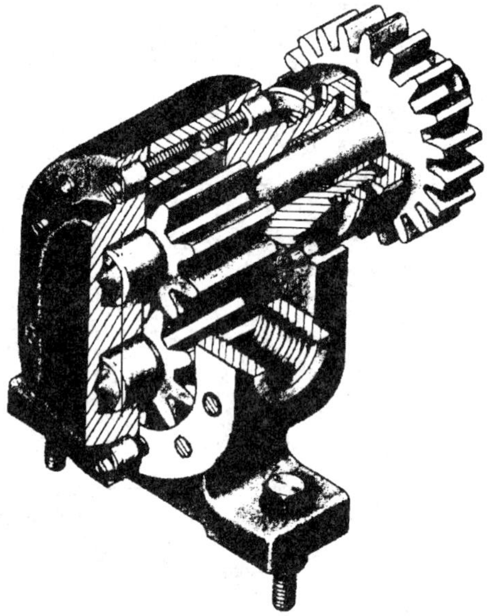

图 7－87　齿轮油泵装配轴测图

拆画此零件时，先从主视图上区分出右端盖的视图轮廓，由于在装配图的主视图上，右端盖的一部分可见投影被其他零件所遮，因而它是一幅不完整的图形，如图 7－88a 所示。根据此零件的作用及装配关系，可以补全所缺的轮廓线。这样的盘盖类零件一般可用两个视图表达，从装配图的主视图中拆画右端盖的图形，显示了右端盖各部分的结构，仍可作为零件图的主视图，再加俯视图或左视图。若用主、俯视图表达，则应将从装配图中分离出来的主视图转平，而且为了使俯视图能显示较多的可见轮廓，还应将外螺纹凸缘部分向上布置。分离后补全图线并调整位置后的右端盖的全剖主视图，如图 7－88b 所示。

图 7－89 所示是画出表达外形的俯视图后的右端盖零件图。在图中按零件图的要求注全了尺寸和技术要求。有关的尺寸公差是按装配图中已表达的要求注写的。

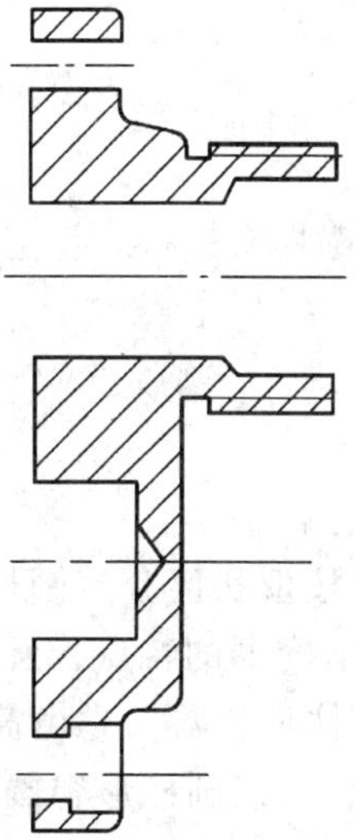

(a) 从装配图中分离出右端盖的主视图

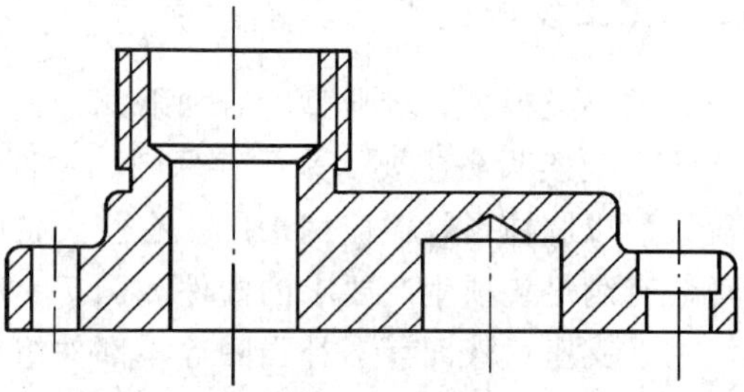

(b) 补全图线并调整位置后的右端盖全剖的主视图

图 7－88　由齿轮油泵装配图拆画右端盖零件图

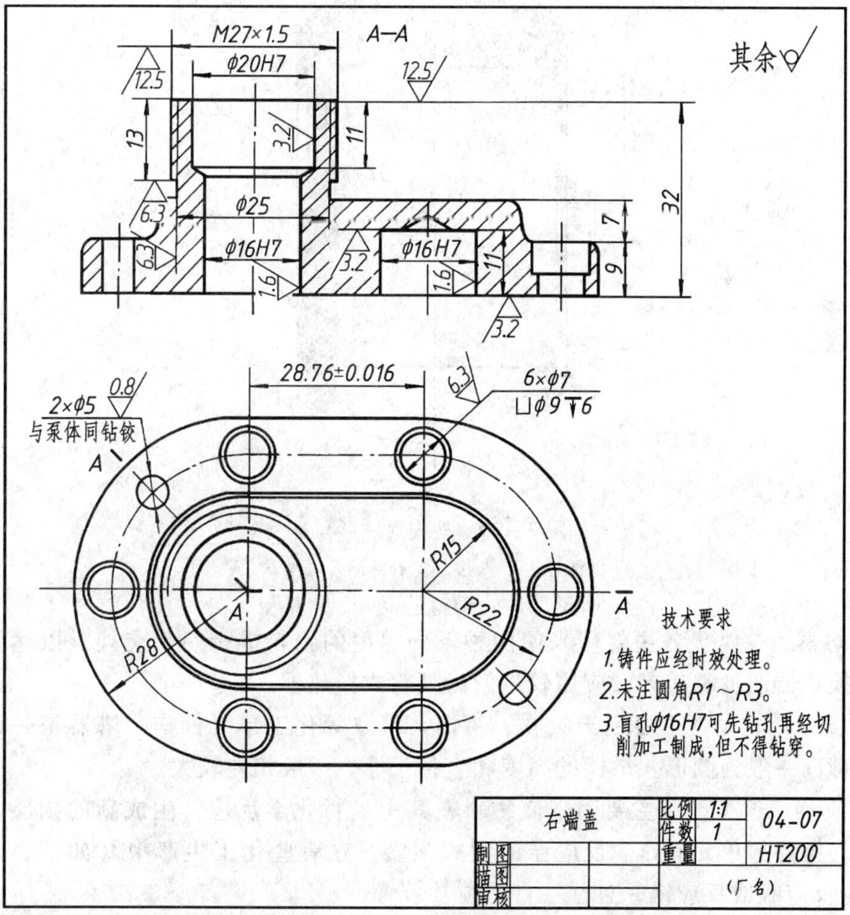

图 7－89　右端盖零件图

7.4 化工设备图的图示特点和表达方法

化工设备机器及设备的设计、制造、安装、检修等都要通过图样来进行。化工设备图的表达方法要适应化工设备的特点。

7.4.1 化工设备结构的基本特点

化工设备的种类很多，较典型的有如下几种：

(1) 容器　这类设备主要用来贮存原料、中间产品和成品。按形状区分有圆柱形、球形、矩形容器等，而以圆柱形容器应用最广。有些设备的壳体，也具有容器的特点，所不同的只是在壳体内部装有满足各项生产要求的内件。图 7－90 为一立式圆柱形容器，它由筒体、封头、人孔、管法兰、支座、液面计、补强圈等零部件组成。图 7－91 为立式圆柱形容器的装配图。

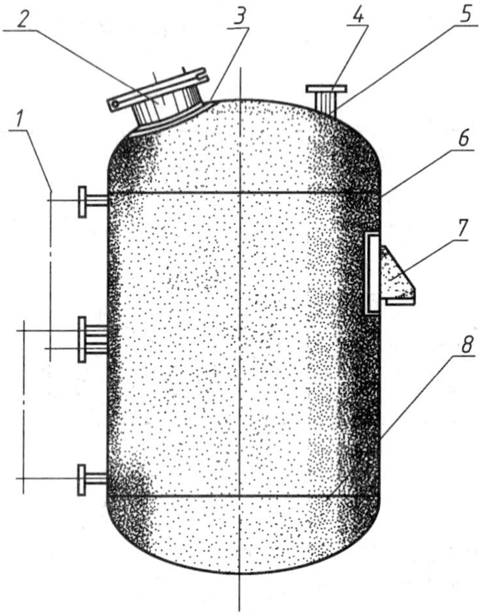

图 7－90　立式圆柱形容器

1. 液面计；2. 人孔；3. 补强圈；4. 管法兰；
5. 接管；6. 筒体；7. 支座；8. 封头

(2) 换热器　这类设备主要用来使两种不同温度的物料进行热量交换，以达到加热或冷却的目的。换热器的种类很多，应用较广的为列管式换热器。

(3) 塔器　这类设备主要用于吸收、精馏、萃取等化工单元操作。塔器是一种直立式的设备，其横截面一般为圆形。塔器的高度和直径尺寸，一般相差较大。

(4) 反应器　这类设备主要用来使物料在其中进行化学反应，生成新的物质，或者使物料进行搅拌、沉降等单元操作。反应器的型式很多，在有些化工生产中（如染料、制药等工业），又称为反应罐或反应锅，且往往带有搅拌装置。

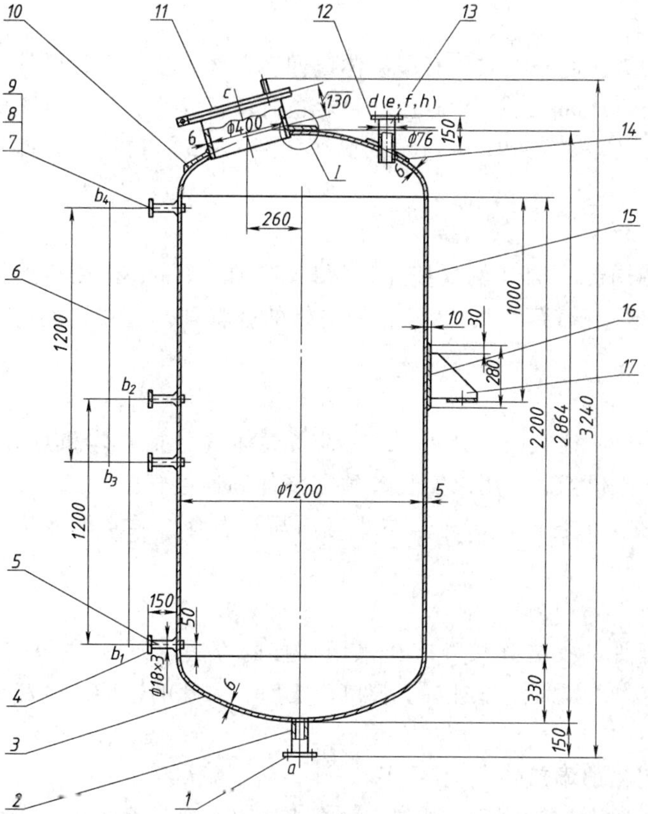

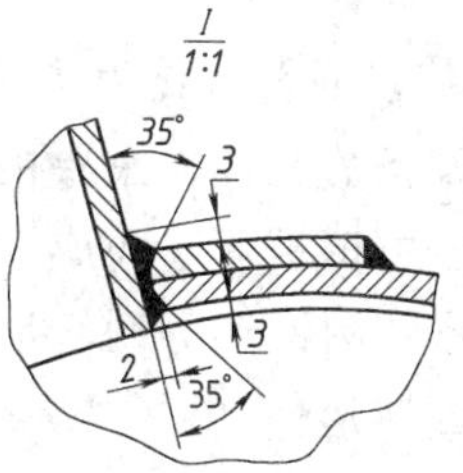

技术要求

1. 本设备按国标《钢制焊接压力容器技术要求》和《压力容器安全监察规程》进行制造、检验和验收。
2. 焊接采用电弧焊，焊条型号E4303。
3. 焊接接头型式及尺寸除图中注明外，按GB985～986-86中规定；角焊缝的腰高按较薄板的厚度；法兰的焊接按相应法兰标准的规定。
4. 筒体、封头及其相连接的对接焊缝应进行无损探伤检查，探伤长度20%。
5. 液面计装配时应保证上下阀体对中。
6. 设备制造安装完毕后，以0.37MPa(表压)进行水压试验。
7. 管吸支座方位按本图。

管口表

符号	公称尺寸	连接尺寸标准	连接面形式	用途
a	50	Pg10Dg φ50	平面	
b_{1-4}	15	Pg10Dg φ15	平面	液面计口
c	400			人孔
d	70	Pg10Dg φ70	平面	
e	40	Pg10Dg φ40	平面	
f	50	Pg10Dg φ50	平面	
h	50	Pg10Dg φ50	平面	
k	25	Pg10Dg φ25	平面	

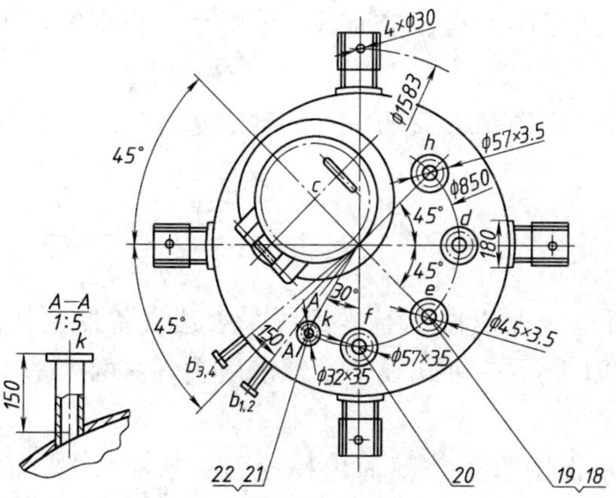

序号	图号或标准号	名称	数量	材料	单 重量(kg)	总 重量(kg)	备注
22		接管 φ32×3.5	1	20			
21		法兰 Pg10;Dg25	1	Q235			
20		接管 φ57×3.5	2	20			
19		接管 φ45×3.5	1	20			
18		法兰 Pg10;Dg40	1	Q235			
17		支架	4	组合件			
16		垫板	4	Q235F			
15		筒体	1	Q235F			
14		补强圈	1	Q235F			
13		接管 φ76×4	1	20			
12		法兰 Pg10;Dg70	1	Q235F			
11		人孔 AIPgb Dg400	1	组合件			
10		补强圈	1	Q235F			
9		垫片 φ50/φ20	4	石棉橡胶板			
8		螺母 M12	16	Q235			
7		螺栓 M12×4.5	16	Q235			
6		玻璃管液位计	2	组合件			
5		接管 φ18×3	4	20			
4		法兰 Pg10;Dg15	4	Q255			
3		封头 Dg1200 6	2	Q235F			
2		接管 φ57×3.5	1	20			
1		法兰 Pg10;Dg15	3	Q235			

(设计单位名称)				(工程名称)	
职责	签字	日期	立式容器 Pg2.5,Vg3 Dg1200 装配图	设计项目	
设计				设计阶段	
制图					
校核				(图号)	
审核					
年	月	比例	1:10	第　张	共　张

图7-91　圆柱形容器装配图

化工设备的结构、形状、大小虽然各不相同，但从若干典型设备的分析中，可归纳出结构上的一些共同特点：

1. 壳体以回转形体为主

化工设备的壳体，主要由筒体和封头两部分组成，其中筒体以回转形体为主，尤以圆柱形居多，一般由钢板弯卷而成。直径小于500 mm的筒体，也有用无缝钢管制成的。封头以椭圆形、圆球形、圆锥形等回转形体最为常见。图7-91中所示的筒体（件号*15*）和封头（件号*3*），都是回转形体。

2. 尺寸相差悬殊

化工设备的总体尺寸与设备的某些局部结构（例如壁厚、管口等）的尺寸，往往相差悬殊。如图7-91所示，筒体高为“2 200”，直径为“1 200”，但筒体的壁厚只有“5”，液位计的管口尺寸只有“*Dg*15”等等。

3. 有较多的开孔和管口

根据化工工艺的需要（如物料的进出，仪表的装接等），在设备壳体（包括筒体和封头）的轴向和周向位置上，往往有较多的开孔和管口，用以安装各种零部件和连接管路。如图7-91所示，在容器顶封头上分布着人孔和5个管口，在筒体左侧有两只液位计，共4个液位计接管口。

4. 大量采用焊接结构

化工设备各部分结构的连接和零部件的安装连接，广泛采用焊接的方法。如图7-91所示，不仅筒体由钢板卷焊而成，其他结构，如筒体与封头、管口、支座、人孔的连接，也都采用焊接方法。

5. 广泛采用标准化、通用化、系列化的零部件

化工设备上一些常用的零部件，大多已由有关部门制定了标准或尺寸系列，因此在设计中广泛采用标准零部件和通用零部件。如图7-91中所示的人孔、液面计、管法兰、封头等均为标准化零部件。

由于上述结构的基本特点，因而形成了化工设备在图示方面的一些特殊表达方法。

7.4.2　化工设备图视图的表达特点

1. 基本视图的配置

由于化工设备的基本形体以回转形体居多，所以一般以两个基本视图来表达设备的主体。立式设备通常采用主、俯两个基本视图，如图7-91所示。卧式设备通常采用主、左两个基本视图。主视图一般采用全剖视。

对于形体狭长的设备，当主、俯（或主、左）视图难于在幅面内按投影关系配置时，允许将俯（左）视图配置在图纸的其他空白处，但必须注明“俯（左）视图”或“×”向等字样。

当设备所需的视图较多时，允许将部分视图分画在数张图纸上，但主要视图及该设备的明细栏、技术要求、技术特性表、管口表等内容，均应安排在第一张图纸上，同时在每张图纸的附注中说明视图间的相互关系。如在第一张图纸上写明，左视图、*A*向视图及*B*—*B*剖面图见××—××（上述视图、剖面图所在图号）图纸，而在第二张图纸上写明：主视图见××—

××（主视图所在图号）图纸等字样。

2. 多次旋转的表达方法

由于设备壳体周围分布着各种管口和零部件，为了在主视图上清楚地表达它们的形状和位置，采用了一种多次旋转的表达方法：即将分布在设备周向方位上的一些管口或零部件结构，分别按机械制图中画旋转视图（或旋转剖视）的方法，在主视图上画出它们的投影，以能反映这些结构的真实形状和在设备的主要轴线轴向的位置。由于是按设备上的各个结构的不同周向方位，分别采用假想的旋转画法，并表达在同一视图上，因此称之为多次旋转画法。如图 7－92 所示，人孔 *b* 是按逆时针方向（从俯视图看），假想旋转了 45°之后，在主视图上画出其投影的；液面计 *a* 是按顺时针方向假想旋转了 45°，然后在主视图上画出的；管口 *c* 的轴线位置与投影面平行，所以不需旋转，可直接投影在主视图上。必须注意，在应用多次旋转的画法时，不能使视图上出现图形重叠的现象。如图 7－92 中所示的管口 *d* 就无法再用多次旋转的方法同时在主视图上表达出来，因为它无论向左或向右旋转，在主视图上都会和管口 *b* 或 *c* 的图形重叠。在这种情况下，管口 *d* 就需用其他的剖视方法来表达了。图 7－91 中主视图上的人孔、液面计及管口等零部件，均采用了多次旋转的画法，清楚地表达出它们的结构形状和相应位置。管口 *k* 则必须另用 *A*—*A* 剖视图表达之。

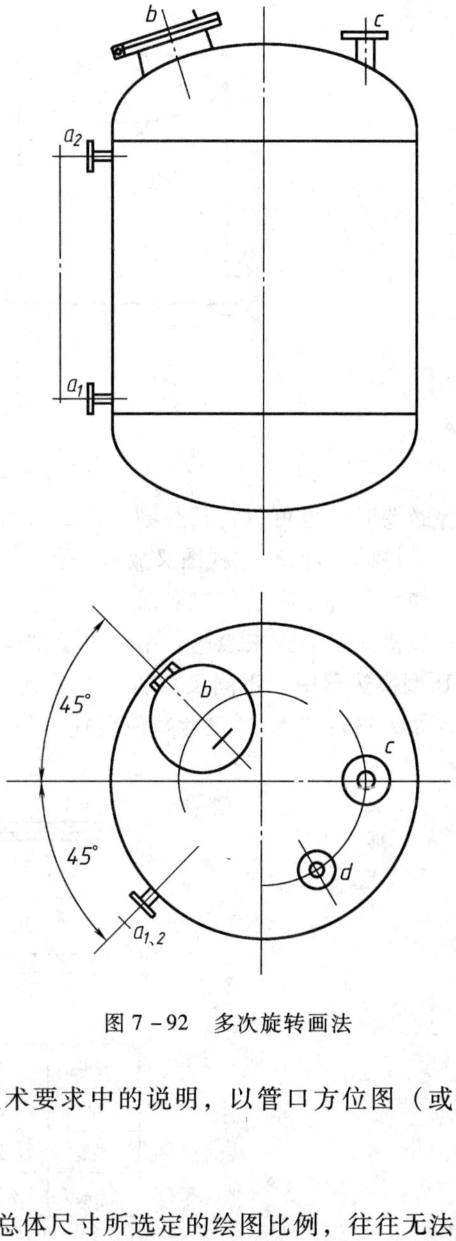

图 7－92　多次旋转画法

在化工设备图中采用多次旋转画法时，允许不作任何标注，但是这些结构的周向方位必须按图上技术要求中的说明，以管口方位图（或俯视图）为准，这是在绘读化工设备图时必须注意的。

3. 局部结构的表达方法

由于设备总体与某些零部件的大小相差悬殊，按总体尺寸所选定的绘图比例，往往无法同时将某些局部形状表达清楚。为了解决这个矛盾，在化工设备图上往往较多地采用局部放大图的表达方法，以补充表达某些局部结构的形状。如图 7－91 所示，用 1∶1（较基本视图放大了 10 倍）的比例，画出了补强圈焊接结构的放大图。这种图在化工设备图中又常称为节点图。它的画法和要求，和机械制图中局部放大图的画法和要求基本相同。

局部放大图可以用视图、剖视、断面等多种形式表达出来，也可以用几个视图来表达，它与被放大部分的表达方式无关。如图 7－93 所示，圈出的部位是塔设备底座支承圈的一个部分，原图为单线的简化画法，而放大图则画成三个局部（剖）视图。

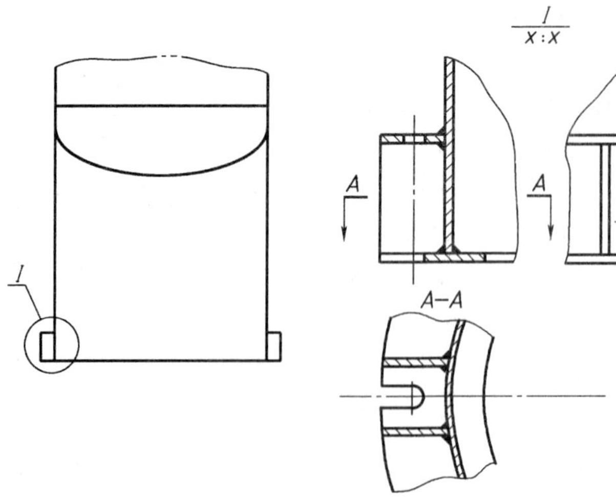

图 7－93　局部放大画法

必要时，也可以将某些剖视图或断面图，用较大的放大比例画出，如图 7－91 中所示的 *A*—*A* 剖视图即比基本视图又放大一倍。

如果设备中有若干组局部结构或零部件的结构、类型相同，但有个别尺寸或数据不同时可采用表格图的形式来表达。用图表示结构形状，用表格列出尺寸系列和有关数据。图 7－94 为在 U 型换热器中，不同尺寸的 U 型管用表格图表示的一种方式。不变的尺寸数值直接注于图中，如 2 535；变动的尺寸数值用代（符）号在图中标注，如 *R*；具体数值则分别列于表格中。

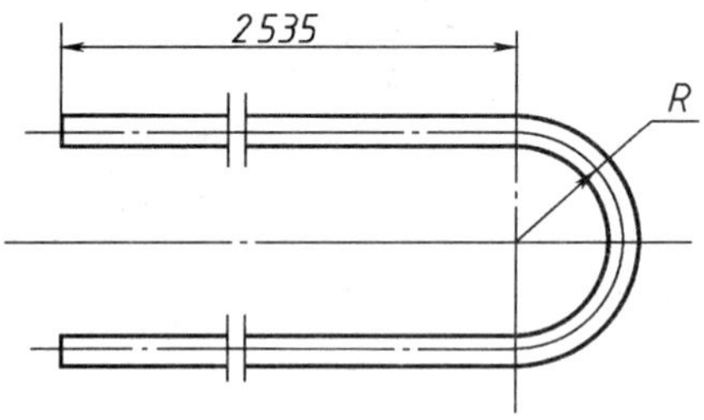

序号	1	2	3	
R	30	42.5	55	
根数	6	4	6	
全长	5 164.2	5 203.5	5 242.7	

图 7－94　表格图

4. 夸大的表达方法

为了解决设备总体与一些零部件间尺寸相差悬殊的矛盾，除了采用局部放大的画法外，有时还必须采用夸大的表达方法。例如设备的壁厚、垫片、挡板、折流板等，在绘图比例缩小较多（如 1:10）时，其厚度一般无法画出，这就必须用夸大的方法，即不按比例，适当夸大地（用双线）画出它们的厚度。如图 7－91 中的壁厚，就是未按比例夸大画出的。

在化工设备中，薄壁设备应用较多，用双线夸大画出壁厚的地方很多，为了提高绘图速度，薄壁部分的剖面符号允许用涂色的方法表示，如图 7－95 所示。

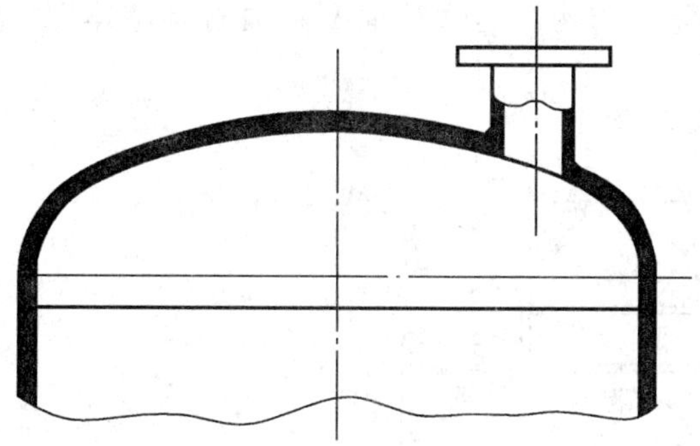

图 7－95　夸大画法

5. 管口方位的表达方法

化工设备上的管口较多，它们的周向方位在设备的制造、安装、使用时，都极为重要，必须在图样中表达清楚。

绘制设备图时，如果管口及支座的周向方位已由工艺人员确定，则可在设备图的俯（左）视图上表示该设备的管口及支座周向方位，注出表示方位的相应尺寸和角度，并在技术要求项内注明“管口及支座方位按本图”等字样，例如图 7－91 所示。

如果设备的管口周向方位已由化工工艺人员画出单独的管口方位图，则在设备图上只需注明“管口及支座方位见管口方位图，图号见选用表（或图号见××—××）”等字样。此时，在设备图的俯视图中画出的管口及支座方位，不一定是管口及支座的真实周向方位，故不能注写角度（周向方位）尺寸。

6. 断开和分段（层）的表达方法

较长（或较高）的设备，沿长度（或高度）方向相当部分的形状或结构相同，或按规律变化或重复时，就可以采用断开的画法。这样可以使图形缩短，简化作图，并便于选用较大的作图比例和合理地使用幅面。

如图 7－96 所示为一填料塔设备，采用了断开的画法，图中断开省略部分是填料层（用符号简化表示），该部分的形状和结构完全相同。

如图 7－97a 所示为一浮阀塔的断开画法，其断开省略部分是按规则排列的塔盘（塔盘的结

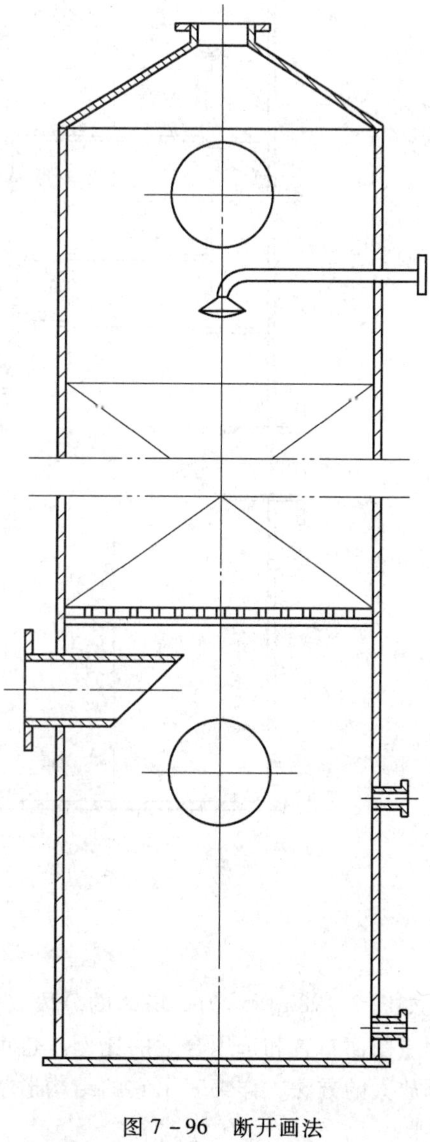

图 7－96　断开画法

构和间距是相同的，成左右间隔布置，如图7－97b所示的整体图）。用了断开画法，可以简化作图，省略了许多重复结构。但这种情况必须附有整体图，以表示塔盘总数和有关尺寸。

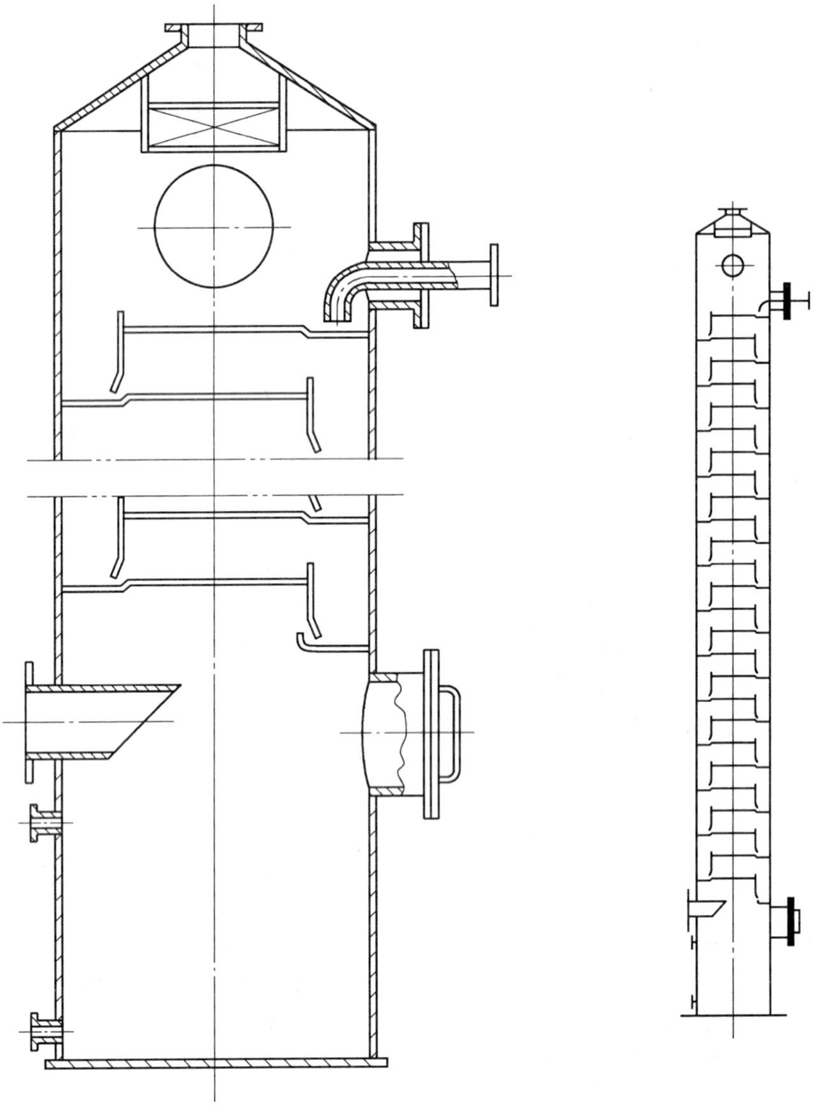

(a) (b)

图7－97 断开画法

如图7－98a所示为一塔体的分段（层）画法。把整个塔体分成若干段（层）画出，这样有利于图面布置和选用合适的比例。也可以按需要把某一段（层）或某几段（层）塔节，用局部放大的方法，详细表示它的结构形式，如图7－98b所示。

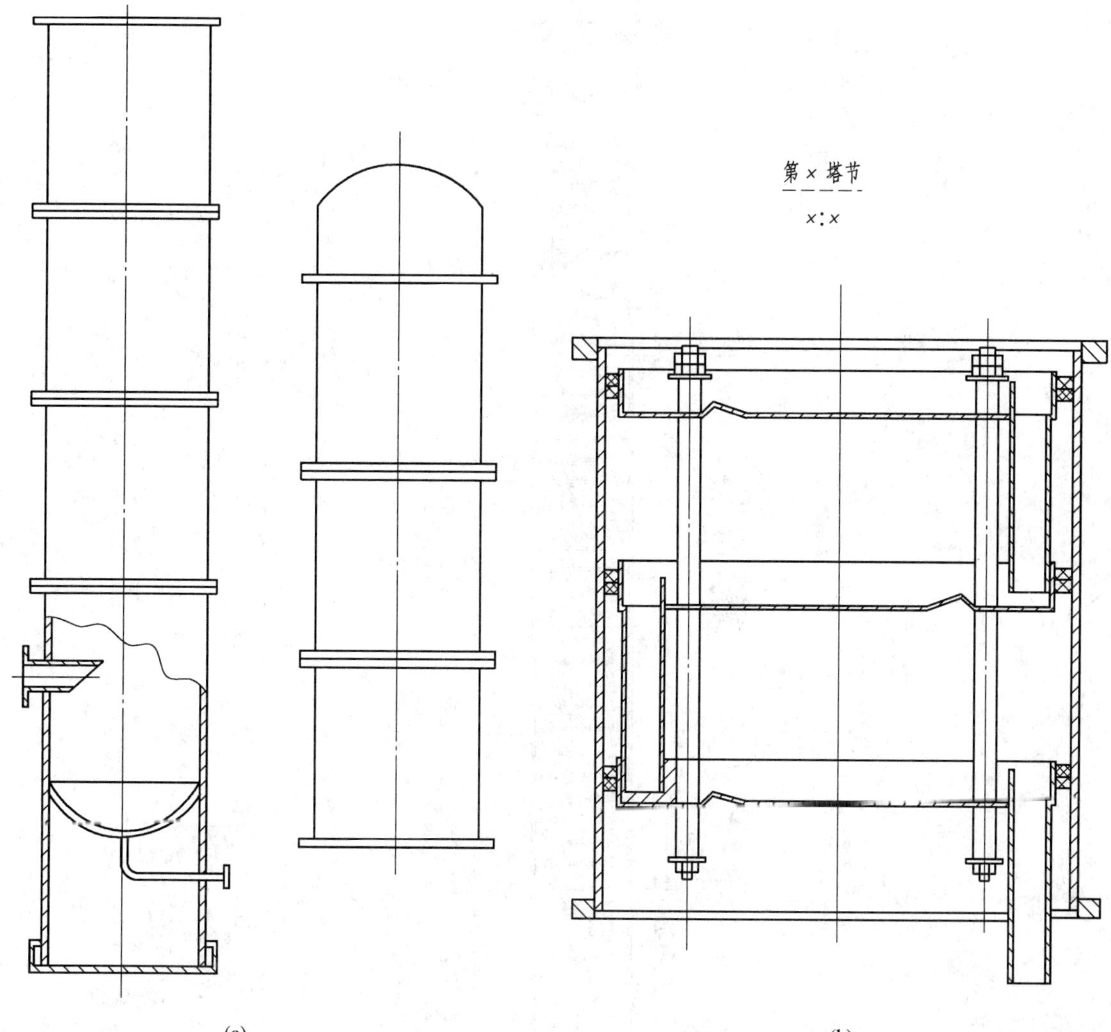

(a) (b)

图 7－98 塔体的分段表示

7. 设备整体的表达方法

设备在采用断开或分段（层）的画法后，图形往往只能提供一个不完整的形象。为了表达设备的总体形状和各部分结构的相对位置以及有关尺寸，必须画出一个表示设备整体的图形。

图 7－99 即为表示整体的图形，这种方法常用来表示塔设备。这种图形一般用较大的缩小比例，用单线条画出整个设备的主要形状和结构。图上一般应表示：设备总高、各管口的定位尺寸和标高、人（手）孔的位置、塔板或其他主要内件的总数、顺序号及间距、塔节的总数及标高，以及操作平台、塔箍等附件的标高位置等。

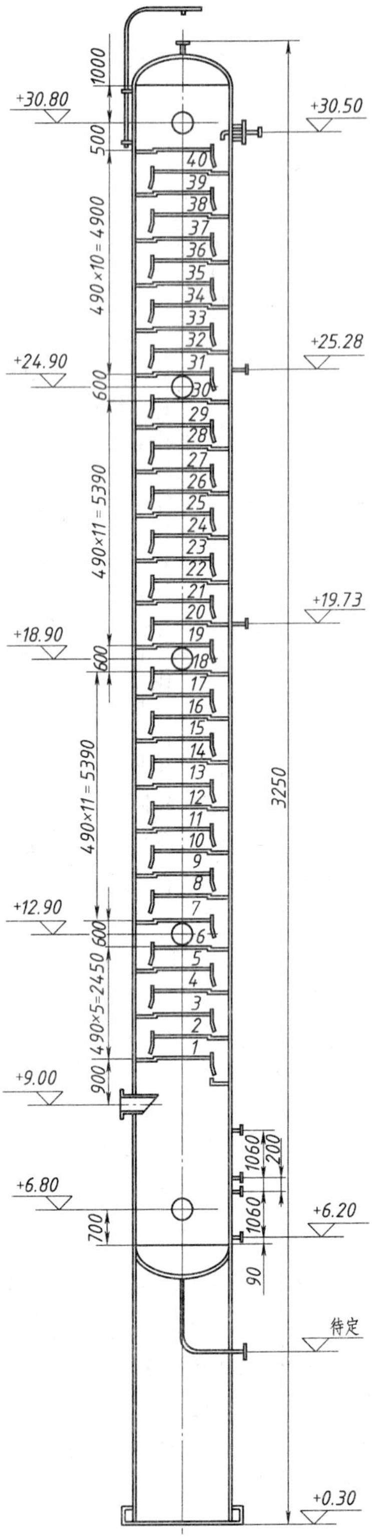

图7-99 塔设备的整体表达

设备上的某些结构，在已有零部件图，或另用剖视图、断面图、局部放大图等方法表示清楚时，装配图上允许用单线条表示。如图 7-100 所示的列管式换热器的装配图，其中用指引线说明的零部件，均采用了单线条的画法。

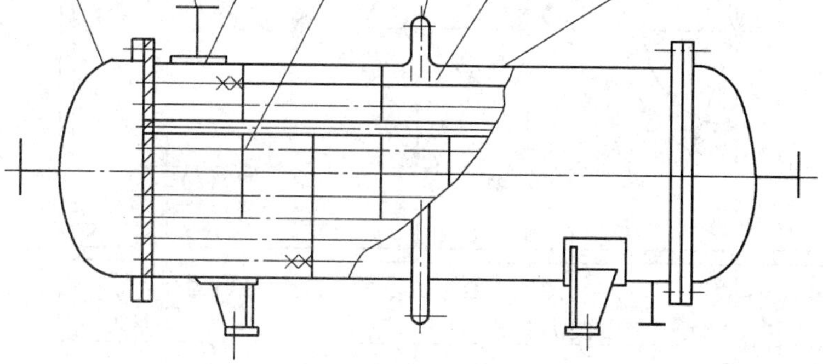

图 7-100 用单线条表示装配结构

上述化工设备图中，视图的各种表达特点，只是对目前在图纸上较常见的一些表达方法的归纳，以供绘、读化工设备图时，按具体情况参考应用。

7.5 电子产品图和电子专业图的表达

电子产品图与机械图一样，有表达产品（整机）的装配图和表达单个零件的零件图。电子专业图中除了广泛应用的工程图外，还有专用的电气图，如电路图和印制板图等。

7.5.1 电子产品图的表达特点

1. 电子产品中的面板、镶嵌件和钣金件的视图表达

电子产品中所用的通用零件与机械产品中的通用零件相同，如各种紧固件、齿轮、轴承等；电子产品中的专用零件，除了机械产品中常见的轴类、盘盖类、支架类和箱体类等零件以外，还较多地用到面板类、塑料金属镶嵌件类、钣金件等零件，这里简要介绍这些零件的视图表达。

1）面板类零件的视图表达

面板是板厚一致的板状零件，如图 7-101 所示。

面板上常有一系列大小不同的孔。为便于区别，可采用标记（如涂色等）方法（图7-102），或采用标注字母的方法（图 7-103），也可以列表的方法（图 7-104）进行分类标注。

2）塑料金属嵌件类零件的视图表达

为了延长塑料零件使用寿命，提高零件强度或满足一些特殊的要求，常常在经常拆卸或有特殊要求的部位镶嵌金属零件（如螺钉、螺母、焊片等）。塑料金属嵌件表达特点如图 7-105 所示。

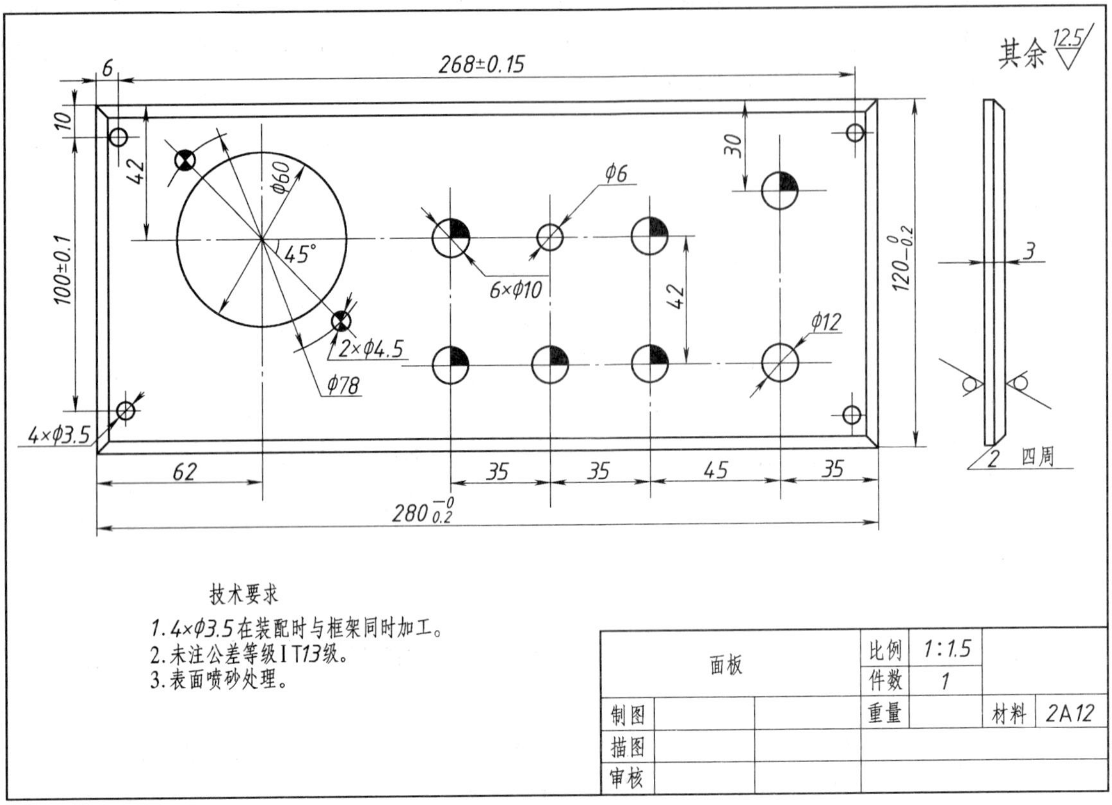

图7-101 面板

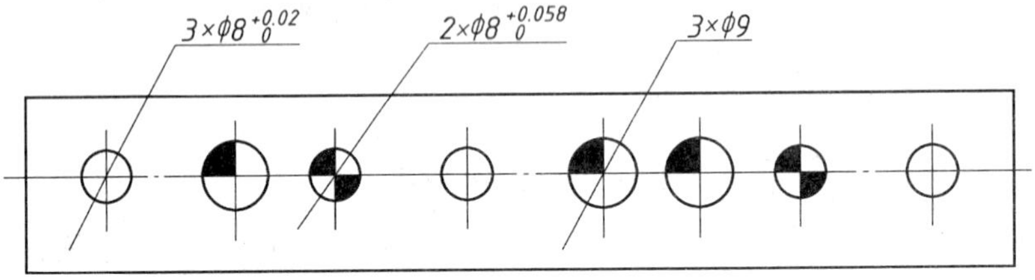

图7-102 孔系涂色注法

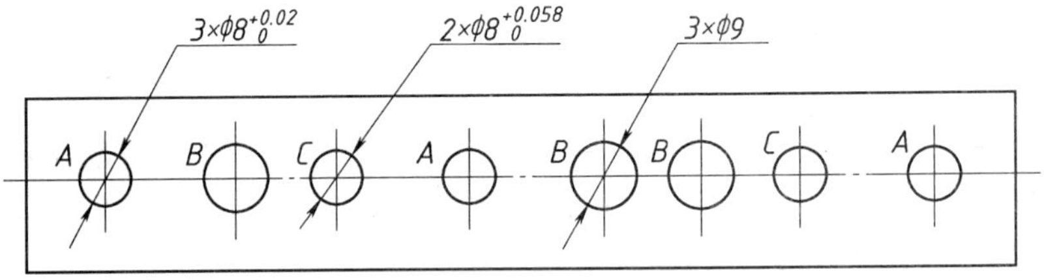

图7-103 孔系字母注法

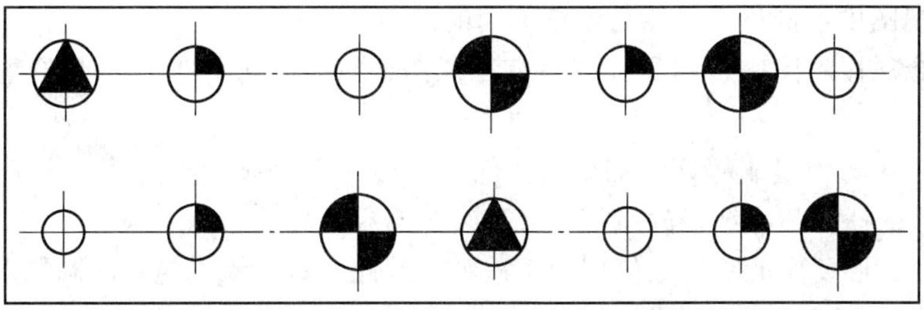

孔的标记					
数量	3	4	2	4	/
尺寸	φ5	φ6	φ7	φ8	φ8

图 7－104 孔系列表注法

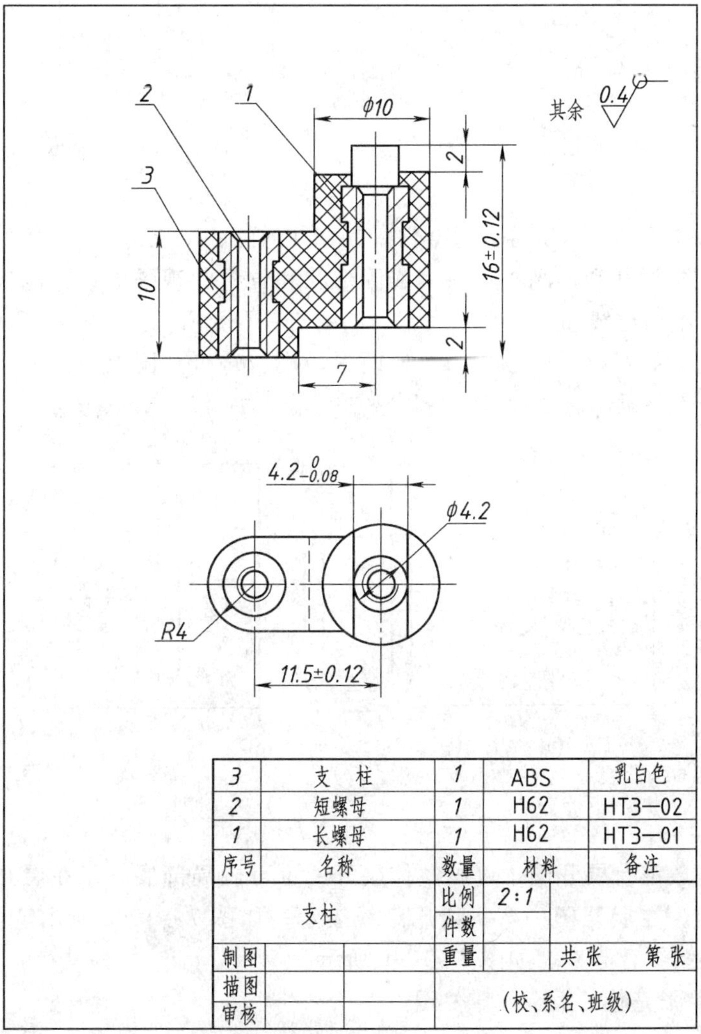

图 7－105 支柱

（1）在剖视图中不同材料的零件绘制不同的剖面符号；

（2）塑料金属嵌件图中金属零件因另有零件图，只需画出外形以示其位置，并标注定位尺寸；

（3）视图中对每个组成部分（如金属嵌件、塑料件）必须标注序号，并在标题栏上方编写明细栏。序号的标注和明细栏的编写，参见装配图有关部分。

金属嵌件的外形要保证零件在使用中不松脱。为此，对不承受扭矩的圆柱形、圆筒形金属嵌件，在圆柱体外表面应设计环形槽（槽深 1 mm ~ 2 mm，槽宽 2 mm ~ 3 mm）；对承受扭矩的圆柱形、圆筒形金属嵌件，除设计环形槽外，还应设计直纹的滚花（图 7 - 106）；对片状嵌件，应设计凹槽、孔或弯头（图 7 - 107）。

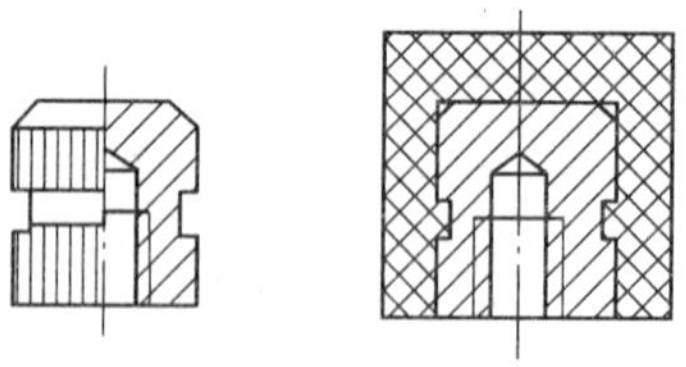

图 7 - 106 圆柱形嵌件

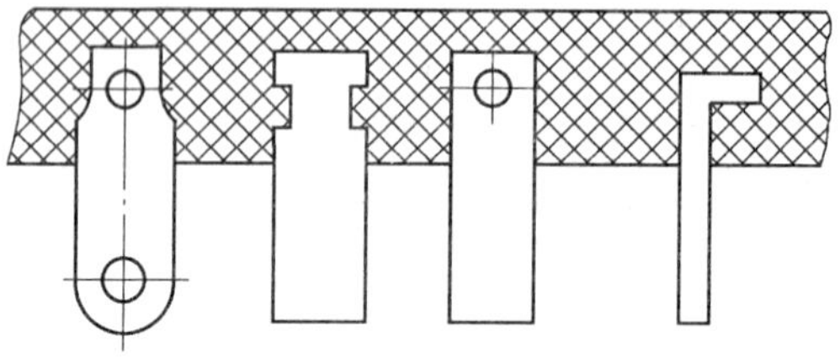

图 7 - 107 片状嵌件

3）钣金件的表达

用金属薄板制成的零件，统称为钣金件。钣金件的画法特点是：

（1）钣金件上的通孔和槽画在反映其实际形状和位置的视图上，其他视图仅画出孔的中心线表示其位置，不用虚线和局部剖视表示，如图 7 - 108a 所示。

（2）钣金件上的孔和槽比较多，为了使图形清晰，每个视图上只画前面部分投影，后面部分投影能够见到也不画出，后面部分另用视图表示，如图 7 - 108b 所示。

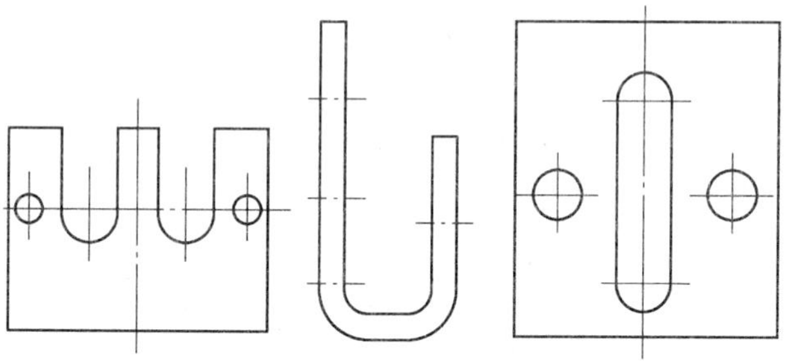

(a) (b)

图 7 - 108 钣金件视图画法

（3）钣金件一般都有展开图，可画整体展开，也可画局部展开，在展开图的上方，必须标注“展开”字样，在展开图中弯折线用细线表示，如图 7 - 109a 所示。若零件形状简单，展开图可与基本视图结合起来，如图 7 - 109b 所示。

图 7 - 110 是一张完整的钣金件零件图。

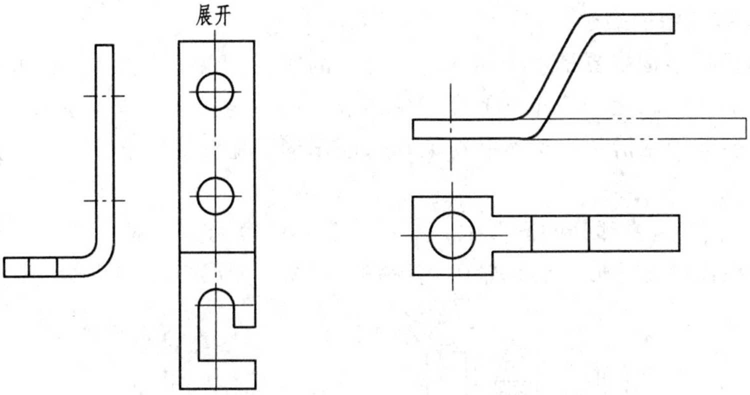

（a）单独展开图　　（b）展开图与基本视图结合

图 7－109　钣金件展开图

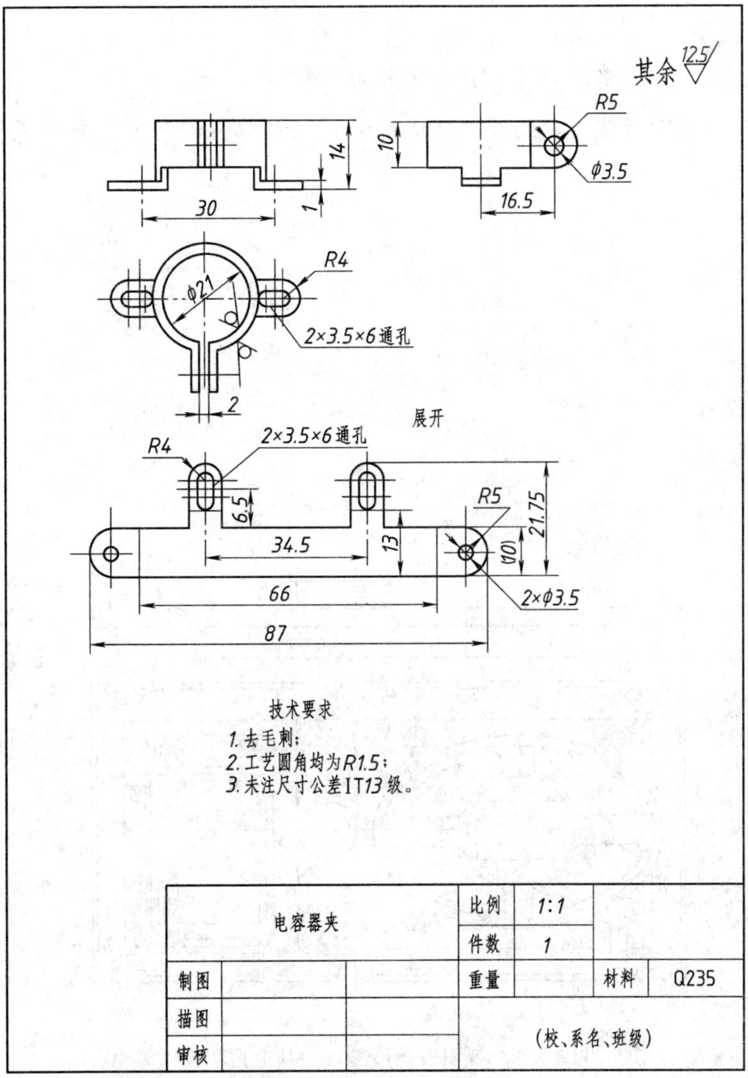

图 7－110　电容器夹

2. 电子产品装配图的表达

电子产品的机械结构主要是用来保证电气性能的实现，以及使操作调谐方便等。由于绝大部分电气元件、部件（甚至一个单元）都已标准化，一些电路的走向与机械结构无关。因此，电子产品的结构装配图在清楚表达产品特征和保证正确装配关系的条件下，可按下列方法简化画出。

1）装配图上，各组成部分的图形中，与本装配图内容无关的部分必须表达清楚，可以简化，甚至省略，或以简化外形、简化轮廓代替完整视图，如图7-111所示；

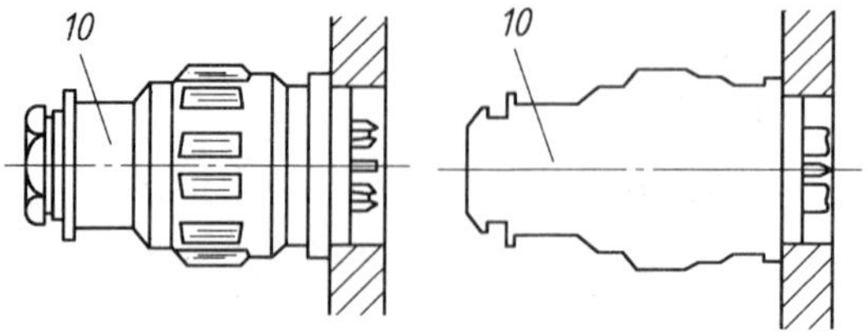

图7-111　与装配结构无关的组成部分可简化

2）已在一个视图中表达清楚的产品组成部分，在其他视图中可以简化成外形或轮廓，如图7-112所示；

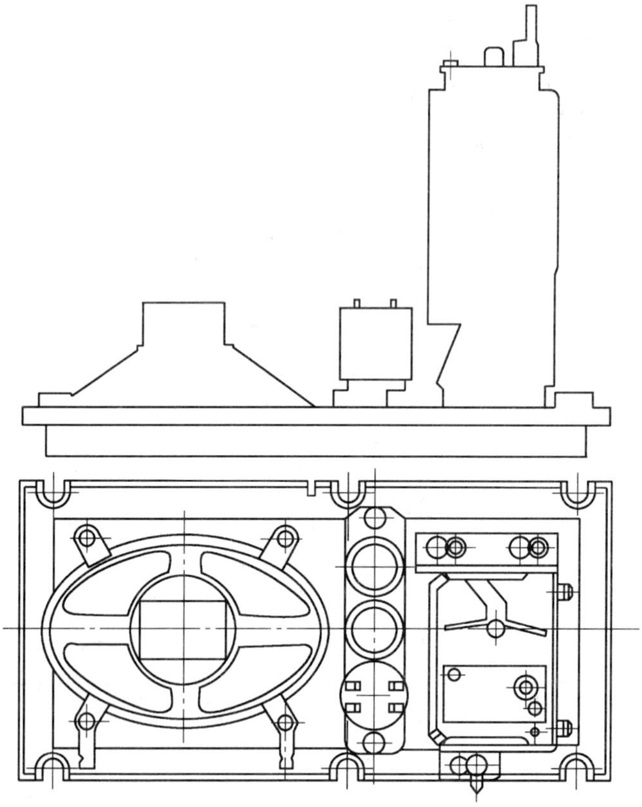

图7-112　一个视图表达清楚时，其他视图可以简化

3）焊接固定的电子元器件可用图形符号绘制，如图 7－113 所示；

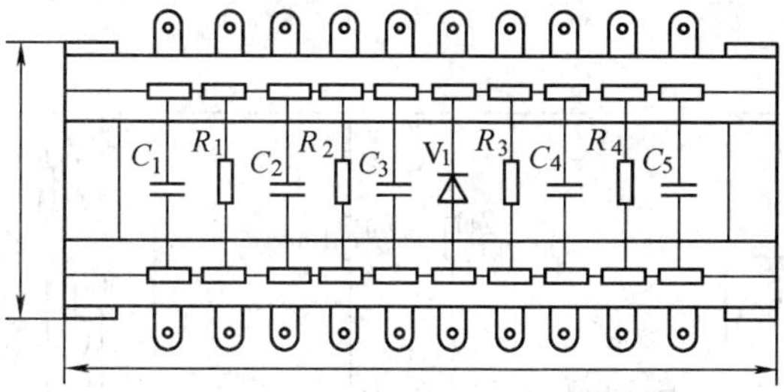

图 7－113　焊装元器件的画法

4）仅表示插入单元的接插关系的装配图，可画出其插入位置的轮廓，并标出该单元的序号或项目代号，如图 7－114 所示；

5）在电枢、转子、定子、变压器、散热器或其他类似产品的装配图中，片束、元件束及绕组或其他组件应作为整体来表达，必要时，可在片束或元件束的图形轮廓处表示出片束或元件束的若干部分，如图 7－115 所示。

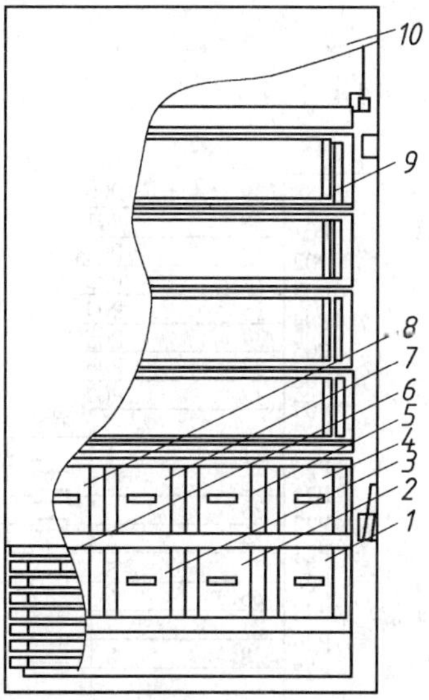

图 7－114　插入单元的装配图

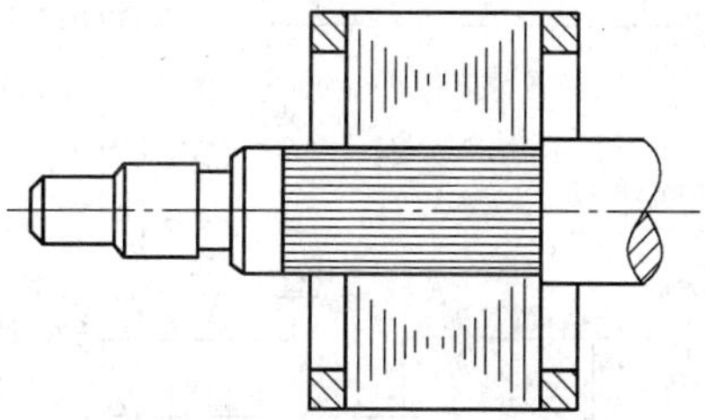

图 7－115　片束或绕组的画法

7.5.2　电子专业图

在电子专业中，用专门的图形符号，按一定工作顺序，表示电气设备装置的组成和连接关系的简图称为电路图；将电路的导线按一定的顺序排列，通过一定的加工方法，印制在敷有铜箔的绝缘基板上，这种制有印制电路的基板称为印制板。将单元电路的所有元、器件焊接、印制在印制板上，组成具有某些电气功能的组件，称为印制装配板。电路图和印制板图的表达，必须符合有关电气制图的国家标准。

1. 电路图

电路图用于详细表示电路、设备或成套装置的基本组成和连接关系，用来表达对象的作用原理，并为绘制接线图提供依据。图 7 - 116 是一模拟电路的电路图，图 7 - 117 是一数字电路的电路图。

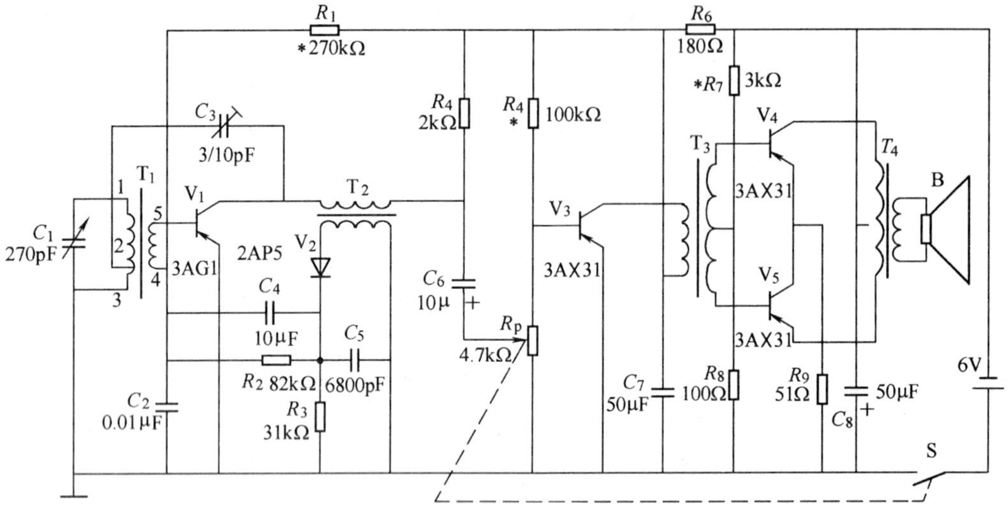

图 7 - 116　模拟电路图

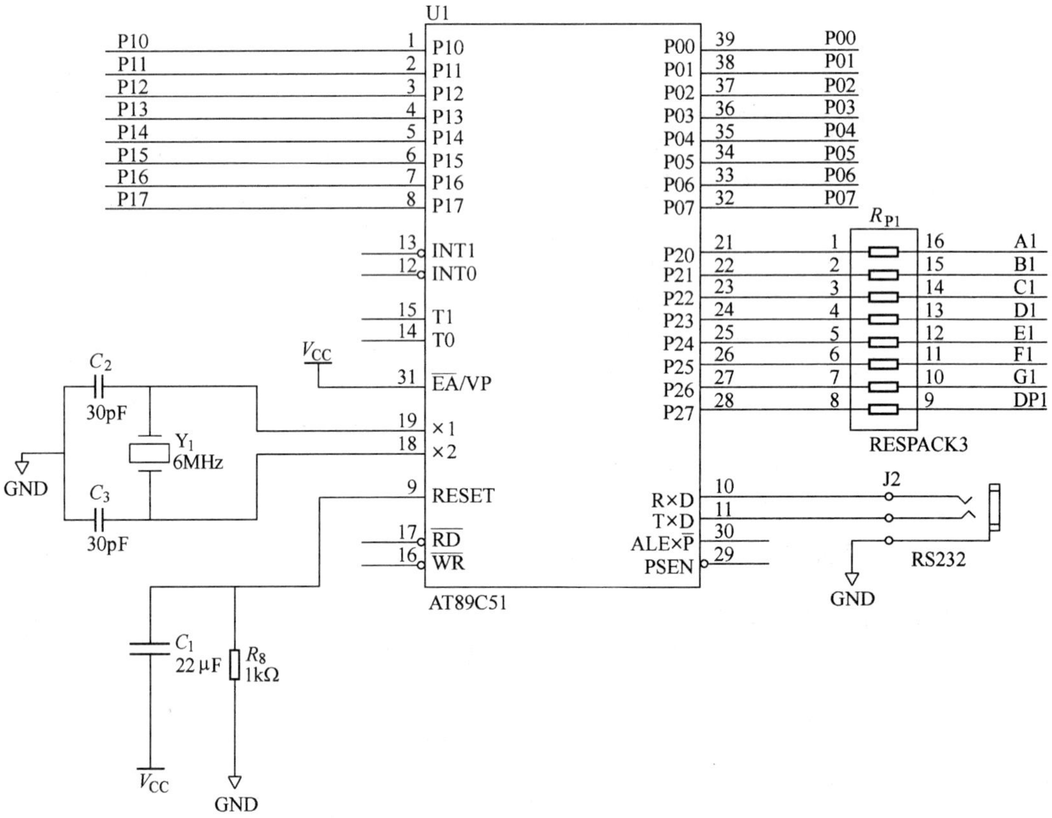

图 7 - 117　数字电路图

绘制电路图要遵守以下基本规则：

1）绘制电路图应遵守 GB/T 6988.4—1986《电气制图：电路图》的规定。

2）组成产品的所有元、器件应采用图形符号（该图形符号称为项目）来表示，必要时还可以用简化外形来表示，同时绘出其所有的连接。表示项目的图形符号和项目代号可查阅 GB/T 4728—1985《电气图用图形符号》和 GB/T 7159—1987《电气技术中的文字符号制订通则》的有关规定。表 7-11 是元器件的图形符号和文字符号摘录。

表 7-11 元器件的图形符号和文字符号摘录

元件名称	图形符号	文字符号	元件名称	图形符号	文字符号
电容器		*C*	电池	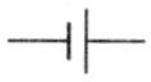	GB
电阻器		*R*	开关		S
电感或绕组		*L*	指示灯		HL
晶体管	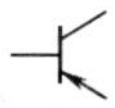	V	插头		XP
扬声器		B	插座	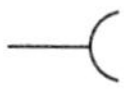	XS

3）采用功能布局法表示设备功能和工作原理的简图，如图 7-116 所示，应把电路划分为若干功能组，按照因果关系从左到右或从上到下布置。图 7-116 中为从左到右布置，分高频放大、前置放大、功率放大三个功能级。图的各部分的间隔应均匀，功能组之间适当留出一定间隔，以利于读图。

4）元、器件和设备的可动部分通常应表示在非激励或不工作状态或位置上。如开关应在断开位置；带零位的手动控制开关在零位位置；继电器、接触器、电磁铁等应在非激励位置；机械操作开关应在非工作状态和位置，即没有机械力作用的位置；多重开关器件的各组成部分必须表示在相互一致的位置上。

5）技术参数直接标注在图形符号旁。

6）图上所有元、器件均应填入元件表中，其格式如表 7-12 所示。

表 7-12 元件表

项目代号	名称	型号、技术数据	数量	备注
R_1	电阻器	RT14 6.3 kΩ ±5% 0.25 W	1	
R_2	电阻器	RT14 620 Ω ±5% 0.25 W	1	
⋮				

2. 印制板图

将电路的导线按一定顺序和加工要求印制在敷有铜箔的绝缘基板的印制板上，在电子设备中应用极其广泛。印制板图有印制板零件图和印制板装配图。

1）印制板零件图是表示导电图形、结构要素、标记符号、技术要求和有关说明的图样。根据实际需要可绘制成下列三种形式的图样：

（1）导电图形图，也称黑白图。它是根据单元电路和整机要求，将电路图中的走线，元、器件进行合理排列后，将全部印制导线绘制在带坐标格的图纸上的图样，供照相制版用。导电图形图的质量直接影响印制板的质量，一般多采用2:1绘制。

（2）机械加工图，它包括印制板的结构尺寸、安装尺寸和有关技术要求，主要是供机械加工用的。简单的印制板零件图常将以上两种图样合并绘制，如图7－118所示。

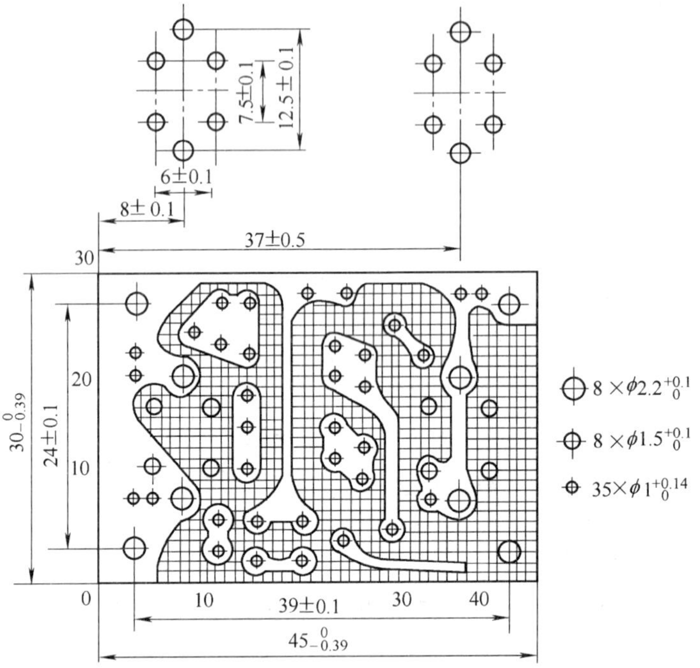

图7－118　印制板零件图

（3）标记符号图

它按元、器件在印制板上实际的装接位置绘制。一般用元、器件的图形符号（或简化外形）和它们在电路图中的项目代号表示。

2）印制板装配图是表示各元、器件和结构件等与印制板连接关系的图样。

印制板装配图的画法：

（1）在清楚地表示装配关系的前提下，印制板装配图中的元、器件一般用图形符号或简化外形表示，如图7－119所示。

（2）当元、器件在装配图中有方向要求时必须标出定位特征标志。

（3）当要完整、详细地表示装配关系时，印制板装配图中的结构和元、器件按GB/T 4458.1—2002《机械制图：图样画法》的规定绘制。

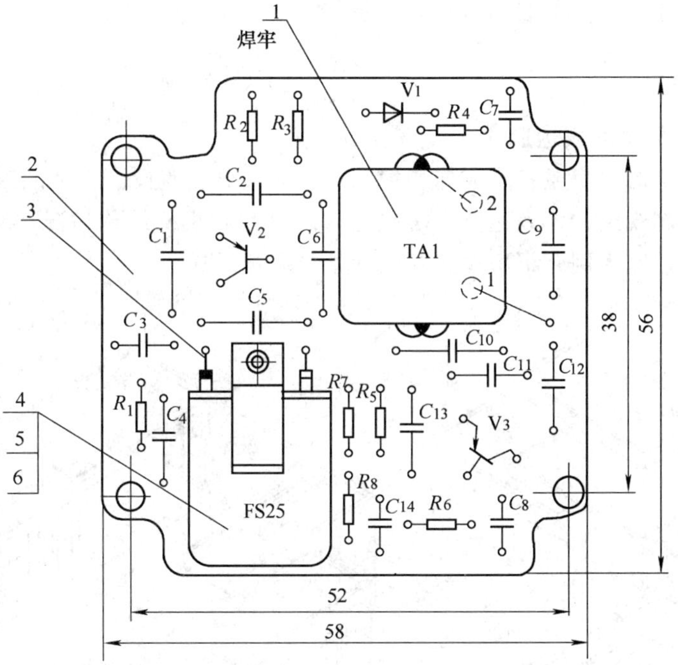

图 7 - 119 印制板装配图示例

（4）印制板装配图中一般不画出导电图形。当需要表示元、器件的位置与导电图形的连接关系时，可将导电图形用虚线或色线画出，如图 7 - 120 所示。

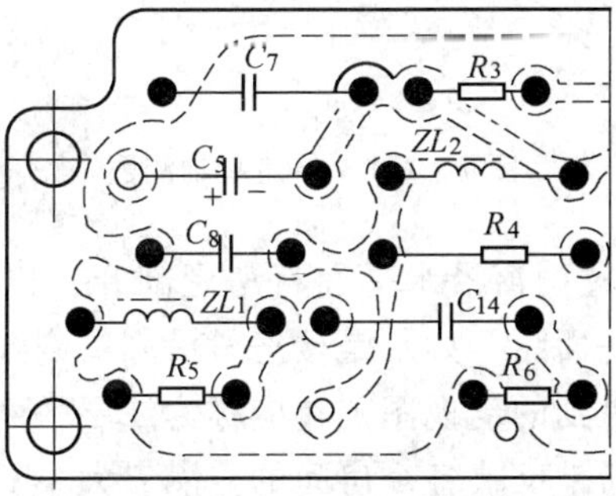

图 7 - 120 装配图中导电图形的表示

7.6 房屋建筑图

从事电子、化工、仪表、矿冶以及机械制造等各种专业工作的工程技术人员，在工艺设计的过程中，应对厂房建筑设计提出工艺方面的要求，厂房的建筑设计应在工艺人员提出的工艺设计基础上进行。因此，作为工艺设计人员应该具备识读房屋建筑图的初步能力。

房屋建筑图与机械图一样，都是按正投影原理绘制的。但由于建筑物的形状、大小、结构以及材料与机器存在很大差别，所以在表达方法上也有所不同。在学习本节时，必须弄清楚房屋建筑图与机械图的区别，要熟悉国家标准《房屋建筑制图统一标准》（GB/T 50001—2003）

有关规定，掌握房屋建筑图的表达方法和图示特点。

7.6.1 概述

1. 房屋建筑图的基本表达形式

用正投影的方法画出房屋各个方向的视图，同时又分别假设沿水平面以及侧平面或正平面将房屋剖开，画出剖视图，来表达整个房屋的内外形状和主要结构情况。图7-121所示为一传达室，现以该传达室为例介绍房屋建筑图的基本表达形式。

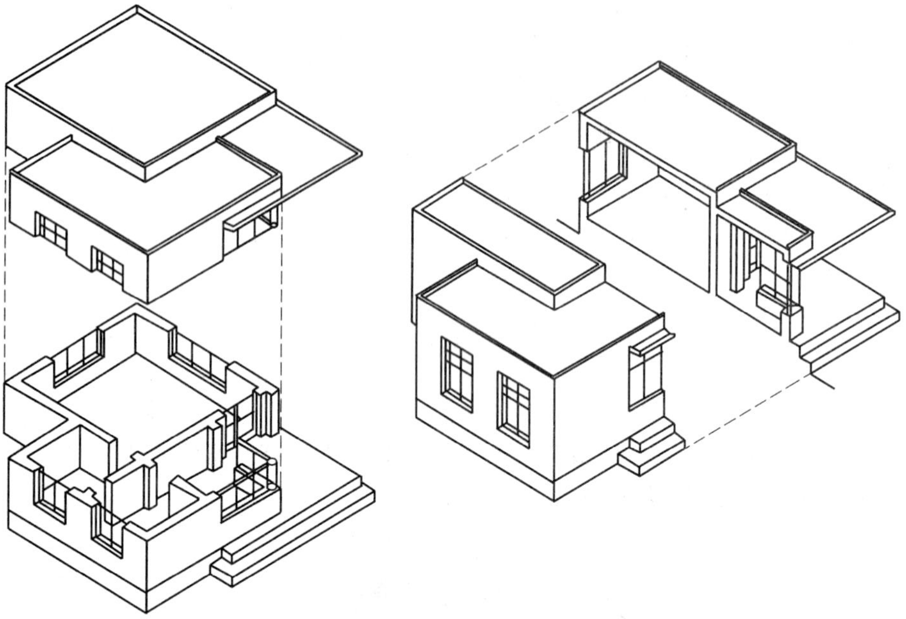

图7-121 传达室轴测图

1）平面图

如图7-122所示，假想通过门窗沿水平面将房屋剖开，移去上面部分，由上向下进行投射所得到的水平剖视图，称为平面图。如果是楼房，沿底层剖开所得到的剖视图称为底层平面图，沿二层、三层……剖开所得到的剖视图则相应称为二层平面图、三层平面图……

平面图表示房屋的平面布局，反映各个房间的分隔、大小、用途，门、窗以及其他主要构配件和设施的位置等内容。如果是楼房，还应反映楼梯的位置、形式和走向。

2）立面图

在与房屋立面平行的投影面上所作出的房屋的正投影图，称为立面图。图7-122中所画出的是从房屋的正面（即反映房屋的主要入口或比较显著地反映出房屋外貌特征的那个立面）由前向后投射所得到的正立面图。从房屋的左侧面或右侧面由左向右投射或由右向左投射所得到的是左侧立面图或右侧立面图；而从房屋的背面由后向前进行投射所得到的，则称为背立面图。

立面图表示房屋的外貌，反映房屋的高度，门窗的形式、大小和位置，屋面的形式和墙面的做法等内容。

3）剖面图

如图7-122所示，假想用侧平面（或正平面）将房屋剖开，移去观察者和剖切平面之间的部分，把剩下的部分向投影面进行投射所得到的剖视图，称为剖面图。

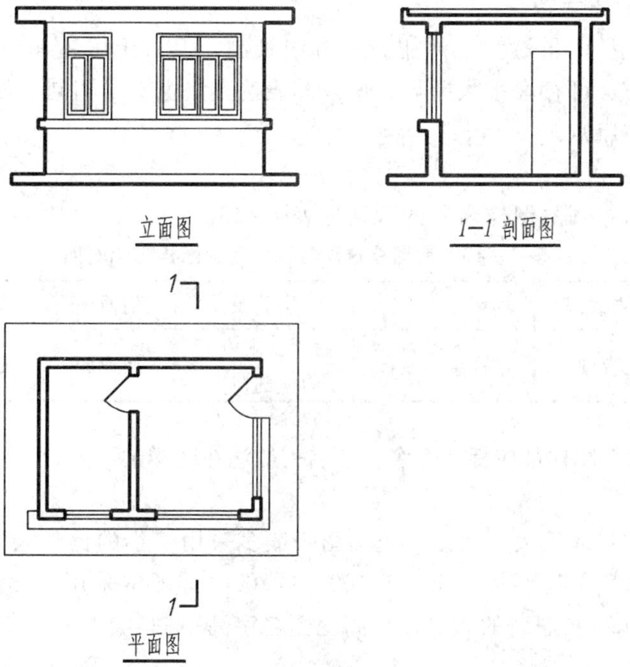

图 7－122　传达室的平、立、剖面图

剖面图表示房屋内部的结构形式、主要构配件之间的相互关系，以及地面、门窗、屋面的高度等内容。

剖面图要进行标注，按国家标准规定，剖切符号及投射方向均画成粗实线，如图 7－122 所示。剖切位置应选在房屋内部构造复杂和典型的部位，并通过门窗洞，若为多层房屋，应选在楼梯间或层高不同、层数不同的部位。剖面图的图名应与剖切符号的编号一致。需要时也可用两个平行的剖切面以阶梯的形式作剖面图。

4）详图

对房屋的细部或构配件，用较大的比例（如 1∶20、1∶10、1∶5、1∶2、1∶1）将其详细地表示出来，这种图样称为建筑详图，简称“详图”，如剖面详图、楼梯详图、门窗详图。

2. 房屋建筑图的分类

一套房屋建筑图纸，根据其内容和作用不同，一般可分为：

1）建筑施工图

反映房屋的内外形状、大小、布局、建筑节点的构造和所用材料等情况。包括总平面图、建筑平面图、立面图、剖面图和详图。图 7－127 所示为机械加工车间的建筑施工图。

2）结构施工图

反映房屋承重构件的布置，构件的形状、大小、材料及其构造等情况。包括基础图、结构布置平面图以及构件的详图等。

3）设备施工图

反映各种设备、管道和线路的布置、走向和安装要求等情况。包括给排水、采暖通风、电器设备的布置平面图、系统图以及各种详图。

3. 房屋建筑图的图示特点

房屋建筑图与机械图虽然都采用正投影方法绘制，但由于房屋建筑与机械设备无论是形状、大小或者材料方面都存在很大差异，所以其表达方法也不尽相同。如视图的名称、选用比例、尺寸注法都各有特点。

1）视图的名称

房屋建筑图与机械图的图样名称的区别见表7－13。

表7－13　房屋建筑图与机械图的图样名称对照

房屋建筑图	正立面图	侧立面图	平面图	剖面图	断面图	详图
机械图	主视图	左视或右视图	俯视投射方向的全剖视图	剖视图	断面图	局部放大图

房屋建筑图的每个图样都应标注图名，图名一般注在图样的下方，并在图名下绘一粗实线。

2）比例

由于房屋建筑的形体较大，所以，施工图一般多采用缩小的比例绘制。如房屋的平面图、立面图、剖面图常采用的比例是1∶50、1∶100、1∶200；详图常采用的比例是1∶1、1∶2、1∶5、1∶10、1∶20等。比例写在图名的右侧，字高比图名字高小一号。

3）图线

房屋建筑图所采用的线型，除了折断线、波浪线以外，实线分为粗、中、细三种规格。虚线分为中、细两种规格。点画线分为粗、细两种规格。图线宽度b的推荐系列与机械图样相同。

4）尺寸标注

房屋建筑图的尺寸标注与机械图样的尺寸标注的区别为：房屋建筑图的尺寸界线与被标注轮廓线要离开不小于2 mm；尺寸线终端用中粗斜短线绘制，其倾斜方向与尺寸线成顺时针45°，长度为3 mm左右；标高与总平面图的尺寸应以m为单位；同一方向尺寸允许注成封闭形式，如图7－123所示。

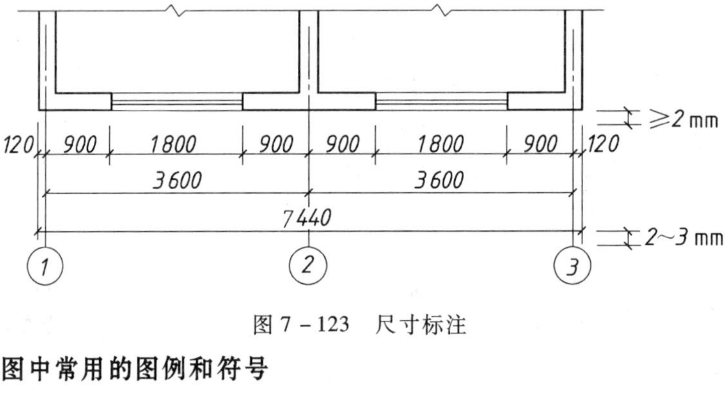

图7－123　尺寸标注

4. 房屋建筑图中常用的图例和符号

1）房屋建筑图中常用的图例

由于建筑平、立、剖面图是采用小比例绘制的，图中的建筑构件及配件不可能按实际情况画出，因此，应采用建筑制图有关标准规定的图例来表示各种构配件。表7－14为几种常用的构配件图例。

表 7-14 常用的建筑构造及配件图例

序号	名称	图例	说明
22	单扇门（包括平开或单面弹簧）	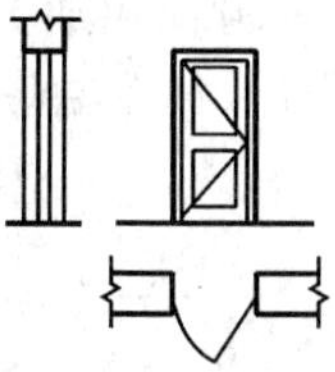	1. 门的名称代号用 M 表示 2. 剖面图左为外，右为内；平面图下为外，上为内 3. 立面图上开启方向线交角的一侧为安装合页的一侧，实线为外开，虚线为内开 4. 平面图上门线应 90° 或 45° 开启，开启弧线宜绘出。立面图上的开启方向线，在一般设计图中可不表示，在详图及室内设计图上应表示 5. 立面形式应按实际情况绘制
23	双扇门（包括平开或单面弹簧）	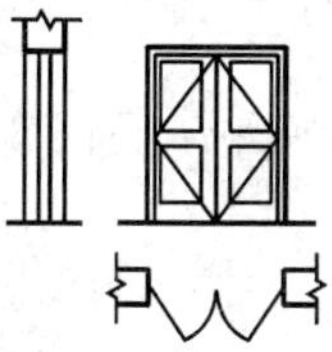	
24	对开折叠门	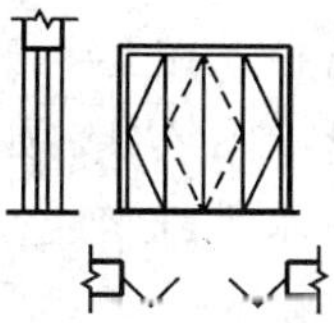	
4	楼梯	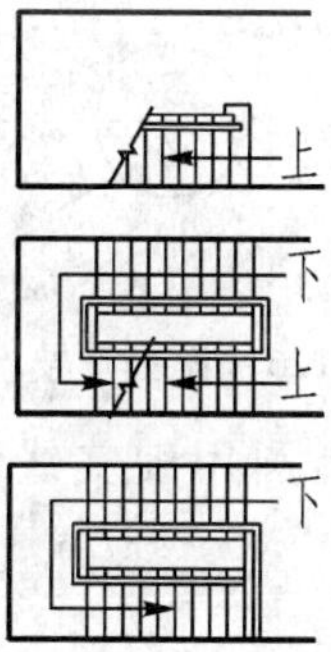	1. 上图为底层楼梯平面，中图为中间层楼梯平面，下图为顶层楼梯平面 2. 楼梯及栏杆扶手的形式和梯段踏步数应按实际情况绘制
40	单层固定窗	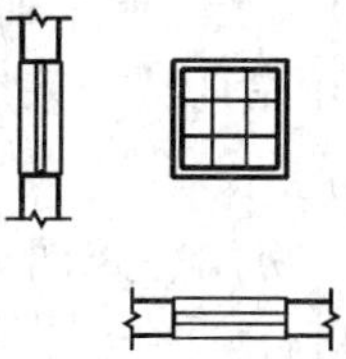	1. 窗的名称代号用 C 表示 2. 立面图中的斜线表示窗的开启方向，实线为外开，虚线为内开；开启方向线交角的一侧为安装合页的一侧，一般设计图中可不表示 3. 剖面图左为外，右为内；平面图下为外，上为内 4. 平、剖面图上的虚线仅说明开关方式，在设计图中不需表示 5. 窗的立面形式应按实际情况绘制 6. 小比例绘图时，平、剖面的窗线可用单粗实线表示
42	单层中悬窗	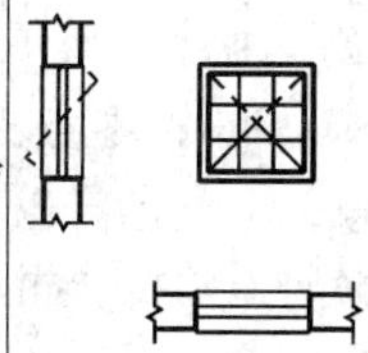	
45	单层外开平开窗	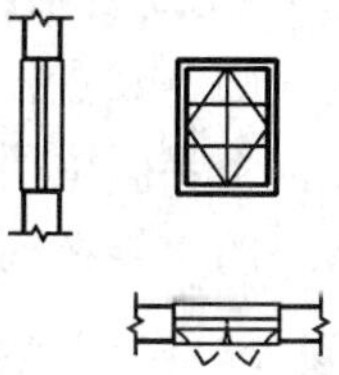	
7	检查孔		左图为可见孔；右图为不可见孔
8	孔洞		阴影部分可以涂色代替
9	坑槽		
12	烟道	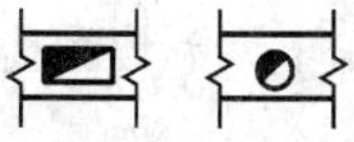	
13	通风道	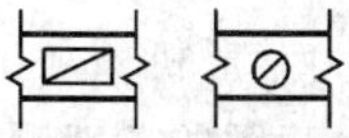	

注：该表摘自 GB/T 50104—2001，只摘录了一部分，表中的序号为标准中所列表格内的原序号

2）房屋建筑图中常用的符号

（1）定位轴线　在房屋建筑图中，通常应将房屋的基础、墙、柱、屋架等承重构件的轴线，并进行编号，以便施工时定位放线和查阅图纸，这些轴线称为定位轴线，如图 7－123 所示。定位轴线用细点画线绘制，轴线编号注写在轴线端部的圆圈内，圆圈用细实线绘制，直径为 8 mm。在平面图中横向编号采用阿拉伯数字，从左向右依次编写。竖向编号用大写拉丁字母自下而上顺次编写。

（2）标高符号　房屋建筑图中，应标注室内外地坪、楼地面、地下层地面、阳台、平台、檐口、门、窗、台阶等处的标高。标高符号的画法如图 7－124 所示，标高符号画成等腰直角三角形，高度为 3 mm。标高数字一律以 m 为单位，施工图中注写到小数点后第三位。通常以房屋的底层室内地面作为零点标高，注写形式为：±0.000；零点标高以上为“正”，标高数字前不必注写“+”号；零点标高以下为“负”，标高数字前必须加注“－”号。标高的注写形式可参见图 7－124 中所示。

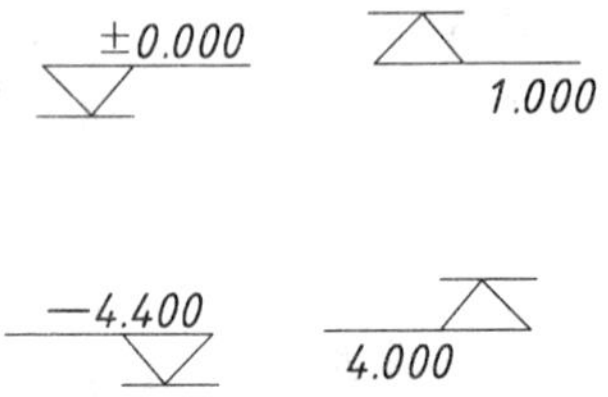

图 7－124　标高标注形式

（3）索引符号和详图符号　在房屋建筑图中某一局部或构配件需要另见详图时，应以索引符号索引。标注索引符号和详图符号的方法规定如下：

索引符号　如图 7－125 所示，用一引出线在要另面详图的局部或构配件处引出，在引出线的另一端画一细实线圆，其直径为 10 mm，并画一水平细实线直径，在上半圆中用阿拉伯数字注明该详图的编号，下半圆中用阿拉伯数字注明该详图所在图纸的图纸号，如图 7－125a 所示。如果详图与被索引的图样在同一张图纸内，则在下半圆中画一水平细实线，如图 7－125b 所示。

详图符号　为一粗实线圆，直径为 14 mm。表示方法如图 7－126 所示：图 7－126a 表示这个详图的编号为 1，被索引的图样与这个详图在同一张图纸内；图 7－126b 表示这个详图的编号为 3，与被索引的图样不在同一张图纸内，而在第 4 号图纸内。

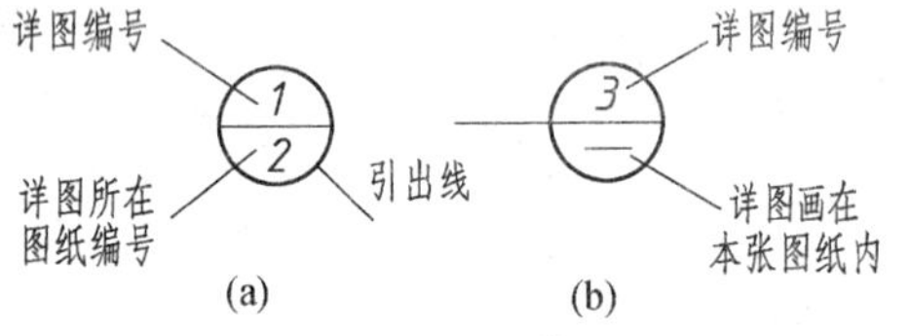

图 7－125　索引符号

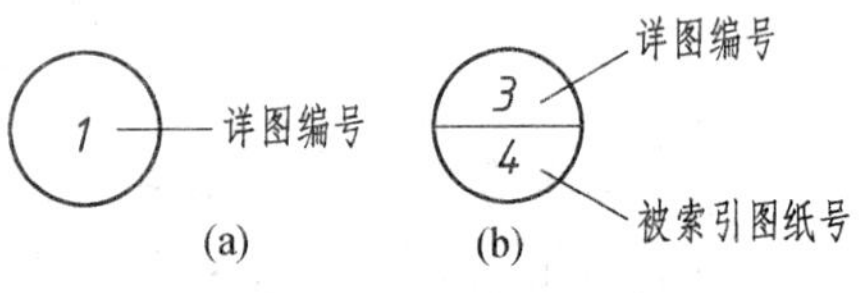

图 7－126　详图符号

（4）指北针　如图 7－127 中的平面图右下角所示，指北针圆用细实线绘制，直径为 24 mm，指针尖为北向，指针尾部宽度为 3 mm，指北针内涂黑。

7.6.2　房屋建筑图的识读

图 7－127 所示为某厂机械加工车间，该车间是单层双跨厂房。以这张图为例，介绍房屋建筑图的阅读方法。读图的一般顺序为：

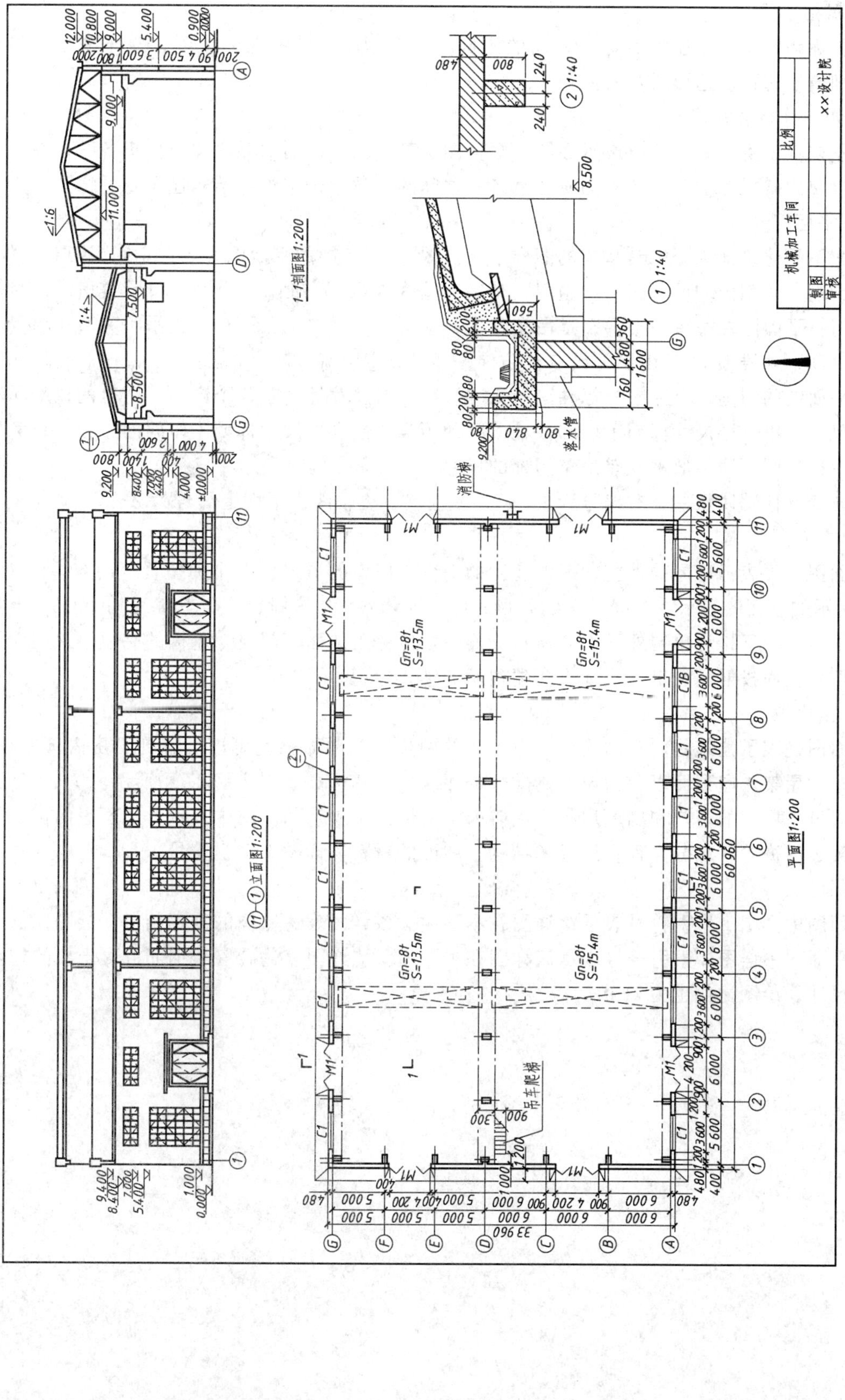

图 7-127 某厂机械加工车间

1. 概括了解

先看标题栏了解房屋的名称、采用的比例以及整套图样的情况，然后看图样中有哪些图形，分别属于哪种表达形式及其注释。

2. 详细分析各种图形

有了初步了解以后，一般按平面图、立面图、剖面图和详图的顺序详细分析各图，在集中精力分析阅读某一图样时，还需同时注意各图之间的联系。个别细部结构还需查看详图。

1）平面图

平面图是建筑施工图中最基本的图样之一。图7-127中的平面图表示：车间为两跨结构；东、西、南、北朝向均设有门共八扇门，其编号均为M1，故知它们的规格和形状相同，为对开折叠门；平面图左边有一楼梯，是吊车爬梯，主副厂房共有4台吊车，在吊车旁边注明了起重量和跨度；轴线为11的山墙外设有消防梯；详图2索引符号。

在平面图的周围，自内向外标注三层尺寸。第一层尺寸标明了各个窗口、门口的宽度和墙之间的尺寸；第二层尺寸标明了墙和柱轴线间的距离；最外层尺寸标明了车间的总长、总宽尺寸。图中还注明了墙根散水及登吊车用梯的尺寸。

横向墙、柱轴线从左至右编号为1—11；纵向墙、柱轴线由下而上编号为A—G。

2）立面图

立面图主要表示房屋的外貌，反映房屋的高度，门窗的形式、大小和位置等内容。图7-127中所示的立面图表示：车间厂房的外形；南、北墙各设有8排窗户，其编号均为C1，上排为单层中悬窗、下排为单层外开平开窗；立面图左侧标出地面、门窗、屋檐的高程；该立面图是从副厂房正面投射而画出，只标出两端边墙的轴线标记。

3）剖面图

剖面图是表示建筑物内部结构或构造形式的图样，从剖面图上可以了解到厂房内部的柱、梁、吊车、屋架、屋顶面以及门窗等构配件的相应尺寸和标高。图7-127中所示的*1—1*剖面图采用通过主厂房的窗户和副厂房的门以阶梯剖的形式来表达的。图中表示：地面、门窗、吊车、屋架、屋檐等各部分高程；屋架的结构、屋面的材料；详图1索引符号。

4）详图

剖面图中详图1索引符号表示该详图在本图内。该详图表达屋檐的细部结构，绘图比例为1∶40。平面图中详图2索引符号表示该详图在本图内。该详图表达砖墙与钢筋混凝土柱的连接关系和尺寸，绘图比例也为1∶40。

第 8 章　工程数据常用图形表达方法

8.1　图表的组成

图表是一种用曲线或图形来表示数字资料的一种图。一组繁琐的数字由图表表达出来，则形象直观、鲜明易懂、一目了然，并且能表现出总体结构、发展趋势、变化规律等等。因此图表广泛应用于计划管理、科学研究、宣传教育等方面，是科学技术人员必须掌握的一种图示方法。

图表主要由以下三个方面内容组成：

1. 图示线

用来表示数字资料的曲线、图形等，它是图表的主要内容。

2. 图尺

主要有均等图尺和对数图尺两种。有的两个坐标都是均等图尺或都是对数图尺，也有采用一个是均等图尺，另一个是对数图尺，这种图表称为半对数图表。图 8－1 所示为一音箱（即喇叭箱）的频率特性曲线，横坐标为频率（单位为 Hz），纵坐标为声压（单位为 dB），由于频率坐标的主要关键坐标在低频部分，而高频部分的数值又很大，如用均等图尺则图幅会很长，采用对数图尺可解决这个矛盾。

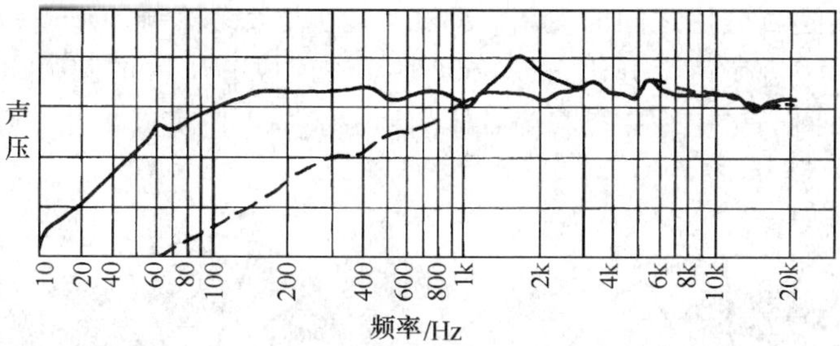

图 8－1　半对数图表

3. 数字说明、文字说明、注解、标题和坐标格

这些内容可简要地说明所绘制的主要内容及其所属的时间和空间因素。必要时还附有注解，说明资料来源等需要说明的内容。

下面介绍几种常用的图表。

8.2　统计比较图表

这是一种用条形长短、面积大小等来表示统计数字和变动情况的统计图表。一般用来比较不同时间、地点的同类现象，是统计工作中常用的一种图表。

1. 条形图

图 8 - 2 所示是表示四种材料的抗拉强度的纵式矩形条图。这种条形图只能作单项指标的对比，因此称为单式条形图。图 8 - 3 所示是将生产某一产品的三种不同的工艺路线所需的工夹具成本，机床折旧及工时成本，物料消耗及管理费用等汇总在一个图中，它可作多项指标的对比，称之为复式条形图。

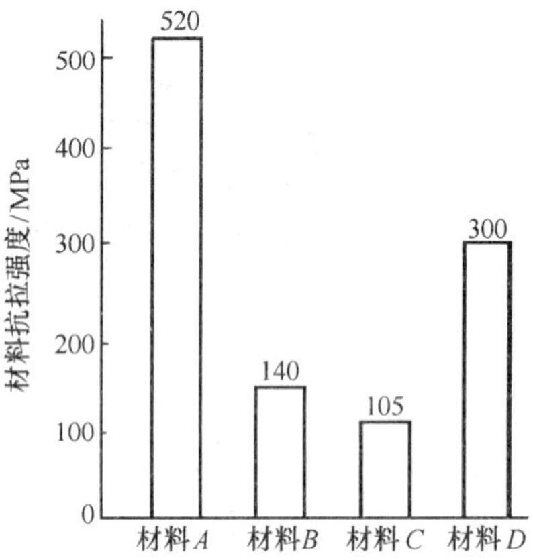

图 8 - 2　单式条形图

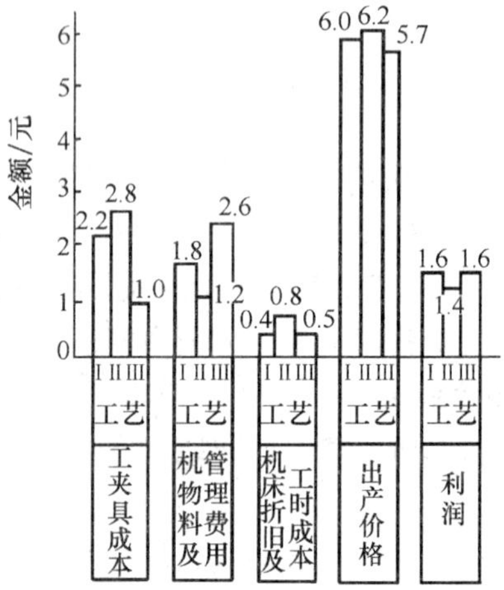

图 8 - 3　复式条形图

2. 圆形图

圆形图是用一个圆中的各扇形所占度数多少或几个圆面积的大小来表示总体结构与指标大小的图表，适宜于表达百分比之间的关系。图 8 - 4 为表示锡青铜 ZQSn6 - 6 - 3 的四种主要成分的圆形图。将每一成分所占百分比乘以 360°即得该项成分所占的圆弧扇形度数。这种图表称为单式圆形图。有时为了比较几个有关总体的构成成分，还可以将几个圆形图组合起来，称为复式圆形图，如图 8 - 5 所示。

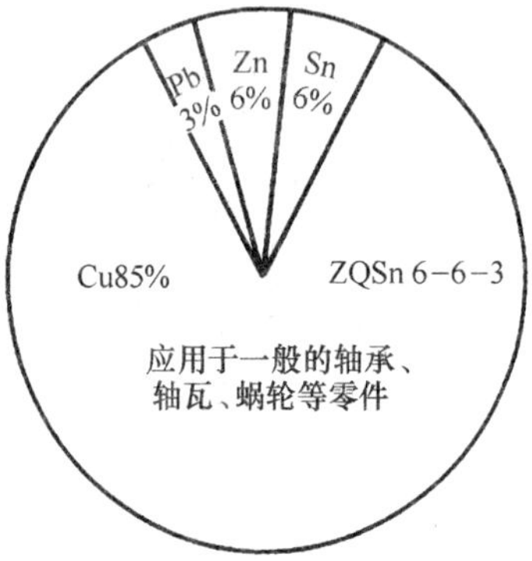

图 8 - 4　单式圆形图

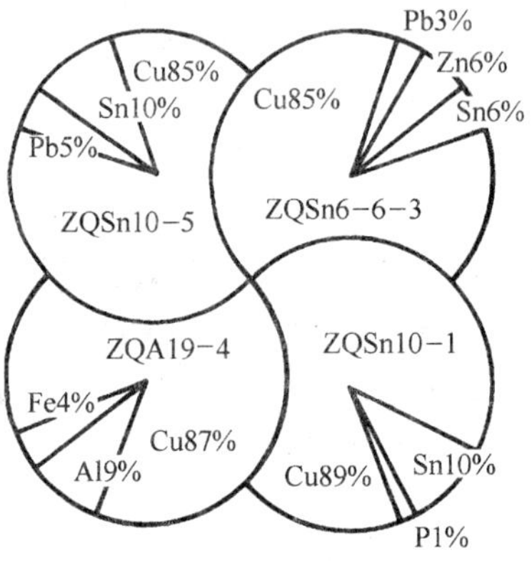

图 8 - 5　复式圆形图

8.3 曲线图表

这是一种用曲线来表示数据资料变化的图表。它可以表示对象之间的依存关系，从曲线的形状又可了解表达对象的发展过程和发展趋势。

1. 直角坐标曲线图

曲线图表中常用的坐标是直角坐标。有时为了绘图和查阅方便，在图上还画上坐标格子线称为纵向或横向指导线。图 8－6 所示为七种含碳量不同的碳钢，表示其应力与延伸率关系的曲线图。由此可以看出含碳量低的钢在应力相同的情况下延伸率较大，因此易于进行轧制、冷拉、冲压等。图 8－7 表示盐等五种物质在温度不高的水中的溶解度。所谓溶解度是指 100 克水中能溶入物质的最大质量克数。从图中可很快确定某一温度时某种物质的溶解度。这种图表形象生动，使用方便，在工程技术和科学研究中得到广泛应用。

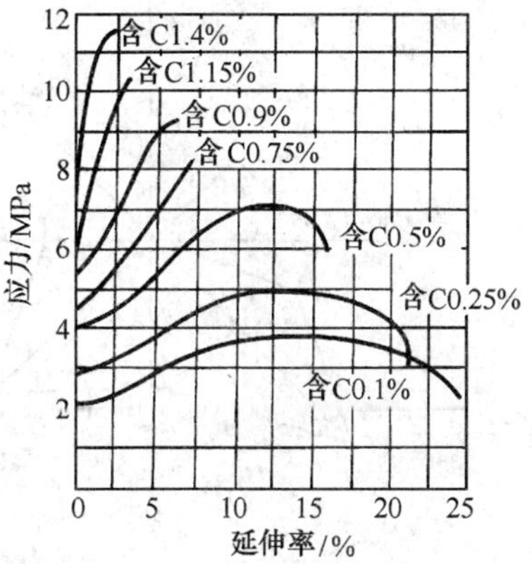

图 8－6 直角坐标曲线图（一）

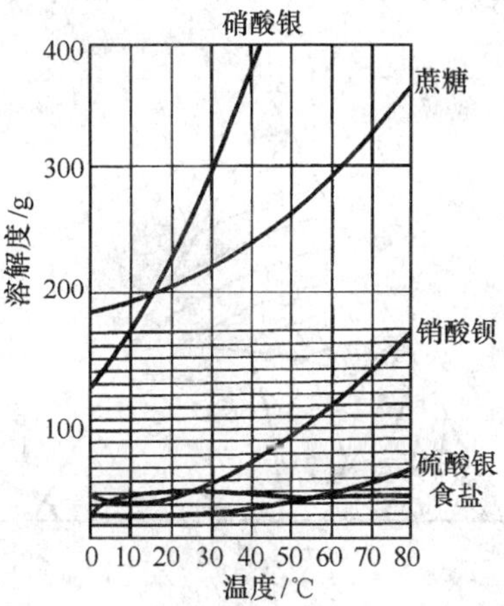

图 8－7 直角坐标曲线图（二）

2. 三角坐标曲线图

这是利用等边三角形中任一点向三条边作垂线，三垂线长度之和等于等边三角形高的几何原理所绘制成的一种图表。如图 8－8a 所示，等边三角形△*ABC* 中有任意一点 *D*，过点 *D* 作三条边的垂线 *DE*、*DF*、*DG*，根据平面几何原理可证明 $DE + DF + DG = h$，h 为三角形的高。如图 8－8b 中所示将等边三角形的三个高进行 10 等分，过等分点作各条边的平行线，得到三角坐标图表的坐标格。当甲、乙、丙三成分组成总和为 100% 时，都可以应用这种图表表示，如点 *A* 表明甲占 40%，乙占 50%，丙占 10%。如图 8－9 所示是铅、锡、铋三元素组成的易溶合金的三角坐标曲线图。图中各曲线是熔点温度的等温线。这些等温线是将不同含量的三元素合金进行熔点温度测试，取得大量数据后绘制的。图中三角形的三条边表示三种元素含量的起始点，而三个顶点表示单个元素占总量的 100% 时的熔点温度，亦即纯铅熔点温度为 327 ℃，纯锡的熔点温度为 232 ℃，纯铋的熔点温度为 270 ℃，为了使图面清晰，图中省略了三角坐标格。

3. 极坐标曲线图

这是一种用极坐标绘制的曲线图表。如图 8－10 所示为土建图中常用来表示全年风向的风

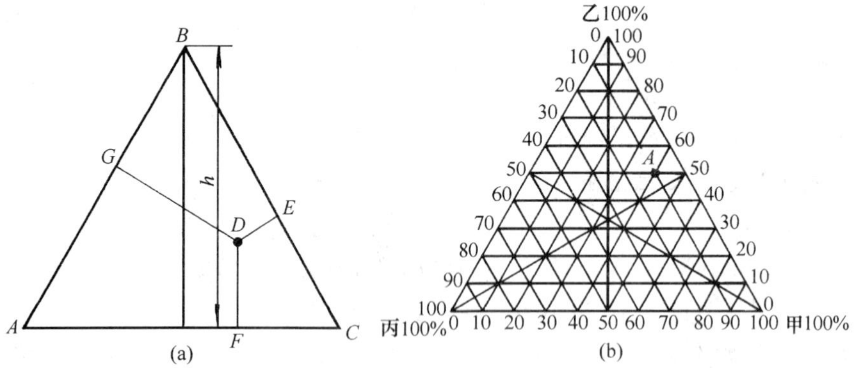

图 8－8　三角坐标的基本原理

玫瑰图，这就是一种极坐标曲线图，其各方向的数字表示该方向的风在一年中所占的百分比，风的方向是由外向中心吹的。各条辐射线的长度表示百分比。

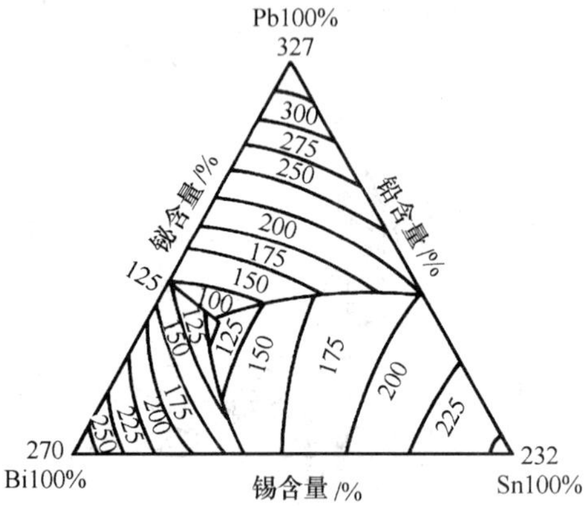

图 8－9　三角坐标曲线图

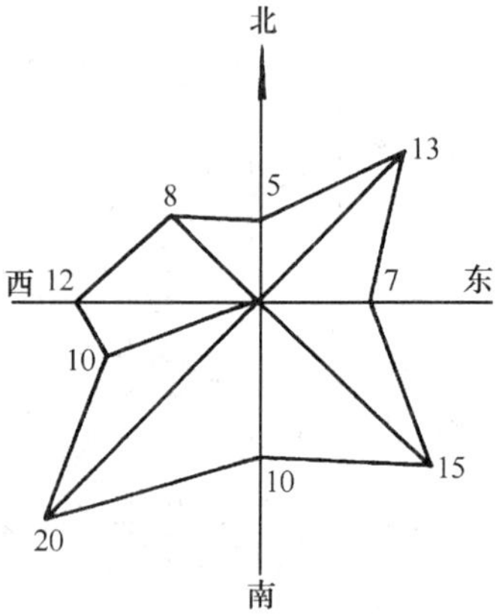

图 8－10　极坐标曲线图（一）

图 8－11 是一只 ϕ300 mm（12 英寸）纸盆喇叭，装在一只 $67\times50\times30\ cm^3$ 的喇叭箱内进行性能试验时，所得各方向上四种不同音频信号的分贝值的极坐标曲线图，由图可知当声音频率高达6 000 Hz 时，只有正对音箱范围很小的几十度区域才能听到理想的声音。图 a 和图 b 可以合成一张图，此处为了清晰起见，画成两张图。

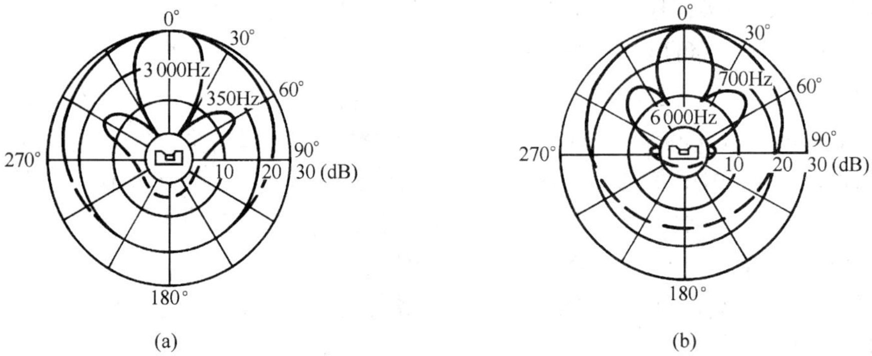

图 8－11　极坐标曲线图（二）

4. 立体曲面图表

这是用空间直角坐标来表示三个变量之间关系的一种图表。图 8－12 为用纵截面（或横截面）来表示的立体曲面图表。它表示含碳量为 0.49% 的钢材在加热进行锻造时，其温度、变形量和锻件内部晶粒的大小之间关系。由图中可以看出当加热的温度越高，晶粒就粗化，而锻压变形量大时，晶粒细化，锻件内部组织改善。

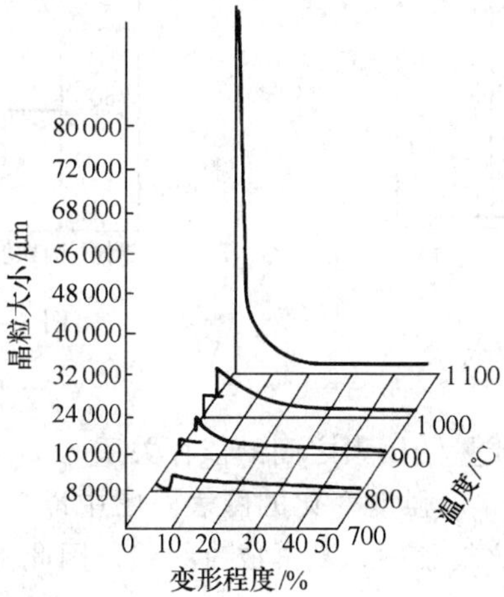

图 8－12 立体曲面

8.4 统计控制图表

统计控制图表是在生产过程中对产品质量进行分析控制的一种图表。利用统计控制图表能分析对比产品质量及生产计划的执行情况和变动趋势，找出影响产品质量的各项因素，并在生产过程中对产品质量进行控制，把产生废品的各种因素消灭在生产过程中。因此绘制这种图表是工业管理中的一种重要手段。

1. 排列图

这是分析影响产品质量因素的一种图表。影响产品质量的因素很多，但主要是人、机器、材料、工艺和环境等五个方面，每一方面又分为许多具体因素。只有分析清楚这些因素与质量的关系，找出其中的主要因素，才能采取相应的措施。图 8－13 所示为外环圈零件废品的排列图，由两个纵坐标，一个横坐标，几个矩形图形和一条曲线所组成。左边的纵坐标为废品的件数，右边的纵坐标为废品的件数占总数的百分比，横坐标为影响产品质量的各种因素，用矩形的长短即以面积来表示各个因素的大小，如因磨内径而造成的废品占废品总数的 66.7%，加上因磨外沟而造成的废品占 86.6% 等等，曲线就是表示各种因素的累计百分数。

从图 8－13 可以看出，外环圈在磨加工中磨内径时产生废品的比率最高，应集中力量予以解决。为了进一步分析其原因绘出第二张排列图，如图 8－14 所示，在磨内径工序上，100 件废品零件中圆度超差有 50 件；圆柱度超差有 30 件；尺寸偏大有 10 件；尺寸偏小有 5 件；粗糙度不合格有 5 件。因此形状误差是产生废品的主要原因，为此，必须针对这种情况采取必要的技术措施迅速予以纠正。

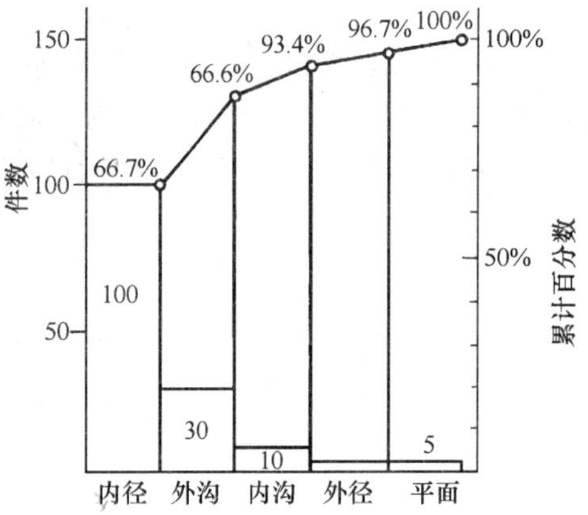

图 8－13　排列图（一）

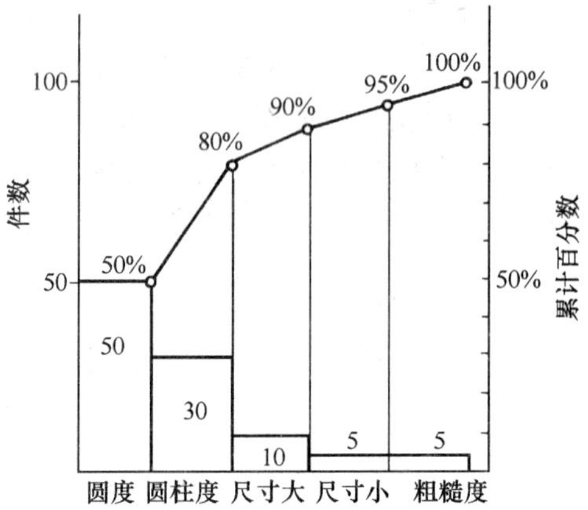

图 8－14　排列图（二）

2. 相关分析图

这是分析产品质量与影响质量的因素之间的依存关系的一种图表。图 8－15 所示为由于硫含量的变化而造成产品（运输带）强度变化的图表。图中以含硫量为横坐标，抗拉强度为纵坐标。从图中可看出点子分布比较集中，基本成直线状，因此提高含硫量能有效地提高运输带的强度。

3. 直方图

这是利用正态分布曲线理论，分析产品质量的一种图表。它将产品质量的分布情况用一系列直方图来表示。根据图表可分析生产过程是否正常，质量是否得到保证等等。图 8－16 所示为在自动车床上车削 ϕ20 小轴时，在换刀调整循环中抽样检验 100 个零件所得的一个直方图。在横坐标上将最大尺寸与量小尺寸之差分成若干组（图中分九组），每组的尺寸间隔相同，在纵坐标上分别表示属于这些组的工件数，这些工件数总共为 100 个。从图中可以看出，直方图各个直方柱均在公差范围之内，分布也均匀，没有废品，说明情况正常。如果发现直方柱有的不在公差范围内，说明有废品出现，就必须进行分析，要采取相应的调整措施。

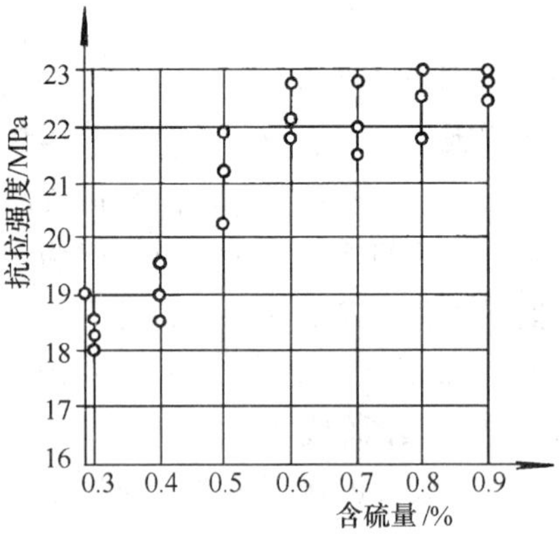

图 8－15　相关图

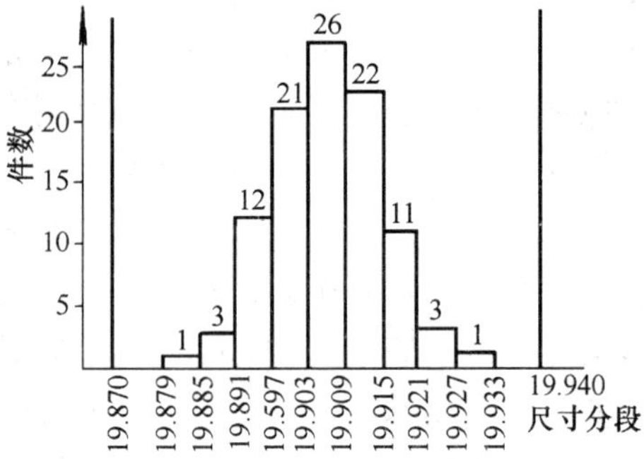

图 8－16　直方图

4. 控制图

这是统计、检查、控制工业产品质量的一种图表。如图 8－17 所示，它以抽样的编号或取样的时间作为横坐标，以产品的质量特性为纵坐标。图中有根据质量数据的平均值确定的中心线、控制上限线、控制下限线、公差上限线、公差下限线等五根线。在对产品进行抽样检查过程中，按抽查时间的先后将数值在图中标出点子，如果点子超出控制界限或具有这种趋向时，说明存在问题，必须采取相应措施以保证产品的质量。

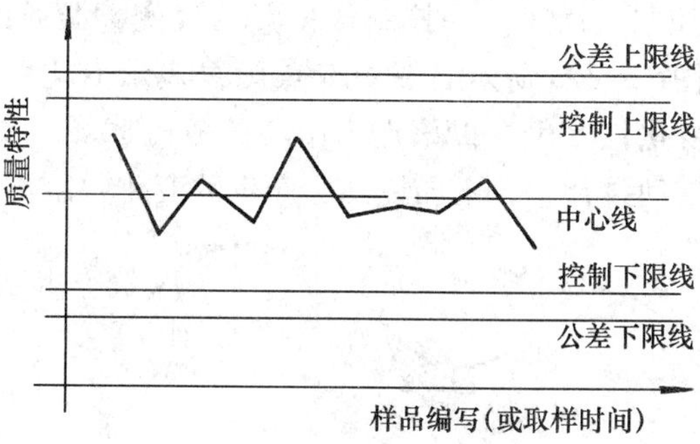

图 8－17 控制图

8.5 样条曲线

在工程上，通过测量或实验得到一系列有序点列。根据这些点列可以构造出一条光滑曲线，以直观地反映出实验特性、变化规律和趋势等。此外，几何外形的信息也常常由一些型值点列给出，如外形数学放样，几何外形设计等。常用的曲线作法有：（1）过所有型值点作一条曲线，这就是插值。插值使我们可以通过曲线方程计算曲线上型值点之间的点。（2）若曲线不是严格通过所有型值点，而是在某种附加条件下，贴近这些点，这种方法称为拟合。

如果构造一条高次曲线，曲线自身会产生人们所不希望的振荡，如图 8－18 所示。高次曲线计算复杂，性能不稳定，很少为人们所采用。通常采用多段低次曲线来构造整条曲线，这样的曲线被称作样条曲线。其中，三次样条曲线是使用最广泛的一种，因为它是保证各曲线段在连接点处达到二阶导数连续的最低次数的曲线。而且，三次样条的数学表达较简单，计算方便，且性能稳定，便于分析。

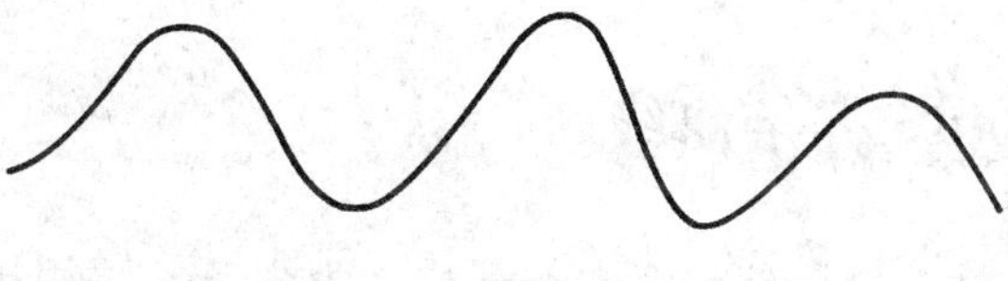

图 8－18 高次曲线

曲线的表达形式很多。在几何外形设计中，由于需要对设计的曲线作一定的分析，大多采用向量形式的参数表示法。这种方法最大优点在于曲线的方程与坐标系的选择无关。此外，参数表示法可以克服其他方法难以表示的困难。例如，化多值函数为单值函数；在一般多项式方程表示的曲线中，曲线上的垂直切线是一个无穷大量，然而在矢量表达式中，这仅意味着切矢的一个分量为零。本节主要讨论三次参数样条曲线。

为了既便于曲线讨论，又避免过多涉及有关数学知识，下面阐述几个曲线设计中常用的术语。

（1）控制点　控制点即设计者用来控制曲线形状的那些点。当曲线通过控制点时（图 8－19a），这些点也称作型值点。图 8－19b 所示的曲线不通过每一个控制点，由控制点连成的多边形（称为控制多边形）控制着曲线的形状。

（2）局部控制和全局控制　由于某一控制点位置的改变，曲线的形状也会随之变化。若这种变化是整体性的（如图 8－20a 所示，图中双点画线表示变化后的曲线），则把这种控制称为全局控制；如果这种变化仅发生在以该点为中心的邻近区域（如图 8－20b 所示），则称之为局部控制。在计算机辅助设计中，全局控制所产生的变化常给设计者带来不便。

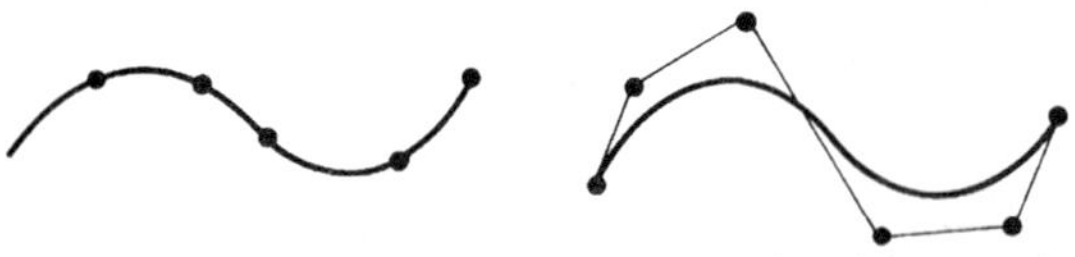

(a)　(b)

图 8－19　控制点

(a)　(b)

图 8－20　局部控制和全局控制

（3）几何连续性　分段曲线在连接点处的几何连续用符号 G 表示。当两段曲线在连接点处不存在间断点，即具有位置的连续（图 8－21a），就用 $G^{(0)}$ 表示；当两曲线在连接点处的切线方向相同时，如图 8－21b 所示两外切圆弧段，则称之为 $G^{(1)}$ 连续；而 $G^{(2)}$ 连续则指曲线的曲率在连接点处连续，如图 8－21c 所示两段三次曲线的连接。

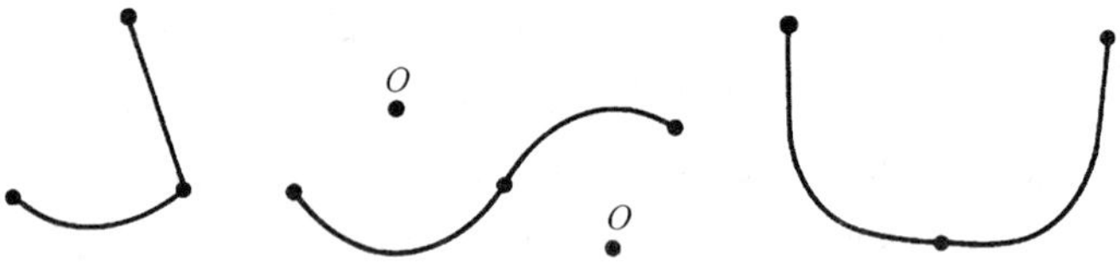

(a)　(b)　(c)

图 8－21　两段曲线在连接点处的连续性

下面讨论常用的三种三次参数样条曲线：Hermite 曲线、Bézier 曲线和 B 样条曲线。所讨论的样条都指均匀样条，即各段曲线中参数按等值变化。

8.6　三次 Hermite 样条曲线

绘图员常用一根有弹性的金属条或细木条（称之为样条）再用压铁将它压在一些设计者所给定的型值点（控制点）处，强迫它通过这些点，然后沿这根样条画出曲线，该曲线称为样条曲线。

描述空间曲线的最低次数的多项式是三次参数方程：

$$P(t)=At^3+Bt^2+Ct+D \qquad 0\leqslant t\leqslant 1 \tag{8.1}$$

对 $P(t)$ 求两次导数得：

$$P'(t)=3At^2+2Bt+C$$

$$P''(t)=6At+2B$$

将 $P(t)$，$P'(t)$ 写成矩阵形式：

$$P(t)=(t^3\ t^2\ t\ 1)(A\ B\ C\ D)^T \tag{8.2}$$

$$P'(t)=(3t^2\ 2t\ 1\ 0)(A\ B\ C\ D)^T \tag{8.3}$$

令 $M_1=(A\ B\ C\ D)^T$，并将图 8-22 所示的曲线段两端点 P_0（其 $t=0$）和 P_1（其 $t=1$）处的边界条件求出：

$$P(0)=(0\ 0\ 0\ 1)M_1=P_0$$

$$P(1)=(1\ 1\ 1\ 1)M_1=P_1$$

$$P'(0)=(0\ 0\ 1\ 0)M_1=P_0'$$

$$P'(1)=[3\ 2\ 1\ 0]M_1=P_1'$$

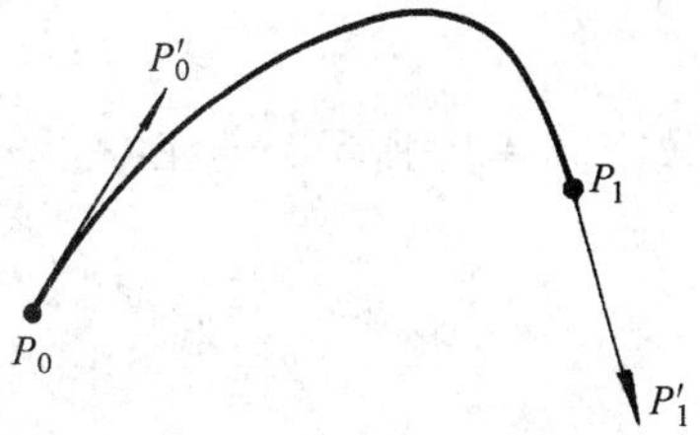

图 8-22 三次曲线的边界条件

可推得：

$$P(t)=(t^3\ t^2\ t\ 1)\cdot M_1=(t^3\ t^2\ t\ 1)\begin{pmatrix}2 & -2 & 1 & 1\\ -3 & 3 & -2 & -1\\ 0 & 0 & 1 & 0\\ 1 & 0 & 0 & 0\end{pmatrix}\begin{pmatrix}P_0\\ P_1\\ P'_0\\ P'_1\end{pmatrix} \tag{8.4}$$

$$(0\leqslant t\leqslant 1)$$

当曲线端点的边界条件发生时，曲线的形状是要发生变化的。图 8-23 表示了两端点的切矢的方向和大小变化时，曲线形状变化的例子。

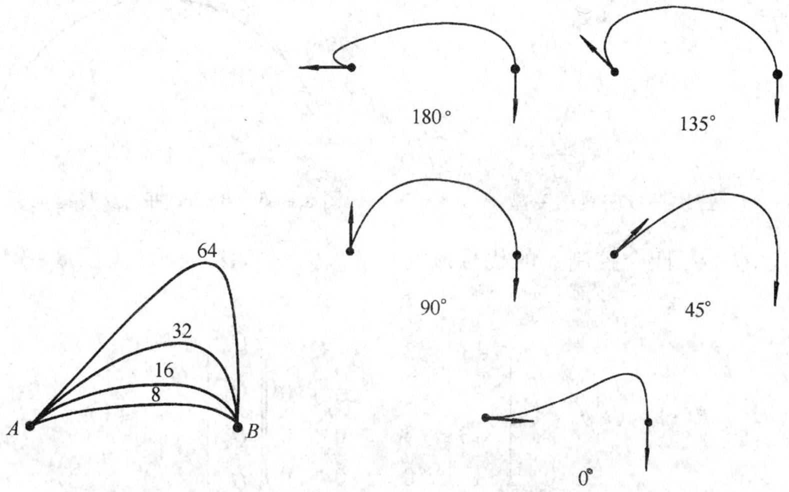

(a) 切矢大小变化时 (b) 切矢方向变化时

图 8-23 端点切矢变化对曲线形状的影响

8.7 三次 Bézier 曲线

如前所述，若给出曲线段两端点的位矢和切矢可生成一条曲线。如已知 Q_0 和 Q_1，以及 Q'_0 及 Q'_1，则根据式（8.4）可得一条通过 Q_0 和 Q_1 的三次参数样条曲线，方程为：

$$P(t)=(t^3\ t^2\ t\ 1)\begin{pmatrix}2 & -2 & 1 & 1\\ -3 & 3 & -2 & -1\\ 0 & 0 & 1 & 0\\ 1 & 0 & 0 & 0\end{pmatrix}\begin{pmatrix}Q_0\\ Q_1\\ Q'_0\\ Q'_1\end{pmatrix} \tag{8.5}$$

如图 8 - 24 所示，若在 Q_0 和 Q_1 的上方增加两个控制点 Q_{0e}和 Q_{1e}，且令

$$Q_{0e}=Q_0+\frac{1}{p}Q'_0$$

$$Q_{1e}=Q_1-\frac{1}{p}Q'_1$$

当 $p=3$ 时，上式则可写成：

$$P(t)=(t^3\ t^2\ t\ 1)\begin{pmatrix}-1 & 3 & -3 & 1\\ 3 & -6 & 3 & 0\\ -3 & 3 & 0 & 0\\ 1 & 0 & 0 & 0\end{pmatrix}\begin{pmatrix}Q_0\\ Q_{0e}\\ Q_{1e}\\ Q_1\end{pmatrix} \tag{8.6}$$

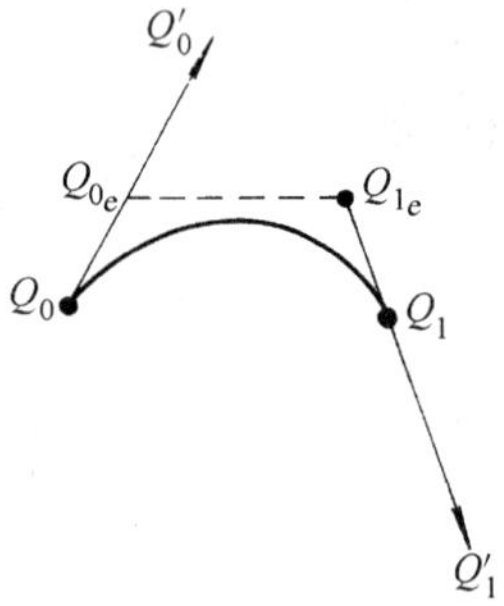

图 8 - 24　三次参数曲线的变型

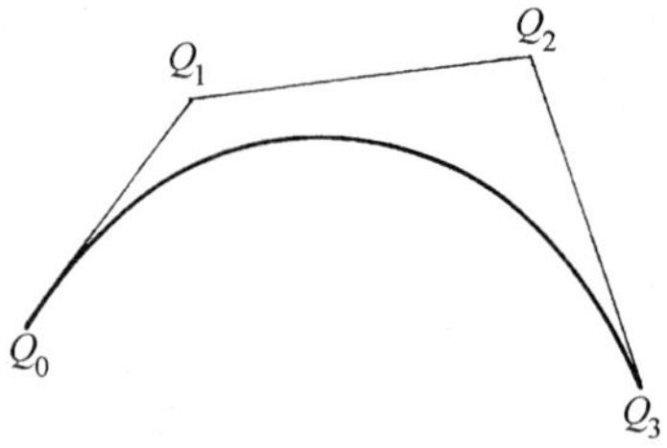

图 8 - 25　Bézier 曲线及其特征多边形

若将 Q_0、Q_{0e}、Q_1、Q_{1e}四个控制点的代号改为用 Q_0、Q_1、Q_2、Q_3 表示(见图 8 - 25)，则式(8.6)可改写成：

$$P(t)=(t^3\ t^2\ t\ 1)\begin{pmatrix}-1 & 3 & -3 & 1\\ 3 & -6 & 3 & 0\\ -3 & 3 & 0 & 0\\ 1 & 0 & 0 & 0\end{pmatrix}\begin{pmatrix}Q_0\\ Q_1\\ Q_2\\ Q_3\end{pmatrix}(0\leqslant t\leqslant 1) \tag{8.7}$$

式（8.7）即为三次 Bézier 曲线方程，四个控制点 Q_0、Q_1、Q_2 和 Q_3 连成的折线多边形称为特征多边形，Bézier 曲线的形状是通过这个多边形的各顶点唯一地定义出来的，特征多边形的形状改变，曲线的形状也就随着改变。

具体运用上述的三次 Bézier 曲线表达式时，要将控制点的位置矢量分解。例如分解为二维平面的 x 及 y 方向的分量，式（8.7）$P(t)$可表示为：

$$x(t)=(t^3\ t^2\ t\ 1)\begin{pmatrix}-1 & 3 & -3 & 1\\ 3 & -6 & 3 & 0\\ -3 & 3 & 0 & 0\\ 1 & 0 & 0 & 0\end{pmatrix}\begin{pmatrix}x_0\\ x_1\\ x_2\\ x_3\end{pmatrix} \tag{8.8}$$

$$y(t)=(t^3\ t^2\ t\ 1)\begin{pmatrix}-1 & 3 & -3 & 1\\ 3 & -6 & 3 & 0\\ -3 & 3 & 0 & 0\\ 1 & 0 & 0 & 0\end{pmatrix}\begin{pmatrix}y_0\\ y_1\\ y_2\\ y_3\end{pmatrix}$$

$$(0\leqslant t\leqslant 1)$$

其中，x_i 和 y_i 为控制点 Q_i 的 x 和 y 方向的分量（$i=0$，1，2，3），这样只要将 x_i 和 y_i 代入式（8.8）中，则可求出相应点的 $x(t)$ 和 $y(t)$ 来，从而绘出一条三次 Bézier 曲线。

8.8 三次 B 样条函数

三次 B 样条函数是三次 Bézier 曲线的扩充和改进。Bézier 曲线有一个缺点，就是当改变控制点时，不仅改变当前的曲线段，而且影响邻近的曲线段。上式展开，并写成矩阵形式：

$$P(t)=(t^3\ t^2\ t\ 1)\frac{1}{6}\begin{pmatrix}-1 & 3 & -3 & 1\\ 3 & -6 & 3 & 0\\ -3 & 0 & 3 & 0\\ 1 & 4 & 1 & 0\end{pmatrix}\begin{pmatrix}Q_0\\ Q_1\\ Q_2\\ Q_3\end{pmatrix} \tag{8.9}$$

$$(0\leqslant t\leqslant 1)$$

根据式（8.9），就可以求出三次 B 样条曲线段的始点和终点的位矢、切矢和二阶导矢：

$$P(0)=\frac{1}{6}(Q_0+4Q_1+Q_2) \qquad P(1)=\frac{1}{6}(Q_1+4Q_2+Q_3)$$

$$P'(0)=\frac{1}{2}(Q_2-Q_0) \qquad P'(1)=\frac{1}{2}(Q_3-Q_1)$$

$$P''(0)=Q_0-2Q_1+Q_2 \qquad P''(1)=Q_1-2Q_2+Q_3$$

上列各式的关系，可用几何作图画出，如图 8－26 所示。从图中可以看出起点 $P(0)$ 和终点 $P(1)$ 都不在特征多边形的顶点上，起点 $P(0)$ 落在 $\triangle Q_0Q_1Q_2$ 的中心线 Q_1C_1 上距 Q_1 的 1/3 处；$P'(0)$ 平行于 $\triangle Q_0Q_1Q_2$ 的边 Q_0Q_2，且：

$$P'(0)=\frac{1}{2}\overline{Q_0Q_2} \qquad P''(0)=2\,\overline{Q_1C_1}$$

终点 $P(1)$ 的情况与上面 $P(0)$ 处的情况相类似，只是需要往后推移到特征多边形相应的顶点。

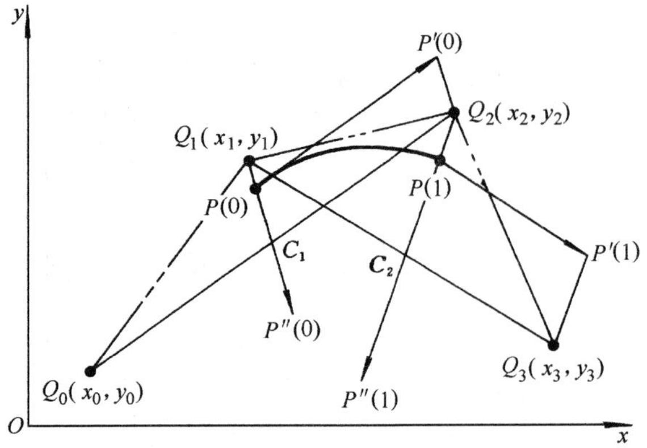

图 8-26 三次 B 样条曲线

具体计算式（8.9）时，一般都是将 $P(t)$ 和特征多边形的顶点矢量分解为若干坐标分量，如可将它们分解为二维平面的 x_i 和 y_i 分量：$Q_0=(x_0\quad y_0)$，$Q_1=(x_1\quad y_1)$，$Q_2=(x_2\quad y_2)$，$Q_3=(x_3\quad y_3)$，此时 $P(t)=(x(t)\quad y(t))$ 即为：

$$x(t)=(t^3\ t^2\ t\ 1)\frac{1}{6}\begin{pmatrix}-1 & 3 & -3 & 1\\ 3 & -6 & 3 & 0\\ -3 & 0 & 3 & 0\\ 1 & 4 & 1 & 0\end{pmatrix}\begin{pmatrix}x_0\\ x_1\\ x_2\\ x_3\end{pmatrix}$$

$$(0\leqslant t\leqslant 1)$$

$$y(t)=(t^3\ t^2\ t\ 1)\frac{1}{6}\begin{pmatrix}-1 & 3 & -3 & 1\\ 3 & -6 & 3 & 0\\ -3 & 0 & 3 & 0\\ 1 & 4 & 1 & 0\end{pmatrix}\begin{pmatrix}y_0\\ y_1\\ y_2\\ y_3\end{pmatrix}$$

$$(0\leqslant t\leqslant 1)$$

第 9 章　外观设计中的图形处理方法

9.1　正投影图中的阴影

9.1.1　阴和影

阴影是润饰的理论基础，它对刻画画面明暗层次起着重要的指导作用。在润饰时，遵照阴影理论，会使画面上物体表面的凹凸转折、空间层次等关系表现得清晰、明朗，使画面具有明显的光影效果。

通常物体是不透明的，因此，物体上背光的表面就是阴，受光面与背光面的分界线为阴线；光线被遮断后，受影面上有一部分不受光，此不受光部分就是物体的影，影的轮廓为影线。

9.1.2　习用光线

人们在日常生活中所见的光线，其光源有远有近，光照有强有弱。在工程图中表现由光照产生的阴影时，将不涉及光线的这些物理性质，而是假定光线是互相平行的，其方向一定，光照强度不变，这种假定的光线，称为习用光线。

在正投影图中，为使作图方便，通常选择立方体对角线作为习用光线。这一习用光线的三面投影与投影轴的夹角均为 45°，如图 9－1 所示。

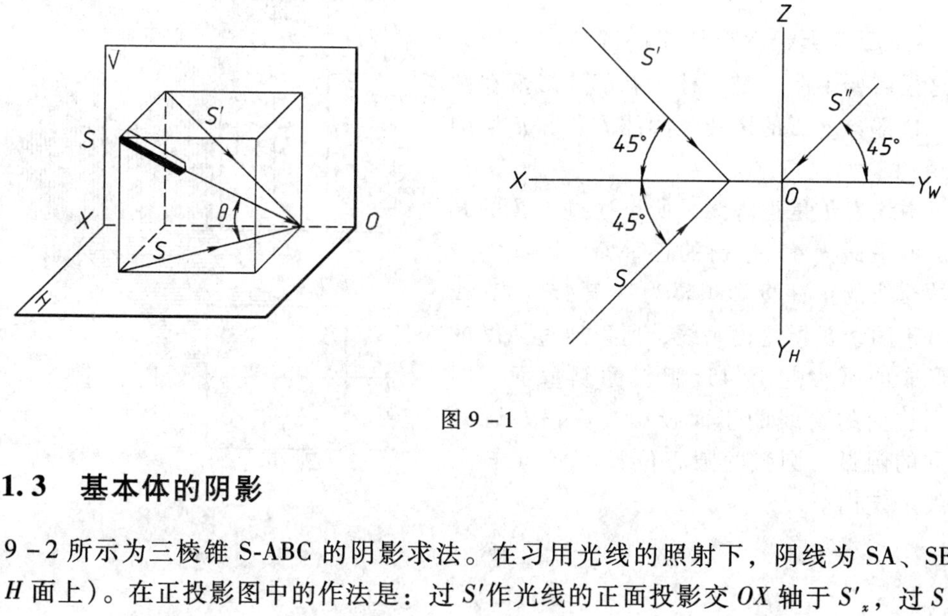

图 9－1

9.1.3　基本体的阴影

图 9－2 所示为三棱锥 S-ABC 的阴影求法。在习用光线的照射下，阴线为 SA、SB 和 AB（*AB* 在 *H* 面上）。在正投影图中的作法是：过 S'作光线的正面投影交 *OX* 轴于 S'_x，过 *S* 作光线

的水平投影与过 S'_x 所作的竖线相交于 S_h。S_h 即为锥顶落在 H 面上的影。连接 $S_h a$ 和 $S_h b$ 即得三棱锥在 H 面上的影。但从图中可见，过锥顶所作的光线首先与 V 面相交于 S'_V，故影线 $S'_V a$、$S'_V b$ 为折线，即三棱锥有一部分影落在 V 面上。

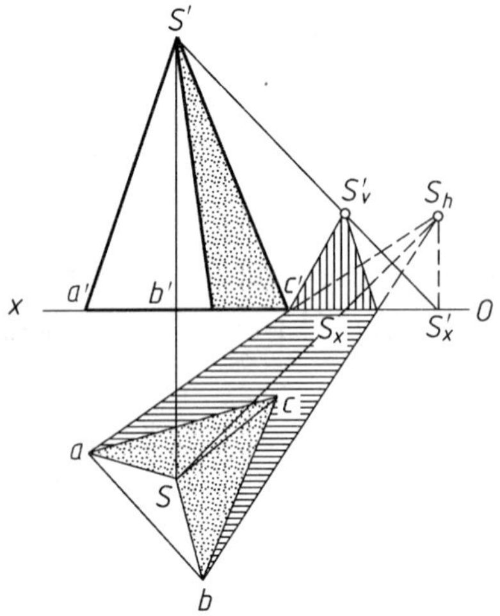

图 9－2

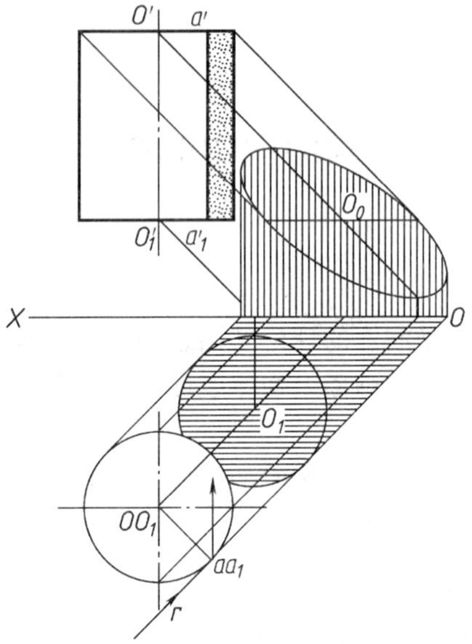

图 9－3

图 9－3 所示为圆柱的阴和影。阴线的正面投影 $a'a'_1$ 可自水平投影中光线 r 与圆相切的切点求得。求落在 H 面上的影时，可先求出圆柱底面的影，它的圆心为 O_1，形状反映实形。求落在 V 面上的影时，也可先求出圆柱顶面的影，圆心为 O_0，形状为椭圆。

9.1.4　组合体的阴影

图 9－4 所示为带方形柱头的圆柱的阴影求法。在这里需要说明的是：柱头有部分影落在圆柱面上，这部分落影的影线是阴线 *Ⅰ Ⅱ* 和 *Ⅱ Ⅳ* 的影。

由于阴线 *Ⅰ Ⅱ* 是正垂线，所以通过 *Ⅰ Ⅱ* 的光线所形成的平面为 45°倾斜的正垂面，因此它与圆柱面的交线的正面投影积聚为一条 45°的直线段；又由于阴线 *Ⅱ Ⅳ* 是侧垂线，所以通过 *Ⅱ Ⅳ* 的光线所形成的平面也是 45°倾斜的侧垂面。因此它与圆柱面的交线的正面投影为一段与圆柱直径相同的圆弧，圆弧的圆心位置可据 $z(=y)$ 在轴心线上定出。

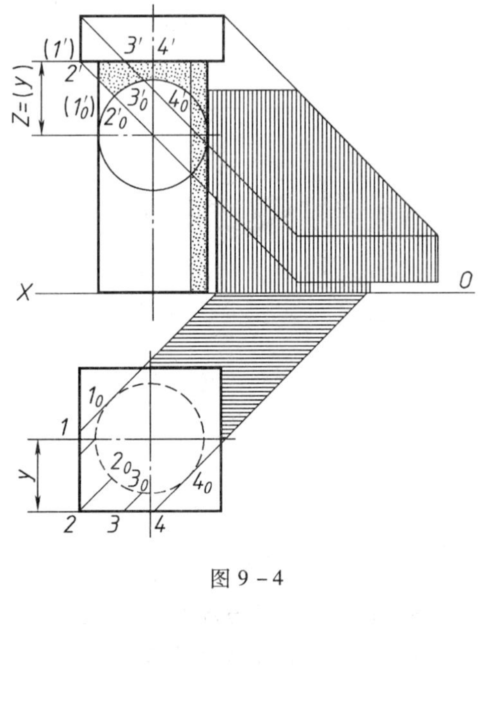

图 9－4

9.2 轴测图中的阴影

9.2.1 习用光线

为了使画面得到清晰、明朗、和谐的光影效果，选择习用光线的原则是使光线 R 对物体的三个坐标面的倾角都不相等，并使所产生的阴影面积与受光面积之比约为 1∶2。在轴测图中给定习用光线时，必须画出习用光线的轴测投影及其在某一坐标面上的次投影，如图 9－5 所示。

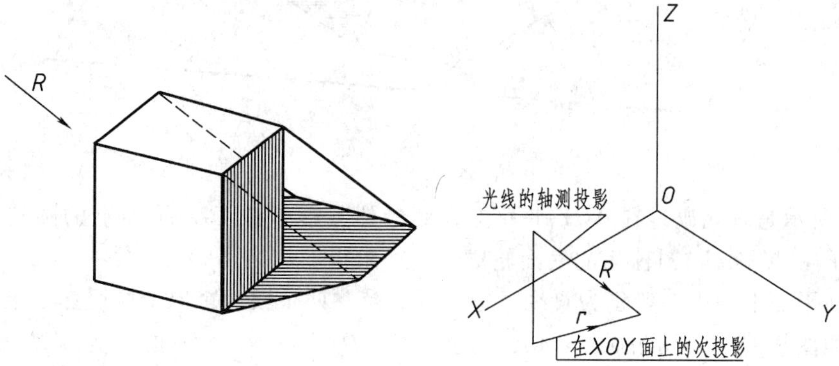

图 9－5

9.2.2 基本体的阴影

要画出物体的阴影，首先要判定阴线的位置，然后设法求出阴线在受影面上的影。但有时也可能要先画出影之后才能反过来求出阴线在什么地方。

1. 棱柱

图 9－6 所示是四棱柱在光线 R 照射下的阴影。该四棱柱系直立放置在受影面 XOY 平面上。作光线 AA_h、BB_h、CC_h 平行于给定的光线 R；再过 a、b、c 分别作直线与光线的次投影 r 平行，且与上述光线相交得 A_h、B_h、C_h 等点。可见，四棱柱的阴线为 aA、AB、BC、Cc，影线为 aA_h、A_hB_h、B_hC_h、C_hc。

下面再来看阴与影之间的关系：（1）由于阴线 AB、BC 平行于受影面，所以 $A_hB_h /\!/ AB$、$B_hC_h /\!/ BC$；（2）由于阴属于背光的表面，而影则是属于受光的表面，所以阴与影各顶点的时钟顺序是相反的。例如，$aABba$ 与 aA_hB_hba 的时钟顺序相反。在实际工作中，我们常利用这些关系帮助判断和作图。

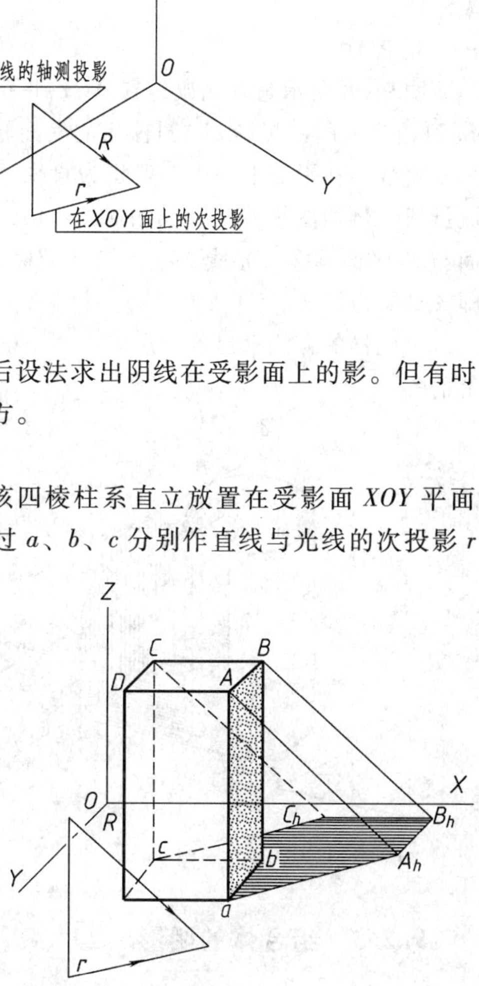

图 9－6

2. 棱锥

图 9－7 所示为位于受影面 H 上的正六棱锥的阴影。在光线 R 的照射下，求出锥顶 S 的落影 S_h 之后，连接 S_hC、S_hE，不难看出，棱面 SCD、SDE 为阴面，棱线 SC、SE 为阴线。

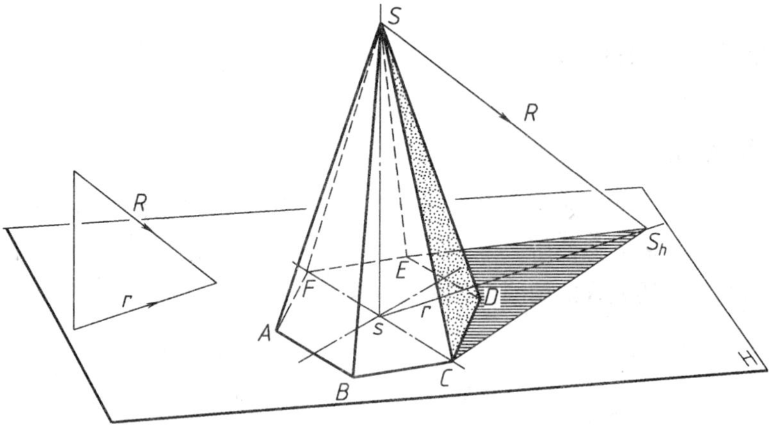

图 9－7

3. 圆柱

图 9－8 所示是直立放置在 *XOY* 平面上，而一部分影落在 *YOZ* 平面上的圆柱。它的阴线 *Aa* 可由光线的次投影 *r* 与圆柱面的底面轮廓相切而求得。

直线落在平面上的影一般仍为直线。但当同时落在两个或两个以上的受影面上时，就会形成折线。例如图 9－8 中所示的阴线 *Aa*，若受影面 *YOZ* 不存在，*Aa* 的影为直线 $A_h a$；现 *YOZ* 面与 *XOY* 面垂直，光线 AA_h 首先与 *YOZ* 面相交于 A_w，由于 *YOZ* 面与 *Aa* 平行，故 A_wA_y // *Aa*，即 A_wA_ya 为折线。

用同样的方法求出若干点 B_w、C_w、……之后，把它们相连便得圆柱同时落在两个受影面上的影。

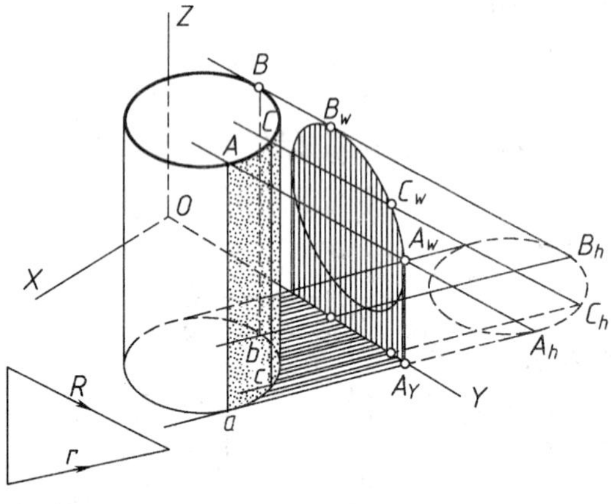

图 9－8

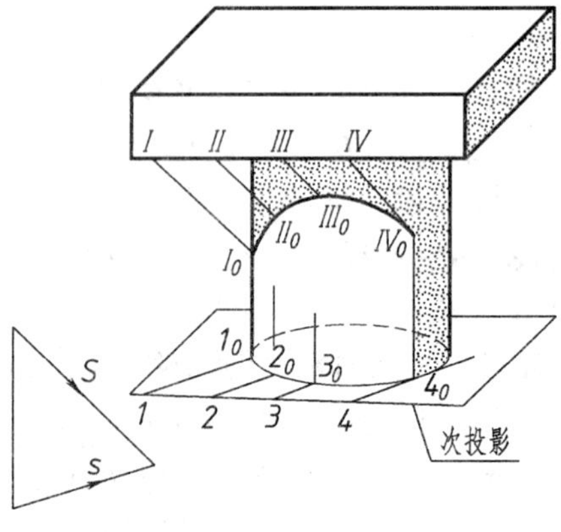

图 9－9

9.2.3 组合体的阴影

图 9－9 所示为带方形柱头的圆柱。选定的习用光线如图。当求阴线Ⅰ Ⅳ落在圆柱面上的影时，可先作出该阴线落在圆柱底平面上的次投影，然后在该阴线及其次投影上取若干个点，并过这些点分别作与光线 *S* 和光线次投影 *s* 平行的直线，据此便可求得Ⅰ、Ⅱ、Ⅲ、Ⅳ等点落在圆柱面上的影$Ⅰ_0$、$Ⅱ_0$、$Ⅲ_0$、$Ⅳ_0$。阴线Ⅰ Ⅳ落在圆柱面上的影为椭圆的一部分。

图 9－10 所示为水平放置的小轴。习用光线 R 及其在 W 面上的次投影 r'' 的方向如图，据上例的作图方法亦不难求出它表面上的阴和影。

图 9－11 所示为圆筒在光线 R 的照射下，内外表面上的阴和影。其中内圆柱面上阴线 Aa 以左为阴，阴线 Aa 和影线 $AB_0C_0D_0$ 之间的范围为影。

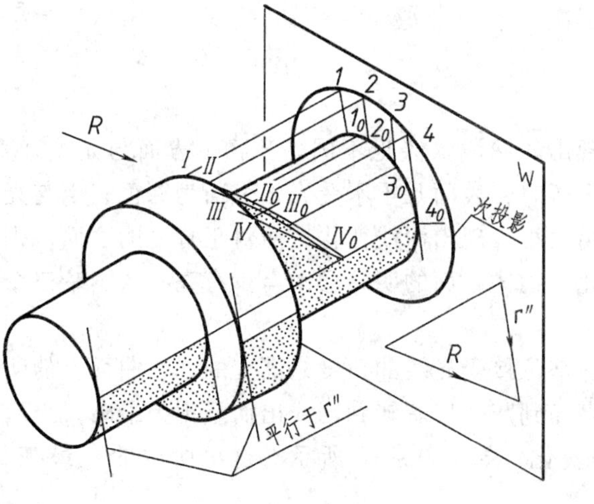

图 9－10

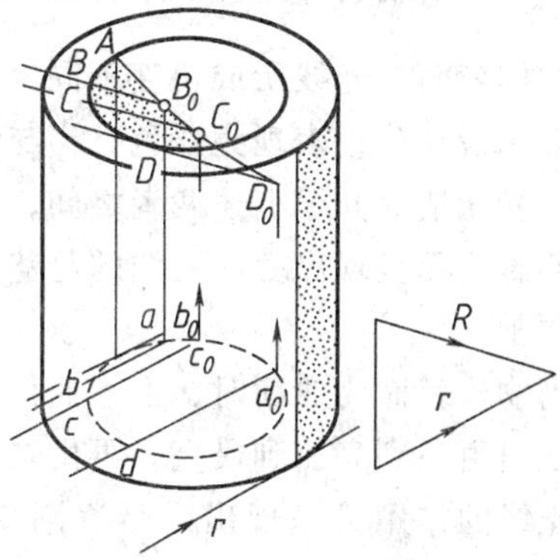

图 9－11

9.3 透视图中的阴影

透视阴影的求法，比起轴测图和正投影图中的阴影要麻烦得多。因为平行光线在透视图中也要消失于一点，而这个消失点（灭点）又不在视平线上。如图 9－12 所示，根据事先给定的条件，按透视原理找出光线在地面上的投影的消失点 P_1，及给定光线的消失点（地下点）P，然后在屋檐及其在地面的投影上定出若干点 Ⅰ、Ⅱ、Ⅲ、Ⅳ，1、2、3、4，连接 ⅠP、ⅡP、ⅢP、ⅣP 及 1P_1、2P_1、3P_1、4P_1，即可按投影关系找出 $Ⅰ_0$、$Ⅱ_0$、$Ⅲ_0$、$Ⅳ_0$ 四点落影的位置。

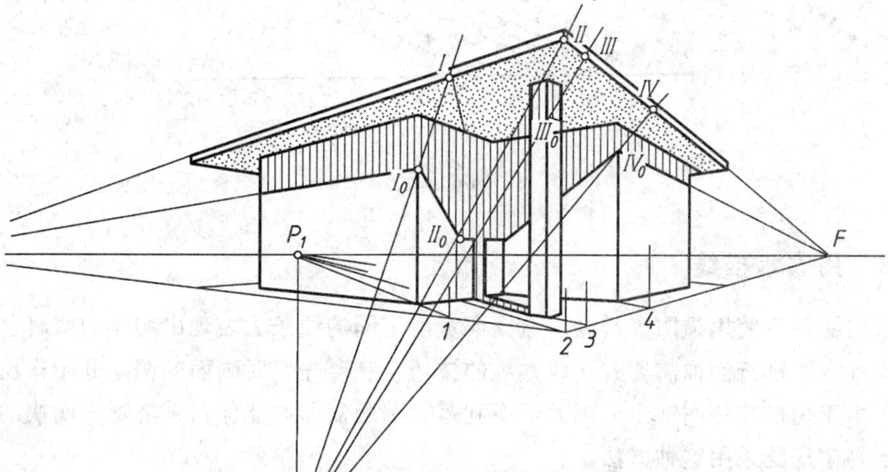

图 9－12

9.4 物体三维图的润饰技法

光线照到物体表面上，使物体表面产生不同的明暗层次。通过对物体立体图形的单色润饰，可以方便地表现物体表面不同明暗的层次。

9.4.1 物体表面的明暗五调子

物体表面与光线所成角度不同，其表现出的深浅浓淡也不同。当物体表面与光线垂直时，表面受光最充分，表现为浅色；当与光线平行时，表面几乎不受光，表面为深色；当与光线倾斜时，受光情况介于上述两者之间，随倾角大小表现出深浅变化；而对于背光的表面，则因受反光的影响而呈现出由深变浅的趋势。因此，物体表面的明暗层次至少有亮、灰、暗三个最基本的调子。

当物体表面为曲面时，由于曲面上每一部位接受光线的角度是渐变的，在曲面上的明暗调子呈现出由灰到亮而到最亮，再由最亮到亮而到灰，接着转到阴线出而呈现为最暗，最后由于反射光线的作用又呈现出由暗逐渐变亮的转化，如图 9 – 13 所示。这里所说的“最亮、亮、灰、暗、反光”习惯上称为五调子。

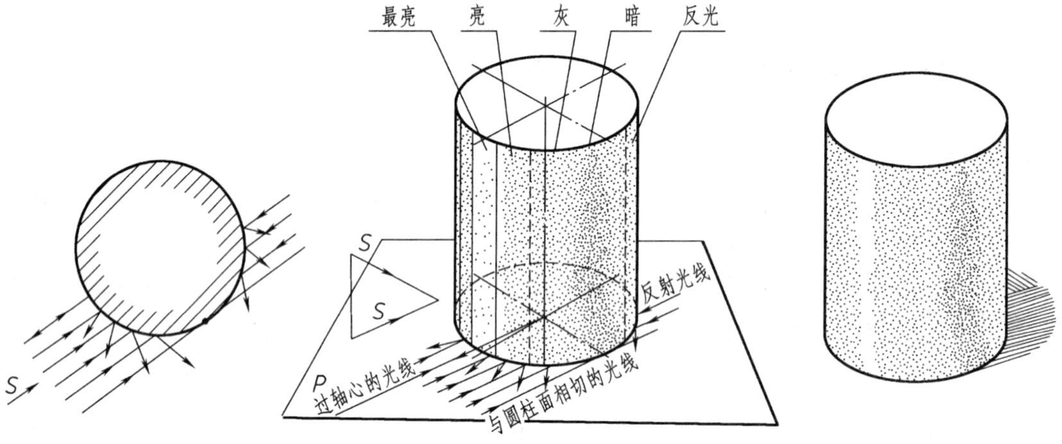

(a) (b) (c)

图 9 – 13

9.4.2 用墨水描线

用墨水描线是指使用描图工具画出疏密或宽度不同的线条去表现出物体的明暗色调的一种方法。用这种方法进行润饰需要有比较熟练的技巧，和事先要对画面的明暗分布作出中肯的分析和判断。由于用描线法润饰出的画面干净利落，制版复印时能保留其清晰、明快的特色，所以在工程绘画中广泛采用这种方法。

在描线法中，用来表现物体色调的线条有两种类型：一种是基本上不改变线条的宽度而只改变线条之间的距离，如图 9 – 14 所示的圆筒的润饰；另一种是既改变线条的宽度，又改变线条之间的距离。如图 9 – 15 所示的旋塞，就是通过用不同宽度和不同距离的线条润饰来表现其明暗色调的。

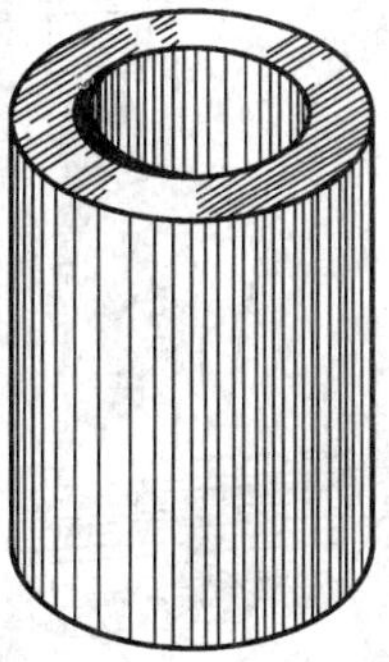

图 9 – 14

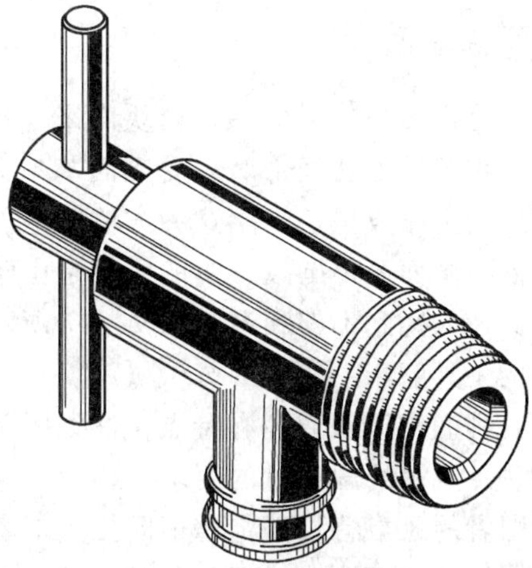

图 9 – 15

用描线法润饰的画面，一般要用线条描绘出物体的外部轮廓和内部较大转折处的轮廓。但也不要将所有轮廓都描绘出来，以免呆板。

9.4.3　用墨水洒点

用墨水洒点是指用点的稀密变化来表现物体明暗色调的一种方法。亮部洒点稀散，暗部洒点密集。用这种方法表现明暗时，点越细小越均匀，效果越好。洒点能比较容易得到丰富的明暗层次，方法易于掌握，制版效果一般也很好，所以在工程绘画中应用得也很广泛。尤其是用于表现金属零件的粗糙表面时，可获得一定的质感。但是，洒点比较费时费事，绘图效率不高。因此，对于大面积的润饰，不宜使用这种方法。如图 9 – 16 所示是曲轴的轴测图。在这张图中，对于铸锻表面，采用洒点法表现；对于经过机加工的表面，则采用描线法表现。

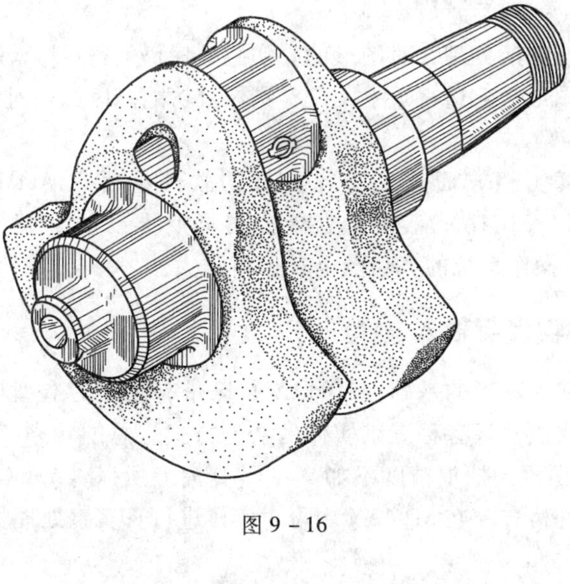

图 9 – 16

洒点时，对于具有过渡圆角的凸棱，通常因出现高光而失去固有色，所以在图中往往表现为白色。但不是说所有凸棱和凹棱都要表现为白色，这是应该注意的。

9.4.4 平涂块面

平涂块面是指用面积较大的黑、白块面来表现物体的明暗的方法。用这种方法润饰时，受光面基本上保留白色，背光面原则上涂成黑色。用这种方法表现的特点是黑白对比强烈，画面显得挺拔、明朗，但是由于缺少中间色调，却又使人感到不够和谐。图9－17所示为用这种方法润饰的工具磨床。

纵观以上各种润饰方法，各有特点，润饰时不能拘泥于某一种方法，应视绘画的目的要求、描绘对象的结构特点以及作图者的风格特长而定，不同描绘对象或有所侧重或综合运用某些方法，使画面色调丰富和谐、清晰利落。

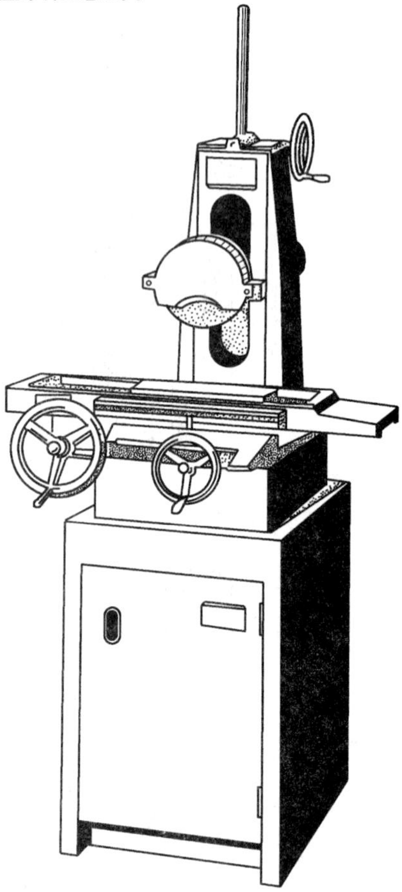

图9－17

9.5 基本体的真实感图形

通过基本体素造型命令的操作，得到的三维实体可以直接运用AutoCAD中的Hide、Shade、Render命令进行真实感图形处理。Hide命令可以很快地消除模型中的隐藏线，显示模型中的可见表面。Shade命令不但能够自动地消除模型中的隐藏线，还按当前颜色显示浓淡图。Render命令按当前的观察方式，对模型进行浓淡处理，而且在Render对话框中还能应用材质，以及进行平滑着色处理等。

AutoCAD虽然能实现浓淡处理，对图形的真实感处理仍然很局限。具体表现在它不能对光源进行调整控制，三维图形缺乏透视效果，没有摄像机功能。因此，对物体的真实感反映，效果不是很理想。

目前在PC机上，真实感方面处理得比较好的软件主要有AutoDesk公司的3D Studio (3DS)、3D Studio MAX（3DMAX）。3DS是该公司早期推出的DOS版本。3DMAX是基于Windows NT/Windows 95操作系统的，功能也较3DS强大。

9.5.1 基本实体输出与输入

三维实体是形成真实感图形的基础。3DMAX自己带有较强的造型功能，它通过操作命令面板中的Create按钮，可以选择各种三维实体的造型方式。总的看来，3DMAX的造型功能不如AutoCAD灵活方便，图素的捕捉精度不如AutoCAD高。所以，AutoCAD进行三维造型，通过相互之间可识别的文件格式，在3DMAX中再对实体进行真实感处理。

3DMAX 可识别的图形格式很多，与 AutoCAD 的接口文件主要有 DXF、3DS 两种格式，其中 DXF 文件格式经常用来输出通过线框造型、表面模型生成的三维图形，3DS 用来处理实体造型模型。

通过 AutoCAD 实体造型命令生成的三维立体，可以通过 3DSOUT 命令进行图形输出。3DSOUT 把图形按 3DS 的文件格式输出，该格式文件可以直接在 3DS 中打开。在 3DS MAX 中虽然不能直接打开 3DS 文件，但可以通过文件的输入方式读取，在 3DMAX 的 File 菜单中点取 Import，选取 3DS 选项，即可读取 3DS 文件，读取后的图素，与 3DMAX 自身的造型图素没有分别，它们一样能被该系统识别，并可进行动画与真实感编辑。

9.5.2 真实感图形生成

1. 3DS MAX 界面

三维动画设计和制作软件 3D Studio MAX（简写为 3DS MAX），是 PC 机上比较优秀的动画制作软件。该软件的制作功能非常强大，它除了具有二维造型、三维造型、材质编辑、动画制作、视频编辑等功能之外，还拥有调整器、轨迹窗等特殊处理功能。

3DS MAX 的界面相对来说比较复杂，它主要包括主菜单、工具栏、命令面板、状态行和提示行、时间控制器、视口等，具体如图 9-18 所示。屏幕顶部的下拉式菜单是标注窗口菜单，通过菜单命令的选取可以进行应用程序的各种操作。

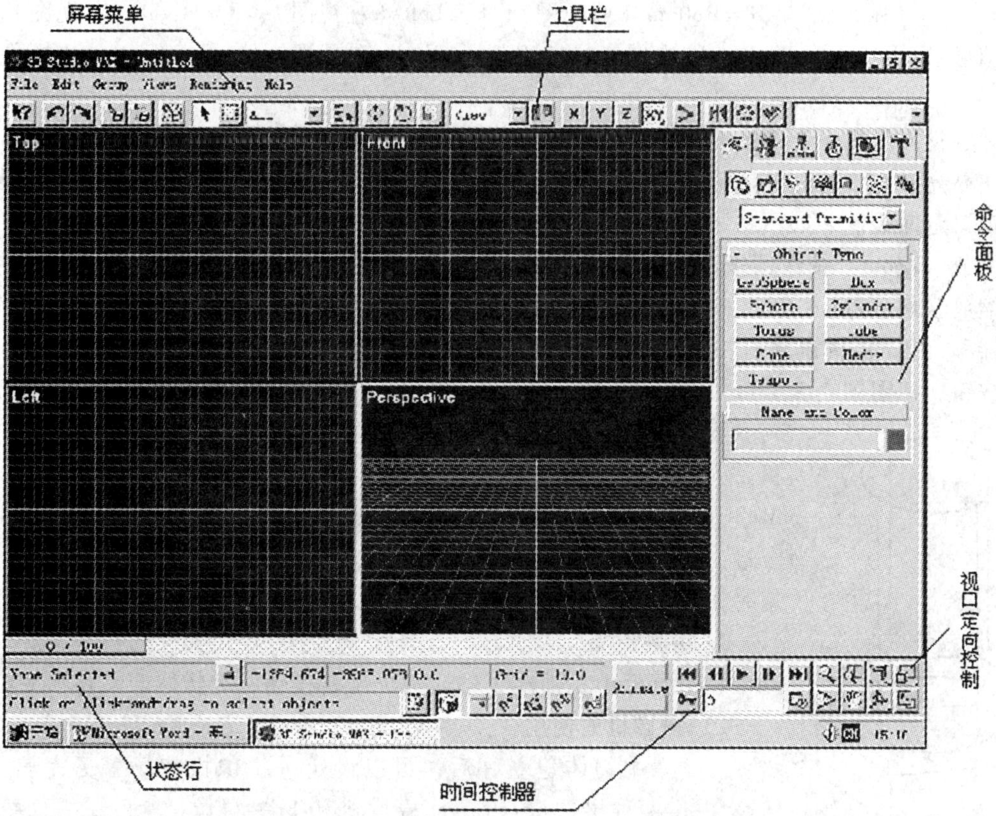

图 9-18

在主菜单下的按钮和列表域就是工具栏。它包括 3DS MAX 中使用频率最高的工具，大部分工具仅能在工具栏中找到，而在主菜单中没有重复。在工具栏中用鼠标点按任意一个按钮，一个功能提示条标记这个按钮，一个扩展的描述也出现在屏幕底部的提示行中。

屏幕的右边是一组命令面板，它是 3DS MAX 的核心，包括在场景中建立、造型和编辑物体时经常要使用的工具和命令。在命令面板顶部有 6 个标号按钮，这些按钮从左至右分别表示 Create（创建）、Modify（调整）、Hierarchy（层次）、Motion（运动）、Display（显示）和 Utilities（实用项）命令面板。当选择某种类型的面板时，功能提示栏将显示该面板的名字。最左端的面板是 Create 面板，缺省状态它是打开的。可以使用 Create 面板顶部的 7 个按钮来创建基本的物体类。这 7 个按钮从左至右分别表示 3DS MAX 的基本物体类别：几何体（Geometry）、模型（Shapes）、光源（Lights）、摄像机（Cameras）、帮助器（Helpers）、空间扭曲（Space Wraps）和系统（Systems）。其中的光源（Lights）与摄像机（Cameras）将在真实感图形形成时用到。

状态行位于屏幕的底部，四个占屏幕大部分的大窗口就是视口（Viewports）。可以使用视口从不同的角度，不同的显示方式和安排来观察场景。缺省的设置是四个等分的视口，右下角是一个透视视图，它可以从任意角度显示场景。其余的视图是当前设置的正交（orthographic）视图，它是沿着 X、Y 或 Z 轴，从前面、俯面、左面等直接观察到的场景。

通过键盘快捷键可以方便地设置当前视图。它们分列如下：

T = Top（俯视图），B = Bottom（仰视图），L = Left（左视图），R = Right（右视图），F = Front（主视图），K = Back（后视图），P = Perspective（透视视图），C = Camera（摄像机视图）。

在各视口的标志上单击右键，可以选择场景的各种显示方式。其中，Smooth + Highlight 为光滑 + 高亮，Faceted + Highlight（小面 + 高亮），Wireframe（线框模式）。

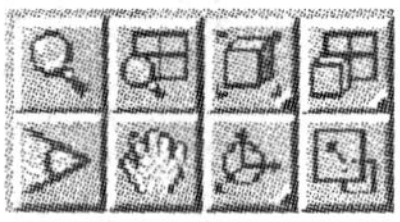
图 9 - 19

视口定向控制，如图 9 - 19 所示。

缩放（Zoom）按钮用来改变视图的显示大小。

缩放全景（Zoom All）按钮，四个视口一起缩放。

摇移（Pan）按钮（有一个手形标记），视口沿鼠标拖动方向移动弧度旋转（Arc Rotate）旋转按钮，视图围绕 X、Y、Z 方向旋转。

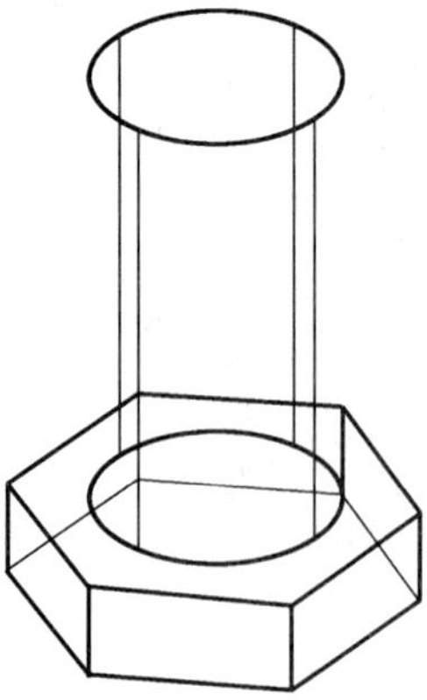
图 9 - 20

要生成真实感图形，必须先进行三维建模，然后设定场景（摄像机、光源）、材质，最后实体渲染。如要生成螺栓的真实感图形，可在 AutoCAD 中用三维实体命令生成一螺栓（图 9 - 20），通过 3DSOUT 命令输出文件 Bolt. 3ds，在 3DS MAX 环境中从 File/Import 输入该文件。这时实体呈现在 3DS MAX 的四个视口中。

2. 场景建立

在工具栏中，锁定 Z 轴，选择旋转按钮，把物体调整到水平位置。

1）摄像机的使用

当场景中物体建立好后，可以设定一摄像机使场景更完美。3DS MAX 提供两种摄像机，Target 摄像机和 Free 摄像机。Free 摄像机不使用目标点，它通常用在摄像机沿着一路径运动的情况下，而 Target 摄像机使用较为平常。

建立一摄像机，如图 9－21 所示。

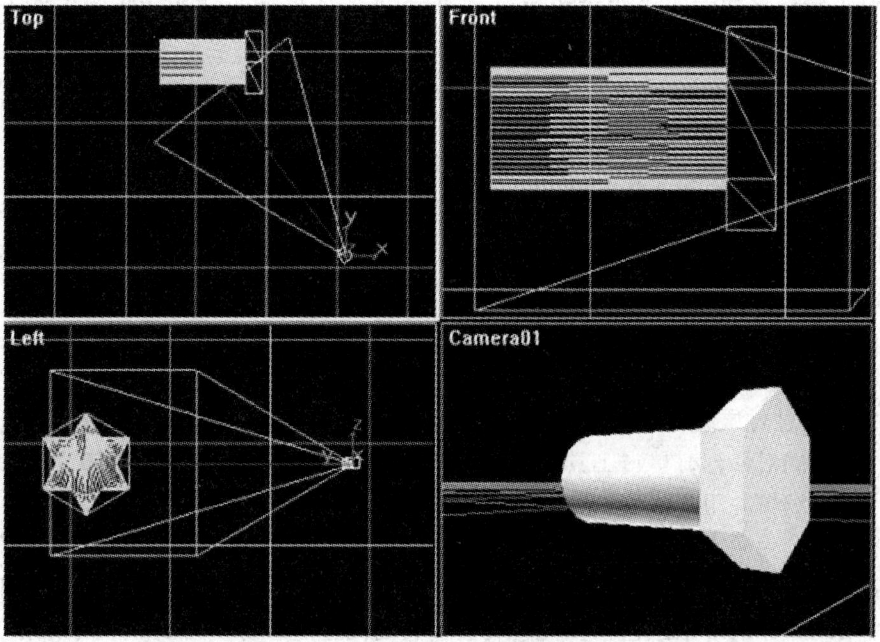

图 9－21

（a）选择一建立摄像机的视口，如 Top 视口，使用 Zoom 按钮调整视窗，使其在整个视口中占较小的地方。

（b）在 Create 命令面板中，单击 Camera 按钮。

（c）单击 Target 按钮。

（d）在当前视口中拖曳鼠标到合适位置，便建立好目标位于中心点的摄像机。

（e）按快捷键 C 更改 Perspective 视口为摄像机视口，调整摄像机的摄影角度和焦距变得满意的图像。

2）光源的设定

在场景中，光源与材质结合，提供颜色和阴暗对照法绘制的图画，在 3DS MAX 中，光源是一种特殊的物体，它们本身并不出现在绘制后的场景中，但光源照射几何体的表面，从而产生亮度。

在 3DS MAX 中有四类光源：

（a）泛光源是一种能照射所有方向的一般点光源。

（b）目标聚光源提供了一种可调整的光锥，有阴影和其他特殊效果的光源。

（c）自由聚光源是没有目标的聚光源，主要用于在动画路径上设置光源，或将一个光源连接到另一个物体，成为子节点。

（d）直射光源产生平行光线，常用于模拟太阳光。

常用的光源是前两类，尤其是泛光源以下介绍泛光源的设定。

当在场景中没有设定任何光源时，3DS MAX 将自动提供二个不可见的泛光源（omni light），其中之一位于场景的左上方，另一个则在相对位置的右后方。当在场景中建立灯光后，此两个光源将自动关闭。如果稍后将场景中的所有光源都删除，此两个光源又将自动恢复。

3）光源设置：

（a）选择合适视窗，如 Camera01 视口。

（b）在 Create 命令面板中单击 Light 按钮。

（c）单击 Omni 按钮，移动光源到合适位置。

4）由工具栏中的 Place Highlight 功能来指定光源照射到物体所产生的高光区域。

（a）在工具栏中 Align 按钮的附加选项中单击 Place Highlight 按钮。

（b）在选择视口中，拖曳鼠标，在指定位置产生高光区。

3. 材质的指定

3DS MAX 通过材质编辑器来设定场景内物体的材质。材质编辑器（Material Editor）是一个无模式、浮动的对话框，单击工具栏中的材质编辑器按钮即可激活材质编辑器。使用材质编辑器可以生成、编辑并组合材质或贴图。

材质编辑器分为两部分，上半区包括6个样本槽（每个槽中显示一个球）、垂直和水平工具栏、名字域和当前层材质的各种控制钮。在材质编辑器操作过程中，上半区的各组成部分保持不变。材质编辑器的下半区包括多种卷展栏，它的内容随着材质层次的不同而改变。

体现缺省材质的样本球出现在当前的样本槽内，在任何时候只有一个样本槽处于激活状态，其边框是白色的。

1）从材质库中获取材质

（a）单击某一样本槽使之处于激活状态，如样本槽一。

（b）单击 Get Material（获取材质）按钮（样本槽下面左起第一个按钮），出现 Material/Map Browser（材质/贴图浏览器）窗口。利用此浏览器可以浏览并选定不同来源的材质或贴图。选择 Silver Deep，这时样本槽被赋为新选材料 Silver Deep。

2）设定场景中的材质

（a）在视口中选定要赋材质的物体螺栓。

（b）在样本槽中，选定 Silver Deep。

（c）单击 Assign Material to Selection 按钮，材质赋给选定物体。注意当物体未被选中时 Assign Material to Selection 按钮是灰的无效按钮。

4. 实体渲染

选择工具栏中的 Quick Render 按钮可以实现快速渲染，工具栏中的 Scene Render 按钮可以设置渲染场景的各种参数。渲染后的图形便为真实感图形。最后，通过操作 Scene Render 按钮，得到完美的真实感图形，如图 9－22 所示。

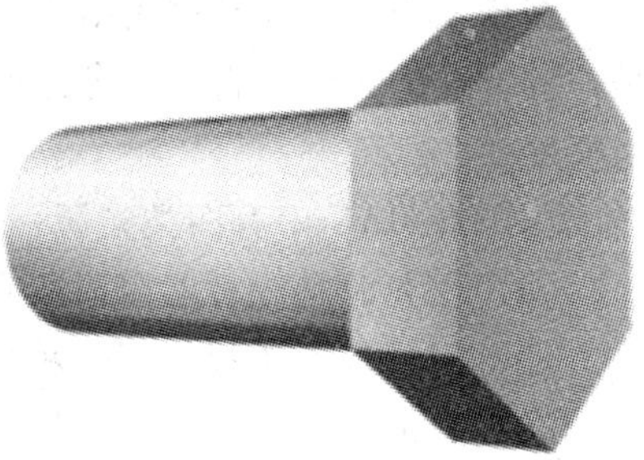

图 9－22

9.6 工业产品的外形设计

立体构成与产品造型

1. 立体构成的特征

将形态要素按照一定的原则组成一个立体的过程，称为立体构成。立体构成的主要特征表现为构成的分析性、感觉性和综合性。

1）分析性

绘画和图案的创作活动，其特点是从自然中收集素材，把对象作为一个整体来进行研究，以具体的对象为模型，通过夸张、变形而成为作品。构成则不模仿对象，而是将一个完整的对象分解为很多造形要素，然后按照一定的原则（自然也加入了作者的主观情感），重新组合成为新的设计。构成在研究一个形态的过程中，把它推到原始的起点，分析构成的元素、原因和方法，这就是构成的认识方法与创作方法。

2）感觉性

构成是理性与感性的结合，是主观与客观的结合。构成作为一种视觉形象，必须把形象与人的感情结合在一起，只有把人的感情、心理因素作为造型原则的一个重要组成部分，才能使构成的形态产生艺术的感染力量。构成的抽象形态，虽不反映具象，但它还是具有一定的内容，与现实生活总有一定的联系。这种内容和联系，反映出一定的节奏，体现出一定的情绪。

构成的分析性含有较强的理性成分，要实现最终的构成方案，须依靠感觉性来决定。

3）综合性

立体构成作为造型设计的基础学科，与材料、工艺等技术问题有密切的联系。不同的材料和加工工艺，能使那些用相同的构成方法创造的形态，具有不同的效果。因此，构成必须结合不同的材料、加工工艺，创造具有特定效果的形态，这就体现了构成的综合性。

2. 立体构成与造型设计

立体构成与造型设计是有区别的。构成是排除时代性、地区性、社会性、生产性等许多因素的造型活动；造型设计则是包括立体构成在内，并考虑其他众多要素，使之成为完整、合理、科学的造型物的活动。构成是设计的基础。此外，两者的区别还有下列原因。

1）立体构成为设计提供广泛可靠的发展基础。立体构成的构思不是完全依赖于设计师的灵感，而是把灵感和严密的逻辑思维结合在一起，通过逻辑推理的方法，可以计算出由有限构成要素组合而成的形态可能存在的方案数量，并确定这些方案的各种组合形式。这种冷静的理智与丰富的情感相结合，使得立体构成有科学的内容。设计师可以在这些可能存在的所有组合方案中，按照美学、工艺、材料等因素筛选优秀的方案，提供给立体造型设计，从而提高设计的质量。

2）立体构成可为设计师积累大量的形象资料。立体构成的目的，在于培养造型的感觉能力、想象能力和构成能力。在基础训练阶段创造出来的构成作品可作为形象资料收集起来，为今后的具体设计提供大量的、丰富的素材，方便了设计。

3）立体构成是包括技术、材料在内的综合训练，在立体构成过程中，必须结合技术、材料来考虑新的造型可能性。有时甚至为了使构成的结果得以实现，必须对已有的技术和材料等进行提高和研制，这样也使设计师增长了独特的才干。

4）某些立体构成的作品，直接可以用于设计，这种设计有时会具备一定的独创性。

3. 产品造型

工业产品的造型，是总体布局、电气、结构、金属工艺等与造型设计之间创造性劳动的结合。它需要多工种、多工艺的共同协作，通过各种造型手法，理想地表达其艺术形象，归结为一个完美的外观造型。因此，影响造型的因素是很多的，只有调动一切造型手段，才能创造出较为完美的产品形象。

1）体量

产品的物质功能是形成产品体量大小的根本依据。体量分布与组合的结果，将派生出多种形体，形成不同方案，并构成不同的造型。因此，在造型上，体量的分布和组合会直接影响产品的基本形状和风格，是造型设计的关键。结构对称的产品，多为对称的造型。对称的形状如对称的平面图形一样，具有端正、庄重、稳固的性格。在进行产品立面设计时要有变化的因素，以求得整个形体在对称结构的前提下，产生变化、丰富、活跃的生动美。

结构不对称的产品，在进行体量的组合时，首先要考虑符合实际均衡的要求，以保证造型的稳定。重心较高、重量较大的产品要求工作、运输、移动时有相对的稳定性。

体量的组合要求避免单调和杂乱。大体积的单调组合和小体积多体量的杂乱拼凑都不符合形式美的要求，必须力求用最紧凑的空间、简洁而又有个性的形体来表达产品的功能与结构的特征。

在进行具体的设计时，要注意体量大小的对比，虚实的对比，韵律、主从的安排，使之既有主次、有对比，又不失统一和协调。

2）形态

构成产品外观的线、面、体等形态要素具有各种不同的形状，如方圆、扁厚、高低、宽窄、粗细、几何形与非几何形等等。形态的变化与统一，就是将造型物繁复的变化转化为高度的统一，形成简洁的外观。

获得形态的统一感有两个主要方法：一是将所有次要部分去陪衬某一主要部分；二是同一产品的各组成部分在形状和细部上保持相互协调。

比如在造型中，采用同一种基本形体，或者采用有变化而变化不明显的几个形体，都能取得形体协调的效果。

为了避免造型的单调，可运用对比的手法来表现其形体的差异性。例如在以直线型网格为主的构图中，某一部位运用曲线型，可取得活泼多样的效果，如图9-23所示。

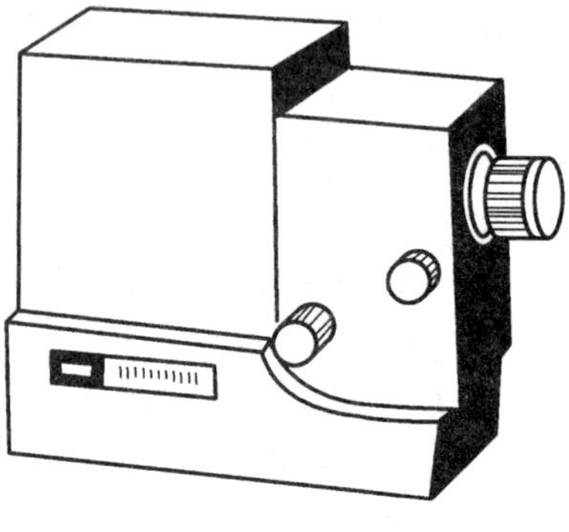

图9-23

3）线型

造型物的线型包括视向线和实在线两大类。

视向线指的是造型物的轮廓线。由于观察造型物的视线方向不是固定不变的，因而造型物的轮廓线随着视线方向的变化而不同。因此，用视向线来称呼随着观察角度不同而变化着的轮廓线较为合理。

实在线指的是装饰线、分割线、亮线、压条线等。这些都是客观存在的线。

线型是产品造型艺术中一种富有表现力的艺术表现手段。线型设计直接影响造型物的质量及外观的艺术效果。因此，无论是建筑物，还是各种工业产品都很重视线型的处理。

(1) 线型的选择

不同的线型，决定着造型物形态的不同基本性格，同时体现出造型物的形式美。它还与人的心理反映有着密切的联系。

线型的选择与下列因素有关：

ⓐ 线型的选择应与产品的物质功能相适应。如交通工具的线型选择应保证其运行阻力为最小；机器设备的线型选择必须考虑机体的安定与操作的方便。因此，交通工具的线型多选用流线型，而机器设备则多选用直线型。

ⓑ 线型的选择应考虑各种线型的性格特征，使之与人的心理需求相适应。如以直线为主的基本几何形给人以静穆、浑厚、庄重、工整、均齐、冷静和严肃的感觉，而自由曲线构成的形体则给人以奔放、活泼、轻快、生动和多变的感觉。不同的产品，由于功能的不同，在人们心目中的性格也有所不同。因此，线型的选择就必须与人们的这种心理需求相一致。否则，就削弱了造型物的个性，影响人们对产品的理解。

ⓒ 线型的选择要考虑整个产品的形式美。形式美，要求在变化中追求统一，在统一中寻求变化。线型选择既要注意产品整体风格的统一，也要追求整体统一前提下一定因素的变化，达到静中有动，动中有静，即曲中有直，直中有曲。

(2) 线型的组织

由于任何造型物的线型组织至少在两个方向上进行（如水平与垂直），因此在组织过程中，必须突出某一方向的线型以产生线型“主调”，使造型物具备鲜明的性格特征。

线型的组织应根据造型物的功能和造型物在人们心目中可能存在的心理形象来组织。也就是说，造型物的线型“主调”不但与造型物的物质功能有关，而且还与造型物的动势有关。所谓动势，指的是造型物存在的一种动的趋势、趋向。动势是造型物具有生命力的体现，对于由基本几何体组成的工业产品，则体现为造型物的典型性格。根据这些因素所确定的线型组织和造型物的线型“主调”，不仅能使造型物的内在功能与外观形态取得统一、协调、整体完整的效果，而且还使造型物具有典型的性格。

如机床的造型，采用水平、垂直两个方向的线型，能使整个造型物呈现方整、稳定、简洁的视觉效果。线型的“主调”是水平线，强调了造型物的稳定感。其线型“主调”与机床中运动部件的水平方向运动相一致，加强了机床的动势。小汽车采用水平线和斜线的组合，使汽车的外形给人以生动、活泼、安全的感觉。水平方向的线型“主调”，强调了汽车前驱的运动趋势，并使人感受到速度感。这样的线型组织和线型“主调”的选择，与机床和小汽车的功能及它们在人们心理中的感受是一致的，因而设计是合理的，如图 9-24 所示。

在线型组织中，要注意同族曲线的运用。同族的各曲线，由于它们的曲率既有类似，又有变化，因此运用同族曲线构成的造型物能获得既统一协调，又有变化趣味的情调。而运用相同曲率的曲线构成的造型物，因缺乏变化的因素，而显得呆板与单调；运用没有共同因素的曲线进行造型，则使造型物由于缺乏统一因素而显得零乱，没有整体感。

在造型中，线型是最富有情感和表现力的基本要素。这不但体现在方向根本不同的线上，也体现在线的直与曲上。有时，甚至只要稍一改变线的曲率或倾斜度，就使人们对造型物产生不同的心理感受。

图 9－24

图 9－25 所示为两种轿车的造型。由于都是交通工具，所以它们采用了水平方向作为线型的“主调”，强调了造型物的运动感。但是，两者水平方向线型的稍许差别却使人能产生心理感受的较大差异。图（a）的造型头部略高于尾部，使人联想起动物奔跑的姿势。而这种联想与轿车在人们内心中的心理形象是有矛盾的。动物的重心在奔跑时的运动轨迹是抛物线型的，抛物线运动可以分解为水平方向的分运动和垂直方向的分运动。因而，当水平方向速度不变时，抛物线运动消耗的能量自然大于单纯作水平方向运动所消耗的能量；当能耗不变时，作抛物线运动的物体，其水平方向的运动速度自然也不及单纯作水平方向运动的物体。把这种具有奔跑感的汽车造型与图（b）前低后高的楔形的造型比较，速度的感受就不如后者强烈；又由于奔跑运动还存在着垂直方向的分运动，因而其平稳舒适的感受就更不如后者了。对于要求能耗少、速度快、运动平稳舒适的交通工具来说，图（b）的楔形汽车无疑更适合人们的心理需求。

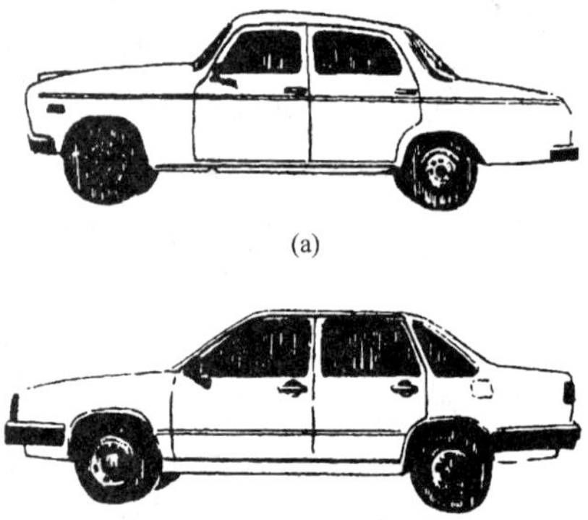

(a)

(b)

图 9－25

（3）装饰线

装饰线的选用必须从产品的整体出发，以加强产品的动势为目的来进行设计。

ⓐ 明线装饰

明线装饰采用与造型物不同材料、不同色彩的立体装饰条，固定在造型物的外表面上，起着装饰的作用。它在交通工具、设备、仪器、电子等产品中应用很广。

不但装饰线的质感、色彩影响造型物的性格，装饰线断面形状和尺寸也影响造型物的性格。由于断面形状和尺寸的不同，使装饰线体现出或锐利、挺拔，或柔和、温顺，或粗犷、有力，或精致、纤细等。

装饰条的工艺，应该精致、美观，能给造型物增添生气。

ⓑ 暗线装饰

暗线装饰是在造型物上作出凸线或凹槽，形成装饰线。它主要利用凹凸的光影造成亮线和暗线，起着装饰与分割的作用。由于这种线与造型物的色彩一致，因而产生的视觉效果很协调，很素雅，又富有层次感。同时，这种线还具有省工省料的特点。

暗线装饰还可起着藏缺的作用。它可把加工误差及其他需掩盖的缺陷通过阴影掩藏起来，增加造型物的精密感。

ⓒ 关于流线型

“流线型”是20世纪初为了表现产品的流线特点而使用的词。在现代人们心目中，“流线型”一词有两种含义：一是指自然界中许多事物和人类制造的产品为了适应快速运动的需要所具有的形态；二是指人类在流线型形态的影响下所产生的产品形态的美感形式。

作为自然现象的流线型很早就存在了，如鱼、鸟的形象及下滴水珠的形态。

人们创造的工业产品，特别是像飞机、火车、汽车、轮船等交通工具，为了在空气、水等介质中运动时所受到的阻力最小而设计的科学的形态——流线型，这是流体力学及空气动力学的要求。这对于产品的物质功能的发挥具有不可忽视的重要意义。

对流线型的理解不仅仅局限于上述这些交通工具的物质功能的范围，现代人们已把它扩展为：用曲线代替直线，使造型物具有平滑柔和的线型，把琐碎的部分尽量地包容到一个整体之中。显然，这里的含义指的是人们对非交通工具造型的审美要求，与产品本身的物质功能并无联系，这是被借用的流线型概念。

产生流线型这种形态审美意义的原因是多方面的。

首先，自然形态和交通工具的造型影响了人们的审美。各种经验使人们把高速运行的交通工具的运动特征与它们所具有的特有外形联系在一起，产生了“只有具备流线型的外形才能达到高速运动”的结论。

其次，由于流线型线的性格给人以运动、活泼、圆浑、柔和和包含一定的韵味感觉，因此用它来取代当时造成工业品冷漠感的直线型就具有很大的审美意义。所以，在这些非运动的工业产品上应用流线型，目的是改变产品呆板的、冷漠的、坚硬的造型效果，产生生动的、活泼的、柔和的韵味。这是被借用的“流线型”，在流体力学上没有任何意义。

流线型作为造型设计的表现语言之一，是随科学技术的不断进步而发展变化的。如高速汽车和突破音障几倍的高速喷气飞机的造型设计，相应地要求有新形式的流线型设计。在图9－26中可以看出，如果说30年代的流线型具有圆浑、柔和和带有波浪起伏韵味的话，那么，现代的流线型则更是科学化、单纯化，装饰内容减少，使人产生了更高的速度感和更强的时代感。

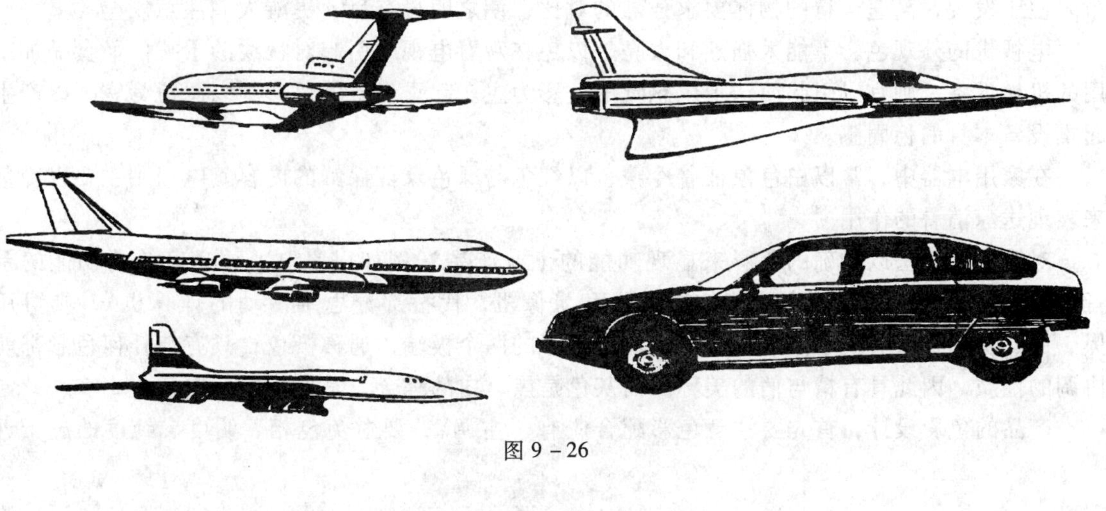

图9－26

现代流线型产品，其线条更加简洁，面的转折明确，形态大方，人为装饰大大减少，这些都让位给能显示强烈时代感的现代材料和现代工艺的自我表现，同时更符合人体工程学对产品设计提出的要求，在生产上也更进一步地适应生产工艺的要求，如图9－27所示。

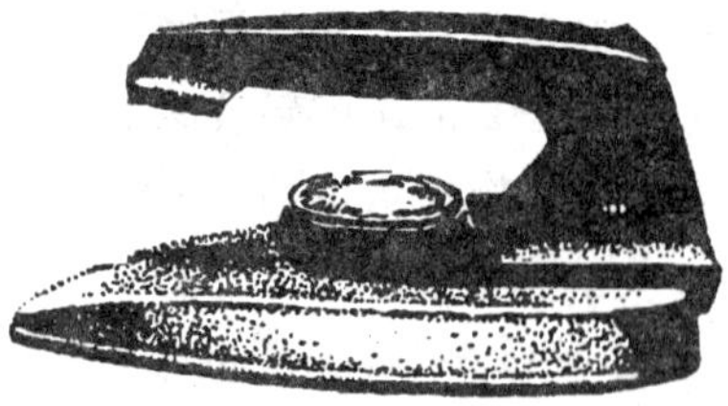

图9－27

4）方向与空间

造型设计中，常常采用方向的对比或空间的安排，以丰富产品的外观形象。方向与空间的安排，同样必须建立在对产品功能的正确理解与对材料、结构的确切表达的基础上。

方向是指形体形状的方向，即水平与垂直、陡与缓、同向与反向，敞开与紧闭、动与静等等。空间是指前与后、上与下、左与右、浅近与深远、平坦与凹凸、虚与实等等。由于人们会进行各种联想，对上述情况常常有明显不同的感受，因而空间和方向对于产品造型的艺术表现力也起着重要的作用。

立体的方向造型在高速交通工具设计中尤其重要。这首先是因为立体的形体结构必须符合空气动力学的理论，使物体在高速运行时产生最小的阻力，这就要求形体与前进方向一致，且使形体呈流线型。其次是由于生活实践、理论和感觉上的习惯影响，视觉中对于那些形体方向和前进方向相一致的物体，会感到一种自然的前驱感，因而这样的形体结构满足了视觉与心理的需要。而对于那些把形体方向与前进方向在造型中处于不统一甚至矛盾地位的运动物体，人们会自然地感到不舒服、不协调，甚至莫名其妙。

图9－26所示是法国近年设计的各式飞机。其形体方向与运行方向一致，并在机身上装饰与运动方向一致的色块和线条，体现了形体方向的科学性和视觉要求的前驱感。

5）色彩

产品的色彩设计，总的要求是必须与产品的物质功能、使用场所等各种因素统一起来，使人产生统一、协调的感觉。

显现功能，是色彩设计的首要任务，如调和使人宁静，对比使人兴奋，太亮使人疲劳，太暗则使人沉闷等。

医院里的医疗器城要有调和的色彩，给病人造成安静的气氛；急救用的器械需要醒目，急救时便于发现；高速运行的物体要求强烈的对比，使之明显夺目，提醒人们注意安全。

电视机的外观色彩不能太强烈和太亮，以免在观看电视时引起对视线的干扰。而食品加工用的机械设备，则宜以引起简洁卫生感觉的色彩为主。起重设备的色彩则以深色为宜，以产生起重设备本身的稳固感。

在家用电器中，常以白色象征着冷藏，以红色与绿色象征保鲜的内容。电扇则主要以冷色来表现送凉消暑的作用。

对于一些无法以准确的色彩来显现功能的工业产品（例如以复制、放送音响为功能的录音机，以传递形象和音响为功能的电视机和录像机，代替部分思维活动的计算机），则可用黑、白、灰的含蓄表现手法表示。黑、白是色彩的两个极端，通称极色，具有与任何色彩都能协调的性质，因此具有精与俏的美称。而灰色是黑、白的综合，是典型的归纳色。

产品的色彩设计，首先要注意色彩配合应有“主调”，要避免色相、明度、纯度的过于近似及色彩面积的对等。在具体运用中，一般常以大面积的低纯度、高明度色调占优势地位，在局部点缀小面积高纯度的色彩进行对比，以求得和谐、丰富、醒目的效果。

同时，还应注意不同的造型形体对色彩感觉的影响。任何色彩的视觉效果，在它所依附的形体改变后，都会发生显著的变化。比如，用相同的色彩分别装饰在体积相同的立方体、球体、圆柱体表面，就会发现球体、圆柱体表面色彩的阴暗对比比立方体强烈，以致产生与立方体表面略有不同的色彩效果。

在色彩设计过程中，还要注意亮色（金、银、铬等色）和透明色的运用。亮色是带强烈反光的金属色。要避免大面积的反光和过多的透明显示，以免带来较强刺激而产生视觉上的疲劳和破坏主调的统一。

造型设计中的色彩设计还要与使用环境、民族风俗、地理气候条件保持一定的适应关系。根据使用环境的要求，矿山机械宜以灰色和深灰色为主，医疗器械宜以白色、浅灰色和亮度较高的色为主。

工业产品的色彩设计还应符合使用民族的习惯。尤其是外销产品，更要注意色彩的设计应合乎销往国人民的色彩欣赏习俗。如热带的国家喜欢冷色，寒带的国家喜欢暖色，各国各地区人民还有他们的色彩爱憎习俗。因此，设计前了解这些情况是必要的。但是，色彩的欣赏习惯也是随着时代的发展而发生变化的。如许多发达国家的城市用色，从以前盛行的对比色转到近年来的类似色，以类似色谐调、安静的色彩感觉来调制日益加快的生活节奏。所以，不能以一成不变的观点估测不同地区和国家人民的色彩爱好。

6）材质

产品造型是由材料、结构、工艺等物质技术条件构成的。在造型处理上，一定要体现构成产品的材料本身所特有的合理的美学因素，体现材料运用的科学性，发挥材料或涂料的处理、光泽、色彩、触感等方面的艺术表现力，求得外观造型中形、色、质的完美统一。

在造型过程中，能否合理地运用材料、充分发挥材料的质地美，不仅是现代工业生产中工艺水平高低的体现，而且也是现代审美观念的反映。人们不必把过多时间花费在产品的精雕细刻上，以致使产品体现出各种虚假的装饰，而是让材质的特征和产品功能产生恰如其分的统一美和单纯美。

质感指的是物质表面的质地，即粗糙还是光滑，粗犷还是精细，坚硬还是柔软，交错还是条理，下沉还是漂浮，金属还是非金属等。此外还体现出不同材料的材质特性。如：

钢材具有深厚、沉着、朴素、冷静、坚硬、挺拔的材质特征；

塑料具有致密、光滑、细腻、温润的材质特征；

铝质材料具有华贵、轻快的材质特征；

有机玻璃具有明彻、通透、发亮的材质特征；

木材具有朴素无华、温暖、轻盈的材质特征。

材料质感的表现往往与色彩运用互相依存。如本来从心理上认为沉闷、阴暗的黑色，如将其表面处理成皮革纹理的质地，则给人以庄重、亲切感。金丝绒织物的黑色由于其质感厚实和强烈的反光，则显得高雅和庄重。大面积高纯度的色彩易产生较强的刺激，但如将其纹理处理成类似呢绒织物的质地感，则给人以清新、高贵的感受。可见，材料的质感能呈现出一种特殊的艺术表现力，在处理产品表面质感时，应慎重而大胆。

随着科学与技术的发展，新材料、新工艺的不断产生，给各类材料充分发挥其质地美提供了可能，也给低质材料的高档使用开辟了广阔的天地。许多低质材料经过各种工艺处理变为高级材料，从而大大节约了许多高档材料，降低了产品的成本。如非木材木材化（纸浆压制成纤维板代替木板），非金属金属化（塑料制品表面镀铬以体现金属质感），非皮革皮革化（用纸浆或塑料制成与皮革的质地和纹理类似的材料）等。

第10章　计算机辅助设计绘图基础

10.1　图样表达在工程设计中的地位

图样是工程界的语言，这主要是针对它在工程设计中的作用而言。设计是人们征服自然、改造世界的基本活动之一。人们根据生产和生活的需要，通过设计把设想变为现实。设计的目的是保证产品或系统的功能，建立性能好、成本低、价值高、优化的技术系统。机械系统的功能是通过相应的结构来保证的。零件图和装配图可以完备地表达设计结果，零件图可以准确无误地表达这些结构的形状和大小（即视图和尺寸），装配图则按照功能要求将这些零件有机地连接起来，可以认为定位和连接是装配的核心。

设计是创造性的劳动，设计的本质是创新。测绘仿制一台机器，虽然结构复杂，零件成百上千，但没有任何创新，不能算是设计；如在传统剪刀功能上，增加开酒瓶、刮鱼鳞、去果皮等新功能，并将铆钉固定连接演变为可拆卸连接，几乎不增加零件，其开发过程却可称为设计。设计中必须突出创新的原则，通过直觉、推理、组合等途径，探求创新的原理方案和结构，做到有所发现、有所发明、有所创造。

设计是一个反复迭代的过程，设计除了创造性的特性外，还具有多解性、近似性、经验性和综合性等特性，这些特性在概念构思阶段表现得尤为明显，这一阶段对设计具有决定性的影响。

设计中解决问题的合理逻辑步骤是分析——综合——评价——决策，通过这一逻辑过程能科学合理地解决许多方面的问题。在设计过程的各个阶段反复多次地运用这种逻辑方法，才有可能得到较理想的最佳方案。

分析是解决问题的第一步，其目的是任务的本质要求。综合是在一定条件下对未知系统探寻解法。综合阶段要采取“抽象”、“发散”、“搜索”等方法寻求尽可能多的创造性解法，只有在多解的基础上才可能有更多的机会找到较理想的最佳解。评价是收敛、筛选的过程，用科学的方法按评价准则对多种方案进行技术经济评定和比较，同时针对方案的弱点进行调整和优化，直至得到比较满意的结果。决策是在评价的基础上根据已定的目标作出行动的决定，即找出问题的最佳解法，对工程问题应是选定多目标下整体功能最理想的最佳方案。

考虑产品设计各个阶段及合理的逻辑步骤，将产品全生命周期的一般进程列于表10-1。从表中可以看到，零件图装配图是设计的最后一个环节，但显然属于设计的范畴，它们直接与试制、生产联系在一起，作用是重大的。很显然，零件图装配图的生成必须基于设计的各个步骤。当然，本门课程的主要任务是工程图样的表达方法。

以计算机作为主要工具，辅助设计者进行设计工作的过程就是计算机辅助设计CAD (Computer Aided Design)。CAD往往是从计算机绘制零件图、装配图开始的，以此作为切入点，比较容易收到实际效果，同时起到人才培养的重要作用。当然，CAD包含了更为丰富的内容，由绘图走向设计、由详细设计走向初始设计，进一步地由设计走向制造即 CAD、CAPP、CAM 一体化的计算机集成制造系统 CIMS（Computer Integrated Manufacture System）模式是 CAD 技术的主要发展方向。

表 10－1　产品全生命周期的一般进程

	阶段	步骤	工作结果
设计	明确设计任务	任务 调查研究 可行性分析 明确任务要求	可行性报告 设计要求表
	方案设计	总体功能分析（功能分解，功能元求解、组合） 系统原理解（多个） 试验、评价 最佳原理方案	原理参数 方案原理图
	技术设计	总体设计 结构设计（构型、选材料、定尺寸） 价值设计（性能提高，成本降低） 结构方案（多个） 试验、评价 最佳结构方案 造型设计	参数尺寸计算文件程序 结构装配草图、总体图、外形图
	施工设计	零件图 装配图 技术文件	全部生产图纸 技术文件
生产	制造	工艺 试制 投入生产（总装、调试）	样机 产品
销售服务	销售维修	广告 销售 维修	市场 资金回笼

10.2　工程设计方法学与计算机辅助设计

10.2.1　工程设计的基本概念

1. 工程设计的三种类型

设计是人类特有的能动性的表现，人类从事任何有目的的活动之前都要有所构思或谋划，这种构思或谋划便是广义的设计。工程技术设计是广义设计在工程技术领域中的特有表现。工程设计按其性质可以分为两类：常规性设计和创新性设计，或分为三种：开发性设计、适应性设计、变异性设计。应该看到，创新性设计在当代社会生产中起着非常重要的作用。

开发性设计——或者称为没有样板的设计。它是在不知道设计方案、设计原理的情况下，从对产品的抽象要求出发设计出在质和量方面都能满足要求的产品。最初蒸汽机的设计就属于开发性设计。

适应性设计——在总的方案原理基本保持不变的情况下对已有产品进行局部变更，使它适应于质和量方面的某些附加要求。这里，局部方案原理是有所变化的，如在汽油发动机中设计汽油喷射装置代替传统的汽化器，以满足节约燃料的设计就属于适应性设计。

变异性设计——或者称为系列化设计、参数化设计。在方案原理和功能结构都不变的情况下，对现有产品的结构配置和尺寸加以改变，使之适应于量的方面有所变更的要求。这种变化可以在施工设计阶段内完成。

2. 工程设计的基本特征

1）约束性

设计是在多种因素的限制和约束下进行的，其中包括科学、技术、经济等发展状况和水平的限制，也包括生产厂家所提出的特定要求和条件，同时还涉及环境、法律、社会心理、地域文化等因素。这些限制和要求构成了一组边界条件，形成了设计师进行谋划和构思的“设计空间”。

2）多解性

解决同一个技术问题的办法是多种多样的，要满足一定目的的设计方案通常也不是唯一的。任何设计对象本身都是包括多种要素构成的功能系统，其参数的选择、尺寸的确定、结构形式的设想等都有很强的可选择性。因此，思维活动空间仍是很大的。

3）相对性

设计结论或结果都是相对准确的，而不是绝对完备的。设计者经常处于一种相互矛盾的问题情境之中。例如，既要降低成本，又要增加安全性；既要满足近期需要，又要照顾长远发展；既要功能全，又要体积小，等等。工程设计的这种相对性特征一方面要求设计者必须学会辩证思考，另一方面也给设计者显示和发挥自己创造才能的机会。

3. 工程设计的实质是创造

1）创造的基本特征

创造一般可分为准备期、酝酿期、明朗期、验证期等几个过程，创造有以下几个最显著的特征：

（1）人为目的性　任何形式的创造，包括创新性设计，其主体都是具有主观能动性的人，并且是一种有目的的活动。

（2）新颖独特性　创造不是单纯的重复和模仿，而是在自己、前人和他人已经获得结果的基础上的新扩展、新开拓。它所追求的是新奇、新颖、独特和非重复性的结果。

（3）社会价值性　创造必须体现为一定的价值。创造成果的价值可以是多方面的，包括学术价值、经济价值、审美价值等，特别是创造的实用性、有效性、可靠性。

（4）探索性　创造通常是在知识、手段、方法等不甚充分的条件下进行的活动。

2）创造性思维

创造性思维是创造力的核心。深入认识和理解创造性思维的实质、类型和特点，不仅有助于掌握已经开发出来的现有的创造技法，而且能够推动和促进人们对新的创造方法的开拓。

创造活动是人们对未知世界的认识、发现和发明的活动过程。在这一过程中，感觉、知觉、记忆、思维、想象等心理机制，都将发挥一定的作用，但起主要作用的是思维和想象，综合起来简称创造性思维。

在一定意义上说，“思维永远是创造性的”，但思维的创造性的程度是有差异的。当碰到的问题较为复杂，不能直接依靠已经掌握的经验、知识、理论、方法等加以解决，而必须经过独立思考，将储存在头脑中的各种信息加以重新分析和组合，形成新的联系，才能满足需要。这种思维对比于常规思维称为创造性思维。

创造性思维是整个创造活动中体现出来的思维方式。它是多种思维类型的复合体，多种思维的融合，特别是那些成对思维类型的辩证综合。把握创造性思维的关键是在认识不同思维类型的特点、功用的基础上，进行综合运用。下面简单介绍成对的思维类型，它们依据不同的角度进行划分。

（1）形象思维与抽象思维

形象思维与抽象思维是依据在思考问题的过程中所运用的“思维元素”的表达形式的不同，即思维活动运用的材料形式不同而划分的。

形象思维是理性认识，不是感性认识。它所使用的“材料”或思维“细胞”通常不是抽象的概念，而是形象化的“意象”。意象是对同类事物形象的一般特征的反映。例如在设计一个零件或一台机器时，设计者在头脑中浮现出该零件或机器的形体、颜色等外部特征，以及在头脑中将想象中的零件或机器进行分解、组装等的思维活动，就属于形象思维。本门课程的一个重要任务就是培养形象思维的能力。

在文学、艺术创造活动中，形象思维起着主要的作用，在工程技术的创新活动中，形象思维也是基本的。工程师在构思新产品时，无论是对新产品的外形设计，还是内部结构设计以及工作原理设计，形象思维都起着不可忽视的作用。运用形象思维，可以激发人们的想象力和联想、类比能力。

抽象思维是以抽象的概念和推论为形式的思维方式。概念是反映事物或现象的属性或本质的思维形式。例如“电脑”这一概念反映了各种型号的电子计算机在替代人脑进行计算、模拟和信息处理方面的共同特征。掌握概念是进行抽象思维，从事科学创新活动的最基本的手段。

（2）发散思维与集中思维

发散思维（Divergent Thinking）又称辐射思维，求异思维或分殊思维。它是指思维者根据问题提供的信息，不依常规，而是沿着不同的方向和角度，从多方面寻求问题的各种可能答案的一种，思维方式。

发散思维在人们的言语或行为表达上具有三个明显的特征，即流畅、灵活和独特。所谓流畅，就是在思维中反应敏捷，能在较短的时间内想出多种答案。例如要解决渡河问题，可以有多种方法：造桥、坐船、使用飞行器、建空中索道、开凿河底隧道等。在一定时间内想出的方案越多，证明发散思维的流畅性越好。所谓灵活，是指在思维时能触类旁通，随机应变，不受心理定势的消极影响，可以将问题转换角度，使自己的经验迁移到新的情境之中，从而提出不同于一般人的新构想、新观念。仍以渡河的方法为例，一般人一提到渡河，习惯地就想到坐船或造桥。其实，渡河也可以采用将水引开或拦河筑坝，截断河水或抽干河水等方法。所谓独特，是指所提出的解决方案或方法打破常规，有特色。利用上述三个基本特征可以衡量一个人发散思维能力的大小。

与发散思维相对应的是集中思维（Convergent Thinking）。集中思维也称复合思维、聚合思维、求同思维、收敛思维等。它是一种在大量设想或方案的基础上，引出一二个正确答案或引出一种大家认为最好的答案的思考方式。集中思维的特征是来自各方面的知识和信息都指向同一个问题。其目的在于通过对各种相关知识和不同方案的分析、比较、综合、推理，从中引出答案。和发散思维相比，集中思维的操作更多地依赖于逻辑方法，也更多地渗透着理性因素，因而其结论一般较为严谨。

（3）逻辑思维与非逻辑思维

按照在思维过程中是否严格遵守逻辑规则，可以将思维区分为逻辑思维和非逻辑思维两种形式。

逻辑思维是严格遵循逻辑规则、按部就班、有条不紊地进行思维的一种思考方式。逻辑规则是人们在总结思维活动经验和规律的基础上概括出来的。逻辑思维以抽象的概念作为其思维元素，使用固定范畴，其规则较为程式化，推理严密，结论确定。

逻辑思维是迄今被研究得最多的一种思维类型，其操作方法主要是分析和综合、归纳和演绎。

所谓非逻辑思维，是同逻辑思维相对而言的另一类思维方式。其基本特征是，非逻辑思维不严格遵循逻辑格式，表现为更具灵活性的自由思维；而其成果或结论往往能突破常规，具有鲜明的新奇性，但一般或然性很大。正因为如此，非逻辑思维的基本功能在于启迪心智，扩展思路。

非逻辑思维的基本形式是联想、想象、直觉和灵感。

（4）直达思维与旁通思维

思维的目的是为了解决问题。解决问题既可以采用直接的方法，即始终不离开问题的情境和要求而进行思考；另一种方法则是通过对问题情境和条件的分析、辨识，将问题转换成另一等价问题，或以某一问题为中介间接地去解决问题。前一种思考问题的方式可称之为直达思维，后一种思考问题的方式可称为旁通思维，又称侧向思维。司马光砸缸救人，在人小力薄的情况下他无法将人从水中拉出（人离开水），而采用砸缸放水（水离开人）的办法，这是旁通思维解决问题的很好例子。

直达思维的优点是直接面对问题情境，可以快速达到目标，它对于解决较为简单的问题特别有效。当这种努力遇到障碍或证明无效之后，才改用旁通思维。

旁通思维是一种灵活的思维方式，它没有固定的格式，它往往从问题的外围着眼。例如，要解决某个问题，首先分析问题的各种条件和要求；要分析或找出造成事故的原因，首先分析其结果；要解决工程技术结构问题，首先研究与之相类似的生物结构；要解决机械行业的某些技术产品问题，却从光、电等领域寻找方法，如此等等。

旁通思维的另一种表现方式是“问题转换”，即将所要解决的问题变换一种角度，或对问题进行重新表述，从而找到解决原问题的思路和方法。

（5）多向思维的融合

形象思维和抽象思维作为人类理性思维认识中的两种思维形式，虽然所运用的“思维元素”不同，但它们都是以感性认识为基础，都可以认识事物的本质。任何一种形式的独立性都是相对的，在一种思维方法发挥作用时，就有另一种思维方法相助。现代脑科学的研究证明，形象思维一般属于右脑的功能，而抽象思维则属于左脑的功能。人的左右脑之间产生复杂的交互作用和影响，成为两种不同思维方式相互渗透的生理基础。对于形象思维来说，它不存在固定不变的逻辑通道，这是创新的有利条件；对于抽象思维来说，它较为严密，但在灵活性和新奇性方面则相对较差。因此，在实际创新过程中，应该把两者很好地结合起来，以发挥各自的优势，互相补充，相辅相成，创造出更多成果。

集中思维和发散思维作为两种不同的思维方式，在一个完整的创造活动中是相互补充、相辅相成的。发散思维能力越强，提出的可能方案越多样化，才能为集中思维在进行判断时提供较为广阔的回旋余地，也才能真正体现集中思维的意义。但反过来，如果只是毫无限制地发散而无集中思维，发散也就失去了意义，因为在严格的科学实验和工程技术设计等活动中，实验结果或设计方案最终只能是少数几个。因此，一个创新成果的出现，既需要以充分的信息为基础，设想多种方案，又需要对各种信息进行综合、归纳，从多种方案中找出较好方案，即通过多次的发散、收敛、再发散、再收敛的循环，才能真正完成。

旁通思维和直达思维是相互作用、互为补充的。尤其重要的是，只有通过旁通思维以后又反归到直达思维，才能真正解决所提出来的问题。

3）创造力开发

创造力是人的心理活动在最高水平上表现的综合能力，是保证创造活动得以实现的诸种能力和各种积极个性心理特征的有机综合，而不是一种单一能力。创造力既包含智力因素，也包含非智力因素。

创造力所涉及的智力因素主要有观察力、记忆力、想象力、思考力、表达力和自控能力等，这些能力相互联结、相互作用，构成智力的一般结构。不同的人在智力和智力结构方面是不尽相同的，其差异主要反映在智力因素的品质上。而高创造力总是和智力因素的优良品质相联系的。

创造力还包括很多非智力因素，如理想信念、需求与动机模式、兴趣和爱好、意志、性格等都同创造力有关。智力因素是创造力的基础性因素，而非智力因素则是创造力的导向、催化和动力因素，同时也是促使创造力由潜变显的制约因素。

创造力的开发是一个长期复杂的过程，难有普遍规律可循。可以注意几点：破除对发明创造的神秘感，增强自信心；树立创新意识，经常保持创新冲动；加强创造性思维训练，掌握必要的创造技法。

10.2.2 工程设计方法学

工程设计方法学（Engineering Design Methodology）又称现代设计法或系统化设计法，是近20年来蓬勃发展壮大的一门综合性学科。关于工程设计方法学，可简单概括为：用系统工程的观点来认识各种工程设计过程的原理、规律和方法，探寻人们在工程设计中进行创造性思维的机理和工作方法的综合性学科。它的基础包括系统工程学、创造工程学、价值工程学、人机工程、工业美学、计算机技术、优化理论、相似理论、决策学、预测学、可靠性工程等自然科学、系统科学、社会科学的多种现代理论与技术。虽然在许多专著中常以机械、电子等产品设计为例进行阐述，但一般而言，它不具体讨论某个专业领域的设计理论和方法，而是从较高的层次上全面系统地研究在各个工程领域普遍适用的原理、规律和技巧，以期启发进行开发性研究设计的工程技术人员的创造性思维，培养从全局上把握设计进程的能力和技巧，并在工程设计的全过程中尽量应用计算机技术以提高设计工作的效率和质量，使设计活动趋于科学化、系统化、规范化，进而实现设计的自动化、智能化。

1. 设计方法学的理论基础

设计方法学的理论基础可以归纳为既相对独立又有机联系的十一论方法学，即“古五论”——功能论、优化论、离散论、对应论、艺术论，“老三论”——系统论、信息论、控制论，以及“新三论”——突变论、智能论、模糊论。这种科学的概括表征了这种方法论是集人类千百年来科学技术思想与方法之大成的综合性特点，也反映了国际科技与经济竞争日趋激烈的时代对工程技术人员知识结构和能力素质的多元化要求。从目前推广应用的实际需要出发，其中最重要的是系统论（系统工程学）、突变论（创造工程学）、优化论和智能论（主要指计算机技术的应用）。

功能论方法学——功能实现是现代设计的宗旨，只有在实现功能的前提下，才有可能进一步追求可靠性和其他目标；

优化论方法学——广义优化是现代设计的目标；

离散论方法学——离散处理是现代设计的优势，正是由于计算机使得这一优势得以发挥；

对应论方法学——相似模拟是现代设计的捷径，参数化、系列化设计可以在此找到理论依据；

艺术论方法学——悦心宜人是现代设计的境界；

系统论方法学——系统分析是现代设计的前提；

信息论方法学——信号处理是现代设计的依据；

控制论方法学——动态分析是现代设计的深化；

突变论方法学——突变创造是现代设计的基石，突变已经成为创造性思维的理论基础；

智能论方法学——智能运用是现代设计的核心，计算机已经走出计算的范畴，进入了智能领域；

模糊论方法学——模糊定量是现代设计的发展方向。

2. 现代设计方法的主要特点

为了更好地满足国民经济和市场竞争的需要，必须将设计工作推向新水平。作为综合性的新的设计方法，现代设计方法的主要特点如下：

1）程式性

现代设计方法研究设计的全过程，要求设计者从产品规划、方案设计、技术设计、施工设计直到试验、试制进行全面考虑，按步骤有计划地进行设计。

强调设计、生产、销售一体化。设计不是单纯的科学技术问题，要把市场需求、社会效益、经济成本、加工工艺、生产管理等问题统一考虑，最终反映到质高价廉的产品上。

2）创造性

现代设计突出人的创造性，发挥集体智慧，运用各种创造技法，通过直觉想象和推理思维，力求探寻更多突破性方案，开发创新产品。

3）系统性

现代设计强调用系统工程方法处理技术问题，设计时分析各部分的有机联系，力求系统整体优化，同时考虑技术系统与外界的联系，即人、机、环境三者之间的协调关系。

4）优化性

设计的目的是得到功能全、性能好、成本低、价值优的产品，现代设计通过优化理论与方法运用计算机工具进行方案优选、参数优化、结构优化等，从而达到产品技术系统的整体优化。

5）综合性

现代设计方法突破传统、经验、类比的设计技术，采用逻辑、理论、系统的设计方法，如在静态分析的基础上考虑载荷谱等随机参量进行更合理全面的动态分析；在强度设计时，不是一味加大安全系数，而是从概率论和统计学出发考虑载荷和应力的离散性进行可靠性设计。

3. 设计方法与技术

解决工程设计问题，一是靠方法，二是靠工具。方法是人类思维的宝贵财富，是探索科学真理的钥匙，认识事物、解决问题都需要正确的方法。工具是人类进化的主要标志。设计方法学与计算机技术的结合，为设计方法学的研究和应用提供了现实的可能性。

1）关于设计过程

现代设计法对设计过程的研究，就是用系统工程的观点把整个设计过程看作一个技术系统，探寻人们在从事设计活动时的思维规律、各个设计阶段所遵循的设计准则和采取的策略技法，并将其加以规范化、程式化，使人们所积累的设计理论和经验为后来的设计者驾轻就熟地掌握运用。而设计过程的程式化有利于发挥计算机的快速运算能力，提高设计效率和质量（如进行优化设计和有限元分析等）。

2）关于设计信息

工程设计过程本质上是一个信息的输入—转换—输出的过程。其中包含大量信息的收集、存储、转换、传递、反馈、再生与合成，从而将设计的功能要求转化为具体解的实物结构。这种贯穿于设计过程的信息处理若借助于计算机来完成，就可极大地提高设计工作效率与质量。例如，在机电产品的方案设计中，总的原理方案是由实现设计目标的各个分功能（或称功能元）的解法组合而成。若事先将实现各种基本功能的物理功能元（机、电、光、热等物理效应）及逻辑功能元、数学功能元存入计算机，即建立所谓“设计目录”。这样就可针对具体的设计目标由计算机得到各种组合的可能方案，既可避免设计者因思路不宽或经验不足而遗漏某些可能是较佳或最佳的方案，也可极大地缩短搜寻设计方案的周期，减轻工作量，提高设计效率。

3）关于设计自动化智能化

设计方法学研究的一个目标就是设计的自动化、智能化。这一目标的实现无疑是以计算机技术为支撑的。虽然目前CAD技术的发展主要还是把计算机用于设计过程中的计算和绘图，即更多地局限于技术设计和施工设计阶段（含CAM或CAE）。但随着设计方法学研究和计算机技术的发展，计算机必将在设计过程的各个阶段（包括评价和决策）中发挥作用。现在已经开发成功并发挥重要作用的CAD专家系统，则是实现设计自动化、智能化的重要的初级阶段，朝着自动化、智能化迈出的重要一步。

10.2.3 计算机辅助设计（CAD）简介

CAD 本身包含非常广泛的内容，下面通过不同角度的分类简单介绍 CAD 的基本概念、内容和功能，以期建立 CAD 的一个初步框架。

1. 以 CAD 过程分类

CAD 已经可以应用于工程设计的各个阶段，如产品规划阶段、方案设计阶段、技术设计阶段、施工设计阶段以及模拟制造，这一划分是纵向的。相对而言，施工设计阶段的应用较为容易和成熟。

1）产品规划阶段

这一阶段的主要工作有市场调研、预测及设计任务书的拟定。计算机预测系统就是将人的主观经验与计算机的数据处理能力结合起来，对已知的信息和数据（来源于市场调查、同类产品的统计等）进行加工、反馈、分析、判断，从而输出对未来预测的决定。一般计算机预测系统由预测资料库、定量分析模型、经验判断与评价综合预测四部分组成，采用人机对话方式运行。

2）方案设计阶段

此阶段的主要任务是探求实现设计目标尽可能多的原理（功能）方案，并进行综合比较，评价决策出较优或最优的方案。这一阶段既是发挥设计人员创造能力的重要阶段，也常常是决定设计质量的关键阶段。如上所述，可通过建立设计目录以充分利用计算机进行方案的组合与选优。当然尚需对设计目录的建立及其适用性予以深入研究。

3）技术设计阶段

技术设计包括结构设计、确定零件尺寸及强度、刚度计算等（含有限元分析、参数优化及可靠性），包括总体结构、人机工程、工业造型等方面的分析和设计，进行价值优化分析，完成总体图和外形图。从这一阶段开始，计算机的应用已经取得实质性的进展。

4）施工设计阶段

施工设计主要生成零件图、装配图以及有关技术文件，这是目前实用 CAD 系统的主要内容，本教材介绍的 AutoCAD 等就属于这一阶段的辅助工具。

5）模拟制造阶段

在实际加工前，在计算机上模拟加工过程。例如基于二维数据的线切割模拟，基于三维数据的注塑过程模拟等。

2. 以 CAD 层次分类

CAD 层次主要是从数据结构表示的二维或三维来区分的，同时可以考虑这种数据表示的来源，这也是一种纵向划分。要进行更高层次的 CAD 工作，三维表示是必不可少的，例如要进行有限元分析等，而二维表示是基础。

1）二维层次

（1）二维到二维

通过数字化仪可以直接输入矢量化的二维图形，例如在服装 CAD 中可以通过数字化仪输入原有的衣片和裤片。

通过交互作图直接得到矢量化的二维图形是目前广泛采用的方法。

通过扫描仪将现有图纸输入计算机，此时的存储方式为点阵形式。可以通过点阵直接输出，或者转化为矢量形式，或者点阵/矢量混合形式得到图样结果。

（2）三维到二维

由三维物体经投射得到二维图形，这是一种具有唯一解的输入方法。

一般图形表达都是由人来决定的，如果要由计算机参与更多的工作，则涉及如下的智能处理：选哪个方向为主视图方向，用多少个视图来表达，采用什么表达方法，如全剖、半剖、局部剖、断面、局部视图等，如何标注尺寸，等等。

2）三维层次

（1）三维到三维

三维物体的获得一般通过三维几何造型，由圆柱、圆锥、球、棱柱、棱锥等基本形体和扫描体经布尔运算得到所需的三维实体，可以认为是"形体分析综合法"在三维造型中的成功应用。其造型方法已经历了线框模型、表面模型、实体模型、特征模型等发展阶段，正在进行特征模型的研究应用以及这些模型表达之间的转换。

（2）二维到三维

由二维图形通过一定手段生成三维立体的方法，可以分为两类，即 SWEEPING 和三维重建。目前普遍采用的方法是由二维型面通过 SWEEPING 操作得到扫描体，常规的有平移扫描、旋转扫描，这种方法已经成为三维造型不可缺少的重要手段，包括在最著名的商品化软件中。二维型面可通过方便的草图方式产生，由尺寸驱动的参数化获得精确表示，并可随时加以改变，由此可直接得到三维参数化的结果。更复杂的一般扫描方法通过改变母线和导线可以生成弹簧、叶片等复杂零件。

三维重建是较为困难但极具诱惑力的方法。它通过给定的若干二维视图，由计算机自动生成三维物体。由于多解和病态解，由于诸多的工程语义和习惯，这种方法的实用化较为困难。

3. 以 CAD 对象分类

CAD 并不是提供一个完全通用的解决方案，它所能解决的问题必然与所在领域有关。CAD 应用的不同行业，主要有机械、模具、电子、土建、纺织、服装、控制系统等，这是一种横向的划分。

以机械和建筑这两个典型行业为例作一些讨论。从图形表达规律来看，机械行业变化很多，建筑行业比较规则；从图形表达准确性来看，机械行业要求准确，建筑行业相对要求较低；从经济效益来看，机械行业较差，建筑行业效益好，因此更有可能在 CAD 上进行投资；从总体应用情况来看，机械行业不甚理想，建筑行业应用面广且成效显著。另外从设计与制造的分离性来看，机械行业的设计与制造联系紧密，建筑行业设计与制造可以完全分离，这一特点又进一步促进了 CAD 技术的应用。电子行业、服装等行业的情况基本上居于机械和建筑两行业之间。

机械行业的 CAD 起步最早，但由于多方面原因，其应用情况并不理想。然而，大多数 CAD 系统还是针对机械行业的，从下面介绍的 CAD 基本功能可以看到这一点。

4. CAD 基本功能

高水平的 CAD 软件必然以三维模型为基础、以统一的数据库为核心，将设计、分析测试和数控等多种功能集于一体，并具有数据库管理系统和多种应用接口，为产品开发提供良好的、有效的并行工程开发环境。

其主要功能如下：

1）实体造型功能

用实体模型描述零件的形状特征，因此实体造型是CAD系统最基本的功能，造型功能的强弱和造型的效率直接影响产品开发的速度。

2）有限元分析模块

有限元分析方法是目前机械结构强度、刚度、热特性及动力特性分析计算中最常用、最有效的方法之一。它不仅能处理具有复杂结构形状、边界条件和材料特性的线性问题、静力学问题，还能处理非线性、动态等其他问题。一般分为前置处理、分析计算、后置处理三大部分。

3）系统动力分析模块

有限元分析模块可以对单一零件的动力特性进行分析计算，但实际产品总是由一定数量的零件通过各种方式连接而成的机械系统。系统动态分析模块的作用就是分析计算机械系统的动力特性，以提高整个产品的动态性能。动态分析的主要理论基础是模态分析和模态综合分析理论，采用的主要方法是基于有限元模型的数值计算方法。

4）优化设计模块

一个产品或零件往往有多个设计方案，优化设计的目的就是要在众多的设计方案中选择一个最佳方案，使得选定的目标达到最优。优化设计的理论基础是数学规划理论，常用的优化方法是数学规划法。一般分为建立优化模型、优化计算、优化结果显示（或称科学计算可视化）、根据优化结果的模型更新等四大部分。

5）测试信号分析模块

对于一些结构或工况复杂的机械产品，单纯根据理论方法进行设计是比较困难的。这些产品分析模型的建立、模态参数和工况载荷的识别等往往需要对现有产品或产品模型进行实验，因此产品测试数据的分析处理是产品开发的一个重要手段。

6）数控编程模块

产品设计经结构设计、外观设计、分析模拟和优化设计等环节后，如果其设计性能已达到规定的设计指标，则可由数控编程模块产生零件的数控加工程序。一般采用交互式图形编程方式，它直接引用前端的设计信息进行编程，无须重新描述零件的几何形状和大小。数控程序经后置处理生成特定机床的加工代码，这些代码指令可以直接或间接地传送到数控机床进行加工。

7）绘图模块

绘图模块的主要作用是生成产品的加工图样。各种二维视图可由绘图模块直接绘制，也可由三维模型向二维平面投射而成，然后由绘图模块完成尺寸、形位公差、表面粗糙度和各种注释的标注，以及绘制剖面线，进行图形编辑和变换等。

10.3　计算机绘图及图形处理

10.3.1　计算机绘图的几种模式

工程图样是基于图形方式的产品定义，是工程技术人员描述设计对象、表达设计思想的主要工具。工程图样及其表达方法包含了人类二百多年智慧的结晶，它以画法几何学为基本原理，随着人类社会的工业化进程及生产实践经验的总结，逐步成为一门工程设计领域的重要技术；特别是随着人类社会从工业社会进入信息时代，生产流程中的传统媒介——工程图纸正逐步被磁带、磁盘等信息储存介质所取代。因此，研究、回顾和展望工程图样的计算机处理的基本模式具有重要意义。

第一模式以非被动式为主要特征，以图样的计算机表达为主要目标。这一模式已经较为完善，正在朝着参数化、智能化、自动化和一体化的方向发展。同时，以图形表达为依托，不断向初始设计阶段延伸。

第二模式以主动式为主要特征，通过扫描仪自动输入工程图样，针对得到的光栅信息进行相应的处理。

第三模式以自主式为主要特征，从工程图样出发，通过计算机对工程图样的智能理解，从而实现参数化的尺寸驱动、重建工程图样表达的三维产品实体、由计算机辅助工艺规划（CAPP）实现计算机辅助制造（CAM）等。这一模式由于20世纪80年代中期出现的扫描仪而变得很有意义。

目前，三个基本模式是同时存在的，从第一模式到第三模式的发展过程实际上是人不断得到解放的过程，这也正是利用计算机辅助人类工作的出发点和归宿。工作方式从被动式到非被动式，再从主动式到自主式，成为划分工程图样处理模式的基本依据。

表10－2表示了工程图样处理基本模式的主要特征，其中被动式绘图是一种早期的方法，对应于多人一机的批处理方式，目前已不再使用。从另一个角度也可看到从批处理方式到实时处理方式、从非交互式到交互式、从矢量模式到光栅模式的发展轨迹。

表10－2

<table>
<tr><th colspan="2"></th><th>用户界面</th><th colspan="4">主要特征</th></tr>
<tr><td colspan="2">被动式</td><td>源程序</td><td>无显示器直接在绘图机上绘图</td><td rowspan="2">批处理</td><td colspan="2"></td></tr>
<tr><td rowspan="3">非被动式</td><td>编程</td><td>源程序</td><td>在显示器上调试源程序且绘图</td><td rowspan="2">非交互</td><td rowspan="2">矢量</td></tr>
<tr><td>非编程
非交互</td><td>数据</td><td>给出不同数据可以在显示器上获得不同图形</td><td rowspan="3">实时方式</td></tr>
<tr><td>交互</td><td>图形</td><td>在显示器上交互定义修改图形</td><td rowspan="3">交互</td><td rowspan="3">光栅</td></tr>
<tr><td colspan="2">主动式</td><td>扫描仪</td><td>光栅信息自动输入且矢量化</td></tr>
<tr><td colspan="2">自主式</td><td>图形理解</td><td>基于光栅和矢量的智能理解</td><td></td></tr>
</table>

1. 非被动模式：工程图样的计算机表达

工程图样的计算机表达大致有两类方法。一般在微机上大多采用基于二维的方法，在工作站上除了二维方法外，还采用先进行三维实体造型再投射生成工程图样的方法。在第一模式中，不论工作方式和用户界面如何，自始至终需要人的参与，当然参与的形式和程度会有所不同。

编程法是一种比较原始的方法，对使用者的要求很高，需要使用者熟悉计算机语言及具备程序调试技能，往往要经过编辑、编译、连接、运行的多次循环。当然，对一些只有局部结构变化的成熟定型零件的参数化和标准件的建库，仍不失为一个有效的方法。

如果说编程法是使用者直接与源程序打交道，那么非编程非交互方法是使用者与数据文件打交道，但还未达到与图形直接交互的水平。该方法不再需要编辑、编译、连接、运行的过程，而是通过一个通用的命令解释模块来完成用户需要的操作，生成所需图形，当然对于生成的图形应该可以进行后续处理。

交互法是目前广泛使用的一种方法，使用者通过用户界面直接与图形打交道，而不必理会计算机内部的处理方式。

基于三维的投影法是先进行三维造型设计，然后按不同方向投射，得到二维工程图样，这是一种具有唯一解的生成方法。但它受到几个方面的制约，其一是许多物体三维造型本身相当困难，如复杂的箱体类零件以及某些细小结构的造型；其二是在如何投射、用多少视图、用什么表达方法、如何标注尺寸等方面需要很多的人工干预。

交互技术是流行的常规处理方法，在交互处理的基本平台上，更多地引入参数化、智能化、自动化和一体化技术是本模式的发展方向。

2. 主动模式：工程图样的扫描输入及处理

图形信息输入历来是CAD中的瓶颈问题，第一模式的发展没有把人真正解放出来，而扫描仪自动输入工程图样为解决这一瓶颈问题提供了有效的手段。

首先可以利用原有设计经验实现新的工程设计，即通过扫描仪将包含多年设计经验结晶的原有工程图送入计算机，在此基础上加以改造产生新的设计。

其次可以建立数字型的技术档案，方便资料管理，光盘的储存量大、可靠性高、寿命长、成本低，存储在光盘上的资料查找方便、移动性好、保密性好。

特别是它将为第三模式的工作奠定坚实的基础。

当然，停留在光栅层次上的处理过于低级，难以发挥大的作用。但是由光栅信息向矢量信息的矢量化转换是一个新“瓶颈”，已经提出了很多算法，推出了很多系统，随着图像处理、模式识别、人工智能等相关技术的发展，特别是用户需求的推动，矢量化技术会得到更快的发展。

矢量化的基本步骤是：针对二值图像，先进行图文分离，对图形实施细化跟踪，获得轮廓线、中心线、细实线等信息，对文字符号则通过模板匹配等识别方法，获得字符或字符串，然后通过图形部分的箭头识别与字符串结合提取尺寸框架，最后生成CAD系统格式的绘图文件，如矢量化的结果可以是DXF形式的数据文件。

3. 自主模式：工程图样的计算机理解

工程图样的表达基于如下三个方面的合成：即平行投影理论、形体分析方法、工程制图规则。工程图样的理解是工程图样表达的逆过程，由于表达过程的信息损失，图形理解具有很高的难度，我们可以从研究这三个方面的形式化出发。

平行投影理论的形式化最为简单，工程制图规则的低级形式化容易实现，但高级形式化相当困难，因其包含了许多模糊工程语义，形体分析法往往可以成为形式化的突破口。所谓“形体分析法”，即认为任何复杂的物体（这些物体是比较规则的形体，即不包括一般曲面体）都可以分解成为较简单的基本体的各种组合。基本体包括圆柱、圆锥、球、环体、棱锥、棱柱等六类，组合方式包括基于叠加的相接、相切、相交方法和基于平面的截切。这一思想已经成功地应用于三维几何造型系统中，并且增加了扫描体这一基本体素，相交即布尔运算（Boolean

Operation)，相接即粘连（Glue），截切操作一般作布尔差运算，当然对于相切处理还不是非常有效。

工程图样的图形表达和尺寸标注都应用了这个思想，有经验的工程师的工程图理解过程主要就是综合图形和尺寸因素分析基本体及其组合。将形体分析法的思想引入计算机图形理解是必要的，也是可能的。

当前工程图样理解技术的发展主要有如下几个方面：

1）离线参数化技术——从二维几何模型到二维参数化模型

一般的参数化技术是在特定系统内部完成的，不同系统之间缺乏可转换性，可称之为在线参数化技术。而由任何系统、以任何模式特别是第二模式得到的二维几何模型，由通用软件实现参数化称之为离线参数化技术。

显然，任意复杂的工程图样，完全由计算机自动实现参数化，至少在相当长的时间内还是无法实现的。即使离线参数化技术走向实用，又不过分增加人的负担，因此，如何适当地引入人的因素，成为系统权衡的主要依据。

从人的参与来看，可以划分为以交互指点为主的处理方法、以交互指点为辅的方法和基本由系统自动处理的方法；从处理的对象来看，可以划分为单视图、多视图、包含各种表达方法的复杂视图等。

2）三维重建技术——从二维平面模型到三维立体模型

由三视图自动生成轴测图是许多工程师梦寐以求的愿望。自从 1973 年提出三维重建课题以来，虽经二十多年的研究但进展不大，究其原因可能是没有从工程图样角度出发来考虑和解决问题。

例如，传统的三维重建基本上是从数学和逻辑推理角度考虑问题，由于工程图样表达的积聚性和规则性等特性，如果不从图形角度出发，则不可避免地会产生大量的虚点、虚线、虚面和虚体，这些虚元素需要花大量的时间去消除，往往又根本无法消除，或无法正确消除。

又如，传统的三维重建是基于单纯视图的，但单纯视图确实离工程图样很远。应该说，引入尺寸不但不是一种累赘，相反地，它可以指导理解和重建。例如两平行线间标有“ϕ”尺寸，并且两平行线中间必然有点画线，完全可以断定这是一个圆柱的投影，甚至在投影省略情况下同样适用，这样对其他视图的理解和三维重建起到了强化的指导作用。反之，没有尺寸时，要确定是否为圆柱，至少需要两个投影，并且不允许投影有省略的情况。

3）尺寸自动标注技术——从形状模型到大小模型

由已知图形信息自动实现尺寸标注是尺寸标注领域的最高理想。当然这是相当困难的，其原因是：

（1）尺寸自动标注有赖于三维重建的实现，因为只在二维领域，不要说计算机，就是人也是不可能进行尺寸标注的，因为人的标注过程实际上是在脑子中重建三维立体的背景下结合许多相关知识完成的。

（2）尺寸标注与诸多因素有关，如视图表达方案、加工工艺知识等。

（3）尺寸标注的正确与否的判断、冗余与不足的检查较为困难。

4）广泛的集成化技术——从工程图样模型到产品模型

工程图样表达的不仅仅是形状和大小的信息，而是一个完整的产品模型。如果由计算机重建这一产品模型就有可能加入到集成化模型中。因为一般的集成化模型是建立在三维实体模型之上的，而广泛的集成化技术将工程设计人员熟知的工程图样也加入集成化模型中，它有赖于前述若干图样理解技术的实现。

10.3.2 图形基本处理技术

本节图形基本处理技术是指图形交互处理的基本技术，读者如果有兴趣和可能，在掌握交互绘图软件使用的基础上，对计算机图形处理技术可由此入门。图形基本处理技术主要包括三个方面：图形的数据结构、图形元素的定义、图形交切和编辑修改。

1. 图形的数据结构

1）数据结构基本概念

所有信息在计算机内部都是以数据的形式出现的，数据结构是指数据之间的结构关系，包括数据的逻辑结构和物理结构。数据的逻辑结构描述的是数据之间的逻辑关系，如线性结构和非线性结构。数据的物理结构，又称存储结构，指的是数据在计算机存储器中的存储方式，例如顺序存储、链表存储等。

计算机图形处理时对图形的描述有多种方式，通常使用的有线性表、数组、树等逻辑结构，顺序存储、链表存储等存储结构。

同一图形或物体可以用多种数据结构描述，但任何一种结构都应具备以下基本要求：

（1）能描述物体或图形的几何信息和拓扑信息。前者是描述几何元素的几何量，后者则描述各几何元素之间的相互关系。

（2）便于对物体或图形进行增删和修改等操作。

（3）要求快速进行运算和处理，较少占用内存。

2）图形数据结构特点

图形数据结构有以下三个方面的概念：

第一，是数据在内存空间中的通用的基本组织技术，如线性结构的线性表、数组、栈和队列、单向链表、循环链表和多重链表，非线性结构的二叉树、多叉树，以及排序和查找，等等。这是一般数据结构课程中讨论较多的内容。

第二，是图形数据结构的动态的具体实现，如基本图形元素点、线、圆的数据结构，数据结构的生成、检索和删除等。

第三，是图形数据在外存储介质上的静态的具体组织形式，即图形信息的存储和读入，如线集数据结构（DXF 是典型代表）、环数据结构、参数化数据结构等。

这三个方面是相互依存的，通常往往只注意到第一方面的内容，这是远远不够的。

3）图形元素检索

在交互处理中，在给定的数据结构下，如何检索到所需的图形元素是交互处理的关键所在，找到元素才有可能对其进行相应操作，从而成为交互控制而不是单向输出。主要分为三步：

（1）建立一个鼠标驱动的光标；

（2）将光标所在位置与相应元素作比较，此时必然涉及从第一个元素到最后一个元素的循环、涉及图形变换等操作；

(3) 选中元素的交互响应。

2. 图形元素的定义

图形元素定义是指单个图形元素在已知定形尺寸、定位尺寸的情况下的直接定义。图形元素的定义以点为基础，结合相关参数决定一个单纯几何元素。这就决定了一种图形元素的定义有多种方式，这部分内容可参见附录C。

1) 点的定义方式

点的定义主要有以下几种：

(1) 键盘输入点的坐标。

(2) 光标输入点的坐标。

(3) 距离定义点 ΔX、ΔY 的相对点。

(4) 距离定义点某一转角和距离的点。

(5) 两点之间某定比的一点。

(6) 线上两点之间的一点；圆或圆弧上的一点。

(7) 取一个已知点，线段的端点，圆弧或圆的圆心等。

较常用的是第1、2、4、7种点的定义方法，特别是第4和第7种方法是在对特定点搜索的基础上进行的。

2) 线的定义方式

线的定义有两点决定直线，一点和一角度决定直线。

3) 圆的定义方式

圆的定义有圆心点加半径；圆心点加圆上一点；圆周上两点加半径；三点定圆。

4) 其他元素定义

图形元素还包括其他一些子图形的定义如矩形，特殊角度圆弧，六边形等。尽管图形元素的定义方式有多种，但生成的图形元素必须以统一的数据结构表达。

3. 图形交切和编辑修改

图形几何交切涉及已有几何元素之间的关系，也就是满足一定约束关系的新的几何元素的生成。例如，求线线、线圆、圆圆的交点，求线线、线圆、圆圆的切圆，求圆圆的切线，过一点作圆的切线，求线的平行线等。几何交切的关键问题是得到所需的唯一解。

通常情况下，当遇到求一些几何交切元素如点到圆的切线、线与线的切圆等，采用的是数值求解的方法，即采用方程组联立求解未知元素。但是多解的情况比较难以解决，需要限定求解的条件，而且不直观。

几何交切是建立在代数求解基础上的一种求解方法。该方法充分利用图形元素的几何特性，并将这些特性用简单的正、负数值表达出来，扩充了图形元素的信息，使得求解过程十分简明和直观。几何交切求解方法最终的计算都是简单几何元素之间求交运算以及三角函数运算，计算量比较小。易于编程实现，而且利用图形元素的几何特性可以简便地确定多解情况下的唯一解，这是代数求解方法所无法比拟的。几何交切中最为复杂的情况是求两圆的过渡切圆，两个圆的相互关系有相离、相交、相切、包含，相切时又分为内切和外切两种情况，共有18种情况，但采用几何交切求解方法也可以较好地解决。

镜像和复制是产生新图形元素的又一种方法。复制较为简单，只是利用已有的数据产生新的结点，再将新的结点加入到链表中即可；镜像比复制复杂一点，镜像的关键是计算出点的镜像点，由新点的信息可以产生新图形元素的信息。点的镜像点计算可以利用相应函数完成。

应当注意的是镜像和复制与图形变换的区别在于：图形变换不产生新的图形元素。

图形编辑修改可参照 AutoCAD 有关功能，在此不再详述。

10.4 计算机绘图及 CAD 的发展趋势

传统意义上的 CAD 软件技术已进入了成熟的发展时期，今后 CAD 软件技术的总体发展趋势是不断地向设计、产品、开发和应用的全过程拓展其内涵，在更高的层次上、更广的范围内，以更有效的手段辅助人类开展工作。

1. 向设计的全过程拓展——智能化和一体化

设计是一个反复迭代的过程。CAD 已经可以很好地完成具体技术设计、分析优化等详细设计阶段的任务，CAD 必须向设计的初步阶段发展，如综合和构思的概念设计；CAD 也必须向设计的高级阶段发展，如评价和决策。只有向设计的全过程拓展，才能使人类的创造潜力得到更大的发挥。

设计具有创造性、多解性、近似性、经验性和综合性等特性。这些特性在概念设计构思阶段表现尤为明显，这一阶段对设计具有决定性影响，同时又不易进行计算机模拟。这些工作必须依赖于建立一定的知识模型，采用人工智能技术，特别是专家系统的技术，与传统的 CAD 技术结合起来，形成基于算法和人工智能相结合的混合型智能 CAD 系统。智能 CAD 系统不仅能完成传统 CAD 的计算型的工作，更能完成基于知识的推理、选择、决策、评价等具有创造性的工作，以便在产品开发过程中尽早地形成一个优良的设计方案。

因此，CAD 技术的发展将是全面地支持从概念设计、外观设计、功能设计、性能设计、可靠性设计到详细设计的各个步骤的智能型的一体化的设计系统。

2. 向产品的全过程拓展——集成化和并行工程

设计是获得产品的一个方面，从某种意义上来说，制造是获得产品的更重要的方面，因此 CAM 比 CAD 更能直接产生经济效益。CAD 与 CAM 集成的关键在于建立公用的工程数据库，并使用统一的数据结构。与智能化的发展相适应，需要建立知识库，以便利用人工智能进行推理。

计算机辅助数控编程实现了从设计到加工的基于数据层次的一体化，如果加上计算机模拟，还可以检验数控程序的正确性，这是集成的最低层次。随着工业机器人、柔性制造技术的发展，出现了把 CAD、计算机辅助工程 CAE、CAM、计算机辅助工艺规划 CAPP、计算机辅助检测 CAT、机器人自动编程以及物流管理 MAP、管理信息系统 MIS、辅助决策支持系统 DSS 等集成在一起的计算机集成制造系统 CIMS。这一高度集成技术正处于不断的发展之中。

并行工程是一种包括人机集成和系统功能集成在内的整体优化的集成。它采用并行的方法处理产品设计及其相关过程，包括制造及支持过程。并行工程是建筑在信息集成基础上的优化运行模式，是一种哲理，并没有固定的程式。它的目标是提高设计、工艺、制造、服务全过程的全面质量，降低产品全生命周期的成本，缩短产品研制开发周期，使得产品以最快的速度上市并一举占领市场。

已有三项软件技术支持并行工程，包括产品定义数据库或主模型（Master Model），广泛集成的基于知识的软件工具以及产品数据管理（PDM）软件。

3. 向开发的全过程拓展——通用化和标准化

CAD系统是由不同的硬件和软件组成的，系统之间需要互相交换数据，软件需要可移植性，硬件需要可替代性，新旧系统之间需要兼容性，这就提出了通用化和标准化的问题。

CAD系统的标准化已经历了三个阶段：（a）图形标准——解决图形显示的基本命令、交互图形输入输出、图形终端命令的标准化，如GKS，GKS-3D，PHIGS等；（b）数据交换标准——不同系统之间几何图形数据交换的标准化，如IGES和DXF文件；（c）产品定义数据——统一的产品数据定义的标准化，如STEP标准，它以切实地进行产品模型数据的完善交换为最终目标。

另一方面，MS Windows和X Window现在已成为微机和工作站上应用软件的通用的用户界面。它们用图形符号表示按钮开关、页面滚动、程序的执行等待，提供生成各种菜单、对话区、标题栏、图符的工具，大大简化了应用程序的商品化包装和不同机型之间的移植，真正达到了事半功倍的效果。很明显，图符式用户界面替代字符式用户界面是必然趋势。

标准化将是一个持续进行的过程，作用于硬件和软件两个方面，贯穿于软件开发的全过程，将避免低水平重复，并不断提高软件开发的水平，使开发者和使用者都获得极大的益处。

4. 向应用的全过程拓展——商品化和实用化

市场上的各种商品化的CAD软件系统都属于通用支撑软件领域，其技术已达到了很高的程度，但各个不同专业领域的CAD应用软件开发还相对滞后，有些用户在支撑软件平台上二次开发产品应用软件还很困难，致使CAD系统的作用没有得到很好发挥。因此，一些CAD系统软件公司注重应用软件开发，或者把第三方的应用软件集成在自己的CAD系统中，向用户提供系列软件。这样做是非常实用的，显然，此时标准化和系统的开放性显得非常重要。

附录 A　AutoCAD 的基本命令

附录 A 包括的内容：

一、基本图元的绘制
二、绘制带宽度的线
三、设计图层与线型
四、书写文字和设置字型
五、图案填充
六、选择目标
七、构造复杂图形命令
八、块的构造和插入
九、图形修改命令
十、目标捕捉原理
十一、显示控制
十二、其他辅助命令
十三、尺寸标注命令
十四、尺寸编辑命令

AutoCAD 绘图功能可按命令行方式和菜单方式来执行。如画线，“LINE”为命令，“”为图标菜单，“[Draw] -> [Line]”为下拉菜单，选择其中之一执行画线命令。命令方式在屏幕下方 Command：后键入相应命令。菜单方式可以选下拉菜单或图标菜单来进行，使用图标菜单较直观。AutoCAD 不同的版本其命令基本不变，图标可能有所不同。附录 A 给出了以命令形式的执行方式，如通过菜单形式来执行，该命令的执行及交互提示不变。

一、基本图元的绘制

1. LINE 画直线

【功能】可画出两个坐标点之间的直线。

【菜单位置】[Draw] -> [Line]

【操作】

Command：<u>LINE</u>

From Point：（<u>输入直线的起点坐标</u>）

To Point：（<u>输入直线的终点坐标</u>）

To Point：

【说明】

（1）最初由两点决定一直线，若继续输入第三点，则画出第二条直线。

（2）坐标输入时可用光标指点输入坐标（此时若画水平线或垂直线时，请按 F8 进入正交模式 ORTHO），或用绝对坐标和相对坐标直接输入。

（3）在“From Point：”处直接打回车表示：

① 若上次做出的是线，则从其终点开始绘图。

② 若最后作的是弧，则从其终点及其切线方向作图，要求输入长度。

（4）在“To Point:”处除可输入坐标外，还可打：

U——回退一次，即消去最后画的一条线。

C（Close）——最后一段线回到起始点，即形成封闭图形，同时命令结束。

回车——命令结束。

2. CIRCLE 画圆

附 A 图 -1

【功能】画整圆。

【菜单位置】[Draw] - > [Circle]

Circle 命令有以下几个选项：

2P——用直径的两端点决定一圆

3P——用三点决定一圆

TTR——用两切点及半径决定一圆

Center，Radius——用圆心及半径决定一圆

Center，Diameter——用圆心及直径决定一圆

【操作示例】

Command：<u>CIRCLE</u>

Specify center point for circle or [3P/2P/Ttr（tan tan radius）]：TTR

Specify point on object for first tangent of circle：（选附 A 图 -1A 线：第一条切线）

Specify point on object for second tangent of circle：（选附 A 图 -1B 线：第二条切线）

Specify radius of circle〈1.0000〉：1（输入 1，或选取两点的距离为 1）

【说明】

半径或直径的大小可直接输入数据或在屏幕上给出两点，取两点间的距离。

3. ARC 画圆弧

【功能】画一段圆弧。

【菜单位置】[Draw] - > [Arc]

符号的意义如下：

A——所包含的角度（Angle）

C——圆心（Center）

D——圆弧起点的切线方向（Direction）

E——圆弧终点（End）

L——弦长（Length of Chord）

R——半径（Radius）

S——圆弧起点（Start）

画圆弧的方法分四大类，如附 A 图 -2 所示。

【操作示例】

Command：<u>ARC</u>

Specify start point of arc or [Center]：（输入第一点坐标或选取第一点）

Specify second point of arc or [Center/End]：（输入第二点坐标或选取第二点）

Specify end point of arc：（输入第三点坐标或选取第三点）

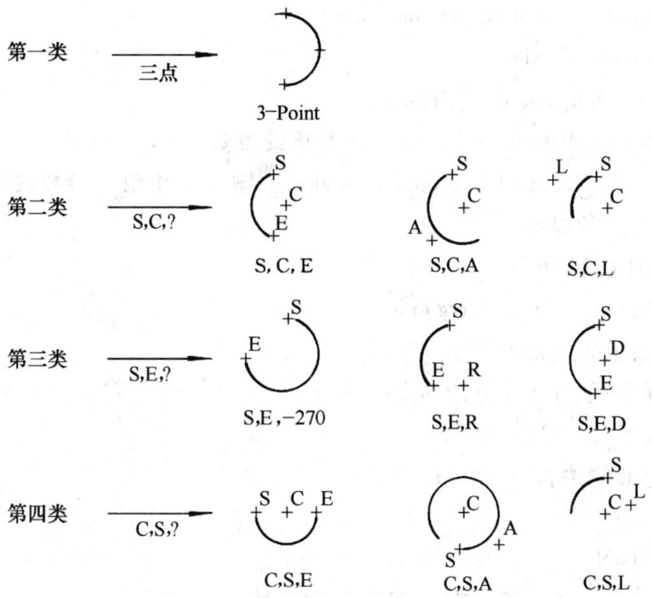

附 A 图 -2

【说明】

（1）缺省状态时，AutoCAD 以逆时针画圆弧。若所画圆弧不符合要求，可以将起始点及终点倒换次序后再画。

（2）如果用回车键回答第一个提问，则以上次所画线或圆弧的终点及方向作为本次所画弧的起点及起始方向。这种方法特别适用于与上次线或弧相切的情况。

4. ELLIPSE 画椭圆

【功能】画椭圆（弧）。

【菜单位置】［Draw］ - > ［Ellipse］

【操作示例】

Command：ELLIPSE

Specify axis endpoint of ellipse or ［Arc/Center］：

此时有三种响应：

（1）Axis endpoint——给轴端第一点，接着 AutoCAD 提示：

Specify other endpoint of axis：给轴端第二点

Specify distance to other axis or ［Rotation］：给另一轴向径长或 R 给旋转角度，角度的正弦为椭圆离心率。

（2）C（Center）——给椭圆心，AutoCAD 提示：

Specify center of ellipse：椭圆心

Specify endpoint of axis：一轴端点

Specify distance to other axis or ［Rotation］：给另一轴向径长或 R 给旋转角度，角度的正弦为椭圆离心率。

（3）A（Arc）——画椭圆弧，AutoCAD 提示：

Specify axis endpoint of elliptical arc or [Center]:

Specify other endpoint of axis:

Specify distance to other axis or [Rotation]:

Specify start angle or [Parameter]: 输入起始角或参数

Specify end angle or [Parameter/Included angle]: 输入终止角、参数或椭圆弧夹角

5. POLYGON 画正多边形

【功能】画 3 边到 1024 边的正多边形。

【菜单位置】[Draw] -> [Polygon]

POLYGON 命令画正多边形有三种方法：

(1) 设定外接圆半径(I)(见附 A 图 -3)；

(2) 设定内切圆半径 (C)；

(3) 设定正多边形的边长 (Edge)。

【操作示例】

Command: POLYGON

Enter number of sides 〈4〉: 8 (输入多边形的边数)

Specify center of polygon or [Edge]: (输入圆心或 A 点见附 A 图 -3)

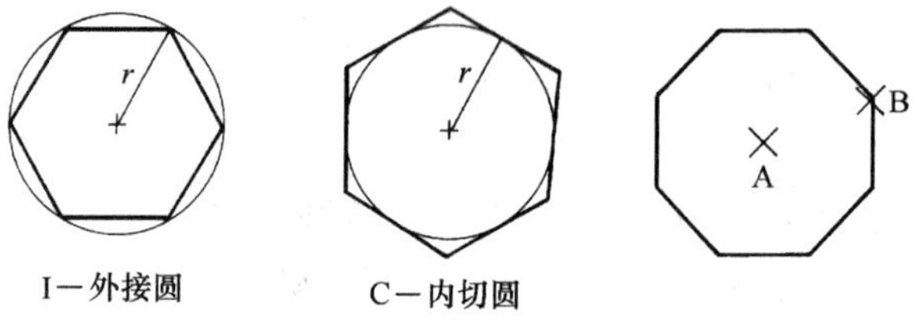

附 A 图 -3

Enter an option [Inscribed in circle/Circumscribed about circle] 〈I〉: I (外接圆)

Specify radius of circle: (输入半径或 B 点)

二、绘制带宽度的线

PLINE 画组线（多义线）

【功能】作组线（多义线）。组线由直线和弧组成，它有一系列附加特性，如线的宽度可以变化（等宽度或锥度），可以作曲线拟合等。

【菜单位置】[Draw] -> [Polyline]

PLINE 命令中各选项的意义如下：

A (Arc) ——画弧，AutoCAD 再提示：

Angle/CEnter/CLose/Direction/Halfwidth/Line/Radius/Second pt/Undo/Width/ 〈Endpoint of arc〉:

此时各选项的意义如下：

A (Angle) ——指定弧所对应的圆心角。AutoCAD 总按逆时针画弧，若需画顺时针弧时应按输入角度值画。

CE（CEnter）——输入圆心。

CL（CLose）——画封闭弧回到起点。

D（Direction）——指定画弧的切线方向。

L（Line）——恢复到画直线状态。

H（Halfwidth）——输入半宽。

R（Radius）——指定圆弧的半径。

S（Second pt）——指定圆弧经过的第二点。

U（Undo）——取消上一步操作。

W（Width）——指定组线的宽度。

〈Endpoint of arc〉——圆弧的终点。

C（Close）——与起点连接画闭合线。

H（Halfwidth）——输入半宽。

L（Length）——按前段线的方向画一条指定长度的线。

U（Undo）——取消上一步操作。

W（Width）——给组线的宽度。

〈End point of line〉——直线的终点。

【操作示例】

Command：<u>PLINE</u>

Specify start point：3，3（给定起点）

Current line - width is 0.0000

Specify next point or [Arc/Close/Halfwidth/Length/Undo/Width]：W（设定宽度）

Specify starting width 〈0.0000〉：0.1（起点宽 0.1）

Specify ending width 〈0.1000〉：〈Enter〉（终点宽 0.1）

Specify next point or [Arc/Close/Halfwidth/Length/Undo/Width]：4，3（给线的终点）

Specify next point or [Arc/Close/Halfwidth/Length/Undo/Width]：W（设定宽度）

Specify starting width 〈0.1000〉：0.2

Specify ending width 〈0.2000〉：0

Specify next point or [Arc/Close/Halfwidth/Length/Undo/Width]：5，3（给线的终点）

Specify next point or [Arc/Close/Halfwidth/Length/Undo/Width]：〈Enter〉

Command：<u>PLINE</u>

Specify start point：7，3（给定起点）

Current line - width is 0.0000

Specify next point or [Arc/Close/Halfwidth/Length/Undo/Width]：W（线宽）

Specify starting width 〈0.0000〉：0.1

Specify ending width 〈0.1000〉：〈Enter〉

Specify next point or [Arc/Close/Halfwidth/Length/Undo/Width]：7，4

Specify next point or [Arc/Close/Halfwidth/Length/Undo/Width]：A（画圆弧）

Specify endpoint of arc or

[Angle/CEnter/CLose/Direction/Halfwidth/Line/Radius/Second pt/Undo/Width]：W（给线宽）

Specify starting width 〈0. 1000〉：〈Enter〉

Specify ending width 〈0. 1000〉：0

Specify endpoint of arc or

[Angle/CEnter/CLose/Direction/Halfwidth/Line/Radius/Second pt/Undo/Width]：8，4

Specify endpoint of arc or

[Angle/CEnter/CLose/Direction/Halfwidth/Line/Radius/Second pt/Undo/Width]：〈Enter〉

此时所作图如附 A 图 -4 所示。

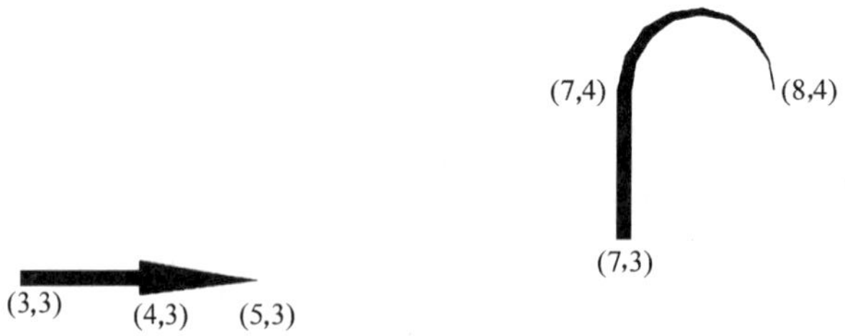

附 A 图 -4

三、设置图层与线型

1. 设置图层

（1） LAYER 图层的特性

【功能】

① 列出图层的信息；

② 建立新的图层；

③ 设定当前的工作图层；

④ 设定图层的颜色和线型；

⑤ 设定图层的开或关、冻结或解冻、锁定或解锁等特性。

（2） 图层设置操作

【菜单位置】［Format］ - > ［Layer. . . ］

【操作】

Command：LAYER

此时弹出如附 A 图 -5a 所示的对话框。点 New 按钮，设置新图层（可键入图层名）；点 Delete 按钮，删除图层；点 Current 按钮，设置当前图层。在某图层上，点 C. 下的颜色小方框，可选取颜色；点 Linetype 下的 Continuous（或其他线型），可选取线型（参见后面“设置线型”）。点取灯泡图标，灯泡变暗（或变亮）表示关闭（或打开）图层；点取亮圆（暗雪花）图标，该图标变成暗雪花（亮圆），表示冻结（解冻）该图层；点取锁状图标，可使该图层锁定（或解锁）。

【说明】

关闭某图层，该图层上的内容不可见，绘图时不输出，但某些命令，如 ZOOM、PAN、REGEN 等对该图层仍起作用。

冻结某图层，图层上的内容不可见，绘图时不输出，ZOOM、PAN、REGEN 等命令也起作用，但执行速度加快。

锁定某图层，图层上内容可见，绘图时能输出，但不能对其进行编辑修改等操作，也无法选中（它在图面上只是一个参考）。

2. 设置线型

【功能】以指定线型画线而不受图层线型的限制。

【菜单位置】［Fomat］ - > ［Linetype...］

【操作】（如附 A 图 -5 所示对话框）

Command：LINETYPE

此时弹出如附 A 图 -5（b）所示的对话框。点 Load... 按钮，可装载所需线型。在附 A 图 -5（b）中已载入部分 AutoCAD 的标准线型。

【说明】

（1）AutoCAD 预定的线型为 Continuous。

（2）一旦线型被装入到图形中，图形即含有该线型的定义，以后再用该线型时不需重新装入。

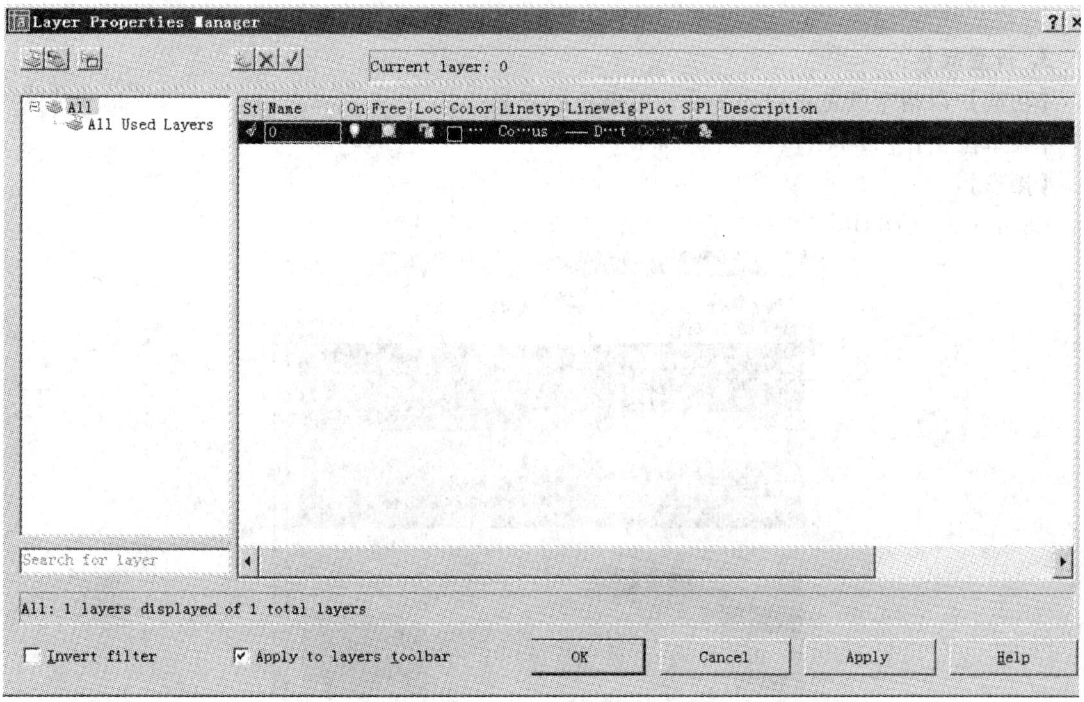

（a）

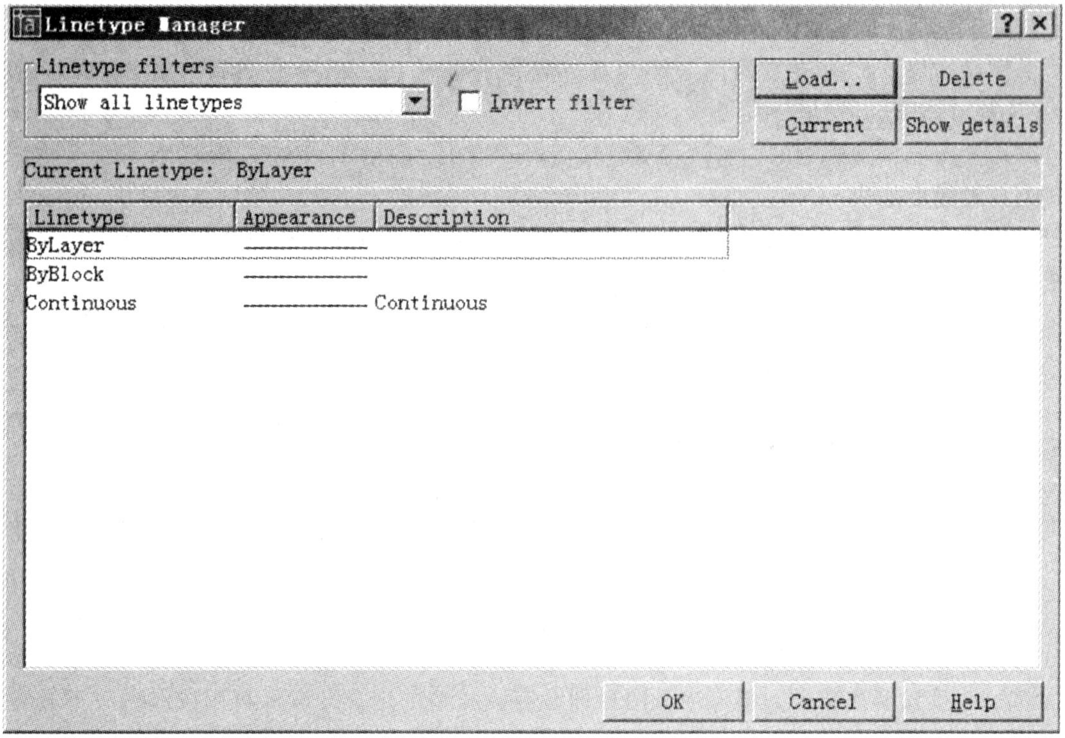

(b)

附 A 图 -5

3. 设置颜色

【功能】以指定颜色画线而不受图层颜色的限制。

【菜单位置】[Format] - > [Color...]

【操作】

Command：COLOR（执行后弹出附 A 图 -6 所示对话框）

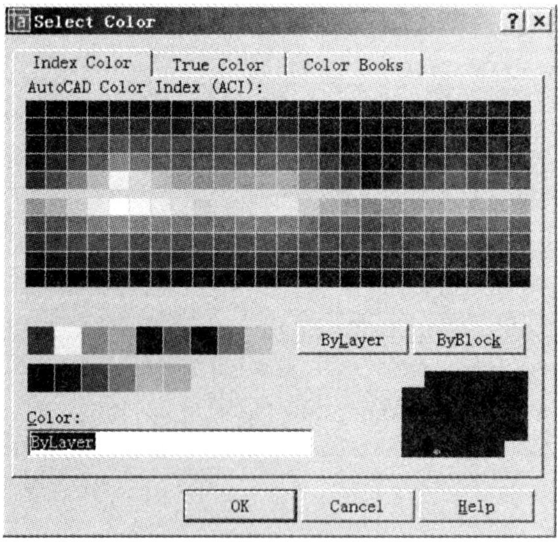

附 A 图 -6

四、书写文字和设置字型

1. STYLE 字型

【功能】设定文字字型。

【菜单位置】[Format] - > [Text Style...]

【操作示例】

Command：STYLE

此时弹出如附 A 图 -7 所示的对话框。在 Font Name 下拉列表中，选取所需字体。还可进一步设置如下内容：

Height〈0.0000〉：（设定高度）

Width factor〈1.00〉：（设定宽度比例）

Oblique Angle〈0〉：（设定倾斜角）

Backwards：（是否反向书写）

Upside - down：（是否上下颠倒书写）

Vertical：（是否垂直书写）

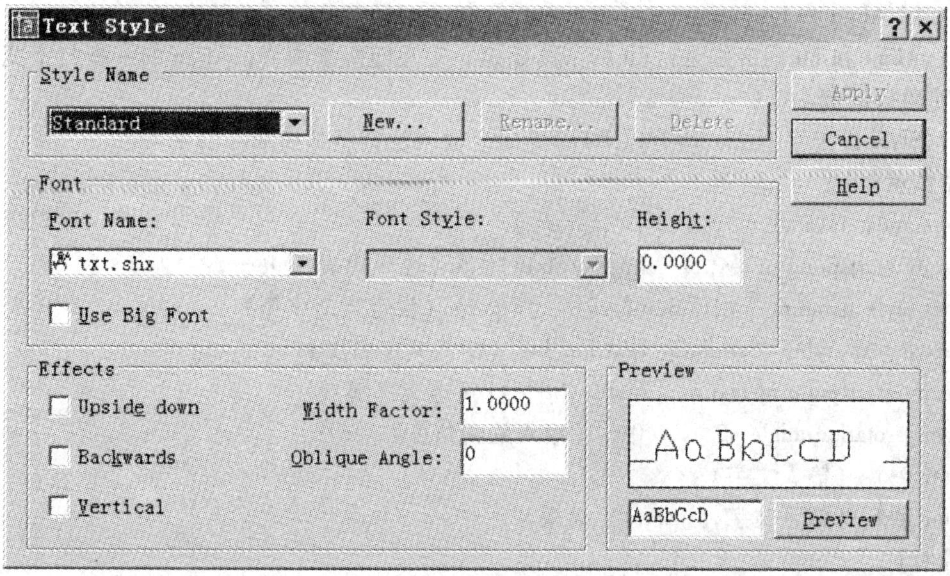

附 A 图 -7

2. DTEXT 书写文字

【功能】在图形中输入文字，作为图形的注解。

【菜单位置】[Draw] - > [Text] - > [Single Line Text]

DTEXT 命令中的选项

Justify——对齐方式

对齐方式有：

Start Point——左对齐

Align——对齐两点之间

Fit——对齐两点之间

Center——对齐中点

Middle——对齐中央点

Right——右对齐

TL——顶左对齐

TC——顶中对齐

TR——顶右对齐

ML——中左对齐

MC——中中对齐

MR——中右对齐

BL——底左对齐

BC——底中对齐

BR——底右对齐

Style——设定字体

【说明】

（1）除 Align 和 Fit 需设定起点和终点外，其他均只需设定一个基准点。

（2）Align 和 Fit 的区别是：Fit 的字高固定，字宽随两点调节；Align 的字高与字宽的比固定，并随两点调节。

（3）Style 设定字型后，所有以 DTEXT 命令输入的文字都换成当前字型。

【操作示例】

Command：DTEXT

Specify start point of text or ［Justify/Style］：S（选 S 代表 Style）

Enter style name or ［?］〈Standard〉：〈Enter〉（设定当前字型）

Current text style：'Standard' Text height：（输入文字高度）

Specify start point of text or ［Justify/Style］：（选文字起点）

Specify rotation angle of text〈0〉：（输入旋转角度）

Enter text：（输入文字）

Enter text：（输入文字，〈Enter〉结束）

【说明】

（1）TEXT 也是写文字的 AutoCAD 命令，功能与 DTEXT 基本相同。

（2）当出现 Text：提示时，系统还提供一些常用的但键盘上又没有的特殊字符的输入手段，它的输入方式靠两个百分号“%%”加以控制，具体格式如下：

%%d——绘制度符号，即“°”

%%p——绘制误差允许符号，即“±”

%%c——绘制直径符号，即“ϕ”

%%%——绘制百分号，即“%”

%%nnn——绘制 ASCII 码为 nnn 的符号

五、图案填充

BHATCH 边界法画剖面线

【功能】填充图案、画剖面线。

【菜单位置】[Draw] - > [Hatch...]

BHATCH 命令的界面是对话框方式，操作直观、简便。

打入 BHATCH 命令后，AutoCAD 显示如附 A 图 - 8 所示 Boundary Hatch 对话框。

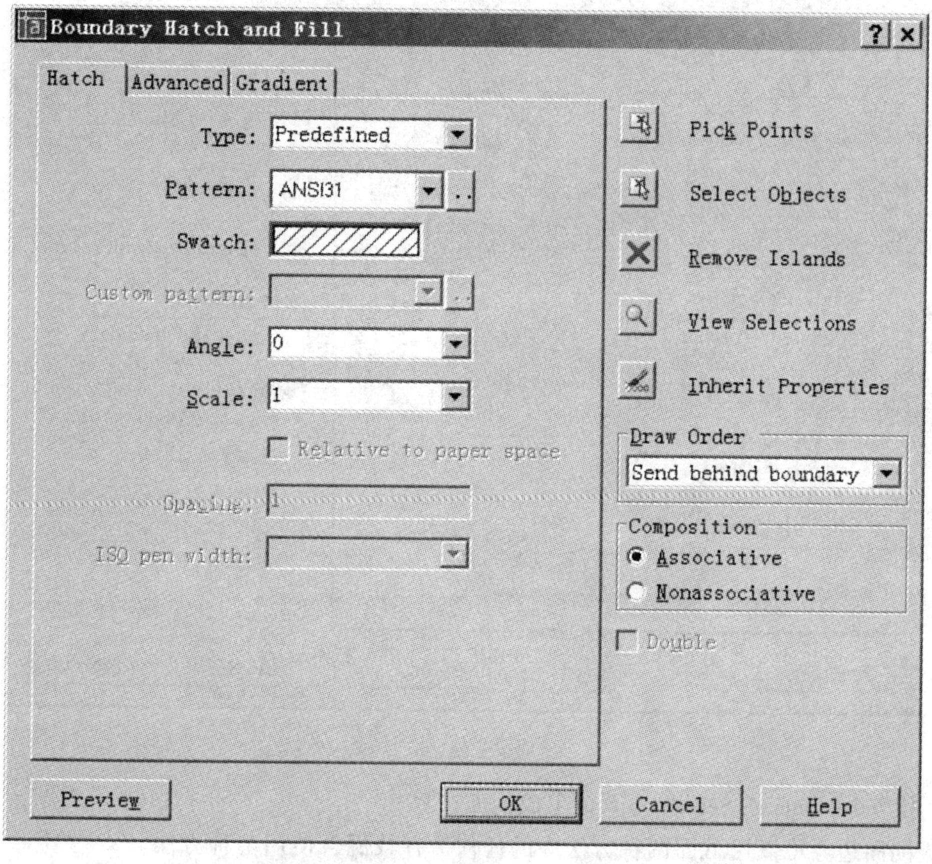

附 A 图 - 8

用 BHATCH 命令画剖面线的一般步骤是：

1）用 Pattern 选图案

选取图案有两种方法：

（1）可直接在 Pattern 栏键入图案名。

（2）点 Pattern... 按钮，AutoCAD 显示 Hatch pattern palette 子对话框，可点取一种图标作为剖面线图案。

选取了图案后，点 OK，AutoCAD 回到 Boundary Hatch 对话框，显示所选图案。选取图案后，还可以做：

ⓐ 在 Scale 栏改变图案的间隔（预定的图案比例为 1）。

ⓑ 在 Angle 栏改变图案角度（预定的图案角度为 0）。

ⓒ 点 Advanced... 按钮，弹出如附 A 图 -9 所示的对话框。在 Style 栏指定剖面线图案的填充方式。填充方式有三种：Normal、Outer 和 Ignore。图中给出了所选方式的示例。

做完上述步骤后，点 OK 按钮返回到 Boundary Hatch 对话框。

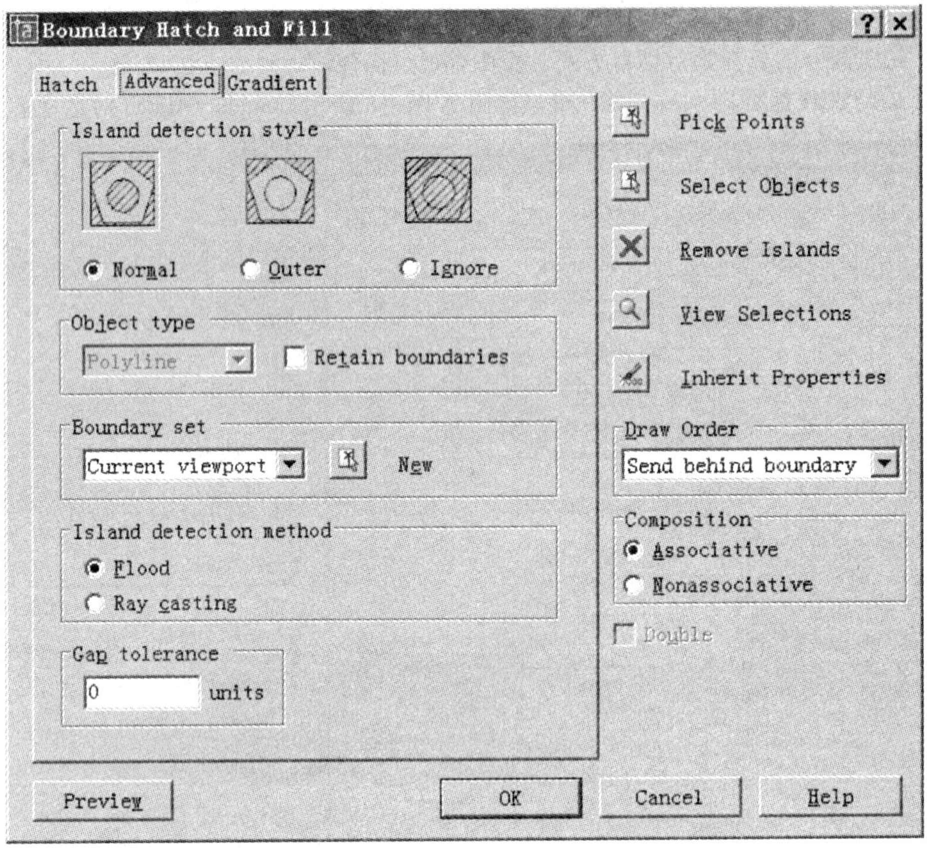

附 A 图 -9

2）用 Pick points 或 Select Objects 生成剖面边界

生成剖面边界可以用下面两种方法中的任何一种或混合使用两种方法。

（1）点取 Pick points 按钮，AutoCAD 提示输入内部点：

Select internal point：（选点）

Selecting everything...

Selecting everything visible...

Analyzing the selected data...

Analyzing internal islands...

Select internal point：（选点或打回车表示结束）

如果 AutoCAD 发现边界不封闭或点不在边界内，则会自动弹出 Boundary Definition Error 子对话框并显示错误信息。

（2）点取 Select Objects 按钮，选形成边界的目标。

3）用 Preview Hatch 预演剖面线图案，如发现所选图案不正确、剖面线比例或角度不正确等，可回到上面步骤修改。

4）点 Apply 按钮完成最后操作。

【操作示例】

如附 A 图 -10 所示打剖面线

Command：BHATCH

① 点取 Pattern... 按钮，选取 ansi31 作为剖面线图案。其余用预定值。

② 点取 Pick points 按钮，在圆内（矩形外）选一点，然后打回车。

③ 点取 Apply 按钮生成剖面线。

【说明】

HATCH 也是 AutoCAD 生成剖面线的命令，但只能用 Select Objects 生成剖面线边界。

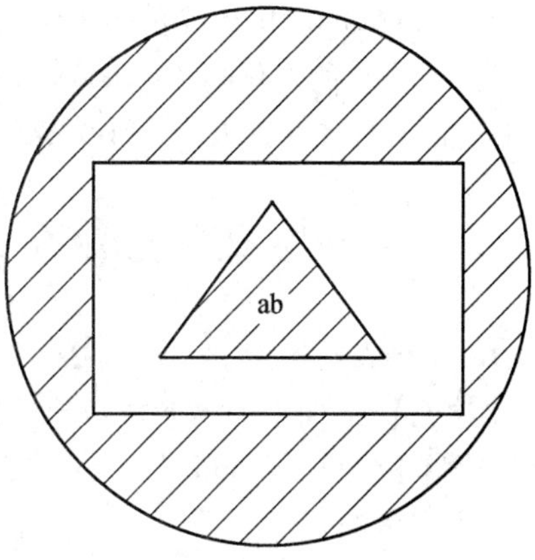

附 A 图 -10

六、选择目标

图形的编辑都需要选择目标，AutoCAD 选择目标的方法有：

（1）点选　用光标点选图元。

（2）W 窗口选（Window）　选窗口对角两点形成窗口，则窗口内所围图元被选中。图元有任何一部分在窗外都不能被选中。

（3）C 窗口选（Crossing）　选窗口对角两点形成窗口，则窗口内所围图元被选中。只要图元有任何一部分在窗内均被选中。

（4）BOX 选（BOX）　选窗口对角两点形成窗口，如第二点在第一点右方，则为 W 窗口选，否则为 C 窗口选。

（5）最后图元（Last）　选中作图中的最后一个图元。

（6）前选择集（Previous）　选中前面构造或修改操作中最后选中的一个选择集。

（7）移去（Remove）　在选择集中移去选中的图元。

（8）添加（Add）使用 Remove 选项后，再进入选择图元的操作。

（9）返回（Undo）使刚才一次选图元操作作废。

（10）WP 窗口选（WPolygon）　与 Window 操作类似，但选择框为任一多边形。

（11）CP 窗口选（CPolygon）　与 Crossing 操作类似，但选择框为任一多边形。

（12）围栏选（Fence）　选择与围栏相交的图元，围栏可以不封闭。

（13）全部选（ALL）　选中图形文件中的所有图元，包括冻结层和锁定层的图元。

【说明】

（1）AutoCAD 的目标选择可以是上述方法的任意组合。

（2）图形的编辑命令构成是：命令操作 + 目标选择。AutoCAD 提供两种操作方式：

ⓐ 动名选项（Verb/Noun Selection）。先打入图形编辑命令，然后 AutoCAD 通常不断提示：

Select Objects：选择目标直到对这一提示响应回车。选择目标时可以任选一种方法，选中的目标变成虚线或增亮，同时 AutoCAD 提示有多少图元被选中，如选中的图元中与前面的选择有重复，AutoCAD 还提示多少图元重复。

ⓑ 名动选项（Noun/Verb Selection）。先选目标，然后打图形编辑命令。选中的目标在图元的穴点（关键点）处有一小方框。

七、构造复杂图形命令

1. ARRAY 阵列

【功能】将选中的图元按矩形或圆形的排列方式大量拷贝。

【菜单位置】［Modify］ - > ［Array］

【操作示例】

Command：ARRAY（执行后弹出附 A 图 - 11 所示对话框）

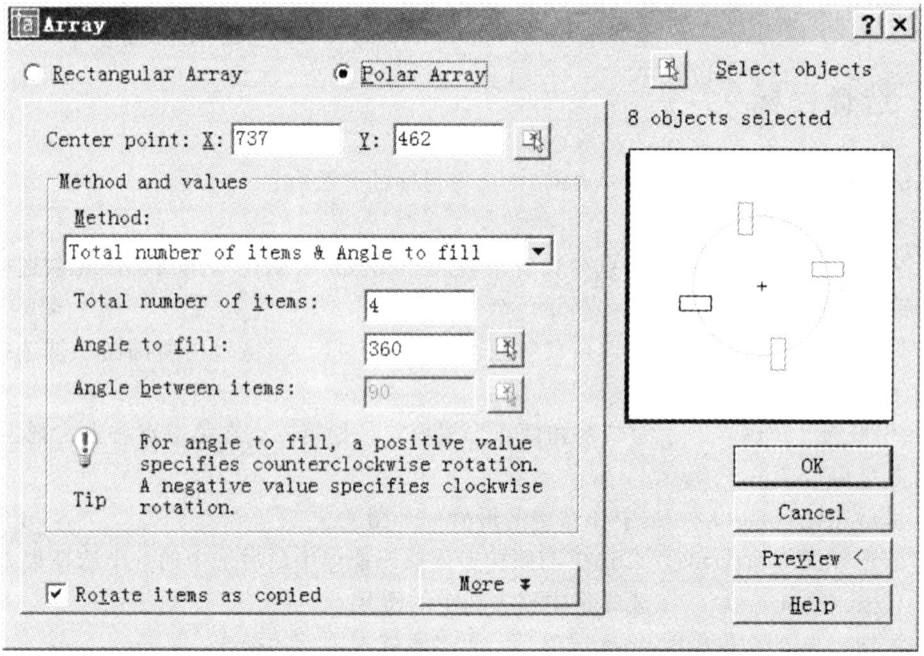

附 A 图 - 11

Polar array：（圆形阵列）

Select Objects：（选择目标）

Center point：（阵列中心）

Total number of items：（图形个数，包括原来图形）

Angle to fill：（阵列角度，缺省为 360）

Rotate items as copied：（阵列时是否随阵列中心旋转，选中——旋转（附 A 图 - 12）不选中——不旋转（附 A 图 - 12a）

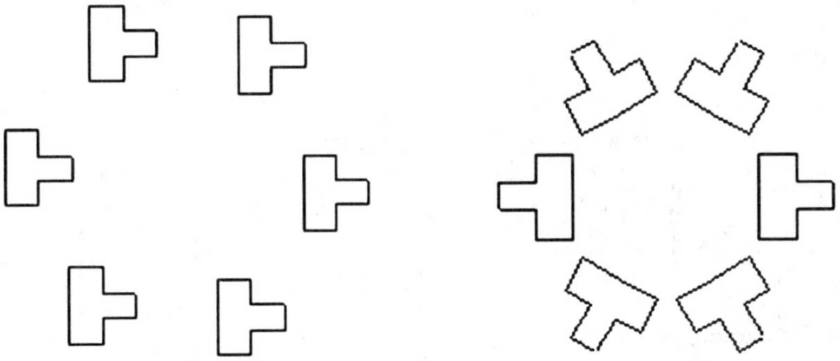

(a) 阵列时不旋转　(b) 阵列时旋转

附 A 图 - 12

Command：ARRAY（执行后弹出附 A 图 - 13 所示对话框）

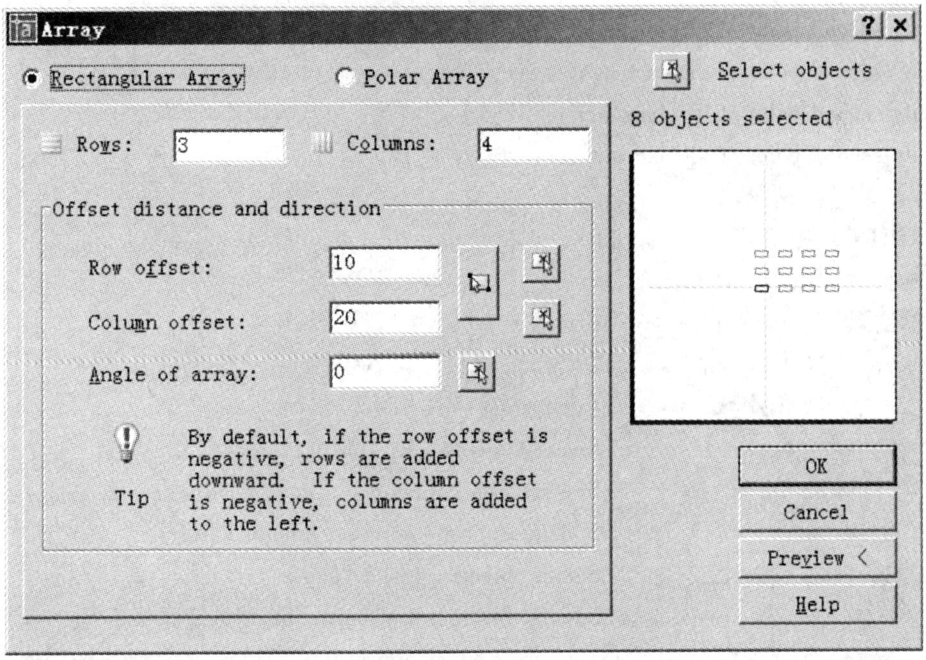

附 A 图 - 13

Rectangular array：（矩形阵列）

Select Objects：（选择目标）

Rows：（行数）

Columns：（列数）

Row offset：（行间距）

Column offset：（列间距）

如附 A 图 - 14 所示。

附 A 图 - 14

2. COPY 拷贝

【功能】复制画面上的图形。

【菜单位置】[Modify] ->[Copy]

COPY 命令中的选项：

M（Multiple）——多重拷贝

【操作示例】

Command：COPY

Select Objects：W（Windows 方式选择目标）

Specify first corner：

Specify opposite corner：1 found

Select objects：（回车结束）

Specify base point or displacement：M（M 代表多重拷贝）

Specify base point or displacement：（基准点，A 点）

Specify second point of displacement：（B 点）

Specify second point of displacement：（C 点）

Specify second point of displacement：（D 点）

Specify second point of displacement：（E 点）

Specify second point of displacement：（回车结束）

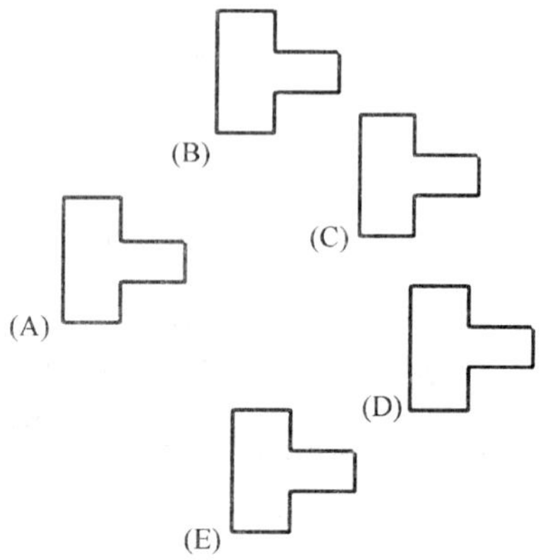

附 A 图 -15

如附 A 图 -15 所示。

3. MIRROR 镜像

【功能】生成图形的对称图形。

【菜单位置】[Modify] ->[Mirror]

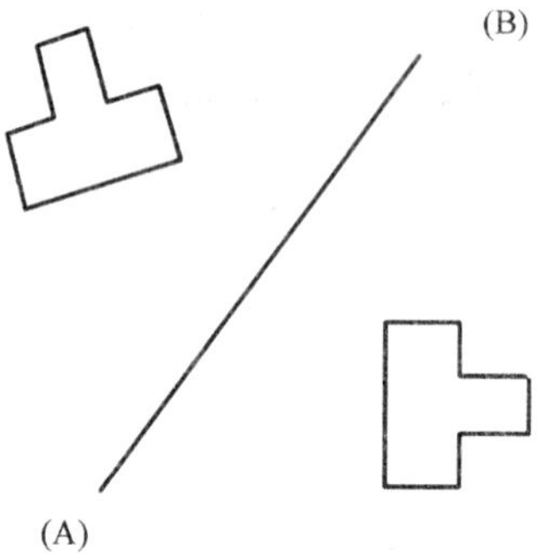

附 A 图 -16

【操作示例】

Command：MIRROR

Select Objects：W（W 窗口选目标）

Specify first corner：

Specify opposite corner：1 found

Select objects：（回车结束）

Specify first point of mirror line：（镜像线的第一点）

Specify second point of mirror line：（镜像线的第二点）

Delete source objects?[Yes/No]〈N〉：（是否删除旧图形？N：否，Y：是）

如附 A 图 -16 所示。

【说明】

如果要生成正确的水平或垂直镜像，可按 F8 将正交模式 ORTHO 打开。

4. CHAMFER 倒角

【功能】对两条线或组线倒斜角。

【菜单位置】[Modify] ->[Chamfer]

CHAMFER 命令的选项：

P（Polyline）：组线倒角

D（Distance）：设定截角距离

A（Angle）：设定倒角的角度

T（Trim）：控制是否对倒角后的边进行修剪

M（Method）：选两边的方式或一边及一个角度的方式

U（Multiple）：多次倒角

【操作示例】

Command：CHAMFER

(TRIM mode)　Current chamfer Dist1 = 0.0000，Dist2 = 0.0000

Select first line or [Polyline/Distance/Angle/Trim/Method/Multiple]：D（设定倒角距离）

Specify first chamfer distance 〈0.0000〉：0.4（第一条线的截角距离为 0.4）

Specify second chamfer distance 〈0.4000〉：0.4（可直接按回车，第二条线的截角距离为 0.4）

Select first line or [Polyline/Distance/Angle/Trim/Method/Multiple]：（选第一条线）

Select second line：（选第二条线）

如附 A 图 -17 所示。

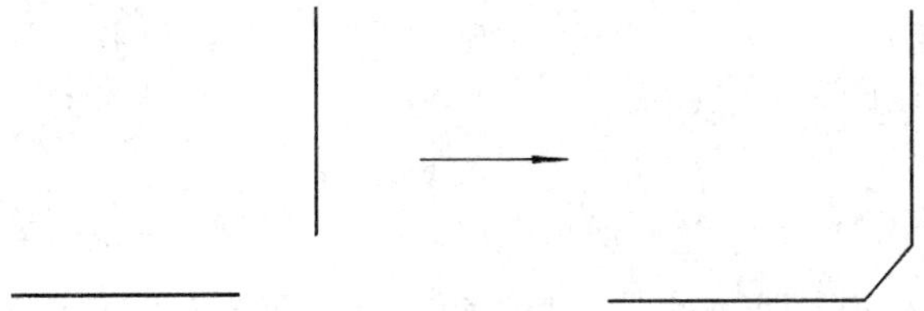

附 A 图 -17

【说明】

(1) 设定截角距离时，两条线的距离可以不等。

(2) 对组线多边形进行倒角操作时，组线的折角处同时被倒角。

(3) 如设定两截角距离均为 0，可使两直线相交连接。

(4) 如设定两截角距离太大，AutoCAD 提示：Distance is too large。

5. FILLET 倒圆角

【功能】使两图元（线或圆或圆弧）或组线以圆弧连接。

【菜单位置】[Modify] -> [Fillet]

FILLET 命令的选项：

P（Polyline）：组线倒圆

R（Radius）：设定倒圆半径

T（Trim）：控制是否对倒圆后的边进行修剪

U（Multiple）：多次倒圆

【操作示例】

Command：FILLET

Current settings：Mode = TRIM，Radius = 0.0000

Select first object or [Polyline/Radius/Trim/Multiple]：R（设定倒圆半径）

Specify fillet radius 〈0.0000〉: 0.5（半径为 0.5）

Select first object or [Polyline/Radius/Trim/Multiple]:（选第一图元）

Select second object:（选第二图元）

如附 A 图 - 18 所示。

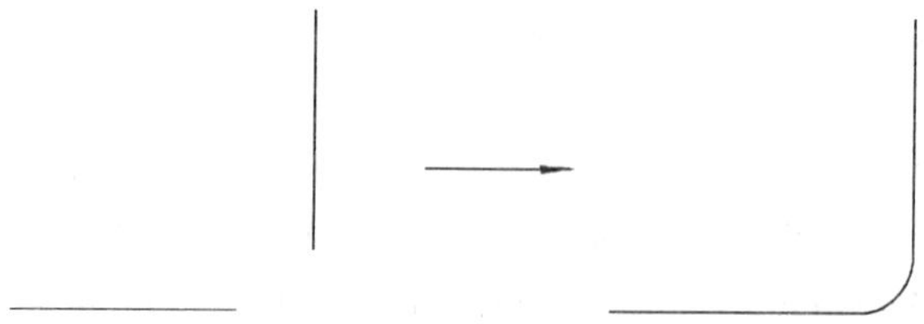

附 A 图 - 18

【说明】

（1）对组线多边形进行倒圆操作时，组线的折角处同时被倒圆。

（2）如设定倒圆半径为 0，可使两图元相交连接。

（3）如设定倒圆半径太大，AutoCAD 提示：Radius is too large。

6. OFFSET 平行复制

【功能】复制一个与指定图元（如直线、圆、弧、组线等）平行并保持等距离的新图元。

【菜单位置】[Modify] - > [Offset]

【操作】

Command: OFFSET

Specify offset distance or [Through] 〈Through〉:（给出平行线距离或通过点）

此时可以选择：

① T 或回车，经过某一点，AutoCAD 将提示：

Select object to offset or 〈exit〉:（选平行复制的目标）

Specify through point:（通过点）

此时作出一条通过该点的平行线。

② 给距离，AutoCAD 提示：

Select object to offset or 〈exit〉:（选平行复制的目标）

Specify point on side to offset:（向哪边复制）

Select object to offset or 〈exit〉:（选平行复制的目标，回车表示结束）

八、块的构造和插入

1. 块的概念

块是由一系列图元组合而成的独立实体，该实体在图形中的功能与单一图元相同，一起放缩、旋转、移动、删除等，指定块的任何部分就选中了块（这一点类似于组线）。

块可以取一个名字保存于图中。块做成后，可以根据需要随时以任意比例和方向插入图形中的指定位置。块还可单独存盘以供其他图形调用。利用块的这一性质可以制成常用构件库和标准件库。

组成块的图元可以分别处在不同层上，可有不同的颜色和线型。在插入图形后，块的每个图元在原来的图层上画出，并用原来的颜色和线型。以下几种情况属于例外：

（1）在实体的 0 层形成的块将插入到图形的当前层，而不是 0 层。

（2）以 BYLAYER 或 BYBLOCK 定义的块，其颜色和线型将按当前层或实体的颜色和线型。

2. BLOCK 块

【功能】定义图形块。块将存于本图文件内，并只能由本图调用。

【菜单位置】[Draw] - > [Block]

【操作】

Command：BLOCK（执行后弹出附 A 图 - 19 所示对话框）

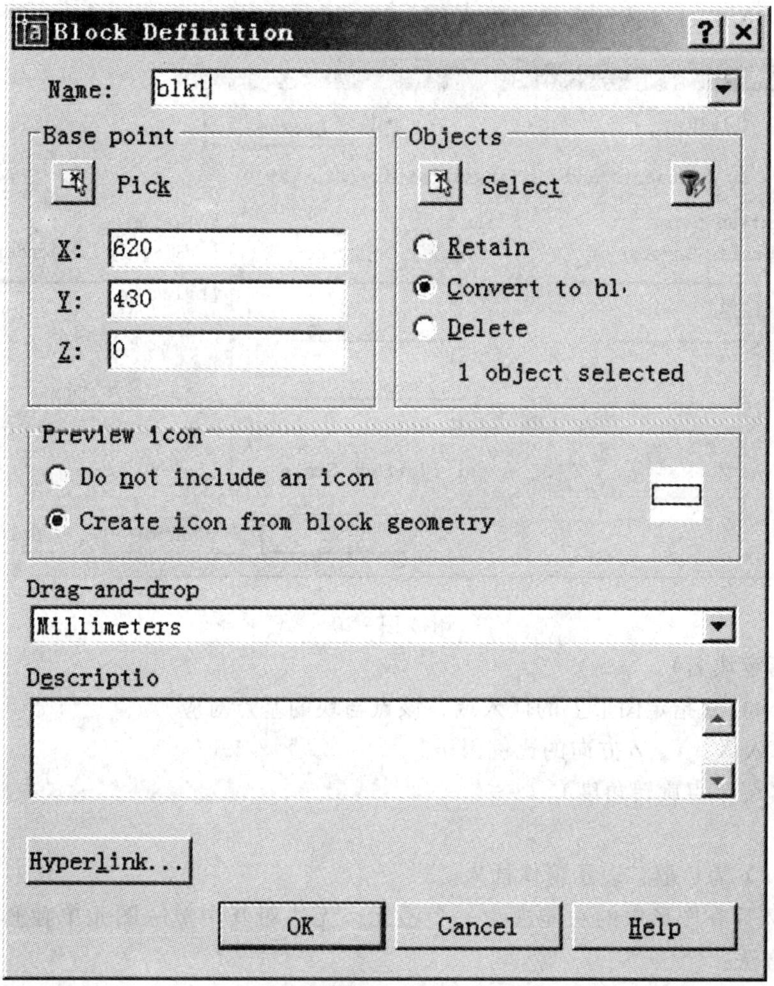

附 A 图 - 19

Name：（指定块名）

Base point：（选择基点，作为插入图形时的基准。指定基点是为了以后插入图形块时有参考点，即插入块时该基点与图形上的指定点对应，因此基点通常设在图形的特征点上）

Objects：（选择图元）

【说明】

（1）块制成后，若选择 Delete 则组成块的图形部分在图形中删掉。

（2）如果要定义的块名已存在，AutoCAD 将询问是否重新定义。

（3）由 BHATCH 命令制成的图案是作为特殊块保存的。

3. INSERT 插入块

【功能】将已存入的块插入到当前图形中。插入的图形块可以 X、Y、Z 三个方向上按比例放缩，可以绕插入点旋转。

【菜单位置】［Insert］ - > ［Block...］

【操作】

Command：INSERT（执行后弹出附 A 图 -20 所示对话框）

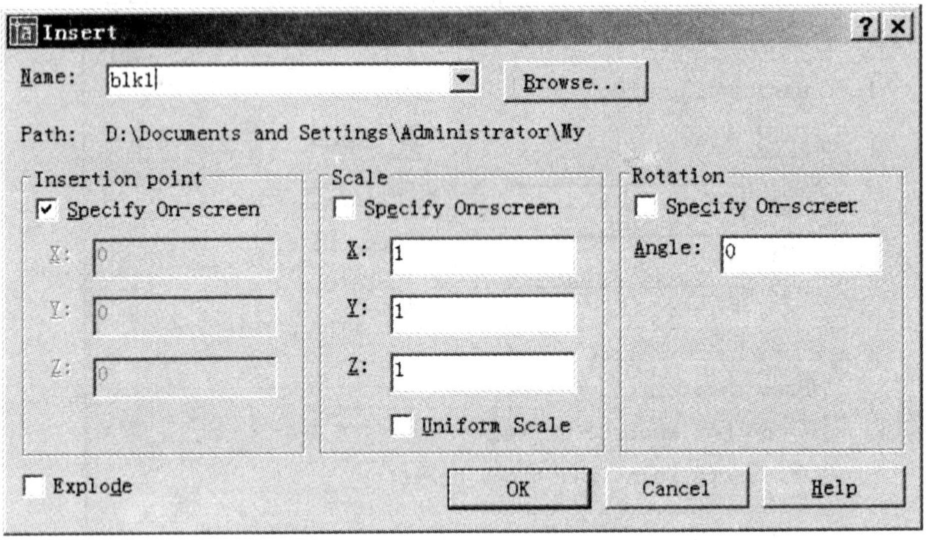

附 A 图 -20

Name：（指定块名）

Insertion point：（指定图形上的插入点，该点与块的基点对应）

Scale：（输入 X、Y、Z 方向的比例因子）

Rotation：（绕基点旋转角度）

【说明】

（1）若 X、Y 为负值，表示镜像插入。

（2）块插入后在图形中的功能视为一个图元，无法对其中单一图元单独修改。如果有必要，可用下列方法：

1）EXPLODE 命令对块进行分解。注意：经镜像的块；X、Y、Z 三方项比例因子不同的块或由 MINSERT 插入的块无法分解。

2）在输入 INSERT 命令后给定块名时，在块名前加“ * ”，此时插入的块已经分解了。

（3）在 Name 中如果找不到同名块，AutoCAD 将找磁盘上的同名图形文件。如有，则将此图形插入到当前图形中。

4. MINSERT 块阵列插入

【功能】将块阵列地插入到图形中。

【操作】对 MINSERT 的操作，AutoCAD 将首先显示常规的插入块（INSERT）的提示，然后显示阵列（ARRAY）命令的提示。

5. WBLOCK 块存盘

【功能】BLOCK 建立的块只能用于本图形中。WBLOCK 用于将块写到磁盘上。该块可被其他图形文件引用。用 WBLOCK 命令写入的块文件以 .DWG 为扩展名，它与一般绘图文件没有区别。

【操作】

Command：WBLOCK（执行后弹出附 A 图 -21 所示对话框）

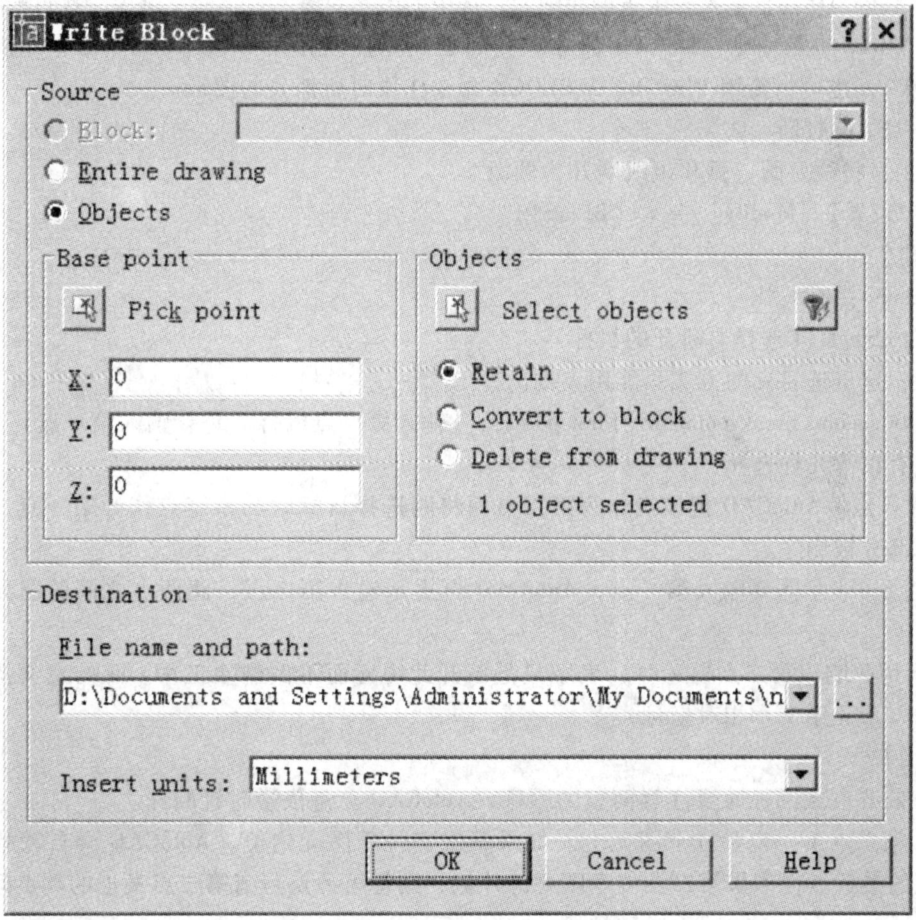

附 A 图 -21

Base point：（选择基点，作为插入图形时的基准）

Objects：（选择图元）

File name and path：输入的名字驻留在磁盘上，以 .DWG 作为扩展名。

九、图形修改命令

1. ERASE 删除

【功能】删除图形中的部分或全部图元。

【菜单位置】[Modify] - > [Erase]

【操作】

Command：ERASE

Select objects：（选要删除的目标）

Select objects：（选要删除的目标，回车结束选择）

【说明】

（1）AutoCAD 要求输入一组被删除图元，选中的图元变虚，直至回车响应时执行删除工作。

（2）OOPS 也是一个 AutoCAD 命令。它的功能是恢复最后一次 ERASE 命令删除的图形（仅限一次），也可恢复因 BLOCK，WBLOCK 命令作块时所消失的图形。

2. BREAK 打断

【功能】将线、圆、弧和组线断开为两段。

【菜单位置】[Modify] - > [Break]

【操作】

Command：BREAK

Select object：（选择要断开的目标）

注意：这里选目标的方式只能用点选。

Specify second break point or [First point]：（输入第二点或打 F 重新输入第一点）

此时有以下几种选择：

① 输入点。AutoCAD 把该点作为第二点而将刚选择目标时的指定点作为第一点，两点之间的图元部分被删除。

② 打 F，表示需要输入第一点，AutoCAD 再提示输入第二点，此两点之间的图元部分被删除。

③ 当用@响应第二点提示时，表示只是断开此图元而不做删除工作。@的意义是重复上一次坐标（参见第 7 章相对坐标）。

【说明】

（1）断开圆或圆弧时要注意两点的顺序，AutoCAD 总是依逆时针断开。

（2）第二点不一定要位于图元上。如果第二点位于图元内侧，AutoCAD 会自动找到图元上离该点的最近点，如果第二点位于图元的外侧，则将第一点与离第二点最近的端点间的部分抹掉。

3. TRIM 修剪

【功能】以某些图元作为边界（剪刀），将另外某些图元不需要的部分剪掉。

【菜单位置】[Modify] - > [Trim]

【操作】

Command：TRIM

Current settings：Projection = UCS，Edge = None

Select cutting edges...（指定切边）

Select objects：（选切边目标）

Select objects：（选切边目标，回车结束选择）

Select object to trim or shift - select to extend or [Project/Edge/Undo]：

此时可选择：

① 直接选目标，该目标部分被剪掉。注意：此时选目标时只能用点选。

② P（Project）——确定修剪操作的坐标空间。

③ E（Edge）——控制是否以延伸方式剪切。

④ U（Undo）——将刚剪掉的部分恢复。

AutoCAD 继续提示选择要修剪的目标，回车结束选择回到 Command：提示状态。

【说明】

（1）选中切边后，切边变虚。

（2）选要修剪的目标时，必须选在要删除的部分。

（3）下面是使用 TRIM 命令时经常遇到的错误信息：

1 was not a valid edge.　没有合适的边界，如试图以块作修剪边界。

Cannot TRIM this object.　被修剪部分不合法。如试图修剪块或文字等。

出现上述错误信息时，只能尝试其他方法。

4. EXTEND 延伸

【功能】以某些图元为边界，将另外一些图元延伸到此边界。

【菜单位置】[Modify] - > [Extend]

【操作】

Command：EXTEND

Current settings：Projection = UCS，Edge = None

Select boundary edges...

Select objects：（选边界目标）

Select objects：（选边界目标，回车结束选择）

Select object to extend or shift - select to trim or [Project/Edge/Undo]：

此时可选择：

① 直接选目标，该目标部分被延伸。

注意：a. 此时选目标时只能用点选。

b. AutoCAD 从距指定点最近的端点开始延伸。

c. 如有多条边界线，AutoCAD 延伸到最接近的边界线为止。

② P（Project）——确定延伸操作的坐标空间。

③ E（Edge）——控制是否以延长边界方式延伸。

④ U（Undo）——将刚延伸的部分删除。

AutoCAD 继续提示选择要延伸的目标，回车结束选择回到 Command：提示状态。

【说明】

EXTEND 命令可以看作 TRIM 的反向命令。

5. MOVE 移动

【功能】将图元从图形的一个位置移到另一个位置。

【菜单位置】[Modify] - > [Move]

【操作】

Command: MOVE

Select objects:(指定要移动的图元)

Select objects:(指定要移动的图元，回车结束选择)

Specify base point or displacement:(基准点)

Specify second point of displacement or 〈use first point as displacement〉:(第二点)

【说明】

选基准点和第二点时可用目标捕捉模式（参见第 6 章目标捕捉），以移到准确位置。

6. ROTATE 旋转

【功能】将图元绕某一基准点作旋转。

【菜单位置】[Modify] - > [Rotate]

【操作】

Command: ROTATE

Current positive angle in UCS: ANGDIR = counterclockwise ANGBASE = 0

Select objects:(选择要旋转的目标)

Select objects:(选择要旋转的目标，回车结束选择)

Specify base point:(选择基准点)

Specify rotation angle or [Reference]:

此时选择：

① 直接给出角度值，逆时针为正。

② 给出一点的位置，AutoCAD 计算该点和基准点的连线与水平线的夹角，并以此角度为旋转的角度。

③ R (Reference): 参照角度，AutoCAD 提示：

Specify the reference angle 〈0〉:(参考角度)

Specify the new angle:(新角度)

AutoCAD 以（新角度/参考角度）作为比例因子值

7. SCALE 缩放

【功能】将图元按一定比例放大或缩小。

【菜单位置】[Modify] - > [Scale]

【操作】

Command: SCALE

Select objects:(选择要缩放的目标)

Select objects:(选择要缩放的目标，回车结束选择)

Specify base point：（选择基准点）

Specify scale factor or [Reference]：

此时选择：

① 直接给出比例因子。

② 给出一点的位置，AutoCAD 计算该点和基准点的距离作为比例因子。

③ R（Reference）：参照长度，AutoCAD 提示：

Specify reference length 〈1〉：（参考长度）

Specify new length：（新长度）

AutoCAD 以（新长度/参考长度）作为比例因子值。

8. STRETCH 拉变（拉伸）

【功能】将图形某一部分拉伸、移动和变形，其余部分不动。

【菜单位置】[Modify] －＞ [Stretch]

【操作】

Command：STRETCH

Select objects to stretch by crossing－window or crossing－polygon...

Select objects：C（用 C 模式选拉变目标）

注意：本命令选目标时必须用 C（Crossing）或 CP（CPolygon）模式。

Specify first corner：（窗口的角点）

Specify opposite corner：（窗口的对角角点）

Select objects：（回车结束选择）

Specify base point or displacement：（选择基准点）

Specify second point of displacement or 〈use first point as displacement〉：（选新点）

如附 A 图－22 所示。

附 A 图－22

【说明】

在 STRETCH 命令中，目标全部在窗口内的图元不做变形而只做移动，而部分在窗口外的图元则发生变形，变形过程中窗口外的那个端点总保持不动。

9. EXPLODE 打散

【功能】将块与尺寸标注分解成单个图元，将组线分解为单个直线或弧。

【菜单位置】[Modify] －＞ [Explode]

【操作】

Command：EXPLODE

Select objects：（选择要打散的块、尺寸标注或组线）

Select objects：（选择要打散的块、尺寸标注或组线，直接回车结束选择）

【说明】

(1) 每一次只能分解一层，对于具有嵌套的复杂体，可多次执行 EXPLODE 命令。

(2) 组线分解后失去宽度信息。

(3) 对块的分解见 BLOCK 命令。

十、目标捕捉原理

1. 目标捕捉原理

目标捕捉是指将点自动定位到与图形中相关的关键点（特征点）上，这一工具补充了 AutoCAD自动跟踪坐标栅格点的基本命令 SNAP 的功能，对提高作图精度有很大的帮助。

【说明】

(1) SNAP 是对准所选定的几何坐标点，目标捕捉是对准图形上的特征点。如线的端点、圆或圆弧的圆心等。

(2) 将要捕捉的图形的特征点是由捕捉模式决定的。

2. 捕捉模式

【菜单位置】[Tools] - > [Drafting Settings...]

AutoCAD 提供的捕捉模式有：

① Nearest（NEA）——最近点　捕捉直线、组线、圆或弧上离选择框中心最近的点。

② Endpoint（END）——端点　捕捉直线、组线、圆弧的一个端点。

③ Midpoint（MID）——中点　捕捉直线、组线、圆弧的中点。

④ Center（CEN）——圆心　捕捉圆或椭圆的圆心。

⑤ Node（NOD）——节点　捕捉节点。

⑥ Quadrant（QUA）——象限点　捕捉圆或圆弧上距离光标最近的象限点，即 0°、90°、180°、270°等点。

⑦ Intersection（INT）——交点　捕捉直线、组线、圆或圆弧交点中与目标选择框中心最近的交点。

⑧ Perpendicular（PER）——垂足点　捕捉目标直线、组线、圆或圆弧上的点，该点到出发点的连线与目标垂直或其切线垂直。

⑨ Insert（INS）——插入点　捕捉文字、块的插入点。

⑩ Tangent（TAN）——切点　捕捉圆或弧上的点，该点与出发点的连线与圆或弧相切。

⑪ Apparent Int（App）——明显交点，包括延伸线的交点。

⑫ Quick（QUI）——快速方式　与其他目标捕捉模式联用时才有效，它保证捕捉到的点是第一个符合条件的点而不再检查其他符合条件的点。如果没有 Quick 选项，AutoCAD 将比较所有符合条件的点，然后选中与目标选择框中心最近的点。

如附 A 图 - 23 所示。

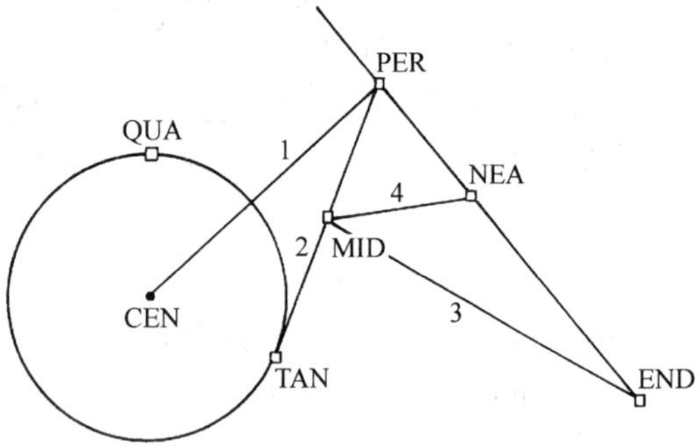

附 A 图 - 23

【说明】

(1) 各种目标捕捉模式可以组合使用，如 END，MID 及 INT 三种方式。AutoCAD 将选中离目标选择框最近的符合上述三条件之一的点。

(2) 组线的不同部分分别作为独立的图元。

(3) 目标捕捉对组线而言只考虑中心线，而不考虑其宽度。

3. 捕捉模式的输入

目标捕捉不是一个命令。目标捕捉通常是响应系统要求输入点的位置。如 From point：等的提示状态下。这时正常的十字光标增加了一个小矩形框——目标选择框。目标选择框的大小由变量 APERTURE 调整。可以用 SETVAR 命令设置，也可直接给 APERTURE 命令。

(1) APERTURE

【功能】设定目标选择框的大小。

【菜单位置】[Tools] - > [Drafing Settings...]

【操作示例】

Command：APERTURE

objects snap target height (1 ~ 50 pixels) 〈10〉：(给像素值，在 1 ~ 50 间)

【说明】

目标选择框的大小以像素为单位，这样不管图形显示放大或缩小，目标选择框保持同样大小。

(2) 调用目标捕捉方式

调用目标捕捉模式有两种方式。

① 固定捕捉方式命令 OSNAP

【功能】输入的目标捕捉方式（可以一种或多种），在作图中一直起作用，直到关闭这些方式为止。

【菜单位置】[Tools] - > [Drafing Settings...]

【操作】

Command：OSNAP

选定所需的目标捕捉方式。

② 临时指定目标捕捉方式

临时指定目标捕捉模式时，所选模式仅在该次命令中有效。

为调用此方式，只需用相应模式的名字响应 AutoCAD 请求输入点的提示。命令的输入可以直接从键盘输入（前三个字母），也可以从菜单（按 Shift + 鼠标右键时弹出）上选择输入。

【操作示例】

Command：LINE

Specify first point：TAN

to（选第一圆）

Specify next point or [Undo]：TAN

to（选第二圆）

Specify next point or [Undo]：（回车结束）

注意：选圆弧的点的位置不同，可能作出不同的切线。

如附 A 图 -24 所示。

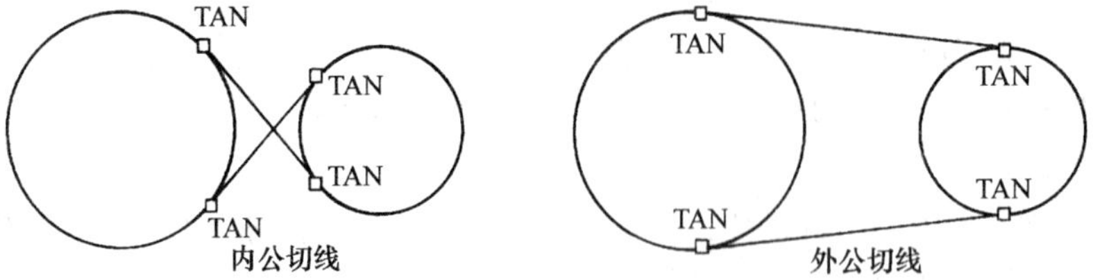

附 A 图 -24

十一、显示控制

显示控制命令提供了改变屏幕上图形显示方式的方法，以利于操作者观察图形和方便作图。显示控制命令不能改变图形本身。改变显示方式后，图形本身在坐标系中的位置和尺寸均未改变。

1. ZOOM 命令

【功能】在不改变绘图原始尺寸的情况下，将当前图形显示尺寸放大或缩小。放大可以观察图形局部细节，缩小可以观察大范围图形。

【菜单位置】[View] - > [Zoom]

Zoom 命令的选择项

All（A）——将图限范围（LIMITS 定义范围）的所有图形完整地显示在屏幕上。如图形超限，则显示限定范围加图形中的超限部分。

Center（C）——给定显示中心，并给定高度。AutoCAD 据此显示图形。

Dynamic（D）——动态显示。

Extents（E）——将图形以最大尺寸显示在屏幕上。

Previous（P）——显示上一次通过 ZOOM 或 PAN 命令显示的图形，最多可以向后返回十幅 ZOOM 或 PAN 命令形成的图形。

Scale（X/XP）——有三种回答：

1）直接输入数字，表示为 ZOOM A 图形的放缩倍数。

2）数字后加 X，表示为当前显示图形的放缩倍数。

3）后加 XP，表示为图纸空间大小的放缩倍数（处于图纸空间时用）。

Window（W）——窗口缩放。最常用。它提示指定窗口两对角点的位置，并将此两对角点决定的窗口范围显示在屏幕上。

Realtime——实时缩放。

【操作示例】

Command：ZOOM

Specify corner of window，enter a scale factor（nX or nXP），or

[All/Center/Dynamic/Extents/Previous/Scale/Window/Object]〈real time〉：W（窗口缩放）

Specify first corner：（窗口的第一角点）

Specify opposite corner：（窗口的第二角点）

此时看到窗口范围的图形放大到整屏。

Command：...（其他命令操作）

Command：ZOOM

Specify corner of window，enter a scale factor（nX or nXP），or

[All/Center/Dynamic/Extents/Previous/Scale/Window/Object]〈real time〉：P（上次显示的图形）

【说明】

（1）常用的 ZOOM 命令是 ZOOM W，ZOOM A，ZOOM P。

（2）在要求输入 ZOOM 命令的选项时，如直接点鼠标，AutoCAD 默认为该点是 Window 的第一角点，并要求输入第二角点，图形按 Window 方式放缩。

2. PAN 平移

【功能】将整幅图面平移。

【菜单位置】[View] -> [Pan]

【操作】

Command：PAN

Press Esc or Enter to exit，or right - click to display shortcut menu.（按 Esc 键或回车退出）

按住鼠标左键移动工具手，即可移动图形。

【说明】

PAN 与 MOVE 的区别：

可把屏幕看成图纸，图形画在纸上，PAN 命令只是把图纸平移，而图相对图纸不动。MOVE 命令是将图在图纸上的位置移动。

3. 透明命令

透明命令是指能够在其他命令中调用的命令。ZOOM 和 PAN 命令都是透明命令。

【操作示例】

Command：LINE（画线）

Specify first point：（第一点）

Specify next point or [Undo]：' ZOOM（' 号表示其后使用透明命令）

>>Specify corner of window，enter a scale factor（nX or nXP）. or

[All/Center/Dynamic/Extents/Previous/Scale/Window/Object]〈real time〉：W

>>Specify first corner：

>>Specify opposite corner：

Resuming LINE command.（恢复 LINE 命令）

Specify next point or [Undo]：（给定下一点）

4. REDRAW（REDRAW ALL）重画

【功能】将屏幕上的图形重画，消除图面上不需要的标志符号或重新显示因编辑而产生的某些图元被抹掉的部分（实际图形存在）。

【菜单位置】[View] －> [Redraw]

【操作示例】

Command：REDRAW

【说明】

REDRAW 只影响当前视窗。在多视窗中需全部重画时用 REDRAW ALL 命令。

5. REGEN（REGEN ALL）重新生成

【功能】将屏幕上图形重新计算并调整分辨率，再显示在屏幕上。

【操作】

Command：REGEN

【说明】

（1）REGEN 只影响当前视窗。在多视窗中需全部重新生成时用 REGEN ALL 命令。

（2）在图形缩放（ZOOM）后，圆、椭圆或弧有时会以多边形显示，使用 REGEN 命令可以恢复原来形状。

6. VIEWPORTS 多视窗

【功能】将屏幕分割为多个视窗（1～4 个），每个视窗可单独执行一些编辑命令而不影响其他视窗。

【菜单位置】[View] －> [Viewports]

【操作示例】

Command：VIEWPORTS（执行后弹出附 A 图 －25 所示对话框）

从列表中选择所需视窗结构。

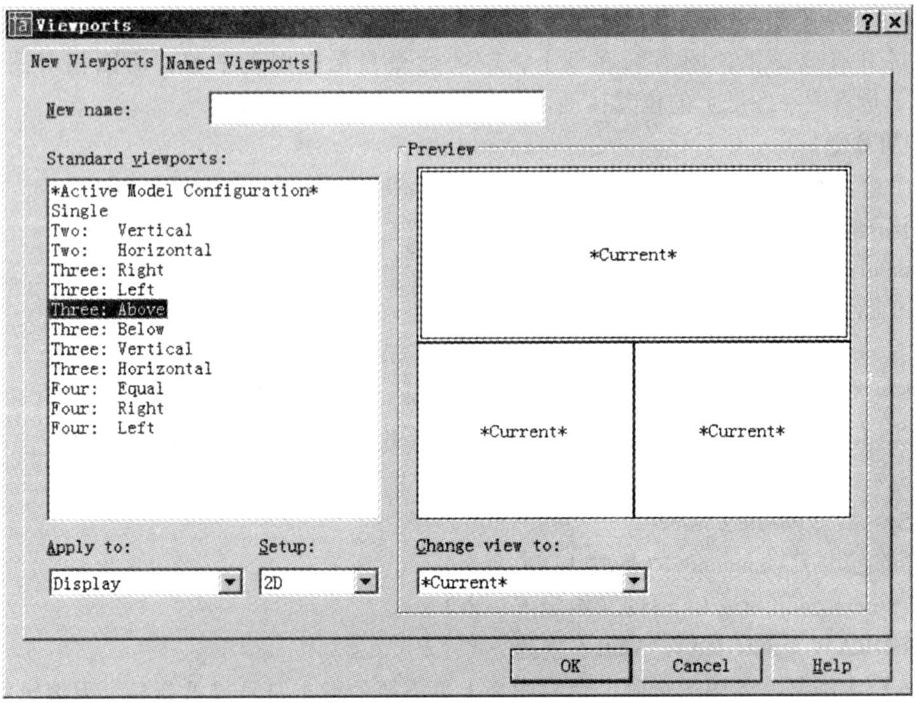

附 A 图 －25

New name：（视窗名称）

Standard viewports：（视窗分割类型）

【说明】

（1）下列的一些命令仅单独影响当前视窗，如 ZOOM，SNAP，GRID，REDRAW，REGEN 等。使用其他命令时，则使全部的视窗一同产生作用。

（2）如果要使所有的视窗同时完成重画或重新生成，必须使用 REDRAW ALL 或 REGEN ALL 命令。

（3）只有一个视窗视为工作中的视窗，只有此视窗有十字光标。如果要将工作视窗移到其他视窗，请将光标移到该窗口（此时光标以箭头形式出现），并按鼠标左键即可。

7. VIEW 赋名视窗

【功能】将图形某个部分命名为视图，可以用视图名调用。

【菜单位置】[View] - > [Named views...]

【操作示例】

Command：VIEW（执行后弹出附 A 图 -26 所示对话框）

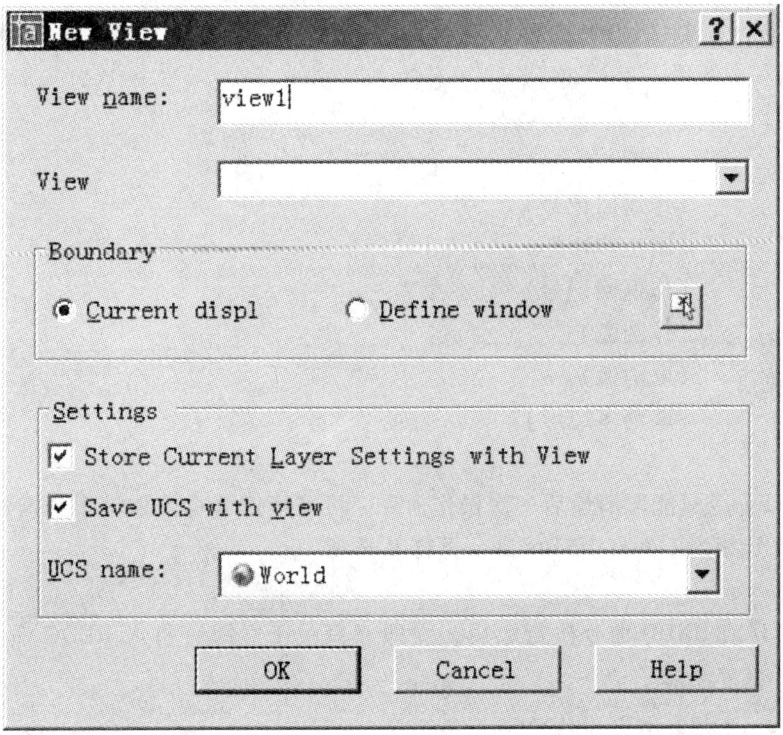

附 A 图 -26

View name：（视图名称）

Boundary：（视图边界）

【说明】

绘图输出时可以按视图输出。例如，如果需要输出三维图形的各不同角度的透视图，可以在调整好角度后用 VIEW 命令保存，不同角度给定不同的视图名。当绘图输出时，不再需要调整角度，而是直接调用视图名即可。

十二、其他辅助命令

1. UNDO/U 取消

【功能】取消操作

【菜单位置】[Edit] - > [Undo]

UNDO 命令的各选项的意义如下：

Number（N）：返回 n 个命令

Mark（M）：作返回记号

Back（B）：返回至记号

BEgin（BE）：组开始标记

End（E）：组结束标记

Auto（A）：自动设组功能

Control（C）：控制 UNDO 执行状态：All—UNDO 功能有效；None—UNDO 功能无效；One—只能返回一个图形。

【操作示例】

CIRCLE...	（作圆）
UNDO M	（作返回记号）
POLYGON...	（画正多边形）
UNDO M	（作返回记号）
ARC...	（作圆弧）
UNDO B	（取消弧）
UNDO B	（取消多边形）

【说明】

（1）一个 U 命令只能取消最后一次操作命令。可连续打 U 命令取消多个操作命令。

（2）UNDO B 相当于先打 UNDO 命令再打 B 选项。

2. REDO

【功能】在 U 或 UNDO 命令执行之后，立即（只限于立即）打入 REDO 命令，可恢复刚取消的命令，并恢复图形。

【菜单位置】[Edit] - > [Redo]

【说明】

REDO 命令只能恢复一次 U 或 UNDO 命令。

3. SHELL/SH

【功能】暂时退出 AutoCAD 执行 DOS 命令，执行完后立即回到 Command 状态。

【说明】

有的 DOS 命令可在 Command：状态下直接执行，如 DIR、DEL、TYPE 等。

十三、尺寸标注命令

DIM 和 DIM1 两条命令用于调用尺寸标注功能。

AutoCAD 不能在提示符 Command：下直接输入尺寸标注命令，而必须先输入 DIM 和 DIM1 命令进入尺寸标注状态，此时提示符变为：Dim

【操作】

Command：DIM（或 DIM1）

Dim：

如果要从尺寸标注状态返回到 Command：状态，则在 Dim：提示符下输入 EXIT 命令。

Dim：EXIT

Command：

【说明】

（1）DIM 与 DIM1 的区别是：DIM1 标注一个尺寸后立即回到 Command：状态，DIM 用于标注一系列尺寸。

（2）在 Dim：提示符下能用的几个命令有：ZOOM，REDRAW 等，其他命令不能在 Dim：提示符下用。

（3）有关尺寸标注的基本名词如附 A 图 - 27 所示。这些尺寸变量的值可直接在 Command：状态下更改。例如：

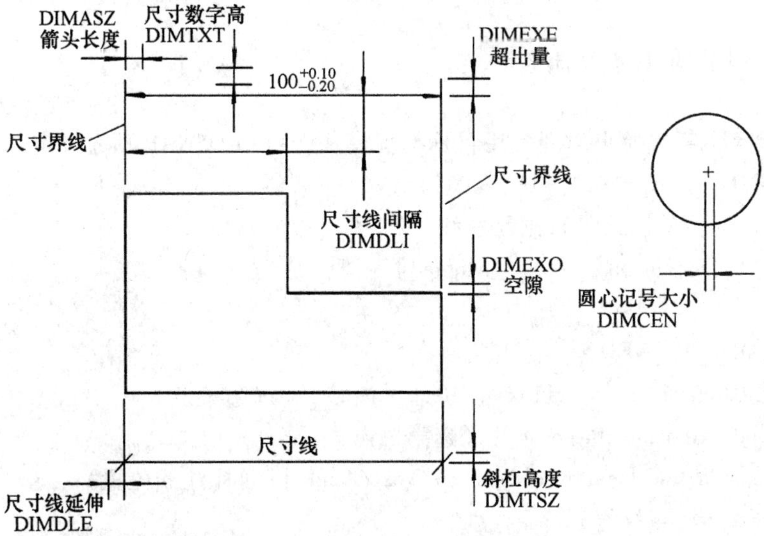

附 A 图 - 27

Command：DIMASZ

New value for DIMASZ〈0.36〉：0.18（键入新值）

Command：

1. LINEAR 线性尺寸标注

【功能】尺寸线为水平或垂直线。

【菜单位置】[Dimension] -> [Linear]

【操作示例】

Command：DIMLINEAR

对此提示有两种响应办法：

1）在图上指定一点——选第一条尺寸界限始点

Specify first extension line origin or 〈select object〉：（选第一点）

Specify second extension line origin：（选第二点）

2）打回车或空格，AutoCAD 提示：

Select object to dimension：（选要标注的对象）

Specify dimension line location or

[Mtext/Text/Angle/Horizontal/Vertical/Rotated]：（标注线位置，尺寸线或其延长线通过此点，选 M 和 T 是给出新文字，选 A 是给标注文本角度，选 H 是水平标注，选 V 是垂直标注，选 R 是旋转标注）

Dimension text = （测量值）

要求输入尺寸文本，有两种响应：

1）回车，按测量值标注。

2）如需输入前缀或后缀，先输入前缀后再打〈〉，再打后缀，然后回车。〈〉代表计算数值。

3）直接注入指定的尺寸标注文本。

【说明】

指定第一始点、第二始点时通常用目标捕捉模式，可用 OSNAP 预先设定。

2. ALIGNED 平行尺寸标注

【功能】与被标注的图元平行画尺寸线。

【菜单位置】[Dimension] -> [Aligned]

【操作】

Command：DIMALIGNED

Specify first extension line origin or 〈select object〉：（选第一点）

Specify second extension line origin：（选第二点）

Specify dimension line location or [Mtext/Text/Angle]：（标注线位置）

Dimension text = （测量值）

3. BASELINE 同基准尺寸标注

【功能】以前一尺寸第一条尺寸界线为基准连续标注直线尺寸。

【菜单位置】[Dimension] -> [Baseline]

【操作】

Command：DIMBASELINE

Specify a second extension line origin or [Undo/Select] 〈Select〉：（选第二点）

Dimension text = （测量值）

Specify a second extension line origin or ［Undo/Select］〈Select〉：（选第二点，回车结束）

Dim：BAS

【说明】

DIMBASELINE 命令必须先标注 DIMLINEAR 一次，DIMBASELINE 命令自动以该次命令中的第一条尺寸界线作为自己的第一条尺寸界线，尺寸线也自动偏移避免重叠，偏移的距离由变量 DIMDLI 控制。

4. CONTINUE 连续尺寸标注

【功能】以前一尺寸第二条尺寸界线为基准连续标注直线尺寸。

【菜单位置】［Dimension］ - > ［Continue］

【操作】

Command：DIMCONTINUE

Specify a second extension line origin or ［Undo/Select］〈Select〉：（选第二点）

Dimension text = （测量值）

Specify a second extension line origin or ［Undo/Select］〈Select〉：（选第二点，回车结束）

【说明】

DIMCONTINUE 命令也必须先标注 DIMLINEAR 一次，DIMCONTINUE 命令自动以该次命令中的第二条尺寸界线作为自己的第一条尺寸界线，尺寸线也自动与前一个尺寸的尺寸线对齐。

5. ANGULAR 角度标注

【功能】标注两直线的夹角。

【菜单位置】［Dimension］ - > ［Angular］

【操作】

Command：DIMANGULAR

Select arc，circle，line，or〈specify vertex〉：（选要标注的对象）

此时有如下几种选择：

① 选一条线，AutoCAD 要求给出第二条线，标注两线间的夹角。

② 选圆或圆弧，AutoCAD 以圆心为顶点，拾取圆时的点为第一点，并要求输入第二点，标注第一点和圆心的连线与第二点与圆心的连线的夹角。

③ 回车，AutoCAD 要求输入三点，并以第一点为顶点，标注第二点和第一点的连线与第三点和第一点的连线的夹角。

Specify dimension arc line location or ［Mtext/Text/Angle］：（标注线位置）

Dimension text = （测量值）

Enter text location：（给出文本行的位置，回车标注文字在尺寸线中间，并将字符经过的地方尺寸标注线抹掉）

【说明】

两条尺寸线可以不相交，但不能平行。

6. DIAMETER 直径标注

【功能】标注圆或圆弧的直径尺寸。

【菜单位置】[Dimension] -> [Diameter]

【操作】

Command: DIMDIAMETER

Select arc or circle:（选圆或弧上一点）

Dimension text〈测量值〉:（打入尺寸值或回车）

1）输入尺寸值。

2）回车。以测量值标注。

7. RADIUS 半径标注

【功能】标注圆或圆弧的半径尺寸。

【菜单位置】[Dimension] -> [Radius]

【操作】

Command: DIMRADIUS

操作与 DIMDIAMETER 同。

8. LEADER 旁注线标注

【功能】用指引线引出标注。

【菜单位置】[Dimension] -> [Leader]

【操作】

Command: QLEADER

Specify first leader point, or [Settings]〈Settings〉:（导引线的起点）

Specify next point:（导引线的终点）

Specify next point:（导引线的终点，回车结束）

Specify text width〈0.0000〉:（文字宽度）

Enter first line of annotation text〈Mtext〉:（输入文字）

Enter first line of annotation text〈Mtext〉:（输入文字，回车结束）

十四、尺寸编辑命令

1. TEDIT 尺寸文字修改

【功能】变更尺寸文字的位置和角度。

【菜单位置】[Dimension] -> [Align Text]

【操作】

Command: DIMTEDIT

Select dimension:（选尺寸，点中尺寸的任何一部分）

Specify new location for dimension text of [Left/Right/Center/Home/Angle]:

Left（L）: 文字移至尺寸线左端

Right（R）: 文字移至尺寸线右端

Center（C）: 文字移至尺寸线中间

Home（H）: 文字的位置和角度回到尺寸标注的原定义状态

Angle（A）：给定文字的角度

2. UPDATE 更新尺寸标注

【功能】用新的尺寸标注方式更新尺寸标注。

【菜单位置】[Dimension] - > [Update]

【操作】

Command：DIMSTYLE

Current dimension style：ISO - 25

Enter a dimension style option [Save/Restore/STatus/Variables/Apply/?] 〈Restore〉：A

Select objects：（选尺寸目标）

Select objects：（选尺寸目标，回车结束）

3. NEWTEXT 更新尺寸文字

【功能】更新已标注的尺寸文字。

【菜单位置】[Modify] - > [Object] - > [Text...] - > [Edit...]

【操作】

Command：DDEDIT

Select an annotation object or [Undo]：（选尺寸目标，输入新尺寸）

4. OBLIQUE 倾斜标注

【功能】通常尺寸标注的尺寸界线总与尺寸线垂直，此命令使尺寸界线与尺寸线成一角度。

【菜单位置】[Dimension] - > [Oblique]

【操作】

Command：DIMEDIT

Enter type of dimension editing [Home/New/Rotate/Oblique] 〈Home〉：O

Select objects：（选尺寸目标）

Select objects：（选尺寸目标，回车结束）

Enter obliquing angle（press ENTER for none）：（输入倾斜角度）

附录 B 明细栏、标题栏、标准件、公差等有关数据

附录 B 包括的内容：

一、明细栏和标题栏	五、螺钉	九、销	十三、热处理
二、螺纹	六、螺母	十、轴承	
三、螺栓	七、垫圈	十一、公差	
四、螺柱	八、键	十二、材料	

一、明细栏和标题栏

1. 标题栏格式、大小（GB/T 10609.1—1989）

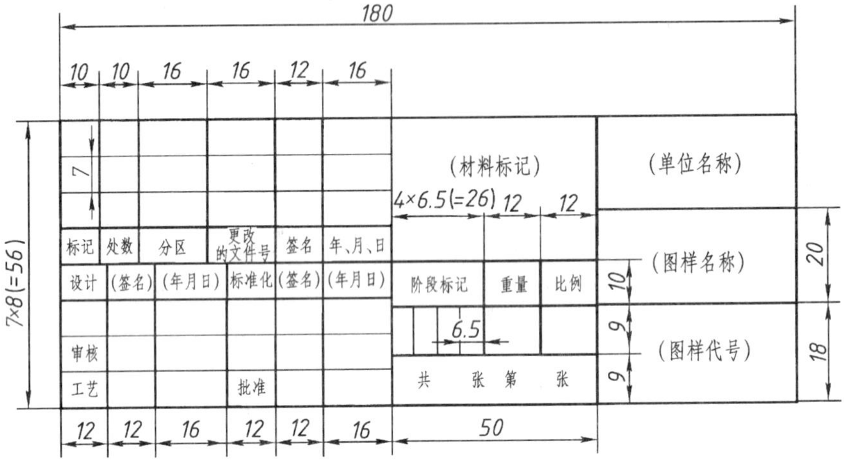

2. 明细栏格式、大小（GB/T 10609.2—1989）

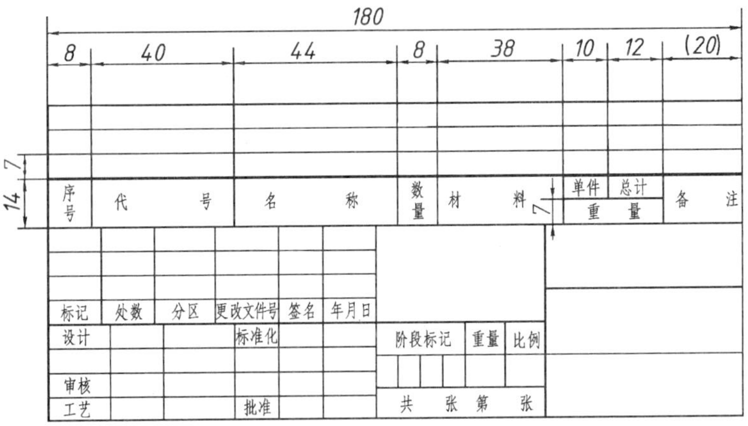

二、螺纹

附 B 表 1　普通螺纹的基本牙型和基本尺寸（GB/T 193—2003、GB/T 196—2003）

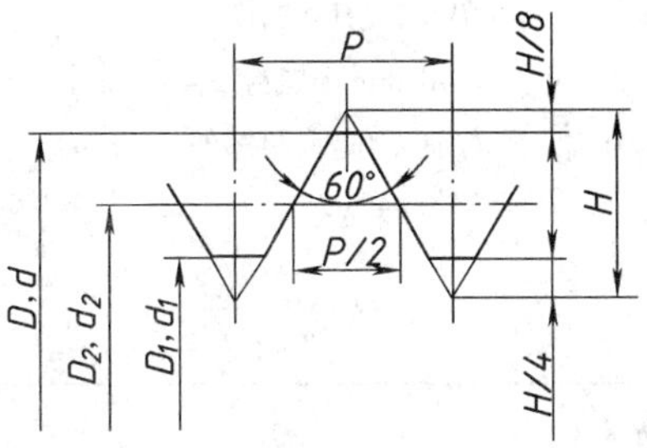

$$H=\frac{\sqrt{3}}{2}P$$

$$D_2=D-2\times\frac{3}{8}H=D-0.649\ 5\ P$$

$$d_2=d-2\times\frac{3}{8}H=d-0.649\ 5\ P$$

$$D_1=D-2\times\frac{5}{8}H=D-1.082\ 5\ P$$

$$d_1=d-2\times\frac{5}{8}H=d-1.082\ 5\ P$$

标记示例

右旋粗牙普通螺纹，直径为 24 mm，螺距 3 mm 的标记：M24

左旋细牙普通螺纹，直径为 24 mm，螺距 2 mm 的标记：M24 ×2LH

mm

公称直径 D、d 第一系列	公称直径 D、d 第二系列	螺距 P 粗牙	螺距 P 细牙	粗牙小径 D_1、d_1
3		0.5	0.35	2.459
	3.5	(0.6)		2.850
4		0.7	0.5	3.242
	4.5	(0.75)		3.688
5		0.8		4.134
6		1	0.75，(0.5)	4.917
8		1.25	1，0.75，(0.5)	6.647
10		1.5	1.25，1，0.75，(0.5)	8.376
12		1.75	1.5，1.25，1，(0.75)，(0.5)	10.106
	14	2	1.5，(1.25)，1，(0.75)，(0.5)	11.835
16		2	1.5，1，(0.75) (0.5)	13.835
	18	2.5	2，1.5，1，(0.75)，(0.5)	15.294
20		2.5		17.294

公称直径 D、d 第一系列	公称直径 D、d 第二系列	螺距 P 粗牙	螺距 P 细牙	粗牙小径 D_1、d_1
	22	2.5	2，1.5，1，(0.75)，(0.5)	19.294
24		3	2，1.5，1，(0.75)	20.752
	27	3	2，1.5，1，(0.75)	23.752
30		3.5	(3)，2，1.5，1，(0.75)	26.211
	33	3.5	(3)，2，1.5，(1)，(0.75)	29.211
36		4	3，2，1.5，(1)	31.670
	39	4		34.670
42		4.5	(4)，3，2，1.5，(1)	37.129
	45	4.5		40.129
48		5		42.87
	52	5		46.587
56		5.5	4，3，2，1.5，(1)	50.046

注：1. 优先选用第一系列，括号内尺寸尽可能不用。第三系列未列入。

2. 中径 D_2、d_2 未列入。

附 B 表 2　梯形螺纹（GB/T 5796.2—1986、GB/T 5796.3—1986）

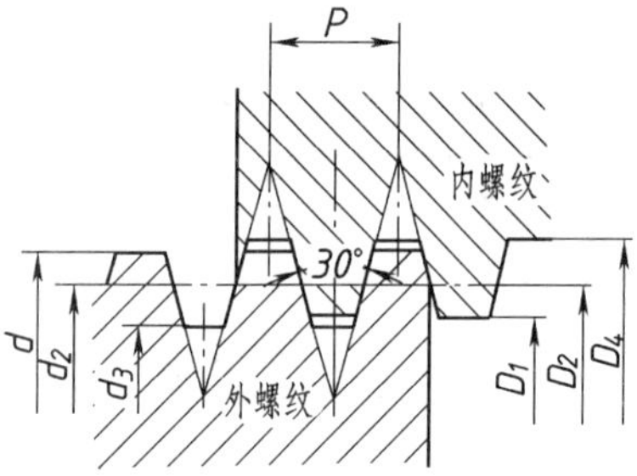

标记示例

1. 公称直径 $d=40$ mm、螺距 $P=7$ mm、中径公差带为 7 H 的左旋梯形螺纹：

   Tr40 × 7 LH − 7 H

2. 公称直径 $d=40$ mm、螺距 $P=7$ mm、中径公差带为 7 e 的右旋双线梯形螺纹：

   Tr40 × 14（P7）−7 e

mm

公称直径 d		螺距	中径	大径	小径	
第一系列	第二系列	P	$d_2=D_2$	D_4	d_3	D_1
8		1.5	7.25	8.30	6.20	6.50
	9	1.5	8.25	9.30	7.20	7.50
		2	8.00	9.50	6.50	7.00
10		1.5	9.25	10.30	8.20	8.50
		2	9.00	10.50	7.50	8.00
	11	2	10.00	11.50	8.50	9.00
		3	9.50	11.50	7.50	8.00
12		2	11.00	12.50	9.50	10.00
		3	10.50	12.50	8.50	9.00
	14	2	13.00	14.50	11.50	12.00
		3	12.50	14.50	10.50	11.00
16		2	15.00	16.50	13.50	14.00
		4	14.00	16.50	11.50	12.00
	18	2	17.00	18.50	15.50	16.00
		4	16.00	18.50	13.50	14.00
20		2	19.00	20.50	17.50	18.00
		4	18.00	20.50	15.50	16.00
	22	3	20.50	22.50	18.50	19.00
		5	19.50	22.50	16.50	17.00
		8	18.00	23.00	13.00	14.00
24		3	22.50	24.50	20.50	21.00
		5	21.50	24.50	18.50	19.00
		8	20.00	25.00	15.00	16.00

公称直径 d		螺距	中径	大径	小径	
第一系列	第二系列	P	$d_2=D_2$	D_4	d_3	D_1
	26	3	24.50	26.50	22.50	23.00
		5	23.50	26.50	20.50	21.00
		8	22.00	27.00	17.00	18.00
28		3	26.50	28.50	24.50	25.00
		5	25.50	28.50	22.50	23.00
		8	24.00	29.00	19.00	20.00
	30	3	28.50	30.50	26.50	29.00
		6	27.00	31.00	23.00	24.00
		10	25.00	31.00	19.00	20.00
32		3	30.50	32.50	28.50	29.00
		6	29.00	33.00	25.00	26.00
		10	27.00	33.00	21.00	22.00
	34	3	32.50	34.50	30.50	31.00
		6	31.00	35.00	27.00	28.00
		10	29.00	35.00	23.00	24.00
36		3	34.50	36.50	32.50	33.00
		6	33.00	37.00	29.00	30.00
		10	31.00	37.00	25.00	26.00
	38	3	36.50	38.50	34.50	35.00
		7	34.50	39.00	30.00	31.00
		10	33.00	39.00	27.00	28.00
40		3	38.50	40.50	36.50	37.00
		7	36.50	41.00	32.00	33.00
		10	35.00	41.00	29.00	30.00

附 B 表 3　螺纹密封的管螺纹（GB/T 7306.1—2000）

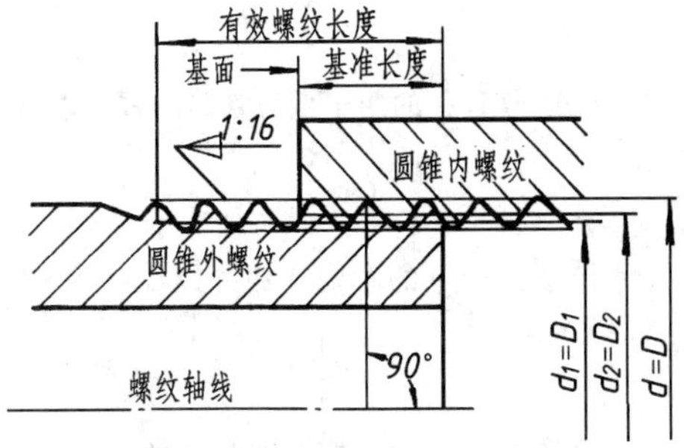

标记示例

1. 尺寸代号为 $1\frac{1}{2}$ 的右旋圆锥内螺纹：

$$R_c 1\frac{1}{2}$$

2. 尺寸代号为 $1\frac{1}{2}$ 的左旋圆锥外螺纹：

$$R1\frac{1}{2}-LH$$

3. 尺寸代号为 $1\frac{1}{2}$ 的右旋圆柱内螺纹：

$$R_p 1\frac{1}{2}$$

mm

尺寸代号	每 25.4 mm 内所含的牙数 n	螺距 P	牙高 h	基本直径或基准平面内的基本直径			基准距离（基本）	外螺纹的有效螺纹不小于
				大径（基本直径）$d=D$	中径 $d_2=D_2$	小径 $d_1=D_1$		
1/16	28	0.907	0.581	7.723	7.142	6.561	4	6.5
1/8	28	0.907	0.581	9.728	9.147	8.566	4	6.5
1/4	19	1.337	0.856	13.157	12.301	11.445	6	9.7
3/8	19	1.337	0.856	16.662	15.806	14.950	6.4	10.1
1/2	14	1.814	1.162	20.955	19.793	18.631	8.2	13.2
3/4	14	1.814	1.162	26.441	25.279	24.117	9.5	14.5
1	11	2.309	1.479	33.249	31.770	30.291	10.4	16.8
1¼	11	2.309	1.479	41.910	40.431	38.952	12.7	19.1
1½	11	2.309	1.479	47.803	46.324	44.845	12.7	19.1
2	11	2.309	1.479	59.614	58.135	56.656	15.9	23.4
2½	11	2.309	1.479	75.184	73.705	72.226	17.5	26.7
3	11	2.309	1.479	87.884	86.405	84.926	20.6	29.8
4	11	2.309	1.479	113.030	111.551	110.072	25.4	35.8
5	11	2.309	1.479	138.430	136.951	135.472	28.6	40.1
6	11	2.309	1.479	163.830	162.351	162.351	28.6	40.1

注：第五列中所列的是圆柱螺纹的基本直径和圆锥螺纹在基本平面内的基本直径；第六、七列只适用于圆锥螺纹。

附B表4　非螺纹密封的管螺纹（GB/T 7307—2001）

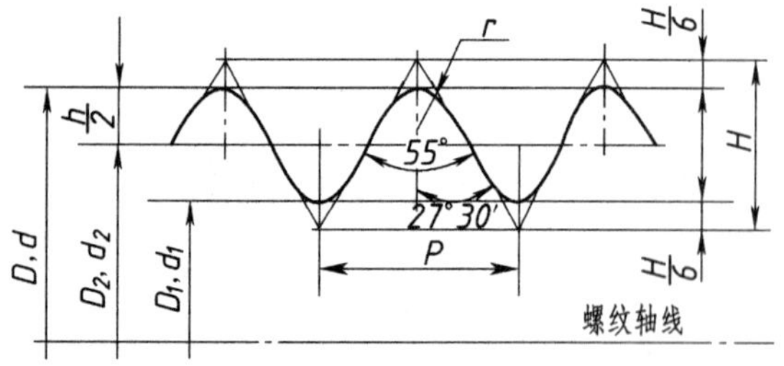

标记示例

1. 尺寸代号为$1\frac{1}{2}$的右旋内螺纹：

   $G1\frac{1}{2}$

2. 尺寸代号为$1\frac{1}{2}$的用于低压管路的右旋内螺纹：

   $G1\frac{1}{2}$

3. 尺寸代号为$1\frac{1}{2}$的右旋A级外螺纹：

   $G1\frac{1}{2}A$

4. 尺寸代号为$1\frac{1}{2}$的左旋B级外螺纹：

   $G1\frac{1}{2}B-LH$

mm

尺寸代号	每25.4 mm内的牙数 n	螺距 P	基本尺寸			尺寸代号	每25.4 mm内的牙数 n	螺距 P	基本尺寸		
			大径 D，d	中径 D_2，d_2	小径 D_1，d_1				大径 D，d	中径 D_2，d_2	小径 D_1，d_1
1/8	28	0.907	9.728	9.147	8.566	$1\frac{1}{4}$	11	2.309	41.910	40.431	38.952
1/4	19	1.337	13.157	12.301	11.445	$1\frac{1}{2}$		2.309	47.303	46.324	44.845
3/8		1.337	16.662	15.806	14.950	$1\frac{3}{4}$		2.309	53.746	52.267	50.788
1/2	14	1.814	20.955	19.793	18.631	2		2.309	59.614	58.135	56.656
5/8		1.814	22.911	21.749	20.587	$2\frac{1}{4}$		2.309	65.710	64.231	62.752
3/4		1.814	26.441	25.279	24.117	$2\frac{1}{2}$		2.309	75.148	73.705	72.226
7/8		1.814	30.201	29.039	27.877	$2\frac{3}{4}$		2.309	81.534	80.055	78.576
1	11	2.309	33.249	31.770	30.291	3		2.309	87.884	86.405	84.926
$1\frac{1}{8}$		2.309	37.897	36.418	34.939	$3\frac{1}{2}$		2.309	100.330	98.851	97.372

三、螺栓

附 B 表 5　六角头螺栓（GB/T 5780—2000、GB/T 5782—2000）

六角头螺栓—C 级（GB/T 5780—2000）

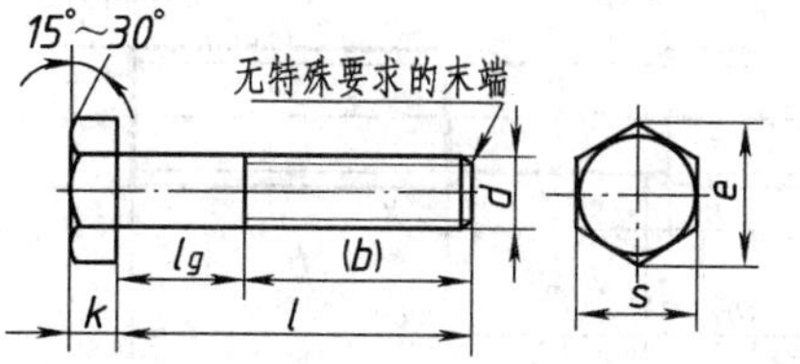

六角头螺栓—A 和 B 级（GB/T 5782—2000）

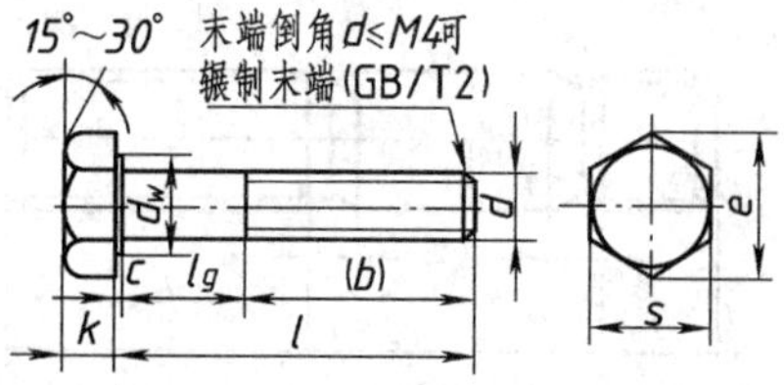

标记示例

螺纹规格 d = M12、公称长度 l = 80 mm、性能等级为 8.8 级，表面氧化、A 级的六角头螺栓：

螺栓　GB/T 5782　M12 × 80

mm

螺纹规格 d			M3	M4	M5	M6	M8	M10	M12	M16	M20	M24	M30	M36	M42
b 参考	$l \leqslant 125$		12	14	16	18	22	26	30	38	46	54	66	—	—
	$125 < l \leqslant 200$		18	20	22	24	28	32	36	44	52	60	72	84	96
	$l > 200$		31	33	35	37	41	45	49	57	65	73	85	97	109
c			0.4	0.4	0.5	0.5	0.6	0.6	0.6	0.8	0.8	0.8	0.8	0.8	1
d_w	产品等级	A	4.57	5.88	6.88	8.88	11.63	14.63	16.63	22.49	28.19	33.61	—	—	—
		B	4.45	5.74	6.74	8.74	11.47	14.47	16.47	22	27.7	33.25	42.75	51.11	59.95
e	产品等级	A	6.01	7.66	8.79	11.05	14.38	17.77	20.03	26.75	33.53	39.98	—	—	—
		B、C	5.88	7.50	8.63	10.89	14.20	17.59	19.85	26.17	32.95	39.55	50.85	60.79	72.02
k 公称			2	2.8	3.5	4	5.3	6.4	7.5	10	12.5	15	18.7	22.5	26
r			0.1	0.2	0.2	0.25	0.4	0.4	0.6	0.6	0.8	0.8	1	1	1.2
s 公称			5.5	7	8	10	13	16	18	24	30	36	46	55	65
l（商品规格范围）			20 ~ 30	25 ~ 40	25 ~ 50	30 ~ 60	40 ~ 80	45 ~ 100	50 ~ 120	65 ~ 160	80 ~ 200	90 ~ 240	110 ~ 300	140 ~ 360	160 ~ 400
l 系列			12，16，20，25，30，35，40，45，50，55，60，65，70，80，90，100，110，120，130，140，150，160，180，200，220，240，260，280，300，320，340，360，380，400，420，440，460，480，500												

注：1. A 级用于 $d \leqslant 24$ mm 和 $l \leqslant 10d$ 或 ≤150 mm 的螺栓；B 级用于 $d > 24$ mm 和 $l > 10d$ 或 > 150 mm 的螺栓。

2. 螺纹规格 d 范围：GB/T 5780—2000 为 M5 ~ M64；GB/T 5782—2000 为 M1.6 ~ M64。

3. 公称长度 l 范围：GB/T 5780—2000 为 25 ~ 500；GB/T 5782—2000 为 12 ~ 500。

4. 材料为钢的螺栓性能等级有 5.6、8.8、9.8、10.9 级，其中 8.8 级为常用。

四、螺柱

附 B 表 6　双头螺柱（GB/T 897—1988、GB/T 898—1988、GB/T 899—1988、GB/T 900—1988）

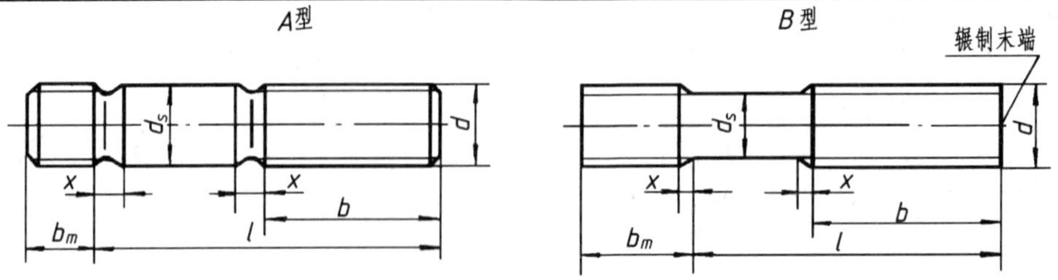

末端按 GB 2 规定；d_s≈螺纹中径（仅适用于 B 型）；$x_{max}=1.5P$（螺距）

标记示例

两端均为粗牙普通螺纹，$d=10$ mm，$l=50$ mm，性能等级为 4.8 级，不经表面处理，B 型，$b_m=1.25\ d$ 的双头螺柱：　　螺柱　GB/T 898　M10×50

旋入机体一端为粗牙普通螺纹、旋螺母一端为螺距 $P=1$ mm 的细牙普通螺纹，$d=10$ mm，$l=50$ mm，性能等级为 4.8 级、不经表面处理，A 型，$b_m=1.25\ d$ 的双头螺柱：

螺柱　GB/T 898　AM10—M10×1×50

螺纹规格	b_m				L/b
	GB/T 897—1988 $b_m=1\ d$	GB/T 898—1988 $b_m=1.25\ d$	GB/T 899—1988 $b_m=1.5\ d$	GB/T 900—1988 $b_m=2\ d$	
M5	5	6	8	10	16～22/10，25～50/16
M6	6	8	10	12	20～22/10，25～30/14，32～75/18
M8	8	10	12	16	20～22/12，25～30/16，32～90/22
M10	10	12	15	20	25～28/14，30～38/16，40～120/26，130/32
M12	12	15	18	24	25～30/16，32～40/20，45～120/30，130～180/36
（M14）	14	18	21	28	30～35/18，38～50/25，55～120/34，130～180/40
M16	16	20	24	32	30～35/20，40～55/30，60～120/38，130～200/44

续表

螺纹规格	b_m				L/b
	GB/T 897—1988 $b_m=1\ d$	GB/T 898—1988 $b_m=1.25\ d$	GB/T 899—1988 $b_m=1.5\ d$	GB/T 900—1988 $b_m=2\ d$	
(M18)	18	22	27	36	35 ~ 40/22，45 ~ 60/35，65 ~ 120/42，130 ~ 200/48
M20	20	25	30	40	35 ~ 40/25，45 ~ 65/35，70 ~ 120/46，130 ~ 200/52
(M22)	22	28	33	44	40 ~ 55/30，50 ~ 70/40，75 ~ 120/50，130 ~ 200/56
M24	24	30	36	48	45 ~ 50/30，55 ~ 75/45，80 ~ 120/54，130 ~ 200/60
(M27)	27	35	40	54	50 ~ 60/35，65 ~ 85/50，90 ~ 120/60，130 ~ 200/66
M30	30	38	45	60	60 ~ 65/40，70 ~ 90/50，95 ~ 120/66，130 ~ 200/72
(M33)	33	41	49	66	65 ~ 70/45，75 ~ 95/60，100 ~ 120/72，130 ~ 200/78
M36	36	45	54	72	65 ~ 75/45，80 ~ 110/60，130 ~ 200/84，210 ~ 300/97
(M39)	39	49	58	78	70 ~ 80/50，85 ~ 120/65，120/90，210 ~ 300/103
M42	42	52	64	84	70 ~ 80/50，85 ~ 120/70，130 ~ 200/96，210 ~ 300/109
M48	48	60	72	96	80 ~ 90/60，95 ~ 110/80，130 ~ 200/108，210 ~ 300/121
l（系列）	16，(18)，20，(22)，25，(28)，30，(32)，35，(38)，40，45，50，(55)，60，(65)，70，(75)，80，(85)，90，(95)，100，110，120，130，140，150，160，170，180，190，200，210，220，230，240，250，260，270，280，290，300				

注：1. 尽可能不采用括号内的规格；

2. P——粗牙螺纹的螺距。

五、螺钉

附B表7 开槽圆柱头螺钉（GB/T 65—2000）、**开槽盘头螺钉**（GB/T 67—2000）

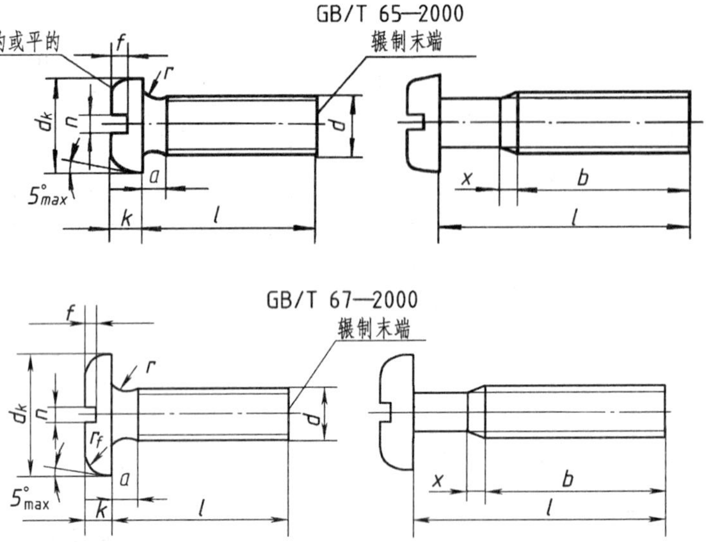

无螺纹部分杆径≈中径或＝螺纹大径，$a=2P$，$x=2.5P$

标记示例

1. 螺纹规格 $d=$M5，公称长度 $l=20$ mm，性能等级为4.8级，不经表面处理的开槽圆柱头螺钉：
   螺钉 GB/T 65 M5×20
2. 螺纹规格 $d=$M5，公称长度 $l=20$ mm，性能等级为4.8级，不经表面处理的开槽盘头螺钉：
   螺钉 GB/T 67 M5×20

mm

螺纹规格 d	P	b min	n 公称	r min	l 公称	GB/T 65—2000			GB/T 67—2000			
						d_k max	k max	t min	d_k max	k max	t min	r_f 参考
M3	0.5	25	0.8	0.1	4～30				5.6	1.8	0.7	0.9
M4	0.7	38	1.2	0.2	5～40	7	2.6	1.1	8	2.4	1	1.2
M5	0.8	38	1.2	0.2	6～50	8.5	3.3	1.3	9.5	3	1.2	1.5
M6	1	38	1.6	0.25	8～60	10	3.9	1.6	12	3.6	1.4	1.8
M8	1.25	38	2	0.4	10～80	13	5	2	16	4.8	1.9	2.4
M10	1.5	38	2.5	0.4	12～80	16	6	2.4	20	6	2.4	3

注：1. 长度 l 系列：4、5、6、8、10、12、(14)、16、20、25、30、35、40、45、50、(55)、60、(65)、70、(75)、80，有括号的尽可能不采用。

2. 公称长度 $l\leqslant40$ mm的螺钉和M3、$l\leqslant30$ mm的螺钉、制出全螺纹（$b=l-a$）。

3. P——螺距。

附 B 表 8　十字槽盘头螺钉（GB/T 818—2000）、十字槽沉头螺钉（GB/T 819.1—2000）

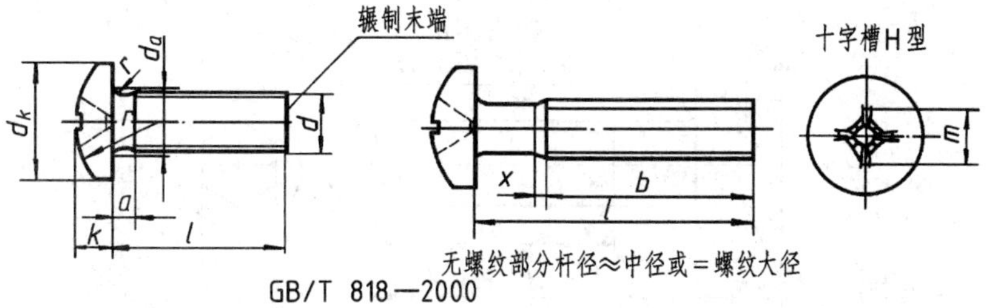

GB/T 818—2000

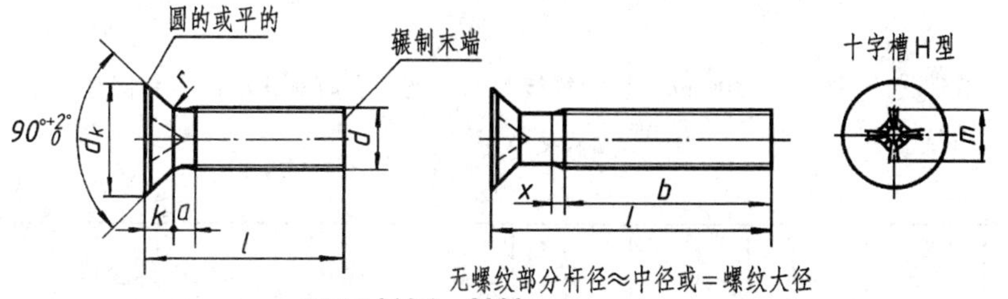

GB/T 819.1—2000

标记示例

螺纹规格 d = M5，公称长度 l = 20 mm，性能等级为 4.8 级，不经表面处理型十字槽盘头螺钉：

螺钉　GB/T 818—2000　M5 × 20

螺纹规格 d = M5，公称长度 l = 20 mm，性能等级为 4.8 级，不经表面处理的 H 型十字槽沉头螺钉：

螺钉　GB/T 819.1　M5 × 20

mm

螺纹规格 d		M1.6	M2	M2.5	M3	M4	M5	M6	M8	M10
P		0.35	0.4	0.45	0.5	0.7	0.8	1	1.25	1.5
a		0.7	0.8	0.9	1	1.4	1.6	2	2.5	3
b		25	25	25	25	38	38	38	38	38
x		0.9	1	1.1	1.25	1.75	2	2.5	3.2	3.8
十字槽 No.		0	0	1	1	2	2	3	4	4
l 系列		3，4，5，6，8，10，12，(14)，16，20，25，30，35，40，45，50，(55)，60								
GB/T 818—2000	d_k	3.2	4	5	5.6	8	9.3	12	16	20
	k	1.3	1.6	2.1	2.4	3.1	3.7	4.6	6	7.5
	r	0.1	0.1	0.1	0.1	0.2	0.2	0.25	0.4	0.4
	l 范围	3 ~ 16	3 ~ 20	3 ~ 25	4 ~ 30	5 ~ 40	6 ~ 45	8 ~ 60	10 ~ 60	12 ~ 60
	全螺纹长度	25	25	25	25	40	40	40	40	40
GB/T 819.1—2000	d_k	2.7 ~ 3.0	3.5 ~ 3.8	4.4 ~ 4.7	5.2 ~ 5.5	8 ~ 8.4	8.9 ~ 9.3	10.9 ~ 11.3	15.4 ~ 15.8	17.8 ~ 18.3
	k	1	1.2	1.5	1.65	2.7	2.7	3.3	4.65	5
	r	0.4	0.5	0.6	0.8	1	1.3	1.5	2	2.5
	l 范围	3 ~ 16	3 ~ 20	3 ~ 25	4 ~ 30	5 ~ 40	6 ~ 50	8 ~ 60	10 ~ 60	12 ~ 60
	全螺纹长度	30	30	30	30	45	45	45	45	45

注：材料为钢，螺纹公差 6 g，性能等级 4.8 级，产品等级 A。

附 B 表 9　内六角圆柱头螺钉（GB/T 70.1—2000）

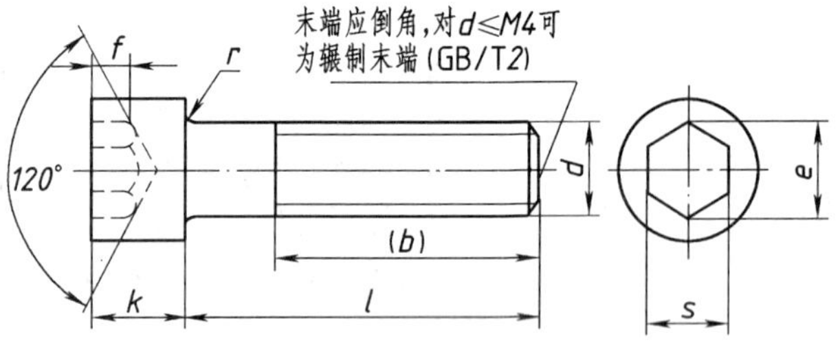

标记示例

螺纹规格 d = M5，公称长度 l = 20 mm，性能等级为 8.8 级，表面氧化的内六角圆柱头螺钉：

螺钉　GB/T 70.1　M5 × 20

mm

螺纹规格 d	M3	M4	M5	M6	M8	M10	M12	M14	M16	M20
P（螺距）	0.5	0.7	0.8	1	1.25	1.5	1.75	2	2	2.5
b 参考	18	20	22	24	28	32	36	40	44	52
d_k	5.5	7	8.5	10	13	16	18	21	24	30
k	3	4	5	6	8	10	12	14	16	20
t	1.3	2	2.5	3	4	5	6	7	8	10
s	2.5	3	4	5	6	8	10	12	14	17
e	2.87	3.44	4.58	5.72	6.86	9.15	11.43	13.72	16.00	19.44
r	0.1	0.2	0.2	0.25	0.4	0.4	0.6	0.6	0.6	0.8
公称长度 l	5 ~ 30	6 ~ 40	8 ~ 50	10 ~ 60	12 ~ 80	16 ~ 100	20 ~ 120	25 ~ 140	25 ~ 160	30 ~ 200
l≤表中数值时，制出全螺纹	20	25	25	30	35	40	45	55	55	65
l 系列	2.5，3，4，5，6，8，10，12，16，20，25，30，35，40，45，50，55，60，65，70，80，90，100，110，120，130，140，150，160，180，200，220，240，260，280，300									

注：螺纹规格 d = M1.6 ~ M64。

附 B 表 10　开槽锥端紧定螺钉（GB/T 71—1985）、开槽平端紧定螺钉（GB/T 73—1985）、开槽长圆柱端紧定螺钉（GB/T 75—1985）

GB/T 71—1985　　GB/T 73—1985　　GB/T 75—1985

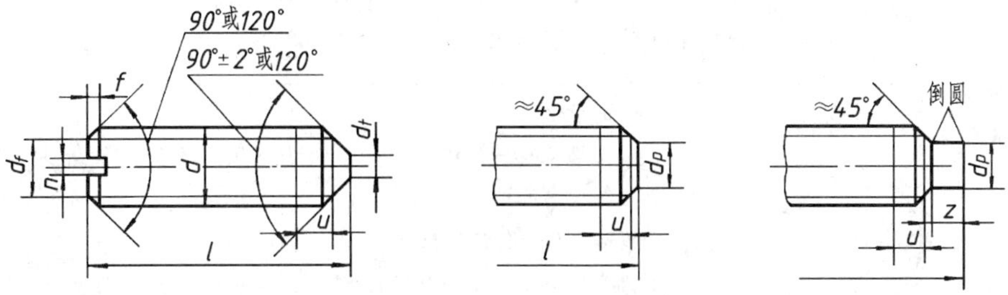

公称长度为短螺钉时，应制成 120°，u 为不完整螺纹的长度≤$2P$

标记示例

螺纹规格 d = M5，公称长度 l = 12 mm，性能等级为 14 H 级，表面氧化的开槽平端紧定螺钉：

螺钉　GB/T 73　M5 × 12

mm

螺纹规格 d		M1.6	M2	M2.5	M3	M4	M5	M6	M8	M10	M12
P（螺距）		0.35	0.4	0.45	0.5	0.7	0.8	1	1.25	1.5	1.75
n		0.25	0.25	0.4	0.4	0.6	0.8	1	1.2	1.6	2
t		0.74	0.84	0.95	1.05	1.42	1.63	2	2.5	3	3.6
d_t		0.16	0.2	0.25	0.3	0.4	0.5	1.5	2	2.5	3
d_p		0.8	1	1.5	2	2.5	3.5	4	5.5	7	8.5
z		1.05	1.25	1.5	1.75	2.25	2.75	3.25	4.3	5.3	6.3
l	GB/T 71—1985	2 ~ 8	3 ~ 10	3 ~ 12	4 ~ 16	6 ~ 20	8 ~ 25	8 ~ 30	10 ~ 40	12 ~ 50	14 ~ 60
	GB/T 73—1985	2 ~ 8	2 ~ 10	2.5 ~ 12	3 ~ 16	4 ~ 20	5 ~ 25	5 ~ 30	8 ~ 40	10 ~ 50	12 ~ 60
	GB/T 75—1985	2.5 ~ 8	3 ~ 10	4 ~ 12	5 ~ 16	6 ~ 20	8 ~ 25	10 ~ 30	10 ~ 40	12 ~ 50	14 ~ 60
l 系列		2，2.5，3，4，5，6，8，10，12，(14)，16，20，25，30，35，40，45，50，(55)，60									

注：1. l 为公称长度。

2. 括号内的规格尽可能不采用。

六、螺母

附B表11　六角螺母—C级（GB/T 41—2000）、
1型六角螺母—A和B级（GB/T 6170—2000）

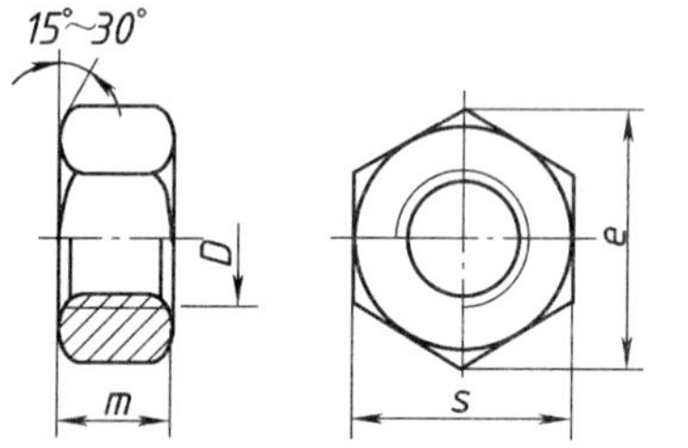

标记示例

螺纹规格 D = M12、性能等级为5级、不经表面处理、C级的六角螺母：

螺母　GB/T 41　M12

螺纹规格 D = M12，性能等级为8级，不经表面处理，A级的1型六角螺母：

螺母　GB/T 6170　M12

mm

螺纹规格 D		M3	M4	M5	M6	M8	M10	M12	M16	M20	M24	M30	M36	M42
e	GB/T 41—2000	—	—	8.63	10.89	14.20	17.59	19.85	26.17	32.95	39.55	50.85	60.79	72.02
	GB/T 6170—2000	6.01	7.66	8.79	11.05	14.38	17.77	20.03	26.75	32.95	39.55	50.85	60.79	72.02
s	GB/T 41—2000	—	—	8	10	13	16	18	24	30	36	46	55	65
	GB/T 6170—2000	5.5	7	8	10	13	16	18	24	30	36	46	55	65
m	GB/T 41—2000	—	—	5.6	6.1	7.9	9.5	12.2	15.9	18.7	22.3	26.4	31.5	34.9
	GB/T 6170—2000	2.4	3.2	4.7	5.2	6.8	8.4	10.8	14.8	18	21.5	25.6	31	34

注：A级用于 $D\leqslant16$；B级用于 $D>16$。产品等级A、B由公差取值决定，A级公差数值小。材料为钢的螺母：GB/T 6170—2000的性能等级有6、8、10级，8级为常用；GB/T 41—2000的性能等级为4和5级。这两类螺母的螺纹规格为M5～M64。

七、垫圈

附B表12　小垫圈—A级（GB/T 848—2002）、**平垫圈—A级**（GB/T 97.1—2002）、
平垫圈（倒角型）—A级（GB/T 97.2—2002）、**大垫圈—A级和C级**（GB/T 96—2002）

GB/T 97.2—2002　　GB/T 97.1—2002　GB/T 848—2002　　GB/T 96—2002

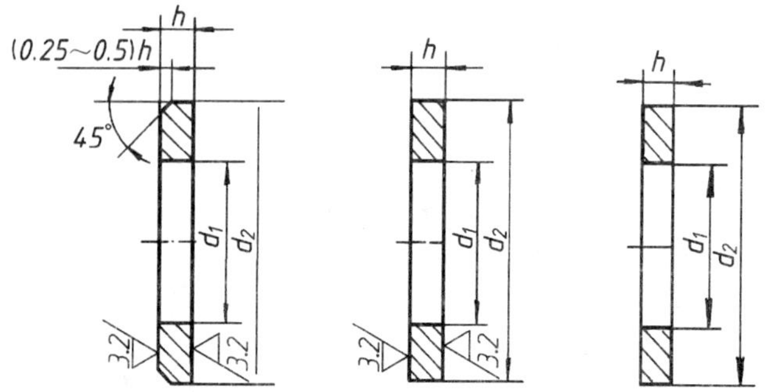

标记示例

标准系列，公称尺寸 d = 8 mm，性能等级为140 HV级，不经表面处理的平垫圈：

垫圈　GB/T 97.1　8—140 HV

<table>
<tr><th rowspan="2">公称规格
（螺纹大径）
d</th><th colspan="3">小垫圈 A 级
（GB/T 848—2002）</th><th colspan="3">平垫圈 A 级
（GB/T 97.1—2002）
平垫圈 A 级倒角型
（GB/T 97.2—2002）</th><th colspan="4">大垫圈 A 级（GB/T 96.1—2002）
和 C 级（GB/T 96.2—2002）</th></tr>
<tr><th>d_1
公称
min</th><th>d_2
公称
max</th><th>h
公称</th><th>d_1
公称
min</th><th>d_2
公称
max</th><th>h
公称</th><th>d_1
公称 min
（GB/T 96.1）</th><th>d_1
公称 min
（GB/T 96.2）</th><th>d_2
公称
max</th><th>h
公称</th></tr>
<tr><td>1.6</td><td>1.7</td><td>3.5</td><td rowspan="2">0.3</td><td>1.7</td><td>4</td><td rowspan="2">0.3</td><td></td><td></td><td></td><td></td></tr>
<tr><td>2</td><td>2.2</td><td>4.5</td><td>2.2</td><td>5</td><td></td><td></td><td></td><td></td></tr>
<tr><td>2.5</td><td>2.7</td><td>5</td><td rowspan="3">0.5</td><td>2.7</td><td>6</td><td rowspan="2">0.5</td><td></td><td></td><td></td><td></td></tr>
<tr><td>3</td><td>3.2</td><td>6</td><td>3.2</td><td>7</td><td>3.2</td><td>3.4</td><td>9</td><td>0.8</td></tr>
<tr><td>4</td><td>4.3</td><td>8</td><td>4.3</td><td>9</td><td>0.8</td><td>4.3</td><td>4.5</td><td>12</td><td rowspan="2">1</td></tr>
<tr><td>5</td><td>5.3</td><td>9</td><td>1</td><td>5.3</td><td>10</td><td>1</td><td>5.3</td><td>5.5</td><td>15</td></tr>
<tr><td>6</td><td>6.4</td><td>11</td><td rowspan="3">1.6</td><td>6.4</td><td>12</td><td rowspan="2">1.6</td><td>6.4</td><td>6.6</td><td>18</td><td>1.6</td></tr>
<tr><td>8</td><td>8.4</td><td>15</td><td>8.4</td><td>16</td><td>8.4</td><td>9</td><td>24</td><td>2</td></tr>
<tr><td>10</td><td>10.5</td><td>18</td><td>10.5</td><td>20</td><td>2</td><td>10.5</td><td>11</td><td>30</td><td>2.5</td></tr>
<tr><td>12</td><td>13</td><td>20</td><td>2</td><td>13</td><td>24</td><td>2.5</td><td>13</td><td>13.5</td><td>37</td><td rowspan="2">3</td></tr>
<tr><td>16</td><td>17</td><td>28</td><td>2.5</td><td>17</td><td>30</td><td rowspan="2">3</td><td>17</td><td>17.5</td><td>50</td></tr>
<tr><td>20</td><td>21</td><td>34</td><td>3</td><td>21</td><td>37</td><td>21</td><td>22</td><td>60</td><td>4</td></tr>
<tr><td>24</td><td>25</td><td>39</td><td rowspan="2">4</td><td>25</td><td>44</td><td rowspan="2">4</td><td>25</td><td>26</td><td>72</td><td>5</td></tr>
<tr><td>30</td><td>31</td><td>50</td><td>31</td><td>56</td><td>33</td><td>33</td><td>92</td><td>6</td></tr>
<tr><td>36</td><td>37</td><td>60</td><td>5</td><td>37</td><td>66</td><td>5</td><td>39</td><td>39</td><td>110</td><td>8</td></tr>
<tr><td>42</td><td></td><td></td><td></td><td>45</td><td>78</td><td rowspan="2">8</td><td></td><td></td><td></td><td></td></tr>
<tr><td>48</td><td></td><td></td><td></td><td>52</td><td>92</td><td></td><td></td><td></td><td></td></tr>
</table>

续表

公称规格（螺纹大径）*d*	小垫圈 A 级（GB/T 848—2002）			平垫圈 A 级（GB/T 97.1—2002）平垫圈 A 级倒角型（GB/T 97.2—2002）			大垫圈 A 级（GB/T 96.1—2002）和 C 级（GB/T 96.2—2002）			
	d_1 公称 min	d_2 公称 max	*h* 公称	d_1 公称 min	d_2 公称 max	*h* 公称	d_1 公称 min（GB/T 96.1）	d_1 公称 min（GB/T 96.2）	d_2 公称 max	*h* 公称
56				62	105	10				
64				70	115					

注：1. GB/T 95—2002，GB/T 97.1—2002 的公称规格 *d* 的范围为 1.6 ~ 64 mm；GB/T 96.1—2002，GB/T 96.2—2002 的公称规格 *d* 的范围为 3 ~ 36 mm；GB/T 97.2—2002 的公称规格 *d* 的范围为 5 ~ 64 mm；GB/T 848—2002 的公称规格 *d* 的范围为 1.6 ~ 36 mm。

2. GB/T 848—2002 主要用于带圆柱头的螺钉，其他用于标准的六角螺栓、螺钉和螺母。

八、键

附 B 表 13　普通平键　型式尺寸（GB/T 1096—2003）

平键　键和键槽的断面尺寸（GB/T 1095—2003）

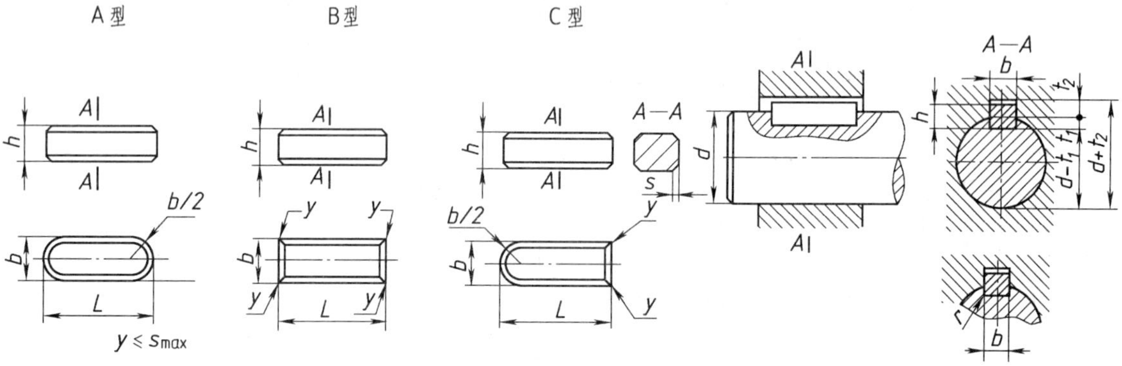

标记示例

GB/T 1096 键 16 × 10 × 100：*b* = 16 mm，*h* = 10 mm，*l* = 100，圆头普通 A 型平键。

GB/T 1096 键 B16 × 10 × 100：宽度 *b* = 16 mm，高度 *h* = 10 mm，长度 *l* = 60，普通 B 型平键。

GB/T 1096 键 C16 × 10 × 100：宽度 *b* = 16 mm，高度 *h* = 10 mm，长度 *l* = 60，普通 C 型平键。

mm

轴	键			键槽												
	基本尺寸			槽宽 b						深度				半径 r		倒角或倒圆 s
				基本尺寸 b	极限偏差					轴 t_1		毂 t_2				
					正常联结		较松联结		紧密联结							
公称直径 d	宽度 b (h8)	高度 h 矩形(h11) 方形(h8)	长度 L (h14)		轴 N9	毂 JS9	轴 H9	毂 D10	轴和毂 P9	基本尺寸	极限偏差	基本尺寸	极限偏差	min	max	
自 6 ~ 8	2	2	6 ~ 20	2	−0.004 −0.029	±0.0125	+0.025 0	+0.060 +0.020	−0.006 −0.031	1.2	+0.1 0	1	+0.10 0	0.08	0.16	0.16 ~ 0.25
>8 ~ 10	3	3	6 ~ 36	3						1.8		1.4				
>10 ~ 12	4	4	8 ~ 45	4	0 −0.030	±0.015	+0.030 0	+0.078 +0.030	−0.012 −0.042	2.5		1.8				
>12 ~ 17	5	5	10 ~ 56	5						3.0		2.3		0.16	0.25	0.20 ~ 0.40
>17 ~ 22	6	6	14 ~ 70	6						3.5		2.8				
>22 ~ 30	8	7	18 ~ 90	8	0 −0.036	±0.018	+0.036 0	+0.098 +0.040	−0.015 −0.051	4.0	+0.2 0	3.3	+0.20 0			
>30 ~ 38	10	8	22 ~ 110	10						5.0		3.3		0.25	0.40	0.40 ~ 0.60
>38 ~ 44	12	8	28 ~ 140	12	0 −0.043	±0.0215	+0.043 0	+0.120 +0.050	−0.018 −0.061	5.0		3.3				
>44 ~ 50	14	9	36 ~ 160	14						5.5		3.8				
>50 ~ 58	16	10	45 ~ 180	16						6.0		4.3				
>58 ~ 65	18	11	50 ~ 200	18						7.0		4.4				
>65 ~ 75	20	12	56 ~ 220	20	0 −0.052	±0.026	+0.052 0	+0.149 +0.065	−0.022 −0.074	7.5		4.9		0.40	0.60	0.60 ~ 0.80
>75 ~ 85	22	14	63 ~ 250	22						9.0		5.4				
>85 ~ 95	25	14	70 ~ 280	25						9.0		5.4				
>95 ~ 110	28	16	80 ~ 320	28						10.0		6.4				
>110 ~ 130	32	18	90 ~ 360	32	0 −0.062	±0.031	+0.062 0	+0.180 +0.080	−0.026 −0.088	11.0		7.4		0.70	1.00	1.00 ~ 1.20
>130 ~ 150	36	20	100 ~ 400	36						12.0	+0.3 0	8.4	+0.3 0			
>150 ~ 170	40	22	100 ~ 400	40						13.0		9.4				
>170 ~ 200	45	25	110 ~ 450	45						15.0		10.4				
>200 ~ 230	50	28	125 ~ 500	50						17.0		11.4				
b、h 基本尺寸	2, 3, 4, 5, 6, 8, 10, 12, 14, 16, 18, 20, 22, 25, 28, 32, 36, 40, 45, 50, 56, 63, 70, 80, 90, 100															
L 基本尺寸	6, 8, 10, 12, 14, 16, 18, 20, 22, 25, 28, 32, 36, 40, 45, 50, 56, 63, 70, 80, 90, 100, 110, 125, 140, 160, 180, 200, 220, 250, 280, 320, 360, 400, 450, 500															

注：1. 因最新标准未提供供选键的基本尺寸用的轴公称直径尺寸范围段，为此本书保留了旧标准这部分以便于作为选键的参考。

2. 键宽度 b 的极限偏差（h8）和高度 h 的极限偏差矩形（h11）（除基本尺寸 2 ~ 6 mm 范围内无极限偏差外）、方形（h8）（除基本尺寸 7 ~ 100 mm 范围内无极限偏差外）其他范围的基本尺寸的极限偏差以及长度 L 的极限偏差（h14）均可从轴的基本偏差值表中查取。

3. 轴和轮毂上键槽宽 b 的（N9、H9、P9 和 JS9、D9）的极限偏差均可从轴的基本偏差值表中查取。

附 B 表 14　半圆键

键和键槽的断面尺寸（GB/T 1098—2003）　　键的型式和尺寸（GB/T 1099.1—2003）

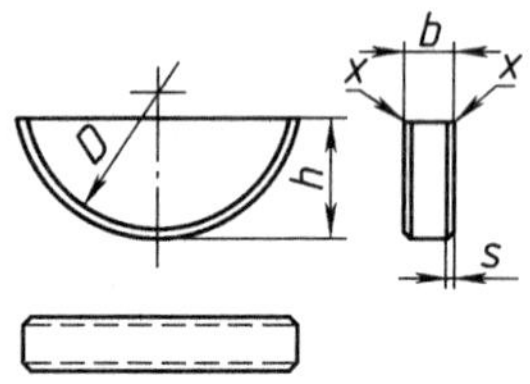

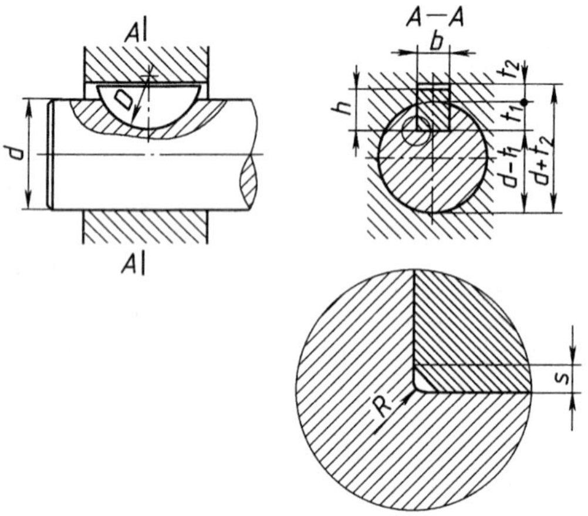

标记示例

GB/T 1099.1 键 6×10×25：宽度 $b=6$ mm，高度 $h=10$ mm，直径 $D=25$ mm 的普通型半圆键。

mm

轴颈 *d*		键的公称尺寸				键槽深		*s* 小于
键传递扭矩用	键传动定位用	*b*	*h*	*D*	*L*≈	轴 t_1	轮毂 t_2	
自 3~4	自 3~4	1.0	1.4	4	3.9	1.0	0.6	0.25
>4~5	>4~6	1.5	2.6	7	6.8	2.0	0.8	
>5~6	>6~8	2.0	2.6	7	6.8	1.8	1.0	
>6~7	>8~10		3.7	10	9.7	2.9		
>7~8	>10~12	2.5	3.7	10	9.7	2.7	1.2	
>8~10	>12~15	3.0	5.0	13	12.7	3.8	1.4	
>10~12	>15~18		6.5	16	15.7	5.3		
>12~14	>18~20	4.0	6.5	16	15.7	5.0	1.8	0.4
>14~16	>20~22		7.5	19	18.6	6.0		
>16~18	>22~25	5.0	6.5	16	15.7	4.5	2.3	
>18~20	>25~28		7.5	19	18.6	5.5		
>20~22	>28~32		9	22	21.6	7.0		
>22~25	>32~36	6	9	22	21.6	6.5	2.8	
>25~28	>36~40		10	25	24.5	7.5		

续表

轴颈 d		键的公称尺寸				键槽深		s 小于
键传递扭矩用	键传动定位用	b	h	D	$L\approx$	轴	轮毂	
						t_1	t_2	
>28 ~ 32	40	8	11	28	27.4	8.0	3.3	0.6
>32 ~ 38	—	10	13	32	31.4	10.0		

注：1. 在工作图中轴槽深用 t_1 标注，轮毂槽深用 t_2 标注。

2. 轴颈 d 是 GB/T 1098—2003 中的数值，供选用键时参考，本标准取消了该项。

九、销

附 B 表 15　销

1. 圆柱销

不淬硬钢和奥氏体不锈钢（GB/T 119.1—2000）

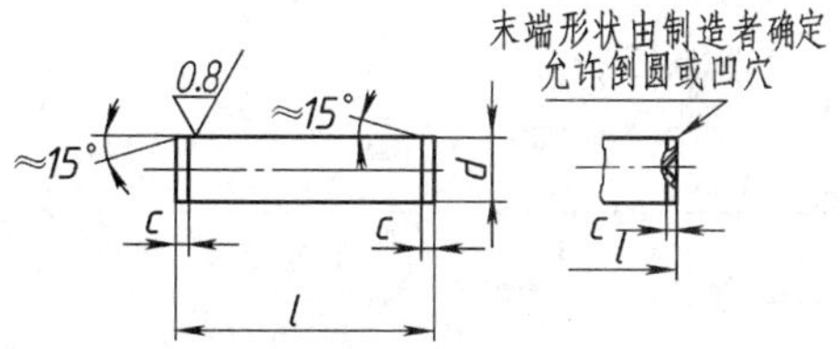

淬硬钢和马氏体不锈钢（GB/T 119.2—2000）

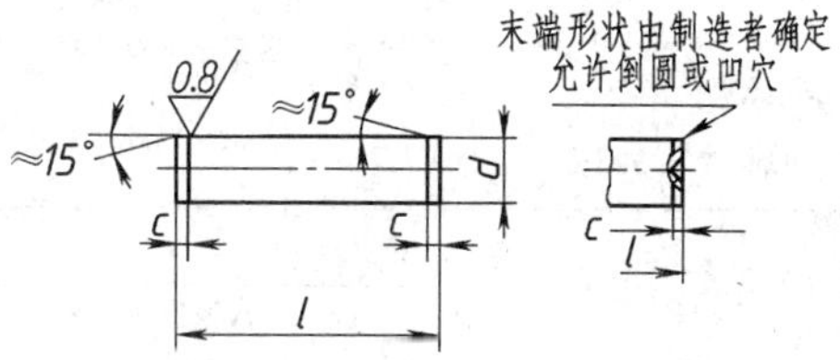

标记示例

（1）销 GB/T 119.1　6 m6×30：公称直径 $d=6$ mm，公差为 m6、公称长度 $l=30$ mm、材料为钢、不经淬火、不经表面处理的圆柱销。

（2）销 GB/T 119.2　6×30：公称直径 $d=6$ mm、公差为 m6、公称长度 $l=30$ mm、材料为钢、普通淬火（A 型）、表面氧化处理的圆柱销。

2. 圆锥销（GB/T 117—2000）

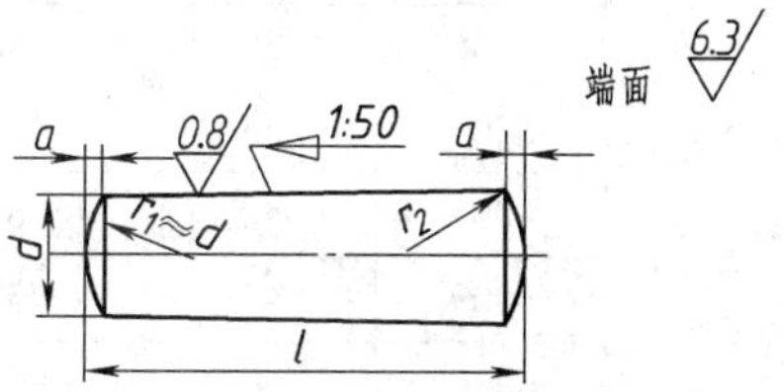

图示为 A 型

A 型（磨削）锥面表面粗糙度 $Ra\leqslant 0.8$ μm。

B 型（切削或冷镦）锥面表面粗糙度 $Ra\leqslant 3.2$ μm。

标记示例

销 GB/T 117 6×30：公称直径 $d=6$ mm，公称长度 $l=30$ mm，材料为 35 钢，热处理硬度 28 ~ 38 HRC，表面氧化处理的 A 型圆锥销。

mm

圆柱销	d		0.8	1	1.2	1.5	2	2.5	3	4	5	6	8	10	12	16	20
	$c\approx$		0.16	0.2	0.25	0.3	0.35	0.4	0.5	0.63	0.8	1.2	1.6	2	2.5	3	3.5
	l	GB/T 119.1	2 ~ 8	4 ~ 10	4 ~ 12	4 ~ 16	6 ~ 20	6 ~ 24	8 ~ 30	8 ~ 40	10 ~ 50	12 ~ 60	14 ~ 80	18 ~ 95	22 ~ 140	26 ~ 180	35 ~
		GB/T 119.2	—	3 ~ 10	—	4 ~ 16	5 ~ 20	6 ~ 24	8 ~ 30	10 ~ 40	12 ~ 50	14 ~ 60	18 ~ 80	22 ~ 100	26—	40—	50—

续表

圆锥销	d	0.8	1	1.2	1.5	2	2.5	3	4	5	6	8	10	12	16	20
	a≈	0.1	0.12	0.16	0.2	0.25	0.3	0.4	0.5	0.63	0.8	1	1.2	1.6	2	2.5
	l（商品规格范）	5～12	6～16	6～20	8～24	10～35	10～35	12～45	14～55	18～60	22～90	22～120	26～160	32～180	40—	45—
l（公称）系列		2，3，4，5，6，8，10，12，14，16，18，20，22，24，26，28，30，32，35，40，45，50，55，60，65，70，75，80，85，90，95，100，120，140，160														

十、轴承

附 B 表 16 深沟球轴承（GB/T 276—1994）

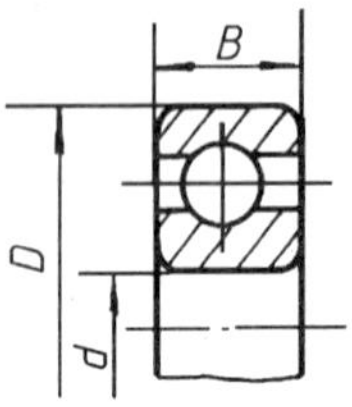

外形尺寸

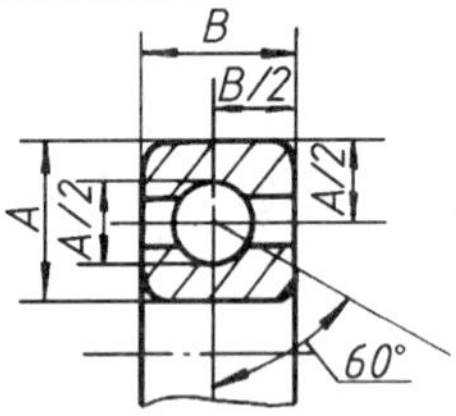

规定画法

标记示例

滚动轴承 6012 GB/T 276—1994

轴承型号		外形尺寸/mm d	D	B	轴承型号		外形尺寸/mm d	D	B
(0)1尺寸系列	6004	20	42	12	(0)2尺寸系列	6204	20	47	14
	6005	25	47	12		6205	25	52	15
	6006	30	55	13		6206	30	62	16
	6007	35	62	14		6207	35	72	17
	6008	40	68	15		6208	40	80	18
	6009	45	75	16		6209	45	85	19
	6010	50	80	16		6210	50	90	20
	6011	55	90	18		6211	55	100	21
	6012	60	95	18		6212	60	110	22
	6013	65	100	18		6213	65	120	23
	6014	70	110	20		6214	70	125	24
	6015	75	115	20		6215	75	130	25
	6016	80	125	22		6216	80	140	26
	6017	85	130	22		6217	85	150	28
	6018	90	140	24		6218	90	160	30
	6019	95	145	24		6219	95	170	32
	6020	100	150	24		6220	100	180	34

续表

轴承型号		外形尺寸/mm			轴承型号		外形尺寸/mm		
		d	D	B			d	D	B
（0）3尺寸系列	6304	20	52	15	（0）4尺寸系列	6404	20	72	19
	6305	25	62	17		6405	25	80	21
	6306	30	72	19		6406	30	90	23
	6307	35	80	21		6407	35	100	25
	6308	40	90	23		6408	40	110	27
	6309	45	100	25		6409	45	120	29
	6310	50	110	27		6410	50	130	31
	6311	55	120	29		6411	55	140	33
	6312	60	130	31		6412	60	150	35
	6313	65	140	33		6413	65	160	37
	6314	70	150	35		6414	70	180	42
	6315	75	160	37		6415	75	190	45
	6316	80	170	39		6416	80	200	48
	6317	85	180	41		6417	85	210	52
	6318	90	190	43		6418	90	225	54
	6319	95	200	45		6419	95	240	55
	6320	100	215	47		6420	100	250	58

附B表17　圆锥滚子轴承（GB/T 297—1994）

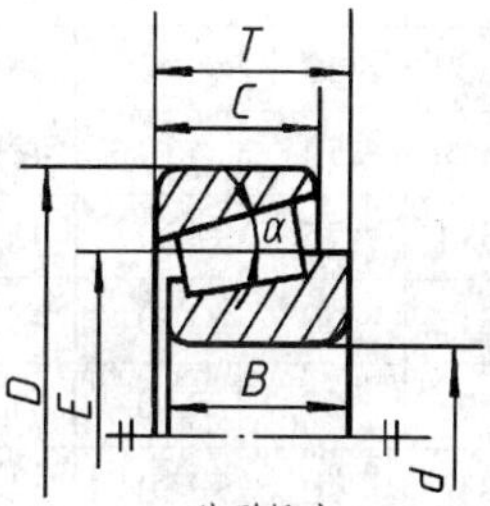

外形尺寸

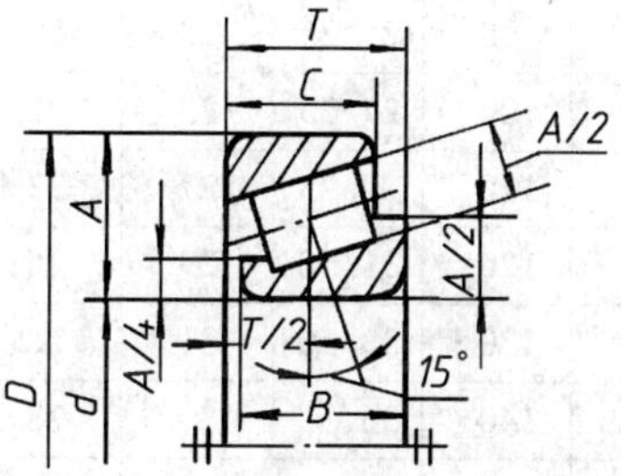

规定画法

标记示例

滚动轴承　30205 GB/T 297—1994

轴承类型		外形尺寸/mm					轴承类型		外形尺寸/mm				
		d	*D*	*T*	*B*	*C*			*d*	*D*	*T*	*B*	*C*
02尺寸系列	30204	20	47	15.25	14	12	22尺寸系列	32204	20	47	19.25	18	15
	30205	25	52	16.25	15	13		32205	25	52	19.25	18	16
	30206	30	62	17.25	16	14		32206	30	62	21.25	20	17
	30207	35	72	18.25	17	15		32207	35	72	24.25	23	19
	30208	40	80	19.75	18	16		32208	40	80	24.75	23	19
	30209	45	85	20.75	19	16		32209	45	85	24.75	23	19
	30210	50	90	21.75	20	17		32210	50	90	24.75	23	19
	30211	55	100	22.75	21	18		32211	55	100	26.75	25	21
	30212	60	110	23.75	22	19		32212	60	110	29.75	28	24
	30213	65	120	24.75	23	20		32213	65	120	32.75	31	27
	30214	70	125	26.25	24	21		32214	70	125	33.25	31	27
	30215	75	130	27.25	25	22		32215	75	130	33.25	31	27
	30216	80	140	28.25	26	22		32216	80	140	35.25	33	28
	30217	85	150	30.50	28	24		32217	85	150	38.50	36	30
	30218	90	160	32.50	30	26		32218	90	160	42.50	40	34
	30219	95	170	34.50	32	27		32219	95	170	45.50	43	37
	30220	100	180	37	34	29		32220	100	180	49	46	39
03尺寸系列	30304	20	52	16.25	15	13	23尺寸系列	32304	20	52	22.25	21	18
	30305	25	62	18.25	17	15		32305	25	62	25.25	24	20
	30306	30	72	20.75	19	16		32306	30	72	28.75	27	23
	30307	35	80	22.75	21	18		32307	35	80	32.75	31	25
	30308	40	90	25.25	23	20		32308	40	90	35.25	33	27
	30309	45	100	27.25	25	22		32309	45	100	38.25	36	30
	30310	50	110	29.25	27	23		32310	50	110	42.25	40	33
	30311	55	120	31.50	29	25		32311	55	120	45.50	43	35
	30312	60	130	33.50	31	26		32312	60	130	48.50	46	37
	30313	65	140	36	33	28		32313	65	140	51	48	39
	30314	70	150	38	35	30		32314	70	150	54	51	42
	30315	75	160	40	37	31		32315	75	160	58	55	45
	30316	80	170	42.50	39	33		32316	80	170	61.50	58	48
	30317	85	180	44.50	41	34		32317	85	180	63.50	60	49
	30318	90	190	46.50	43	36		32318	90	190	67.50	64	53
	30319	95	200	49.50	45	38		32319	95	200	71.50	67	55
	30320	100	215	51.50	47	39		32320	100	215	77.50	73	60

附 B 表 18　推力球轴承（GB/T 301—1995）

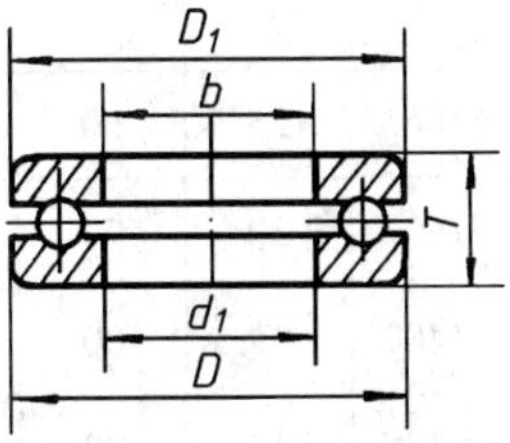

外形尺寸

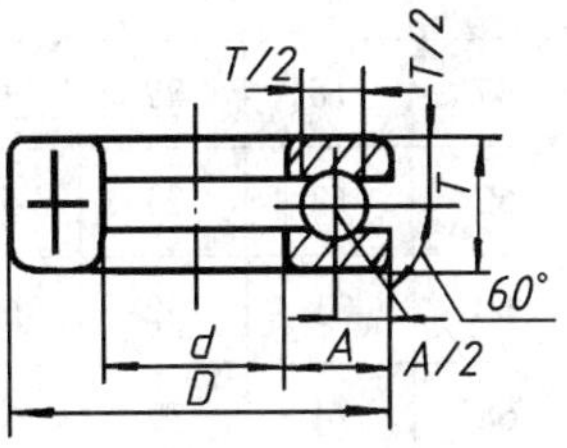

规定画法

标记示例

滚动轴承　51210　GB/ T 301—1995

轴承类型		外形尺寸/mm					轴承类型		外形尺寸/mm				
		d	D	T	d_1	D_1			d	D	T	d_1	D_1
11 尺寸系列（5 1000 型）	51104	20	35	10	21	35	12 尺寸系列（5 1000 型）	51204	20	40	14	22	40
	51105	25	42	11	26	42		51205	25	47	15	27	47
	51106	30	47	11	32	47		51206	30	52	16	32	52
	51107	35	52	12	37	52		51207	35	62	18	37	62
	51108	40	60	13	42	60		51208	40	68	19	42	68
	51109	45	65	14	47	65		51209	45	73	20	47	73
	51110	50	70	14	52	70		51210	50	78	22	52	78
	51111	55	78	16	57	78		51211	55	90	25	57	90
	51112	60	85	17	62	85		51212	60	95	26	62	95
	51113	65	90	18	67	90		51213	65	100	27	67	100
	51114	70	95	18	72	95		51214	70	105	27	72	105
	51115	75	100	19	77	100		51215	75	110	27	77	110
	51116	80	105	19	82	105		51216	80	115	28	82	115
	51117	85	110	19	87	110		51217	85	125	31	88	125
	51118	90	120	22	92	120		51218	90	135	35	93	135
	51120	100	135	25	102	135		51220	100	150	38	103	150

续表

轴承类型		外形尺寸/mm					轴承类型		外形尺寸/mm				
		d	D	T	d_1	D_1			d	D	T	d_1	D_1
13 尺寸系列（5 1000 型）	51304	20	47	18	22	47	14 尺寸系列（5 1000 型）	51405	25	60	24	27	60
	51305	25	52	18	27	52		51406	30	70	28	32	70
	51306	30	60	21	32	60		51407	35	80	32	37	80
	51307	35	68	24	37	68		51408	40	90	36	42	90
	51308	40	78	26	42	78		51409	45	100	39	47	100
	51309	45	85	28	47	85		51410	50	110	43	52	110
	51310	50	95	31	52	95		51411	55	120	48	57	120
	51311	55	105	35	57	105		51412	60	130	51	62	130
	51312	60	110	35	62	110		51413	65	140	56	68	140
	51313	65	115	36	67	115		51414	70	150	60	73	150
	51314	70	125	40	72	125		51415	75	160	65	78	160
	51315	75	135	44	77	135		51416	80	170	68	83	170
	51316	80	140	44	82	140		51417	85	180	72	88	177
	51317	85	150	49	88	150		51418	90	190	77	93	187
	51318	90	155	50	93	155		51420	100	210	85	103	205
	51320	100	170	55	103	170		51422	110	230	95	113	225

注：表中轴承类型已按 GB/T 272—1993“滚动轴承代号方法”编号，其中 51100、51200、51300 和 51400 型分别相当与 GB 301—1995 中的 8100、8200、8300 和 8400 型。

十一、公差

附 B 表 19　标准公差数值（GB/T 1800. 3—1999）

基本尺寸 mm		标准公差等级																	
		IT1	IT2	IT3	IT4	IT5	IT6	IT7	IT8	IT9	IT10	IT11	IT12	IT13	IT14	IT15	IT16	IT17	IT18
大于	至	μm											mm						
—	3	0. 8	1. 2	2	3	4	6	10	14	25	40	60	0. 1	0. 14	0. 25	0. 4	0. 6	1	1. 4
3	6	1	1. 5	2. 5	4	5	8	12	18	30	48	75	0. 12	0. 18	0. 3	0. 48	0. 75	1. 2	1. 8

续表

基本尺寸 mm		标准公差等级																	
		IT1	IT2	IT3	IT4	IT5	IT6	IT7	IT8	IT9	IT10	IT11	IT12	IT13	IT14	IT15	IT16	IT17	IT18
大于	至	μm											mm						
6	10	1	1.5	2.5	4	6	9	15	22	36	58	90	0.15	0.22	0.36	0.58	0.9	1.5	2.2
10	18	1.2	2	3	5	8	11	18	27	43	70	110	0.18	0.27	0.43	0.7	1.1	1.8	2.7
18	30	1.5	2.5	4	6	9	13	21	33	52	84	130	0.21	0.33	0.52	0.84	1.3	2.1	3.3
30	50	1.5	2.5	4	7	11	16	25	39	62	100	160	0.25	0.39	0.62	1	1.6	2.5	3.9
50	80	2	3	5	8	13	19	30	46	74	120	190	0.3	0.46	0.74	1.2	1.9	3	4.6
80	120	2.5	4	6	10	15	22	35	54	87	140	220	0.35	0.54	0.87	1.4	2.2	3.5	5.4
120	180	3.5	5	8	12	18	25	40	63	100	160	250	0.4	0.63	1	1.6	2.5	4	6.3
180	250	4.5	7	10	14	20	29	46	72	115	185	290	0.46	0.72	1.15	1.85	2.9	4.6	7.2
250	315	6	8	12	16	23	32	52	81	130	210	320	0.52	0.81	1.3	2.1	3.2	5.2	8.1
315	400	7	9	13	18	25	36	57	89	140	230	360	0.57	0.89	1.4	2.3	3.6	5.7	8.9
400	500	8	10	15	20	27	40	63	97	155	250	400	0.63	0.97	1.55	2.5	4	6.3	9.7
500	630	9	11	16	22	32	44	70	110	175	280	440	0.7	1.1	1.75	2.8	4.4	7	11
630	800	10	13	18	25	36	50	80	125	200	320	500	0.8	1.25	2	3.2	5	8	12.5
800	1 000	11	15	21	28	40	56	90	140	230	360	560	0.9	1.4	2.3	3.6	5.6	9	14
1 000	1 250	13	18	24	33	47	66	105	165	260	420	660	1.05	1.65	2.6	4.2	6.6	10.5	16.5
1 250	1 600	15	21	29	39	55	78	125	195	310	500	780	1.25	1.95	3.1	5	7.8	12.5	19.5
1 600	2 000	18	25	35	46	65	92	150	230	370	600	920	1.5	2.3	3.7	6	9.2	15	23
2 000	2 500	22	30	41	55	78	110	175	280	440	700	1 100	1.75	2.8	4.4	7	11	17.5	28
2 500	3 150	26	36	50	68	96	135	210	330	540	860	1 350	2.1	3.3	5.4	8.6	13.5	21	33

注：1. 基本尺寸大于 500 mm 的 IT1 至 IT5 的标准公差数值为试行的。

2. 基本尺寸小于或等于 1 mm 时，无 IT14 至 IT18。

附 B 表 20　轴的

基本尺寸 mm		基　本															
		上 偏 差 es															
		所有标准公差等级												IT5和IT6	IT7	IT8	IT4和IT7
大于	至	a	b	c	cd	d	e	ef	f	fg	g	h	js	j			
—	3	-270	-140	-60	-34	-20	-14	-10	-6	-4	-2	0	偏差 = $\pm \frac{ITn}{2}$，式中 ITn 是 IT 值数	-2	-4	-6	0
3	6	-270	-140	-70	-46	-30	-20	-14	-10	-6	-4	0		-2	-4		+1
6	10	-280	-150	-80	-56	-40	-25	-18	-13	-8	-5	0		-2	-5		+1
10	14	-290	-150	-95		-50	-32		-16		-6	0		-3	-6		+1
14	18																
18	24	-300	-160	-110		-65	-40		-20		-7	0		-4	-8		+2
24	30																
30	40	-310	-170	-120		-80	-50		-25		-9	0		-5	-10		+2
40	50	-320	-180	-130													
50	65	-340	-190	-140		-100	-60		-30		-10	0		-7	-12		+2
65	80	-360	-200	-150													
80	100	-380	-220	-170		-120	-72		-36		-12	0		-9	-15		+3
100	120	-410	-240	-180													
120	140	-460	-260	-200		-145	-85		-43		-14	0		-11	-18		+3
140	160	-520	-280	-210													
160	180	-580	-310	-230													
180	200	-660	-340	-240		-170	-100		-50		-15	0		-13	-21		+4
200	225	-740	-880	-260													
225	250	-820	-420	-280													
250	280	-920	-480	-300		-190	-110		-56		-17	0		-16	-26		+4
280	315	-1 050	-540	-330													
315	355	-1 200	-600	-360		-210	-125		-62		-18	0		-18	-28		+4
355	400	-1 350	-680	-400													
400	450	-1 500	-760	-440		-230	-135		-68		-20	0		-20	-32		+5
450	500	-1 650	-840	-480													
500	560					-260	-145		-76		-22	0					0
560	630																
630	710					-290	-160		-80		-24	0					0
710	800																
800	900					-320	-170		-86		-26	0					0
900	1 000																
1 000	1 120					-350	-195		-98		-28	0					0
1 120	1 250																
1 250	1 400					-390	-220		-110		-30	0					0
1 400	1 600																
1 600	1 800					-430	-240		-120		-32	0					0
1 800	2 000																
2 000	2 240					-480	-260		-130		-34	0					0
2 240	2 500																
2 500	2 800					-520	-290		-145		-38	0					0
2 800	3 150																

注：1. 基本尺寸小于或等于 1 mm 时，基本偏差 a 和 b 均不采用。

2. 公差带 js7 至 js11，若 ITn 值数是奇数，则取偏差 = $\pm \frac{ITn-1}{2}$。

基本偏差数值（摘自 GB/T 1800.3—1999）

偏差数值														
	下偏差 ei													
≤IT3 >IT7	所有标准公差等级													
k	m	n	p	r	s	t	u	v	x	y	z	za	zb	zx
0	+2	+4	+6	+10	+14		+18		+20		+26	+32	+40	+60
0	+4	+8	+12	+15	+19		+23		+28		+35	+42	+50	+80
0	+6	+10	+15	+19	+23		+28		+34		+42	+52	+67	+97
0	+7	+12	+18	+23	+28		+33		+40		+50	+64	+90	+130
								+39	+45		+60	+77	+108	+150
0	+8	+15	+22	+28	+35		+41	+47	+54	+63	+73	+98	+136	+188
						+41	+48	+55	+64	+75	+88	+118	+160	+218
0	+9	+17	+26	+34	+43	+48	+60	+68	+80	+94	+112	+148	+200	+274
						+54	+70	+81	+97	+114	+136	+180	+242	+325
0	+11	+20	+32	+41	+53	+66	+87	+102	+122	+144	+172	+226	+300	+405
				+43	+59	+75	+102	+120	+146	+174	+210	+274	+360	+480
0	+13	+23	+37	+51	+71	+91	+124	+146	+178	+214	+258	+335	+445	+585
				+54	+79	+104	+144	+172	+210	+254	+310	+400	+525	+690
0	+15	+27	+43	+63	+92	+122	+170	+202	+248	+300	+365	+470	+620	+800
				+65	+100	+134	+190	+228	+280	+340	+415	+535	+700	+900
				+68	+108	+146	+210	+252	+310	+380	+465	+600	+780	+1 000
0	+17	+31	+50	+77	+122	+166	+236	+284	+350	+425	+520	+670	+880	+1 150
				+80	+130	+180	+258	+310	+385	+470	+575	+740	+960	+1 250
				+84	+140	+196	+284	+340	+425	+520	+640	+820	+1 050	+1 350
0	+20	+34	+56	+94	+158	+218	+315	+385	+475	+580	+710	+920	+1 200	+1 550
				+98	+170	+240	+350	+425	+525	+650	+790	+1 000	+1 300	+1 700
0	+21	+37	+62	+108	+190	+268	+390	+475	+590	+730	+900	+1 150	+1 500	+1 900
				+114	+208	+294	+435	+530	+660	+820	+1 000	+1 300	+1 650	+2 100
0	+23	+40	+68	+126	+232	+330	+490	+595	+740	+920	+1 100	+1 450	+1 850	+2 400
				+132	+252	+360	+540	+660	+820	+1 000	+1 250	+1 600	+2 100	+2 600
0	+26	+44	+78	+150	+280	+400	+600							
				+155	+310	+450	+660							
0	+30	+50	+88	+175	+340	+500	+740							
				+185	+380	+560	+840							
0	+34	+56	+100	+210	+430	+620	+940							
				+220	+470	+680	+1 050							
0	+40	+66	+120	+250	+520	+780	+1 150							
				+260	+580	+840	+1 300							
0	+48	+78	+140	+300	+640	+960	+1 450							
				+330	+720	+1 050	+1 600							
0	+58	+92	+170	+370	+820	+1 200	+1 850							
				+400	+920	+1 350	+2 000							
0	+68	+110	+195	+440	+1 000	+1 500	+2 300							
				+460	+1 100	+1 650	+2 500							
0	+76	+135	+240	+550	+1 250	+1 900	+2 900							
				+580	+1 400	+2 100	+3 200							

附 B 表 21 孔的

基本尺寸 mm		基本偏差																				
		下偏差 EI																				
		所有标准公差等级												IT6	IT7	IT8	≤IT8	>IT8	≤IT8	>IT8	≤IT8	>IT8
大于	至	A	B	C	CD	D	E	EF	F	FG	G	H	JS	J			K		M		N	
—	3	+270	+140	+60	+34	+20	+14	+10	+6	+4	+2	0	偏差 = $\pm\frac{\text{IT}n}{2}$，式中 ITn 是 IT 值数	+2	+4	+6	0	0	−2	−2	−4	−4
3	6	+270	+140	+70	+46	+30	+20	+14	+10	+6	+4	0		+5	+6	+10	−1+Δ		−4+Δ	−4	−8+Δ	0
6	10	+280	+150	+80	+56	+40	+25	+18	+13	+8	+5	0		+5	+8	+12	−1+Δ		−6+Δ	−6	−10+Δ	0
10	14	+290	+150	+95		+50	+32		+16		+6	0		+6	+10	+15	−1+Δ		−7+Δ	−7	−12+Δ	0
14	18																					
18	24	+300	+160	+110		+65	+40		+20		+7	0		+8	+12	+20	−2+Δ		−8+Δ	−8	−15+Δ	0
24	30																					
30	40	+310	+170	+120		+80	+50		+25		+9	0		+10	+14	+24	−2+Δ		−9+Δ	−9	−17+Δ	0
40	50	+320	+180	+130																		
50	65	+340	+190	+140		+100	+60		+30		+10	0		+13	+18	+28	−2+Δ		−11+Δ	−11	−20+Δ	0
65	80	+360	+200	+150																		
80	100	+380	+220	+170		+120	+72		+36		+12	0		+16	+22	+34	−3+Δ		−13+Δ	−13	−23+Δ	0
100	120	+410	+240	+180																		
120	140	+460	+260	+200		+145	+85		+43		+14	0		+18	+26	+41	−3+Δ		−15+Δ	−15	−27+Δ	0
140	160	+520	+280	+210																		
160	180	+580	+310	+230																		
180	200	+660	+310	+240		+170	+100		+50		+15	0		+22	+30	+47	−4+Δ		−17+Δ	−17	−31+Δ	0
200	225	+740	+380	+260																		
225	250	+820	+420	+280																		
250	280	+920	+480	+300		+190	+110		+56		+17	0		+25	+36	+55	−4+Δ		−20+Δ	−20	−34+Δ	0
280	315	+1 050	+540	+330																		
315	355	+1 200	+600	+360		+210	+125		+62		+18	0		+29	+39	+60	−4+Δ		−21+Δ	−21	−37+Δ	0
355	400	+1 350	+680	+400																		
400	450	+1 500	+760	+440		+230	+135		+68		+20	0		+33	+43	+66	−5+Δ		−23+Δ	−23	−40+Δ	0
450	500	+1 650	+840	+480																		
500	560					+260	+145		+76		+22	0					0		26		44	
560	630																					
630	710					+290	+160		+80		+24	0					0		30		50	
710	800																					
800	900					+320	+170		+86		+26	0					0		34		56	
900	1 000																					
1 000	1 120					+350	+195		+98		+28	0					0		40		65	
1 120	1 250																					
1 250	1 400					+390	+220		+110		+30	0					0		48		78	
1 400	1 600																					
1 600	1 800					+430	+240		+120		+32	0					0		58		92	
1 800	2 000																					
2 000	2 240					+480	+260		+130		+34	0					0		68		110	
2 240	2 500																					
2 500	2 800					+520	+290		+145		+38	0					0		76		135	
2 800	3 150																					

注：1. 基本尺寸小于或等于 1 mm 时，基本偏差 A 和 B 及大于 IT8 的 N 均不采用。

2. 公差带 JS7 至 JS11，若 ITn 值数是奇数，则取偏差 = $\pm\frac{\text{IT}n-1}{2}$。

3. 对小于或等于 IT8 的 K、M、N 和小于或等于 IT7 的 P 至 ZC，所需 Δ 值从表内右侧选取。例如：18 至 30 mm 段的 K7：$\Delta = 8\ \mu m$，所以 $ES = -2+8\ \mu m$；18 至 30 mm 段的 S6：$\Delta = 4\ \mu m$，所以 $ES = -35+4 = -31\ \mu m$。

4. 特殊情况：250 mm 至 315 mm 段的 M6，$ES = -9\ \mu m$（代替 $-11\ \mu m$）。

基本偏差数值（摘自 GB/T 1800.3—1999）　μm

数　值													Δ值					
上偏差 ES																		
≤IT7	标准公差等级大于 IT7												标准公差等级					
P 至 ZC	P	R	S	T	U	V	X	Y	Z	ZA	ZB	ZC	IT3	IT4	IT5	IT6	IT7	IT8
在大于 IT7 的相应数值上增加一个Δ值	-6	-10	-14		-18		-20		-26	-32	-40	-60	0	0	0	0	0	0
	-12	-15	-19		-23		-28		-35	-42	-50	-80	1	1.5	1	3	4	6
	-15	-19	-23		-28		-34		-42	-52	-67	-97	1	1.5	2	3	6	7
	-18	-23	-28		-33		-40		-50	-64	-90	-130	1	2	3	3	7	9
						-39	-45		-60	-77	-108	-150						
	-22	-28	-35		-41	-47	-54	-63	-73	-98	-136	-188	1.5	2	3	4	8	12
				-41	-48	-55	-64	-75	-88	-118	-160	-218						
	-26	-34	-43	-48	-60	-68	-80	-94	-112	-148	-200	-274	1.5	3	4	5	9	14
				-54	-70	-81	-97	-114	-136	-180	-242	-325						
	-32	-41	-53	-66	-87	-102	-122	-144	-172	-226	-300	-405	2	3	5	6	11	16
		-43	-59	-75	-102	-120	-146	-174	-210	-274	-360	-480						
	-37	-51	-71	-91	-124	-146	-178	-214	-258	-335	-445	-585	2	4	5	7	13	19
		-54	-79	-104	-144	-172	-210	-254	-310	-400	-525	-690						
	-43	-63	-92	-122	-170	-202	-248	-300	-365	-470	-620	-800	3	4	6	7	15	23
		-65	-100	-134	-190	-228	-280	-340	-415	-535	-700	-900						
		-68	-108	-146	-210	-252	-310	-380	-465	-600	-780	-1 000						
	-50	-77	-122	-166	-236	-284	-350	-425	-520	-670	-880	-1 150	3	4	6	9	17	26
		-80	-130	-180	-258	-310	-385	-470	-575	-740	-960	-1 250						
		-84	-140	-196	-284	-340	-425	-520	-640	-820	-1 050	-1 350						
	-56	-94	-158	-218	-315	-385	-475	-580	-710	-920	-1 200	-1 550	4	4	7	9	20	29
		-98	-170	-240	-350	-425	-525	-650	-790	-1 000	-1 300	-1 700						
	-62	-108	-190	-268	-390	-475	-590	-730	-900	-1 150	-1 500	-1 900	4	5	7	11	21	32
		-114	-208	294	-435	-530	-660	-820	-1 000	-1 300	-1 650	-2 100						
	-68	-126	-232	-330	-490	-595	-740	-920	-1 100	-1 450	-1 850	-2 400	5	5	7	13	23	34
		-132	-252	-360	-540	-660	-820	-1 000	-1 250	-1 600	-2 100	-2 600						
	-78	-150	-280	-400	-600													
		-155	-310	-450	-660													
	-88	-175	-340	-500	-740													
		-185	-380	-560	-840													
	-100	-210	-430	-620	-940													
		-220	-470	-680	-1 050													
	-120	-250	-520	-780	-1 150													
		-260	-580	-810	-1 300													
	-140	-300	-640	-960	-1 450													
		-330	-720	-1 050	-1 600													
	-170	-370	-820	-1 200	-1 850													
		-400	-920	-1 350	-2 000													
	-195	-440	-1 000	-1 500	-2 300													
		-460	-1 100	-1 650	-2 500													
	-240	-550	-1 250	-1 900	-2 900													
		-580	-1 400	-2 100	-3 200													

十二、材料

附B表22 铸铁的种类、牌号和应用

种类	牌号	应用
灰铸铁 GB/T 9439—1988	HT100	机床中受轻负荷、磨损无关紧要的铸件，如托盘、盖、罩、手轮、把手、重锤等形状简单且性能要求不高的零件。
	HT150	承受中等弯曲应力，摩擦面间压强高于500 kPa的铸件，如多数机床的底座；有相对运动和磨损的零件，如溜板、工作台、汽车中的变速箱、排气管、进气管等。
	HT200	承受较大弯曲应力，要求保持气密性的铸件，如机床立柱、刀架、齿轮箱体、多数机床床身滑板、箱体、液压缸、泵体、阀体、刹车毂、飞轮、气缸盖、带轮、轴承盖、叶轮等。
	HT250	炼钢用轨道板、气缸套、齿轮、机床立柱、齿轮箱体、机床床身、磨床转体、液压缸泵体、阀体等。
	HT300	承受高弯曲应力、拉应力，要求保持高度气密性的铸件，如重型机床床身、多轴机床主轴箱、卡盘齿轮、高压液压缸、泵体、阀体等。
	HT350	轧钢滑板、辊子、炼焦柱塞、齿轮、支承轮座、挡轮座等。
球墨铸体 GB/T 1348—1988	QT400－18 QT400－15	韧性高，低温性能较好，具有一定的耐蚀性。用于制作汽车拖拉机中的驱动桥壳体、离合器壳体、差速器壳体、减速器壳体，16～64个大气压阀门的阀体、阀盖等。
	QT450－10 QT500－7	具有中等的强度和韧性，用于制作内燃机中液压泵齿轮、汽轮机的中温气缸隔板、水轮机阀门体、机车车辆轴瓦等。
	QT600－3 QT700－2 QT800－2	具有较高的强度、耐磨性及一定的韧性。用于制作部分机床的主轴、内燃机、空压机、冷冻机、制氧机和泵的曲轴、缸体、缸套等。
	QT900－2	具有高强度、耐磨性、较高的弯曲疲劳强度。用于制作内燃机中的凸轮轴，拖拉机的减速齿轮，汽车中的螺旋锥齿轮等。
可锻铸铁 GB/T 9446—1988	KTH300－06 KTH350－10	黑心可锻铸铁比灰铸铁强度高，塑性和韧性更好，可承受冲击和扭转负荷，具有良好的耐蚀性，切削性能良好。用于制作薄壁铸件，多用于机床零件、运输机械零件、升降机械零件、管道配件、低压阀门等。
	KTZ450－06 KTZ550－04 KTZ650－02 KTZ700－02	珠光体可锻铸铁的塑性、韧性比黑心可锻铸铁稍差，但其强度高，耐磨性好，低温性能优于球墨铸铁，加工性良好。可替代有色合金、低合金钢及低、中碳钢制作较高强度和耐磨性的零件。
	KTB400－05 KTB450－07	白心可锻铸铁由于工艺复杂，生产周期长，性能较差，国内在机械工业中较少应用，一般仅限于薄壁件的制造。

附 B 表 23 碳素结构钢的种类、牌号和应用

种类	牌号	应用
铸造碳钢 GB/T 11352—1989	ZG200－400 ZG230－450	低碳铸钢，韧性及塑性均好，但强度和硬度较低，低温冲击韧性大，脆性转变温度低，磁导、电导性能良好，焊接性好，但铸造性差。主要用于受力不大，但要求韧性的零件，ZG200－400 用于机座、电磁吸盘、变速箱体等；ZG230－450 用于轴承盖、底板、阀体、机座、侧架、轧钢机架、铁道车辆摇枕、箱体、犁柱、砧座等。
	ZG270－500 ZG310－570	中碳铸钢，有一定的韧性及塑性，强度和硬度较高，切削性良好，焊接性尚可，铸造性能比低碳铸钢好。ZG270－500 应用广泛，如飞轮、车辆车钩、水压机工作缸、机架、蒸汽锤气缸、轴承座、连杆、箱体、曲拐等；ZG310－570 用于重负荷零件，如联轴器、大齿轮、缸体、气缸、机架、制动轮、轴及辊子等。
	ZG340－640	高碳铸钢，具有高强度、高硬度及高耐磨性，塑性、韧性低，铸造性、焊接性均差，裂纹敏感性较大。用于起重运输机齿轮、联轴器、齿轮、车轮、棘轮、叉头等。
碳素结构钢 GB/T 700—1988	Q195 Q215	有较高的延伸率，具有良好的焊接性能和韧性，常用于制造地脚螺栓、铆钉、犁板烟筒、炉撑、钢丝网屋面板、低碳钢丝、薄板、焊管、拉杆、短轴、心轴、凸轮（轻载）、吊钩、垫圈、支架及焊接件等。
	Q235	有一定的延伸率和强度，韧性及铸造性均良好，且易于冲压及焊接。广泛用于制造一般机械零件，如连杆、拉杆、销轴、螺丝、钩子、套圈盖、螺母、螺栓、气缸、齿轮、支架、机架横撑、机架、焊接件，建筑结构桥梁等用的角钢、工字钢、槽钢、垫板、钢筋等。
	Q255	焊接性能尚好，可用于制造强度不高的机械零件，如螺栓、键、楔、摇杆、拉杆心轴、转轴、钢结构用各种型钢、条钢及钢板等。
	Q275	有较高的强度，一定的焊接性，切削加工性及塑性均较好，可用于制造较高强度要求的零件，如齿轮心轴、转轴、销轴、链轮、键、螺母、螺栓、垫圈、刹车杆、鱼尾板，农机用型钢、异型钢、机架、耙齿等。
优质碳素结构钢 GB/T 699—1988	10	采用镦锻、弯曲、冷冲、垫压、拉延及焊接等多种加工方法，制作各种韧性高、负荷小的零件，如卡头、钢管垫片、垫圈、摩擦片、汽车车身、防尘罩、容器、缓冲器皿、搪瓷制品，冷镦螺栓、螺母等。
	15	用于受载不大，韧性要求较高的零件，如渗碳件、冲模锻件、紧固件等；不需热处理的低负载零件，焊接性能较好的中小结构件，如螺栓、螺钉、法兰盘、化工容器、蒸汽锅炉、小轴、挡铁、齿轮、滚子等。
	20	制作负载不大，但韧性要求高的零件，如拉杆、杠杆、钩环、套筒、夹具及衬垫、手刹车、蹄片、杠杆轴、变速叉、被动齿轮、气门挺杆、凸轮轴、悬挂平衡器、内外衬套等。
	25	用于制作焊接构件以及经锻造、热冲压和切削加工，且负荷较小的零件，如辊子、轴、垫圈、螺栓、螺母、螺钉以及汽车、拖拉机中的横梁车架、大梁、脚踏板等。

续表

种类	牌号	应用
优质碳素结构钢 GB/T 699—1988	35	用于制造负载较大，但截面尺寸较小的各种机械零件，如轴销、轴、曲轴、横梁、连杆、杠杆、星轮、轮圈、垫圈、圆盘、钩环、螺栓、螺钉、螺母等。
	40	用于制造机器中的运动件，心部强度要求不高、表面耐磨性好的淬火零件及截面尺寸较小、负载较大的调质零件，应力不大的大型正火件，如传动轴心轴、曲轴、曲柄销、辊子、拉杆、连杆、活塞杆、齿轮、圆盘、链轮等。
	45	适用于制造较高强度的运动零件，如空压机、泵的活塞、蒸汽透平机的叶轮，重型及通用机械中的轧制轴、连杆、蜗杆、齿条、齿轮、销子等。
	50	主要用于制造动负荷、冲击载荷不大以及要求耐磨性好的机械零件，如锻造齿轮、轴、摩擦盘、机床主轴、发动机、曲轴、轧辊、拉杆、弹簧垫圈、不重要的弹簧等。
	55	主要用于制造耐磨、强度较高的机械零件以及弹性零件，如连杆、齿轮、机车轮箍、轮缘、轮圈、轧辊、扁弹簧等。
	30Mn	一般用于制造低负荷的各种零件，如杠杆、拉杆、小轴、刹车踏板、螺栓、螺钉和螺母以及农机中的钩环链的链环、刀片、横向刹车机齿轮等。
	50Mn	一般用于制造高耐磨性，高应力的零件，如直径小于 80 mm 的心轴、齿轮轴、齿轮摩擦盘、板弹簧等，高频淬火后还可制造火车轴、蜗杆、连杆及汽车曲轴等。
	65Mn	用于制造中等负载的板弹簧、螺旋弹簧、弹簧垫圈、弹簧卡环、弹簧发条、轻型汽车的离合器弹簧、制动弹簧、气门弹簧以及受摩擦、高弹性、高强度的机械零件，如收割机的铲、犁、切碎机切刀、翻土板、整地机械圆盘、机床主轴、机床丝杠、弹簧卡头、钢轫轨等。

附 B 表 24 合金结构钢的种类、牌号和应用

种类	牌号	应用
低合金结构钢 GB/T 1591—1988	12Mn	具有良好的焊接性、塑性和低温性能、冶炼工艺简单、成本低。用于制造低压锅炉、造船、容器、车辆以及金属结构等。
	12MnV	其强度、韧性较 12Mn2 均有所提高。主要用于制作船舶、桥梁、车辆以及农机结构件、普通结构件等。
	15MnV	用于制作高、中压石油化工容器、锅炉汽包、桥梁、船舶、起重机，较重负荷的焊接件、锅炉钢管以及载荷较大的连接构件。
	15MnTi	可用于制作动负荷的焊接结构件，如水轮机蜗壳、压力容器、船舶、桥梁、汽轮机、发电机弹簧板等。
	15MnVN	强度高，塑性及韧性好，焊接性能和冷热加工性良好。适用于制作大型船舶、机车车辆、中高压锅炉、容器、桥梁以及其他大型的焊接结构件。

续表

种类	牌号	应用
低合金结构钢 GB/T 1591—1988	16Mn	综合力学性能良好，低温冲击韧性、冷冲压和切削加工性、焊接性都好。广泛用于桥梁、船舶、管道、锅炉、大型容器、油罐、重型机械设备、矿山机器、电站、厂房结构等。
	16MnNb	具有良好的焊接性，冷热加工性及低温冲击韧性，其性能优于16Mn。适用于制作大型船舶、机车车辆、中高压锅炉、容器、桥梁以及其他大型的焊接结构件。
合金结构钢 GB/T 3077—1988	20Mn2	用于制造渗碳的小齿轮、小轴、力学性能要求不高的十字头销、活塞销、柴油机套筒、气门顶杆、变速齿轮操纵杆、钢套等。
	20Cr	用于制造小截面、形状简单、较高转速、载荷较小、表面耐磨、心部强度较高的各种渗碳或氰化零件，如小齿轮、小轴、阀、活塞销、托盘、凸轮、蜗杆等。
	20CrNi	用于制造重载大型重要的渗碳零件，如花键轴、轴、键、齿轮、活塞销，也可用于制造高冲击韧性的调质零件。
	20CrMnTi	用于制造汽车拖拉机中的截面尺寸小于30 mm的中载或重载、冲击、耐磨且高速的各种重要零件，如齿轮轴、齿圈、齿轮、十字轴、滑动轴承支撑的主轴、蜗杆等。
	38CrMoAl	用于制造高疲劳强度、高耐磨性、较高强度的小尺寸氮化零件，如气缸套、座套、底盖、活塞螺栓、检验规、精密磨床主轴、车床主轴、搪杆、精密丝杆和齿轮、蜗杆等。
	40Cr	制造中速、中载的调质零件，如机床齿轮、轴、蜗杆、花键轴、顶针套；制造表面高硬度耐磨的调质表面淬火零件，如主轴、曲轴、心轴、套筒、销子、连杆以及淬火回火后重载零件等。
	40CrNi	用于制造锻造和冷冲压且截面尺寸较大的重要调质件，如连杆、圆盘、曲轴、齿轮、轴、螺钉等。
	40MnB	用于制造拖拉机、汽车及其他通用机器设备中的中小重要调质零件，如汽车半轴、转向轴、花键轴、蜗杆和机床主轴、齿轮轴等。
	50Cr	用于制造重载、耐磨的零件，如热轧辊传动轴、齿轮、止推环、支承辊的心轴、柴油机连杆、挺杆、拖拉机离合器、螺栓以及中等弹性的弹簧等。
不锈钢	2Cr13	制作能抗弱腐蚀性介质、能承受冲击载荷的零件，如汽轮机叶片、水压机阀、结构架、螺栓、螺母等。
	1Cr18Ni9Ti	用于耐酸容器及设备衬里、输送管道等设备和零件，如抗磁仪表、医疗器械等。
滚动轴承钢	GCr15	制造中小型滚动轴承元件（壁厚小于20 mm的套圈，直径小于50 mm的钢球）及其他各种耐磨零件，如柴油机油泵、油嘴偶件等。
	GCr15SiMn	制造大型，重载滚动轴承元件，如壁厚大于30 mm的套圈，直径50 ~ 100 mm的钢球等。

附 B 表 25 铸造铜合金钢、铸造铝合金钢、铸造轴承合金钢的种类、牌号和应用

合金种类		牌号（代号）	应用
铸造铜合金 GB/T 1176—1987	锡青铜	ZCuSn5Pb5Zn5	在较高负荷、中等滑动速度下工作的耐磨、耐腐蚀零件，如轴瓦、衬套、缸套、活塞、离合器、泵件压盖以及蜗轮等。
		ZCuSn10P1	用于高负荷（20 MPa 以下）和高滑动速度（8 m/s）下工作的耐磨零件，如连杆、衬套、轴瓦、齿轮、蜗轮等。
	铅青铜	ZCuPb10Sn10	表面压力高，又存在侧压力的滑动轴承，如轧辊、车辆用轴承、内燃机双金属轴瓦以及活塞销套、摩擦片等。
		ZCuPb20Sn5	高滑动速度的轴承及破碎机、水泵、冷轧机轴承。
	铝青铜	ZCuAl9Mn2	耐蚀、耐磨零件、形状简单的大型铸件，如衬套、齿轮、蜗轮。
		ZCuAl10Fe3	要求强度高、耐磨、耐蚀的重型铸件，如轴套、螺母、蜗轮以及在 250℃ 以下工作的管配件。
	黄铜	ZCuZn38	一般结构件和耐蚀零件，如法兰、阀座、支架、手柄和螺母等。
		ZCuZn25A6-Fe3Mn3	适用高强度、耐磨零件，如桥梁支承板、螺母、螺杆、耐磨板、滑块和蜗轮。
铸造铝合金 GB/T 1173—1995	铝硅合金	ZAlSi7Mg（ZL101）	适于铸造承受中等负荷、形状复杂的零件，也可用于要求高气密性，耐蚀性和焊接性能良好、工作温度不超过 200℃ 的零件，如水泵、仪表、传动装置壳体、汽缸体、汽化器等。
		ZAlSi5Cu1Mg（ZL105）	用于铸造形状复杂、高静载荷的零件以及要求焊接性能良好、气密性高或工作温度在 225℃ 以下的零件，如发动机的汽缸体、汽缸头、汽缸盖和曲轴箱等。
	铝铜合金	ZAlCu5Mn（ZL201）	用于铸造工作温度为 175～300℃ 或室温下受高负荷、形状简单的零件，如支臂、挂架梁。
		ZAlCu4（ZL203）	用于铸造形状简单、承受中载、冲击负荷、工作温度不超过 200℃，切削性能良好的小型零件，如曲轴箱、支架、飞轮盖等。
	铝镁合金	ZAlMg10（ZL301）	铸造工作温度不大于 200℃ 的海轮配件、机器壳和航空配件等。
	铝锌合金	ZAlZn11Si7（ZL401）	铸造工作温度不大于 200℃ 的汽车配件、医疗器械和仪器零件等。
铸造轴承合金 GB/T 1174—1992	锡基	ZSnSb12Pb10Cu4	工作温度不高的一般机器的主轴承衬。
		ZSnSb8Cu4	大型机器轴承及轴衬，高速重负荷汽车发动机薄壁双金属轴承。
	铅基	ZPbSb15Sn10	中等负荷的机器的轴承，还可作高温轴承之用。
		ZPbSb10Sn6	耐磨、耐蚀、重负荷的轴承。
	铜基	ZCuSn5Pb5Zn5	
		ZCuPb10Sn10	
	铝基	ZAlSn6Cu1Ni1	

附 B 表 26　各种非金属材料的种类、名称、牌号（或代号）及应用

种　类	名称、牌号或代号	应用
工程塑料	尼龙（尼龙 6、尼龙 9、尼龙 66、尼龙 610、尼龙 1010）	具有良好的机械强度和耐磨性，广泛用作机械、化工及电气零件，如轴承、齿轮、凸轮、滚子、辊轴、泵叶轮、风扇叶轮、蜗轮、螺钉、螺母、垫圈、高压密封圈、阀座、输油管、储油容器等。
	Mc 尼龙	强度特高，适于制造大型齿轮、蜗轮、轴套、大型阀门密封面、导向环、导轨、滚动轴承保持架、船尾轴承、汽车吊索绞盘蜗轮、柴油发动机燃料泵齿轮、矿山铲掘机轴承、水压机立柱导套、大型轧钢机辊道轴瓦等。
	聚甲醛	具有良好的耐磨损性能和良好的干摩擦性能，用于制造轴承、齿轮、滚轮、辊子、阀门上的阀杆螺母、垫圈、法兰、垫片、泵叶轮、鼓风机叶片、弹簧、管道等。
	聚碳酸酯	具有高的冲击韧性和优异的尺寸稳定性，用于制造齿轮、蜗轮、蜗杆、齿条、凸轮、心轴、轴承、滑轮、铰链、传动链、螺栓、螺母、垫圈、铆钉、泵叶轮、汽车化油器部件、节流阀、各种外壳等。
	ABS	做一般结构或耐磨受力传动零件和耐腐蚀设备，用 ABS 制成的泡沫夹层板可做小轿车车身。
	硬聚氯乙烯 PVC(GB 4454—1984)	制品有管、棒、板、焊条及管件、除做日常生活用品外，主要用作耐腐蚀的结构材料或设备衬里材料及电气绝缘材料。
	聚丙烯	做一般结构零件、耐腐蚀的化工设备和受热的电气绝缘零件。
工业用硫化橡胶 GB/T 5574—1994	普通橡胶板 1074、1804、1608、1708	有一定的硬度和较好的耐磨性、弹性等物理机械性能，能在一定压力下，温度为 -30 ℃ ~ +60 ℃的空气中工作、制作密封垫圈、垫板和密封条等。
	耐油橡胶板 3707、3807、3709、3809	有较高硬度和耐溶剂膨胀性能，可在温度为 -30 ℃ ~ +80 ℃的机油，变压器油、润滑油、汽油等介质中工作，适用于冲制各种形状的垫圈。
工业用毛毡	工业用平面毛毡 FJ 314—1981	用作密封、防滑油、防震、缓冲衬垫等，按需要选用细毛、半粗毛、粗毛。
	毡圈 FJ 145—1979、JB/ZQ 4606—1986	用于轴伸端处、轴与轴承盖之间的密封（密封处速度 $v<5$ m/s 的脂润滑及转速不高的稀油润滑）。
石棉 GB/T 3985—1995	石棉橡胶板 XB200、XB350、XB450	三种牌号分别用于温度为 200 ℃、350 ℃、450 ℃，压力为 150 MPa、400 MPa、600 MPa 以下的水、水蒸气等介质的设备、管道法兰连接处的密封衬垫材料。
GB/T 539—1995	耐油石棉橡胶板	可用于各种油类为介质的设备、管道法兰连接处的密封衬垫材料。
工业有机玻璃 GB/T 7134—1986	工业有机玻璃	有板材、棒材和管材等型材，可用于要求有一定强度的透明结构材料，如各种油标的面罩板等。

十三、热处理

附B表27 热处理名词解释

热处理方法	解释	应用
退火	退火是将钢件（或钢坯）加热到适当温度，保温一段时间，然后再缓慢地冷下来（一般用炉冷）。	用来消除铸锻件的内应力和组织不均匀及晶粒粗大等现象。消除冷轧坯件的冷硬现象和内应力，降低硬度以便切削。
正火	正火是将坯件加热到相变点以上30 ℃ ~50℃，保温一段时间，然后用空气冷却，冷却速度比退火快。	用来处理低碳和中碳结构钢件及渗碳机件，使其组织细化增加强度与韧性。减少内应力，改善低碳钢的切削性能。
淬火	淬火是将钢件加热到相变点以上某一温度，保温一段时间，然后在水、盐水或油中（个别材料在空气中）急冷下来，使其得到高硬度。	用来提高钢的硬度和强度，但淬火时会引起内应力使钢变脆，所以淬火后必须回火。
表面淬火 高频表面淬火	表面淬火是使零件表面获得高硬度和耐磨性，而心部则保持塑性和韧性。 利用高频感应电流使钢件表面迅速加热，并立即喷水冷却，淬火表面具有高的机械性能，淬火时不易氧化及脱碳，变形小，淬火操作及淬火层易实现精确的电控制与自动化，生产率高。	对于各种在动负荷及摩擦条件下工作的齿轮、凸轮轴、曲轴及销子等，都要经过这种处理。 表面淬火必须采用含碳量大于0.35%的钢，因为含碳量低淬火后增加硬度不大，一般都是些淬透性较低的碳钢及合金钢（如45，40Cr，40Mn2，9CrSi等）。
回火	回火是将淬硬的钢件加热到相变点以下的某一种温度后，保温一定时间，然后在空气中或油中冷却下来。	用来消除淬火后的脆性和内应力，提高钢的冲击韧性。
调质	淬火后高温回火，称为调质。	用来使钢获得高的韧性和足够的强度，很多重要零件是经过调质处理的。
渗碳	渗碳是向钢表面层渗碳，一般渗碳温度900 ℃ ~930 ℃，使低碳钢或低碳合金钢的表面含碳量增高到0.8% ~1.2%，经过适当热处理，表面层得到的高的硬度和耐磨性，提高疲劳强度。	为了保证心部的高塑性和韧性，通常采用含碳量为0.08% ~0.25%的低碳钢和低合金钢，如齿轮、凸轮及活塞销等。
氮化	氮化是向钢表面层渗氮，目前常用气体氮化法，即利用氨气加热时分解的活性氮原子渗入钢中。	氮化后不再进行热处理，用于某种含铬、钼或铝的特种钢，以提高硬度和耐磨性，提高疲劳强度及抗蚀能力。
氰化	氰化是同时向钢表面渗碳及渗氮，常用液体碳化法处理，不仅比渗碳处理有较高硬度和耐磨性，而且兼有一定耐磨蚀和较高的抗疲劳能力。在工艺上比渗碳或氮化时间短。	增加表面硬度、耐磨性、疲劳强度和耐蚀性。用于要求硬度高、耐磨的中、小型及薄片零件和刀具等。
发黑发蓝	使钢的表面形成氧化膜的方法叫“发黑、发蓝”。	钢铁的氧化处理（发黑、发蓝）可用来提高其表面抗腐蚀能力和使外表美观但其抗腐蚀能力并不理想，一般只能用于空气干燥及密闭的场所。

参考文献

[1] 王之煦，吴元骥．画法几何及工程制图［M］．杭州：浙江大学出版社，1997
[2] 柯纯，吴中奇．工程制图［M］．杭州：浙江大学出版社，1991
[3] 董国耀．机械制图［M］．北京：北京理工大学出版社，1998
[4] 何铭新，钱可强．机械制图［M］．5版．北京：高等教育出版社，2004
[5] 赵大兴．工程制图［M］．北京：高等教育出版社，2004
[6] 戴时超，张国珠．工程制图［M］．北京：北京理工大学出版社，2003
[7] 王槐德．机械制图新旧标准代换教程［M］．北京：中国标准出版社，2003
[8] 王兰美．机械制图［M］．北京：高等教育出版社，2004
[9] 刘朝儒，等．机械制图［M］5版．北京：高等教育出版社，2001
[10] 宋安平，等．土木工程制图［M］．北京：高等教育出版社，1999
[11] 陈培泽，等．画法几何［M］．北京：北京理工大学出版社，1998
[12] 范思冲．画法几何及机械制图［M］．北京：机械工业出版社，1997
[13] 朱育万．画法几何学［M］．北京：高等教育出版社，1997
[14] 华东理工大学机械制图教研组．化工制图［M］．北京：高等教育出版社，1993
[15] 唐克中，朱同钧．画法几何及工程制图［M］．3版．北京：高等教育出版社，2002
[16] 李绍珍，陈桂英．机械制图［M］．北京：机械工业出版社，1998
[17] 钱志峰，等．工程图学基础教程［M］．北京：科学出版社，1998
[18] 杜平安．MCAE计算机辅助机械工程［M］．北京：机械工业出版社，1996
[19] 黄纯颖．设计方法学［M］．北京：机械工业出版社，1992
[20] 孟粹娟，等．计算机图学［M］．北京：科学出版社，1992

郑重声明

高等教育出版社依法对本书享有专有出版权。任何未经许可的复制、销售行为均违反《中华人民共和国著作权法》，其行为人将承担相应的民事责任和行政责任，构成犯罪的，将被依法追究刑事责任。为了维护市场秩序，保护读者的合法权益，避免读者误用盗版书造成不良后果，我社将配合行政执法部门和司法机关对违法犯罪的单位和个人给予严厉打击。社会各界人士如发现上述侵权行为，希望及时举报，本社将奖励举报有功人员。

反盗版举报电话：(010)58581897/58581896/58581879
传　　真：(010)82086060
E - mail：dd@hep.com.cn
通信地址：北京市西城区德外大街 4 号
高等教育出版社打击盗版办公室
邮　　编：100120

购书请拨打电话：(010)58581118

策划编辑　肖银玲
责任编辑　李京平
封面设计　张　楠
责任绘图　朱　静
版式设计　王　莹
责任校对　金　辉
责任印制　尤　静